制冷与热泵技术

主　编　党天伟
副主编　魏旭春　王新华
　　　　王　杰　刘　杰

西北工業大學出版社
西　安

【内容简介】 本书是天津城市建设管理职业技术学院城市热能应用技术专业校本教材之一。内容主要介绍了蒸气压缩式的制冷循环；吸收式制冷；制冷剂、载冷剂、润滑油、制冷压缩机、制冷设备常用电器、电气控制与自动调节、蒸气压缩式热泵的认识；节流装置、阀门与辅助设备概述；制冷设备的安装与调试；热泵基础知识；吸收式热泵的探究以及应用。本书系统性强，文字叙述简明，内容全面，每个任务均配有思考练习，以便于学生有效地掌握、运用知识要点。

本书可作为高等学校热能与动力工程、制冷与低温技术等专业的教材，也可作为化工、能源、轻工、环境、空调等行业工程技术人员和设计人员的参考书。

图书在版编目(CIP)数据

制冷与热泵技术/党天伟主编．—西安：西北工业大学出版社，2020.1(2023.8 重印)
ISBN 978－7－5612－6439－3

Ⅰ．①制… Ⅱ．①党… Ⅲ．①制冷-高等学校-教材 ②热泵-高等学校-教材 Ⅳ．①TB66 ②TH3

中国版本图书馆 CIP 数据核字(2019)第 274937 号

ZHILENG YU REBENG JISHU
制 冷 与 热 泵 技 术

责任编辑：何格夫　　**策划编辑**：雷　军
责任校对：王梦妮　　**装帧设计**：李　飞
出版发行：西北工业大学出版社
通信地址：西安市友谊西路 127 号　　邮编：710072
电　　话：(029)88491757，88493844
网　　址：www.nwpup.com
印 刷 者：西安真色彩设计印务有限公司
开　　本：787 mm×1 092 mm　　1/16
印　　张：33.125
字　　数：869 千字
版　　次：2020 年 1 月第 1 版　　2023 年 8 月第 3 次印刷
定　　价：78.00 元

如有印装问题请与出版社联系调换

前　言

“制冷与热泵技术”是高等院校城市热能应用技术专业学生学习的一门课程。制冷技术出现以后，人类才真正在自然环境的基础上创造了人工环境，因此本课程的设置对城市热能应用技术专业具有举足轻重的地位。

目前国内相关教材大多是把制冷和热泵分开对待，事实上这两种技术的基本原理有很多是相同的。现将二者合并在一本教材中，可以加强学生对制冷与热泵技术的理解，树立整体概念。

编写本书的目的一共有3个：一是让更多的人了解制冷和热泵技术；二是让更多的人掌握制冷与热泵技术；三是让更多的人共同拓展制冷与热泵技术的应用领域。对工作在第一线的教师和相关从业人员做了认真的调查研究之后，我们编写出这本《制冷与热泵技术》。本书采用项目任务式的编写形式，每个任务主要包括任务描述、任务资讯、任务实施、任务评价和思考练习5个部分，每个任务的任务资讯知识点与任务实施环环相扣。

本书的特色及创新之处如下：

(1)本书坚持“少而精”的原则，脉络清晰、通俗易懂。

(2)本书重点突出，对最基本、最常用的制冷与热泵循环进行深入系统的讲解，起到以点带面的作用，使学生能够很快抓住课程的重点，提高学习效率。

(3)本书与时俱进，理论联系实际，反映本学科的新技术和国内外制冷与热泵领域最新的研究进展。

全书的主要内容分为11个项目：项目一介绍蒸气压缩式的制冷循环，包括单级、两级、复叠式蒸气压缩式制冷的理论循环、热力计算；项目二介绍制冷剂、载冷剂和润滑油的认识，包括对制冷剂、载冷剂和润滑油的物理化学性质的要求、分类以及使用；项目三介绍吸收式的制冷，包括吸收式制冷原理和氨水、溴化锂吸收式制冷机的理论循环、热力计算；项目四为制冷压缩机的认识，包括制冷压缩机的种类、活塞式、螺杆式、离心式制冷压缩机的形式、构造和工作过程；项目五介绍节流装置、阀门与辅助设备，包括节流装置、阀门与辅助设备的认识以及使用；项目六为制冷设备常用电器、电气控制与自动调节的认识，包括制冷设备常用电器的工作原理、结构分析；项目七介绍制冷设备的安装与调试，包括制冷设备的安装过程以及注意事项；项目八介绍热泵基础知识的运用；项目九为蒸气压缩式热泵的认识，包括蒸气压缩式热泵的工作原理、基本部件、辅助部件和材料、设计、安装调试与维护；项目十为吸收式热泵的探究，包括吸收式热泵基础、工质对、结构、流程和部件；项目十一介绍热泵的应用，包括在食品生化及制药工业、城市公用事业及其他领域中的应用。

本书由天津城市建设管理职业技术学院党天伟、魏旭春、王新华、王杰、刘杰编写。其中项目一、项目八至项目十由党天伟编写，绪论、项目三、项目四和项目十一由魏旭春编写，项目二和项目五由王新华编写，项目七由王杰编写，项目六由刘杰编写。全书由党天伟统稿并任主编，由魏旭春、王新华、王杰、刘杰任副主编。

本书在编写过程中得到天津能源投资集团有限公司各产业部、天津市热电公司、天津市燃气设计院有限公司、天津市地热开发有限公司的大力支持，编写本书曾参阅了相关文献资料，在此，一并表示衷心感谢。

由于笔者水平有限，书中疏漏和错误之处在所难免，恳请广大读者批评指正。

编　者

2019 年 9 月

目　　录

绪 论

制冷技术是研究如何获得低温的一门科学技术。随着我国社会经济和科学技术的快速发展,制冷技术的应用也日益广泛。

在制冷技术中所说的冷是相对于环境温度而言的。因此,制冷就是使某一空间或某物体达到低于周围环境介质的温度,并维持这个低温的过程。所谓环境介质就是指自然界的空气和水。如果要使某一空间或某物体达到并维持所需的低温,就得不断地从该空间或该物体中取出热量并转移到环境介质中去,这个过程就是制冷过程。

一、制冷的发展简史

现代制冷技术作为一门科学,是19世纪中期和后期发展起来的。1748年,苏格兰科学家库仑(Cullen)观察到乙醚的蒸发会引起温度下降,1755年,他又在真空罩下制得了少量冰,同时发表了《液体蒸发制冷》论文。1834年,美国人波尔金斯(Perkins)试制成功了第一台以乙醚为制冷剂的蒸气压缩式制冷机。1844年,高里(Gorrie)在美国费城用封闭循环的空气制冷机建立了一座空调站。1859年,法国人卡列(Carre)制成了氨水吸收式制冷机。1875年,卡列和林德(Linde)用氨作制冷剂,制成了氨蒸气压缩式制冷机,并于1881年在波士顿建成了世界上第一座冷库。1904年,在纽约的斯托克交易所建成了制冷量为1 582 kW的空调系统。进入20世纪后,蒸气压缩式制冷机的发展很快。压缩机的种类、形式增多了,机器的转速增加了,设备日趋紧凑、体轻,自动化程度不断提高,新的更完善的制冷剂不断出现……直到今日,蒸气压缩式制冷仍然是使用范围最广泛的一种制冷方法。

19世纪50年代试制出第一台氨水吸收式制冷机。1862年,F.开利(Ferdinand Carre)从法国把吸收式制冷机引入美国南部联邦州。蒸气喷射式制冷机是在1890年以后才发展起来的。这两种制冷机的热效率低,不如当时正在蓬勃发展的蒸气压缩式制冷机。因此,它们的发展受到一定限制。到了20世纪30—40年代,吸收式制冷机再一次获得发展。当时小型吸收式冰箱盛行,氨水吸收式制冷机由小容量向大容量发展。1945年试制成第一台溴化锂吸收式制冷机。20世纪20年代以后,蒸气喷射式制冷机得到广泛应用。

进入20世纪以后,制冷技术有了快速的发展。随着制冷形式的不断发展,制冷剂的种类也不断增多。1930年以后,氟利昂制冷剂的出现和大量应用,曾使压缩式制冷技术及其应用范围得到极大的发展。由于氟利昂具有良好的热力性质,使制冷技术的发展进入了一个新的阶段。1974年以后,人类发现氟利昂族中的氯、氟碳化物(简称“CFC”)会严重地破坏臭氧层,危害人类的健康和破坏地球上的生态环境,是公害物质。因此减少和禁止CFC的生产和使用已成为国际社会共同面临的紧迫任务,研究和寻求CFC制冷剂的替代物,以及面对由于更换制冷剂所涉及的一系列工作,也成为急需解决的问题。近十多年来,世界各国都投入了大量的人力和财力,对一些有可能作为CFC的替代物及其配套技术进行了大量的试验研究,并开始使用混合溶液作为制冷剂,使蒸气压缩式制冷的发展有了重大的技术突破。与此同时,其他制冷方式和制冷机的研究工作进一步加快，特别是吸收式制冷机已经有了更大的发展。而且面对世界性的能源危机和环境污染，对制冷机的发展提出更高的节能和环保要求。

我国劳动人民很早就知道利用天然冰进行食品的冷藏和防暑降温，在《诗经》和《周礼》中就有了“凌人”和“凌阴”的记载。“凌”就是冰，这说明在奴隶社会的周朝，已有专门管理冰的人员和贮藏冰的房屋。1986 年，在陕西省姚家岗秦雍城遗址，发掘出可以贮藏 190m^3 冰块的地下冰室。这说明早在春秋时期，秦国就很重视食物冷藏和防暑降温方面的设施建设。我国劳动人民在采集、贮运和使用天然冰方面积累了丰常的经验。然而，由于中国长期处于封建社会，束缚了生产力的发展和技术的进步，现代的制冷技术一直没有得到发展。直到 1949 年，我国还没有制造制冷设备的工厂，只在沿海几个大城市有几家进行配套安装空调工程的洋行和修理冰箱的小作坊，制冷设备均为国外引进。全国仅有少数冷藏库，总库容量不到 3×10^4 t。解放后，我国制冷工业得到飞速发展。据不完全统计，目前全国生产制冷设备和制冷应用设备的厂家有 130 余家。20 世纪 50 年代，主要仿制苏、美老式的活塞式压缩机。20 世纪 60 年代，开始自行设计制造高速多缸的活塞式压缩机。1964 年，第一机械工业部制定了 5 种缸径的中小型活塞式压缩机系列的基本参数、技术条件、实验方法的标准。1958 年，试制成功 1 163 kW 的离心式压缩机。1971 年，试制成功螺杆式压缩机。目前已有活塞式、螺杆式、离心式、吸收式、蒸气喷射式和热电式六大类制冷机。20 世纪 80 年代，许多厂家引进了国外先进的制冷空调技术（包括软硬件），这使我国制冷空调部分产品得到更新换代，技术质量上更上了一个新的台阶。据统计，到 20 世纪末期，我国冷藏库的总库容量超过 5×10^6 t；已分别拥有年生产 1 500 万台电冰箱和室内空调器的生产能力，电冰箱和空调器的产量均居世界第一。可以预计，随着国民经济的发展和居民生活水平的提高，制冷机的生产和应用将会达到更高的水平。

二、制冷技术的应用

天然冷源只能用于防暑降温、温度要求不是很低的空调和少量食品的短期贮存。在夏季，深井水低于环境温度，可以用来防暑降温或作为空调冷源使用；天然冰可以用作食品冷藏和防暑降温。天然冷源虽具有价格低廉和不需要复杂技术设备等优点，但是，它受到时间和地区等条件的限制，最主要的是受到制冷温度的限制，它只能制取 0 ℃以上的温度。

随着工业、农业、国防和科学技术的发展，人民生活水平的不断提高，人工制冷在国民经济中得到了越来越广泛的应用。从日常的衣、食、住、行到尖端的科学技术都离不开制冷技术。

（一）空气调节工程

制冷技术在空调工程中的应用很广，所有的空调系统均需要冷源，冷源有天然冷源和人工冷源。由于天然冷源受到时间和地区等条件的限制，同时受到制冷温度的限制，所以空调冷源多采用人工制冷，利用制冷装置来控制空气的温度、湿度，从而使空气的温、湿度得到调节。空气调节根据其使用场合不同，分为以下两种形式。

1. 工艺性空调

这种空调系统主要满足生产工艺等对室内环境温度、湿度、洁净度的要求。例如纺织、仪表仪器、电子元件、精密计量、精密机床、半导体、各种计算机房等都要求对环境的温度、湿度、洁净度进行不同程度的控制，以保证产品的质量。

2. 舒适性空调

这种空调系统主要满足人们工作和生活对室内温度、湿度的要求。例如宾馆饭店、大会堂、影剧院、体育馆、医院、住宅、展览馆以及地下铁道、汽车、火车、轮船、飞机内的空气调节等。

图 0－1－1 所示为空调用的制冷系统示意图。它是由制冷系统、冷冻水系统和冷却水系统组成的。在该系统中，首先用制冷装置(冷水机组)制得 5～7 ℃的低温冷冻水，然后通过冷水泵送入空气处理装置(或直接送入各个空调房间的风机盘管)，在空气处理装置中与空气进行热交换，使空气降温、去湿后通过风管送往空调房间，在夏季，使室内保持舒适的温湿度环境。

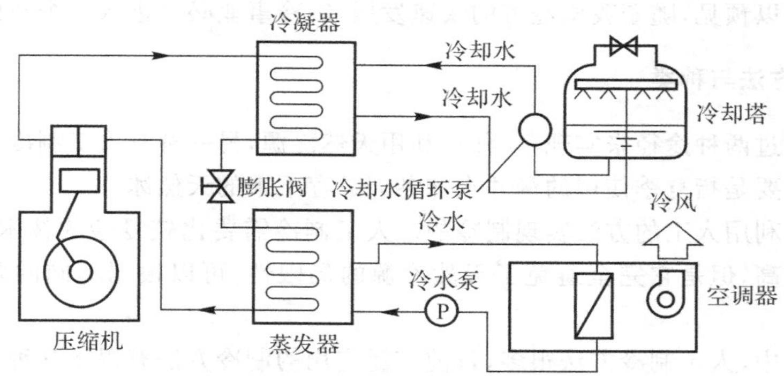

图 0－1－1　单级蒸气压缩式供冷系统示意图

冷却塔也是一个热交换装置，它通过塔顶风机使冷却水与环境空气进行热量交换，使冷却水温降低，以便送到冷凝器中循环使用。

(二)食品的冷藏

在食品工业中应用人工制冷的场合很多，容易腐坏的食品(如肉类、鱼类、禽类、蛋类、蔬菜和水果等)都需要在低温条件下加工、冷藏及冷藏运输，以保证食品的原有质量和减少干缩损耗。此外，各种形式的冷库还可以平衡食品生产上的季节性与销售之间的矛盾。

除此之外，冷食品与饮料的生产和贮存也需要制冷装置。目前国内的制冷技术已发展到每个家庭，家用冰箱、冰柜已成为家庭中必备的电器产品。

(三)机械、电子工业

精密机床油压系统利用制冷来控制油温，可稳定油膜刚度，使机床能正常工作。应用冷处理方法，可以改善钢的性能，使产品硬度增加、寿命延长。例如，合金成分较高的钢经淬火后有残余的奥氏体，如果把它在－70～－90 ℃的低温下处理，奥氏体就变成马氏体，从而提高了钢的硬度及强度。经冷处理的刀具，其使用寿命可延长 30％～50％。

电子工业中，许多电子元器件需要在低温或恒温环境中工作，以提高其性能，减少元件发热和环境温度的影响。例如，电子计算机储能器、多路通信、雷达、卫星地面站等电子设备需要在低温下工作。大规模集成电路、光敏器件、功率元件、高频晶体管、激光倍频发生器等电子元件的冷却都广泛应用制冷技术。

(四)石油化学工业

石油化学工业中许多工艺过程都需要在低温下进行，例如盐类的结晶、溶液的分离、石油的脱脂、天然气的液化、石油的裂解等过程。化学工业中的合成橡胶、合成纤维、合成塑料及合成氨的生产都需要制冷。

(五)国防工业和科学研究

高寒地区的汽车、坦克发动机等需要做环境模拟试验，火箭、航天器也需在模拟高空的低温条件下进行试验，宇宙空间的模拟、超导体的应用、半导体激光、红外线探测等都需要人工制冷技术。

(六)其他方面

除了上述应用外，制冷技术还用于制冰、药物保存、医疗手术过程、现代农业育苗、良种的低温贮存、人工滑冰场等方面。

综上所述，制冷技术的应用是多方面的，它的发展标志着我国国民经济的发展和人民生活水平的提高。可以预见，随着我国经济的快速发展，制冷事业必将进入一个新的发展阶段。

三、制冷的方法与种类

制冷可以通过两种途径来实现，一种是利用天然冷源，另一种是人工制冷。

天然冷源主要是指夏季使用的深井水和冬天贮存下来的天然冰。

人工制冷是利用人工的方法实现制冷的。人工制冷需要比较复杂的技术和设备，而且生产的冷量成本较高，但是它完全避免了天然冷源的局限性，可以根据不同的要求获得不同的低温。

在制冷技术中，人工制冷方法很多，目前广泛应用的制冷方法有以下几种。

(一)液体气化制冷

液体气化制冷是利用液体气化时要吸收热量的特性来实现制冷的。

任何液体气化时都要产生吸热效应，液体气化时所吸收的热量叫气化潜热。这个热量随着物质的种类、压力、温度不同而有所不同。例如，1 kg 质量的水，在 101.325 kPa 压力下，气化时要吸收热量 2 255.68 kJ，这时沸点温度为 100 ℃；在 1.227 1 kPa 压力下，气化时要吸收热量 2 476.32 kJ，这时水的沸点温度为 10 ℃。又如，1 kg 质量的氨液，在 101.325 kPa 压力气化时，要吸收 1 370 kJ 的热量，这时的沸点温度可达－33.4 ℃；压力在 190.11 kPa 下气化时，要吸收 1 327.52 kJ 的热量，这时沸点温度可达－20 ℃。从上述例子中可以看出，对于同一种物质，压力越低，沸点温度越低，吸热就越大。因此，只要创造一定的低压，就可以利用液体的气化吸热特性获得所要求的低温。

液体气化制冷称为蒸气制冷。蒸气制冷装置有三种：蒸气压缩式制冷、吸收式制冷和蒸气喷射式制冷。目前应用最广泛的是蒸气压缩式制冷。

(二)气体膨胀制冷

气体膨胀制冷是利用气体绝热膨胀来实现制冷的。

气体被压缩时，压力升高，温度也随之升高，反之，如果高压高温的气体进行绝热膨胀时，压力降低而温度也随之降低，从而产生冷效应，达到制冷的目的。空气压缩制冷就是采用这个原理。图 0－1－2 所示为空气压缩制冷原理图。空气经压缩机绝热压缩后，压力温度升高，然后在冷却器中定压冷却到常温后，再进入膨胀机进行绝热膨胀，压力降低，体积膨胀，并对外做功，使空气本身的内能减少，温度降低，然后利用低温低压的空气进入低温室来吸收被冷却物体的热量，被冷却物体放出热量而温度降低，空气吸热后温度升高又被压缩机吸入，如此循环便可达到制冷的目的。空气压缩制冷常用于飞机的机舱空调。

(三)热电制冷

热电制冷是利用半导体的温差电特性实现制冷的。

热电制冷是将 N 型半导体(电子型)元件和 P 型半导体(空穴型)元件组成的半导体制冷

电偶(见图0-1-3),在电偶两端分别焊上铅片,将其连成一个回路。当直流电从N型半导体流向P型半导体时,则在连接片(2—3)端产生吸热现象,该端称为冷端,而在连接片(1—4)端产生放热现象,该端称为热端,这样冷端便可以达到制冷的目的。由于一对电偶的制冷量很少,所以在实际使用中是将若干对这样的电偶串联起来,组成热电堆(见图0-1-4)。连接时,冷端排在一起,热端排在一起,当半导体制冷器输入一定数量的直流电时,冷端逐渐冷却,并可以达到一定的低温。

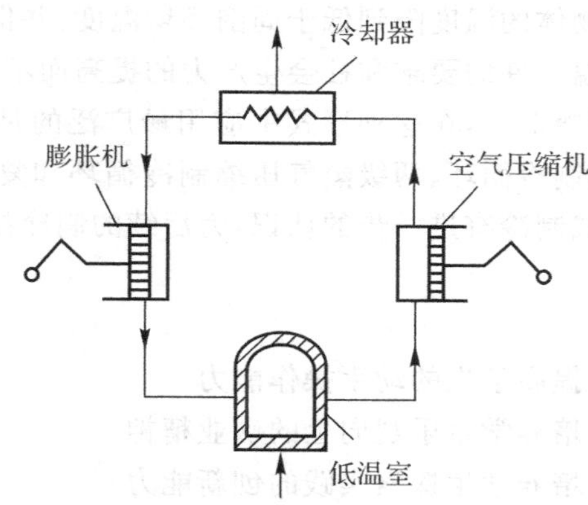

图0-1-2　空气压缩制冷循环工作原理图

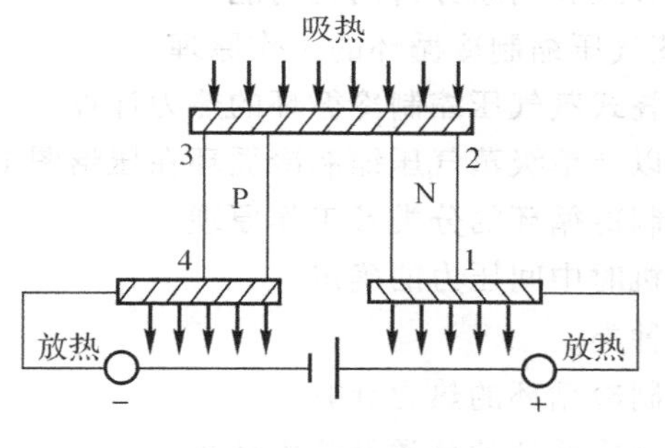

图0-1-3　半导体制冷电偶

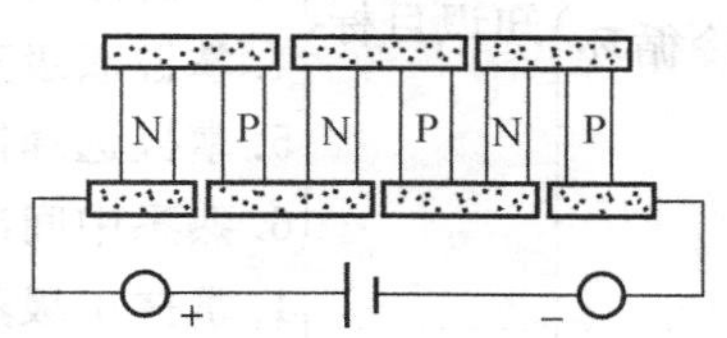

图0-1-4　热电堆

热电制冷的系统和过程,不需要凭借某种工质实现能量的转移;整个装置没有任何机械运动部件,运行中无噪声;设备体积小,便于实现自动控制。但是热电制冷耗电量大,制冷量小,能够获得的温差也不大。目前热电制冷在国防、医疗、畜牧等方面都已得到应用,主要应用在冷量需求量较小的场合。

在上述三种制冷方法中,应用最广泛的是液体气化制冷。

除了上述制冷方法外,获得低温的方法还有绝热去磁制冷、涡流管制冷和吸附式制冷等。这些方法在制冷专业范围内基本上不用,本书不做介绍。

不同的制冷范围应选用不同的制冷方法。目前,根据制冷温度的不同,制冷技术可分三类:①普通制冷——制冷温度高于-120 ℃(153 K);②深度制冷——制冷温度-120～-253 ℃(153～20 K);③超低温制冷——制冷温度-253 ℃以下(20 K以下)。

空调和食品冷藏属于普通制冷范围,主要采用液体气化制冷。

项目一　蒸气压缩式的制冷循环

制冷，是使某一空间或物体的温度降到低于周围环境温度，并保持在规定低温状态的一项科学技术，它随着人们对低温条件的要求和社会生产力的提高而不断发展。我们已经知道，蒸气制冷是目前应用较多的制冷形式，在这种形式中应用最广泛的是蒸气压缩式制冷装置。本项目将通过对单级蒸气压缩制冷循环、两级蒸气压缩制冷循环和复叠式蒸气压缩制冷循环的介绍，帮助读者对蒸气压缩式制冷有进一步的认识，为后续的制冷技术的学习打好基础。

项目目标

- 蒸气压缩式的制冷循环
  - 素养目标
    - 1. 提高学生的动手操作能力
    - 2. 培养学生乐观向上的敬业精神
    - 3. 培养学生探索实践的创新能力
    - 4. 培养学生知识获取和应用的自主学习能力
    - 5. 培养学生科学思维方式和判断分析问题的能力
  - 知识目标
    - 1. 掌握单级、复叠式蒸气压缩制冷循环的工作原理
    - 2. 掌握单级、两级、复叠式蒸气压缩制冷循环的热力计算
    - 3. 了解压焓图的结构以及单级蒸气压缩制冷循环在压焓图上的表示
    - 4. 掌握双级蒸气压缩制冷循环的分类及工作原理
    - 5. 掌握选择制冷压缩机时中间压力的确定
    - 6. 熟悉中间冷却器的种类
  - 技能目标
    - 1. 掌握单级蒸气压缩制冷循环的热力计算
    - 2. 掌握双级蒸气压缩制冷循环的分类及热力计算
    - 3. 掌握复叠式蒸气压缩制冷循环的热力计算
    - 4. 能够确定选择制冷压缩机时的中间压力

任务一　单级蒸气压缩的制冷循环

任务描述

PPT
单级蒸气压缩的制冷循环

在日常生活中人们都有这样的体会，如果给皮肤上涂抹酒精液体时，就会发现皮肤上的酒精很快干掉，并给皮肤带来凉快的感觉，这是什么原因呢？这是酒精由液体变为气体时吸收了皮肤上热量的缘故，蒸气压缩式制冷原理就是利用液体气化时要吸收热量的这一物理特性来达到制冷的目的。本任务主要学习单级蒸气压缩式的制冷循环。

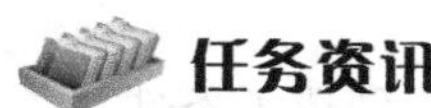

任务资讯

一、单级蒸气压缩式制冷的理论循环

微课：
单级蒸气压缩
的制冷循环

逆卡诺循环是由两个定温、两个绝热过程组成的。而实际采用的蒸气压缩式制冷的理论循环是由两个定压过程、一个绝热压缩过程和一个绝热节流过程组成的。蒸气压缩式制冷的理论循环与逆卡诺循环(理想制冷循环)的区别如下：

(1)蒸气的压缩采用干压缩代替湿压缩。压缩机吸入的是饱和蒸气而不是湿蒸气。

(2)用膨胀阀代替膨胀机。制冷剂用膨胀阀绝热节流降压。

(3)制冷剂在冷凝器和蒸发器中的传热过程均为定压过程,并且具有传热温差。

图1-1-1为蒸气压缩制冷理论循环图。它是由压缩机、冷凝器、膨胀阀和蒸发器等四大设备组成的,这些设备之间用管道依次连接形成一个封闭的系统。它的工作过程是:压缩机将蒸发器内所产生的低压低温制冷剂蒸气吸入气缸内,经过压缩机压缩后使制冷剂蒸气的压力、温度升高,然后将高压高温的制冷剂排入冷凝器;在冷凝器内,高压高温的制冷剂蒸气与温度比较低的冷却水(或空气)进行热量交换,把热量传给冷却水(或空气),而制冷剂本身放出热量后由气体冷凝为液体,这种高压的制冷剂液体经过膨胀阀节流降压、降温后进入蒸发器;在蒸发器内,低压低温的制冷剂液体吸收被冷却物体(食品或空调冷冻水)的热量而气化,而被冷却物体(如食品或冷冻水)便得到冷却,蒸发器中所产生的制冷剂蒸气又被压缩机吸走。这样制冷剂在系统中要经过压缩、冷凝、节流和气化(蒸发)四个过程,也就完成了一个制冷循环。

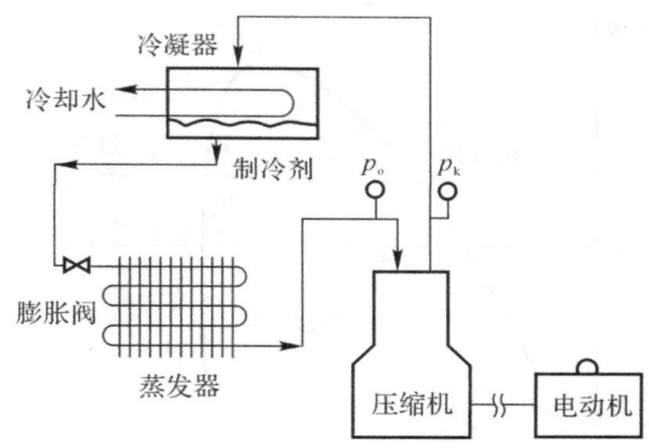

图1-1-1　蒸气压缩制冷理论循环

综合上述,蒸气压缩式制冷的理论循环可归纳为以下四点：

(1)低压低温制冷剂液体(含有少量蒸气)在蒸发器内的定压气化吸热过程,即从低温物体中夺取热量。该过程是在压力不变的条件下,制冷剂由液体气化为气体。

(2)低压低温制冷剂蒸气在压缩机中的绝热压缩过程。该压缩过程是消耗外界能量(电能)的补偿过程,以实现制冷循环。

(3)高压高温的制冷剂气体在冷凝器中的定压冷却冷凝过程。该过程是将从被冷却物体(低温物体)中夺取的热量连同压缩机所消耗的功转化成的热量一起,全部由冷却水(高温物体)带走,而制冷剂本身在定压下由气体冷却冷凝为液体。

(4)高压制冷剂液体经膨胀阀节流降压降温后,为液体在蒸发器内的气化创造了条件。

因此,蒸气压缩制冷循环就是制冷剂在蒸发器内夺取低温物体(空调冷冻水或食品)的热量,并通过冷凝器把这些热量传给高温物体(冷却水或空气)的过程。

二、单级蒸气压缩式制冷理论循环在压焓图上的表示

(一)压焓图($\lg p-h$ 图)的结构

在制冷系统中,制冷剂的热力状态变化可以用其热力性质表来说明,也可用热力性质图来表示。用热力性质图来研究整个制冷循环,不仅可以研究循环中的每一个过程,简便地确定制冷剂的状态参数,而且能直观地看到循环各状态的变化过程及其特点。

制冷剂的热力性质图主要有温熵图($T-s$)和压焓图($\lg p-h$ 图)两种。由于制冷剂在蒸发器内吸热气化,在冷凝器中放热冷凝都是在定压下进行的,而定压过程中所交换的热量和压缩机在绝热压缩过程中所消耗的功,都可用比焓差来计算,而且制冷剂经膨胀阀绝热节流后,比焓值不变,所以在工程上利用制冷剂的 $\lg p-h$ 图来进行制冷循环的热力计算更为方便。

压焓图($\lg p-h$ 图)的结构如图 1-1-2 所示。图中以压力为纵坐标(为了缩小图面,通常取对数坐标,但是从图面查得的数值仍然是绝对压力,而不是压力的对数值),以比焓为横坐标,图中反映了一点、两线、三区、五态。k 点为临界点,k 点右边为干饱和蒸气线(称上界线),干度 $x=1$;k 点左边为饱和液体线(称下界线),干度 $x=0$。两条饱和线将图分成三个区域:下界线以左为过冷液体区,上界线以右为过热蒸气区,两者之间为湿蒸气区。图中包括一系列等参数线,如等压线 $p=c$,等比焓线 $h=c$,等温线 $t=c$,等比熵线 $s=c$,等比体积线 $v=c$,等干度线 $x=c$。

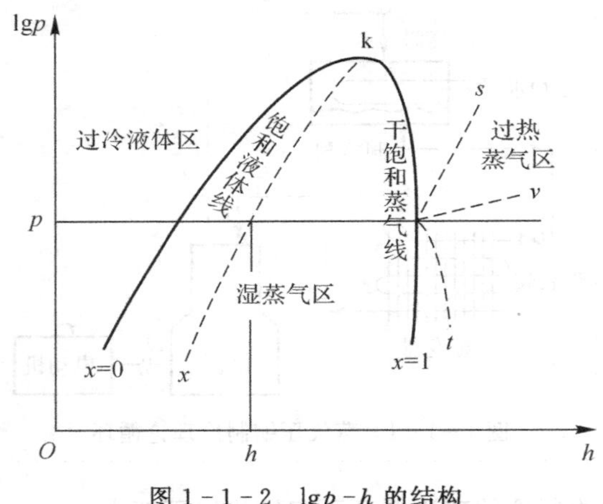

图 1-1-2 $\lg p-h$ 的结构

说明如下:

(1) 等压线为一水平线。

(2) 等比焓线为一垂直线。

(3) 等温线在过冷液体区几乎为垂直线;在湿蒸气区因工质状态的变化是在等压、等温下进行的,故等压线与等温线重合,是水平线;在过热蒸气区为向右下方弯曲的倾斜线。

(4) 等比熵线为一向右上方倾斜的虚线。

(5) 等比体积线为一向右上方倾斜的虚线，但比等比熵线平坦。

(6) 等干度线只存在于温蒸气区域内，其方向大致与饱和液体线或饱和蒸气线相近，视干度大小而定。

压焓图中的各等参数线形状如图 1-1-2 所示。在压力、温度、比体积、比焓、比熵、干度等参数中，只要知道其中任何两个状态参数，就可以在 $\lg p-h$ 图中找出代表这个状态的一个点，在这个点上可以读出其他参数值。对于饱和蒸气和饱和液体，只要知道一个状态参数，就能在图中确定其状态点。

压焓图是进行制冷循环分析和计算的重要工具，应熟练掌握。

(二) 单级蒸气压缩式制冷理论循环在压焓图上的表示

为了进一步了解单级蒸气压缩式制冷装置中制冷剂状态的变化过程，现将制冷理论循环过程表示在压焓图上，如图 1-1-3 所示。

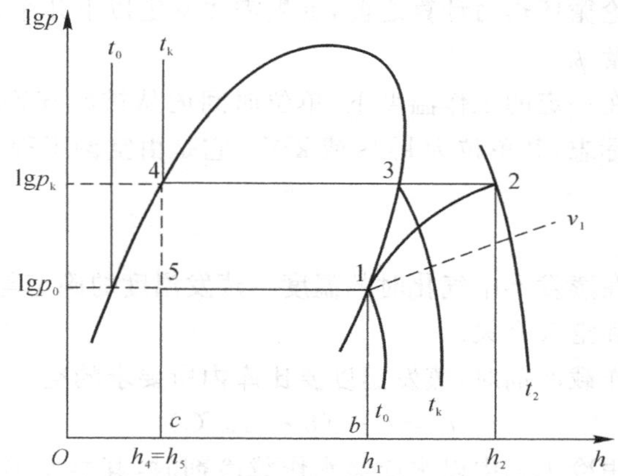

图 1-1-3　制冷理论循环在 $\lg p-h$ 上的表示

说明如下：

点 1 为制冷剂离开蒸发器的状态，也是进入压缩机的状态，如果不考虑过热，进入压缩机的制冷剂为干饱和蒸气。根据已知的 t_0 找到对应的 p_0，然后根据 p_0 的等压线与 $x=1$ 的饱和蒸气线相交来确定点 1。

点 2 为高压制冷剂气体从压缩机排出进入冷凝器的状态。绝热压缩过程比熵不变，即 $s_1=s_2$，因此，由点 1 沿等比熵线($s=c$) 向上与 p_k 的等压线相交便可求得点 2。

1 → 2 过程为制冷剂在压缩机中的绝热压缩过程。该过程要消耗机械功。

点 4 为制冷剂在冷凝器内凝结成饱和液体的状态，也就是离开冷凝器时的状态。它由 p_k 的等压线与饱和液体线($x=0$) 相交求得。

2 → 3 → 4 过程为制冷剂蒸气在冷凝器内进行定压冷却(2 → 3) 和定压冷凝(3 → 4) 的过程。该过程制冷剂向冷却水(或空气) 放出热量。

点 5 为制冷剂出膨胀阀进入蒸发器的状态。

4 → 5 过程为制冷剂在膨胀阀中的节流过程。节流前后比焓值不变($h_4=h_5$)，压力由 p_k 降到 p_0，温度由 t_k 降到 t_0，由饱和液体进入湿蒸气区，这说明制冷剂液体经节流后产生少量的闪发气体。由于节流过程是不可逆过程，因此在图上用一虚线表示。点5由点4沿等焓线与 p_0 等压线相交求得。

5→1过程为制冷剂在蒸发器内定压蒸发吸热过程。在这一过程中 p_0 和 t_0 保持不变，低压低温的制冷剂液体吸收被冷却物体的热量使温度降低而达到制冷的目的。

制冷剂经过1→2→3→4→5→1过程后，就完成了一个制冷理论基本循环。

三、单级蒸气压缩式制冷理论循环的热力计算

制冷理论循环热力计算是根据所确定制冷量、蒸发温度、冷凝温度、制冷剂液体的过冷温度、压缩机的吸气温度等已知条件进行的。

制冷理论循环热力计算的目的主要是计算出制冷循环的性能指标、压缩机的容量和功率以及热交换设备的热负荷，为选择压缩机和其他制冷设备提供必要的数据。

(一) 已知条件的确定

在进行单级制冷理论循环热力计算之前，首先需要确定以下几个条件。

1. 制冷装置的制冷量 ϕ_0

制冷量表示制冷机在一定的工作温度下，单位时间内从被冷却物体中吸收的热量。它是制冷机制冷能力大小的标志，其单位为kJ/s或kW。它是由空调工程、食品冷藏及其他用冷工艺来提供的。

2. 蒸发温度 t_0

它是指制冷剂液体在蒸发器中气化时的温度。蒸发温度的确定与所采用的载冷剂(冷媒)有关，即与冷冻水、盐水和空气有关。

在冷藏库中以空气作载冷剂时，蒸发温度要比库内所要求的空气温度 t' 低 8～10 ℃，即

$$t_0 = t' - (8 \sim 10\ ℃) \tag{1-1}$$

在空调工程或其他用冷工艺中以水或盐水作载冷剂时，其蒸发温度的确定与选用蒸发器的种类有关。

在选用卧式壳管式蒸发器时，其蒸发温度比载冷剂温度 t' 低 2～4 ℃，即

$$t_0 = t' - (2 \sim 4\ ℃) \tag{1-2}$$

在选用螺旋管式和直立管式蒸发器时，其蒸发温度应比载冷剂温度 t' 低 4～6 ℃，即

$$t_0 = t' - (4 \sim 6\ ℃) \tag{1-3}$$

3. 冷凝温度 t_k

它是指制冷剂在冷凝器中液化时的温度，它的确定与冷凝器的结构形式和所采用的冷却介质(如冷却水或空气)有关。

在选用水冷式冷凝器时，其冷凝温度比冷却水进出口平均温度 t_{pj} 高 5～7 ℃，即

$$t_k = t_{pj} + (5 \sim 7\ ℃) \tag{1-4}$$

式中　t_{pj}——冷凝器中冷却水进出口平均温度，℃

在选用风冷式冷凝器时，其冷凝温度应比夏季空气调节室外计算干球温度 t_g 高 15 ℃，即

$$t_k = t_g + 15\ ℃ \tag{1-5}$$

在选用蒸发式冷凝器时，其冷凝温度应比夏季空气调节室外计算湿球温度 t_s 高 8～15 ℃，即

$$t_k = t_s + (8 \sim 15\ ℃) \tag{1-6}$$

水冷式冷凝器的冷却水进出口温差，应按下列数值选用：① 立式壳管式冷凝器 2～4 ℃；② 卧式壳管式、套管式冷凝器 4～8 ℃；③ 淋激式冷凝器 2～3 ℃。冷却水进口温度较高时，温度应取较小值；进口温度较低时，温差应取较大值。

【例 1-1】 进冷凝器的冷却水温度 $t_1=26$ ℃，采用立式壳管式冷凝器，水在冷凝器中的温升 $\Delta t=2\sim4$ ℃，冷凝温度是多少？

【解】 出冷凝器的冷却水温度 $t_2=(26+3)$ ℃ $=29$ ℃，则冷凝温度为

$$t_k=t_{pj}+(5\sim7\ ℃)=\left(\frac{26+29}{2}+6\right)\ ℃=33.5\ ℃ \tag{1-7}$$

可取 t_k 为 34 ℃。

4. 过冷温度 t_{rc}

过冷温度是指制冷剂在冷凝压力 p_k 下，其温度低于冷凝温度时的温度。过冷温度比冷凝温度 t_k 低 3～5 ℃，即

$$t_{rc}=t_k-(3\sim5\ ℃) \tag{1-8}$$

5. 制冷压缩机的吸气温度 t_1

对于氨压缩机，吸气温度比蒸发温度 t_0 高 5～8 ℃，即 $t_1=t_0+(5\sim8\ ℃)$；对氟利昂压缩机，如采用回热循环，其吸气温度为 15 ℃。

（二）单级蒸气压缩式制冷理论循环的热力计算

上述已知条件确定后，可在 $\lg p-h$ 图上标出制冷循环的各状态点，画出循环工作过程，并从图上查出各点的状态参数，便可进行热力计算。利用图 1-1-4 可对单级蒸气压缩式制冷理论循环进行热力计算。

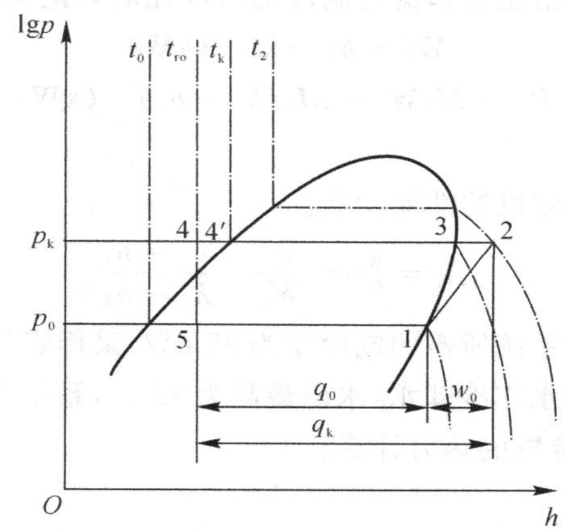

图 1-1-4　蒸气压缩制冷循环在压焓图上的表示

1. 单位质量制冷量 q_0

单位质量制冷量是指 1 kg 制冷剂在蒸发器内所吸收的热量，单位为 kJ/kg。在图 1-1-4 中，可用点 1 和点 5 的比焓差来计算，即

$$q_0=h_1-h_5\quad(\text{kJ/kg}) \tag{1-9}$$

2. 单位容积制冷量 q_v

单位容积制冷量是指压缩机吸入 1 m³ 制冷剂蒸气在蒸发器内所吸收的热量。

$$q_v = \frac{q_0}{v_1} = \frac{h_1 - h_5}{v_1} \quad (\text{kJ/m}^3) \tag{1-10}$$

式中　v_1—— 压缩机吸入蒸气的比体积，m^3/kg。

v_1 与制冷剂性质有关，且受蒸发压力 p_0 的影响很大，一般蒸发温度越低，v_1 值越大，q_0 值越小。

3. 制冷装置中制冷剂的质量流量 M_R

制冷装置中制冷剂的质量流量是指压缩机每秒钟吸入制冷剂蒸气的质量。

$$M_R = \frac{\phi_0}{q_0} \quad (\text{kg/s}) \tag{1-11}$$

式中　ϕ_0—— 制冷系统的制冷量，kJ/s 或 kW。

4. 制冷装置中制冷剂的体积流量 V_R

制冷装置中制冷剂的体积流量是指压缩机每秒种吸入制冷剂蒸气的体积。

$$V_R = M_R v_1 = \frac{\phi_0}{q_0} \quad (\text{m}^3/\text{s}) \tag{1-12}$$

5. 冷凝器的热负荷 ϕ_k

冷凝器的热负荷是指制冷剂在冷凝器放给冷却水（或空气）的热量。如果制冷剂液体过冷在冷凝器中进行，那么冷凝器的热负荷在 $\lg p-h$ 图上可用点 2 和点 4 的焓差来计算，即

$$q_k = h_2 - h_4 \quad (\text{kW}) \tag{1-13}$$

$$\phi_k = M_R q_k = M_R(h_2 - h_4) \quad (\text{kW}) \tag{1-14}$$

6. 压缩机的理论耗功率 P_{th}

压缩机的理论耗功率是指压缩和输送制冷剂所消耗的理论功。

$$W_0 = h_2 - h_1 \quad (\text{kW}) \tag{1-15}$$

$$P_{th} = M_R W_0 = M_R(h_2 - h_1) \quad (\text{kW}) \tag{1-16}$$

7. 理论制冷系数 ε_{th}

理论制冷系数是制冷压缩机的性能参数。

$$\varepsilon_{th} = \frac{\phi_0}{P_{th}} = \frac{q_0}{W_0} = \frac{h_1 - h_5}{h_2 - h_1} \tag{1-17}$$

【例 1-2】　某空气调节系统所需的制冷量为 25 kW，采用氨作为制冷剂，空调用户要求供给 10 ℃ 的冷冻水，可利用河水作冷却水，水温最高为 32 ℃，系统不专门设过冷器，液体过冷在冷凝器中进行，试进行制冷装置的热力计算。

【解】

1. 确定制冷装置的工作条件

(1) 采用直立管式蒸发器，其蒸发温度应比载冷剂温度低 4 ～ 6 ℃，即

$$t_0 = t' - (4 \sim 6\ ℃) = (10 - 5)\ ℃ = 5\ ℃$$

与蒸发温度相应的 $p_0 = 0.515\,8$ MPa。

(2) 冷凝温度比冷却水进出口平均温度高 5 ～ 7 ℃，即

$$t_k = t_{pj} + (5 \sim 7\ ℃)$$

若采用立式壳管式冷凝器，冷却水在冷凝器中的温升取 3 ℃，出冷凝器的冷却水温度为 $t_2 = t_1 + 3\ ℃ = (32+3)\ ℃ = 35\ ℃$，$t_k = \left(\frac{32+35}{2} + 6\right)\ ℃ = 39.5\ ℃$，取 $t_k = 40\ ℃$。与冷凝温

度 t_k 相对应的 $p_k=1.554\ 9$ MPa。

(3) 过冷温度比冷凝温度低 3～5 ℃，取过冷度为 5 ℃，则过冷温度为

$$t_{rc}=t_k-5\ ℃=(40-5)\ ℃=35\ ℃$$

(4) 压缩机的吸气温度比蒸发温度高 5 ℃，即

$$t_1=t_0+5\ ℃=(5+5)\ ℃=10\ ℃$$

2. 确定各状态点的参数

根据上述已知条件，在制冷剂 R717 的 lg$p$－h 图上画出制冷循环工作过程，如图 1－1－5 所示。

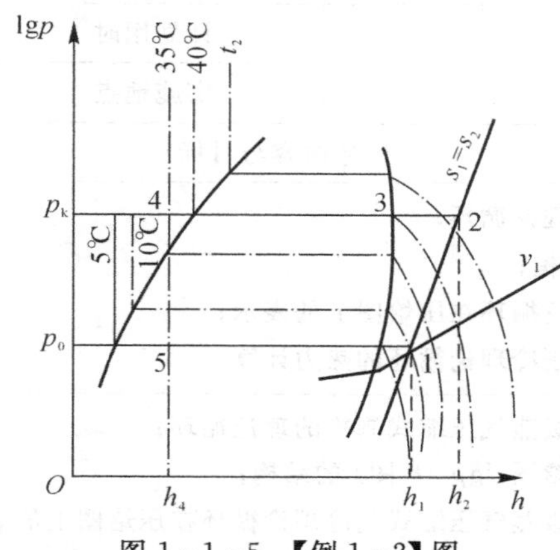

图 1－1－5 【例 1－2】图

按此图在 lg$p$－h 图上查出各状态点的参数如下：

点 1 由 p_0 与 $t_1=10$ ℃ 相交求得，$h_1=1\ 779$ kJ/kg，$v_1=0.25\ m^3/kg$。由点 1 沿着等比熵线向上与 p_k 相交得点 2，$h_2=1\ 940$ kJ/ kg。再根据 $t_{rc}=35$ ℃ 与 p_k 相交得点 4，$h_4=662$ kJ/kg，由点 4 沿等比焓线与 p_0 相交得点 5，由于 $h_4=h_5$，则有 $h_5=662$ kJ/kg。

3. 热力计算

(1) 单位质量制冷量为

$$q_0=h_1-h_5=(1\ 779-662)\ \text{kJ/kg}=1\ 117\ \text{kJ/kg}$$

(2) 单位容积制冷量为

$$q_v=\frac{q_0}{v_1}=\frac{1\ 117}{0.25}\ \text{kg/m}^3=4\ 468\ \text{kg/m}^3$$

(3) 制冷剂的质量流量和体积流量为

$$M_R=\frac{\phi_0}{q_0}=\frac{25}{1\ 117}\ \text{kg/s}=0.022\ 4\ \text{kg/s}$$

$$V_R=M_Rv_1=0.022\ 4\times0.25\ \text{m}^3/\text{s}=0.005\ 6\ \text{m}^3/\text{s}$$

(4) 冷凝器的热负荷为

$$\phi_k=M_R(h_2-h_4)=0.022\ 4\times(1\ 940-662)\ \text{kW}=28.63\ \text{kW}$$

(5) 压缩机的理论耗功率为

$$P_{th}=M_R(h_2-h_1)=0.024\times(1\ 940-1\ 779)\ \text{kW}=3.61\ \text{kW}$$

(6) 理论制冷系数为

$$\varepsilon_{th}=\frac{\phi_0}{p_{th}}=\frac{25}{3.61}=6.93$$

任务实施

根据项目任务书和项目任务完成报告进行任务实施，见表 1-1-1 和表 1-1-2。

表 1-1-1　项目任务书

<table>
<tr><td>任务名称</td><td colspan="3">单级蒸气压缩的制冷循环</td></tr>
<tr><td>小组成员</td><td colspan="3"></td></tr>
<tr><td>指导教师</td><td></td><td>计划用时</td><td></td></tr>
<tr><td>实施时间</td><td></td><td>实施地点</td><td></td></tr>
<tr><td colspan="4">任务内容与目标</td></tr>
<tr><td colspan="4">1. 了解单级蒸气压缩式制冷的理论循环；
2. 掌握压焓图（lg$p-h$ 图）的结构；
3. 熟悉单级蒸气压缩式制冷理论循环在压焓图上的表示；
4. 能正确进行单级蒸气压缩式制冷理论循环的热力计算</td></tr>
<tr><td>考核项目</td><td colspan="3">1. 单级蒸气压缩式制冷的理论循环；
2. 压焓图（lg$p-h$ 图）的结构；
3. 单级蒸气压缩式制冷理论循环在压焓图上的表示；
4. 单级蒸气压缩式制冷的理论循环的热力计算</td></tr>
<tr><td>备注</td><td colspan="3"></td></tr>
</table>

表 1-1-2　项目任务完成报告

<table>
<tr><td>任务名称</td><td colspan="3">单级蒸气压缩的制冷循环</td></tr>
<tr><td>小组成员</td><td></td><td></td><td></td></tr>
<tr><td>具体分工</td><td></td><td></td><td></td></tr>
<tr><td>计划用时</td><td></td><td>实际用时</td><td></td></tr>
<tr><td>备注</td><td colspan="3"></td></tr>
<tr><td colspan="4">1. 进冷凝器的冷却水温度 $t_1=22$ ℃，采用立式壳管式冷凝器，水在冷凝器中的温升 $\Delta t=3\sim5$ ℃，冷凝温度是多少？（参照【例 1-1】计算）

2. 某空调系统的制冷量为 20 kW，采用 R134a 制冷剂，制冷系统采用回热循环，已知 $t_0=0$ ℃，$t_k=40$ ℃，蒸发器、冷凝器出口的制冷剂均为饱和状态，吸气温度为 15 ℃，试进行制冷理论循环的热力计算。（参照【例 1-2】计算）

3. 在蒸气压缩制冷循环的热力计算中为什么多采用 lg$p-h$ 取图？试说明 lg$p-h$ 图的构成。

4. 在进行制冷理论循环热力计算时，首先应确定哪些工作参数？制冷循环热力计算应包括哪些内容？

5. 简述单级蒸气压缩式制冷理论循环在压焓图上的表示。</td></tr>
</table>

任务评价

根据项目任务综合评价表进行任务评价，见表 1－1－3。

表 1－1－3　项目任务综合评价表

任务名称：　　　　　　　　　　　　　　　　　　测评时间：　　年　　月　　日

考核明细		标准分	实训得分								
			小组成员								
			小组自评	小组互评	教师评价	小组自评	小组互评	教师评价	小组自评	小组互评	教师评价
团队60分	小组是否能在总体上把握学习目标与进度	10									
	小组成员是否分工明确	10									
	小组是否有合作意识	10									
	小组是否有创新想(做)法	10									
	小组是否如实填写任务完成报告	10									
	小组是否存在问题和具有解决问题的方案	10									
个人40分	个人是否服从团队安排	10									
	个人是否完成团队分配任务	10									
	个人是否能与团队成员及时沟通和交流	10									
	个人是否能够认真描述困难、错误和修改的地方	10									
合计		100									

思考练习

1. 压焓图($\lg p-h$ 图) 的结构。

(1) ____________ 为一水平线。

(2) ____________ 为一垂直线。

(3) ____________ 在过冷液体区几乎为垂直线；在湿蒸气区因工质状态的变化是在等压、等温下进行的，故等压线与等温线重合，是水平线；在过热蒸气区为向右下方弯曲的倾斜线。

(4) ____________ 为一向右上方倾斜的虚线。

(5) ____________ 为一向右上方倾斜的虚线，但比等比熵线平坦。

(6) ____________ 只存在于温蒸气区域内，其方向大致与饱和液体线或饱和蒸气线相近，视干度大小而定。

2. 已知制冷剂为 R22，将压力为 0.2 MPa 的饱和蒸气等熵压缩到 1 MPa。求压缩后的比焓 h 和温度 t 各为多少?

3. 已知某制冷机以 R12 为制冷剂，制冷量为 16.28 kW。循环的蒸发温度 $t_0=-15$ ℃，冷

凝温度 $t_k = 30$ ℃，过冷温度 $t_{rc} = 25$ ℃，压缩机吸气温度 $t_1 = 15$ ℃。

(1) 将该循环画在 $\lg p - h$ 图上；

(2) 确定各状态下的有关参数值(v、h、s、t、p)；

(3) 进行理论循环的热力计算。

任务二　两级蒸气压缩的制冷循环

任务描述

PPT
两级蒸气压缩的制冷循环

随着制冷技术在各行各业的广泛使用，要求达到的蒸发温度越来越低，而单级压缩式制冷循环能获得的最低蒸发温度一般为 −20 ～ −40 ℃，当用户需要更低温度时，用单级制冷循环难以实现，这时必须采用双级蒸气压缩制冷循环。

任务资讯

一、概述

一般单级蒸气压缩制冷循环常用中温制冷剂，其蒸发温度一般只能达到 −20 ～ −40 ℃。由于冷凝温度及其对应的冷凝压力受到环境条件的限制，所以当冷凝压力一定时，要想获得较低的蒸发温度，压缩比 p_k/p_0 必然很大。而压缩比过大，会导致制冷压缩机的容积效率减小，使制冷量降低，排气温度过高，润滑油变稀，危害制冷压缩机的正常工作。通常单级制冷压缩机压缩比的合理范围大致为：氨 $p_k/p_0 \leqslant 8$，氟利昂 $p_k/p_0 \leqslant 10$，当压缩比超过上述范围时，就应采用两级蒸气压缩制冷循环。

两级蒸气压缩制冷循环的主要特点是将来自蒸发器的低压蒸气先用低压级制冷压缩机压缩至适当的中间压力，然后经中间冷却器冷却后再进入高压级制冷压缩机再次压缩至冷凝压力。这样既可以获得较低的蒸发温度，又可使制冷压缩机的压缩比控制在合理范围内，保证制冷压缩机安全可靠地运行。

双级压缩根据中间冷却器的工作原理不同，分为完全中间冷却的双级压缩和不完全中间冷却的双级压缩。工程中氨系统主要采用一次节流、完全中间冷却的双级压缩制冷循环；氟利昂系统则采用一次节流、不完全中间冷却的双级压缩制冷循环。

二、一次节流、完全中间冷却的双级压缩制冷循环

(一) 制冷循环的工作原理

一次节流、完全中间冷却的双级压缩制冷循环的工作原理，如图 1-2-1 所示。

该制冷循环的工作原理为：从蒸发器出来的低压蒸气被低压级制冷压缩机吸入后压缩至中间压力，被压缩后的过热蒸气进入中间冷却器，被来自膨胀阀的液态制冷剂冷却至饱和状态，再经高压制冷压缩机继续压缩至冷凝压力，然后进入冷凝器中冷凝成高压液体。由冷凝器

流出的液体分成两路，一路经膨胀阀节流至中间压力进入中间冷却器，利用它的气化来冷却低压制冷压缩机排出的中间压力的蒸气和盘管中的高压液体，气化的蒸气连同节流后的闪发气体及冷却后的中压蒸气一起进入高压制冷压缩机；另一路在中间冷却器的盘管内被过冷后进入膨胀阀，节流后进入蒸发器中蒸发吸热，吸收被冷却物体的热量，以达到制冷的目的。

在图1-2-1(b)中，1→2表示低压蒸气在低压级制冷压缩机中的压缩过程；2→3表示中压过热蒸气在中间冷却器中的冷却过程；3→4表示中压蒸气在高压制冷压缩机中的压缩过程；4→5表示高压蒸气在冷凝器中的冷却和冷凝过程；5→6表示高压液体在膨胀阀①的节流过程；6→3表示中压液体(含有少量闪发气体)在中间冷却器中的蒸发吸热过程；5→7表示高压液体在中间冷却器盘管内的再冷却过程；7→8表示高压液体制冷剂在膨胀阀②的节流过程；8→1表示低压低温液体(含有少量闪发气体)在蒸发器中的蒸发吸热过程。

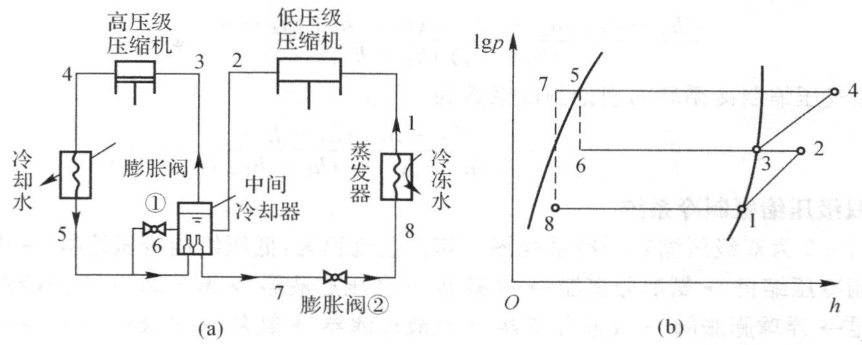

图1-2-1　一次节流、完全中间冷却的双级压缩制冷

(a) 工作流程；(b) 理论循环

(二) 热力计算

在两级压缩制冷中，流经各设备的制冷剂的质量流量并不相等。流经膨胀阀②、蒸发器和低压级制冷压缩机的制冷剂的质量流量为M_{R1}，流经膨胀阀①进入中间冷却器的制冷剂的质量流量为M_{R2}，流经高压级制冷压缩机和冷凝器的制冷剂的质量流量为M_R。因此，在进行热力计算时必须首先计算出流经各设备的制冷剂的质量流量，然后才能计算出各级制冷压缩机的耗功率、循环的制冷系数等。

对于中间冷却器，根据质量守恒定律，可得

$$M_R = M_{R1} + M_{R2} \tag{1-18}$$

若已知需要的制冷量为ϕ_0，则

$$M_{R1} = \frac{\phi_0}{h_1 - h_8} \tag{1-19}$$

在中间冷却器中，质量流量为M_{R2}的液态制冷剂气化，使得质量流量为M_{R1}的中压高温蒸气和高压高温液体被冷却。由此可得热平衡方程为

$$M_{R1}(h_2 - h_3) + M_{R1}(h_5 - h_7) = M_{R2}(h_3 - h_6)$$

$$M_{R2} = \frac{(h_2 - h_3) + (h_5 - h_7)}{h_3 - h_6} M_{R1} \tag{1-20}$$

由于$h_5 = h_6$，$h_7 = h_8$，则有

$$M_R = M_{R1} + M_{R2} = \left[1 + \frac{(h_2 - h_3) + (h_5 - h_7)}{h_3 - h_6}\right] M_{R1} =$$

$$\frac{h_2-h_7}{h_3-h_6}M_{R1}=\frac{h_2-h_7}{(h_3-h_6)(h_1-h_7)}\phi_0 \tag{1-21}$$

则低压级制冷压缩机的理论耗功率为

$$P_{th1}=M_{R1}(h_2-h_1)=\frac{h_2-h_1}{h_1-h_7}\phi_0 \tag{1-22}$$

高压级制冷压缩机的理论耗功率为

$$P_{th2}=M_R(h_4-h_3)=\frac{(h_2-h_7)(h_4-h_3)}{(h_3-h_6)(h_1-h_7)}\phi_0 \tag{1-23}$$

两级蒸气压缩制冷循环的理论总耗功率为

$$P_{th}=P_{th1}+P_{th2}=\frac{h_2-h_1}{h_1-h_7}\phi_0+\frac{(h_2-h_7)(h_4-h_3)}{(h_3-h_6)(h_1-h_7)}\phi_0=$$

$$\frac{(h_3-h_6)(h_2-h_1)+(h_2-h_7)(h_4-h_3)}{(h_3-h_6)(h_1-h_7)}\phi_0 \tag{1-24}$$

两级蒸气压缩制冷循环的理论制冷系数为

$$\varepsilon_{th}=\frac{\phi_0}{P_{th}}=\frac{(h_3-h_6)(h_1-h_7)}{(h_3-h_6)(h_2-h_1)+(h_2-h_7)(h_4-h_3)} \tag{1-25}$$

(三) 双级压缩氨制冷系统

图 1-2-2 为双级压缩氨制冷系统图。其工艺流程为:低压级制冷压缩机 → 中间冷却器 → 高压级制冷压缩机 → 氨油分离器 → 冷凝器 → 高压贮液器 → 调节站 → 中间冷却器盘管 → 氨液过滤器 → 浮球膨胀阀 → 气液分离器 → 氨液过滤器 → 氨泵 → 供液调节站 → 蒸发排管 → 回气调节站 → 气液分离器 → 低压级制冷压缩机。

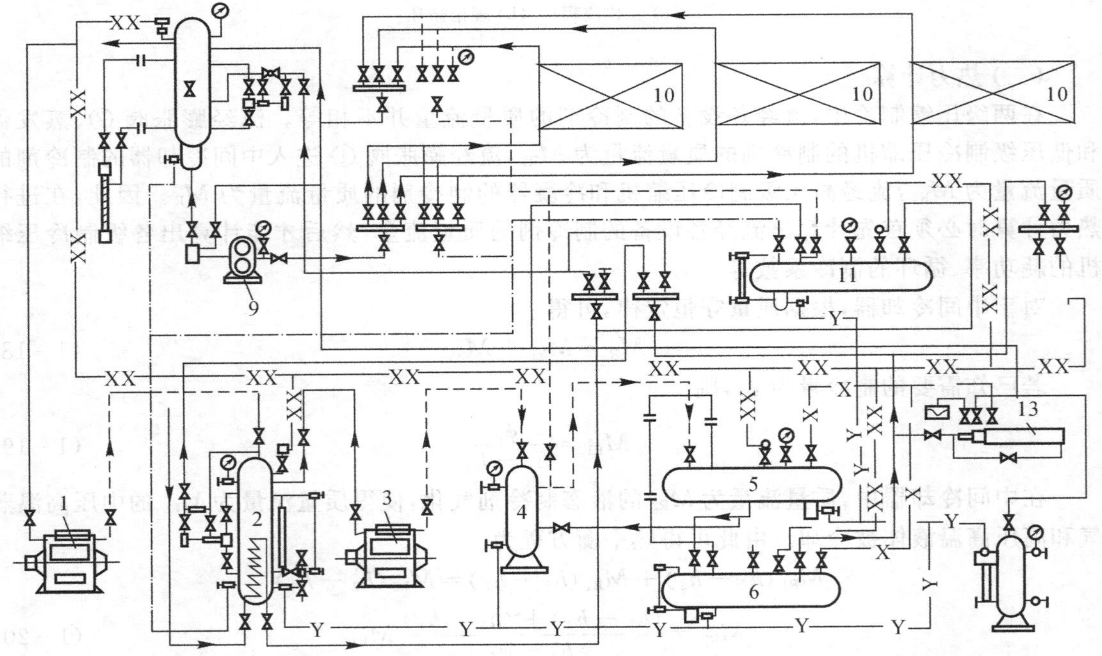

图 1-2-2 双级压缩氨制冷系统图

1— 低压级制冷压缩机;2— 中间冷却器;3— 高压级制冷压缩机;4— 氨油分离器;5— 冷凝器;6— 高压贮液器;7— 调节阀;8— 气液分离器;9— 氨泵;10— 蒸发排管;11— 排液桶;12— 集油器;13— 空气分离器;

XX— 安全管; X— 放空气管; Y— 放油管

三、一次节流、不完全中间冷却的双级压缩制冷循环

（一）制冷循环的工作原理

氟利昂系统采用不完全中间冷却的双级压缩，其目的是希望制冷压缩机的过热度大一些。这样，既能改善制冷压缩机的运行性能，又能改善制冷循环的热力性能。

一次节流、不完全中间冷却的双级压缩制冷的工作原理，如图 1-2-3 所示。

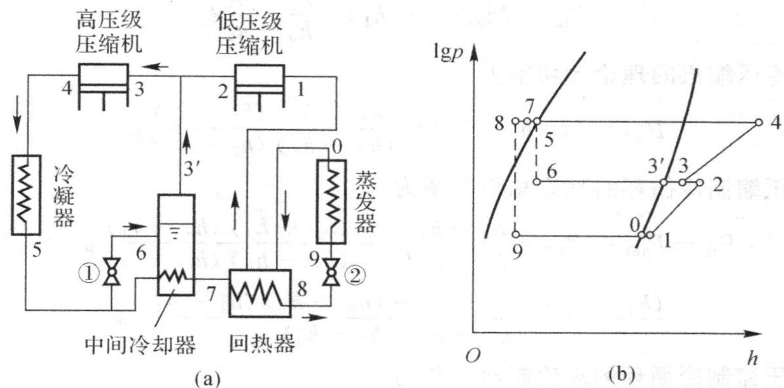

图 1-2-3　一次节流、不完全中间冷却的双级压缩制冷

(a) 工作流程；(b) 理论循环

不完全中间冷却的双级压缩与完全中间冷却的双级压缩的主要区别为：低压级制冷压缩机的排气不在中间冷却器中冷却，而是与中间冷却器中产生的饱和蒸气在管路中混合后再进入高压级制冷压缩机中。系统中还设有回热器，使低压蒸气与高压液体进行热交换，以保证低压级制冷压缩机吸气的过热度。

（二）热力计算

在进行热力计算时，首先要确定高压级制冷压缩机的吸气状态点 3。状态点 3′ 是由状态点 2 和状态点 3 这两种状态混合而成的，由此可得热平衡方程为

$$M_{R1}h_2 + M_{R2}h_3 = (M_{R1} + M_{R2})h_3$$

$$h_3 = \frac{M_{R1}h_2 + M_{R2}h_3}{M_{R1} + M_{R2}} = \frac{M_{R1}h_2 + M_{R2}h_3 + M_{R1}h_3 - M_{R1}h_3}{M_{R1} + M_{R2}} = h_3 + \frac{M_{R1}}{M_{R1} + M_{R2}}(h_2 - h_3) \tag{1-26}$$

低压级制冷压缩机制冷剂的质量流量为

$$M_{R1} = \frac{\phi_0}{h_0 - h_9} \tag{1-27}$$

在中间冷却器中，质量流量为 M_{R2} 的制冷剂气化，使得质量流量为 M_{R1} 的高压液体被冷却。由此可得热平衡方程为

$$M_{R2}(h_{3'} - h_6) = M_{R1}(h_5 - h_7)$$

$$M_{R2} = \frac{h_5 - h_7}{h_{3'} - h_6}M_{R1} = \frac{h_5 - h_7}{(h_{3'} - h_6)(h_0 - h_9)}\phi_0 \tag{1-28}$$

高压级制冷压缩机制冷剂的质量流量为

$$M_R = M_{R1} + M_{R2} = \frac{\phi_0}{h_0 + h_9} + \frac{h_5 - h_7}{(h_{3'} - h_6)(h_0 - h_9)}\phi_0 =$$

$$\frac{(h_{3'}-h_6)+(h_5-h_7)}{(h_{3'}-h_6)(h_0-h_9)}\phi_0=\frac{h_{3'}-h_7}{(h_{3'}-h_6)(h_0-h_9)}\phi_0 \tag{1-29}$$

将式(1-27)和式(1-29)代入式(1-26),整理后为

$$h_3=h_{3'}+\frac{(h_{3'}-h_6)(h_2-h_{3'})}{h_{3'}-h_7} \tag{1-30}$$

则低压级制冷压缩机的理论耗功率为

$$P_{\mathrm{th1}}=M_{\mathrm{R1}}(h_2-h_1)=\frac{h_2-h_1}{h_0-h_9}\phi_0 \tag{1-31}$$

高压级制冷压缩机的理论耗功率为

$$P_{\mathrm{th2}}=M_{\mathrm{R}}(h_4-h_3)=\frac{(h_{3'}-h_7)(h_4-h_3)}{(h_{3'}-h_6)(h_0-h_9)}\phi_0 \tag{1-32}$$

双级蒸气压缩制冷循环的理论总耗功率为

$$P_{\mathrm{th}}=P_{\mathrm{th1}}+P_{\mathrm{th2}}=\frac{h_2-h_1}{h_0-h_9}\phi_0+\frac{(h_{3'}-h_7)(h_4-h_3)}{(h_{3'}-h_6)(h_0-h_9)}\phi_0=$$

$$\frac{(h_{3'}-h_6)(h_2-h_1)+(h_{3'}-h_7)(h_4-h_3)}{(h_{3'}-h_6)(h_0-h_9)}\phi_0 \tag{1-33}$$

双级蒸气压缩制冷循环的理论制冷系数为

$$\varepsilon_{\mathrm{th}}=\frac{\phi_0}{P_{\mathrm{th}}}=\frac{(h_{3'}-h_6)(h_0-h_9)}{(h_{3'}-h_6)(h_2-h_1)+(h_{3'}-h_7)(h_4-h_3)} \tag{1-34}$$

(三)双级压缩氟利昂制冷系统

图1-2-4所示为双级压缩氟利昂制冷系统图。其工艺流程为:低压级制冷压缩机→油分离器→(与来自中间冷却器的蒸气混合)→高压级制冷压缩机→油分离器→冷凝器→干燥过滤器→中间冷却器盘管→回热器→电磁阀→热力膨胀阀→空气冷却器(即蒸发器)→回热器→低压级制冷压缩机。

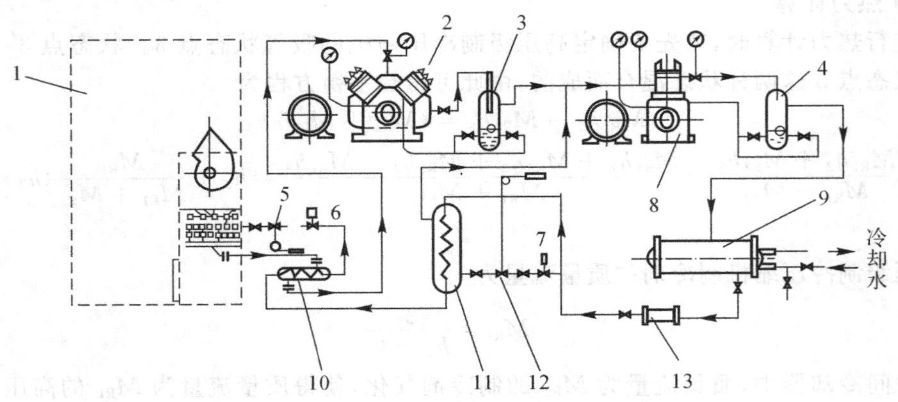

图1-2-4　双级压缩氟利昂制冷系统图

1—空气冷却器;2—低压级制冷压缩机;3,4—油分离器;5,12—热力膨胀阀;6,7—电磁阀;8—高压级制冷压缩机;9—冷凝器;10—回热器;11—中间冷却器;13—干燥过滤器

四、选择制冷压缩机时中间压力的确定

在设计双级压缩制冷系统时,选定适宜的中间压力可以使得双级压缩制冷系统所耗的总

功率最小。这个中间压力称为最佳中间压力，其计算公式为

$$p=\sqrt{p_0 p_k} \quad (\text{Pa}) \tag{1-35}$$

但是由于制冷剂蒸气不是理想气体，而且高、低压级制冷压缩机吸气温度不同，吸入蒸气的质量也不相等，所以应对式(1－35)进行如下修正：

$$p=\varphi\sqrt{p_0 p_k} \quad (\text{Pa}) \tag{1-36}$$

式中　φ——与制冷剂性质有关的修正系数。

从实际实验结果得出结论：在相同压缩比时，低压级制冷压缩机的容积效率要比高压级制冷压缩机小，而且当蒸发温度越低，吸气压力越小时，容积效率降低越大。因此，为了提高低压级制冷压缩机的容积效率以获得较大的制冷量，通常将低压级制冷压缩机的压缩比取得小些。实际情况表明，最佳中间压力值的确定与许多因素有关，不仅希望双级制冷压缩机的气缸总容积为最小值，而且应使双级制冷压缩机的实际制冷系数为最大值，这样可缩小制冷压缩机的结构尺寸，提高经济性。同时还要求高压级制冷压缩机的排气温度适当低一些，以改善制冷压缩机的润滑性能。

综合以上的要求，修正系数 φ 推荐取下列数值：

对制冷剂 R22，$\varphi=0.9\sim0.95$；

对制冷剂 R717，$\varphi=0.95\sim1.0$。

五、中间冷却器

中间冷却器可分为完全中间冷却和不完全中间冷却两种，如图 1－2－5 所示。中间冷却器的壳体断面应保证气流速度不超过 0.5 m/s，盘管中液体制冷剂的流速为 0.4 ～ 0.7 m/s。氨中间冷却器的传热系数为 600 ～ 700 W/(m²·℃)，氟利昂中间冷却器的传热系数为 350 ～ 400 W/(m²·℃)。

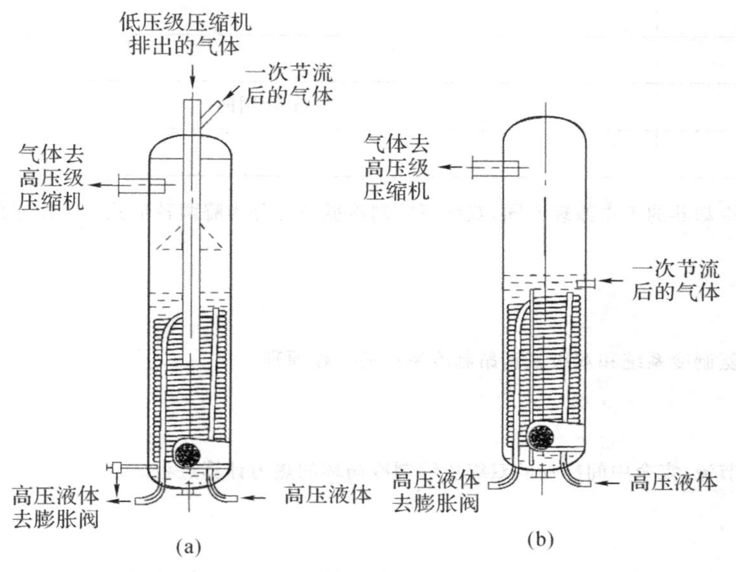

图 1－2－5　中间冷却器示意图

(a) 完全中间冷却器；(b) 不完全中间冷却器

任务实施

根据项目任务书和项目任务完成报告进行任务实施，见表 1-2-1 和表 1-2-2。

表 1-2-1 项目任务书

<table>
<tr><td>任务名称</td><td colspan="3">两级蒸气压缩的制冷循环</td></tr>
<tr><td>小组成员</td><td colspan="3"></td></tr>
<tr><td>指导教师</td><td></td><td>计划用时</td><td></td></tr>
<tr><td>实施时间</td><td></td><td>实施地点</td><td></td></tr>
<tr><td colspan="4">任务内容与目标</td></tr>
<tr><td colspan="4">1. 掌握一次节流、完全中间冷却的双级压缩制冷循环的工作原理和热力计算；
2. 掌握一次节流、不完全中间冷却的双级压缩制冷循环的工作原理和热力计算；
3. 确定选择制冷压缩机时的中间压力</td></tr>
<tr><td>考核项目</td><td colspan="3">1. 一次节流、完全中间冷却的双级压缩制冷循环的工作原理；
2. 一次节流、完全中间冷却的双级压缩制冷循环的热力计算；
3. 一次节流、不完全中间冷却的双级压缩制冷循环的工作原理；
4. 一次节流、不完全中间冷却的双级压缩制冷循环的热力计算；
5. 确定选择制冷压缩机时的中间压力</td></tr>
<tr><td>备注</td><td colspan="3"></td></tr>
</table>

表 1-2-2 项目任务完成报告

<table>
<tr><td>任务名称</td><td colspan="3">两级蒸气压缩的制冷循环</td></tr>
<tr><td>小组成员</td><td></td><td></td><td></td></tr>
<tr><td>具体分工</td><td></td><td></td><td></td></tr>
<tr><td>计划用时</td><td></td><td>实际用时</td><td></td></tr>
<tr><td>备注</td><td colspan="3"></td></tr>
<tr><td colspan="4">1. 根据中间冷却器的工作原理不同，双级压缩制冷循环可分为哪两种形式？工作原理是什么？二者有何区别？

2. 试述双级氨制冷系统和双级氟利昂制冷系统的工作原理。

3. 试述一次节流、完全中间冷却的双级压缩制冷循环的热力计算过程。

4. 试述一次节流、不完全中间冷却的双级压缩制冷循环的热力计算过程。</td></tr>
</table>

任务评价

根据项目任务综合评价表进行任务评价，见表1-2-3。

表1-2-3　项目任务综合评价表

任务名称：　　　　　　　　　　　　　　　　　　　　　　测评时间：　　年　　月　　日

考核明细		标准分	实训得分								
			小组成员								
			小组自评	小组互评	教师评价	小组自评	小组互评	教师评价	小组自评	小组互评	教师评价
团队60分	小组是否能在总体上把握学习目标与进度	10									
	小组成员是否分工明确	10									
	小组是否有合作意识	10									
	小组是否有创新想(做)法	10									
	小组是否如实填写任务完成报告	10									
	小组是否存在问题和具有解决问题的方案	10									
个人40分	个人是否服从团队安排	10									
	个人是否完成团队分配任务	10									
	个人是否能与团队成员及时沟通和交流	10									
	个人是否能够认真描述困难、错误和修改的地方	10									
合计		100									

思考练习

1. 一次节流、完全中间冷却的双级压缩制冷循环的工作原理。

从蒸发器出来的＿＿＿＿＿被低压级制冷压缩机吸入后压缩至中间压力，被压缩后的＿＿＿＿＿进入＿＿＿＿＿，被来自膨胀阀的＿＿＿＿＿冷却至饱和状态，再经＿＿＿＿＿继续压缩至冷凝压力，然后进入冷凝器中冷凝成＿＿＿＿＿。由冷凝器流出的液体分成两路，一路经膨胀阀节流至中间压力进入＿＿＿＿＿，利用它的气化来冷却低压制冷压缩机排出的中间压力的蒸气和盘管中的＿＿＿＿＿，气化的蒸气连同节流后的＿＿＿＿＿及冷却后的中间压力的蒸气一起进入高压制冷压缩机；另一路在中间冷却器的盘管内被过冷后进入膨胀阀，节流后进入蒸发器中蒸发吸热，吸收被冷却物体的热量，以达到制冷的目的。

2. 试述不完全中间冷却的双级压缩与完全中间冷却的双级压缩的主要区别。

3. 试述双级压缩氟利昂制冷系统的工艺流程。

4. 有一双级压缩制冷系统，制冷剂为R717，已知 $p_0=0.717$ MPa，$p_k=1.167$ MPa，试确定其最佳中间压力。

5. 当蒸发温度为－80 ℃时，能否采用双级压缩制冷循环？为什么？

任务三　复叠式蒸气压缩的制冷循环

任务描述

PPT
复叠式蒸气压缩的制冷循环

由于受到制冷剂本身物理性质的限制，双级压缩制冷循环所能达到的最低的蒸发温度也是有一定限制的。这是因为：

(1)随着蒸发温度的降低，制冷剂的比体积要增大，单位容积制冷能力大为降低，则低压汽缸的尺寸也就大大增加。

(2)蒸发温度太低，相应的蒸发压力也很低，致使压缩机气缸的吸气阀不能正常工作，同时不可避免地会有空气渗入制冷系统内。

(3)蒸发温度必须高于制冷剂的凝固点，否则制冷剂无法进行循环。

从以上分析可知，为了获得低于－60～－70 ℃的蒸发温度，就不宜采用氨等作为制冷剂，而需要采用其他的制冷剂。但是，凝固点低的制冷剂临界温度也很低，不利于用一般冷却水或空气进行冷凝，这时必须采用复叠式蒸气压缩制冷循环。

本任务主要学习复叠式蒸气压缩式的制冷循环。

任务资讯

一、复叠式蒸气压缩制冷循环的工作原理

图1－3－1所示为复叠式蒸气压缩制冷循环的工作原理图，它由两个独立的单级压缩式制冷循环组成，左端为高温级制冷循环，制冷剂为R22；右端为低温级制冷循环，制冷剂为R13。蒸发冷凝器既是高温级制冷循环的蒸发器，又是低温级制冷循环的冷凝器。靠高温级制冷循环中制冷剂的蒸发来吸收低温级制冷循环中制冷剂的冷凝热量。

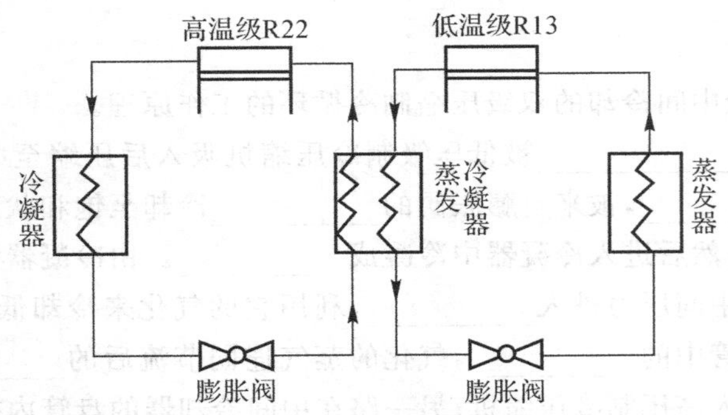

图1－3－1　复叠式蒸气压缩制冷循环的工作原理图

在复叠式蒸气压缩制冷循环中，为了保证低温级制冷循环中制冷剂的冷凝效果，则要求高温级制冷循环的蒸发温度低于低温级制冷循环的冷凝温度，一般低3～5 ℃。

复叠式蒸气压缩制冷循环的制冷温度范围见表1－3－1。当蒸发温度为－60～－80 ℃

时，高温级制冷循环与低温级制冷循环都采用单级；当蒸发温度为－80～－100 ℃时，高温级制冷循环应采用双级，低温级制冷循环采用单级；当蒸发温度为－100～－130 ℃时，高温级制冷循环应采用单级，低温级制冷循环应采用双级。

表 1－3－1　复叠式蒸气压缩制冷的使用温度范围

温度范围/℃	采用的制冷剂与制冷循环
－60～－80	R22 单级与 R3 单级复叠
－80～－100	R22 双级与 R13 单级复叠
－100～－130	R22 单级与 R13 双级复叠

二、复叠式压缩制冷系统图

图 1－3－2 所示为复叠式压缩制冷系统图。在低温级制冷循环的高压段和低压段之间有一个膨胀容器，它的作用是防止制冷机停机后低压级系统中的压力过高，以保证安全。

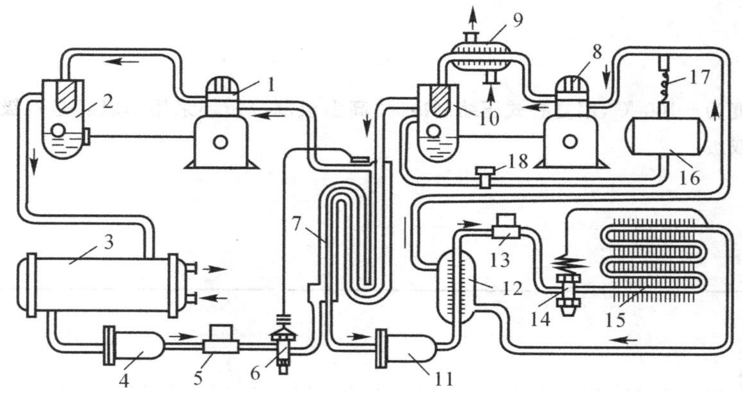

图 1－3－2　复叠式压缩制冷系统图

1—R22 制冷压缩机；　2，10—油分离器；　3—冷凝器；　4，11—过滤器；　5，13—电磁阀；　6，14—热力膨胀阀；　7—蒸发冷凝器；　8—R13 制冷压缩机；　9—预冷器；　12—回热器；　15—蒸发器；　16—膨胀容器；　17—毛细管；　18—单向阀

任务实施

根据项目任务书和项目任务完成报告进行任务实施，见表 1－3－2 和表 1－3－3。

表 1－3－2　项目任务书

任务名称	复叠式蒸气压缩的制冷循环		
小组成员			
指导教师		计划用时	
实施时间		实施地点	
任务内容与目标			
了解复叠式蒸气压缩制冷循环的工作原理			
考核项目	复叠式蒸气压缩制冷循环的工作原理		
备注			

表1-3-3 项目任务完成报告

<table>
<tr><td>任务名称</td><td colspan="3">复叠式蒸气压缩的制冷循环</td></tr>
<tr><td>小组成员</td><td></td><td></td><td></td></tr>
<tr><td>具体分工</td><td></td><td></td><td></td></tr>
<tr><td>计划用时</td><td></td><td>实际用时</td><td></td></tr>
<tr><td>备注</td><td colspan="3"></td></tr>
<tr><td colspan="4">1. 试述复叠式蒸气压缩制冷循环中蒸发冷凝器的作用。

2. 简述复叠式蒸气压缩制冷循环的工作原理。

3. 当蒸发温度为－100 ℃，用复叠式压缩制冷时，高温级制冷循环采用单级还是双级？低温级制冷循环采用单级还是双级？</td></tr>
</table>

任务评价

根据项目任务综合评价表进行任务评价，见表1-3-4。

表1-3-4 项目任务综合评价表

任务名称： 测评时间： 年 月 日

<table>
<tr><td colspan="2" rowspan="4">考核明细</td><td rowspan="4">标准分</td><td colspan="9">实训得分</td></tr>
<tr><td colspan="9">小组成员</td></tr>
<tr><td colspan="3"></td><td colspan="3"></td><td colspan="3"></td></tr>
<tr><td>小组自评</td><td>小组互评</td><td>教师评价</td><td>小组自评</td><td>小组互评</td><td>教师评价</td><td>小组自评</td><td>小组互评</td><td>教师评价</td></tr>
<tr><td rowspan="6">团队60分</td><td>小组是否能在总体上把握学习目标与进度</td><td>10</td><td></td><td></td><td></td><td></td><td></td><td></td><td></td><td></td><td></td></tr>
<tr><td>小组成员是否分工明确</td><td>10</td><td></td><td></td><td></td><td></td><td></td><td></td><td></td><td></td><td></td></tr>
<tr><td>小组是否有合作意识</td><td>10</td><td></td><td></td><td></td><td></td><td></td><td></td><td></td><td></td><td></td></tr>
<tr><td>小组是否有创新想(做)法</td><td>10</td><td></td><td></td><td></td><td></td><td></td><td></td><td></td><td></td><td></td></tr>
<tr><td>小组是否如实填写任务完成报告</td><td>10</td><td></td><td></td><td></td><td></td><td></td><td></td><td></td><td></td><td></td></tr>
<tr><td>小组是否存在问题和具有解决问题的方案</td><td>10</td><td></td><td></td><td></td><td></td><td></td><td></td><td></td><td></td><td></td></tr>
</table>

续 表

考核明细		标准分	实训得分								
			小组成员								
			小组自评	小组互评	教师评价	小组自评	小组互评	教师评价	小组自评	小组互评	教师评价
个人40分	个人是否服从团队安排	10									
	个人是否完成团队分配任务	10									
	个人是否能与团队成员及时沟通和交流	10									
	个人是否能够认真描述困难、错误和修改的地方	10									
合计		100									

思考练习

1. 复叠式蒸气压缩制冷循环的制冷温度范围。

当蒸发温度为__________时，高温级制冷循环与低温级制冷循环都采用__________；当蒸发温度为__________时，高温级制冷循环应采用__________，低温级制冷循环采用单级；当蒸发温度低于__________时，高温级制冷循环应采用单级，低温级制冷循环应采用双级。

2. 简述复叠式蒸气压缩制冷循环的工作原理。

项目二　制冷剂、载冷剂和润滑油的认识

制冷剂是制冷装置中进行循环制冷的工作物质，又称为“工质”。

载冷剂是空调工程、工业生产和科学试验中采用的制冷装置间接冷却被冷却物，或者将制冷装置产生的冷量远距离输送的中间物质。

润滑油是介于两个相对运动的物体之间，具有减少两个物体因接触而产生摩擦的功能者。

这三者都是制冷装置中重要的物质。本项目主要是认识制冷剂、载冷剂和润滑油。

项目目标

制冷剂、载冷剂和润滑油的认识

- 素养目标
  - 1. 提高学生的动手操作能力
  - 2. 培养学生乐观向上的敬业精神
  - 3. 培养学生探索实践的创新能力
  - 4. 培养学生知识获取和应用的自主学习能力
  - 5. 培养学生科学思维方式和判断分析问题的能力
- 知识目标
  - 1. 了解对制冷剂的基本要求、安全标准与分类命名
  - 2. 掌握制冷剂的基本热力特性
  - 3. 了解对载冷剂物理化学性质的要求
  - 4. 熟悉载冷剂盐水溶液和乙二醇
  - 5. 了解润滑油的使用目的
  - 6. 掌握润滑油的种类和使用
- 技能目标
  - 1. 会使用制冷剂
  - 2. 会使用载冷剂
  - 3. 会使用润滑油

任务一　制冷剂的认识

任务描述

PPT
制冷剂的认识

制冷剂是制冷装置中进行循环制冷的工作物质，又称为“工质”。自1834年Jacob Perkins采用乙醚制造出蒸气压缩式制冷装置以后，人们已尝试采用二氧化碳、氨、二氧化硫作为制冷剂；到20世纪初，一些碳氢化合物也被用作制冷剂，如乙烷、丙烷、氟甲烷、二氯乙烯、异丁烷等；直到1928年Midgley和Henne制出R12，氟利昂族制冷剂引起制冷技术真正的革新，人类开始从采用天然制冷剂步入采用合成制冷剂的时代。20世纪50年代出现了共沸混合工质，如R502等。20世纪60年代开始研究与试用非共沸混合工质。20

世纪70年代发现含氯或溴的合成制冷剂对大气臭氧层有破坏作用，而且造成了非常严重的温室效应。因此，考虑环境保护是当今选用制冷剂的重要前提。

任务资讯

一、对制冷剂的基本要求

(一)热力学性质

1. 制冷效率高

制冷剂的热力学性质对制冷系数的影响可用制冷效率 η_R 表示，选用制冷效率较高的制冷剂可以提高制冷的经济性。

2. 压力适中

制冷剂在低温状态下的饱和压力最好能接近大气压力，甚至高于大气压力。这是因为，如果蒸发压力低于大气压力，空气易于渗入、不易排出，这不仅影响蒸发器、冷凝器的传热效果，而且增加压缩机的耗功量。同时，因制冷系统一般均采用水或空气作为冷却介质使制冷剂冷凝成液态，故希望常温下制冷剂的冷凝压力也不宜过高，最好不超过 2 MPa，这样可以减少制冷装置承受的压力，也可减少制冷剂向外渗漏的可能性。

3. 单位容积制冷能力大

制冷剂单位容积制冷能力越大，产生一定制冷量时，所需制冷剂的体积循环量越小，此时就可以减少压缩机尺寸。一般而言，标准大气压力下沸点越低，单位容积制冷能力越大。例如，当蒸发温度 $t_0=0$ ℃，冷凝温度 $t_k=50$ ℃，膨胀阀前制冷剂再冷度 $\Delta t_{s.c}=0$ ℃，吸气过热度 $\Delta t_{s.h}=0$ ℃ 时，常用制冷剂的单位容积制冷能力如图 2-1-1 所示。

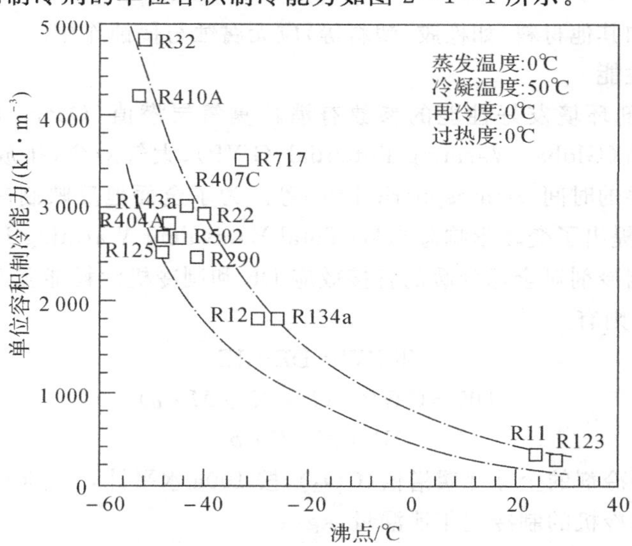

图 2-1-1　制冷剂的单位容积制冷能力与沸点的关系

当然，应辩证地看问题，对于大中型制冷压缩机希望压缩机尺寸尽可能小些，故要求制冷剂的单位容积制冷能力尽可能大是合理的。但是，对于小型制冷压缩机或离心式制冷压缩机，有时尺寸过小反而引起制造上的困难，要求制冷剂单位容积制冷能力小一些反而合理。

4. 临界温度高

制冷剂的临界温度高，便于用一般冷却水或空气对制冷剂进行冷却、冷凝。此外，制冷循环的工作区越远离临界点，制冷循环一般越接近逆卡诺循环，节流损失较小，制冷系数较高。

(二)物理化学性质

1. 与润滑油的互溶性

制冷剂与润滑油相溶，是制冷剂的一个重要特性。在蒸气压缩式制冷装置中，除离心式制冷压缩机外，制冷剂一般均与润滑油接触，致使二者相互混合或吸收形成制冷剂-润滑油溶液。根据制冷剂在润滑油中的可溶性，可分为有限溶于润滑油的制冷剂和无限溶于润滑油的制冷剂。

有限溶于润滑油的制冷剂，如 NH_3，其在润滑油中的溶解度(质量分数)一般不超过1%。如果加入较多的润滑油，则二者分为两层，一层为润滑油，另一层为含润滑油很少的制冷剂，因此，制冷系统中需设置油分离器、集油器，再采取措施将润滑油送回压缩机。

无限溶于润滑油的制冷剂，处于再冷状态时，可与任何比例的润滑油组成溶液；在饱和状态下，溶液的浓度则与压力、温度有关。有可能转化为有限溶于润滑油的制冷剂。在设计采用无限溶于润滑油的制冷剂的制冷系统时，希望采取措施使进入制冷系统中的润滑油与制冷剂一同返回压缩机。

2. 导热系数、放热系数高

制冷剂的导热系数、放热系数要高，这样可以减少蒸发器、冷凝器等热交换设备的传热面积，缩小设备尺寸。

3. 密度、黏度小

制冷剂的密度和黏度小，可以减小制冷剂管道口径和流动阻力。

4. 相容性好

制冷剂对金属和其他材料(如橡胶、塑料等)应无腐蚀与侵蚀作用。

(三)环境友好性能

反映一种制冷剂环境友好性能的参数有消耗臭氧层潜值(Ozone Depletion Potential, ODP)、全球变暖潜值(Global Warming Potential, GWP)、大气寿命(排放到大气层的制冷剂被分解一半时所需要的时间，Atmospheric Life)等。为了全面地反映制冷剂对全球变暖造成的影响，人们进一步提出了变暖影响总当量(Total Equivalent Warming Impact, TEWI)指标，该指标综合考虑了制冷剂对全球变暖的直接效应 DE 和制冷机消耗能源而排放的 CO_2 对全球变暖的间接效应 IE，则有

$$\mathrm{TEWI}=\mathrm{DE}+\mathrm{IE} \tag{2-1}$$

其中

$$\mathrm{DE}=\mathrm{GWP}\cdot(L\cdot N+M\cdot\alpha)$$

$$\mathrm{IE}=N\cdot E\cdot b$$

式中 GWP—— 制冷剂的全球变暖潜值(CO_2)，按100a 水平计，kg/kg；

L—— 制冷机的制冷剂年泄漏量，kg/a；

N—— 制冷机寿命(运转年限)，a；

M—— 制冷机的制冷剂充灌量，kg；

α—— 制冷机报废时的制冷剂损耗率；

E—— 制冷机的年耗电量，kW·h/a；

b——1 kW·h 发电量所排放的 CO_2 质量，kg/(kW·h)。

从式(2-1)可以看出，为降低温室效应，除降低制冷剂的 GWP 外，还需减少泄漏量、提高回收率，并改善制冷机的能源利用效率。

综合考虑制冷剂的 ODP、GWP 和大气寿命，当其排放到大气层后对环境的影响符合国际认可条件时，则认为是环境友好制冷剂。评价制冷机使用制冷剂的环境友好性能时，国际认可的条件为

$$LCGWP + LCODP \times 10^5 \leqslant 100 \tag{2-2}$$

其中
$$LCGWP = [GWP \cdot (L_r \times N + \alpha) \cdot R_c]/N$$
$$LCODP = [ODP \cdot (L_r \times N + \alpha) \cdot R_c]/N$$

式中　LCGWP——寿命周期直接全球变暖潜值指数(CO_2)，lb/(Rt·a)①；

LCODP——寿命周期臭氧层消耗潜值指数(R11)，lb/(Rt·a)；

GWP——制冷剂的全球变暖潜值(CO_2)，lb/lb；

ODP——制冷剂的臭氧层消耗潜值(R11)，lb/lb；

L_r——制冷机的制冷剂年泄漏率[占制冷剂充注量的百分比，默认值为(2%)/a]；

α——制冷机报废时的制冷剂损耗率(占制冷剂充注量的百分比，默认值为 10%)；

R_c——1 冷吨(Rt)制冷量的制冷剂充注量(默认值为 2.5 lb/Rt)；

N——设备寿命(默认值为 10 a)。

(四) 其他

制冷剂应无毒，不燃烧，不爆炸，易购而且价廉。

二、安全标准与分类命名

当今国际上对制冷剂的安全性分类与命名一般采用美国国家标准协会和美国供热制冷空调工程师学会标准《制冷剂命名和安全性分类》(ANSI/ASHRAE 34—2016)。我国国家标准《制冷剂编号方法和安全性分类》(GB/T 7778—2017) 在 ANSI/ASHRAE 34—2016 的基础上，增加了急性毒性指标和环境友好性能评价方法。

(一)安全性分类

1. 单组分制冷剂

制冷剂的安全性分类包括毒性和可燃性两项内容，由一个大写字母和一个数字两个符号组成。在我国的标准(GB/T 7778—2017)中，分为 A1～C3 共 9 个等级，见表 2-1-1。

表 2-1-1　制冷剂的安全分类

可燃性毒性		A	B	C
		低毒性	中毒性	高毒性
3	有爆炸性	A3	B3	C3
2	有燃烧性	A2	B2	C2
1	不可燃	A1	B1	C1

① 1 lb = 0.454 kg；1 Rt = 3.859 kW。

将制冷剂的毒性危害程序按照急性和慢性允许暴露量分为A、B、C三类，参见表2－1－2。其中，急性危害用致命浓度(Lethal Concentration)LC_{50}表征，慢性危害用最高允许浓度时间加权平均值(Threshshold Limit Value－Time Weighted Average)TLV－TWA表征。

表2－1－2　制冷剂的毒性危害程度分类

<table>
<tr><th rowspan="2">分类</th><th colspan="2">分类方法</th><th rowspan="2">备注</th></tr>
<tr><th>$LC_{50(4\text{-}hr)}$</th><th>TLV－TWA</th></tr>
<tr><td>A类</td><td>≥0.1%</td><td>≥0.04%</td><td rowspan="3">$LC_{50(4\text{-}hr)}$：表示物质在空气中的体积浓度，在此浓度的环境下持续暴露4 h可导致实验动物50%死亡；
TLV－TWA：以正常8 h工作日和40 h工作周的时间加权平均最高允许体积浓度，在此条件下，几乎所有工作人员可以反复地每日暴露其中而无有损健康的影响</td></tr>
<tr><td>B类</td><td>≥0.1%</td><td><0.04%</td></tr>
<tr><td>C类</td><td><0.1%</td><td><0.04%</td></tr>
</table>

可燃性则按燃烧最小浓度值(Lower Flammability Limit，LFL)和燃烧时产生的热量大小分为1,2,3三类，其分类原则见表2－1－3。

表2－1－3　制冷剂的燃烧性危害程度分类

分类	分类方法
1类	在101 kPa和18 ℃的大气中实验时，无火焰蔓延的制冷剂，即不可燃
2类	在101 kPa、21 ℃和相对湿度为50%条件下，制冷LFL>0.1 kg/m³，且燃烧产生热量小于19 000 kJ/kg者，即有燃烧性
3类	在101 kPa、21 ℃和相对湿度为50%条件下，制冷剂LFL≤0.1 kg/m³，且燃烧产生热量大于等于19 000 kJ/kg者，有很高的燃烧性，即有爆炸性

LFL是指在大气压力101 kPa、干球温度21 ℃、相对湿度50%并于容积为0.012 m^3的玻璃瓶中，采用电火花点燃火柴头作为点燃火源的实验条件下，能够在制冷剂和空气组成的均匀混合物中使火焰开始蔓延的制冷剂最小浓度；LFL通常表示为制冷剂的体积浓度，在25 ℃、101 kPa条件下，制冷剂的体积浓度×0.000 414 1×分子质量，可得到单位为kg/m^3的值。

2. 混合物制冷剂

制冷剂混合物中由于较易挥发组分先蒸发，不易挥发组分先冷凝而产生的混合物气液相组分浓度变化，称为浓度滑移(concentration glide)。混合物在浓度滑移时其组分的浓度发生变化，其燃烧性和毒性也可能变化。因此它应该有两个安全性分组类型，这两个类型使用一个斜杠(/)分开。每个类型都根据相同的分类原则按单组分制冷剂进行分类。第一个类型是混合物在规定组分浓度下进行分类，第二个类型是混合物在最大浓度滑移的组分浓度下进行分类。

对燃烧性的“最大浓度滑移”是指在该百分比组分下，气相或液相的燃烧性组分浓度最高。对毒性的“最大浓度滑移”是指在该百分比组分下，在气相和液相的$LC_{50(4\text{-}hr)}$和TLV－TWA的体积浓度分别小于0.1%和0.04%的组分浓度最高。一种混合物的$LC_{50(4\text{-}hr)}$和TLV－

TWA 应该由各组分的 $LC_{50(4-hr)}$ 和 TLV－TWA 按组分体积浓度进行计算。

(二)分类命名

目前使用的制冷剂有很多种，归纳起来可分四类，即无机化合物、碳氢化合物、氟利昂和混合溶液。而制冷剂分类命名的目的在于建立对各种通用制冷剂的简单表示方法，以取代使用其化学名称。制冷剂采用技术性前缀符号和非技术性前缀符号(也即成分标识前缀符号)两种方式进行命名。技术性前缀符号为“R”(制冷剂英文单词 refrigeration 的首字母大写)，如 $CHClF_2$ 用 R22 表示，主要应用于技术出版物、设备铭牌、样本以及使用维护说明书中；非技术性前缀符号是体现制冷剂化学成分的符号，如含有碳、氟、氯、氢，则分别用 C、F、Cl、H 表示，如 R22 用 HCFC22 表示，主要应用在有关臭氧层保护与制冷剂替代的非技术性、科普读物以及有关宣传类出版物中。

制冷剂的命名规则如下：

(1) 对于甲烷、乙烷等饱和碳氢化合物及其卤族衍生物(即氟利昂)，因饱和碳氢化合物的化学分子式为 C_mH_{2m+2}，故氟利昂的化学分子式可表示为 $C_mH_nF_xCl_yBr_z$，其原子数之间有下列关系：

$$2m+2=n+x+y+z$$

该类制冷剂编号为“R×××B×”。第一位数字为 $m-1$，此值为零时则省略不写；第二位数字为 $n+1$；第三位数字为 x；第四位数字为 z，如为零，则与字母“B”一同省略。根据上述命名规则可知：

甲烷族卤化物为“R0××”系列。例如，一氯二氟甲烷分子式为 CHF_2Cl，因为 $m-1=0$，$n+1=2$，$x=2$，$z=0$，故编号为 R22，称为氟利昂 22。

乙烷族卤化物为“R1××”系列。例如，二氯三氟乙烷分子式为 $CHCl_2CF_3$，因为 $m-1=1$，$n+1=2$，$x=3$，故编号为 R123，称为氟利昂 123。

丙烷族卤化物为“R2××”系列。例如，丙烷分子式为 C_3H_8，因为 $m-1=2$，$n+1=9$，$x=0$，故编号为 R290。

环丁烷族卤化物为“R3××”系列。例如，八氟环丁烷分子式为 C_4F_8，因为 $m-1=3$，$n+1=1$，$x=8$，故编号 R318。

(2)对于已商业化的非共沸混合物为“R4××”系列编号。该系列编号的最后两位数，并无特殊含义。例如，R407C 由 R32/R125/R134a 组成，质量百分比分别为 23%/25%/52%。

(3)对于已商业化的共沸混合物为“R5××”系列编号。该系列编号的最后两位数，并无特殊含义。例如，R507A 由质量百分比各为 50%的 R125 和 R143a 组成。

(4)对于各种有机化合物为“R6××”系列编号。该系列编号的最后两位数，并无特殊含义。例如，丁烷为 R600、乙醚为 R610。

(5)对于各种无机化合物为“R7××”系列编号。该系列编号的最后两位数为该化合物的相对分子质量。例如，氨(NH_3)相对分子质量为 17，故编号为 R717；二氧化碳(CO_2)编号为 R744。

(6)对于非饱和碳氢化合物为“R××××”系列编号。第一位数为非饱和碳键的个数，至于第二、三、四位数，与甲烷等饱和碳氢化合物编号相同，分别为碳(C)原子个数减 1、氢(H)原子个数加 1 以及氟(F)的原子个数。例如，乙烯(C_2H_4)编号为 R1150，氟乙烯(C_2H_3F)编号为 R1141。

三、制冷剂的基本热力特性

制冷剂在标准大气压(即 101.32 kPa 压力)下的饱和温度，通常称为沸点。各种制冷剂的沸点与其分子组成、临界温度等有关。在给定蒸发温度和冷凝温度条件下，各种制冷剂的蒸发压力、冷凝压力和单位容积制冷能力 q_v 与其沸点之间存在一定关系，即一般沸点越低，蒸发压力、冷凝压力越高，单位容积制冷能力越大，见表 2-1-4(a)和表 2-1-4(b)。因此，根据沸点的高低，可将制冷剂分为高温制冷剂、中温制冷剂和低温制冷剂。沸点高于 0 ℃，为高温制冷剂；沸点低于 −60 ℃，为低温制冷剂。另外，沸点越低的制冷剂在常温下的相变压力越高，故根据常温下制冷剂的相变压力的高低又可将制冷剂分为高压、压制冷剂。由此可见，高温制冷剂就是低压制冷剂，低温制冷剂就是高压制冷剂。空气调节用制冷机中采用中温、高温制冷剂。常用制冷剂的热力性质见表 2-1-5。

表 2-1-4(a)　低温、中温与高温制冷剂(一)

编号	化学式	沸点/℃	饱和压力/MPa		$q_v/(\mathrm{kJ \cdot m^{-3}})$	压缩比	制冷系数	排气温度/℃
			−15 ℃	30 ℃				
R744	CO_2	−78.40	2.291	7.208	15 429.9	3.15	2.96	70
R125	C_2HF_5	−48.57	0.536	1.570	2 227.4	3.93	3.68	42
R502	R22/115	−45.40	0.349	1.319	2 087.8	3.78	4.43	37
R290	C_3H_8	−42.09	0.291	1.077	1 815.1	3.71	4.74	47
R22	$CHClF_2$	−40.76	0.296	1.192	2 099.0	4.03	4.75	53
R717	NH_3	−33.30	0.236	1.164	2 158.7	4.94	4.84	98
R12	CCl_2F_2	−29.79	0.183	0.754	1 275.5	4.07	4.69	38
R134a	CF_3CH_2F	−26.16	0.160	0.770	1 231.3	4.81	4.42	43
R124	$CHClFCF_3$	−13.19	0.090	0.440	695.0	4.89	4.47	28
R600a	C_4H_{10}	−11.73	0.089	0.407	652.4	4.60	4.55	45
R600	C_4H_{10}	−0.50	0.056	0.283	439.7	5.05	4.68	45
R11	CCl_3F	23.82	0.020	0.126	204.5	6.24	5.09	40
R123	$CHCl_2CF_3$	27.87	0.016	0.110	160.7	5.50	4.36	28
R718	H_2O	100.00						

注：蒸发温度 −15 ℃，无过热，冷凝温度 30 ℃，无再冷。

表 2-1-4(b)　低温、中温与高温制冷剂(二)

编号	化学式	相对分子质量	凝固湿度/℃	临界温度/℃	沸点/℃	饱和压力/MPa		$q_v/(\mathrm{kJ \cdot m^{-3}})$
						4 ℃	46 ℃	
R14	CF_4	88.01	−184.9	−45.7	−127.90			
R23	CHF_3	70.02	−155	25.6	−82.10	2.781 5		

续 表

编号	化学式	相对分子质量	凝固湿度/℃	临界温度/℃	沸点/℃	饱和压力/MPa		q_v/(kJ·m^{-3})
						4 ℃	46 ℃	
R13	$CClF_3$	104.47	−181	28.8	−81.40	2.179		
R744	CO_2	44.01	−56.6	31.1	−78.40	3.868 6		
R32	CH_2F_2	52.02	−136	78.4	−51.80	0.922 14	2.862 0	5 746.1
R125	C_2HF_5	120.03	−103.15	66.3	−48.57	0.760 98	2.316 8	3 393.3
R502	R22/115	111.63		82.2	−45.40	0.647 86	1.9231	3 377.9
R290	C_3H_8	44.10	−187.7	96.7	−42.09	0.534 98	1.568 7	2 946.9
R22	$CHClF_2$	86.48	−160	96.0	−40.76	0.566 22	1.770 9	3 577.3
R717	NH_3	17.03	−77.7	133.0	−33.30	0.497 49	1.830 8	4 154.1
R12	CCl_2F_2	120.93	−158	112.0	−29.79	0.350 82	1.108 5	2 208.3
R134a	CF_3CH_2F	102.03	−96.60	101.1	−26.16	0.337 55	1.190 1	2 243.9
R152a	$CHClFCF_3$	66.15	−117	113.5	−25.00	0.304 25	1.064 6	2 170.8
R124	$CHClFCF_3$	136.47	−199.15	122.5	−13.19	0.189 48	0.699 4	1 325.5
R600a	C_4H_{10}	58.13	−160	135.0	−11.73	0.179 94	0.619 5	1 201.7
R764	SO_2	64.07	−75.5	157.5	−10.00			
R142b	$CClF_2CH_3$	100.50	−131	137.1	−9.80	0.169 30	0.618 2	1 270.4
R600	C_4H_{10}	58.13	−138.5	152.0	−0.50	0.120 03	0.446 9	884.4
R11	CCl_3F	137.38	−111.0	198.0	23.82	0.047 59	0.209 7	438.9
R123	$CHCl_2CF_3$	152.93	−107.15	183.79	27.87	0.039 12	0.187 6	364.4
R718	HO_2	18.02	0	373.99	100.00	0.000 81	0.010 3	14.7

注：蒸发温度 4 ℃，无过热，冷凝温度 46 ℃，无再冷。

表 2－1－5　常用制冷剂的热力性质

制冷剂	类别	无机物	卤代烃(氟利昂)				非共沸混合溶液	
	编号	R717	R123	R134a	R22	R32	R407C	R410A
化学式		NH_3	$CHCl_2CF_3$	CF_3CH_2F	$CHClF_2$	CH_2F_2	R32/125/134a (23/25/52)	R32/125 (50/50)
相对分子质量		17.03	152.93	102.03	86.48	52.02	95.03	86.03
沸点/℃		−33.3	27.87	−26.16	−40.76	051.8	泡点：−43.77 露点：−36.70	泡点：−51.56 露点：−51.50
凝固点/℃		−77.7	−107.15	−96.6	−160.0	−136.0	—	—

续 表

制冷剂	类别	无机物	卤代烃(氟利昂)				非共沸混合溶液	
	编号	R717	R123	R134a	R22	R32	R407C	R410A
临界温度 ℃		133.0	183.79	101.1	96.0	78.4	—	—
临界压力 MPa		11.417	3.674	4.067	4.974	5.830	—	—
密度	30 ℃液体 $kg \cdot m^{-3}$	595.4	1 450.5	1 187.2	1 170.7	938.9	泡点： 1 115.40	泡点： 1 034.5
	0 ℃饱和气 $kg \cdot m^{-3}$	3.456 7	2.249 6	14.419 6	21.26	21.96	泡点： 24.15	泡点： 30.481
比热容	30 ℃液体 $kJ \cdot (kg \cdot ℃)^{-1}$	4.843	1.009	1.447	1.282	—	泡点： 1.564	泡点： 1.751
	0 ℃饱和气 $kJ \cdot (kg \cdot ℃)^{-1}$	2.660	0.667	0.883	0.744	1.121	泡点： 0.9559	泡点： 1.0124
0 ℃饱和气绝热指数 (C_p/C_v)		1.400	1.104	L178	1.294	1.753	泡点： 1.252 6	泡点： 1.361
0 ℃比潜热 $kJ \cdot kg^{-1}$		1 261.81	179.75	198.68	204.87	316.77	泡点： 212.15	泡点： 221.80
导热系数	0 ℃液体 $W \cdot (m \cdot K)^{-1}$	0.175 8	0.083 9	0.093 4	0.096 2	0.147 4	—	—
	0 ℃饱和气 $W \cdot (m \cdot K)^{-1}$	0.009 09	—	0.011 79	0.009 5	—	—	—
黏度	0 ℃液体 10^3 Pa·s	0.520 2	0.569 6	0.287 4	0.210 1	0.193 2	—	—
	0 ℃饱和气 10^3 Pa·s	0.021 84	—	0.010 94	0.011 80	—	—	—
23 ℃相对绝缘强度 (以氮为 1)		0.83	—	—	1.3	—	—	—
安全级别		B2	B1	A1	A1	A2	A1/A1	A1/A1

(一)氟利昂

氟利昂是饱和碳氢化合物卤族衍生物的总称，是 20 世纪 30 年代出现的一类合成制冷剂。它的出现解决了对制冷剂有各种要求的问题。

氟利昂主要有甲烷族、乙烷族和丙烷族三组，其中氢、氟、氯的原子数对其性质影响很大。氢原子数减少，可燃性也减少；氟原子数越高，对人体越无害，对金属腐蚀性越小；氯原子数增多，可提高制冷剂的沸点，但是，氯原子越多对大气臭氧层破坏作用越严重。

大多数氟利昂本身无毒、无臭、不燃，与空气混合遇火也不爆炸，因此，适用于公共建筑或实验室的空调制冷装置。氟利昂中不含水分时，对金属无腐蚀作用；当氟利昂中含有水分时，能分解生成氯化氢、氟化氢，不但腐蚀金属，在铁制表面上还可能产生“镀铜”现象。

氟利昂的放热系数低，价格较高，极易渗漏又不易被发现，而且氟利昂的吸水性较差。为了避免发生“镀铜”和“冰塞”现象，系统中应装有干燥器。此外，卤化物暴露在热的铜表面，则产生很亮的绿色，故可用卤素喷灯检漏。

另外，由于对臭氧层的影响不同，根据氢、氟、氯组成情况可将氟利昂分为全卤化氯氟烃(CFCs)、不完全卤化氯氟烃(HCFCs)和不完全卤化氟烃化合物(HFCs)三类。其中全卤化氯氟烃(CFCs)，如 R11，R12 等，对大气臭氧层破坏严重。自 1987 年《蒙特利尔议定书》(*The Montreal Protocal*)及其修订案执行以来，CFCs 淘汰进程已基本结束；不完全卤化氯氟烃(HCFCs)，如 R22、R123 等，由于氢、氯共存，氯原子对大气臭氧层的破坏作用虽有所减缓，但目前全球也进入了 HCFCs 加速淘汰阶段；不完全卤化氟烃化合物(HFCs)，如 R32、R125、R134a，虽由于不含氯原子，对大气臭氧层无破坏作用，但由于其 GWP 较大，1997 年的《京都议定书》(*The Kyoto Protocal*)已将 HFCs 定为需限制排放的温室气体范围。因此，制冷剂的替代问题已成为当今全球共同面临的难题，需要世界科技工作者付出艰苦卓绝的努力。

1. 氟利昂 22(R22 或 HCFC22)

R22 化学性质稳定、无毒、无腐蚀、无刺激性，并且不可燃，广泛用于空调用制冷装置，特别是房间空调器和单元式空调器几乎均采用此种制冷剂，它也可满足一些需要－15 ℃以下较低蒸发温度的场合。

R22 是一种良好的有机溶剂，易于溶解天然橡胶和树脂材料。虽然对一般高分子化合物几乎没有溶解作用，但能使其变软、膨胀和起泡，故制冷压缩机的密封材料和采用制冷剂冷却的电动机的电器绝缘材料，应采用耐腐蚀的氯丁橡胶、尼龙和氟塑料等。另外，R22 在温度较低时与润滑油有限溶解，且比油重，故需采取专门的回油措施。

由于 R22 属于 HCFC 类制冷剂，对大气臭氧层稍有破坏作用，其 ODP＝0.034，GWP＝1 900，我国将在 2030 年淘汰 R22。

2. 氟利昂 123(R123 或 HCFC123)

R123 沸点为 27.87 ℃，ODP＝0.02，GWP＝93，目前是一种较好的替代 R11(CFC11)的制冷剂，已成功地应用于离心式制冷机。但是，R123 有毒性，安全级别被列为 B1。

3. 氟利昂 134a(R134a，现常称为 HFC134a)

R134a 的热工性能接近 R12(CFC12)，ODP＝0，GWP＝1300。R134a 液体和气体的导热系数明显高于 R12，在冷凝器和蒸发器中的传热系数比 R12 分别高 35%～40%和 25%～35%。

R134a 是低毒、不燃制冷剂，它与矿物油不相溶，但能完全溶解于多元醇酯(POE)类合成油；R134a 的化学稳定性很好，但吸水性强，只要有少量水分存在，在润滑油等因素的作用下，将会产生酸、CO 或 CO_2，对金属产生腐蚀作用或产生“镀铜”现象，因此 R134a 对系统的干燥和清洁性要求更高，且必须采用与之相容的干燥剂。

(二)无机化合物

1. 氨(R717)

氨(NH_3)除了毒性大以外，是一种很好的制冷剂。从 19 世纪 70 年代至今，一直被广泛使用。氨的最大优点是单位容积制冷能力大，蒸发压力和冷凝压力适中，制冷效率高，而且 ODP

和 GWP 均为 0。氨的最大缺点是有强烈刺激性，对人体有危害，目前规定氨在空气中的浓度不应超过 20mg/m³。氨是可燃物，空气中氨的体积百分比达 16%～25%时，遇明火有爆炸的危险。

氨吸水性强，但要求液氨中含水量不得超过 0.12%，以保证系统的制冷能力。氨几乎不溶于润滑油。氨对黑色金属无腐蚀作用，若氨中含有水分时，对铜和铜合金（磷青铜除外）有腐蚀作用。但是，氨价廉，一般生产企业采用较多。

2. 二氧化碳（R744）

二氧化碳是地球生物圈的组成物质之一，它无毒、无臭、无污染、不爆、不燃、无腐蚀，ODP=0，GWP=1。除了对环境方面的友好性外，它还具有优良的热物理性质。例如，CO_2的容积制冷能力是氟利昂 R22 的 5 倍，较高的容积制冷能力使压缩机进一步小型化；它的黏度较低，在 −40 ℃下其液体黏度是 5 ℃水的 1/8，即使在相对较低的流速下，也可以形成湍流流动，有很好的传热性能；采用 CO_2的制冷循环具有较低的压力比，可以提高绝热效率。此外，CO_2来源广泛、价格低廉，并与目前常用材料具有良好的相容性。基于 CO_2作为制冷剂的上述优点，研究人员在不断尝试将其应用于各种制冷、空调和热泵系统。

但是由于 CO_2的临界温度较低，仅为 31.1 ℃，故当冷却介质为冷却水或室外空气时，制取普通低温的制冷循环一般为跨临界循环，只有当冷凝温度低于 30 ℃时，CO_2才可能采用与常规制冷剂相似的亚临界循环。由于 CO_2的临界压力很高，为 73.75 bar①，处于跨临界或亚临界的制冷循环，系统内的工作压力都非常高，因此对压缩机、换热器等部件的机械强度有较高的要求。

（三）混合溶液

采用混合溶液作为制冷剂颇受重视。但是，对于二元混合溶液来说，由于其自由度为 2，所以要知道两个参数才能确定混合溶液的状态，一般选择温度-浓度、压力-浓度、焓-浓度等参数组合，绘制相应的相平衡图，以供使用（见图 2-1-2）。

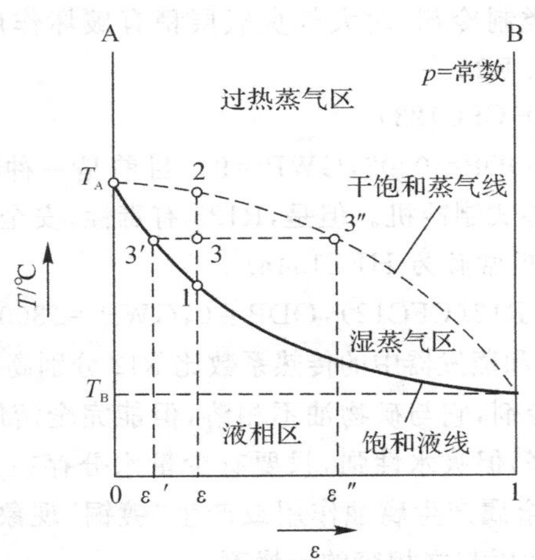

图 2-1-2　二元混合溶液的温度-浓度图

① 1 bar=0.1 MPa。

二元混合溶液的特性可从相平衡图中明显看出，如图 2－1－2 给出在某压力下 A、B 两组分的温度-浓度图。图中实曲线为饱和液线，虚曲线为干饱和蒸气线，两条曲线将相图分为三区：实线下方为液相区，虚线上方为过热蒸气区，两条曲线之间为湿蒸气区。图中表达了二元混合溶液的三个特性：

(1)在给定压力下，二元溶液的沸腾温度介于两个纯组分蒸发温度之间，即 T_A 和 T_B 之间。

(2)在给定压力下，蒸发过程或冷凝过程的蒸发温度或冷凝温度并非定值。如图中 1 和 2 两点，其中 1 点为某组分比情况下开始蒸发的温度，称为泡点；2 点为该组分比情况下开始冷凝的温度，称为露点；露点和泡点之差，称为温度滑移(temperature glide)，蒸发或冷凝过程温度在此两点之间变化。

(3)在给定压力下，湿蒸气区中气液两相组分浓度不同，如 3′、3″点，沸点低的组分，蒸气分压力高，气相浓度也高。但是，溶液的总质量和平均浓度不变，即

$$m = m' + m'' \tag{2-3}$$

$$m\varepsilon = m'\varepsilon' + m''\varepsilon'' \tag{2-4}$$

式中　m'—— 液相质量；

m''—— 气相质量；

ε'—— 液相浓度；

ε''—— 气相浓度。

对理想的二元混合溶液而言，此特性尤其明显。由于在等压下不存在单一的蒸发温度，故称为非共沸混合溶液。

当非共沸混合溶液的饱和液线与干饱和蒸气线非常接近时，其定压相变时的温度滑移很小(通常认为泡、露点温度差小于 1 ℃)，可视为近似等温过程，故将这类混合溶液叫作近共沸混合制冷剂(near zeotropic mixture refrigerant)。近共沸混合制冷剂在泄漏后再充注时，只要注意液相充注，其成分的微小变化不会较大地影响机组性能。

但是，也有一些真实溶液有一种完全不同的特性，如图 2－1－3 和图 2－1－4 所示。图 2－1－3给出具有最低沸点共沸溶液的温度-浓度图，图 2－1－4 给出具有最高沸点的共沸溶液的温度-浓度图。从图中可以看出，在某段浓度范围溶液的蒸发温度低于或高于两个纯组分的蒸发温度，具有最低沸点或最高沸点的浓度时，在给定压力下其蒸发温度或冷凝温度为定值，故称为共沸混合溶液，可以像纯组分一样使用。

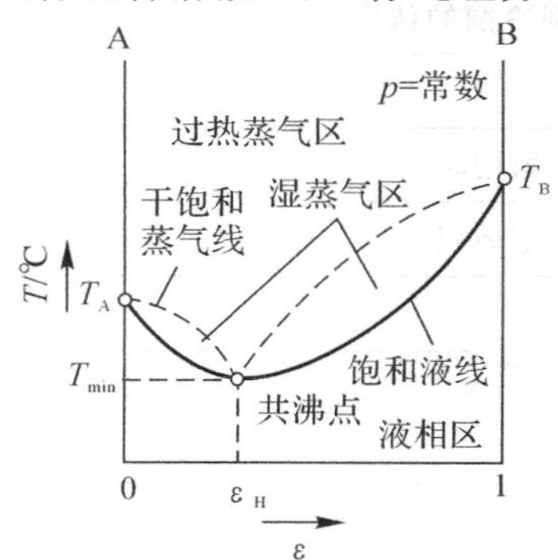

图 2－1－3　具有最低沸点的共沸溶液

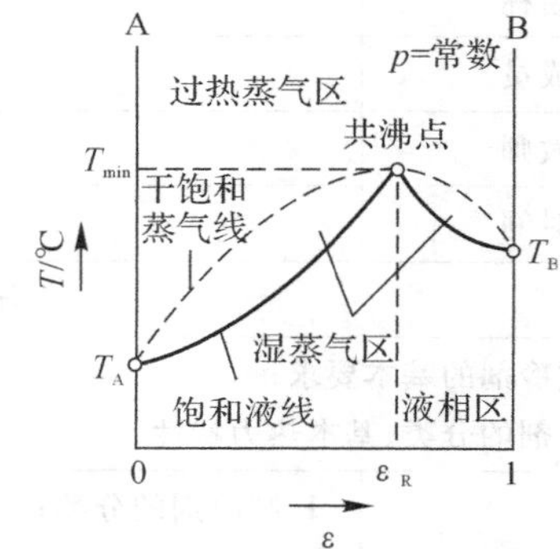

图 2－1－4　具有最高沸点的共沸溶液

R502 就是由质量分数为 48.8％的 R22 和 51.2％的 R115 组成的具有最低沸点的二元混合工质。与 R22 相比，压力稍高，在较低温度下单位质量制冷能力约提高 13％。此外，在相同

的蒸发温度和冷凝温度条件下，压缩比较小，压缩后的排气温度较低，因此，采用单级压缩式制冷时，蒸发温度可低达－55 ℃左右。

1. R407C

R407C是由23%的R32、质量百分比为25%的R125和质量百分比为52%的R134A组成的三元非共沸混合工质。标准沸点为－43.77 ℃，温度滑移较大，约为4～6 ℃。与R22相比，蒸发温度约高10%，制冷量略有下降，且传热性能稍差，制冷效率约下降5%。此外，由于R407C温度滑移较大，应改进蒸发器和冷凝器的设计。目前，R407C作为R22的替代制冷剂，已用于房间空调器、单元式空调器以及小型冷水机组中。

2. R410A

R410A是由质量百分比各为50%的R32和R125组成的二元近共沸混合工质。标准沸点为－51.56 ℃(泡点)、－51.5 ℃(露点)，温度滑移仅为0.1 ℃左右。与R22相比，系统压力为R22的1.5～1.6倍，制冷量大40%～50%。R410A具有良好的传热特性和流动特性，制冷效率较高，目前是房间空调器、多联式空调机组等小型空调装置的替代制冷剂。

(四)不完全卤化氟醚化合物(HFEs)

近年来，甲醚(C_2H_6O)、甲乙醚(C_3H_8O)和乙醚($C_4H_{10}O$)的不完全卤化物备受人们关注。研究发现：

HFE143m(CF_3OCH_3)可以替代R12和R134a，其热力性能接近R12，ODP＝0，而GWP＝750；

HFE245mc($CF_3CF_2OCH_3$)可以替代R114，用于高温热泵，其ODP＝0，GWP＝622；

HFE347mcc($CF_3CF_2CF_2OCH_3$)和HFE347mmy[$CH_3OCF(CF_3)_2$]可以替代R11，虽然热力性能低于R11，但是ODP＝0。

制冷剂一般装在专用的钢瓶中，钢瓶应定期进行耐压试验。装存不同制冷剂的钢瓶不要互相调换使用，也切勿将存有制冷剂的钢瓶置于阳光下暴晒或靠近高温处，以免引起爆炸。一般氨瓶漆成黄色，氟利昂瓶漆成银灰色，并在钢瓶表面标有装存制冷剂的名称。

任务实施

根据项目任务书和项目任务完成报告进行任务实施，见表2－1－6和表2－1－7。

表2－1－6　项目任务书

任务名称	制冷剂的认识		
小组成员			
指导教师		计划用时	
实施时间		实施地点	
任务内容与目标			
1. 了解对制冷剂的基本要求； 2. 熟悉制冷剂的分类、基本热力特性			
考核项目	1. 制冷剂的分类； 2. 制冷剂的基本热力特性； 3. 对制冷剂的基本要求		
备注			

表 2-1-7　项目任务完成报告

<table>
<tr><td>任务名称</td><td colspan="3">制冷剂的认识</td></tr>
<tr><td>小组成员</td><td></td><td></td><td></td></tr>
<tr><td>具体分工</td><td></td><td></td><td></td></tr>
<tr><td>计划用时</td><td></td><td>实际用时</td><td></td></tr>
<tr><td>备注</td><td colspan="3"></td></tr>
<tr><td colspan="4">1. 什么是制冷剂？对制冷剂有什么要求？选择制冷剂时应考虑哪些因素？
2. 制冷剂的安全性是如何规定的？
3. “环保制冷剂就是无氟制冷剂”的说法正确吗？请简述其原因。如何评价制冷剂的环境友好性能？</td></tr>
</table>

任务评价

根据项目任务综合评价表进行任务评价，见表 2-1-8。

表 2-1-8　项目任务综合评价表

任务名称：　　　　　　　　　　　　　　　　　　测评时间：　　年　　月　　日

<table>
<tr><td colspan="2" rowspan="3">考核明细</td><td rowspan="3">标准分</td><td colspan="9">实训得分</td></tr>
<tr><td colspan="9">小组成员</td></tr>
<tr><td>小组自评</td><td>小组互评</td><td>教师评价</td><td>小组自评</td><td>小组互评</td><td>教师评价</td><td>小组自评</td><td>小组互评</td><td>教师评价</td></tr>
<tr><td rowspan="6">团队60分</td><td>小组是否能在总体上把握学习目标与进度</td><td>10</td><td></td><td></td><td></td><td></td><td></td><td></td><td></td><td></td><td></td></tr>
<tr><td>小组成员是否分工明确</td><td>10</td><td></td><td></td><td></td><td></td><td></td><td></td><td></td><td></td><td></td></tr>
<tr><td>小组是否有合作意识</td><td>10</td><td></td><td></td><td></td><td></td><td></td><td></td><td></td><td></td><td></td></tr>
<tr><td>小组是否有创新想(做)法</td><td>10</td><td></td><td></td><td></td><td></td><td></td><td></td><td></td><td></td><td></td></tr>
<tr><td>小组是否如实填写任务完成报告</td><td>10</td><td></td><td></td><td></td><td></td><td></td><td></td><td></td><td></td><td></td></tr>
<tr><td>小组是否存在问题和具有解决问题的方案</td><td>10</td><td></td><td></td><td></td><td></td><td></td><td></td><td></td><td></td><td></td></tr>
<tr><td rowspan="4">个人40分</td><td>个人是否服从团队安排</td><td>10</td><td></td><td></td><td></td><td></td><td></td><td></td><td></td><td></td><td></td></tr>
<tr><td>个人是否完成团队分配任务</td><td>10</td><td></td><td></td><td></td><td></td><td></td><td></td><td></td><td></td><td></td></tr>
<tr><td>个人是否能与团队成员及时沟通和交流</td><td>10</td><td></td><td></td><td></td><td></td><td></td><td></td><td></td><td></td><td></td></tr>
<tr><td>个人是否能够认真描述困难、错误和修改的地方</td><td>10</td><td></td><td></td><td></td><td></td><td></td><td></td><td></td><td></td><td></td></tr>
<tr><td colspan="2">合计</td><td>100</td><td></td><td></td><td></td><td></td><td></td><td></td><td></td><td></td><td></td></tr>
</table>

思考练习

1. 将 R22 和尺 R343a 制冷剂分别放置在两个完全相同的钢瓶中，如何利用最简单的方法进行识别？

2. 高温、中温与低温制冷剂与高压、中压、低压制冷剂的关系是什么？目前常用的高温、中温与低温制冷剂有哪些？各适用于哪些系统？

3. 在单级蒸气压缩式制冷循环中，当冷凝温度为 40 ℃、蒸发温度为 0 ℃时，请问在 R717、R22、R134a、R123、R410A 中，哪些制冷剂适宜采用回热循环？

任务二　载冷剂的认识

任务描述

PPT
载冷剂的认识

空调工程、工业生产和科学试验中，常常采用制冷装置间接冷却被冷却物，或者将制冷装置产生的冷量远距离输送，这时，均需要一种中间物质，在蒸发器内被冷却降温，然后用它冷却被冷却物，这种中间物质称为载冷剂。本任务主要认识载冷剂。

任务资讯

一、对载冷剂物理化学性质的要求

微课：
载冷剂的认识

载冷剂的物理化学性质应尽量满足以下要求：

(1)在使用温度范围内，不凝固，不气化；

(2)无毒，化学稳定性好，对金属不腐蚀；

(3)比热容大，输送一定冷量所需流量小；

(4)密度小，黏度小，可减小流动阻力，降低循环泵消耗功率；

(5)导热系数大，可减少换热设备的传热面积；

(6)来源充裕，价格低廉。

常用的载冷剂是水，但只能用于高于 0 ℃的条件。当要求低于 0 ℃时，一般采用盐水，如氯化钠或氯化钙盐水溶液，或采用乙二醇或丙三醇等有机化合物的水溶液。

二、盐水溶液

盐水溶液是盐和水的溶液，它的性质取决于溶液中盐的浓度，如图 2-2-1 和图 2-2-2 所示。图中曲线为不同浓度盐水溶液的凝固温度曲线，溶液中盐的浓度低时，凝固温度随浓度增加而降低，在浓度高于一定值以后，凝固温度随浓度增加反而升高，此转折点为冰盐合晶点。曲线将相图分为四区，各区盐水的状态不同。曲线上部为溶液区；曲线左部(虚线以上)为冰-盐溶液区，就是说当盐水溶液浓度低于合晶点浓度、温度低于该浓度的析盐温度而高于合晶点温度时，有冰析出，溶液浓度增加，故左侧曲线也称为析冰线；曲线右部(虚线以上)为盐-盐水溶液区，就是说当盐水浓度高于合晶点浓度、温度低于该浓度的析盐温度而高于合晶点温度时，有盐析出，溶液浓度降低，故右侧曲线也称为析盐线。低于合晶点温度(虚线以下)部分为固态区。

选择盐水溶液浓度时应注意，盐水溶液浓度越大，其密度越大，流动阻力也越大，而比热容越小，输送相同冷量时，需增加盐水溶液的流量。因此，只要保证蒸发器中盐水溶液不冻结，凝固温度不要选择过低，一般比蒸发温度低 4～5 ℃(敞开式蒸发器)或 8～10 ℃(封闭式蒸发器)，而且浓度不应大于合晶点浓度。

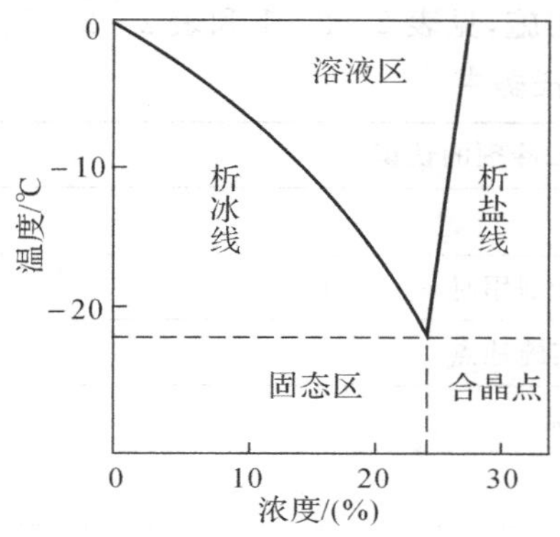

图 2-2-1　氯化钠盐水溶液

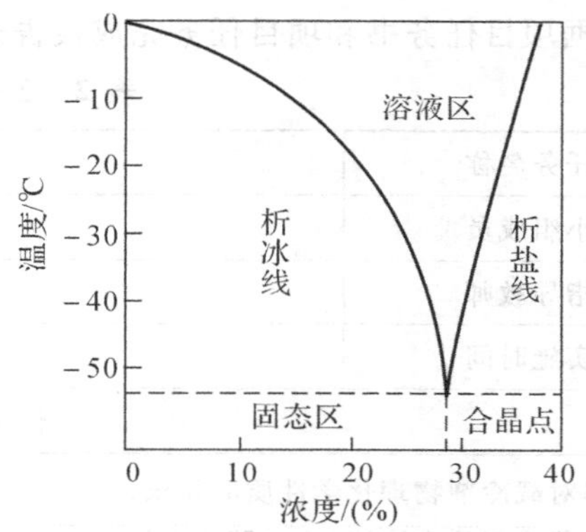

图 2-2-2　氯化钙盐水溶液

盐水溶液在制冷系统中运转时，有可能不断吸收空气中的水分，使其浓度降低，凝固温度升高，所以应定期向盐水溶液中增补盐量，以维持要求的浓度。氯化钠和氯化钙的物性值见附表 9 和附表 10。

氯化钠等盐水溶液最大的缺点是对金属有强烈的腐蚀性，盐水溶液系统的防腐蚀是急需解决的问题。实践证明，金属的被腐蚀与盐水溶液中含氧量有关，含氧量越大，腐蚀性越强，因此，最好采用闭式系统，减少与空气的接触。此外，为了减轻腐蚀作用，可在盐水溶液中加入一定量的缓蚀剂，缓蚀剂可采用氢氧化钠(NaOH)和重铬酸钠($NaCrO_7$)。1 m^3氯化钙盐水溶液中加 1.6 kg 重铬酸钠，0.45 kg 氢氧化钠；1 m^3氯化钠盐水溶液中加 3.2 kg 重铬酸钠，0.89 kg 氢氧化钠。加缓蚀剂的盐水应呈碱性(pH＝7.5～8.5)。重铬酸钠对人体皮肤有腐蚀作用，调配溶液时须多加注意。

三、乙二醇

由于盐水溶液对金属有强烈的腐蚀作用，所以一些场合常采用腐蚀性小的有机化合物，如甲醇、乙二醇等。乙二醇有乙烯乙二醇和丙烯乙二醇之分。由于乙烯乙二醇的黏度大大低于丙烯乙二醇，所以载冷剂多采用乙烯乙二醇。

乙烯乙二醇是无色、无味的液体，挥发性低，腐蚀性低，容易与水和许多有机化合物混合使用；虽略带毒性，但无危害，广泛应用于工业制冷和冰蓄冷空调系统中。乙烯乙二醇的物性值见附表 11 与附表 12。

虽然乙烯乙二醇对普通金属的腐蚀性比水低，但乙烯乙二醇的水溶液则表现出较强的腐蚀性。在使用过程中，乙烯乙二醇氧化呈酸性，因此，乙烯乙二醇水溶液中应加入添加剂。添加剂包括防腐剂和稳定剂。防腐剂可在金属表面形成阻蚀层；而稳定剂可为碱性缓冲剂——硼砂，使溶液维持碱性（pH＞7）。溶液中添加剂的添加量为 800～1 200 ppm[①]。

乙烯乙二醇浓度的选择取决于应用的需要。一般而言，以凝固温度比蒸发温度低 5～6 ℃确定溶液浓度为宜，浓度过高，不但投资大，而且对其物性也有不利影响，为了防止空调设备在冬季冻结损毁，采用 30％的乙烯乙二醇水溶液足已。

任务实施

根据项目任务书和项目任务完成报告进行任务实施，见表 2－2－1 和表 2－2－2。

表 2－2－1　项目任务书

任务名称	载冷剂的认识		
小组成员			
指导教师		计划用时	
实施时间		实施地点	
任务内容与目标			
1. 了解对载冷剂物理化学性质的要求； 2. 掌握载冷剂盐水溶液、乙二醇的应用			
考核项目	1. 对载冷剂物理化学性质的要求； 2. 怎样选择载冷剂盐水溶液； 3. 怎样选择载冷剂乙二醇		
备注			

表 2－2－2　项目任务完成报告

任务名称	载冷剂的认识		
小组成员			
具体分工			
计划用时		实际用时	
备注			
1. 什么是载冷剂？对载冷剂有何要求？选择载冷剂时应考虑哪些因素和注意事项？ 2. 什么是盐水溶液？盐水溶液应该怎么应用？ 3. 什么是乙二醇？乙二醇应该怎么应用？			

① 1 ppm＝10^{-6}。

任务评价

根据项目任务综合评价表进行任务评价，见表 2-2-3。

表 2-2-3　项目任务综合评价表

任务名称：　　　　　　　　　　　　　　　　　　　　测评时间：　年　月　日

考核明细		标准分	实训得分								
			小组成员								
			小组自评	小组互评	教师评价	小组自评	小组互评	教师评价	小组自评	小组互评	教师评价
团队60分	小组是否能在总体上把握学习目标与进度	10									
	小组成员是否分工明确	10									
	小组是否有合作意识	10									
	小组是否有创新想(做)法	10									
	小组是否如实填写任务完成报告	10									
	小组是否存在问题和具有解决问题的方案	10									
个人40分	个人是否服从团队安排	10									
	个人是否完成团队分配任务	10									
	个人是否能与团队成员及时沟通和交流	10									
	个人是否能够认真描述困难、错误和修改的地方	10									
合计		100									

思考练习

1. 选择盐水溶液浓度时应注意，盐水溶液________越大，其________越大，________也越大，而________越小，输送相同冷量时，需增加盐水溶液的流量。

2. 乙二醇添加剂包括________和________。防腐剂可在金属表面形成________；而稳定剂可为碱性缓冲剂——________，使溶液维持碱性(pH>________)。溶液中添加剂的添加量为________～________ppm。

3. 已知内融冰冰盘管蓄冷空调系统制冷机的蒸发温度为－12 ℃，如果分别采用乙烯乙二醇、NaCl、$CaCl_2$水溶液作为载冷剂，请问各载冷剂的质量浓度至少应为多少？

任务三　润滑油的认识

任务描述

PPT
润滑油的认识

润滑油是介于两个相对运动的物体之间，具有减少两个物体因接触而产生摩擦的功能者，是一种技术密集型产品，是复杂的碳氢化合物的混合物，而其真正使用性能又是复杂的物理或化学变化过程的综合效应。本任务主要认识润滑油。

任务资讯

一、润滑油的使用目的

对于制冷压缩机而言，润滑油对保证制冷压缩机的运行可靠性和使用寿命起重要作用，其作用主要有以下三方面：

(1)减少摩擦。制冷压缩机具有各种运动摩擦副，由于摩擦，一方面需要消耗更多的能量，另一方面，致使摩擦面磨损，影响压缩机正常运行。润滑油的注入，在摩擦面形成油膜，既减少摩擦，又可减少能耗。

(2)带走摩擦热。摩擦产生热量，致使部件温度升高，影响压缩机正常运行，甚至造成运动副的"卡死"。注入润滑油，可以带走摩擦热，使运动副的温度保持在合适范围，同时，还可以带走各种机械杂质，起到防锈和清洁作用。

(3)减少泄漏。制冷压缩机的摩擦面具有一定间隙，是气态制冷剂泄漏的主要通道。在摩擦面间隙注入润滑油可以起到密封作用。

此外，润滑油还起到消声(降低机器运行中产生的机械噪声和启动噪声)等作用。在一些压缩机中，润滑油还是一些机构的压力油，例如，在活塞式压缩机中，润滑油为卸载机构提供液压动力，控制投入运行的气缸数量，以调节压缩机的输气量。

二、润滑油的种类

选用润滑油时应注意润滑油的性能，评价润滑油性能的主要因素有黏度、与制冷剂的相溶性、倾点(流动性)、闪点、凝固点、酸值、化学稳定性、与材料的相容性、含水量、含杂质量以及电击穿强度等。

制冷压缩机用润滑油可分为天然矿物油和人工合成油两大类。

(1)天然矿物油(简称"矿物油")。矿物油(Mineral Oil，MO)是从石油中提取的润滑油，一般由烷烃、环烷烃和芳香烃组成，它只能与极性较弱或非极性制冷剂相互溶解。国家标准《冷冻机油》(GB/T 16630—2012)规定：矿物油分为四个品种，即 L－DRA/A、L－DRA/B、L－DRB/A 和 L－DRB/B，其应用范围见表 2－3－1。

表 2－3－1　矿物油的应用范围

国标品种	ISO 品种	主要组成	工作温度	制冷剂	典型应用
L－DRA/A	L－DRA	深度精制矿物油（环烷基、石蜡基或白油）合成烃油	高于 －40 ℃	氨	开启式。普通冷冻机
L－DRA/B				氨、CFCs，HCFCs 及其为主混合物	半封闭。普通冷冻机；冷冻、冷藏设备；空调设备
L－DRB/A	L－DRB	深度精制矿物油合成烃油	低于 －40 ℃	CFCs、HCFCs 及其为主混合物	全封闭。冷冻、冷藏设备；电冰箱
L－DRB/B		合成烃油			

（2）人工合成油（简称“合成油”）。合成油弥补了矿物油的不足，通常都有较强的极性，能溶解在极性较强的制冷剂中，例如，R134a。常用的合成油有聚烯烃乙二醇油（Poly－alkylene Glycol，PAG）、烷基苯油（Alkyl Benzene，AB）、聚酯类油（Polyol Ester，POE）和聚醚类油（Polyvinyl Ester，PVE）。

表 2－3－2 给出了几类主要制冷用润滑油的适用范围。

表 2－3－2　几类主要制冷用润滑油的适用性

项目	MO	PAG	AB	POE	PVE
适用压缩机	往复式、旋转式、涡旋式、螺杆式、离心式	往复式、斜盘式、涡旋式、螺杆式、离心式	往复式、旋转式	往复式、旋转式、涡旋式、螺杆式、离心式	往复式、旋转式、涡旋式、螺杆式、离心式
使用制冷剂	CFCs、HCFCs、氨、HCs	HFC－134a、HCs、氨	CFCs、HCFCs、氨、HFC－407C	HCFCs 及其混合物	HCFCs 及其混合物
典型应用	家用空调、电冰箱、冷冻冷藏设备、中央空调冷水机组、汽车空调	汽车空调、家用空调、电冰箱	空调设备、冷冻冷藏设备	冷冻冷藏设备、空调器	汽车空调、家用空调、中央空调冷水机组

一般而言，选择制冷润滑油时对制冷剂的考虑要比压缩机形式多一些。MO 类润滑油可用于使用 CFCs、HCFCs、氨和 HCs 等制冷剂的系统，PAG 油多用于汽车空调，POE 油和 PVE 油配合 HFCs 制冷剂及其混合物使用。虽然目前在使用 HFCs 制冷剂的系统中多采用 POE 油，但 PVE 油在许多方面的性能都优于 POE 油，故 PVE 油在未来会逐步得到推广应用。

三、润滑油的使用

润滑油的选择主要取决于制冷剂种类、压缩机类型和运行工况（蒸发温度、冷凝温度等），一般应使用制造厂家推荐的牌号。选择时首要考虑的是润滑油的低温性能和与制冷剂的互溶性。

(一)低温性能

润滑油的低温性能主要包括黏度和流动性。

(1)黏度。润滑油的低温性能主要是润滑油的黏度,黏度过大,油膜的承载能力大,易于保持液体润滑,但流动阻力大,压缩机的摩擦功率和启动阻力增大;黏度过小,流动阻力小,摩擦热量小,但不易在运动部件摩擦面之间形成具有一定承载力的油膜,油的密封效果差。因此,当润滑油的黏度降低 15%时,应予更换。

制冷压缩机用润滑油按 40 ℃时运动黏度的大小分为 N15、N22、N32、N46 和 N68 五个等级。由于制冷剂与润滑油的互溶性不同,故不同制冷剂所要求的润滑油黏度也不相同,R22 制冷压缩机一般选用 N32 或 N46 黏度等级的润滑油。

(2)流动性。要求润滑油的凝固点要低,最好比蒸发温度低 5～10 ℃,且在低温工况下仍应具有良好的流动性。若低温流动性差,则润滑油会沉淀在蒸发器内影响制冷能力,或凝结在压缩机底部,失去润滑作用而损坏运动部件。

(二)与制冷剂的互溶性

前已述及,制冷剂可分为有限溶于润滑油的制冷剂和无限溶于润滑油的制冷剂两大类。但是有限溶解和无限溶解是有条件的,随着润滑油的种类不同和温度的降低,无限溶解可以转化为有限溶解。

图 2-3-1 所示为几种氟利昂环烷烃族润滑油混合的临界温度曲线,在临界曲线以上,制冷剂可以无限溶于润滑油,曲线下面所包含的区域为有限溶解区。例如,图中的 A 点含油浓度为 20%,润滑油完全溶解在制冷剂中;当含油浓度不变,但温度降低时,如图中的 B 点,对 R114 和 R12 而言,仍处于完全溶解状态,而对于 R22 来说,则处于有限溶解状态,溶液将分为两层,少油层为状态 B′,多油层为状态 B″,由于润滑油比 R22 的密度小,故多油层在上层;当温度继续降低至图中的 C 点时,R12 也将转变为有限溶解,一部分为状态 C′,另一部分几乎是纯的润滑油 C″。

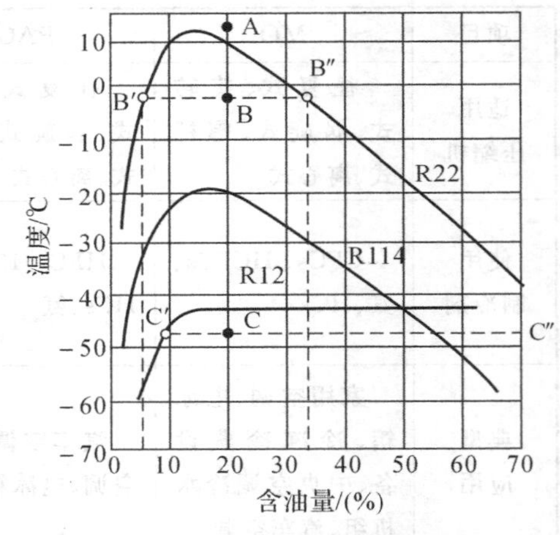

图 2-3-1　氟利昂-润滑油临界曲线

无限溶于润滑油的制冷剂,润滑油随制冷剂一起渗透到压缩机的各部件,为压缩机创造良好润滑条件,并且不会在冷凝器、蒸发器等换热表面形成油膜而妨碍传热。但是,从图 2-3-2 中的 R22 和润滑油饱和溶液的压力-浓度图中可以看出,当蒸发压力一定时,随着含油量的增加,制冷系统的蒸发温度将升高,导致制冷量减少。制冷量减少的另一个原因是气态制冷剂和油滴一起从蒸发器中进入压缩机,遇到温度较高的气缸后,溶于油中的制冷剂从油中蒸发出来。因此,这部分制冷剂不但没有产生有效的制冷量,还将引起压缩机的有效进气量减少。为减少这部分损失,可以采用回热循环,使从蒸发器出来的气态制冷剂和油的混合物先进入回热器,被来自冷凝器的液态制冷剂加热,使油中溶解的液态制冷剂气化,同时使高压液态制冷剂再冷,减少节流损失。

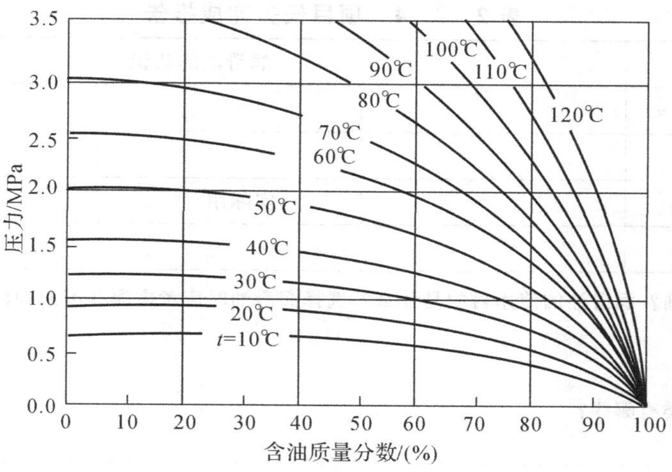

图 2-3-2　R22 和润滑油饱和溶液的压力-浓度图

在采用无限溶于润滑油的制冷剂的制冷系统中，由于润滑油中含有制冷剂，压缩机启动时，曲轴箱内压力突然降低(但温度还来不及降低)，由图 2-3-2 可以看出，润滑油的饱和浓度将增大，溶解于其中的制冷剂将蒸发，导致润滑油“起泡”，特别是当压缩机置于低温环境时，由图 2-3-1 所示的临界温度曲线可知，压缩机曲轴箱中的油将出现分层，由于下层为少油层，油泵从曲轴箱底部的少油层抽油，必然导致润滑不良，有烧毁压缩机的危险。为避免“起泡”现象发生，可以在压缩机启动前，用油加热器加热润滑油，以减少油中制冷剂的溶解量，保护压缩机。

任务实施

根据项目任务书和项目任务完成报告进行任务实施，见表 2-3-3 和表 2-3-4。

表 2-3-3　项目任务书

<table>
<tr><td>任务名称</td><td colspan="3">润滑油的认识</td></tr>
<tr><td>小组成员</td><td colspan="3"></td></tr>
<tr><td>指导教师</td><td></td><td>计划用时</td><td></td></tr>
<tr><td>实施时间</td><td></td><td>实施地点</td><td></td></tr>
<tr><td colspan="4">任务内容与目标</td></tr>
<tr><td colspan="4">1. 了解润滑油的使用目的；
2. 熟悉润滑油的种类，掌握润滑油的使用</td></tr>
<tr><td>考核项目</td><td colspan="3">1. 润滑油的使用目的；
2. 润滑油的种类；
3. 使用润滑油时应考虑哪些因素</td></tr>
<tr><td>备注</td><td colspan="3"></td></tr>
</table>

表 2-3-4　项目任务完成报告

<table>
<tr><td>任务名称</td><td colspan="3">润滑油的认识</td></tr>
<tr><td>小组成员</td><td></td><td></td><td></td></tr>
<tr><td>具体分工</td><td></td><td></td><td></td></tr>
<tr><td>计划用时</td><td></td><td>实际用时</td><td></td></tr>
<tr><td>备注</td><td colspan="3"></td></tr>
<tr><td colspan="4">1. 什么是润滑油？润滑油的使用目的是什么？选择润滑油时应考虑哪些因素和注意事项？

2. 润滑油的种类有哪些？</td></tr>
</table>

任务评价

根据项目任务综合评价表进行任务评价，见表 2-3-5。

表 2-3-5　项目任务综合评价表

任务名称：　　　　　　　　　　　　　　　　　　测评时间：　　年　　月　　日

<table>
<tr><td colspan="2" rowspan="3">考核明细</td><td rowspan="3">标准分</td><td colspan="9">实训得分</td></tr>
<tr><td colspan="9">小组成员</td></tr>
<tr><td>小组自评</td><td>小组互评</td><td>教师评价</td><td>小组自评</td><td>小组互评</td><td>教师评价</td><td>小组自评</td><td>小组互评</td><td>教师评价</td></tr>
<tr><td rowspan="6">团队60分</td><td>小组是否能在总体上把握学习目标与进度</td><td>10</td><td></td><td></td><td></td><td></td><td></td><td></td><td></td><td></td><td></td></tr>
<tr><td>小组成员是否分工明确</td><td>10</td><td></td><td></td><td></td><td></td><td></td><td></td><td></td><td></td><td></td></tr>
<tr><td>小组是否有合作意识</td><td>10</td><td></td><td></td><td></td><td></td><td></td><td></td><td></td><td></td><td></td></tr>
<tr><td>小组是否有创新想(做)法</td><td>10</td><td></td><td></td><td></td><td></td><td></td><td></td><td></td><td></td><td></td></tr>
<tr><td>小组是否如实填写任务完成报告</td><td>10</td><td></td><td></td><td></td><td></td><td></td><td></td><td></td><td></td><td></td></tr>
<tr><td>小组是否存在问题和具有解决问题的方案</td><td>10</td><td></td><td></td><td></td><td></td><td></td><td></td><td></td><td></td><td></td></tr>
<tr><td rowspan="4">个人40分</td><td>个人是否服从团队安排</td><td>10</td><td></td><td></td><td></td><td></td><td></td><td></td><td></td><td></td><td></td></tr>
<tr><td>个人是否完成团队分配任务</td><td>10</td><td></td><td></td><td></td><td></td><td></td><td></td><td></td><td></td><td></td></tr>
<tr><td>个人是否能与团队成员及时沟通和交流</td><td>10</td><td></td><td></td><td></td><td></td><td></td><td></td><td></td><td></td><td></td></tr>
<tr><td>个人是否能够认真描述困难、错误和修改的地方</td><td>10</td><td></td><td></td><td></td><td></td><td></td><td></td><td></td><td></td><td></td></tr>
<tr><td colspan="2">合计</td><td>100</td><td></td><td></td><td></td><td></td><td></td><td></td><td></td><td></td><td></td></tr>
</table>

思考练习

1. 润滑油对保证制冷压缩机的运行可靠性和使用寿命起重要作用，其作用主要有__________、__________和__________。

2. 制冷压缩机用润滑油可分为__________和__________两大类。

3. 润滑油的低温性能主要包括__________和__________。

项目三　吸收式制冷的认识

吸收式制冷是液体气化制冷的另一种形式，它与蒸气压缩式制冷一样，是利用液态制冷剂在低温低压下气化以达到制冷的目的。它的装置由发生器、冷凝器、蒸发器、吸收器、循环泵、节流阀等部件组成，工作介质包括制取冷量的制冷剂和吸收、解吸制冷剂的吸收剂，二者组成工质对。所不同的是，蒸气压缩式制冷是靠消耗机械功（或电能）使热量从低温物体向高温物体转移，而吸收式制冷则依靠消耗热能来完成这种非自发过程。本项目将通过对吸收式制冷的原理以及氨水、溴化锂吸收式的制冷机的介绍，帮助读者了解吸收式制冷。

项目目标

吸收式制冷的认识

- 素养目标
  - 1. 提高学生的动手操作能力
  - 2. 培养学生乐观向上的敬业精神
  - 3. 培养学生探索实践的创新能力
  - 4. 培养学生知识获取和应用的自主学习能力
  - 5. 培养学生科学思维方式和判断分析问题的能力
- 知识目标
  - 1. 掌握吸收式制冷的原理
  - 2. 熟悉吸收式制冷机的热力系数
  - 3. 熟悉氨-水吸收式、吸收-扩散式制冷机的工作原理
  - 4. 掌握单效溴化锂吸收式制冷机的理论循环和实际循环
  - 5. 熟悉单效溴化锂吸收式制冷机的典型结构与流程
  - 6. 了解蒸气、直燃双效型溴化锂吸收式制冷机的流程
- 技能目标
  - 1. 能进行单效溴化锂吸收式制冷系统的热力计算
  - 2. 认识氨水吸收式制冷机
  - 3. 认识溴化锂吸收式制冷机

任务一　吸收式制冷原理的认识

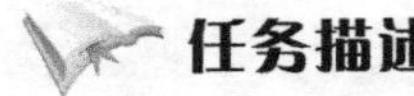

任务描述

PPT
吸收式制冷
原理的概述

吸收式制冷是利用某些具有特殊性质的工质对，通过一种物质对另一种物质的吸收和释放，产生物质的状态变化，从而伴随吸热和放热的过程。本任务主要学习吸收式制冷的原理。

任务资讯

一、基本原理

微课：
吸收式制冷原理的概述

图 3-1-1 为蒸气压缩式制冷与吸收式制冷的基本原理。蒸气压缩式制冷的整个工作循环包括压缩、冷凝、节流和蒸发四个过程，如图 3-1-1(a)所示。其中，压缩机的作用是，一方面不断地将完成了吸热过程而气化的制冷剂蒸气从蒸发器中抽吸出来，使蒸发器维持低压状态，便于蒸发吸热过程能持续不断地进行下去；另一方面，通过压缩作用，提高气态制冷剂的压力和温度，为制冷剂蒸气向冷却介质（空气或冷却水）释放热量创造条件。

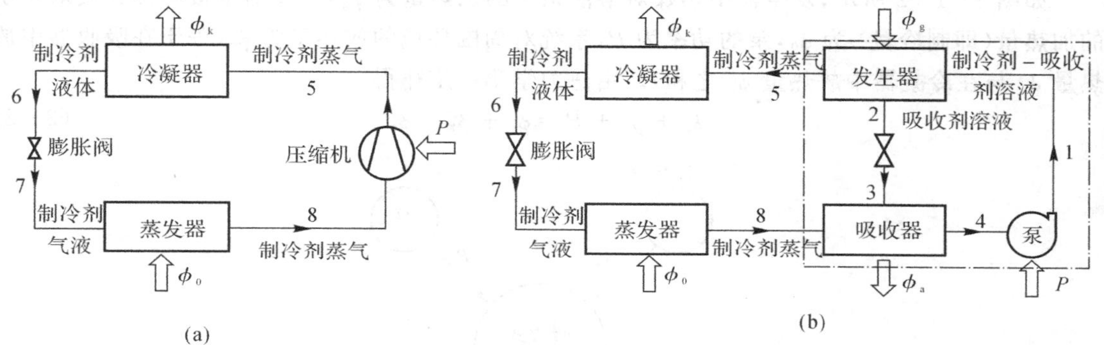

图 3-1-1　吸收式与蒸气压缩式制冷循环的比较

(a)蒸气压缩式制冷循环；（b)吸收式制冷循环

由图 3-1-1(b)可见，吸收式制冷机主要由 4 个热交换设备组成，即发生器、冷凝器、蒸发器和吸收器。它们组成两个循环环路：制冷剂循环与吸收剂循环。左半部是制冷剂循环，属逆循环，由冷凝器、节流装置和蒸发器组成。高压气态制冷剂在冷凝器中向冷却介质放热被凝结为液态后，经节流装置减压降温进入蒸发器；在蒸发器内，该液体被气化为低压气体，同时吸取被冷却介质的热量产生制冷效应。这些过程与蒸气压缩式制冷是完全一样的。

图 3-1-1(b)中右半部为吸收剂循环（图中的点画线部分），属正循环，主要由吸收器、发生器和溶液泵组成，相当于蒸气压缩式制冷的压缩机。在吸收器中，用液态吸收剂不断吸收蒸发器产生的低压气态制冷剂，以达到维持蒸发器内低压的目的；吸收剂吸收制冷剂蒸气而形成的制冷剂-吸收剂溶液，经溶液泵升压后进入发生器。在发生器中，该溶液被加热、沸腾，其中沸点低的制冷剂气化形成高压气态制冷剂，与吸收剂分离；然后制冷剂蒸气进入冷凝器被液化、节流进行制冷，吸收剂（浓溶液）则返回吸收器再次吸收低压气态制冷剂。

对于吸收剂循环而言，可以将吸收器、发生器和溶液泵看作是一个“热力压缩机”，吸收器相当于压缩机的吸入侧，发生器相当于压缩机的压出侧。吸收剂可视为将已产生制冷效应的制冷剂蒸气从循环的低压侧输送到高压侧的运载液体。值得注意的是，吸收过程是将冷剂蒸气转化为液体的过程，与冷凝过程一样为放热过程，故需要由冷却介质带走其吸收热。

吸收式制冷机中的吸收剂通常并不是单一物质，而是以二元溶液的形式参与循环的，吸收剂溶液与制冷剂-吸收剂溶液的区别只在于前者所含沸点较低的制冷剂量比后者少，或者说前者所含制冷剂的浓度比后者低。

二、吸收式制冷机的热力系数

蒸气压缩式制冷机用制冷系数 ε 评价其经济性，由于吸收式制冷机所消耗的能量主要是热能，故常以热力系数作为其经济性评价指标。热力系数 ζ 是吸收式制冷机所制取的制冷量 ϕ_0 与消耗的热量 ϕ_g 之比，即

$$\zeta=\frac{\phi_0}{\phi_g} \tag{3-1}$$

与蒸气压缩式制冷中逆卡诺循环的最大制冷系数相对应，吸收式制冷也有其最大热力系数。

如图 3-1-2 所示，发生器中热媒对溶液系统的加热量为 ϕ_g，蒸发器中被冷却介质对系统的加热量（即制冷量）为 ϕ_0，泵的功率为 P，系统对周围环境的放热量为 ϕ_e（等于在吸收器中放热量 ϕ_a 与在冷凝器中放热量 ϕ_k 之和）。由热力学第一定律得

$$\phi_g+\phi_0+P=\phi_a+\phi_k=\phi_e \tag{3-2}$$

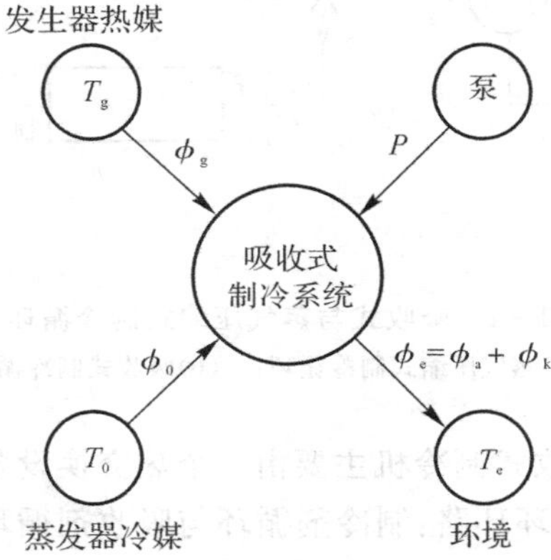

图 3-1-2　吸收式制冷系统与外界的能量交换

设该吸收式制冷循环是可逆的，发生器中热媒温度等于 T_g，蒸发器中被冷却物温度等于 T_0，环境温度等于 T_e，并且都是常量，则吸收式制冷系统单位时间内引起外界熵的变化为：对于发生器的热媒是 $\Delta S_g=-\phi_g/T_g$，对于蒸发器中被冷却物质是 $\Delta S_0=-\phi_0/T_0$，对周围环境是 $\Delta S_e=\phi_e/T_e$。由热力学第二定律可知，系统引起外界总熵的变化应大于或等于零，即

$$\Delta S=\Delta S_g+\Delta S_0+\Delta S_e\geqslant 0 \tag{3-3}$$

或

$$\Delta S=-\frac{\phi_g}{T_g}-\frac{\phi_0}{T_0}+\frac{\phi_e}{T_e}\geqslant 0 \tag{3-4}$$

由式(3-2) 和式(3-4) 可得

$$\phi_g\frac{T_g-T_e}{T_g}\geqslant\phi_0\frac{T_e-T_0}{T_0}-P \tag{3-5}$$

若忽略泵的功率，则吸收式制冷机的热力系数为

$$\zeta=\frac{\phi_0}{\phi_g}\leqslant\frac{T_0(T_g-T_e)}{T_g(T_e-T_0)} \tag{3-6}$$

最大热力系数为

$$\zeta_{max}=\frac{T_g-T_e}{T_g}\cdot\frac{T_0}{T_e-T_0}=\eta_c\varepsilon_c \tag{3-6a}$$

热力系数 ζ 与最大热力系数 ζ_{max} 之比称为热力完善度 η_a，即

$$\eta_a=\frac{\zeta}{\zeta_{max}} \tag{3-7}$$

式(3－6a)表明，吸收式制冷机的最大热力系数 ζ_{max} 等于工作在温度 T_0 和 T_e 之间的逆卡诺循环的制冷系数 ε_c 与工作在 T_g 和 T_e 之间的卡诺循环热效率 η_c 的乘积，它随热源温度 T_g 的升高、环境温度 T_e 的降低以及被冷却介质温度 T_0 的升高而增大。

由此可见，可逆吸收式制冷循环是卡诺循环与逆卡诺循环构成的联合循环，如图 3－1－3 所示，故吸收式制冷机与由热机直接驱动的压缩式制冷机相比，在对外界能量交换的关系上是等效的。只要外界的温度条件相同，二者的理想最大热力系数是相同的。因此，压缩式制冷机的制冷系数应乘以驱动压缩机的动力装置的热效率后，才能与吸收式制冷机的热力系数进行比较。

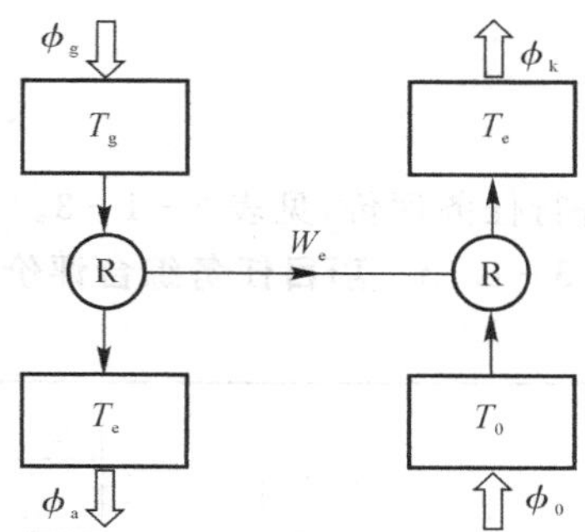

图 3－1－3　可逆吸收式制冷循环

任务实施

根据项目任务书和项目任务完成报告进行任务实施，见表 3－1－1 和表 3－1－2。

表 3－1－1　项目任务书

任务名称	吸收式制冷原理的认识		
小组成员			
指导教师		计划用时	
实施时间		实施地点	
任务内容与目标			
1. 了解吸收式制冷的基本原理； 2. 掌握吸收式制冷机的热力系数			
考核项目	1. 吸收式制冷的基本原理； 2. 吸收式制冷机的热力系数		
备注			

表 3-1-2　项目任务完成报告

任务名称	吸收式制冷原理的认识		
小组成员			
具体分工			
计划用时		实际用时	
备注			

1. 简述吸收式制冷的基本原理。

2. 吸收式制冷机的最大热力系数公式是什么?

任务评价

根据项目任务综合评价表进行任务评价，见表 3-1-3。

表 3-1-3　项目任务综合评价表

任务名称：　　　　　　　　　　　　　　　　测评时间：　　年　　月　　日

考核明细		标准分	实训得分								
			小组成员								
			小组自评	小组互评	教师评价	小组自评	小组互评	教师评价	小组自评	小组互评	教师评价
团队60分	小组是否能在总体上把握学习目标与进度	10									
	小组成员是否分工明确	10									
	小组是否有合作意识	10									
	小组是否有创新想(做)法	10									
	小组是否如实填写任务完成报告	10									
	小组是否存在问题和具有解决问题的方案	10									
个人40分	个人是否服从团队安排	10									
	个人是否完成团队分配任务	10									
	个人是否能与团队成员及时沟通和交流	10									
	个人是否能够认真描述困难、错误和修改的地方	10									
合计		100									

思考练习

1. 吸收式制冷机主要由四个热交换设备组成，即________、________、________和________。它们组成两个循环环路：________与________。

2. 吸收式制冷与蒸气压缩式制冷有何不同？

任务二　氨水吸收式制冷机的认识

任务描述

PPT
氨水吸收式
制冷机的认识

氨水吸收式的制冷机是以氨气为制冷剂工质的制冷机组，主要应用于大型工业制冷和商业冷冻冷藏领域。本任务主要学习氨水吸收式的制冷机。

任务资讯

一、氨水吸收式制冷机

氨水吸收式制冷机是以氨为制冷剂，水为吸收剂，由于氨和水在相同压力下沸点比较接近（在大气压力下，氨的沸点为−33.4 ℃，水的沸点为100 ℃，两者相差133.4 ℃），因此在发生器中产生氨蒸气时，也会蒸发出一部分水蒸气，为了提高氨蒸气含量，要采用精馏的方法对氨气进行提纯，以获得较纯的氨蒸气。

图3-2-1为单级氨水吸收式制冷机工作流程图，该制冷系统主要由发生器、精馏器、回流冷凝器、回热器、节流阀、蒸发器、吸收器、溶液热交换器和溶液泵等组成。浓溶液在精馏塔的提馏段中与发生器中产生的含水氨蒸气接触，进行热、质交换，氨蒸气含量增加，氨溶液含量则降低。然后，溶液下流至发生器，被加热后蒸发。在精馏段中，蒸气上升到精馏段时，与来自回流冷凝器的冷凝液接触，自下而上地在每层塔板上重复蒸发和冷凝过程，析出水分，使氨蒸气的纯度不断提高。通过回流冷凝器时，氨蒸气一部分被冷凝后回流，其余从塔顶排出，其纯度可达99.8%以上。

氨蒸气进入冷凝器后被冷凝成氨液，再进入回热器被来自蒸发器的氨蒸气冷却，再经节流阀减压后进入蒸发器，在那里汽化并吸收制冷。氨蒸气经回热器加热后进入吸收器，被稀溶液吸收，放出的溶解热被冷却水带走。所形成的浓溶液由溶液泵加压后送至溶液热交换器，再进入精馏塔。发生器底部的稀溶液经溶液热交换器预冷后，经节流阀加压后进入吸收器上部，向下喷淋时吸收氨蒸气。

发生器的热源可以是低压蒸气或其他热源。氨水吸收式制冷机的制冷量大，可得0 ℃以下的制冷温度，当热源温度不超过150 ℃时，最低蒸发温度可达−30 ℃。由于它需要精馏，而精馏塔的结构比较复杂，消耗材料多，因此这类制冷机适用于生产合成氨、石油化工等的工艺制冷。氨水吸收式制冷机除单级氨水吸收式制冷机外，还有多级氨水吸收式冷机，其最低蒸发温度可达−55～−60 ℃。

二、吸收-扩散式制冷机

吸收-扩散式制冷机是以三种介质为工质的吸收式制冷机，这种制冷机的制冷量很小，一般在 0.1 W 左右。其溶液泵是一个利用热能来加热的气泡泵来完成泵送溶液的。氨液的减压过程不是通过节流阀来完成的，而是通过在蒸发器利用氨气扩散原理使氨蒸气分压降低来完成降压过程的，从而达到制冷目的。

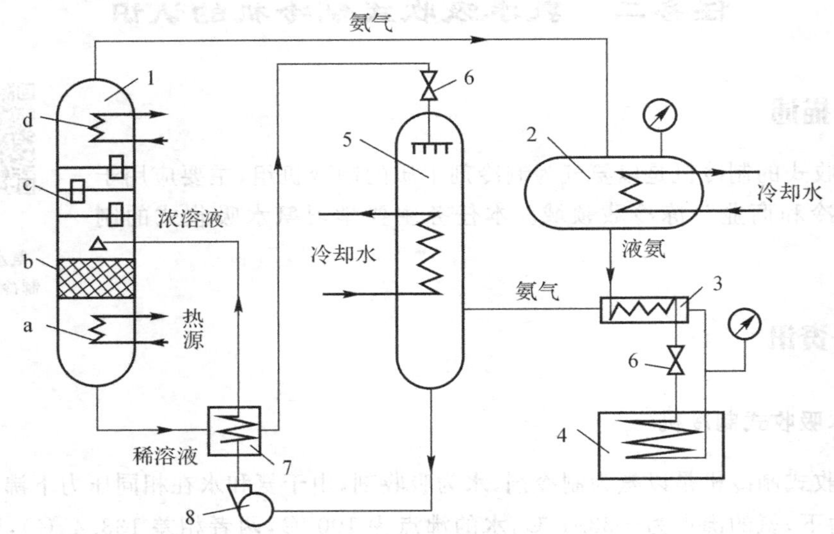

图 3-2-1　单级氨水吸收式制冷机的工作流程

1—精馏塔；　2—冷凝器；　3—回热器；　4—蒸发器；　5—吸收器；

6—节流阀；　7—溶液热交换器；　8—溶液泵；

a—发生器；　b—提馏段；　c—精馏段；　d—回流冷凝器

利用这种制冷机组制成的冰箱，因为整个系统中没有机械运动部件，所以这种冰箱无噪声、无振动。由于其热力系数较低(ξ=0.2～0.4)，所以它的耗电量大，使它的使用受到了很大的限制。但是它可以利用各种热源，如可燃气体、油、煤、废热和太阳能。

图 3-2-2 为吸收-扩散式制冷机的原理图。其工作流程如下：热源对发生器 1 进行加热，使氨水浓溶液沸腾，产生氨和水的混合蒸气，上升进入精馏器 5，散去部分热量后，一部分水蒸气冷凝成水后返回气水分离器，提高纯度的氨蒸气上升进入冷凝器 6，并被冷凝成氨液；氨液沿着液氨管 7 进入蒸发器 8，在蒸发器中氨和氢混合气体的总压力为 1.337 MPa，其中氢的分压力为 1.264 MPa，氨的分压力为 0.108 MPa，氨对应的饱和温度为－32 ℃，因此降压后的氨液可在蒸发器中气化吸热，氨液进入蒸发器中利用扩散原理，使其分压力降低来实现蒸发制冷。氨和氢的混合气体进入贮液器 10，然后沿吸收器 12 上升，与从吸收器 12 流下来的稀氨水接触，氨蒸气逐渐被吸收而使蒸发器出口压力维持稳定的低压，在吸收器 12 中的氢不溶于水，密度又小，因此可沿吸收器 12 和蒸发内管 11 返回蒸发器以补充氢的不足，氢起着类似于节流阀的作用。吸收器中形成的浓氨水进入贮液器 10 后，继续供给发生器 1，以补充因加热而上升的氨和水，依次循环。

在系统中，氨的主循环路径是 1→5→6→7→8→9→10→12→10→1；水的循环路径是 1→

3→4→12→10→3→1；氢的循环路径是 8→9→10→12→11→8。

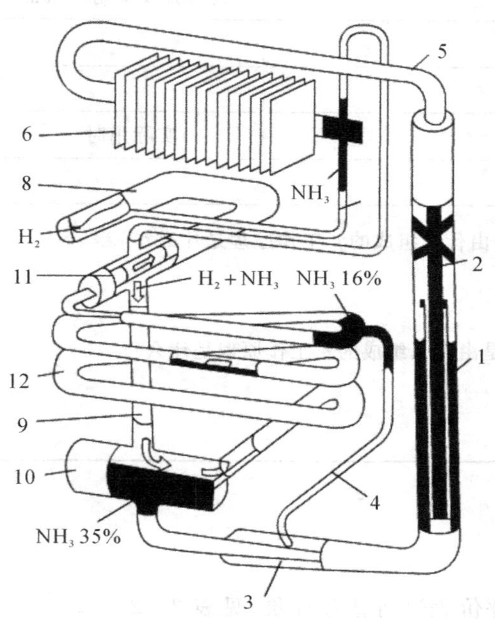

图 3－2－2　吸收-扩散式制冷机

1—发生器；　2—热虹吸泵；　3—溶液热交换器；　4—稀溶液管；
5—精馏器；　6—冷凝器；　7—液氨管；　8—蒸发器；
9—混合气体管；　10—贮液器；　11—蒸发内管；　12—吸收器

任务实施

根据项目任务书和项目任务完成报告进行任务实施，见表 3－2－1 和表 3－2－2。

表 3－2－1　项目任务书

任务名称	氨水吸收式制冷机的认识		
小组成员			
指导教师		计划用时	
实施时间		实施地点	
任务内容与目标			
1. 熟悉氨水吸收式制冷机的工作原理； 2. 了解吸收-扩散式制冷机的工作原理			
考核项目	1. 氨水吸收式制冷机的工作原理； 2. 吸收-扩散式制冷机的工作原理		
备注			

表 3－2－2　项目任务完成报告

任务名称	氨水吸收式制冷机的认识		
小组成员			
具体分工			
计划用时		实际用时	
备注			
1. 氨水吸收式制冷机是由什么组成的？工作原理是什么？ 2. 吸收-扩散式制冷机是由什么组成的？工作原理是什么？			

任务评价

根据项目任务综合评价表进行任务评价，见表 3－2－3。

表 3－2－3　项目任务综合评价表

任务名称：　　　　　　　　　　　　　　　　　　测评时间：　　年　　月　　日

考核明细		标准分	实训得分								
			小组成员								
			小组自评	小组互评	教师评价	小组自评	小组互评	教师评价	小组自评	小组互评	教师评价
团队60分	小组是否能在总体上把握学习目标与进度	10									
	小组成员是否分工明确	10									
	小组是否有合作意识	10									
	小组是否有创新想(做)法	10									
	小组是否如实填写任务完成报告	10									
	小组是否存在问题和具有解决问题的方案	10									
个人40分	个人是否服从团队安排	10									
	个人是否完成团队分配任务	10									
	个人是否能与团队成员及时沟通和交流	10									
	个人是否能够认真描述困难、错误和修改的地方	10									
合计		100									

思考练习

1. 单级氨-水吸收式制冷机的制冷系统主要由________、________、________、________、________、________、________、________和________等组成。

2. 氨水吸收式制冷机是以________为制冷剂，________为吸收剂，由于氨和水在相同压力下沸点比较接近（在大气压力下，氨的沸点为________，水的沸点为________，两者相差________），因此在发生器中产生氨蒸气时，也会蒸发出一部分水蒸气，为了提高氨蒸气含量，要采用________的方法对氨气进行提纯，以获得较纯的________。

3. 吸收-扩散式制冷机的工作系统中：

氨的主循环路径是____；

水的循环路径是____；

氢的循环路径是____。

任务三　溴化锂吸收式制冷机的认识

任务描述

PPT
溴化锂吸收式
制冷机的认识

溴化锂吸收式的制冷机是目前世界上常用的吸收式制冷机种。在真空状态下，溴化锂吸收式制冷机以水为制冷剂，以溴化锂水溶液为吸收剂，制取 0 ℃以上的低温水，多用于中央空调系统。溴化锂制冷机利用水在高真空状态下沸点变低（只有 4 ℃）的特点来制冷（利用水沸腾的潜热），这种制冷机可用低压水蒸汽或 75 ℃以上的热水作为热源，因而对废气、废热、太阳能和低温位热能的利用具有重要的作用。本任务主要学习溴化锂吸收式的制冷机。

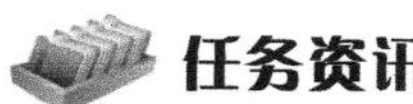

任务资讯

一、单效溴化锂吸收式制冷机

（一）单效溴化锂吸收式制冷理论循环

图 3－3－1 为单效溴化锂吸收式制冷系统的流程。其中除含有图 3－3－1 中简单吸收式制冷系统的主要设备外，在发生器和吸收器之间的溶液管路上装有溶液热交换器，来自吸收器的冷稀溶液与来自发生器的热浓溶液在此进行热交换。这样，既提高了进入发生器的冷稀溶液温度，减少了发生器所需耗热量，又降低了进入吸收器的浓溶液温度，减少了吸收器的冷却负荷，故溶液热交换器又称为节能器。

在分析理论循环时假定工质流动时无损失，因此在热交换设备内进行的是等压过程，发生器压力 p_g 等于冷凝压力 p_k，吸收器压力 p_a 等于蒸发压力 p_0。发生过程和吸收过程终了的溶液状态，以及冷凝过程和蒸发过程终了的冷剂状态都是饱和状态。

图 3－3－2 所示为图 3－3－1 系统理论循环的比焓-浓度图。

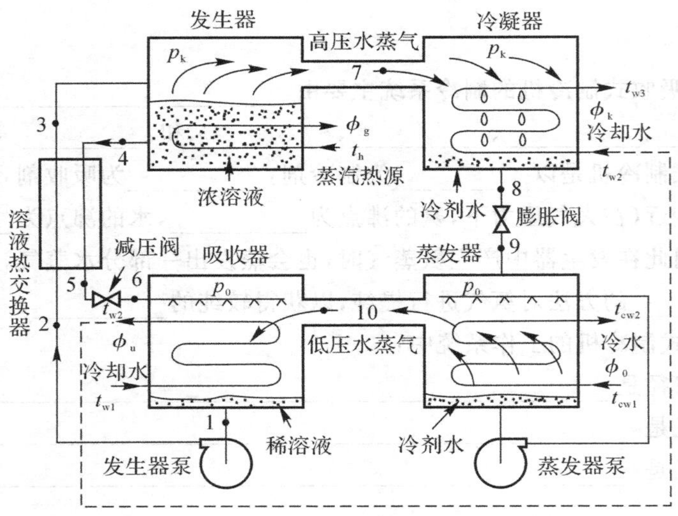

图 3-3-1　单效溴化锂吸收式制冷机流程

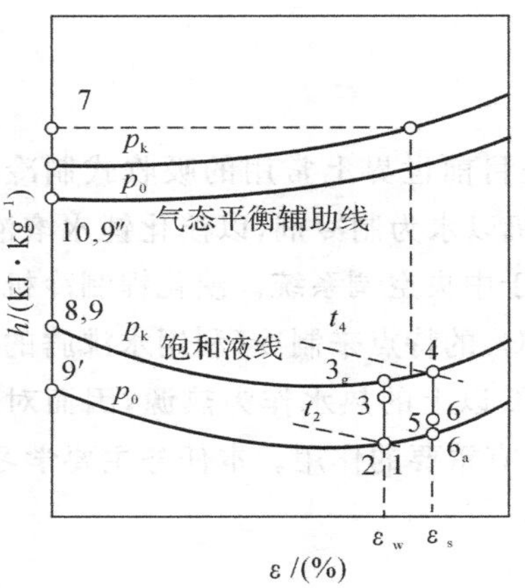

图 3-3-2　吸收式制冷循环 $h-\varepsilon$ 图

图中：1→2 为泵的加压过程。将来自吸收器的稀溶液由压力 p_0 下的饱和液变为压力 p_k 下的再冷液。$\varepsilon_1=\varepsilon_2, t_1\approx t_2$，点 1 与点 2 基本重合。

2→3 为再冷状态稀溶液在热交换器中的预热过程。

3→4 为稀溶液在发生器中的加热过程。其中 3→3_g 是将稀溶液由过冷液加热至饱和液的过程；3_g→4 是稀溶液在等压 p_k 下沸腾气化变为浓溶液的过程。发生器排出的蒸气状态可认为是与沸腾过程溶液的平均状态相平衡的水蒸气（状态 7 的过热蒸气）。

7→8 为冷剂水蒸气在冷凝器内的冷凝过程，其压力为 p_k。

8→9 为冷剂水的节流过程。制冷剂由压力 p_k 下的饱和水变为压力 p_0 下的湿蒸气。状态 9 的湿蒸气是由状态 9′ 的饱和水与状态 9″ 的饱和水蒸气组成的。

9→10 为状态 9 的制冷剂湿蒸气在蒸发器内吸热汽化至状态 10 的饱和水蒸气过程，其压力为 p_0。

4 → 5 为浓溶液在热交换器中的预冷过程，即把来自发生器的浓溶液在压力 p_k 下由饱和液变为再冷液。

5 → 6 为浓溶液的节流过程。将浓溶液由压力 p_k 下的过冷液变为压力 p_0 下的湿蒸气。

6 → 1 为浓溶液在吸收器中的吸收过程。其中 6 → 6_a 为浓溶液由湿蒸气状态冷却至饱和液状态；6_a → 1 为状态 6_a 的浓溶液在等压 p_0 下与状态 10 的冷剂水蒸气放热混合为状态 1 的稀溶液的过程。

决定吸收式制冷热力过程的外部条件是三个温度：热源温度 t_h，冷却介质温度 t_w 和被冷却介质温度 t_{cw}。它们分别影响机器的各个内部参数。

被冷却介质温度 t_c 决定了蒸发压力 p_0（蒸发温度 t_0）；冷却介质温度 t_w 决定了冷凝压力 p_k（冷凝温度 t_w）及吸收器内溶液的最低温度 t_1；热源温度 t_h 决定了发生器内溶液的最高温度 t_4。进而，p_0 和 t_1 又决定了吸收器中稀溶液浓度 ε_w；p_k 和 t_4 决定了发生器中浓溶液的浓度 ε_s 等。

溶液的循环倍率 f，表示系统中每产生 1 kg 制冷剂所需要的制冷剂-吸收剂的数量(kg)。设从发生器流入冷凝器的制冷剂流量为 D(kg/s)，从吸收器流入发生器的制冷剂-吸收剂稀溶液流量为 F(kg/s)（浓度为 ε_w），则从发生器流入吸收器的浓溶液流量为 $F-D$(kg/s)（浓度为 ε_s）。由于从溴化锂水溶液中汽化出来的冷剂水蒸气中不含有溴化锂，故根据溴化锂的质平衡方程可导出

$$f=\frac{F}{D}=\frac{\varepsilon_w}{\Delta\varepsilon} \tag{3-8}$$

其中

$$\Delta\varepsilon=\varepsilon_s-\varepsilon_w \tag{3-9}$$

式中　$\Delta\varepsilon$—— 称为“放气范围”，表示浓溶液与稀溶液的浓度差。

图 3－3－2 所示的单效理想溴化锂吸收式制冷循环的热力系数为

$$\zeta_{R_1}=\frac{h_{10}-h_9}{f(h_4-h_3)+(h_7-h_4)} \tag{3-10}$$

由式(3-10)可知，循环倍率 f 对热力系数 ζ_{R_1} 的影响非常大，为增大 ζ_{R_1}，必须减小 f，由式(3－8)可知，欲减小 f，必须增大放气范围 $\Delta\varepsilon$ 及减小浓溶液浓度 ε_w。

(二) 热力计算

热力计算的原始数据有：制冷量 ϕ_0，加热介质温度 t_h，冷却水入口温度 t_w 和冷冻水出口温度 t_{cw}。可根据下面一些经验关系选定设计参数。

溴化锂吸收式制冷机中的冷却水，一般采用先通过吸收器再进入冷凝器的串联方式。冷却水出入口总温差取 8 ～ 9 ℃。冷却水在吸收器和冷凝器内的温升之比与这两个设备的热负荷之比相近。一般吸收器的热负荷及冷却水的温升稍大于冷凝器。

冷凝温度 t_k 比冷凝器内冷却水出口温度高 3 ～ 5 ℃；蒸发温度 t_0 比冷冻水出口温度低 2 ～ 5 ℃；吸收器内溶液最低温度比冷却水出口温度高 3 ～ 5 ℃；发生器内溶液最高温度 t_4 比热容媒温度低 10 ～ 40 ℃；热交换器的浓溶液出口温度 t_5 比稀溶液侧入口温度 t_2 高 12 ～ 25 ℃。

【例 3－1】　如图 3－3－1 所示溴化锂吸收式制冷系统。已知制冷量 ϕ_0 = 1 000 kW，冷冻水出口温度 t_{cw2} = 7 ℃，冷却水入口温度 t_{w1} = 32 ℃，发生器热源的饱和蒸气温度 t_h = 119.6 ℃。试对该系统进行热力计算。

【解】

(1) 根据已知条件和经验关系确定设计参数。

冷凝器冷却水出口温度　　$t_{w3}=t_{w1}+9=41$ ℃

冷凝温度　　$t_k=t_{w3}+5=46$ ℃

冷凝压力　　$p_k=10.09$ kPa

蒸发温度　　$t_0=t_{cw2}-2=5$ ℃

蒸发压力　　$p_0=0.87$ kPa

吸收器冷却水出口温度　　$t_{w2}=t_{w1}+5=37$ ℃

吸收器溶液最低温度　　$t_1=t_{w2}+6.2=43.2$ ℃

发生器溶液最高温度　　$t_4=t_h-17.4=102.2$ ℃

热交换器最大端部温差　　$t_5-t_2=25$ ℃

(2) 确定循环节点参数。

将已确定的压力及温度值填入表 3-3-1 中，利用 $h-\varepsilon$ 图或公式求出处于饱和状态的点 1(点 2 与之相同)、4、8、10、3_g 和 6_a 的其他参数，并填入表中。

表 3-3-1　【例 3-1】计算用参数

状态点	压力 p/kPa	温度 t/℃	浓度 ε/(%)	比焓 h/(kJ·kg^{-1})
1	0.87	43.2	59.5	281.77
2	10.09	≈43.2	59.5	≈281.77
3	10.09	—	59.5	338.60
3_g	10.09	92.0	59.5	—
4	10.09	102.2	64.0	393.56
5	10.09	68.2	64.0	332.43
6	0.87	—	64.0	332.43
6_a	0.87	52.4	64.0	—
7	10.09	97.1	0	3 100.33
8	10.09	46	0	611.11
9	0.87	5	0	611.11
10	0.87	5	0	2 928.67

溶液的循环倍率为

$$f=\frac{\varepsilon_s}{\varepsilon_s-\varepsilon_w}=\frac{0.64}{0.64-0.595}=14.2$$

热交换器出口浓溶液为过冷液态，由 $t_5=t_2+25$ ℃ $=68.2$ ℃ 及 $\varepsilon_s=64\%$ 求得比焓值 $h_5=332.43$ kJ/kg，$h_6\approx h_5$。热交换器出口稀溶液点 3 的比焓可由热交换器热平衡式求得：

$$h_3=h_2+(h_4-h_5)[(f-1)/f]=$$
$$[281.77+(393.56-332.43)(14.2-1)/14.2]\ \text{kJ/kg}=$$
$$338.601\ \text{kJ/kg}$$

(3) 确定各设备单位热负荷。

$$q_g = f(h_4 - h_3) + (h_7 - h_4) = [14.2 \times (393.56 - 338.60) + (3\,100.33 - 393.56)]\ \text{kJ/kg} = 3\,487.20\ \text{kJ/kg}$$

$$q_a = f(h_6 - h_1) + (h_{10} - h_6) = [14.2 \times (332.43 - 281.77) + (2\,928.67 - 332.43)]\ \text{kJ/kg} = 3\,313.61\ \text{kJ/kg}$$

$$q_k = h_7 - h_8 = (3\,100.33 - 611.11)\ \text{kJ/kg} = 2\,489.22\ \text{kJ/kg}$$

$$q_0 = h_{10} - h_9 = (2\,928.61 - 611.11)\ \text{kJ/kg} = 2\,317.56\ \text{kJ/kg}$$

$$q_t = (f-1)(h_4 - h_5) = (14.2-1) \times (393.56 - 332.43)\ \text{kJ/kg} = 806.92\ \text{kJ/kg}$$

总吸热量为

$$q_g + q_0 = 5\,804.8\ \text{kJ/kg}$$

总放热量为

$$q_a + q_k = 5\,804.8\ \text{kJ/kg}$$

由此可见,总吸热量＝总放热量,符合能量守恒定律。

(4) 确定热力系数。

$$\zeta = \frac{q_0}{q_g} = \frac{2\,317.56}{3\,487.20} = 0.665$$

(5) 确定各设备的流量及热负荷。

冷剂循环量为

$$D = \frac{\phi_0}{q_0} = \frac{1\,000}{2\,317.56} = 0.431\,5\ \text{kg/s}$$

稀溶液循环量为

$$F = fD = 14.2 \times 0.431\,5\ \text{kg/s} = 6.127\,1\ \text{kg/s}$$

浓溶液循环量为

$$F - D = (f-1)D = (14.2-1) \times 0.431\,5\ \text{kg/s} = 5.695\,6\ \text{kg/s}$$

发生器的热负荷为

$$\phi_g = D \cdot q_g = 1\,504.7\ \text{kW}$$

吸收器的热负荷为

$$\phi_a = D \cdot q_a = 1\,430.6\ \text{kW}$$

冷凝器的热负荷为

$$\phi_k = D \cdot q_k = 1\,074.1\ \text{kW}$$

热交换器的热负荷为

$$\phi_t = D \cdot q_t = 806.9\ \text{kW}$$

(6) 确定水量及加热蒸汽量。

冷凝器的冷却水量为

$$G_{wk} = \frac{\phi_k}{C_{pw}\Delta t_{wk}} = \frac{1\,074.1}{4.18 \times 4} \times \frac{3\,600}{1\,000}\ \text{t/h} = 231.3\ \text{t/h}$$

吸收器的冷却水量为

$$G_{wa}=\frac{\phi_a}{C_{pw}\Delta t_{wa}}=\frac{1\ 430.6}{4.18\times 5}\times\frac{3\ 600}{1\ 000}\ \text{t/h}=246.4\ \text{t/h}$$

二者的冷却水量基本吻合。

设蒸发器入口冷冻水温 $t_{cw1}=12$ ℃，则冷冻水量为

$$G_c=\frac{\phi_0}{C_{pw}(t_{cw1}-t_{cw2})}=\frac{1\ 000}{4.18\times(12-7)}\times\frac{3\ 600}{1\ 000}\ \text{t/h}=172.2\ \text{t/h}$$

加热蒸汽消耗量(汽化潜热 $r=2\ 202.68$ kJ/kg) 为

$$G_g=\frac{\phi_g}{r}=\frac{1\ 504.7}{2\ 202.68}\times\frac{3\ 600}{1\ 000}\ \text{t/h}=2.46\ \text{t/h}$$

(7) 确定热力完善度。

在计算吸收式制冷机的最大热力系数时，不用考虑传热温差，则取环境温度 $t_e=32$ ℃(冷却水进水温度)，被冷却物温度 $t_0=7$ ℃(冷冻水出水温度)，热源温度 $t_g=119.6$ ℃(蒸汽相变时为恒温热源)，由式(3-6) 和式(3-7) 可知，其最大热力系数为

$$\zeta_{max}=\frac{T_g-T_e}{T_g}=\frac{T_0}{T_e-T_0}=\frac{392.6-305}{392.6}\times\frac{280}{305-280}=2.5$$

热力完善度为

$$\eta_a=\frac{\zeta}{\zeta_{max}}=\frac{0.665}{2.5}=0.266$$

由热力计算可知，外部工作条件(t_h、t_w 和 t_{cw}) 通过设备的传热影响溶液的压力、温度等机组的内部参数，后者又决定了溶液的浓度，即浓、稀溶液浓度和放气范围 $\Delta\varepsilon$。由式(3-8) 可知，溶液的 $\Delta\varepsilon$ 越大，溶液循环倍率 f 则越小。三个外部温度中的任何一个发生变化都会影响到 $\Delta\varepsilon$ 的变化。

在实际工作中，冷却条件和要求制取的低温通常为给定条件。通过计算可以得出如下关系：当 t_w 和 t_{cw} 不变时，随着热源温度 t_h 的升高，$\Delta\varepsilon$ 呈直线关系上升，溶液 f 及热交换器的热负荷 ϕ_t 呈双曲线关系下降，而热力系数 ζ 先很快增加，后渐变平缓。

对一定的 t_w 和 t_{cw} 有一极限最低热源温度，此时放气范围 $\Delta\varepsilon=0$，热力系数 $\zeta=0$，溶液循环倍率 $f\rightarrow\infty$，热源温度 t_h 必须高于此值才能制冷。

对一定的冷却水温有一极限最高热源温度，该值一般由溶液的结晶条件决定，并随冷却水温度的降低而降低。

经验认为溴化锂吸收式制冷机的放气范围 $\Delta\varepsilon=4\%\sim5\%$ 为好，此范围内的热源温度常被看作是经济热源温度。经济的和最低的热源温度都随冷冻水温的降低和冷却水温的升高而升高。欲保持放气范围不变，当降低热源温度 t_h 时须提高 t_{cw} 或降低 t_w。

当冷却水温为 28 ～ 32 ℃，制取 5 ～ 10 ℃ 冷冻水时，单效溴化锂吸收式制冷机可采用表压 40 ～ 100 kPa 蒸汽或相应温度的热水作热源，热力系数约为 0.7。

(三) 实际循环

实际过程是有损失的。在吸收过程中，由于冷剂蒸气的流动损失，吸收器压力(吸收器内冷剂蒸气的压力) p_a 应低于蒸发压力 p_0；作为吸收的推动力，溶液的平衡蒸气分压力 p_a^* 又必须低于吸收器压力 p_a；还有不凝性气体的影响等，都构成了吸收过程的损失。这些损失的存在使吸收终了状态不是 t_2 与 p_0 线的交点 2^*，而是 t_2 与 p_a^* 的交点 2；吸收终了稀溶液浓度由 ε_w^* 升高至 ε_w(见图 3-3-3)。吸收过程的损失用溶液的吸收不足来度量，即 $\Delta\varepsilon_w=\varepsilon_w-\varepsilon_w^*$ 或 $\Delta p_a=$

$p_0-p_a^*$。实际吸收过程终了溶液状态 2 及稀溶液浓度取决于蒸发压力 p_0、吸收器溶液的最低温度 t_2 及溶液的吸收不足值 $\Delta\varepsilon_w$ 或 Δp_a。

在发生器的溶液沸腾过程中，由于液柱静压等影响，使过程偏离等压线 3_g-4^* 而沿 3_g—4 进行。发生终了溶液状态不是在 t_4 与 p_k 线的交点 4^*，而是在 t_4 与 p_g 的交点 4；发生终了浓溶液浓度由 ε_s^* 降低为 ε_s。发生过程的损失用溶液的发生不足来度量，即 $\Delta\varepsilon_s=\varepsilon_s^*-\varepsilon_s$ 或 $\Delta p_k=p_g-p_k$。实际发生过程终了溶液状态 4 及浓溶液浓度 ε_s，由冷凝压力 p_k、发生器溶液最高温度 t_4 及溶液的发生不足值 $\Delta\varepsilon_s$ 或 Δp_k 来决定。

为了保证吸收器管束上浓溶液的喷淋密度，需要一部分稀溶液再循环：浓溶液（点 6）与部分稀溶液（点 2）混合，混合溶液（点 11）在吸收器节流至状态 12。吸收过程沿 12—2 线变化。溶液的再循环提高了热质交换强度，而降低了吸收过程的传热温差。

（四）单效溴化锂吸收式制冷机的典型结构与流程

1. 单效溴化锂吸收式制冷机的典型结构

溴化锂吸收式制冷机是在高度真空下工作的，稍有空气渗入制冷量就会降低，甚至不能制冷。因此，结构的密封性是最重要的技术条件，要求结构安排必须紧凑，连接部件尽量减少。通常把发生器等 4 个主要换热设备合置于一个或两个密闭筒体内，即所谓单筒结构和双筒结构。

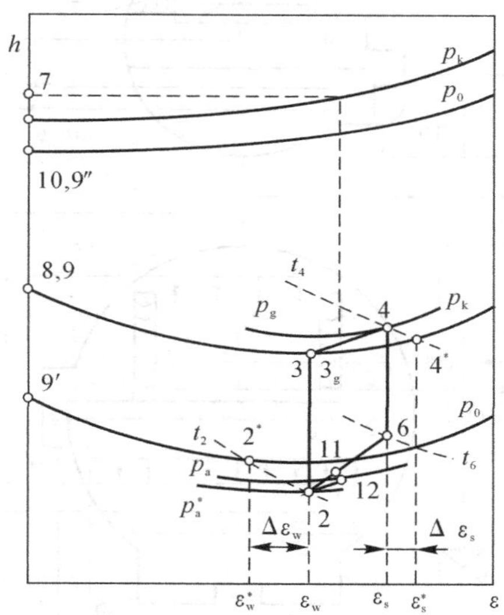

图 3-3-3　$h-\varepsilon$ 图上的溴化锂吸收式制冷实际循环

因设备内压力很低（高压部分约 1/10 标准大气压①，低压部分约 1/100 标准大气压），冷剂水的流动损失和静液高度对制冷性能的影响很大，必须尽量减小，否则将造成较大的吸收不足和发生不足，严重降低机组的效率。为了减少冷剂蒸气的流动损失，采取将压力相近的设备合放在一个筒体内，以及使外部介质在管束内流动，冷剂蒸气在管束外较大的空间内流动等措施。

在蒸发器的低压下，100 mm 高的水层就会使蒸发温度升高 10～12 ℃，因此，蒸发器和吸

① 1 标准大气压＝1.013 25×10^5 Pa。

收器必须采用喷淋式换热设备。至于发生器,仍多采用沉浸式,但液层高度应小于 300 mm,并在计算时需计入由此引起的发生温度变化。有时发生器采用双层布置以减少沸腾层高度的影响。

图 3-3-4 所示为双筒形单效溴化锂吸收式制冷机结构简图。上筒是压力较高的发生器和冷凝器,下筒是压力较低的蒸发器和吸收器。

在吸收器内,吸收水蒸气而生成的稀溶液,积聚在吸收器下部的稀溶液囊 2 内,此稀溶液通过发生器泵 3 送至溶液热交换器 4,被加热后进入发生器 5。热媒(加热用蒸汽或热水)在发生器的加热管束内通过;管束外的稀溶液被加热、升温至沸点,经沸腾过程变为浓溶液。此浓溶液自液囊 19 沿管道经热交换器 4,被冷却后流入吸收器的浓溶液囊 6 中。发生器溶液沸腾所生成的水蒸气向上流经挡液板 7 进入冷凝器 8(挡液板的作用是避免溴化锂溶液飞溅入冷凝器)。冷却水在冷凝器的管束内通过。管束外的水蒸气被冷凝为冷剂水,收集在冷凝器水盘 9 内,靠压力差的作用沿 U 形管 10 流至蒸发器 11。U 形管 10 相当于膨胀阀,起减压节流作用,其高度应大于上下筒之间的压力差。吸收式制冷机也可不采用 U 形管,而采用节流孔口,采用节流孔口简化了构造,但对负荷变化的适应性不如 U 形管强。

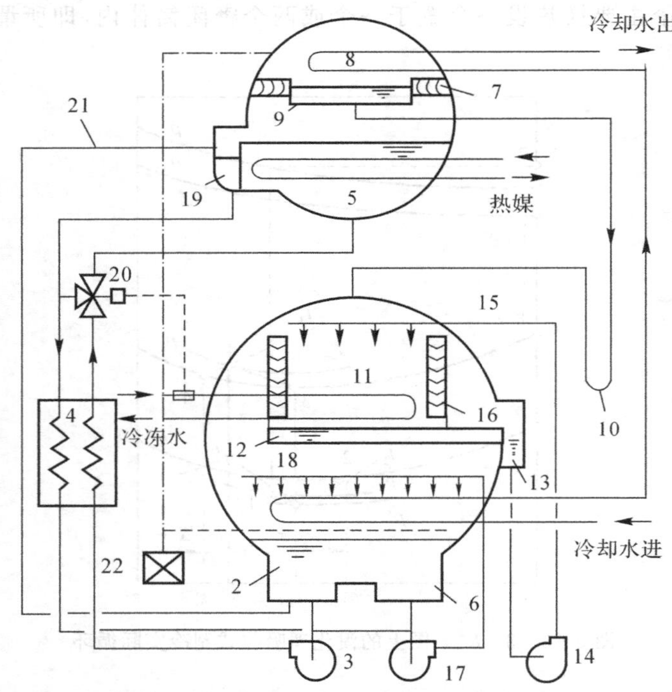

图 3-3-4 双筒形单效溴化锂吸收式制冷机结构简图

1—吸收器; 2—稀溶液囊; 3—发生器泵; 4—溶液热交换器; 5—发生器; 6—浓溶液囊; 7—挡液板; 8—冷凝器; 9—冷凝器水盘; 10—U 形管; 11—蒸发器; 12—蒸发器水盘; 13—蒸发器水囊; 14—蒸发器泵; 15—冷剂水喷淋系统; 16—挡水板; 17—吸收器泵; 18—溶液喷淋系统; 19—发生器浓溶液囊; 20—电磁三通阀; 21—浓溶液溢流管; 22—抽气装置

冷剂水进入蒸发器后,被收集在蒸发器水盘 12 内,并流入蒸发器水囊或称为冷剂水囊 13,靠冷剂水泵(蒸发器泵)14 送往蒸发器内的喷淋系统 15,经喷嘴喷出,淋洒在冷冻水管束外表面，吸收管束内冷冻水的热量，气化变成水蒸气。一般冷剂水的喷淋量都要大于实际蒸发量，以使冷剂水能均匀地淋洒在冷冻水管束上。因此，喷淋的冷剂水中只有一部分蒸发为水蒸气，另一部分未曾蒸发的冷剂水与来自冷凝器的冷剂水一起流入冷剂水囊，重新送入喷淋系统蒸发制冷。冷剂水囊应保持一定的存水量，以适应负荷的变化和避免冷剂水量减少时冷剂水泵发生气蚀。蒸发器中汽化形成的冷剂水蒸气经过挡水板 16 再进入吸收器，这样做可以把蒸气中混有的冷剂水滴阻留在蒸发器内继续气化，以避免造成制冷量损失。

在吸收器 1 的管束内通过的是冷却水。浓溶液囊 6 中的浓溶液，由吸收器泵 17 送入溶液喷淋系统 18，淋洒在冷却水管束上，溶液被冷却降温，同时吸收充满于管束之间的冷剂水蒸气而变成稀溶液，汇流至稀、浓两个液囊中。流入稀溶液囊的稀溶液，由发生器泵 3 经热交换器 4 送往发生器 5。流入浓溶液液囊 6 的稀溶液则与来自发生器的浓溶液混合，由吸收器泵重新送至溶液喷淋系统。回到喷淋系统的稀溶液的作用只是“陪同”浓溶液一起循环，以加大喷淋量，提高喷淋式热交换器喷淋侧的放热系数。

在真空条件下工作的系统中所有其他部件也必须有很高的密封要求。如溶液泵和冷剂泵需采用屏蔽型密闭泵，并要求该泵有较高的允许吸入真空高度，管路上的阀门需采用真空隔膜阀等。

从以上结构特点看出，溴化锂吸收式制冷机除屏蔽泵外没有其他转动部件，因而振动、噪声小，磨损和维修量少。

2. 溴化锂吸收式制冷机的主要附加措施

(1)防腐蚀问题。

溴化锂水溶液对一般金属有腐蚀作用，尤其在有空气存在的情况下腐蚀更为严重。腐蚀不但缩短机器的使用寿命，而且产生不凝性气体，使筒内真空度难以维持。因此，吸收式制冷机的传热管采用铜镍合金管或不锈钢管，筒体和管板采用不锈钢板或复合钢板。

不仅如此，为了防止溶液对金属的腐蚀，一方面须确保机组的密封性，经常维持机组内的高度真空，在机组长期不运行时充入氮气；另一方面须在溶液中加入有效的缓蚀剂。

在溶液温度不超过 120 ℃的条件下，溶液中加入 0.1%～0.3%的铬酸锂(Li_2CrO_4)和 0.02%的氢氧化锂，使溶液呈碱性，pH 在 9.5～10.5 范围内，对碳钢-铜的组合结构防腐蚀效果良好。

当溶液温度高达 160 ℃时，上述缓蚀剂对碳钢仍有很好的缓蚀效果。此外，还可选用其他耐高温缓蚀剂，如在溶液中加入 0.001%～0.1%的氧化铅(PbO)，或加入 0.2%的三氧化二锑(Sb_2O_3)与 0.1%的铌酸钾($KNbO_3$)的混合物等。

(2)抽气装置。

由于系统内的工作压力远低于大气压力，尽管设备密封性好，也难免有少量空气渗入，并且因为腐蚀也会产生一些不凝性气体，所以必须设有抽气装置，以排出聚积在筒体内的不凝性气体，保证制冷机的正常运行。此外，该抽气装置还可用于制冷机的抽空、试漏与充液。

1)机械真空泵抽气装置。常用的抽气装置如图 3-3-5 所示，图中辅助吸收器 3 又称冷剂分离器，其作用是将一部分溴化锂-水溶液淋洒在冷盘管上，在放热条件下吸收所抽出气体中含有的冷剂水蒸气，使真空泵排出的只是不凝性气体，以提高真空泵的抽气效果和减少冷剂水的损失。阻油器 2 的作用是防止真空泵停车时，泵内润滑油倒流入机体内。真空泵 1 一般采用旋片式机械真空泵。

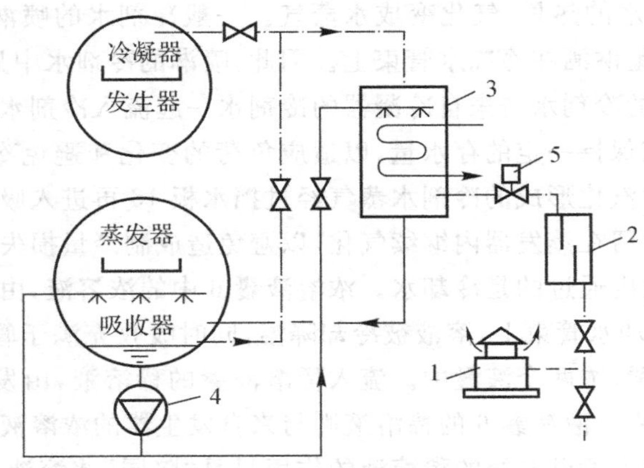

图 3-3-5　抽气装置

1—真空泵；　2—阻油机；　3—辅助吸收器；　4—吸收气泵；　5—调节阀

2)自动抽气装置。上述机械真空泵抽气装置只能定期抽气，为了改进溴化锂吸收式制冷机的运转效能，除设置上述抽气装置外，可附设自动抽气装置。如图 3-3-6 所示为一种自动抽气装置的原理结构图。该装置利用引射原理，靠喷射少量的稀溶液，随时排出系统内存在的不凝性气体。排出的气体混在稀溶液中，经气液分离室分离，稀溶液通过回流阀返回吸收器，分离室上部的不凝性气体通过管道进入储气室，并聚集于顶部气包中待集中排出。利用设置在储气室上的压力传感器(薄膜式真空压力计)检测其不凝性气体的压力，当压力超过设定值时，自动进行排气操作。排气时先关闭抽气管路和回液管路上的阀门，此时溶液仍在不断进入引射器，储气室内气体被压缩，压力升高，当大于大气压力时，则打开排气阀排气。另外，压力传感器时刻检测储气室的压力，根据压力的变化情况也可判断机组气密性能的好坏。

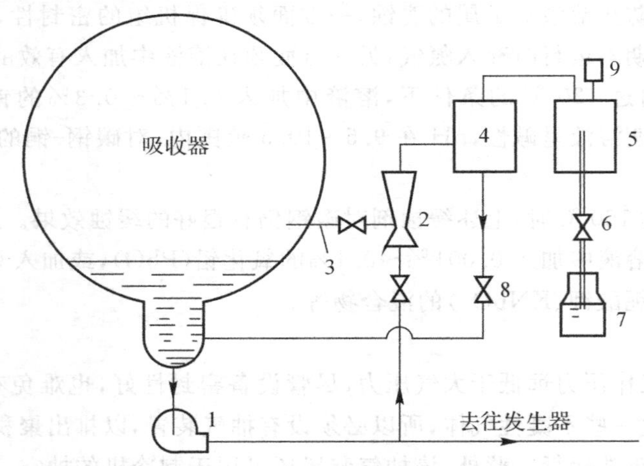

图 3-3-6　自动抽气装置原理图

1—溶液泵；　2—引射器；　3—抽气管；　4—气液分离室；　5—储气室；
6—排气阀；　7—排气瓶；　8—回流阀；　9—压力传感器

3)钯膜抽气装置。溴化锂吸收式制冷机在正常运行过程中，由于溶液对金属材料的腐蚀作用，会产生一定量的氢气。如果机组的气密性能良好，则产生的氢气将是机组中不凝性气体的主要来源。为了排出氢气，可以设置钯膜抽气装置。钯金属对氢气具有选择透过性，可将机组内部产生的氢气排出机外，但是，钯膜抽气装置的工作温度约 300 ℃，因此需利用加热器进行加热。除长期停机外，一般不切断加热器的电源。钯膜抽气装置通常装设在自动抽气装置的储气室上。

(3)防止结晶问题。

从溴化锂水溶液 $p-t$ 图可以看出，溶液的温度过低或浓度过高均容易发生结晶。因此，当进入吸收器的冷却水温度过低(如小于 20 ℃)或发生器加热温度过高时就可能引起结晶。结晶现象一般先发生在溶液热交换器的浓溶液侧，因为此处溶液浓度最高，温度较低，通路窄小。发生结晶后，浓溶液通路被阻塞，引起吸收器液位下降，发生器液位上升，直到制冷机不能运行。

为解决热交换器浓溶液侧的结晶问题，在发生器中设有浓溶液溢流管(见图 3-3-4 中的 21，也称为防晶管)。该溢流管不经过热交换器，直接与吸收器的稀溶液囊相连。当热交换器浓溶液通路因结晶被阻塞时，发生器的液位升高，浓溶液经溢流管直接进入吸收器。这样，不但可以保证制冷机至少在部分负荷下继续工作，而且由于热的浓溶液在吸收器内直接与稀溶液混合，提高了进入热交换器的稀溶液温度，有助于浓溶液侧结晶的缓解。此外，还可通过机组的控制系统，停止冷却水泵，利用吸收热使吸收器内的稀溶液升温，以融化热交换器浓溶液侧的结晶。

(4)制冷量的调节。

吸收式制冷机的制冷量一般是根据蒸发器出口被冷却介质的温度，用改变加热介质流量和稀溶液循环量(采用图 3-3-4 中的电磁三通阀 20)的方法进行调节的。用这种方法可以实现制冷量在 10%～100%范围内的无级调节。

二、双效溴化锂吸收式制冷机

由式 $\zeta=\frac{\phi_0}{\phi_g}\leqslant\frac{T_0(T_g-T_e)}{T_g(T_e-T_0)}$ 可以看出，当冷却介质和被冷却介质温度给定时，提高热源温度 t_h，可有效改善吸收式制冷机的热力系数。但由于溶液结晶条件的限制，单效溴化锂吸收式制冷机的热源温度不能很高。当有较高温度热源时，应采用多级发生的循环。如利用表压 600 ～ 800 kPa 的蒸汽或燃油、燃气作热源的双效型溴化锂吸收式制冷机，它们分别称为蒸汽双效型和直燃双效型。

双效型溴化锂吸收式制冷机设有高、低压两级发生器，高、低温两级溶液热交换器，有时为了利用热源蒸汽的凝水热量，还设置溶液预热器(或称凝水回热器)。以高压发生器中溶液汽化所产生的高温冷剂水蒸气作为低压发生器加热溶液的内热源，再与低压发生器中溶液汽化产生的冷剂蒸气汇合在一起，作为制冷剂，进入冷凝器和蒸发器制冷。由于高压发生器中冷剂蒸气的凝结热已用于机器的正循环中，使发生器的耗热量减少，故热力系数可达 1.0 以上；冷凝器中冷却水带走的主要是低压发生器的冷剂蒸气的凝结热，冷凝器的热负荷仅为普通单效机的一半。

根据溶液循环方式的不同，常用双效溴化锂吸收式制冷机主要分为串联流程和并联流程两大类。串联流程操作方便、调节稳定，并联流程系统热力系数较高。

(一)蒸汽双效型溴化锂吸收式制冷机的流程

1. 串联流程双效型吸收式制冷机

串联流程双效型吸收式制冷系统流程如图 3-3-7(a)所示。

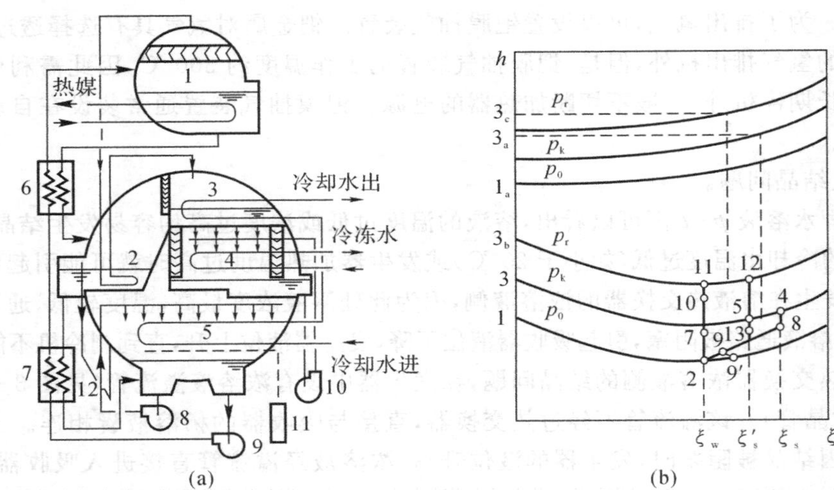

图 3-3-7　串联流程溴化锂吸收式制冷原理图

1—高压发生器；2—低压发生器；3—冷凝器；4—蒸发器；5—吸收器；6—高温热交换器；7—低温热交换器；8—吸收器泵；9—发生器泵；10—蒸发器泵；11—抽气装置；12—防晶管

从吸收器 5 引出的稀溶液经发生器泵 9 输送至低温热交换器 7 和高温热交换器 6 吸收浓溶液放出的热量后，进入高压发生器 1，在高压发生器中加热沸腾，产生高温水蒸气和中间浓度溶液，此中间溶液经高温热交换器 6 进入低压发生器 2，被来自高温发生器的高温蒸气加热，再次产生水蒸气并形成浓溶液。浓溶液经低温热交换器与来自吸收器的稀溶液换热后，进入吸收器 5，在吸收器中吸收来自蒸发器的水蒸气，成为稀溶液。

串联流程双效型吸收式制冷机的工作过程如图 3-3-7(b)所示。

(1) 溶液的流动过程：点 2 的低压稀溶液（浓度为 ξ_w）经发生器泵加压后压力提高至 p_r，经低温热交换器加热到达点 7，再经过高温热交换器加热到达点 10。溶液进入高压发生器后，先加热到点 11，再升温至点 12，成为中间浓度 ξ_s 的溶液，在此过程中产生水蒸气，其焓值为 h_{3c}，从高压发生器流出的中间浓度溶液在高温热交换器中放热后，达到 5 点，并进入低压发生器。

中间浓度溶液在低压发生器中被高温发生器产生的水蒸气加热，成为浓溶液（浓度为 ξ_s）4 点，同时产生水蒸气，其焓值为 h_{3c}。点 4 的浓溶液经低温热交换器冷却放热至点 8，成为低温的浓溶液，它与吸收器中的部分稀溶液混合后，达到点 9，闪发后至点 9′，再吸收水蒸气成为低压稀溶液 2。

(2) 冷剂水的流动过程：高压发生器产生的蒸气在低压发生器中放热后凝结成水，比焓值降为 h_{3b}，进入冷凝器后冷却又降至 h_3。而来自低压发生器产生的水蒸气也在冷凝器中冷凝，焓值同样降至 h_3，冷剂水节流后进入蒸发器，其中液态水的比焓值为 h_1，在蒸发器中吸热制冷后成为水蒸气，比焓值为 h_{1a}，此水蒸气在吸收器中被溴化锂溶液吸收。

2. 并联流程双效型吸收式制冷机

并联流程双效型吸收式制冷系统的流程如图 3-3-8(a) 所示。从吸收器 5 引出的稀溶液经发生器泵 10 升压后分成两路。一路经高温热交换器 6，进入高压发生器 1，在高压发生器中被高温蒸气加热沸腾，产生高温水蒸气。浓溶液在高温热交换器 6 内放热后与吸收器中的部分稀溶液以及来自低温发生器的浓溶液混合，经吸收器泵 9 输送至吸收器的喷淋系统。另一路稀溶液在低温热交换器 8 和凝水回热器 7 中吸热后进入低压发生器 2，在低压发生器中被来自高压发生器的水蒸气加热，产生水蒸气及浓溶液。此溶液在低温热交换器中放热后，与吸收器中的部分稀溶液及来自高温发生器的浓溶液混合后，输送至吸收器的喷淋系统。

并联流程双效型溴化锂吸收式制冷机的工作过程如图 3-3-8(b) 表示。

(1) 溶液的流动过程：点 2 的低压稀溶液（浓度为 ξ_w）经发生器泵 10 提高压力至 p_r，此高压溶液在高温热交换器中吸热达到点 10，然后在高压发生器内吸热，产生水蒸气，达到点 12，成为浓溶液（浓度为 ξ_{sH}），所产生的水蒸气的焓值为 h_{3c}。此浓溶液在高温热交换器中放热至点 13，然后与吸收器中的部分稀溶液 2 及低温发生器的浓溶液 8 混合，达到点 9，闪发后至点 9′。

点 2 的低压稀溶液经发生器泵 10 提高压力至 p_k，经低温热交换器加热至点 7，其再经过凝水回热器和低压发生器升温至点 4，成为浓溶液（浓度为 ξ_{sL}），此时产生的水蒸气焓值为 h_{3a}。浓溶液在低温热交换器内放热至点 8，然后与吸收器的部分稀溶液 2 及来自高压发生器的浓溶液 13 混合，达到点 9，闪发后至点 9′。

(2) 冷剂水的流动过程：高压发生器产生的水蒸气（焓值为 h_{3c}）在低压发生器中放热，凝结成焓值为 h_{3b} 的水（点 3b），再进入冷凝器中冷却至点 3，低压发生器产生的水蒸气（焓值为 h_{3a}）在冷凝器中冷凝成冷剂水（点 3），压力为 p_k 的冷剂水经 U 形管节流并在蒸发器中制冷，达到点 1a，然后进入吸收器，被溶液吸收。

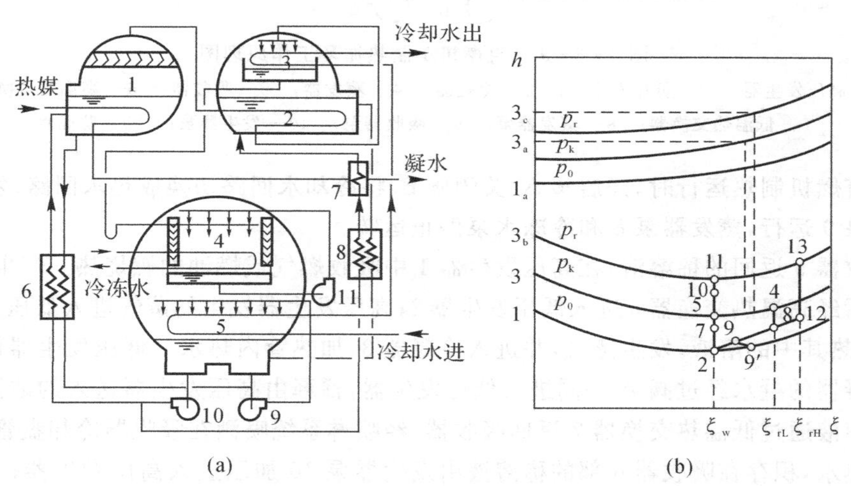

图 3-3-8　并联流程溴化锂吸收式制冷原理图

1—高压发生器；2—低压发生器；3—冷凝器；4—蒸发器；5—吸收器；6—高温热交换器；7—凝水回热器；8—低温热交换器；9—吸收器泵；10—发生器泵；11—蒸发器泵

(二) 直燃双效型溴化锂吸收式制冷机的流程

直燃双效型溴化锂吸收式制冷机（简称“直燃机”）和蒸汽双效型制冷原理完全相同，只是高压发生器不是采用蒸汽加热换热器，而是锅筒式火管锅炉，由燃气或燃油直接加热稀溶液，制取高温水蒸气。此外，在冬季制热时，制取热水方面也有很大区别。

直燃机多采用串联流程结构。根据热水制造方式不同，可分为三类：① 将冷却水回路切换成热水回路；② 设置和高压发生器相连的热水器；③ 将冷冻水回路切换成热水回路。

1. 将冷却水回路切换成热水回路的机型

图 3-3-9 为该型直燃机的工作原理图。关闭阀 A、开启阀 B，则构成直燃串联流程双效型

溴化锂吸收式制冷系统。

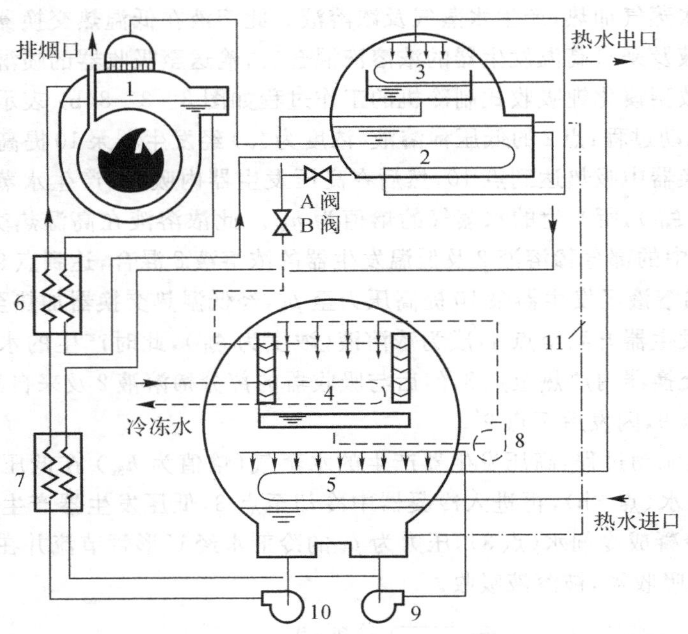

图 3-3-9　直燃机 1 制热循环工作原理图

1—高压发生器；2—低压发生器；3—冷凝器；4—蒸发器；5—吸收器；6—高温热交换器；7—低温热交换器；8—蒸发器泵；9—吸收器泵；10—发生器泵；11—防晶管

该型直燃机制热运行时，开启阀 A、关闭阀 B，将冷却水回路切换成热水回路，发生器泵 10 和吸收器泵 9 运行，蒸发器泵 8 和冷冻水泵停止运转。

从吸收器 5 返回的稀溶液，在高压发生器 1 中吸收燃气或燃油的燃烧热。产生高温蒸气，溶液浓缩后经高温热交换器 6 进入低压发生器 2；高压发生器发生的蒸气进入低压发生器的加热管中，加热其中的溶液，发生蒸气，并进入冷凝器 3，加热管内热水。低压发生器传热管内的凝水和冷凝器的凝水经过阀 A 一同进入低压发生器，稀释由高压发生器送入的浓溶液。温度较高的稀溶液通过低温热交换器 7 返回吸收器，经喷淋系统喷洒在吸收器冷却盘管上，预热管内流动的热水，积存在吸收器底部的稀溶液由发生器泵 10 加压进入高压发生器；预热后的热水进入冷凝器盘管内，被进一步加热，制取温度更高的热水。

2. 设置与高压发生器相连的热水器的机型

图 3-3-10 所示为该型直燃机的工作原理图。直燃机在高压发生器的上方设置一个热水器，当制热运行时，关闭与高压发生器 1 相连管路上的 A、B、C 阀，热水器借助高压发生器所发生的高温蒸气的凝结热来加热管内热水，凝水则流回高压发生器。制冷运行时，开启 A、B、C 阀，则按串联流程蒸气双效型溴化锂吸收式制冷机的工作原理制取冷水，还可以同时制取生活热水。

3. 将蒸发器切换成冷凝器的机型

图 3-3-11 所示为该型直燃机采暖运行的工作原理图。制热时，同时开启冷热转换阀 A 与 B(制冷运行时，需关闭图中冷热转换阀 A 与 B)，冷冻水回路则切换成热水回路。冷却水回路及冷剂水回路停止运行。

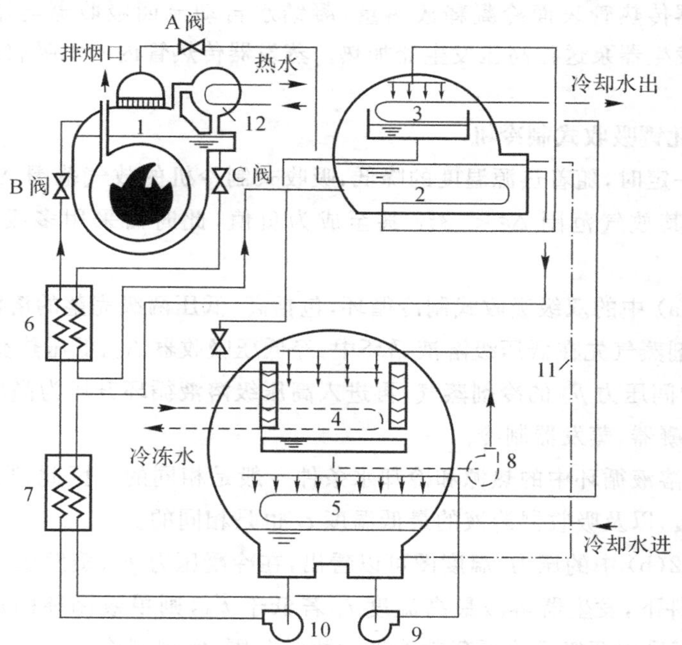

图 3-3-10　直燃机 2 制热循环工作原理图

1— 高压发生器；2— 低压发生器；3— 冷凝器；4— 蒸发器；5— 吸收器；6— 高温热交换器；7— 低温热交换器；8— 蒸发器泵；9— 吸收器泵；10— 发生器泵；11— 防晶管；12— 热水器

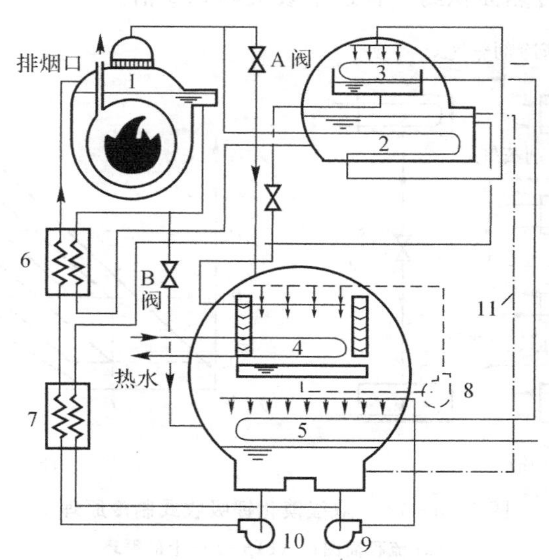

图 3-3-11　直燃机 3 制热循环工作原理图

1— 高压发生器；2— 低压发生器；3— 冷凝器；4— 蒸发器；5— 吸收器；6— 高温热交换器；7— 低温热交换器；8— 蒸发器泵；9— 吸收器泵；10— 发生器泵；11— 防晶管

稀溶液由发生器泵 10 送往高压发生器 1，加热沸腾，发生冷剂蒸气，经阀 A 进入蒸发器 4；同时高温浓溶液经阀 B 进入吸收器 5，因压力降低闪发出部分冷剂蒸气，也进入蒸发器。两股高温蒸气在蒸发器传热管表面冷凝释放热量，凝结水自动流回吸收器与浓溶液混合成稀溶液。稀溶液再由发生器泵送往高压发生器加热。蒸发器传热管内的水吸收冷剂蒸气的热量而升温，制取热水。

（三）双级溴化锂吸收式制冷机

当其他条件一定时，随着热源温度的降低，吸收式制冷机的放气范围 $\Delta\xi$ 将减小。如若热源温度很低，致使其放气范围 $\Delta\xi < 3\%$ 甚至成为负值，此时需采用多级吸收循环（一般为双级）。

图 3－3－12(a) 中的双级吸收式制冷循环，包括高、低压两级完整的溶液循环。来自蒸发器的低压（p_0）冷剂蒸气先在低压级溶液循环中，经低压吸收器 A_2、低压热交换器 T_2 和低压发生器 G_2，升压为中间压力 p_m 的冷剂蒸气，再进入高压级溶液循环升压为高压（冷凝压力 p_k）冷剂蒸气，最后到冷凝器、蒸发器制冷。

高、低压两级溶液循环中的热源和冷却水条件一般是相同的。因此，高、低压两级的发生器溶液最高温度 t_4，以及吸收器溶液的最低温度 t_2 也是相同的。

从图 3－3－12(b) 中的压力-温度图可以看出，在冷凝压力 p_k、蒸发压力 p_0 以及溶液最低温度 t_2 一定的条件下，发生器溶液最高温度 t_4 若低于 t'_3，则单效循环的放气范围将成为负值。而同样条件下采用两级吸收循环就能增大放气范围，实现制冷。

这种两级吸收式制冷机可以利用 90～70 ℃ 废气或热水作热源，但其热力系数较低，约为普通单效机的 1/2，它所需的传热面积约为普通单效机的 1.5 倍。如若将两台单效机串联使用，达到相同制冷量，其传热面积约为普通单效机的 2.5 倍。

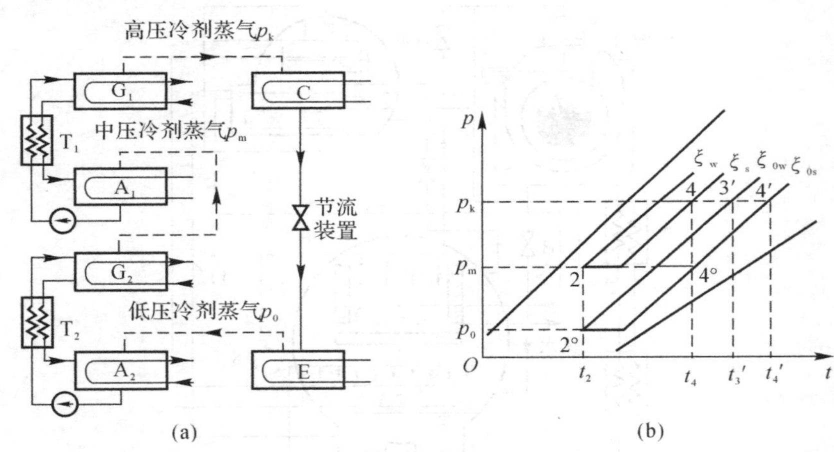

图 3－3－12　双级溴化锂吸收式制冷原理图

(a) 流程简图；(b) $p-t$ 图上的循环

G_1— 高压发生器；A_1— 高压吸收器；T_1— 压热交换器；C— 冷凝器；

G_2— 低压发生器；A_2— 低压吸收器；T_2— 低压热交换器；E— 蒸发器

任务实施

根据项目任务书和项目任务完成报告进行任务实施，见表 3－3－2 和表 3－3－3。

表 3-3-2　项目任务书

任务名称	溴化锂吸收式制冷机的认识		
小组成员			
指导教师		计划用时	
实施时间		实施地点	
任务内容与目标			
1. 了解单效溴化锂吸收式制冷机的理论循环和实际循环； 2. 熟悉单效溴化锂吸收式制冷机的典型结构与流程； 3. 能进行单效溴化锂吸收式制冷系统的热力计算； 4. 了解蒸汽、直燃双效型溴化锂吸收式制冷机的流程			
考核项目	1. 单效溴化锂吸收式制冷系统的热力计算； 2. 单效溴化锂吸收式制冷机的理论循环和实际循环； 3. 了解蒸汽、直燃双效型溴化锂吸收式制冷机的流程		
备注			

表 3-3-3　项目任务完成报告

任务名称	溴化锂吸收式制冷机的认识		
小组成员			
具体分工			
计划用时		实际用时	
备注			
1. 已知制冷量 $\phi_0=1\ 100$ kW，冷冻水出口温度 $t_{cw2}=8$ ℃，冷却水入口温度 $t_{w1}=30$ ℃，发生器热源的饱和蒸气温度 $t_h=123.3$ ℃。试对该系统进行热力计算。（参照【例 3-1】计算） 2. 简述单效溴化锂吸收式制冷理论循环和实际循环。 3. 试述蒸汽、直燃双效型溴化锂吸收式制冷机的流程。			

任务评价

根据项目任务综合评价表进行任务评价，见表 3-3-4。

表 3-3-4 项目任务综合评价表

任务名称： 测评时间： 年 月 日

<table>
<tr><td colspan="2" rowspan="4">考核明细</td><td rowspan="4">标准分</td><td colspan="9">实训得分</td></tr>
<tr><td colspan="9">小组成员</td></tr>
<tr><td colspan="3"></td><td colspan="3"></td><td colspan="3"></td></tr>
<tr><td>小组自评</td><td>小组互评</td><td>教师评价</td><td>小组自评</td><td>小组互评</td><td>教师评价</td><td>小组自评</td><td>小组互评</td><td>教师评价</td></tr>
<tr><td rowspan="6">团队60分</td><td>小组是否能在总体上把握学习目标与进度</td><td>10</td><td></td><td></td><td></td><td></td><td></td><td></td><td></td><td></td><td></td></tr>
<tr><td>小组成员是否分工明确</td><td>10</td><td></td><td></td><td></td><td></td><td></td><td></td><td></td><td></td><td></td></tr>
<tr><td>小组是否有合作意识</td><td>10</td><td></td><td></td><td></td><td></td><td></td><td></td><td></td><td></td><td></td></tr>
<tr><td>小组是否有创新想(做)法</td><td>10</td><td></td><td></td><td></td><td></td><td></td><td></td><td></td><td></td><td></td></tr>
<tr><td>小组是否如实填写任务完成报告</td><td>10</td><td></td><td></td><td></td><td></td><td></td><td></td><td></td><td></td><td></td></tr>
<tr><td>小组是否存在问题和具有解决问题的方案</td><td>10</td><td></td><td></td><td></td><td></td><td></td><td></td><td></td><td></td><td></td></tr>
<tr><td rowspan="4">个人40分</td><td>个人是否服从团队安排</td><td>10</td><td></td><td></td><td></td><td></td><td></td><td></td><td></td><td></td><td></td></tr>
<tr><td>个人是否完成团队分配任务</td><td>10</td><td></td><td></td><td></td><td></td><td></td><td></td><td></td><td></td><td></td></tr>
<tr><td>个人是否能与团队成员及时沟通和交流</td><td>10</td><td></td><td></td><td></td><td></td><td></td><td></td><td></td><td></td><td></td></tr>
<tr><td>个人是否能够认真描述困难、错误和修改的地方</td><td>10</td><td></td><td></td><td></td><td></td><td></td><td></td><td></td><td></td><td></td></tr>
<tr><td colspan="2">合计</td><td>100</td><td></td><td></td><td></td><td></td><td></td><td></td><td></td><td></td><td></td></tr>
</table>

思考练习

1. 在溴化锂吸收式制冷循环中，制冷剂和吸收剂分别起哪些作用？从制冷剂、驱动能源、制冷方式、散热方式等各方面比较吸收式制冷与蒸气压缩式制冷的异同点。

2. 在吸收式制冷系统中为何双效系统比单效系统的热力系数高？

项目四　制冷压缩机的认识

制冷压缩机是制冷系统的核心和心脏。压缩机的能力和特征决定了制冷系统的能力和特征。在某种意义上，制冷系统的设计与匹配就是将压缩机的能力体现出来。因此，世界各国制冷行业无不在制冷压缩机的研究上投入了大量的精力，新的研究方向和研究成果不断出现。压缩机的技术和性能水平日新月异。本项目将通过对活塞式制冷压缩机、螺杆式制冷压缩机、离心式制冷压缩机的介绍，使读者对制冷压缩机有进一步的认识。

项目目标

制冷压缩机的认识
- 素养目标
  - 1. 提高学生的动手操作能力
  - 2. 培养学生乐观向上的敬业精神
  - 3. 培养学生探索实践的创新能力
  - 4. 培养学生知识获取和应用的自主学习能力
  - 5. 培养学生科学思维方式和判断分析问题的能力
- 知识目标
  - 1. 熟悉活塞式制冷压缩机的形式和构造
  - 2. 掌握活塞式制冷压缩机的工作过程和工作特性
  - 3. 熟悉螺杆式制冷压缩机的构造
  - 4. 掌握螺杆式制冷压缩机的工作过程和特点
  - 5. 熟悉离心式制冷压缩机的结构
  - 6. 掌握离心式制冷压缩机的工作原理和工作特性
- 技能目标
  - 1. 认识活塞式制冷压缩机
  - 2. 认识螺杆式制冷压缩机
  - 3. 认识离心式制冷压缩机

任务一　制冷压缩机种类的认识

任务描述

制冷压缩机是蒸气压缩式制冷装置中的核心设备，根据工作原理的不同，它的种类很多，本任务主要学习制冷压缩机的种类。

PPT
制冷压缩机
种类的概述

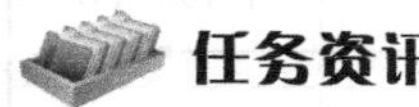

任务资讯

制冷压缩机是蒸气压缩式制冷装置中的核心设备。它的作用是压缩和输送制冷剂蒸气，使之达到制冷循环的动力装置。制冷压缩机的种类很多，根据工作原理不同，可分为两大类：容积式制冷压缩机和离心式制冷压缩机，如图 4－1－1 所示。

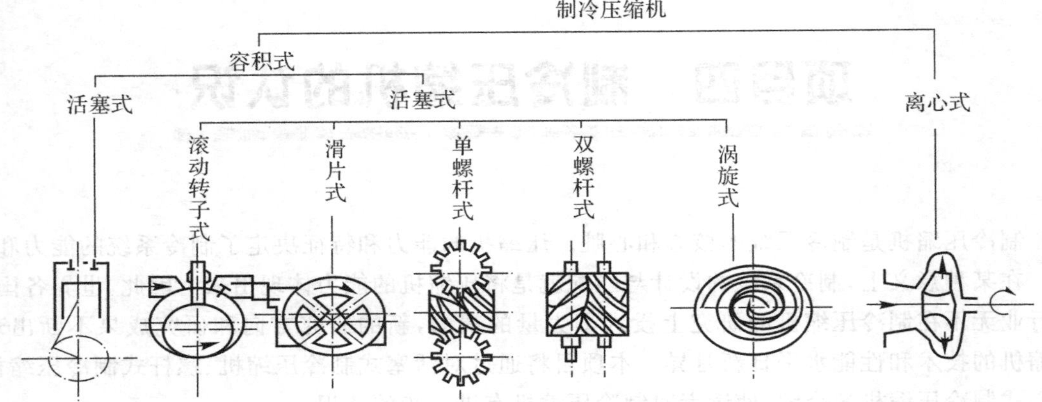

图 4-1-1　常用制冷压缩机的分类和结构示意图

容积式制冷压缩机是靠改变气缸容积来进行气体压缩的。常用的容积式制冷压缩机有活塞式制冷压缩机和回转式制冷压缩机。

离心式制冷压缩机是靠离心力的作用来连续地将所吸入的气体进行压缩的。这种压缩机的转速高、制冷能力大,广泛用于大型的制冷系统中。

图 4-1-1 所示为目前在制冷和空调领域常用制冷压缩机的分类和结构示意图。表 4-1-1为常用制冷压缩机的分类和用途。从表中可以看出,在制冷量小于 200 kW 的领域中,活塞式、滚动转子式和涡旋式占主要地位,大于 150 kW 以上则是离心式和螺杆式的领域。

表 4-1-1　常用制冷压缩机的分类和用途

分　类	用　途					
	家用冷藏箱冻结箱	房间空调器	汽车空调	住宅用空调器和热泵	商用制冷和空调	大型空调
活塞式	100 W ←				→ 200 kW	
滚动转子式	100 W ←			→ 10 kW		
涡旋式		5 kW ←			→ 70 kW	
螺杆式					150 kW ←	→ 1 400 kW
离心式						350 kW及以上 ←→

任务实施

根据项目任务书和项目任务完成报告进行任务实施，见表 4－1－2 和表 4－1－3。

表 4－1－2　项目任务书

任务名称	制冷压缩机种类的认识		
小组成员			
指导教师		计划用时	
实施时间		实施地点	
任务内容与目标			
了解制冷压缩机的种类			
考核项目	制冷压缩机的种类		
备注			

表 4－1－3　项目任务完成报告

任务名称	制冷压缩机种类的认识		
小组成员			
具体分工			
计划用时		实际用时	
备注			
制冷压缩机可按哪些方法进行分类？常用的制冷机有哪几种形式？			

任务评价

根据项目任务综合评价表进行任务评价，见表 4－1－4。

表 4-1-4　项目任务综合评价表

任务名称：　　　　　　　　　　　　　　　　　　　　测评时间：　　年　　月　　日

<table>
<tr><td colspan="2" rowspan="4">考核明细</td><td rowspan="4">标准分</td><td colspan="9">实训得分</td></tr>
<tr><td colspan="9">小组成员</td></tr>
<tr><td colspan="3"></td><td colspan="3"></td><td colspan="3"></td></tr>
<tr><td>小组自评</td><td>小组互评</td><td>教师评价</td><td>小组自评</td><td>小组互评</td><td>教师评价</td><td>小组自评</td><td>小组互评</td><td>教师评价</td></tr>
<tr><td rowspan="6">团队60分</td><td>小组是否能在总体上把握学习目标与进度</td><td>10</td><td></td><td></td><td></td><td></td><td></td><td></td><td></td><td></td><td></td></tr>
<tr><td>小组成员是否分工明确</td><td>10</td><td></td><td></td><td></td><td></td><td></td><td></td><td></td><td></td><td></td></tr>
<tr><td>小组是否有合作意识</td><td>10</td><td></td><td></td><td></td><td></td><td></td><td></td><td></td><td></td><td></td></tr>
<tr><td>小组是否有创新想(做)法</td><td>10</td><td></td><td></td><td></td><td></td><td></td><td></td><td></td><td></td><td></td></tr>
<tr><td>小组是否如实填写任务完成报告</td><td>10</td><td></td><td></td><td></td><td></td><td></td><td></td><td></td><td></td><td></td></tr>
<tr><td>小组是否存在问题和具有解决问题的方案</td><td>10</td><td></td><td></td><td></td><td></td><td></td><td></td><td></td><td></td><td></td></tr>
<tr><td rowspan="4">个人40分</td><td>个人是否服从团队安排</td><td>10</td><td></td><td></td><td></td><td></td><td></td><td></td><td></td><td></td><td></td></tr>
<tr><td>个人是否完成团队分配任务</td><td>10</td><td></td><td></td><td></td><td></td><td></td><td></td><td></td><td></td><td></td></tr>
<tr><td>个人是否能与团队成员及时沟通和交流</td><td>10</td><td></td><td></td><td></td><td></td><td></td><td></td><td></td><td></td><td></td></tr>
<tr><td>个人是否能够认真描述困难、错误和修改的地方</td><td>10</td><td></td><td></td><td></td><td></td><td></td><td></td><td></td><td></td><td></td></tr>
<tr><td colspan="2">合计</td><td>100</td><td></td><td></td><td></td><td></td><td></td><td></td><td></td><td></td><td></td></tr>
</table>

思考练习

1. 制冷压缩机是__________中的核心设备。它的作用是__________和__________制冷剂蒸气，使之达到制冷循环的动力装置。制冷压缩机的种类很多，根据__________不同，可分为两大类：__________制冷压缩机和__________制冷压缩机。

2. 常用的制冷压缩机有哪几种形式？

任务二　活塞式制冷压缩机的认识

任务描述

PPT
活塞式制冷压缩机的认识

活塞式制冷压缩机是制冷系统的心脏，它从吸气口吸入低温低压的制冷剂气体，通过电机运转带动活塞对其进行压缩后，向排气口排出高温高压的制冷剂气体，为制冷循环提供动力，从而实现压缩→冷凝→膨胀→蒸发(吸热)的制冷循环。本任务主要认识活塞式制冷压缩机。

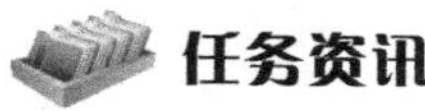

任务资讯

一、活塞式制冷压缩机的形式

往复活塞式制冷压缩机一般简称为“活塞式制冷压缩机”，应用较为广泛，但是，由于活塞和连杆等的惯性力较大，限制了活塞运动速度和气缸容积的增加，故排气量不会太大。目前，活塞式制冷压缩机多为中小型，一般空调工况制冷量小于 300 kW。

(1)根据气体在气缸内的流动情况，活塞式制冷压缩机可分为顺流式和逆流式。

顺流式压缩机的活塞为空心圆柱体，吸气阀位于活塞顶部，活塞内腔与吸气管相通。活塞向下移动时，低压气体从活塞顶部进入气缸；活塞向上移动时，缸内气体被压缩，并从气缸上部排出；气缸内的气体是由下向上顺着一个方向流动，故称为顺流式。顺流式活塞制冷压缩机虽然容积效率较高，但是，由于活塞质量大，限制了压缩机转数的提高，在空调制冷装置中已不再使用。

逆流式压缩机的吸气阀和排气阀均设置在气缸顶部。活塞向下移动时，低压气体从气缸顶部的一侧或四周进入气缸；活塞向上移动时，缸内气体被压缩，并仍从上部排出气缸；这样，气体进入气缸和排出气缸的运动路径相反，故称为逆流式。逆流式活塞制冷压缩机的活塞尺寸小、重量轻，压缩机的转数可高达 3 000 r/min，因此，压缩机的尺寸和重量均可大大减小。

(2)根据气缸排列和数目的不同，活塞式制冷压缩机可分为卧式、立式和多缸式。

卧式活塞制冷压缩机气缸为水平放置，有单作用(单向压缩)和双作用(双向压缩)两种。该种制冷压缩机转数低(200～300 r/min)，制冷量大，属于早期产品。

立式活塞制冷压缩机气缸为垂直放置，多为两个气缸，转数一般在 750 r/min 以下。

多缸制冷压缩机气缸的排列与气缸数目有关，有 V 形、W 形、Y 形和扇形(S 形)四种。该种制冷压缩机气缸小而多，转数高，故压缩机质轻体小，平衡性能好，噪声和振动较低，易于调节压缩机的制冷能力，空调制冷装置多采用此种压缩机。

(3)根据构造不同，活塞式制冷压缩机可分为开启式和封闭式。

开启式制冷压缩机的压缩机和驱动电动机分别为两个设备，由于电动机在大气中运转，所以压缩机曲轴穿出曲轴箱之外的部分需要设有轴封装置。氨活塞式制冷压缩机和制冷量较大的氟利昂活塞式制冷压缩机多为开启式。

封闭式制冷压缩机的主要特点是，压缩机和驱动电动机封闭在同一空间，故不需要设置轴封装置。但是，由于驱动电动机在气态制冷剂中运转，故电动机的绕组必须采用耐制冷剂侵蚀的特种漆包线制作。此外，有爆炸危险的制冷剂不宜用于这种制冷压缩机。

二、活塞式制冷压缩机的构造

(一)开启式活塞制冷压缩机

开启式活塞制冷压缩机的构造虽然比较复杂，但是可以概括为机体、活塞及曲轴连杆机构、气缸套及进排气阀组(有的压缩机没有气缸套)、卸载装置以及润滑系统五部分。现在以 8AS－12.5 型开启式氨活塞制冷压缩机为例，介绍开启式活塞制冷压缩机的构造，如图 4－2－1所示。

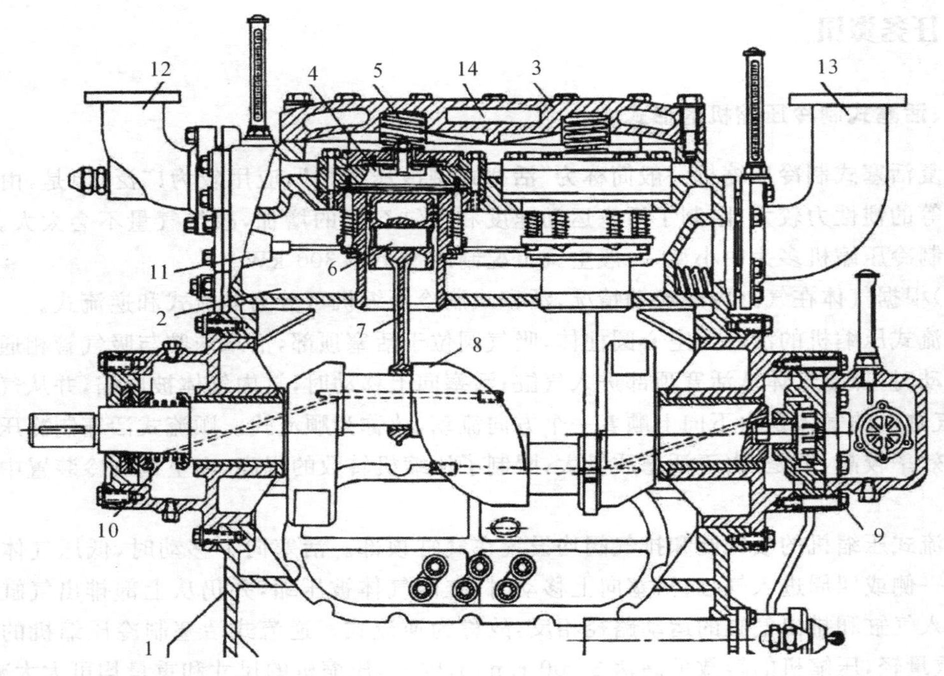

图 4-2-1　8AS-12.5 型制冷压缩机剖面图

1—曲轴箱；2—吸气腔；3—气缸盖；4—气缸套及进排气阀组；5—缓冲弹簧；6—活塞；7—连杆；8—曲轴；9—油泵；10—轴封；11—油压推杆机构；12—排气管；13—进气管；14—水套

1. 机体

机体是活塞式制冷压缩机最大的部件。机体内有上下两个隔板，气缸套嵌在隔板之间，这样，机体内部被分为三个空间：下部为曲轴箱；中部为吸气腔，与吸气管相通；上部则与气缸盖共同构成排气腔，与排气管相通。在吸气腔的最低部位钻有回油孔，也是均压孔，使吸气腔与曲轴箱相通，这样，不仅与吸气一起返回的润滑油可通过此孔流回曲轴箱，还可以使曲轴箱内的压力不致因活塞的往复运动而产生波动。

机体的几何形状比较复杂，加工面较多，而且要承受较大的工作压力，故采用强度较高的优质灰铸铁铸成。

2. 活塞及曲轴连杆机构

活塞式制冷压缩机的曲轴一般采用球墨铸铁铸成，两侧的主轴颈支撑在曲轴箱两端的滑动轴承上，每个曲拐上装有连杆及活塞。曲轴有单拐和双拐之分，四缸以上的活塞式制冷压缩机均为双拐曲轴，两拐互成 180°。曲轴上钻有油孔，连通主轴颈和每个曲拐，以使润滑油从油泵端的进油孔和轴封端的进油孔进入主轴承以及各个连杆的大头轴承，保证轴承的润滑和冷却。

开启式制冷压缩机曲轴的一端装有油泵，另一端则通至曲轴箱外，与电动机或皮带轮连接。为防止制冷剂由此处渗漏，曲轴穿出曲轴箱处装设轴封，常用的轴封装置为摩擦环式轴封，如图 4-2-2 所示。

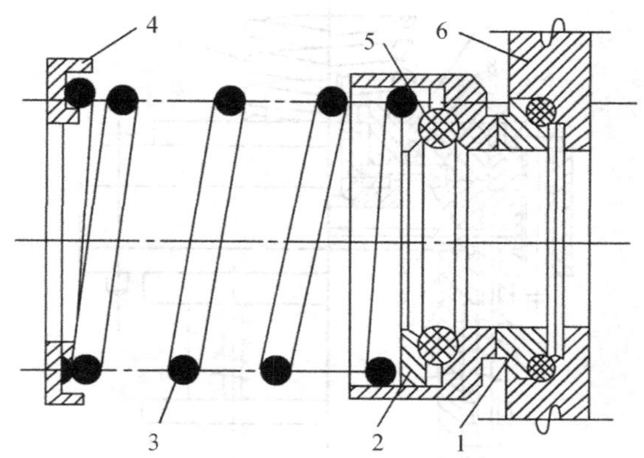

图 4-2-2　摩擦环式轴封

1—固定环；　2—摩擦环；　3—弹簧；　4—弹簧座；　5—密封圈；　6—轴封盖

摩擦环式轴封由固定环、摩擦环(活动环)、弹簧和密封圈组成。弹簧和摩擦环随曲轴一起旋转,靠弹簧的作用力使摩擦环与固定环严密贴合,形成密封面,再配置两个密封圈,即可保证曲轴箱内的制冷剂不致由此处渗出。由于曲轴转数较高,摩擦环与固定环之间产生的摩擦热应及时排散,因此,轴封处需不断供入润滑油进行冷却,否则密封面将严重磨损,甚至发生烧毁现象。

活塞式制冷压缩机的连杆采用可锻铸铁制成,连杆大头多为剖分式,带有可拆卸的薄壁轴瓦,轴瓦上钻有油孔,与曲拐处的油孔相通。连杆小头均为不剖分式,内镶有磷青铜衬套,靠活塞销与活塞连接。连杆体内也钻有油孔,以便使润滑油从连杆大头被压送到小头轴套。

活塞多采用铝镁合金铸制,质量轻,组织细密。活塞顶部的形状应与气缸顶部的阀座形状相适应,以便尽量减少余隙容积。活塞上设有密封环,以保证气缸壁与活塞之间的密封;在密封环下面还装有油环,以便活塞向上运动时,进行布油,保证润滑,活塞向下运动时,将气缸壁上多余的润滑油刮下,以减少排气带油。

3. 气缸套及进排气阀组

气缸套及进排气阀组的构造如图 4-2-3 所示。它主要由气缸套、外阀座、内阀座、进排气阀片、阀盖和缓冲弹簧等组成。外阀座不但起吸气阀片的升高限制器作用,同时,与内阀座共同组成排气阀座;而上部有缓冲弹簧的阀盖,不但起排气阀片的升高限位作用,还可以防止液击至使气缸破损。

8AS-12.5 型氨活塞式制冷压缩机的进排气阀片均为环形阀片,其上均匀布有 6 个阀片弹簧,以加快阀片闭合速度。

小型活塞式制冷压缩机进排气阀多采用簧片式气阀,其阀片有舌形、半月形或条形簧片。图 4-2-4 所示为簧片式气阀,阀板上有两组圆孔,一组为吸气孔,另一组为排气孔,进排气孔被气缸盖上的肋板隔开,从而在气缸盖与阀板之间形成两个独立空间——吸气腔和排气腔,分别与吸气管和排气管相通。阀板上的吸气孔是 4 个,呈菱形排列,吸气阀片为舌形弹簧片,用两个销钉使其一端固定在阀板的下面;排气孔也是 4 个,呈半月形排列,故排气阀片为半月形弹簧片。

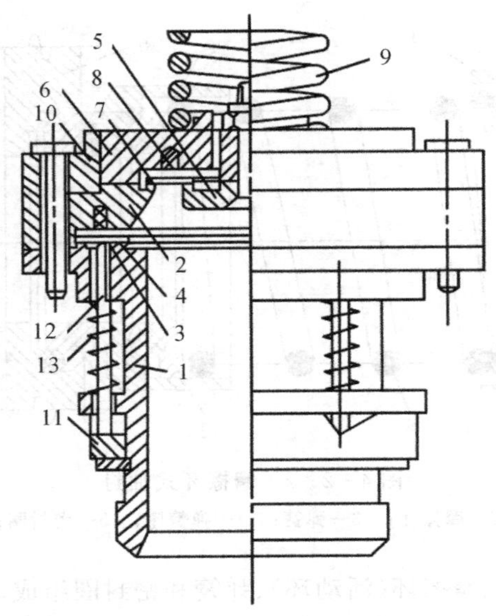

图 4-2-3　气缸套及进排气阀组

1—气缸套；2—外阀座；3—进气阀片；4—阀片弹簧；5—内阀座；6—阀盖；7—排气阀片；8—阀片弹簧；9—缓冲弹簧；10—导向环；11—转动环；12—顶杆；13—顶杆弹簧

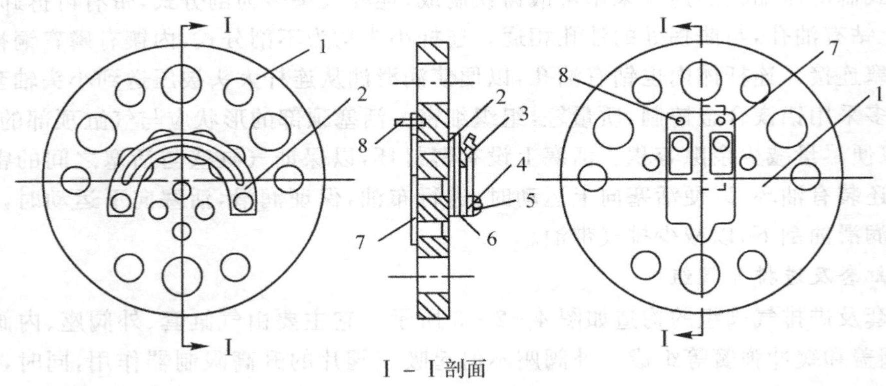

图 4-2-4　簧片式气阀

1—阀板；2—排气阀片；3—阀片升高限制器；4—弹簧垫圈；5—螺栓；6—弹簧片；7—进气阀片；8—销钉

簧片式气阀的阀片质量轻，惯性小，启闭迅速，所以，运转噪声小，阀片与阀板间的密封线寿命长；但是，这种气阀通道阻力较大，而且阀片挠角大，易折断，对材料和加工工艺要求较高。这样，空调用小型活塞式制冷压缩机（包括全封闭式压缩机）一般不采用簧片式气阀，而采用蝶状环形阀片，如图 4-2-5 所示，以便增大进排气阀的通道面积，减少进排气阻力损失，提高制冷压缩机的性能系数。

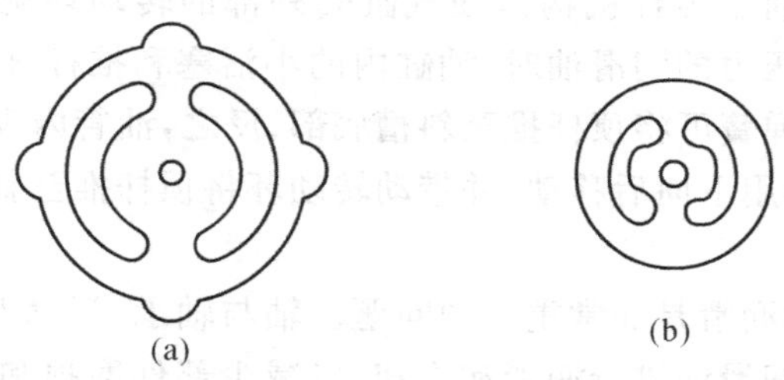

图 4-2-5　蝶状环形阀片

(a)进气阀片；　(b)排气阀片

4.卸载装置

活塞式制冷压缩机制冷能力的控制，可以采用以下几种方法：

1)节流法：靠节流降低吸气压力，减小制冷剂质量流量，以调节压缩机制冷能力。

2)旁通法：将部分排气返回吸气管，以减少压缩机制冷能力。

3)卸载法：将某气缸吸气阀保持开启，以使该气缸处于不工作状态。

4)调速法：改变压缩机转数，以调节压缩机制冷能力。

多缸活塞式制冷压缩机多采用卸载法调节压缩机制冷能力。例如，八缸活塞式制冷压缩机，可以停止两气缸、四气缸和六气缸的工作，使压缩机的制冷能力为总制冷量的 75%、50% 和 25%。此外，采用卸载法还可以降低启动负荷，减小启动转矩。

图 4-2-6 所示为一种油压启阀式卸载装置，该装置包括两个组件：一个为顶杆启阀机构，另一个为油压推杆机构。

(1)顶杆启阀机构。顶杆启阀机构就是在吸气阀片下设有几根顶杆(一般为 6 个)，顶杆上套有弹簧，其下端分别坐于转动环上具有一定斜度的斜槽内，如图 4-2-6(a)所示。这样，当顶杆位于斜槽底部时，顶杆与阀片不接触，阀片可以自由上下运动，该气缸处于正常工作状态；如果旋转转动环，则顶杆沿斜面上升，将吸气阀片顶开，此时，尽管活塞仍在气缸内进行往复运动，但气缸内气体不被压缩，故该气缸处于不工作状态。

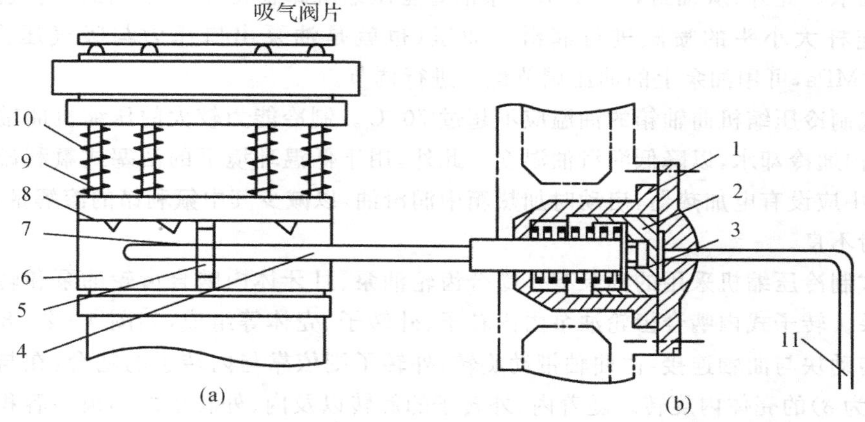

图 4-2-6　油压启阀式卸载装置(卸载状态)

(a)顶杆启阀机构(卸载状态)；　(b)油压推杆机构

1—油缸；　2—活塞；　3—弹簧；　4—推杆；　5—凸缘；　6—转动环；

7—缺口；　8—斜面切口；　9—顶杆；　10—顶杆弹簧；　11—油管

(2)油压推杆机构。油压推杆机构是使气缸套外部的转动环旋转的机构,见图 4-2-6(b)。当油管内供入一定压力的润滑油时,油缸内的小活塞和推杆被推压向前移动,带动转动环稍微旋转,这时靠顶杆弹簧可将顶杆推至斜槽底部;反之,油管内没有压力油供入,则油缸内的小活塞和推杆在弹簧作用下向后移动,并带动转动环将顶杆推至斜面高点,顶开吸气阀片。

5. 润滑系统

活塞式制冷压缩机的润滑是非常重要的问题。轴与轴承、活塞与气缸壁等运动部件的接触面,以及轴封处均需用润滑油进行润滑和冷却,以减少部件磨损和摩擦所消耗的功率,保证压缩机正常运转。否则,即使短时间缺油,也将造成严重后果。8AS-12.5 型氨活塞式制冷压缩机的供油系统如图 4-2-7 所示。

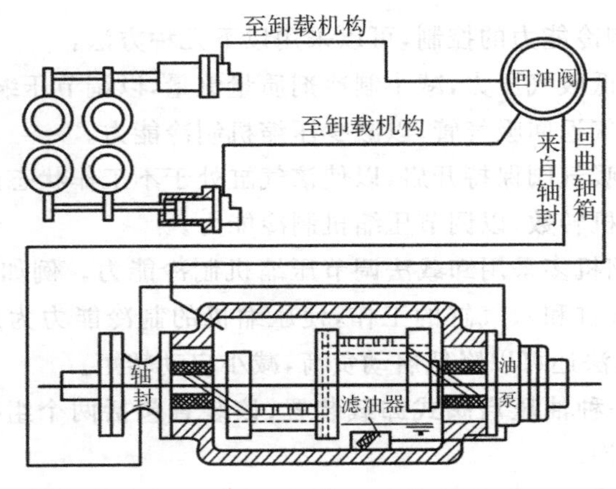

图 4-2-7　润滑油系统示意图

压缩机曲轴箱下部存有一定量的润滑油,通过滤油器被油泵吸入并压出。一路送至油泵端的曲轴进油孔,润滑后主轴承、连杆大小头轴承;另一路送至轴封,润滑轴封、前主轴承和连杆大小头轴承。此外,从轴封处还引出一条油管至压缩机卸载装置。至于活塞与气缸壁之间,则是通过连杆大小头的喷溅进行润滑。油压(也就是油泵出口压力与吸气压力之差)为 0.15～0.3 MPa,可用油泵上的油压调节螺丝进行调节。

活塞式制冷压缩机曲轴箱的油温应不超过 70 ℃。制冷能力较大的压缩机曲轴箱内设有油冷却器,内通冷却水,以降低润滑油温度。此外,用于低温环境下的活塞式氟利昂制冷压缩机,曲轴箱中应设有电加热器,启动时加热箱中润滑油,以减少其中氟利昂的溶解量,防止压缩机启动润滑不良。

活塞式制冷压缩机采用的油泵有外啮合齿轮油泵、月牙体内啮合齿轮油泵和转子式内啮合齿轮油泵。转子式内啮合齿轮油泵由内转子、外转子、壳体等组成,如图 4-2-8 所示。内转子通过传动块与曲轴连接,由曲轴带动旋转;外转子则依靠与内转子的啮合,在与泵轴呈偏心(偏心距为 δ)的壳体内旋转。随着内、外转子的旋转以及内、外转子之间齿隙容积的变化和移动,不断地将润滑油吸入和排出。转子式内啮合齿轮油泵机构紧凑,而且内、外转子可采用粉末冶金模压成型,加工简单,精度高,使用寿命长;同时,当曲轴反向旋转时,外转子的偏心方位随之进行 180°的位移,油泵不受转向的限制而照常工作。

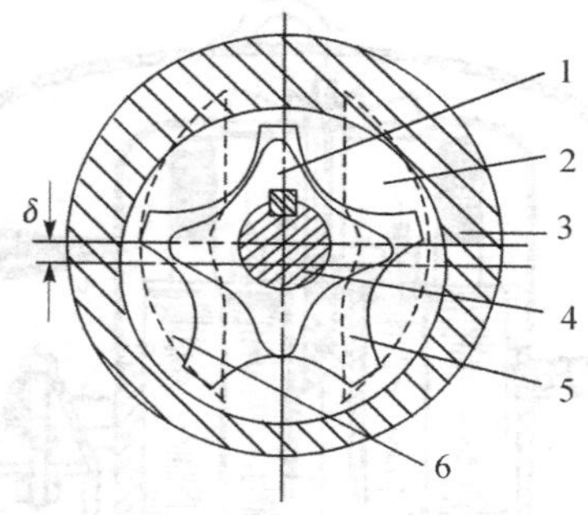

图 4-2-8 转子式内啮合齿轮油泵

1—内转子； 2—进油口； 3—壳体； 4—泵轴； 5—外转子； 6—出油口

(二)封闭式活塞制冷压缩机

封闭式制冷压缩机可分为半封闭式和全封闭式两种形式。

半封闭式活塞制冷压缩机的构造与逆流开启式活塞制冷压缩机相似，只是压缩机机体与电动机外壳共同构成一个密闭空间，从而取消轴封装置，整机尺寸紧凑，空调用冷水机组多采用此种制冷压缩机，其构造如图 4-2-9 所示。

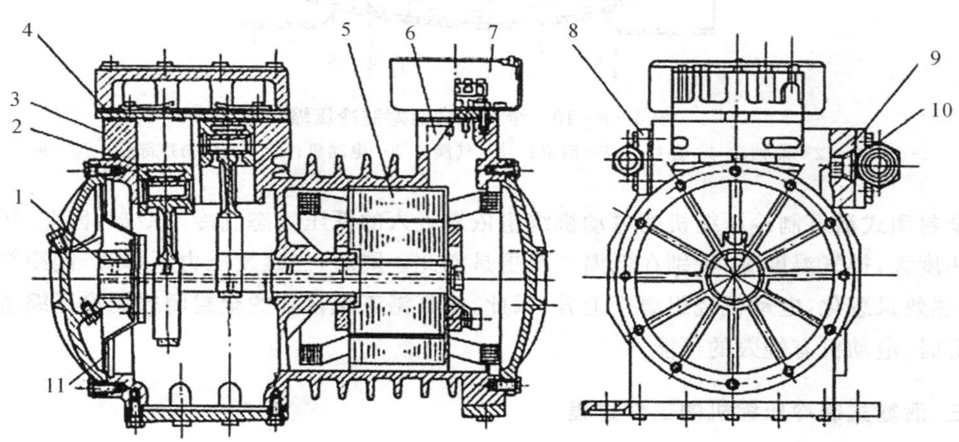

图 4-2-9 半封闭式活塞制冷压缩机

1—偏心轴； 2—活塞连杆组； 3—气缸体； 4—阀板组； 5—内置电动机； 6—接线柱；
7—接线盒； 8—排气截止阀； 9—吸气滤网； 10—吸气截止阀； 11—甩油盘

全封闭式活塞制冷压缩机的压缩机和电动机，通过弹簧吊装在一个密封的钢制外壳内，电动机在气态制冷剂中运行，结构非常紧凑，密封性能好，噪声低，多用于空调机组和家用电冰箱中。如图 4-2-10 所示，电动机立置在上方，气缸水平放置，主轴下端钻有油孔和偏心油道，靠主轴高速旋转产生的离心力将润滑油送至各轴承处。此外，为了简化结构，活塞一般为筒形平顶，没有活塞环，仅有两道环形槽，依靠充入其中的润滑油起密封和润滑作用。

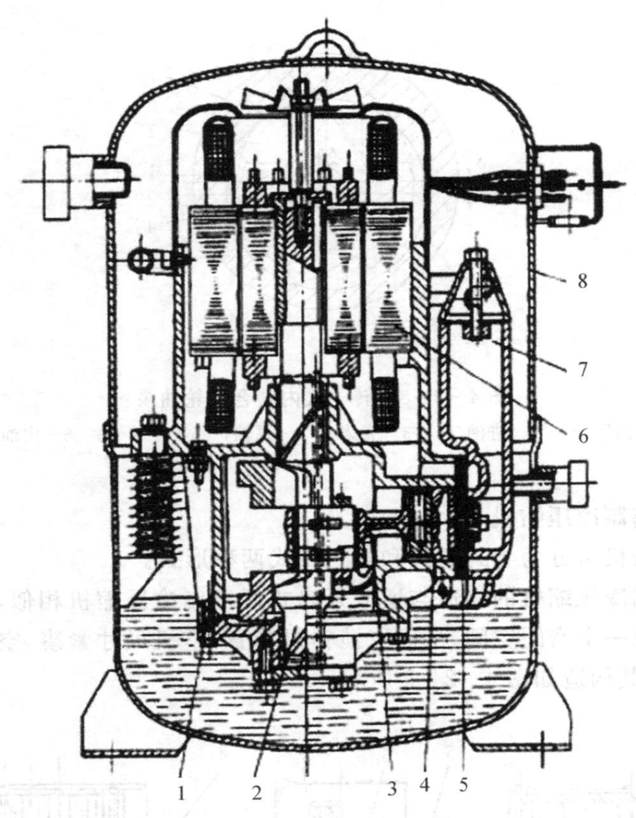

图 4-2-10　全封闭式活塞制冷压缩机

1—机体；2—曲轴；3—连杆；4—活塞；5—气阀；6—电动机；7—排气消声部件；8—机壳

全封闭式活塞制冷压缩机的电动机绕组依靠吸入的低压气态制冷剂冷却，因此，压缩机吸气过热度大，排气温度高，特别在低温工况更是如此。同时，当蒸发压力下降时，制冷剂流量减少，传热效果恶化，电动机绕组温度上升，因此，按高温工况设计的全封闭式制冷压缩机用于低温工况时，电动机有烧毁的可能。

三、活塞式制冷压缩机的工作过程

（一）活塞式制冷压缩机的理论输气量

活塞式制冷压缩机的理想工作过程有吸气、压缩和排气三个过程，如图 4-2-11 所示。

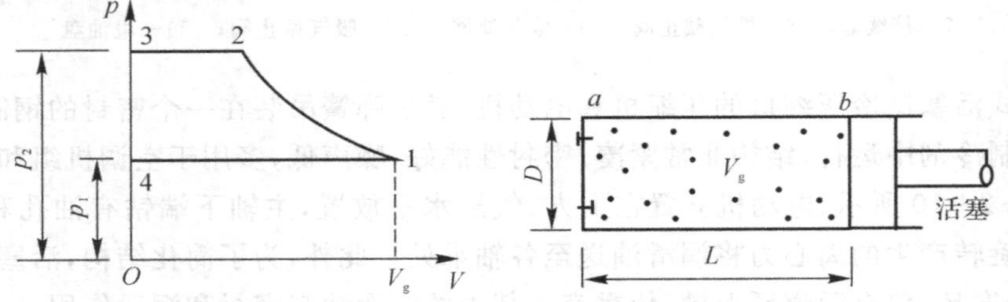

图 4-2-11　活塞式制冷压缩机的理想工作过程

(1) 吸气。活塞从上端点 a 向右移动，气缸内压力急剧降低，低于吸气口压力 p_1，吸气阀开启，低压气态制冷剂在定压下被吸入气缸，直至活塞达到下端点 b 的位置，即 $p-V$ 图上 $4\rightarrow1$ 过程线。

(2) 压缩。活塞从下端点 b 向左移动，气缸内压力稍高于吸气口压力，则靠气缸内与吸气口处的压力差，将吸气阀关闭，缸内气体被绝热压缩，直至缸内气体压力稍高于排气口的压力，排气阀被压开，即 $p-V$ 图上 $1\rightarrow2$ 过程线。

(3) 排气。排气阀开启后，活塞继续向左移动，将气缸内的高压气体定压排出，直至活塞达到上端点 a 位置，即 $p-V$ 图上 $2\rightarrow3$ 过程线。

这样，曲轴每旋转一圈，均有一定质量的低压气态制冷剂被吸入，并被压缩为高压气体，排出气缸。在理想工作过程中，曲轴每旋转一圈，一个气缸吸入的低压气体体积 $V_g(m^3)$ 称为汽缸的工作容积，有

$$V_g=\frac{\pi}{4}D^2L \tag{4-1}$$

式中　D—— 气缸直径，m；

　　　L—— 活塞行程，m。

如果压缩机有 z 个气缸，转数为 n(r/min)，压缩机可吸入的低压气体的体积 $V_h(m^3/s)$ 为

$$V_h=\frac{V_g nz}{60}=\frac{\pi}{240}D^2Lnz \tag{4-2}$$

式中　V_h—— 活塞式制冷压缩机的理论输气量，也称为活塞排量。

(二) 活塞式制冷压缩机的容积效率

活塞式制冷压缩机的实际工作过程比较复杂，有很多因素影响压缩机的实际输气量 V_r，因此，压缩机的实际输气量(排出压缩机的气体折算成进气状态的实际体积流量) 永远小于压缩机的理论输气量，二者的比值称为压缩机的容积效率，用 η_V 表示，即

$$\eta_V=\frac{V_r}{V_h} \tag{4-3}$$

影响活塞式制冷压缩机实际工作过程的主要因素是气缸余隙容积、进排气阀阻力、吸气过程气体被加热的程度和漏气等 4 个方面，这样，可认为容积效率 η_V 等于这 4 个系数的乘积，即

$$\eta_V=\lambda_V\lambda_p\lambda_T\lambda_L$$

式中　λ_V—— 余隙系数(或称容积系数)；

　　　λ_p—— 节流系数(或称压力系数)；

　　　λ_T—— 预热系数(或称温度系数)；

　　　λ_L—— 气密系数(或称密封系数)。

1. 余隙系数

活塞在气缸中进行往复运动时，活塞上端点与气缸顶部并不完全重合，均留有一定间隙(δ)，以保证运行安全可靠。由于此间隙的存在，对压缩机输气量造成的影响，称为余隙系数，它是造成活塞式制冷压缩机实际排气量降低的主要因素。

如图 4-2-12 所示，活塞达到上端点 a，即排气结束时，气缸内还保留一小部分容积为 V_c(称为余隙容积)、压力为 p_2 的高压气体。活塞在反向运动时，只有当这部分高压气体膨胀到一定程度，使气缸内的压力降低到稍小于吸气压力 p_1 时，吸气阀方能开启，低压气态制冷剂开始进入气缸。这样，每次吸入气缸的气体量不等于气缸工作容积 V_g，而减少为 V_1，V_1 与气

缸工作容积 V_g 的比值称为余隙系数，即 $\lambda_V=\dfrac{V_1}{V_g}$。

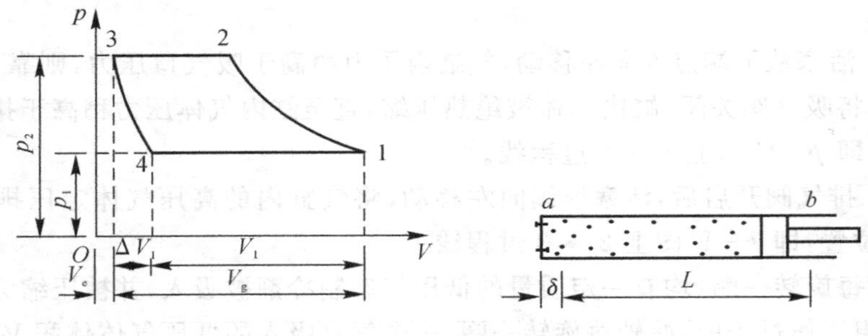

图 4-2-12　余隙容积的影响

由于气缸内高压气体膨胀时，通过气缸壁与外界有热量交换，所以，膨胀是多变过程，过程方程式 $pV^m=$常数。因此，压力为 p_2、体积为 V_c 的高压气体膨胀至压力为 p_1 时，其体积 $V_c+\Delta V_1$ 用下式计算：

$$\frac{p_2}{p_1}=\left(\frac{V_c+\Delta V_1}{V_c}\right)^m$$

即

$$\Delta V_1=V_c\left[\left(\frac{p_2}{p_1}\right)^{\frac{1}{m}}-1\right]$$

余隙系数应为

$$\lambda_V=\frac{V_1}{V_g}=\frac{V_g-\Delta V_1}{V_g}=1-\frac{\Delta V_1}{V_g}$$

$$\lambda_V=1-C\left[\left(\frac{p_2}{p_1}\right)^{\frac{1}{m}}-1\right] \tag{4-4}$$

式中　C—— 相对余隙容积，等于余隙容积与工作容积之比，$C=\dfrac{V_c}{V_g}$。

由式(4-4)可以看出，压缩比 $\dfrac{p_2}{p_1}$ 越大，相对余隙容积 C 越大，余隙系数 λ_V 越低。由于空调用制冷压缩机的压缩比较小，相对余隙容积的影响也较小，因此，一般用于蒸发温度高于 -5 ℃ 的制冷压缩机，相对余隙容积 $C=4\%\sim5\%$；蒸发温度为 $-10\sim-30$ ℃ 的，$C<4\%$；蒸发温度低于 -30 ℃ 的，$C=2\%\sim3\%$。

2. 节流系数

气态制冷剂通过进、排气阀时，断面突然缩小，气体进、出气缸需要克服流动阻力。这就是说，在进、排气过程中，气缸内外有一定压力差和 Δp_1 和 Δp_2，其中排气阀阻力影响很小，主要是吸气阀阻力影响容积效率。

由于气体通过吸气阀进入气缸时有一定的压力损失，进入气缸内的气体压力低于吸气压力 p_1，比体积增大，虽然吸入的气体体积仍为 V_1，但吸入气体的质量将有所减少。如图 4-2-13 所示，只有当活塞把吸入的气体由 1′ 点压缩到 1″点时，气缸内气体的压力才等于吸气阀前的压力 p_1；这样，与理想情况(即吸气阀没有阻力)相比，仅相当于吸入了体积为 V_2 的气体，V_2 与 V_1 的比值称为节流系数，即

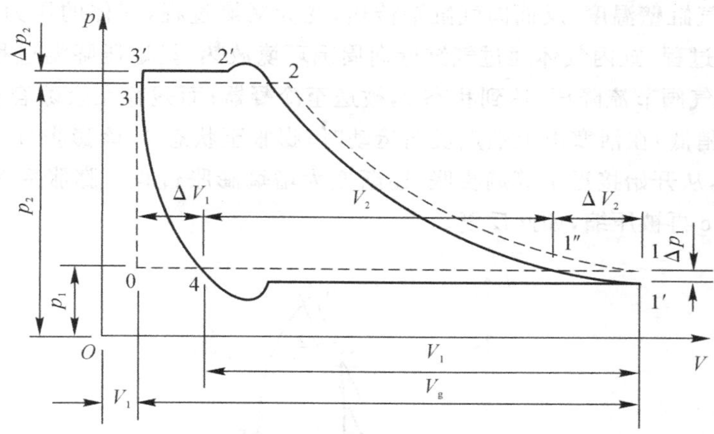

图 4-2-13　活塞式制冷压缩机实际工作过程

$$\lambda_p = \frac{V_2}{V_1} = 1 - \frac{\Delta V_2}{V_1}$$

由于 $1' \to 1''$ 过程短促，可近似视为定温过程，过程方程式为 $pV =$ 常数，则有

$$(p_1 - \Delta p_1)(V_g + V_c) = p_1(V_g + V_c - \Delta V_2)$$

整理后，有

$$\Delta V_2 = (V_g + V_c)\frac{\Delta p_1}{p_1}$$

可得

$$\lambda_p = 1 - \frac{V_g + V_c}{V_1}\frac{\Delta p_1}{p_1} = 1 - \frac{1 + C\Delta p_1}{p_1} \tag{4-5}$$

由式(4-5)可以看出，$\frac{\Delta p_1}{p_1}$ 是影响节流系数的主要因素，吸气阀阻力越大，节流系数 λ_p 越低。一般氨活塞式制冷压缩机 $\frac{\Delta p_1}{p_1} = 0.03 \sim 0.05$；氟利昂活塞式制冷压缩机 $\frac{\Delta p_1}{p_1} = 0.05 \sim 0.1$。为了提高容积效率 η_V，空调用全封闭式氟利昂活塞式制冷压缩机多采用短行程，活塞行程与活塞直径之比 $\frac{L}{D}$ 取 0.4～0.6。这样，不但可以减小惯性力和摩擦阻力，还可以使气阀通道面积相对增大。

3. 预热系数

活塞式制冷压缩机实际工作过程中，由于气态制冷剂被压缩后温度升高，以及活塞与气缸壁之间存在摩擦，故气缸壁温度比较高。因此，吸气过程吸入的低压、低温气体与气缸壁发生热交换，温度有所提高，比体积增大，实际进入气缸的气体质量减少，如图 4-2-14 所示。图中来自蒸发器的低压气态制冷剂 1，经吸气阀节流降压、进入气缸时呈状态 a，同时，在吸气过程中与气缸壁发生热交换，被加热至状态 b；状态 b 的气体与残存在气缸余隙容积中经膨胀变为状态 4 的气体混合呈状态 c，c 就是缸内气体开始被压缩的状态。c→f→d 是气缸内气体压缩过程的状态变化线，压缩过程的前阶段，由于缸内气体温度低，从气缸壁吸热，为增熵过程，压力和温度不断提高；当缸内气体压力与温度增至一定程度，如图中状态点 f，再进行压缩时，气体温度将高于气缸壁温度，反而向气缸壁传热，变为减熵过程，气体的压力与温度仍不断增高。d→e 为排气过程，缸内气体通过气缸壁向周围环境放热，呈定压降温过程；温度有所降低的气体 e，通过排气阀节流降压，达到状态 2，被送至冷凝器；而残存在余隙容积中的气体 3(比状态 e 的温度应稍低)在活塞由上端点反向运动时，膨胀至状态 4；该膨胀过程，随着缸内气体温度的逐渐降低，从开始接近于等熵膨胀，逐渐变为增熵膨胀过程。膨胀后为状态 4 的气体，与吸气 b 混合至 c 再被压缩，如此反复。

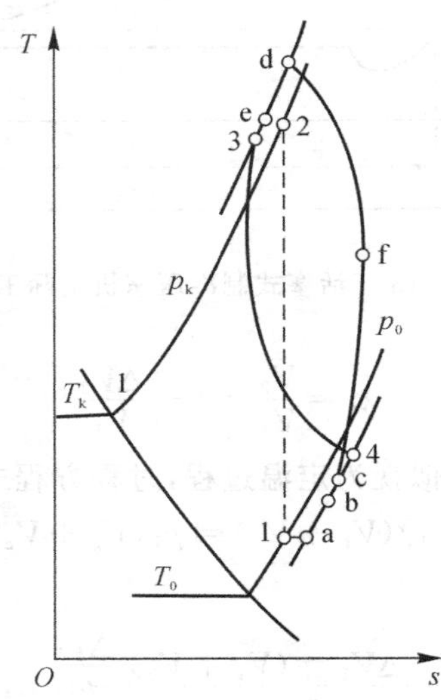

图 4-2-14　活塞式制冷压缩机实际工作过程在 $T-s$ 图上的表示

预热系数 λ_T 等于状态 a 与状态 b 的气体比体积之比，即 $\lambda_T=\dfrac{u_a}{u_b}$。但是，因为缸内气体与气缸壁之间的热交换是个复杂现象，除与压缩比有关外，还与压缩机的构造、气缸、尺寸、转数以及制冷剂的性质等多种因素有关，所以很难确切计算。但是，可以肯定地说，排气压力(或冷凝压力)越高，吸气压力(或蒸发压力)越低，吸气所得到的热量越多，预热系数越低。通常可用以下经验公式计算预热系数 λ_T：

对开启式活塞制冷压缩机，有

$$\lambda_T=\frac{T_0}{T_k} \tag{4-6}$$

对封闭式活塞制冷压缩机，有

$$\lambda_T=\frac{T_1}{aT_k+b\Delta T_{s.n}} \tag{4-7}$$

式中　T_k，T_0——用热力学温标表示的冷凝温度与蒸发温度，K；

$\Delta T_{s.h}$——过热度，吸气温度 T_1 与蒸发温度 T_0 之差，K；

a，b——系数，一般 $a=1.0\sim1.15$，$b=0.25\sim0.8$，压缩机尺寸越小，a 值越趋近 1.15，而 b 值越小。

此外，活塞式制冷压缩机吸入湿蒸气时，气态制冷剂中含有的液滴吸热气化，比体积剧增，预热系数骤减，容积效率大幅度减小，因此，压缩机吸入的气态制冷剂应有一定的过热。

4.气密系数

实际上活塞式制冷压缩机进、排气阀以及活塞与气缸壁之间并不绝对密合，压缩机工作时，少量气体将从高压部位向低压部位渗漏，从而造成压缩机实际排气量减少。气密系数 λ_L 就是考虑渗漏对压缩机排气量的影响。

气密系数 λ_L 与压缩机的构造、加工质量、部件磨损程度等因素有关，还随排气压力的升高和吸气压力的降低而减小。气密系数 λ_L 一般为 0.95 ～ 0.98。

综上分析可以得出，余隙系数、节流系数、预热系数以及气密系数除与压缩机的结构、加工质量等因素有关外，还有一个共同规律，就是均随排气压力的升高和吸气压力的降低而减小。空调用活塞式制冷压缩机的容积效率可按以下经验公式计算：

$$\eta_V = 0.94 - 0.085\left[\left(\frac{p_2}{p_1}\right)^{\frac{1}{m}} - 1\right] \tag{4-8}$$

式中　m—— 多变指数(氨：$m=1.28$；R22：$m=1.18$)。

图 4-2-15 所示是 R22 高速活塞式制冷压缩机的余隙系数 λ_V 和容积效率 η_V。从图中可以看出，使用活塞式制冷压缩机时，压缩比不应太高，压缩比过高时容积效率很低，因此，一般压缩比不应大于 8。

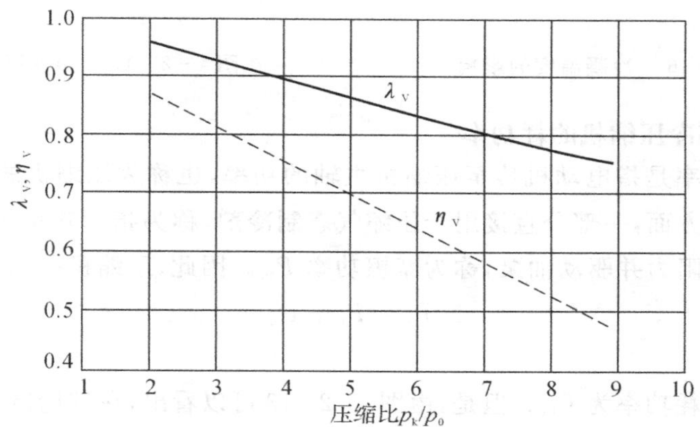

图 4-2-15　高速活塞式制冷压缩机容积系数和容积效率(R22，相对余隙容积 0.045)

四、活塞式制冷压缩机的工作特性

制冷压缩机的工作特性主要有两项，一项为压缩机的制冷量，另一项为压缩机的耗功率。这两项工作特性除与制冷压缩机的类型、结构形式、尺寸以及加工质量等有关外，主要取决于运行工况。

(一) 活塞式制冷压缩机的制冷量

活塞式制冷压缩机的实际输气量 V_r(m^3/s) 为

$$V_r = \eta_V V_h$$

如果制冷剂单位容积制冷能力为 q_V(kJ/m^3)，则活塞式制冷压缩机的制冷量 ϕ_0(kW) 为

$$\phi_0 = V_r q_v = \eta_V V_h q_V = \eta_V V_h \frac{q_0}{V_1} \tag{4-9}$$

由式(4-9) 可以看出，对于某活塞式制冷压缩机来说，转数一定，压缩机活塞排量为常数，

只有吸气比体积、容积效率和单位容积制冷能力影响压缩机的制冷量。由式(4-8)或图4-2-15可知，影响容积效率的因素是压缩机的压缩比(p_k/p_0)，也就是说，随着排气压力(或冷凝压力)的增加、吸气压力(或蒸发压力)的降低，压缩机的容积效率η_V减小。而由图4-2-16和图4-2-17也可以看出，当蒸发温度不变时，随着冷凝温度的升高，吸气比体积v_1不变，单位质量制冷能力q_v减小，故单位容积制冷能力也减小；当冷凝压力不变时，随着蒸发温度的降低，单位质量制冷能力q_v减小，吸气比体积v_1增加，故单位容积制冷能力q_v骤减。因此，可以说，影响压缩机制冷量的主要因素是蒸发温度和冷凝温度，而蒸发温度的影响更大。

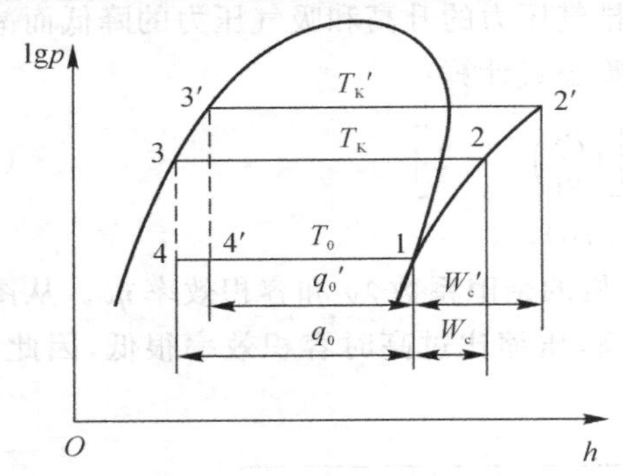

图4-2-16　冷凝温度的影响

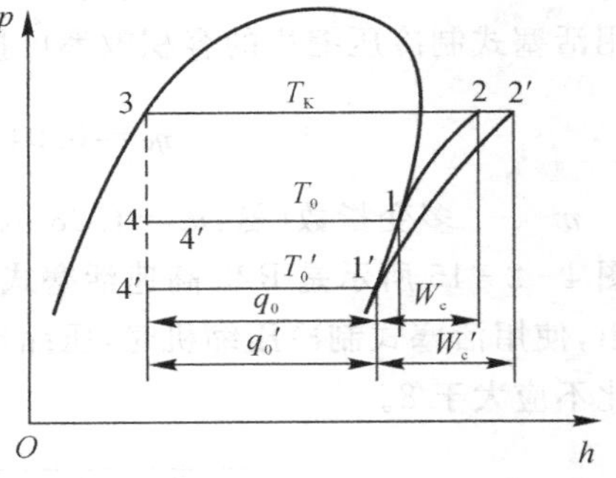

图4-2-17　蒸发温度的影响

(二) 活塞式制冷压缩机的耗功率

压缩机的耗功率是指电动机传至压缩机主轴的功率，也称为压缩机的轴功率P_e，压缩机的轴功率消耗在两方面，一部分直接用于压缩气态制冷剂，称为指示功率P_i；另一部分用于克服机构运动的摩擦阻力并驱动油泵，称为摩擦功率P_m。因此，压缩机的轴功率P_e(kW)为

$$P_e = P_i + P_m \tag{4-10}$$

1. 指示功率

压缩机的理论耗功率为P_{th}。但是，由图4-2-13可以看出，在理论情况下，活塞式压缩机曲轴每转一圈，每个气缸吸入质量为V_g/v_1的气态制冷剂，消耗的功量是图中虚线所示的面积12301；而实际工作情况为，吸入质量为$\eta_V V_g/v_1$的气态制冷剂，消耗的功量是图中实线所示面积1′2′3′41′。二者单位质量制冷剂的耗功量并不相同，实际单位耗功量ω_i大于单位理论耗功量ω_{th}，其比值称为指示效率η_i，即$\eta_i=\dfrac{\omega_{th}}{\omega_i}$，图4-2-18给出了活塞式制冷压缩机指示效率$\eta_i$与压缩比之间的关系。这样，活塞式制冷压缩机的指示功率P_i(kW)可按下式计算，有

$$P_i = Mr\omega_i = M_r\frac{\omega_{th}}{\eta_i} = \frac{\eta V V_h}{v_1}\frac{h_2-h_1}{\eta_i} \tag{4-11}$$

2. 摩擦功率

活塞式制冷压缩机的摩擦功率与运行工况和制冷剂性质有关，一般可通过摩擦效率η_m计算。摩擦效率是指示功率P_i与轴功率P_e的比值，即$\eta_m=\dfrac{P_i}{P_e}$。图4-2-19所示为活塞式制冷压缩机摩擦效率与压缩比之间的关系。从图中可以看出，与指示效率相似，低中速活塞式制冷压缩机的摩擦效率较高，而且随着压缩比的增加，摩擦效率降低。

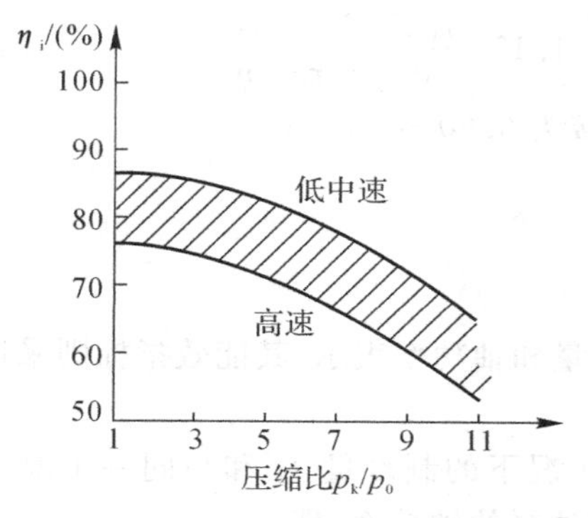

图 4-2-18　活塞式制冷压缩的指示效率

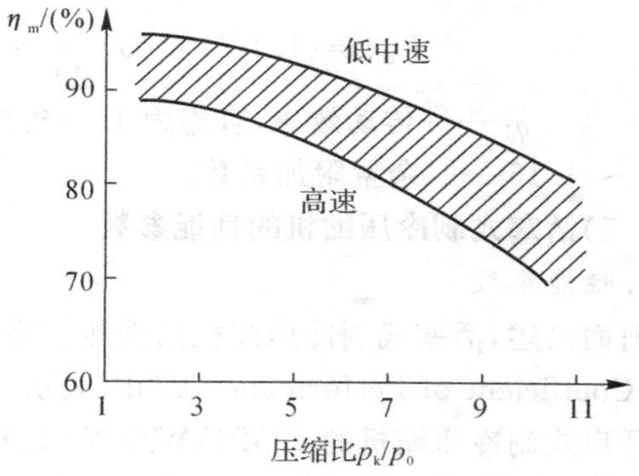

图 4-2-19　活塞式制冷压缩的摩擦效率

3. 制冷压缩机配用电动机功率

活塞式制冷压缩机的轴功率 P_e(kW) 可按下式计算，有

$$P_e = P_i + P_m = \frac{P_i}{\eta_m} = \frac{\eta V V_h}{v_1} \frac{h_2 - h_1}{\eta_i \eta_m} \tag{4-12}$$

式中，指示效率 η_i 与摩擦效率 η_m 的乘积称为压缩机的总效率，活塞式制冷压缩机的总效率为0.65～0.72，压缩比越大，总效率越低。图4-2-20给出了蒸发温度与压缩机单位理论耗功量 ω_{th} 和轴功率 P_e 之间的关系。从图中可以看出，蒸发温度越低，单位理论耗功量 ω_{th} 越大，而所需轴功率 P_e 将随蒸发温度的变化有一个峰值。对于空调用制冷压缩机来说，工作点基本在峰值左右，电动机功率需按此配置；而对于冷冻冷藏用制冷压缩机来说，工作点在峰值左侧，配用电动机功率较小，在系统启动降温过程中，必然要通过峰值工作点，应采取措施，以免电动机严重超载而损毁。

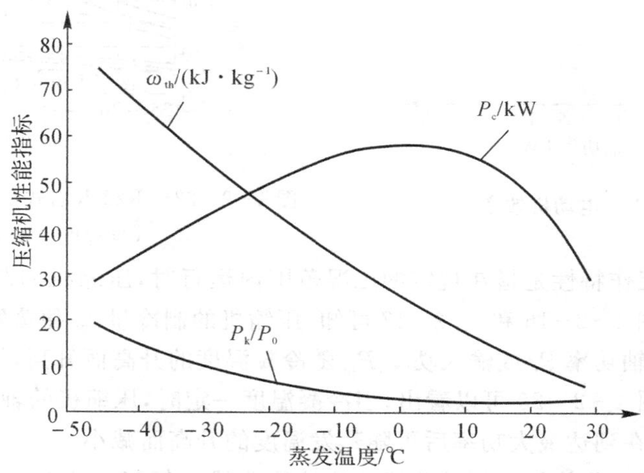

图 4-2-20　活塞式制冷压缩机理论耗功量和轴功率(R22，理论输气量 100 L/s，相对余隙容积 0.045，冷凝温度 40 ℃，再冷度 0 ℃，过热度 0 ℃)

最后，确定制冷压缩机配用电动机功率时，除考虑该制冷压缩机的运行工况以外，还应考虑压缩机与电动机的连接方式，并留有一定余量。因此，在为开启式制冷压缩机配用电动机时，需保证其电动机的输出功率 P_{out}(kw) 为

$$P_{out}=(1.1\sim1.15)\frac{P_e}{\eta_d}=(1.1\sim1.15)\frac{\eta_V V_h}{v_1}\frac{h_2-h_1}{v_1\eta_i\eta_m\eta_d} \tag{4-13}$$

式中　　η_d—— 传动效率，直连为 1，三角皮带连接为 0.90 ～ 0.95；

1.1 ～ 1.15—— 余量附加系数。

(三)活塞式制冷压缩机的性能参数

1. 性能参数

前面已述，活塞式制冷压缩机的性能主要用制冷量和轴功率表示，其能效指标则采用性能系数(Coefficient of Performance，COP)表示。

开启式制冷压缩机的 COP(kW/kW) 是指某一工况下的制冷量 ϕ_0 和与同一工况下的轴功率 P_e 之比，带有油泵的压缩机，其轴功率中也包括油泵的轴功率，即

$$COP=\frac{\phi_0}{P_e}=\frac{\phi_0}{P_{th}}\eta_i\eta_m=\varepsilon_{th}\eta_i\eta_m \tag{4-14}$$

全封闭、半封闭式制冷压缩机的 COP(kW/kW) 是指某一工况下的制冷量 ϕ_0 与同一工况下的输入功率 P_{in} 之比，即

$$COP=\frac{\phi_0}{P_{in}}=\frac{\phi_0}{P_e/(\eta_d\eta_e)}=\frac{\phi_0}{P_{th}}\eta_1\eta_m\eta_d\eta_e=\varepsilon_{th}\eta_i\eta_m\eta_d\eta_e \tag{4-15}$$

式中　ε_{th}—— 理论制冷循环的制冷系数，kW/kW；

η_e—— 电动机效率，与电动机类型、额定功率以及负载功率有关，如图 4-2-21 所示。

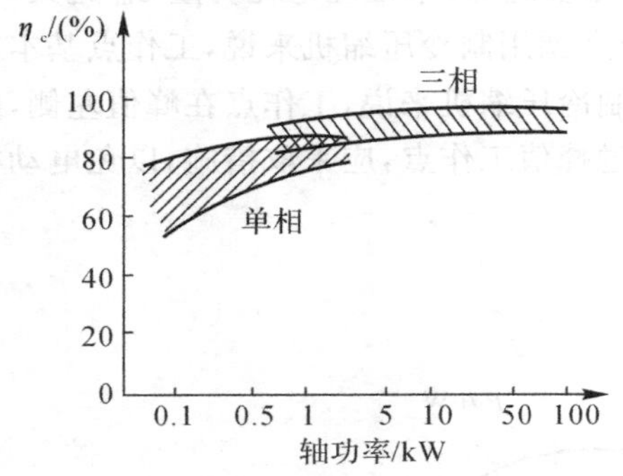

图 4-2-21　电动机效率

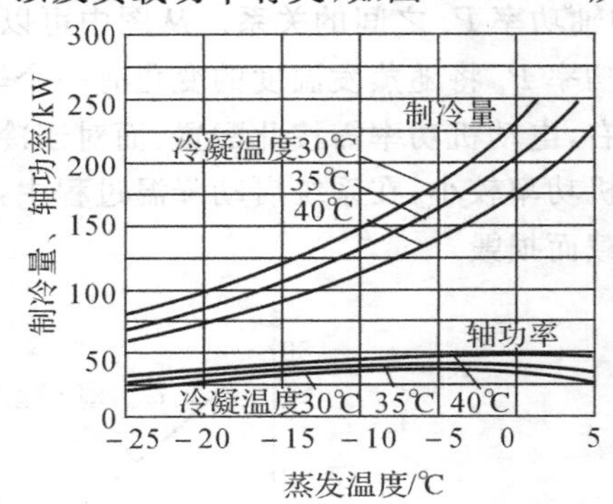

图 4-2-22　R22 开启式活塞压缩机的性能曲线

(再冷度 0 ℃，吸气温度 18.3 ℃)

制冷压缩机的工作特性是指在规定的工况范围内运行时，压缩机的制冷量和耗功量随工况变化的关系。由图 4-2-16 和 4-2-17 可知，压缩机的制冷量 ϕ_0 随蒸发温度的降低或冷凝温度的升高而降低；轴功率 P_e 或输入功率 P_{in} 随冷凝温度的升高而升高，但随蒸发温度的变化规律则较复杂。由图 4-2-20 可以看出，当冷凝温度一定时，压缩机的轴功率 P_e 首先随蒸发温度的升高而增大，在到达最大功率后再随蒸发温度的升高而减小。

按制冷压缩机的工作特性绘制的曲线称为性能曲线。每张性能曲线图上有两组曲线，一组为制冷量，另一组为功率(轴功率或输入功率)。图 4-2-22 所示为某 R22 开启式活塞制冷压缩机的性能曲线。可见，当再冷度和过热度一定时，制冷压缩机的工作性能可表示为蒸发温度和冷凝温度的函数，即

$$\left.\begin{aligned}\phi_0&=f_{\phi0}(t_0,t_k)\\P_e&=fP_e(t_0,t_k)\end{aligned}\right\} \tag{4-16}$$

冷凝器的排热量(冷凝负荷)ϕ_k 等于制冷量与耗功量之和(忽略压缩机壳体及连接管与外界的热交换);COP 为制冷量与输入功率之比。二者均可从相应的性能曲线中求得,有

$$\begin{cases} \phi_k = \phi_0 + P_e = f_{\phi k}(t_0, t_k) \\ COP = \phi_0 / P_e = f_c(t_0, t_k) \end{cases}$$

2. 压缩机的名义工况

从图 4-2-22 可以看出,压缩机的制冷量、轴功率等性能参数都随冷凝温度、蒸发温度的变化而变化。为标识压缩机的容量大小并比较同类产品的性能优劣,就必须给定特定的运行条件,这种特定运行条件就是名义工况(或额定工况)。工况应包括 5 个条件,名义工况也不例外:①蒸发温度;②吸气温度(或过热度);③冷凝温度;④液体再冷温度(或再冷度);⑤压缩机工作的环境温度。

目前,我国制冷压缩机(不限于活塞式压缩机)有关的国家标准如下:

(1)《活塞式单级制冷压缩机》(GB/T 10079—2001);

(2)《全封闭涡旋式制冷压缩机》(GB/T 18429—2018);

(3)《螺杆式制冷压缩机》(GB/T 19410—2008),

(4)《房间空气调节器用全封闭型电动机—压缩机》(GB/T 15765—2014);

(5)《电冰箱用全封闭型电动机—压缩机》(GB/T 9098—2008);

(6)《汽车空调用制冷压缩机》(GB/T 21360—2008)。

各标准的名义工况汇总见表 4-2-1。压缩机的性能曲线一般都是在名义工况给定的吸气温度(或过热度)、液体再冷温度(或再冷度)条件下绘制的。

表 4-2-1　制冷压缩机各种标准中的名义工况

类　型	吸气饱和(蒸发)温度/℃	吸气温度/℃	吸气过热度/℃	排气饱和(冷凝)温度/℃	液体再冷温度/℃	液体再冷度/℃	环境温度/℃	标准号	备　注
高温	7.2	18.3	/	54.4	/	0	35	GB/T 10079—2001	有机制冷剂,高冷凝压力工况
	7.2	18.3	/	48.9	/	0	35		有机制冷剂,低冷凝压力工况
	5	20[b)]	/	50	/	0	/	GB/T 19410—2008	高冷凝压力工况
	5	20[b)]	/	40	/	0	/		低冷凝压力工况
	7.2	18.3	/	54.4	46.1	/	35	GB/T 18429—2018	/
	7.2	35	/	54.4	/	8.3	35	GB/T 15765—2014	大过热度工况
	7.2	18.3	/	54.4	/	8.3	35		小过热度工况
中温	−6.7	18.3	/	48.9	/	0	35	GB/T 10079—2001	有机制冷剂
	−6.7	4.4	/	48.9	48.9	/	3S		/

续表

类型	吸气饱和(蒸发)温度/℃	吸气温度/℃	吸气过热度/℃	排气饱和(冷凝)温度/℃	液体再冷温度/℃	液体再冷度/℃	环境温度/℃	标准号	备注
中温	−10	/	10 或 5[a]	45	/	0	/	GB/T 19410—2008	高冷凝压力工况
	−10	/	10 或 5[a]	40	/	0	/		低冷凝压力工况
中低温	−15	−10	/	30	25	/	32	GB/T 10079—2001	无机制冷剂
低温	−31.7	18.3	/	40.6	/	0	35	GB/T 10079—2001	有机制冷剂
	−35	/	10 或 5[a]	40	/	0	/	GB/T 19410—2008	/
	−31.7	4.4	/	40.6	40.6	/	35	GB/T 18429—2001	/
	−23.3	32.2	/	54.4	32.2	/	32.2	GB/T 9098—2008	
汽车用空调	−1.0[c]	9	/	63	63	/	≥65	GB/T 21360—2008	涡旋压缩机转速为3 000 r/min，其他压缩机为1 800 r/min

注：1. 在 GB/T 19410—2008 中，a)用于 R717；b)吸气温度适用于高温名义工况，吸气过热度适用于中温、低温名义工况。

2. 在 GB/T21360—2008 中，c)对于变排量压缩机，压缩机控制阀的设定压力为−1.0 ℃时的饱和压力。

3. "/"表示相应标准对此项未进行规定。

五、制冷压缩机的运行界限

制冷压缩机的运行界限是指压缩机运行时蒸发温度(蒸发压力)和冷凝温度(冷凝压力)的界限。图 4-2-23 给出了制冷剂为 R22、R134a 和 R404A(或 R507)的单级半封闭压缩机的运行界限。采用 1 型电动机的制冷压缩机有更宽广的运行界限。由于制冷剂热物理性质的区别，运行界限中的冷凝温度和蒸发温度的范围也不相同，以 R134a 的冷凝温度为最高(80 ℃)，R22 次之(63 ℃)，R404A 和 R507 最低(55 ℃)；但 R404A、R507 和 R22 的最低蒸发温度又低于 R134a。

任何类型的压缩机都有其运行界限。使用压缩机时必须严格保证压缩机运行在厂家规定的运行界限范围内，否则，压缩机在恶劣条件下长期运行将导致压缩机损毁。

受单级压缩机的运行界限的限制，为达到更低的蒸发温度或更高的冷凝温度，则需采取必要的技术措施，以扩大压缩机的运行界限，或采用双级压缩制冷循环和复叠式制冷循环。

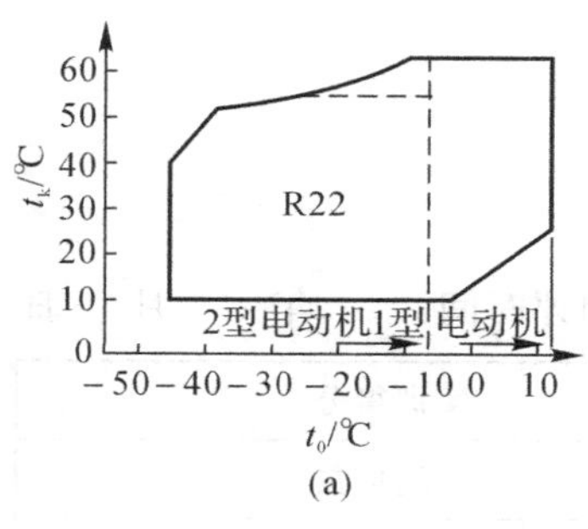

(a)

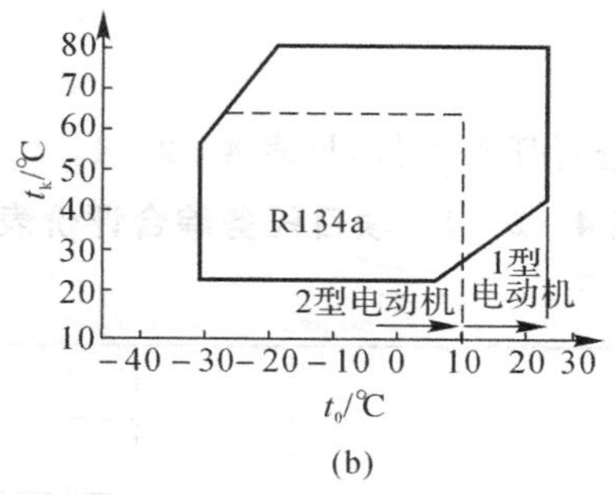

(b)

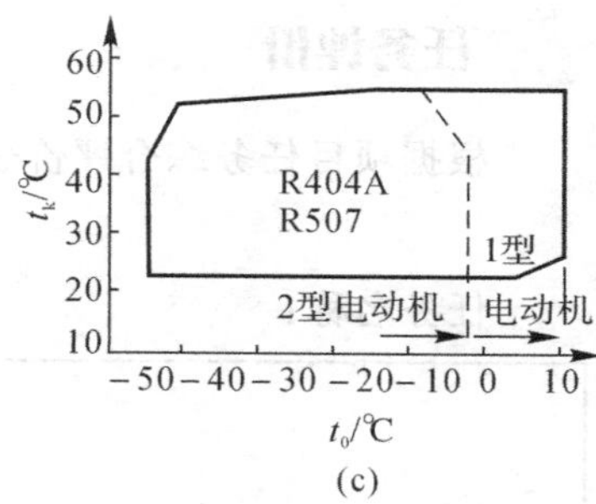

(c)

图 4-2-23　制冷压缩机各种标准中的名义工况

(a)R22；　(b)R134a；　(c)R404A 和 R507

任务实施

根据项目任务书和项目任务完成报告进行任务实施，见表 4-2-2 和表 4-2-3。

表 4-2-2　项目任务书

任务名称	活塞式制冷压缩机的认识		
小组成员			
指导教师		计划用时	
实施时间		实施地点	
任务内容与目标			
1. 了解活塞式制冷压缩机的构造； 2. 熟悉活塞式制冷压缩机的工作过程和工作特性			
考核项目	1. 活塞式制冷压缩机的构造； 2. 活塞式制冷压缩机的工作过程； 3. 活塞式制冷压缩机的工作特性		
备注			

表 4-2-3　项目任务完成报告

任务名称	活塞式制冷压缩机的认识		
小组成员			
具体分工			
计划用时		实际用时	
备注			
1. 活塞式制冷压缩机有哪些形式？它们分别由什么构成？ 2. 活塞式制冷压缩机的理想工作过程是什么？实际过程是什么？			

 任务评价

根据项目任务综合评价表进行任务评价，见表 4-2-4。

表 4-2-4　项目任务综合评价表

任务名称：　　　　　　　　　　　　　　　　　　　测评时间：　　年　　月　　日

考核明细		标准分	实训得分								
			小组成员								
			小组自评	小组互评	教师评价	小组自评	小组互评	教师评价	小组自评	小组互评	教师评价
团队60分	小组是否能在总体上把握学习目标与进度	10									
	小组成员是否分工明确	10									
	小组是否有合作意识	10									
	小组是否有创新想(做)法	10									
	小组是否如实填写任务完成报告	10									
	小组是否存在问题和具有解决问题的方案	10									
个人40分	个人是否服从团队安排	10									
	个人是否完成团队分配任务	10									
	个人是否能与团队成员及时沟通和交流	10									
	个人是否能够认真描述困难、错误和修改的地方	10									
合计		100									

思考练习

1.活塞式制冷压缩机的理想工作过程有________、________和________三个过程。

2.活塞式制冷压缩机的容积效率是________、________、________和________的乘积。

3.活塞式制冷压缩机的实际输气量 $V_r=$________。

4.据气缸排列和数目的不同，活塞式制冷压缩机可分为________、________和________。

5.开启式活塞制冷压缩机的构造虽然比较复杂，但是可以概括为________、________、________、________以及________五个部分。

6.封闭式制冷压缩机可分为________和________两种形式。

任务三　螺杆式制冷压缩机的认识

任务描述

PPT
螺杆式制冷
压缩机的认识

螺杆式制冷压缩机是一种容积型回转式制冷压缩机。它利用一对设置在机壳内的螺旋形阴阳转子(螺杆)啮合转动来改变齿槽的容积和位置,以完成蒸气的吸入、压缩和排气过程。本任务主要认识螺杆式制冷压缩机。

任务资讯

一、螺杆式制冷压缩机的构造

螺杆式制冷压缩机的构造如图 4-3-1 所示,主要部件有阴转子、阳转子、机体(包括气缸体和吸、排气端座)、轴承、轴封、平衡活塞以及能量调节装置。

螺杆式制冷压缩机气缸体轴线方向的一侧为进气口,另一侧为排气口,不像活塞式制冷压缩机那样设进气阀和排气阀。阴阳转子之间以及转子与气缸壁之间需喷入润滑油。喷油的作用是冷却气缸壁,降低排气温度,润滑转子,并在转子及气缸壁面之间形成油膜密封,减小机械噪声。螺杆式制冷压缩机运转时,由于转子上产生较大轴向力,所以必须采用平衡措施,通常在两转子的轴上设置推力轴承。另外,阳转子上轴向力较大,还要加装平衡活塞予以平衡。

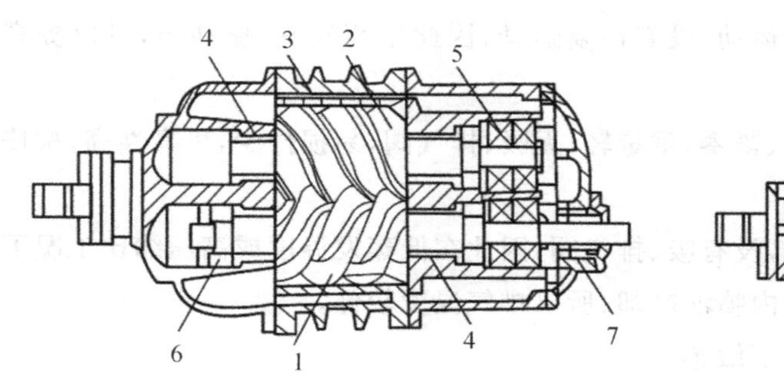

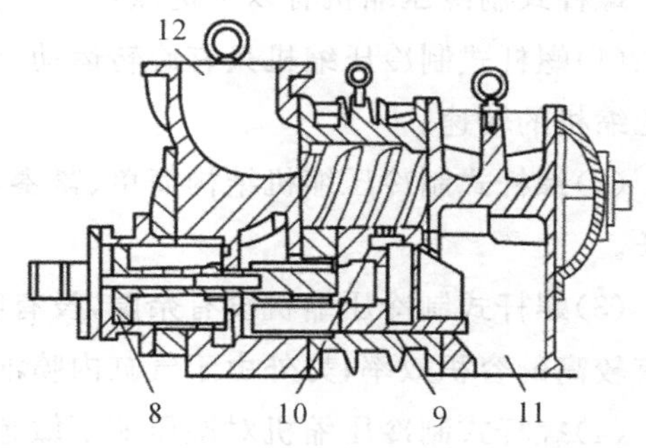

图 4-3-1　螺杆式制冷压缩机示意图

1—阳转子；2—阴转子；3—机体；4—滑动轴承；5—止推轴承；6—平衡活塞；7—轴封；
8—能量调节用卸载活塞；9—卸载滑阀；10—喷油孔；11—排气口；12—进气口

二、螺杆式制冷压缩机的工作过程

螺杆式制冷压缩机的气缸体内装有一对互相啮合的螺旋形转子——阳转子和阴转子。阳转子有 4 个凸形齿,阴转子有 6 个凹形齿,两转子按一定速比啮合反向旋转。一般阳转子由原动机直连，阴转子为从动件。

气缸体、啮合的螺杆和排气端座组成的齿槽容积变小，而且位置向排气端移动，完成了对蒸气压缩和输送的作用，如图 4－3－2(b)所示。当齿槽与排气口相通时，压缩终了，蒸气被排出，如图 4－3－2(c)所示。每一齿槽空间都经历着吸气、压缩、排气三个过程。

在同一时刻同时存在着吸气、压缩、排气三个过程，只不过它们发生在不同的齿槽空间或同一齿槽空间的不同位置。

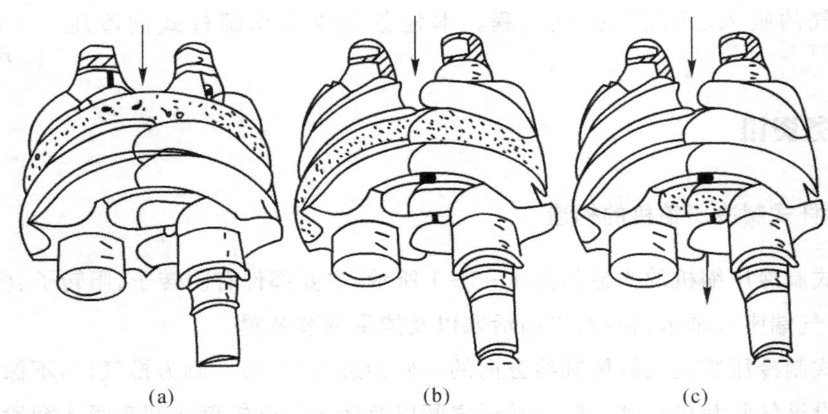

(a)　(b)　(c)

图 4－3－2　螺杆式制冷压缩机的工作过程

三、螺杆式制冷压缩机的特点

螺杆式制冷压缩机有以下优点：

(1)螺杆式制冷压缩机只有旋转运动，没有往复运动，因此平衡性好，振动小，可以提高制冷压缩机的转速。

(2)螺杆式制冷压缩机结构简单、紧凑，重量轻，无吸、排气阀，易损件少，可靠性高，检修周期长。

(3)螺杆式制冷压缩机没有余隙，没有吸、排气阀，因此在低蒸发温度或高压缩比工况下仍然有较高的容积效率；另外由于气缸内喷油冷却、所以排气温度较低。

(4)螺杆式制冷压缩机对湿压缩不敏感。

(5)螺杆式制冷压缩机的制冷量可以实现无级调节。

螺杆式制冷压缩机有以下缺点：

(1)螺杆式制冷压缩机运行时噪声大。

(2)螺杆式制冷压缩机的能耗较大。

(3)螺杆式制冷压缩机需要在气缸内喷油，因此润滑油系统比较复杂，机组体积庞大。

任务实施

根据项目任务书和项目任务完成报告进行任务实施，见表 4－3－1 和表 4－3－2。

表 4－3－1　项目任务书

任务名称	螺杆式制冷压缩机的认识		
小组成员			
指导教师		计划用时	
实施时间		实施地点	
任务内容与目标			
1. 了解螺杆式制冷压缩机的构造； 2. 掌握螺杆式制冷压缩机的工作过程； 3. 熟悉螺杆式制冷压缩机的特点			
考核项目	1. 螺杆式制冷压缩机的构造； 2. 螺杆式制冷压缩机的工作过程； 3. 螺杆式制冷压缩机的特点		
备注			

表 4－3－2　项目任务完成报告

任务名称	螺杆式制冷压缩机的认识		
小组成员			
具体分工			
计划用时		实际用时	
备注			
1. 简述螺杆式制冷压缩机的构造。 2. 试述螺杆式制冷压缩机的工作过程。 3. 螺杆式制冷压缩机有哪些优点和缺点？			

任务评价

根据项目任务综合评价表进行任务评价，见表 4－3－3。

表 4-3-3 项目任务综合评价表

任务名称：　　　　　　　　　　　　　　　　　　　　测评时间：　　年　　月　　日

考核明细		标准分	实训得分								
			小组成员								
			小组自评	小组互评	教师评价	小组自评	小组互评	教师评价	小组自评	小组互评	教师评价
团队60分	小组是否能在总体上把握学习目标与进度	10									
	小组成员是否分工明确	10									
	小组是否有合作意识	10									
	小组是否有创新想(做)法	10									
	小组是否如实填写任务完成报告	10									
	小组是否存在问题和具有解决问题的方案	10									
个人40分	个人是否服从团队安排	10									
	个人是否完成团队分配任务	10									
	个人是否能与团队成员及时沟通和交流	10									
	个人是否能够认真描述困难、错误和修改的地方	10									
合计		100									

思考练习

1. 螺杆式制冷压缩机的主要部件有__________、__________(包括__________和__________)、__________、__________、__________以及__________。

2. 螺杆式制冷压缩机的气缸体内装有一对互相啮合的螺旋形转子——__________和__________。阳转子有4个__________，阴转子有6个__________，两转子按一定速比啮合反向旋转。一般__________由原动机直连，__________为从动件。

3. 螺杆式制冷压缩机有哪些优点和缺点？

任务四　离心式制冷压缩机的认识

PPT
离心式制冷
压缩机的认识

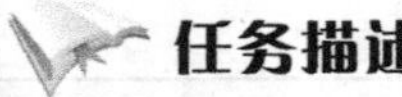

任务描述

离心式制冷压缩机是一种速度型压缩机。它是利用高速旋转的叶轮对蒸气做功使蒸气获得动能，而后通过扩压器将动能转变为压力能来提高蒸气的压力。本任务主要认识离心式制冷压缩机。

任务资讯

随着大型空气调节系统和石油化学工业的日益发展，迫切需要大型及低温制冷压缩机，而离心式制冷压缩机能够很好地适应这种要求。

离心式制冷压缩机的主要优点是：

(1)制冷能力大，效率高，空气调节用大型离心式制冷压缩机的单机制冷量可达30 000 kW。

(2)结构紧凑，质量轻，比同等制冷能力的活塞式制冷压缩机轻80%～90%，占地面积可减少一半左右。

(3)没有磨损部件，工作可靠，维护费用低。

(4)运行平稳，振动小，噪声较低；运行时，制冷剂中不混有润滑油，蒸发器和冷凝器的传热性能好。

(5)能够合理地利用能源。大型离心式制冷压缩机耗电量非常大，为了减少发电设备、电动机以及能量转换过程的各种损失，大型离心式制冷压缩机(制冷量在3 500 kW以上)可用蒸汽轮机或燃气轮机直接驱动，甚至再配以吸收式制冷机，达到经济合理地利用能源。

但是，离心式制冷压缩机的转数很高，对于材料强度、加工精度和制造质量均要求严格，否则容易损坏，且不安全。此前，小型离心式制冷压缩机的总效率低于活塞式制冷压缩机，故更适用于大型或特殊用途的场合；但随着技术的进步，近年来小至175 kW制冷量的离心式压缩机已得到应用，其性能系数已达到或超过同容量的螺杆式压缩机水平。

一、离心式制冷压缩机的结构

离心式制冷压缩机的结构与离心水泵相似，如图4-4-1所示。低压气态制冷剂从侧面进入叶轮中心以后，靠叶轮高速旋转产生的离心力作用，获得动能和压力势能，流向叶轮的外缘。由于离心式压缩机的圆周速度很高，气态制冷剂从叶轮外缘流出的速度也很高，所以为了减少能量损失提高离心式压缩机出口气体的压力，除了像水泵那样装有蜗壳以外，还要在叶轮的外缘设有扩压器，这样，从叶轮流出的气体，首先通过扩压器，再进入蜗壳，使气体的流速有较大的降低，将动能转换为压力能，以获得高压气体，排出压缩机。

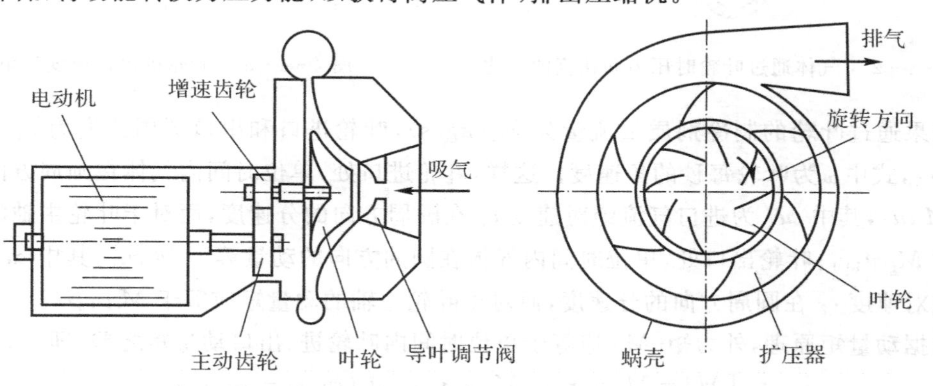

图4-4-1　单级离心式制冷压缩机的结构示意图

由于对离心式制冷压缩机的制冷温度和制冷量有不同要求，需采用不同种类的制冷剂，而且压缩机要在不同的蒸发压力和冷凝压力下进行工作，这就要求离心式制冷压缩机能够产生不同的能量头。因此，离心式制冷压缩机有单级和多级之分，也就是说，主轴上的叶轮可以是一个或几个。显然，工作叶轮的转数越高、叶轮级数越多，离心式制冷压缩机产生的能量头越高。

二、离心式制冷压缩机的工作原理

(一)叶轮的压气作用

如前所述，离心式制冷压缩机靠叶轮旋转产生的离心力作用，将吸入的低压气体压缩成高压状态。图 4－4－2 所示为气态制冷剂通过叶轮与扩压器时压力和流速的变化，其中 ABC 为气体的压力变化线，DEF 为气体流速变化线。气体通过叶轮时，压力由 A 升至 B，同时，气流速度也由 D 升至 E；从叶轮流出的气体，通过扩压器，其流速由 E 降为 F，而压力则由 B 增至 C。

气流在叶轮中的流动是一个复合运动。一方面，相对于叶片来说，气体沿叶片所形成的流道流过叶轮，此速度称为相对速度，用 v 表示；另一方面，气体又随叶轮一起旋转，此旋转速度称为圆周速度，用 u 表示。因此，气体通过叶轮时的绝对速度应为相对速度 v 与圆周速度 u 的矢量和，用符号 c 表示。图 4－4－3 是叶轮进、出口处这三种速度的关系，称为叶轮进、出口速度三角形。

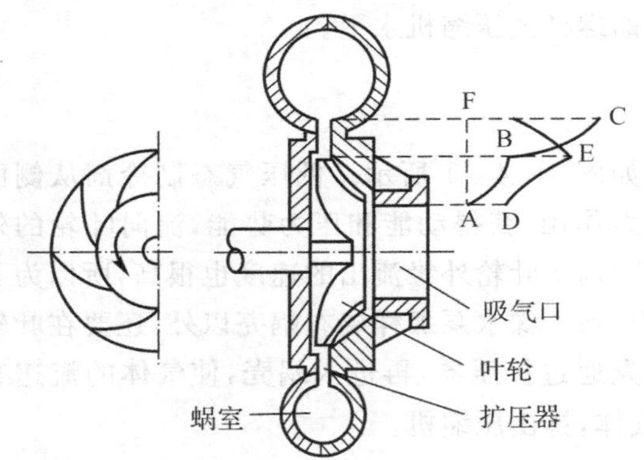

图 4－4－2　气体通过叶轮时压力和速度的变化

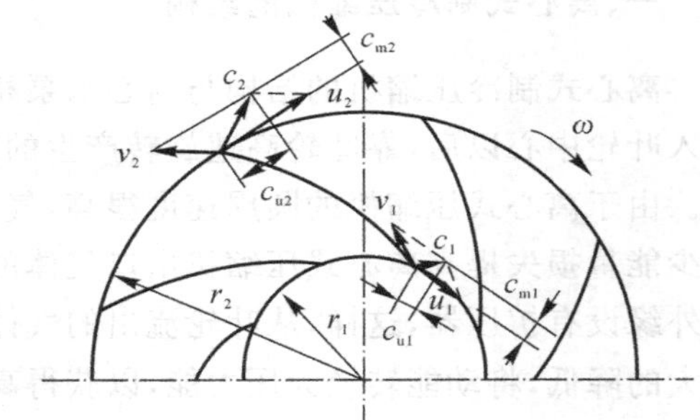

图 4－4－3　叶轮进出口速度三角形

如果通过叶轮的制冷剂质量流量为 M_r(kg/s)，叶轮进口和出口圆周速度为 $u_1=\omega r_1$ 和 $u_2=\omega r_2$，式中 ω 为叶轮每秒的角速度。这样，叶轮进口处，单位时间内气体在圆周方向的动量等于 $M_r cu_1$，其中 cu_1 为进口气流绝对速度 c_1 在圆周方向的分速度，而对于叶轮主轴的动量矩应等于 $M_r cu_1 r_1$；叶轮出口处，单位时间内气体在圆周方向的动量等于 $M_r cu_2$，其中 cu_2 为出口气流绝对速度 c_2 在圆周方向的分速度，而对于叶轮主轴的动量矩应等于 $M_r cu_2 r_2$。

根据动量矩原理，外力矩[M] 应等于单位时间内叶轮进、出口动量矩之差，即

$$[M]=M_r cu_2 r_2-M_r cu_1 r_1=M_r(cu_2 r_2-cu_1 r_1) \tag{4-17}$$

如果叶轮每秒角速度为 ω，则每秒叶轮传给气态制冷剂的功量为[M]ω，所以每千克气体从叶轮得到的理论功量为

$$w_{c.th}=\frac{[M]\omega}{M_r}=(cu_2r_2-cu_1r_1)\omega=cu_2u_2-cu_1u_1\quad (J/kg) \tag{4-18}$$

$w_{c.th}$ 也被称为叶轮产生的理论能量头。一般离心式制冷压缩机气流都是沿轴向进入叶轮,即进口气流绝对速度的方向与圆周垂直,故 $cu_1=0$。这样,旋转叶轮产生的理论能量头 $w_{c.th}$(J/kg) 为

$$w_{c.th}=cu_2u_2=\varphi_{u2}u_2^2 \tag{4-19}$$

式中　φ_{u2}—— 叶轮出口气流切向分速度系数,$\varphi_{u2}=\frac{cu_2}{u_2}$,也称为周速系数。

从公式(4-19)可以看出,叶轮(或者说离心式压缩机)产生的能量头只与叶轮外缘圆周速度(或者说与转数和叶轮半径)以及流动情况有关,与制冷剂的性质无关。

(二)气体被压缩时所需要的能量头

单位质量制冷剂进行绝热压缩时,有

$$w_{c.th}=h_2-h_1$$

$w_{c.th}$(kJ/kg) 是单位质量制冷剂绝热压缩时所需要的理论耗功量,在离心式压缩机中被称为能量头。

但是,气态制冷剂流经叶轮时,气体内部以及气体与叶片表面之间有摩擦等损失,制冷剂在压缩过程吸收摩擦热,进行吸热多变压缩过程,因此,气态制冷剂在压缩过程中实际所需要的能量头 w(kJ/kg) 应为

$$w=\frac{w_{c.th}}{\eta_{ad}} \tag{4-20}$$

式中　η_{ad}—— 离心式制冷压缩机的绝热效率,一般为 0.7 ~ 0.8。

从公式(4-20)可以看出,气态制冷剂被压缩时所需要的能量头与运行工况(即蒸发温度和冷凝温度)以及制冷剂性质有关,即使在同一工况下,不同制冷剂所需能量头也不相同。表 4-4-1 给出了不同制冷剂在蒸发温度为 4 ℃、冷凝温度为 40 ℃ 条件下的特性值。由表可看出,轻气体(相对分子质量小的气体)所需能量头比较大,而重气体(相对分子质量大的气体)所需能量头反而小。

表 4-4-1　离心式压缩机中不同制冷剂特性的对照表

制冷剂	相对分子质量	沸点 /℃	绝热能量 $w_{c.th}$/kJ·kg	4 ℃ 时音速 a_1/m·s^{-1}	单位容积制冷能力 q_V/kJ·m^{-3}	4 ℃ 时蒸发压力 p_0/MPa	40 ℃ 时冷凝压力 p_k/MPa	压缩比 $\varepsilon=p_k/p_0$
R717	17.03	−33.33	162.6	402	4 273.0	0.497 5	1.555 3	3.126
R290	44.10	−42.09	43.99	220	3 154.1	0.535 0	1.369 2	2.559
R152a	66.15	−24.02	36.25	187	2 280.7	0.304 3	0.909 8	2.990
R22	86.48	−40.80	24.73	163	3 771.4	0.566 2	1.534 1	2.709
R134a	102.03	−26.07	22.77	147	2 923.4	0.337 6	1.016 5	3.011
R125	120.03	−48.22	15.03	126	3 847.7	0.761 0	2.009 8	2.641
R123	152.93	+27.84	21.17	126	2 381.2	0.039 1	0.154 5	3.949

(三) 叶轮外缘圆周速度和最小制冷量

上面谈到，由于气态制冷剂流过叶轮时有各种能量损失，气态制冷剂所能获得的能量头 w'(J/kg) 永远小于理论能量头 $w_{c.\,th}$，即

$$w' = \eta_h w_{c.\,th} = \varphi u_2^2 \tag{4-21}$$

式中 η_h—— 水力效率；

φ—— 压力系数，$\varphi = \eta_h \phi_{u2}$，对于离心式制冷压缩机来说，一般 φ 为 0.45 ～ 0.55。

由式(4-21)可以看出，叶轮外缘圆周速度越大，给予气体的能量头越多。但是，u_2 的大小一方面受叶轮材料强度的限制，不宜大于 275 m/s；另一方面受流动阻力的制约，马赫数 Ma_{u2} 不要太大，以免流动阻力急剧增加，一般取 Ma_{u2} 为 1.3 ～ 1.5，即

$$Ma_{u2} = \frac{u_2}{a_1} = 1.3 \sim 1.5 \tag{4-22}$$

式中 a_1—— 在叶轮进口状态下，制冷剂的声速，m/s。

u_2(m/s) 值不可能太大，就是说单级叶轮可以产生的能量头受到限制；由于相对分子质量大的制冷剂被压缩时所需能量头较小，故在空调用离心式制冷压缩机中较多采用，以减少叶轮级数，简化离心式压缩机的结构。

再者，$u_2 = \frac{\pi D_2}{60} n$，因此，为了获得足够的外缘圆周速度 u_2，要求叶轮有足够高的转数。叶轮直径越小，转数要求越高，一般在 5 000 ～ 15 000 r/min 的范围。

由于离心式制冷压缩机的转数很高，而且叶轮直径受到加工工艺的限制，不宜太小(一般不宜小于 200 mm)，因此，离心式压缩机的输气量必然很大，即使采用单位容积制冷能力较小的制冷剂，其单机制冷量也较大，故离心式制冷压缩机适用于大、中型制冷装置。

三、离心式制冷压缩机的工作特性

图 4-4-4 所示为离心式制冷压缩机流量与压缩比(p_k/p_0)之间的关系曲线，图中表示出不同转数下的关系曲线和等效率线，左侧点画线为喘振边界线。从图中可以看出，在某转数下离心式制冷压缩机的效率最高，该转数的特性曲线则是设计转数特性曲线。

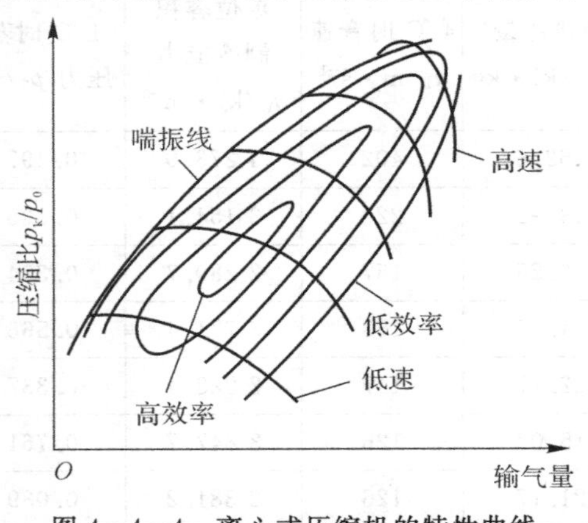

图 4-4-4　离心式压缩机的特性曲线

(一)喘振

离心式制冷压缩机叶轮的叶片为后弯曲叶片，工作特性与后弯曲叶片的离心风机相似，图4－4－5所示为设计转数下离心式制冷压缩机特性曲线，横坐标为输气量，纵坐标为能量头。图中D点为设计点，离心式制冷压缩机在此工况点运行时，效率最高，偏离此点效率均要降低，偏离越远，效率降低越多。

图中E点为最大输气量点。输气量增加至此点，离心式压缩机叶轮进口流速达到音速，输气量不可能进一步增加。

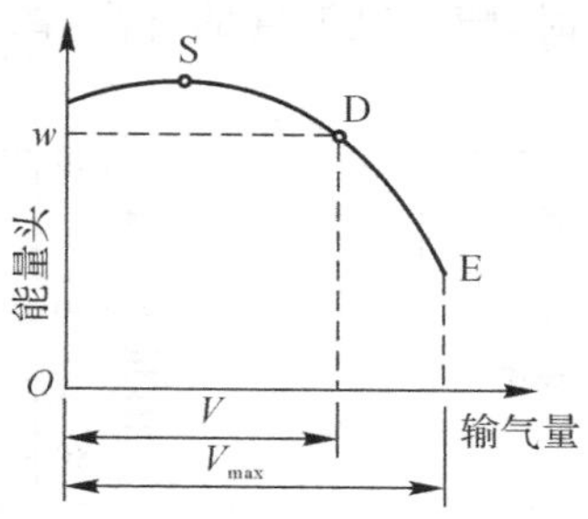

图4－4－5　设计转速下离心式制冷压缩机的特性曲线

图中S点为喘振边界点。当压缩机的流量减少至S点流量以下时，由于制冷剂通过叶轮流道的能量损失增加较大，离心式制冷压缩机的有效能量头不断下降，这时，压缩机出口以外的气态制冷剂将倒流，返回叶轮。例如，蒸发压力不变，由于某种原因冷凝压力上升，压缩气态制冷剂所需能量头有所增加，压缩机输气量将减少；当冷凝压力继续增加，输气量减少至S点时，离心式制冷压缩机产生的有效能量头达到最大，如果冷凝压力再增加，离心式压缩机能够产生的能量头满足需要，气态制冷剂就要从冷凝器倒流至压缩机。气态制冷剂发生倒流后，冷凝压力降低，压缩机又可将气态制冷剂压出，送至冷凝器，冷凝压力又要不断上升，再次出现倒流。离心式制冷压缩机运转时出现的这种气体来回倒流撞击的现象称为喘振。出现喘振，不仅造成周期性的增大噪声和振动，而且由于高温气体倒流充入压缩机，将引起压缩机壳体和轴承温度升高，若不及时采取措施，还会损坏压缩机甚至损坏整套制冷装置。

离心式制冷压缩机发生喘振现象的原因，主要是冷凝压力过高或吸气压力过低，因此，运转过程中保持冷凝压力和蒸发压力稳定，可以防止喘振的发生。但是，当压缩机制冷能力调节得过小时，离心式制冷压缩机也会产生喘振，这就需要进行保护性的反喘振调节。旁通调节法是反喘振的一种措施。当需要压缩机的制冷量调节到喘振点以下时，从压缩机出口引出一部分气态制冷剂，不经冷凝直接旁流至压缩机吸气管，这样，既可减少通入蒸发器的制冷剂流量，以减少制冷量，又不致使压缩机的输气量过小，从而防止喘振发生。

(二)影响离心式制冷压缩机制冷量的因素

从图4－4－5可以看出，离心式制冷压缩机在工作范围内(S～E之间)运行时，输气量越小，有效能量头越高。由于冷凝压力与蒸发压力之差越大，气态制冷剂被压缩时所需要的能量头也越大，因此，离心式制冷压缩机与活塞式制冷压缩机一样，实际输气量都是随着冷凝温度的升高和蒸发温度的降低而减少，从而减少压缩机的制冷量。但是，冷凝温度和蒸发温度变化对制冷量的影响程度，这两种制冷压缩机却有所区别。

1. 蒸发温度的影响

当制冷压缩机的转数和冷凝温度一定时，压缩机制冷量随蒸发温度变化的百分比如图 4-4-6 所示。从图中可以看出，离心式制冷压缩机制冷量受蒸发温度变化的影响比活塞式制冷压缩机大，蒸发温度越低，制冷量下降得越剧烈。

2. 冷凝温度的影响

当制冷压缩机的转数和蒸发温度一定时，冷凝温度对压缩机制冷量的影响如图4-4-7所示。从图中可以看出，冷凝温度低于设计值时，冷凝温度对离心式制冷压缩机制冷量的影响不大；但是，当冷凝温度高于设计值时，随冷凝温度的升高，离心式制冷压缩机制冷量将急剧下降，这点必须给予足够重视。

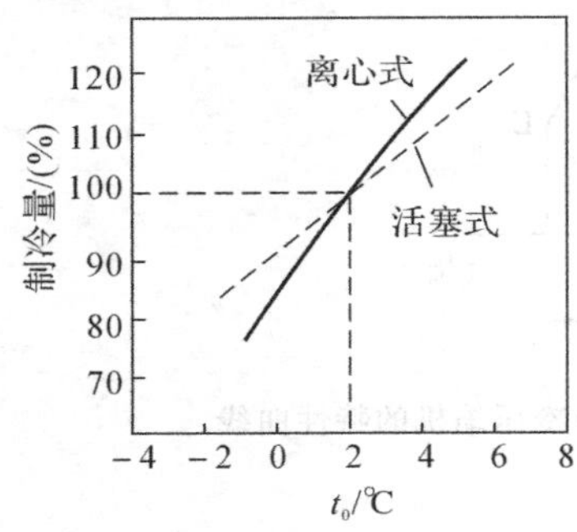

图 4-4-6 蒸发温度变化的影响

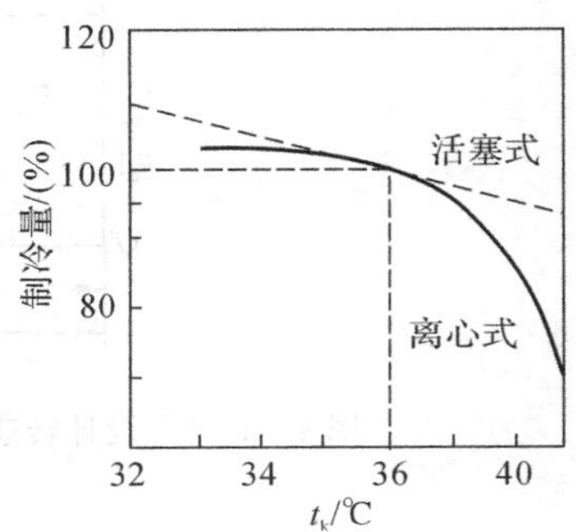

图 4-4-7 冷凝温度变化的影响

3. 转数的影响

对于活塞式制冷压缩机来说，当蒸发温度和冷凝温度一定时，压缩机的制冷量与转数成正比。但是，离心式制冷压缩机则不然，由于离心式制冷压缩机产生的能量头与叶轮外缘圆周速度（也可以说与压缩机转数）的二次方成正比，因此，随着转数的降低，离心式制冷压缩机产生的能量头急剧下降，故制冷量也必将急剧降低，如图 4-4-8 所示。

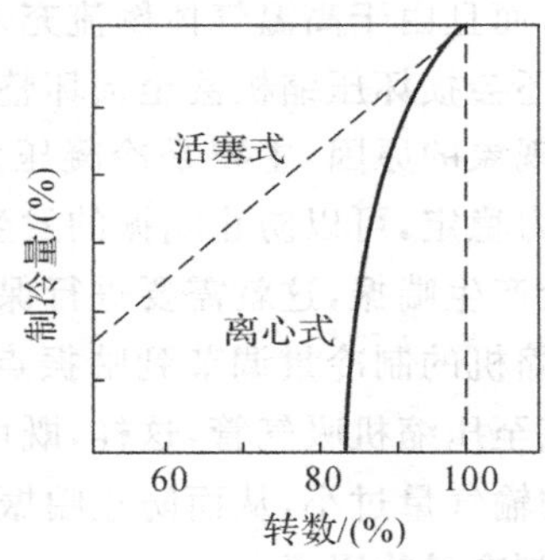

图 4-4-8 转数变化的影响

任务实施

根据项目任务书和项目任务完成报告进行任务实施，见表 4-4-2 和表 4-4-3。

表 4－4－2　项目任务书

<table>
<tr><td>任务名称</td><td colspan="3">离心式制冷压缩机的认识</td></tr>
<tr><td>小组成员</td><td colspan="3"></td></tr>
<tr><td>指导教师</td><td></td><td>计划用时</td><td></td></tr>
<tr><td>实施时间</td><td></td><td>实施地点</td><td></td></tr>
<tr><td colspan="4">任务内容与目标</td></tr>
<tr><td colspan="4">1. 熟悉离心式制冷压缩机的结构；
2. 掌握离心式制冷压缩机的工作原理；
3. 了解离心式制冷压缩机的工作特性</td></tr>
<tr><td>考核项目</td><td colspan="3">1. 离心式制冷压缩机的结构；
2. 离心式制冷压缩机的工作原理；
3. 离心式制冷压缩机的工作特性</td></tr>
<tr><td>备注</td><td colspan="3"></td></tr>
</table>

表 4－4－3　项目任务完成报告

<table>
<tr><td>任务名称</td><td colspan="3">离心式制冷压缩机的认识</td></tr>
<tr><td>小组成员</td><td></td><td></td><td></td></tr>
<tr><td>具体分工</td><td></td><td></td><td></td></tr>
<tr><td>计划用时</td><td></td><td>实际用时</td><td></td></tr>
<tr><td>备注</td><td colspan="3"></td></tr>
<tr><td colspan="4">1. 试分析转速、冷凝温度、蒸发温度对离心式压缩机制冷量的影响规律。

2. 简述离心式制冷压缩机的结构。

3. 影响离心式制冷压缩机制冷量的因素是什么？</td></tr>
</table>

任务评价

根据项目任务综合评价表进行任务评价，见表 4－4－4。

表 4-4-4 项目任务综合评价表

任务名称： 测评时间： 年 月 日

考核明细		标准分	实训得分								
			小组成员								
			小组自评	小组互评	教师评价	小组自评	小组互评	教师评价	小组自评	小组互评	教师评价
团队60分	小组是否能在总体上把握学习目标与进度	10									
	小组成员是否分工明确	10									
	小组是否有合作意识	10									
	小组是否有创新想(做)法	10									
	小组是否如实填写任务完成报告	10									
	小组是否存在问题和具有解决问题的方案	10									
个人40分	个人是否服从团队安排	10									
	个人是否完成团队分配任务	10									
	个人是否能与团队成员及时沟通和交流	10									
	个人是否能够认真描述困难、错误和修改的地方	10									
合计		100									

思考练习

1. 影响离心式制冷压缩机制冷量的因素为__________、__________和__________。
2. 什么是喘振？
3. 叶轮的作用是什么？

项目五　节流装置、阀门与辅助设备概述

前几章介绍了制冷装置的主要设备——制冷压缩机、蒸发器和冷凝器。但是，为了实现连续制冷，还必须根据制冷剂的种类以及蒸发器的类型，设置节流装置（也称为节流机构）、辅助设备，并用管道将其连接，组成制冷系统，并通过控制机构对制冷系统进行控制管理。

项目目标

- 节流装置、阀门与辅助设备概述
  - 素养目标
    - 1. 提高学生的动手操作能力
    - 2. 培养学生良好的学习素养和创新意识
    - 3. 激发学生的认知目标
    - 4. 增强学生的自信心和成就感
  - 知识目标
    - 1. 掌握制冷系统的重要部件
    - 2. 掌握常用节流装置
    - 3. 了解常用制冷系统的控制阀门
    - 4. 掌握制冷系统常用辅助设备
    - 5. 掌握常用辅助设备的作用
    - 6. 了解制冷系统的安全装置
  - 技能目标
    - 1. 能安装制冷系统中常用设备
    - 2. 会使用制冷系统常用设备

任务一　节流装置的认识

任务描述

本任务主要学习制冷系统的重要部件——节流装置。通过学习，掌握节流装置的构成、工作原理以及问题解决方法。

PPT
节流装置的认识

任务资讯

节流装置是组成制冷系统的重要部件，被称为制冷系统四大部件之一，其作用为：

(1)对高压液态制冷剂进行节流降压，保证冷凝器与蒸发器之间的压力差，以使蒸发器中的液态制冷剂在要求的低压下蒸发吸热，从而达到制冷降温的目的；同时使冷凝器中的气态制冷剂，在给定的高压下放热冷凝。

微课：
节流装置的认识

(2)调节供入蒸发器的制冷剂流量，以适应蒸发器热负荷变化，从而避免因部分制冷剂在蒸发器中未及气化，而进入制冷压缩机，引起湿压缩甚

至冲缸事故;或因供液不足,致使蒸发器的传热面积未充分利用,引起制冷压缩机吸气压力降低,制冷能力下降。

由于节流装置有控制进入蒸发器制冷剂流量的功能,也被称为流量控制机构;又由于高压液态制冷剂流经此部件后,节流降压膨胀为湿蒸气,故也被称为节流阀或膨胀阀。常用的节流装置有手动膨胀阀、浮球式膨胀阀、热力膨胀阀、电子膨胀阀、毛细管和节流短管等。

一、手动膨胀阀

手动膨胀阀的构造与普通截止阀相似,只是阀芯为针形锥体或具有 V 形缺口的锥体,如图 5-1-1 所示。阀杆采用细牙螺纹,当旋转手轮时,可使阀门开度缓慢增大或减小,保证良好的调节性能。

由于手动膨胀阀要求管理人员根据蒸发器热负荷变化和其他因素的影响,利用手动方式不断地调整膨胀阀的开度,且全凭经验进行操作,管理麻烦,目前手动膨胀阀大部分被其他节流装置取代,只是在氨制冷系统、试验装置或安装在旁路中作为备用节流装置情况下还有少量使用。

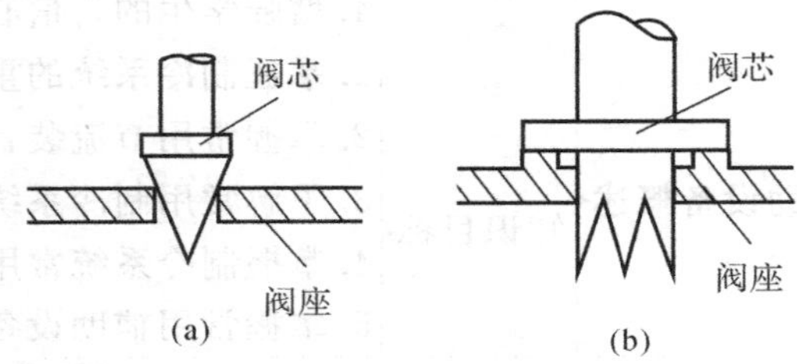

图 5-1-1 手动膨胀阀阀芯

(a)针型阀芯; (b)具有 V 型缺口的阀芯

二、浮球式膨胀阀

满液式蒸发器要求液位保持一定的高度,一般均采用浮球式膨胀阀。

根据液态制冷剂流动情况的不同,浮球式膨胀阀有直通式和非直通式两种,如图 5-1-2 和图 5-1-3 所示。这两种浮球式膨胀阀的工作原理都是依靠浮球室中的浮球因液面的降低或升高,控制阀门的开启或关闭。浮球室装在蒸发器一侧,上、下由平衡管与蒸发器相通,保证二者液面高度一致,以控制蒸发器液面的高度。

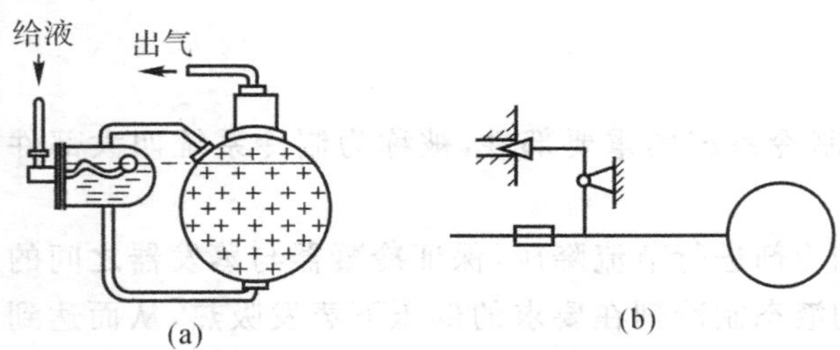

图 5-1-2 直通式浮球式膨胀阀

(a)安装示意图; (b)工作原理图

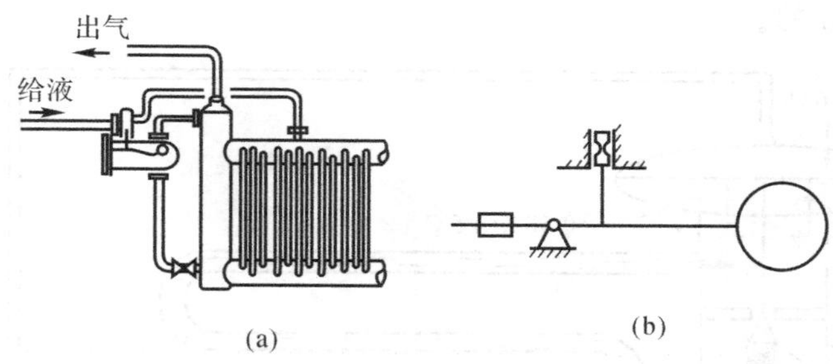

图 5-1-3　非直通式浮球式膨胀阀
(a)安装示意图；(b)工作原理图

这两种浮球式膨胀阀的区别在于：直通式浮球膨胀阀供给的液体是通过浮球室和下部液体平衡管流入蒸发器，其构造简单，但由于浮球室液面波动大，浮球传递给阀芯的冲击力也大，故容易损坏。而非直通式浮球膨胀阀阀门机构在浮球室外部，节流后的制冷剂不通过浮球室而直接流入蒸发器，因此浮球室液面稳定，但结构和安装要比直通式浮球膨胀阀复杂一些。目前非直通式浮球阀应用比较广泛。

三、热力膨胀阀

热力膨胀阀是通过蒸发器出口气态制冷剂的过热度控制膨胀阀开度的，故广泛地应用于非满液式蒸发器。

按照平衡方式的不同，热力膨胀阀可分内平衡式和外平衡式两种。

(一)内平衡式热力膨胀阀

图 5-1-4 所示为内平衡式热力膨胀阀的工作原理图。从图中可以看出，它由阀芯、阀座、弹性金属膜片、弹簧、感温包和调整螺钉等组成。以常用的同工质充液式热力膨胀阀分析，弹性金属膜片受三种压力的作用：

p_1——阀后制冷剂的压力，作用在膜片下部，使阀门向关闭方向移动；

p_2——弹簧作用压力，也施加于膜片下方，使阀门向关闭方向移动，其作用力大小可通过调整螺丝予以调整；

p_3——感温包内制冷剂的压力，作用在膜片上部，使阀门向开启方向移动，其大小取决于感温包内制冷剂的性质和感温包感受的温度。

对于任一运行工况，此三种作用压力均会达到平衡，即 $p_1+p_2=p_3$，此时，膜片不动，阀芯位置不动，阀门开度一定。

如图 5-1-4 所示，感温包内定量充注与制冷系统相同的液态制冷剂——R22，若进入蒸发器的液态制冷剂的蒸发温度为 5 ℃，相应的饱和压力等于 0.584 MPa，如果不考虑蒸发器内制冷剂的压力损失，蒸发器内各部位的压力均为 0.584 MPa；在蒸发器内，液态制冷剂吸热沸腾，变成气态，直至图中 B 点，全部气化，呈饱和状态。自 B 点开始制冷剂继续吸热，呈过热状态；如果至蒸发器出口装有感温包的 C 点，温度升高 5 ℃，达到 10 ℃，当达到热平衡时，感温包内液态制冷剂的温度也为 10 ℃，即 $t_5=10$ ℃，相应的饱和压力等于 0.681 MPa，作用在膜片上部的压力 $p_3=p_5=0.681$ MPa，如果将弹簧作用力调整至相当膜片下部受到 0.097 MPa 的压力，则 $p_1+p_2+p_3=0.681$ MPa，膜片处于平衡位置，阀门有一定开度，保证蒸发器出口制冷剂的过热度为 5 ℃。

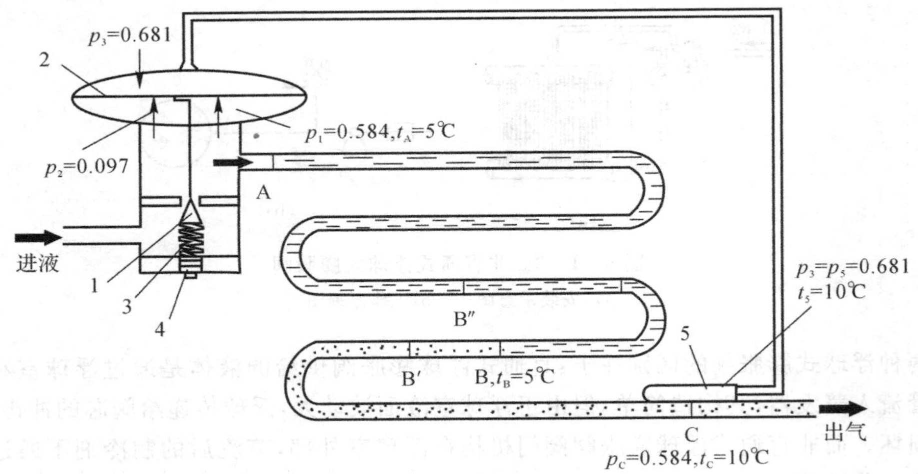

图 5-1-4　内平衡式热力膨胀阀的工作原理

1—阀芯； 2—弹性金属膜片； 3—弹簧； 4—调整螺钉； 5—感温包

当外界条件发生变化使蒸发器的负荷减小时，蒸发器内液态制冷剂沸腾减弱，制冷剂达到饱和状态点的位置后移至 B'，此时感温包处的温度将低于 10 ℃，致使 $(p_1+p_2)>p_3$，阀门稍微关小，制冷剂供应量有所减少，膜片达到另一平衡位置；由于阀门稍微关小，弹簧稍有放松，弹簧作用力稍有减少，蒸发器出口制冷剂的过热度将小于 5 ℃。反之，当外界条件改变使蒸发器的负荷增加时，蒸发器内液态制冷剂沸腾加强，制冷剂达到饱和状态点的位置前移至 B″，此时感温包处的温度将高于 10 ℃，致使 $(p_1+p_2)<p_3$，阀门稍微开大，制冷剂流置增加，蒸发器出口制冷剂的过热度将大于 5 ℃。

(二)外平衡式热力膨胀阀

当蒸发盘管较细或相对较长，或者多根盘管共用一个热力膨胀阀，通过分液器并联时，因制冷剂流动阻力较大，若仍使用内平衡式热力膨胀阀，将导致蒸发器出口制冷剂的过热度很大，蒸发器传热面积不能有效利用。以图 5-1-4 为例，若制冷剂在蒸发器内的压力损失为 0.036 MPa，则蒸发器出口制冷剂的蒸发压力为(0.584－0.036) MPa＝0.548 MPa，相应的饱和温度为 3 ℃，此时，蒸发器出口制冷剂的过热度则增加至 7 ℃；蒸发器内制冷剂的阻力损失越大，过热度增加得越大，这时就不应使用内平衡式热力膨胀阀。一般情况下，当 R22 蒸发器内压力损失达到表 5-1-1 规定的数值时，应采用外平衡式热力膨胀阀。

表 5-1-1　使用外平衡式热力膨胀阀蒸发器阻力损失值(R22)

蒸发温度/℃	10	0	－10	－20	－30	－40	－50
阻力损失/kPa	42	33	26	19	14	10	7

图 5-1-5 所示为外平衡式热力膨胀阀工作原理图。从图中可以看出，外平衡式热力膨胀阀的构造与内平衡式热力膨胀阀基本相同，只是弹性金属膜片下部空间与膨胀阀出口互不相通，而是通过一根小口径平衡管与蒸发器出口相连，这样膜片下部承受蒸发器出口制冷剂的压力，从而消除了蒸发器内制冷剂流动阻力的影响。仍以图 5-1-4 为例，进入蒸发器的液态

制冷剂的蒸发温度为 5 ℃，相应的饱和压力等于 0.584 MPa，蒸发器内制冷剂的压力损失为 0.036 MPa，则蒸发器出口制冷剂的蒸发压力 $p_1=0.548$ MPa（相应的饱和温度为 3 ℃），再加上相当于5 ℃过热度的弹簧作用力 $p_2=0.097$ MPa，则 $p_3=p_1+p_2=0.645$ MPa，对应的饱和温度约为 8 ℃，膜片处于平衡位置，保证蒸发器出口气态制冷剂过热度基本上等于 5 ℃。

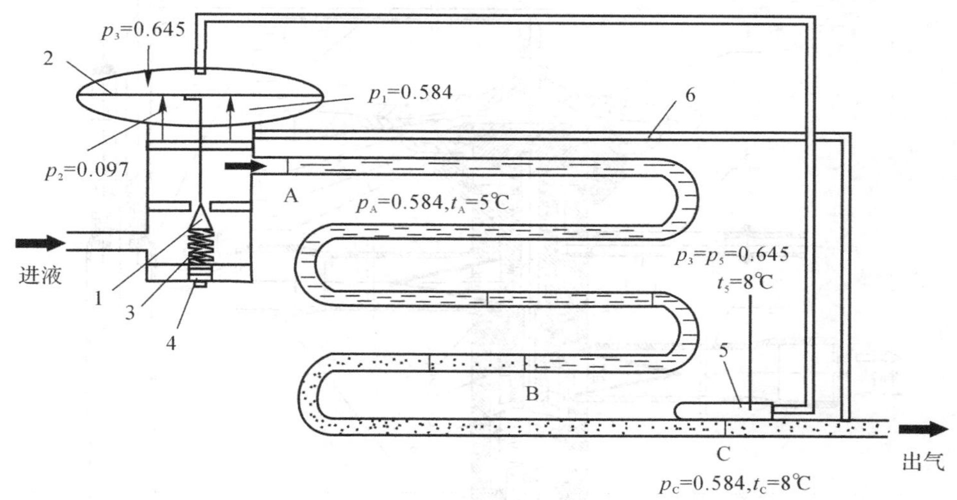

图 5-1-5　外平衡式热力膨胀阀

1—阀芯；　2—弹性金属膜片；　3—弹簧；　4—调整螺钉；　5—感温包；　6—平衡管

现有各种热力膨胀阀，均是通过感温包感受蒸发器出口制冷剂温度的变化来调节制冷剂流量的，当感温包发生泄漏故障时，膨胀阀将会关闭，供给蒸发器的制冷剂流量为零，导致系统无法工作。针对这一问题，一种带保险结构的双向热力膨胀阀被提出，如图 5-1-6 所示。当感温包未发生泄漏时，其原理和外平衡式热力膨胀阀一样；当发生泄漏时，阀芯 5 与阀座孔 2-1 之间的节流通道关闭，限位块 1-6 及膜片 1-4 在通过压力传递管 3 传递的蒸发器出口制冷剂压力的作用下向上移动，并带动阀针 4 向上移，使阀芯 5 内的轴向通孔开启，成为节流通道，继续向蒸发器供液，保证系统继续工作。

（三）感温包的充注

根据制冷系统所用制冷剂的种类和蒸发温度不同，热力膨胀阀感温系统中可采用不同物质和方式进行充注，主要方式有充液式、充气式、交叉充液式、混合充注式和吸附充注式，各种充注均有一定的优缺点和使用限制。

1. 充液式热力膨胀阀

上述讨论的就是充液式热力膨胀阀，充注的液体量应足够大，以保证任何温度下，感温包内均有液体存在，感温系统内的压力为所充注液体的饱和压力。

充液式热力膨胀阀的优点是阀门的工作不受膨胀阀和平衡毛细管所处环境温度的影响，即使温度低于感温包感受的温度，也能正常工作。但是，充液式热力膨胀阀随蒸发温度的降低，过热度有明显上升的趋势。图 5-1-7 所示为 R22 充液式热力膨胀阀过热度的变化情况，图中下面曲线为 R22 的饱和压力-温度关系曲线，加上弹簧作用力 p_2（任何蒸发温度下弹簧作用压力均取 $p_2=0.097$ MPa），即为膨胀阀开启力 p_3 与蒸发温度的关系曲线（图中上面曲线）。从图中可以看出，当蒸发温度为 5 ℃时，蒸发器出口制冷剂过热度为 5 ℃（线段 ab）；当蒸发温度为－15 ℃与－40 ℃时，蒸发器出口制冷剂过热度分别为 8 ℃与 15 ℃（线段 cd 和 ef）。所以充液式热力膨胀阀温度适应范围较小。

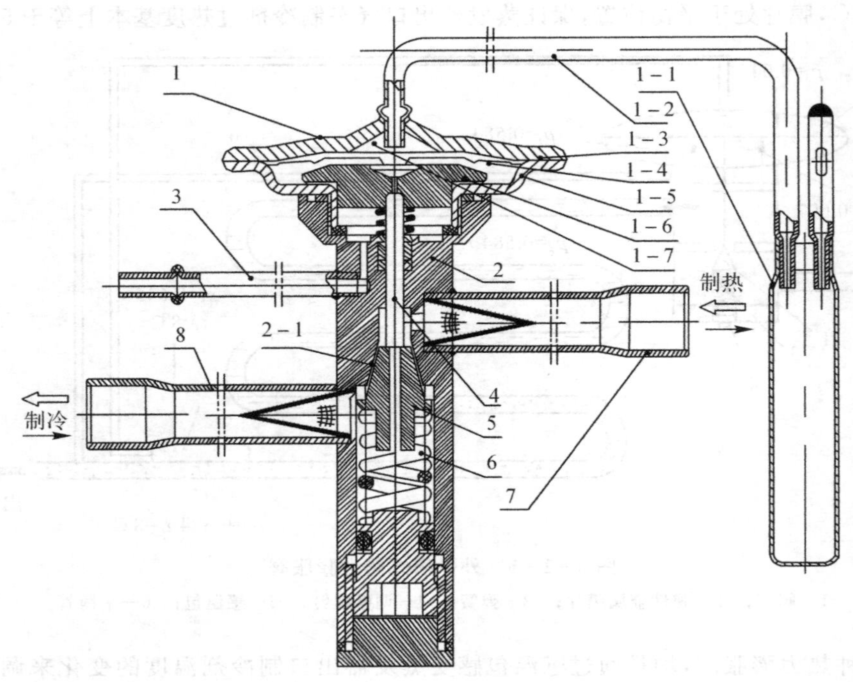

图 5－1－6　带保险结构的双向热力膨胀阀

1—膜盒； 1－1—感温管； 1－2—连接毛细管； 1－3—顶盖； 1－4—膜片； 1－5—底盖； 1－6—限位块； 1－7—感温剂； 2—阀体； 2－1—阀座孔； 3—压力传递管； 4—阀针； 5—阀芯； 6—平衡弹簧； 7、8—连接管

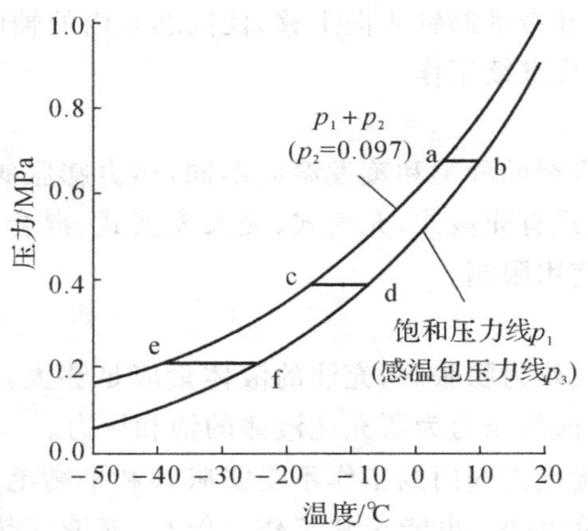

图 5－1－7　充液式热力膨胀的过热度

2. 充气式热力膨胀阀

充气式热力膨胀阀感温系统中充注的也是与制冷系统相同的制冷剂，但是，充注的液体数

量取决于热力膨胀阀工作时的最高蒸发温度，在该温度下，感温系统内所充注的液态制冷剂应全部气化为气体，如图 5－1－8 所示。当感温包的温度低于 t_A 时，感温包内的压力与温度的关系为制冷剂的饱和特性曲线；当感温包的温度高于 t_A 时，感温包内的制冷剂呈气态，尽管温度增加很大，但压力却增加很少。因此，当制冷系统的蒸发温度超过最高限定温度 t_M 时，蒸发器出口气态制冷剂虽具有很大的过热度，但阀门基本不能开大。这样就可以控制对蒸发器的供液量，以免系统蒸发温度过高，导致制冷压缩机的电机过载。

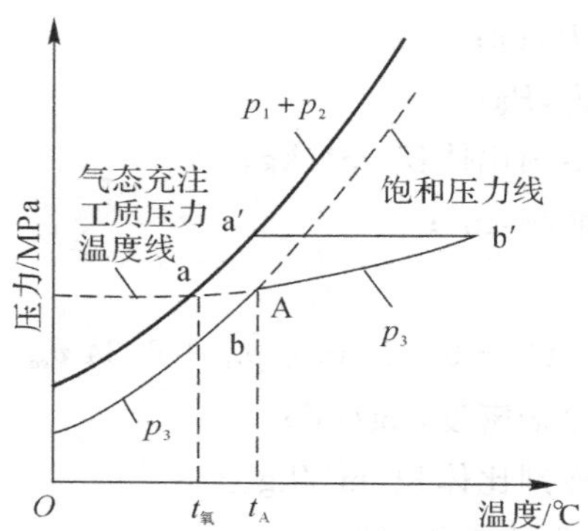

图 5－1－8　充气热力膨胀阀感温包内制冷剂特性曲线

3. 其他充注式热力膨胀阀

除上述两种充注方式以外，还有交叉充液式，即充液式热力膨胀阀感温包内充注与制冷系统不同的制冷剂；混合充注式，即感温包内除了充注与制冷系统不同的制冷剂以外，还充注一定压力的不可凝气体；吸附充注式，即在感温包内装填吸附剂（如活性炭）和充注吸附性气体（如二氧化碳）。图 5－1－9 所示为交叉充液式热力膨胀阀的特性曲线，可以看出，不同蒸发温度情况下，均可以保持蒸发器出口制冷剂过热度几乎不变。采用不同充注方式的目的在于，使弹性金属膜片两侧的压力按两条不同的曲线变化，以改善热力膨胀阀的调节特性，扩大其适用温度范围。

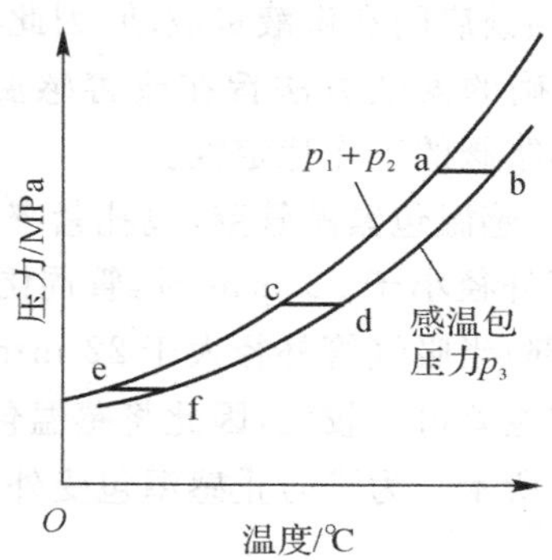

图 5－1－9　交叉充液式热力膨胀阀的特性曲线

（四）热力膨胀阀的选配和安装

1. 热力膨胀阀的选配

在为制冷系统选配热力膨胀阀时，应考虑到制冷剂种类和蒸发温度范围，且使膨胀阀的容量与蒸发器的负荷相匹配。

把通过在某压力差情况下处于一定开度的膨胀阀的制冷剂流量，在一定蒸发温度下完全蒸发时所产生的冷量，称为该膨胀阀在此压差和蒸发温度下的膨胀阀容量。在一定的阀开度和膨胀阀进出口制冷剂状态的情况下，通过膨胀阀的制冷剂流量 M_r(kg/s) 可按照下式计算，有

$$M_r = C_D A_V \sqrt{2(p_{vi} - p_{v0})/v_{vi}} \tag{5-1}$$

式中　p_{vi}—— 膨胀阀进口压力，Pa；

p_{vo}—— 膨胀阀出口压力，Pa；

v_{vi}—— 膨胀阀进口制冷剂比体积，m^3/kg；

A_v—— 膨胀阀的通道面积，m^2；

C_D—— 流量系数，有

$$C_D = 0.020\ 05\sqrt{\rho_{vi}} + 6.34\, v_{vo}$$

ρ_{vi}—— 膨胀阀进口制冷剂密度，kg/m^3；

v_{vo}—— 膨胀阀出口制冷剂比体积，m^3/kg。

热力膨胀阀的容量可以用下式求得，即

$$\phi_0 = M_r(h_{eo} - h_{ei}) \tag{5-2}$$

式中　h_{eo}—— 蒸发器出口制冷剂比焓值，kJ/kg；

h_{ei}—— 蒸发器进口制冷剂比焓值，kJ/kg。

由已知的蒸发器制冷量 ϕ_o、蒸发温度以及膨胀阀进出口制冷剂状态，即可采用式(5-1)和式(5-2)计算选配热力膨胀阀，当然也可以按照厂家提供的膨胀阀容量性能表选择。选配时一般要求热力膨胀阀的容量比蒸发器容量大 20%～30%。

2. 热力膨胀阀的安装

热力膨胀阀的安装位置应靠近蒸发器，阀体应垂直放置，不可倾斜，更不可颠倒安装。由于热力膨胀阀依靠感温包感受到的温度进行工作，且温度传感系统的灵敏度比较低，传递信号的时间滞后较大，易造成膨胀阀频繁启闭和供液量波动，因此感温包的安装非常重要。

(1) 感温包的安装方法。正确的安装方法旨在改善感温包与吸气管中制冷剂的传热效果，以减小时间滞后，提高热力膨胀阀的工作稳定性。

通常将感温包缠在吸气管上，感温包紧贴管壁，包扎紧密；接触处应将氧化皮清除干净，必要时可涂一层防锈层。当吸气管外径小于 22 mm 时，管周围温度的影响可以忽略，安装位置可以任意，一般包扎在吸气管上部；当吸气管外径大于 22 mm 时，感温包安装处若有液态制冷剂或润滑油流动，水平管上、下侧温差可能较大，因此将感温包安装在吸气管水平轴线以下 45°之间(一般为 30°)，如图 5-1-10 所示。为了防止感温包受外界温度影响，故在扎好后，务必用不吸水绝热材料缠包。

(2) 感温包的安装位置。感温包安装在蒸发器出口、压缩机吸气管段上，并尽可能装在水平管段部分。但必须注意不得置于有积液、积油之处。如图 5-1-11 所示，为了防止因水平管积液、膨胀阀操作错误，蒸发器出口处吸气管需要抬高时，抬高处应设存液弯，否则，只得将感温包安装在立管上。当采用外平衡式热力膨胀阀时，外平衡管一般连接在蒸发器出口、感温包后的压缩机吸气管上，连接口应位于吸气管顶部，以防被润滑油堵塞。当然，为了抑制制冷系

统运行的波动，也可将外平衡管连接在蒸发管压力降较大的部位。

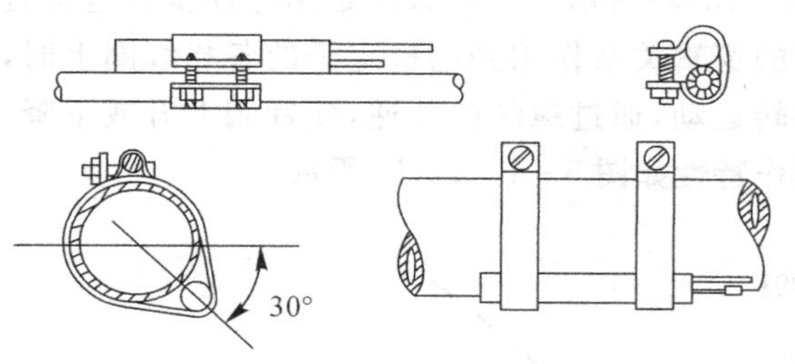

图 5-1-10　感温包的安装方法

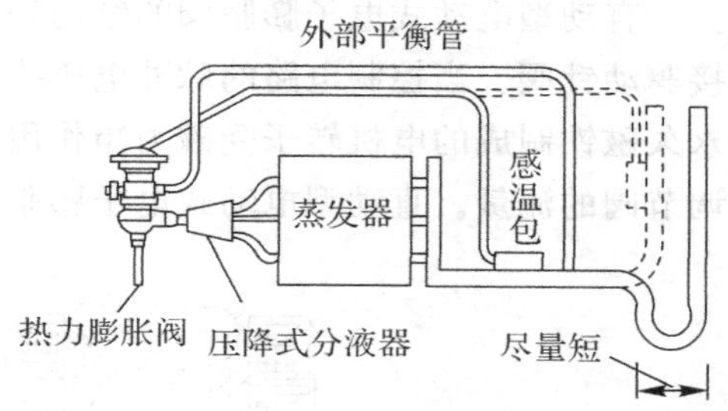

图 5-1-11　感温包的安装位置

四、电子膨胀阀

无级变容量制冷系统制冷剂供液量调节范围宽，要求调节反应快，传统的节流装置(如热力膨胀阀)难以良好胜任，而电子膨胀阀可以很好地满足要求。电子膨胀阀利用被调节参数产生的电信号，控制施加于膨胀阀上的电压或电流，进而达到调节供液量的目的。

按照驱动方式的不同，电子膨胀阀可分为电磁式和电动式两类。

(一)电磁式电子膨胀阀

电磁式电子膨胀阀的结构如图 5-1-12(a)所示，它是依靠电磁线圈的磁力驱动针阀。电磁线圈通电前，针阀处于全开位置。通电后，受磁力作用，针阀的开度减小，开度减小的程度取决于施加在线圈上的控制电压。电压越高，开度越小[阀开度随控制电压的变化见图 5-1-12(b)]，流经膨胀阀的制冷剂流量也越小。

电磁式电子膨胀阀的结构简单，动作响应快，但是在制冷系统工作时，需要一直提供控制电压。

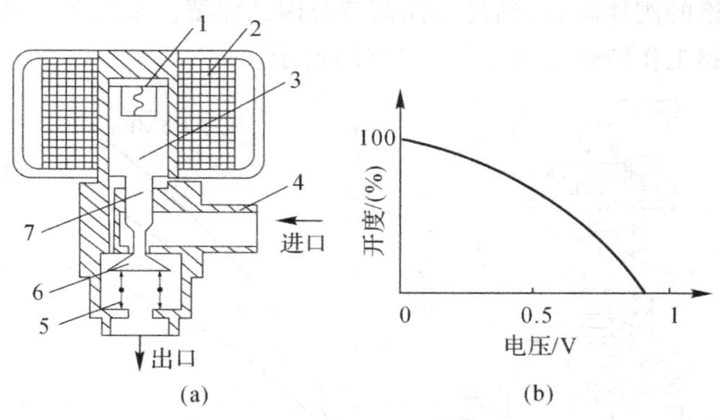

图 5-1-12　电磁式电子膨胀阀

(a)结构图；(b)开度-电压关系图

1—柱塞弹簧；2—线圈；3—柱塞；4—阀座；5—弹簧；6—针阀；7—阀杆

(二)电动式电子膨胀阀

电动式电子膨胀阀是依靠步进电机驱动针阀，分直动型和减速型两种。

1. 直动型

直动型电动式电子膨胀阀的结构如图 5-1-13(a)所示。该膨胀阀是用脉冲步进电机直接驱动针阀。当控制电路的脉冲电压按照一定的逻辑关系作用到电机定子的各相线圈上时，永久磁铁制成的电机转子受磁力矩作用产生旋转运动，通过螺纹的传递，使针阀上升或下降，调节阀的流量。直动型电动式电子膨胀阀的工作特性如图 5-1-13(b)所示。

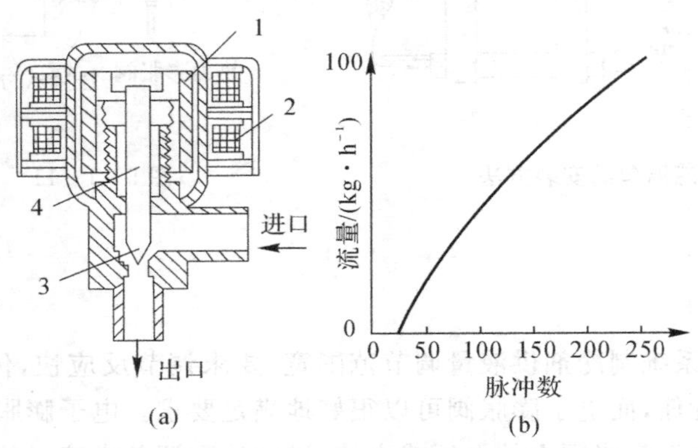

图 5-1-13　直动型电动式电子膨胀阀

(a)结构图；(b)流量-脉冲数关系图

1—转子；2—线圈；3—针阀；4—阀杆

直动型电动式电子膨胀阀驱动针阀的力矩直接来自于定子线圈的磁力矩，限于电机尺寸，故这个力矩较小。

2. 减速型

减速型电动式电子膨胀阀的结构如图 5-1-14(a)所示，该膨胀阀内装有减速齿轮组。步进电机通过减速齿轮组将其磁力矩传递给针阀。减速齿轮组放大了磁力矩的作用，因而该步进电机易与不同规格的阀体配合，满足不同调节范围的需要。节流阀口径为 ϕ1.6 mm 的减速型电动式电子膨胀阀工作特性如图 5-1-14(b)所示。

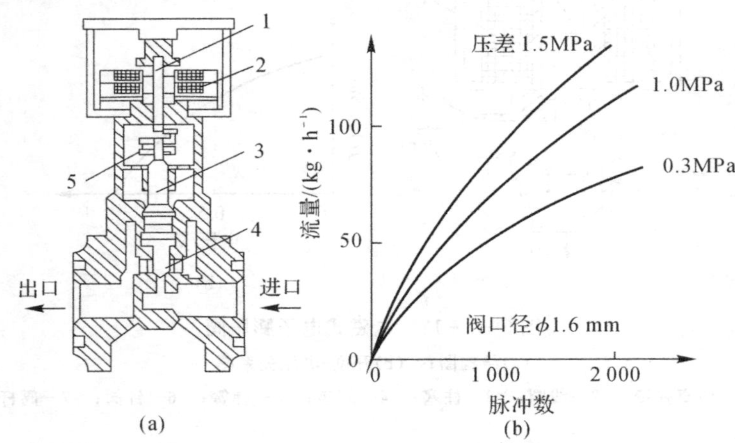

图 5-1-14　减速型电动式电子膨胀阀

(a)结构图；(b)流量-脉冲数关系图

1—转子；2—线圈；3—阀杆；4—针阀；5—减速齿轮组

采用电子膨胀阀进行蒸发器出口制冷剂过热度调节，可以通过设置在蒸发器出口的温度传感器和压力传感器（有时也利用设置在蒸发器中部的温度传感器采集蒸发温度）来采集过热度信号，采用反馈调节来控制膨胀阀的开度；也可以采用前馈加反馈复合调节，消除因蒸发器管壁与传感器热容造成的过热度控制滞后，改善系统调节品质，在很宽的蒸发温度区域中将过热度控制在目标范围内。除了蒸发器出口制冷剂过热度控制，通过指定的调节程序还可以将电子膨胀阀的控制功能扩展，如用于热泵机组除霜、压缩机排气温度控制等。此外，电子膨胀阀也可以根据制冷剂液位进行工作，所以除用于干式蒸发器外，还可用于满液式蒸发器。

五、毛细管

随着封闭式制冷压缩机和氟利昂制冷剂的出现，开始采用直径为 0.7～2.5 mm、长度为 0.6～6 m 的细长紫铜管代替膨胀阀，作为制冷循环流量控制与节流降压元件，这种细管被称为毛细管或减压膨胀管。毛细管已广泛用于小型全封闭式制冷装置，如家用冰箱、除湿机和房间空调器，当然，较大制冷量的机组也有采用。

（一）毛细管工作原理

毛细管是根据“液体比气体更容易通过”的原理工作的。在具有一定再冷度的液态制冷剂进入毛细管后，沿管长方向压力和温度的变化如图 5－1－15 所示。1→2 段为液相段，此段压力降不大，并且呈线性变化，同时，该段制冷剂的温度为定值。当制冷剂流至点 2，即压力降至相当于饱和压力时，管中开始出现气泡，直到毛细管末端，制冷剂由单相液态流动变为气-液两相流动，其温度相当于所处压力下的饱和温度；在该段饱和气体的百分比（干度）逐步增加，压力降呈非线性变化，越接近毛细管末端，单位长度的压力降越大。

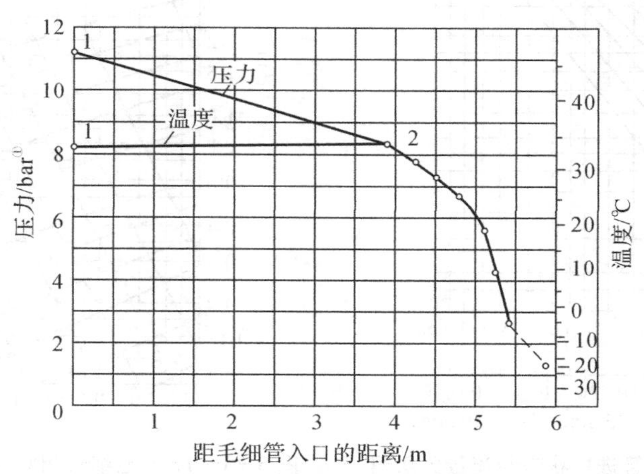

图 5－1－15　毛细管内压力与温度变化

毛细管的供液能力主要取决于毛细管入口制冷剂的状态（压力 p_1 和温度 t_1），以及毛细管的几何尺寸（长度 L 和内径 d_i）。而蒸发压力 p_0，在通常工作条件下对供液能力的影响较小，这是因为蒸气在等截面毛细管内流动时，会出现临界流动现象；当毛细管出口的背压（即蒸发压力 p_0）等于临界压力 p_{cr}，即 $p_0 = p_{cr} = p_2$ 时，通过毛细管的流量达到最高；当毛细管出口的

①1 bar = 0.1 MPa。

背压(即蒸发压力 p_0)低于临界压力 p_{cr} 时,管出口截面的压力 p_2 等于临界压力 p_{cr},通过毛细管的流量保持不变,其压力的进一步降低将在毛细管外进行;只有当毛细管出口的背压(即蒸发压力 p_0)高于临界压力 p_{cr} 时,管出口截面的压力 p_2 才等于蒸发压力 p_0,通过毛细管的流量随出口压力的降低而增加。

(二) 毛细管尺寸的确定

在制冷系统设计时,需根据要求的制冷剂流量 M_r 及毛细管入口制冷剂的状态(压力 p_1 和过冷度 Δt)确定毛细管尺寸。由于影响毛细管流量的因素众多,通常的做法是利用在大量理论和实验基础上建立起来的计算图线对毛细管尺寸进行初选,然后通过装置运行实验,将毛细管尺寸进一步调整到最佳值。

首先根据毛细管入口制冷剂的状态(压力 p_1 或冷凝温度 t_k,过冷度 Δt)通过图 5-1-16 确定标准毛细管的流量 M_a,然后利用式(5-3)计算相对流量系数 ψ,再根据 ψ 查图 5-1-17 确定初选毛细管的长度和内径。当然也可以根据给定毛细管尺寸,确定它的流量初算值。

$$\psi=\frac{M_r}{M_a} \tag{5-3}$$

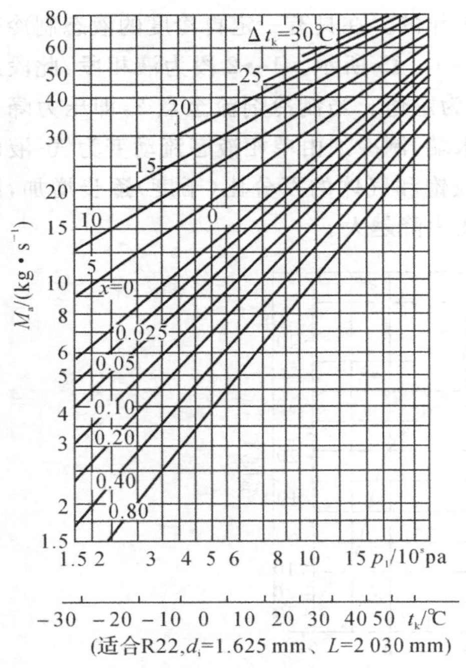

图 5-1-16　标准毛细管进口状态与流量关系图

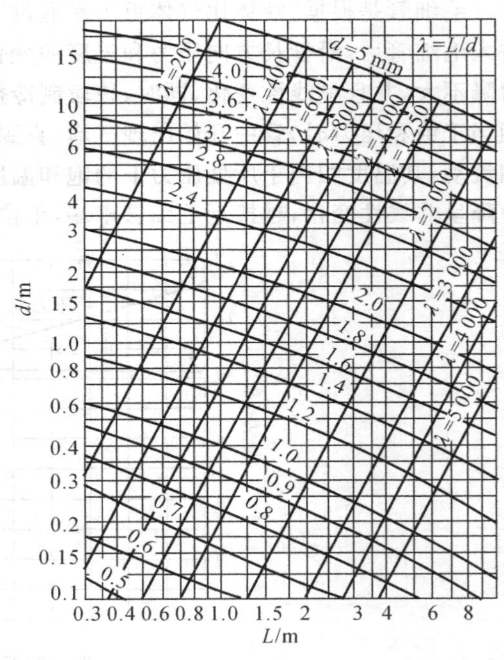

图 5-1-17　毛细管相对流量 ψ 与几何尺寸关系图

另外,毛细管几何尺寸关系到供液能力,长度增加或内径减小,供液能力减小。据有关试验介绍,工况相同、流量相同的条件下,毛细管的长度近似与其内径的 4.6 次方成正比,即

$$\frac{L_1}{L_2}=\left(\frac{d_{i1}}{d_{i2}}\right)^{4.6} \tag{5-4}$$

也就是说,若毛细管的内径比额定尺寸大 5%,为了保证供液能力不变,其长度应为原定长度的 1.25 倍,因此,毛细管内径的偏差影响显著。

毛细管的优点是结构简单,无运动部件,价格低廉;使用时,系统不需装设贮液器,制冷剂充注量少，而且压缩机停止运转后，冷凝器与蒸发器内的压力可较快地自动达到平衡，减轻电动机的启动负荷。

毛细管的主要缺点是调节性能较差，供液量不能随工况变化而任意调节，因此，宜用于蒸发温度变化范围不大、负荷比较稳定的场合。

六、节流短管

节流短管是一种定截面节流孔口的节流装置，已被应用于部分汽车空调、少量冷水机组和热泵机组中。例如，应用于汽车空调中的节流短管通常是指长径比为 3～20 的细铜管段，将其安放在一根塑料套管内，在塑料套管上有一个或两个 O 形密封圈，铜管外面是滤网，结构如图 5－1－18 所示。来自冷凝器的制冷剂在 O 形密封圈的隔离下，只能通过细小的节流孔经过节流后进入蒸发器，滤网用于阻挡杂质进入铜管。采用节流短管的制冷系统需在蒸发器后面设置气液分离器，以防止压缩机发生湿压缩。短管的主要优点是价格低廉、制造简单、可靠性好、便于安装，取消了热力膨胀阀系统中用于判别制冷负荷大小所增加的感温包等，具有良好的互换性和自平衡能力。

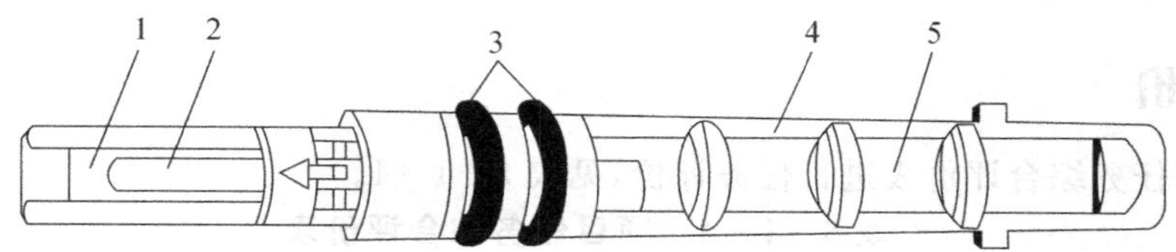

图 5－1－18　节流短管结构示意图

1—出口滤网；　2—节流孔；　3—密封圈；　4—塑料外壳；　5—进口滤网

任务实施

根据项目任务书和项目任务完成报告进行任务实施，见表 5－1－2 和表 5－1－3。

表 5－1－2　项目任务书

<table>
<tr><td>任务名称</td><td colspan="3">节流装置的认识</td></tr>
<tr><td>小组成员</td><td colspan="3"></td></tr>
<tr><td>指导教师</td><td></td><td>计划用时</td><td></td></tr>
<tr><td>实施时间</td><td></td><td>实施地点</td><td></td></tr>
<tr><td colspan="4">任务内容与目标</td></tr>
<tr><td colspan="4">1. 掌握节流装置的种类；
2. 掌握常用节流装置的结构、安装以及工作原理</td></tr>
<tr><td>考核项目</td><td colspan="3">1. 节流装置的种类和作用；
2. 热力膨胀阀的分类；
3. 电子膨胀阀的分类</td></tr>
<tr><td>备注</td><td colspan="3"></td></tr>
</table>

表 5-1-3 项目任务完成报告

任务名称	节流装置的认识		
小组成员			
具体分工			
计划用时		实际用时	
备注			

1. 常用的节流装置有哪些？详细说明其作用。

2. 热力膨胀阀按照什么分类？包括什么？

3. 简述电子膨胀阀的分类，并详细说明其作用。

任务评价

根据项目任务综合评价表进行任务评价，见表 5-1-4。

表 5-1-4 项目任务综合评价表

任务名称：　　　　　　　　　　　　　　　　测评时间：　　年　　月　　日

考核明细		标准分	实训得分								
			小组成员								
			小组自评	小组互评	教师评价	小组自评	小组互评	教师评价	小组自评	小组互评	教师评价
团队60分	小组是否能在总体上把握学习目标与进度	10									
	小组成员是否分工明确	10									
	小组是否有合作意识	10									
	小组是否有创新想(做)法	10									
	小组是否如实填写任务完成报告	10									
	小组是否存在问题和具有解决问题的方案	10									
个人40分	个人是否服从团队安排	10									
	个人是否完成团队分配任务	10									
	个人是否能与团队成员及时沟通和交流	10									
	个人是否能够认真描述困难、错误和修改的地方	10									
合计		100									

思考练习

一、填空题

1. 被称为制冷系统四大部件之一的是__________。

2. 常用的节流装置有__________、__________、__________、__________、__________和__________等。

3. 按照膨胀阀平衡方式不同，热力膨胀阀分为__________和__________。

二、简答题

1. 直通式浮球膨胀阀和非直通式浮球膨胀阀的区别在哪儿？

2. 热力膨胀阀的充注方式有哪些？

任务二　阀门的认识

任务描述

PPT
阀门的认识

阀门是用来开闭管路、控制流向、调节和控制输送介质的参数(温度、压力和流量)的管路附件。根据其功能，可分为关断阀、止回阀、调节阀等。本节主要介绍制冷系统常用的控制阀门，主要包括制冷剂压力调节阀、压力开关、温度开关和电磁阀。

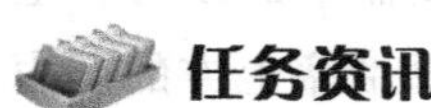

任务资讯

一、制冷剂压力调节阀

制冷剂压力调节阀主要包括蒸发压力调节阀、压缩机吸气压力调节阀和冷凝压力调节阀。

(一)蒸发压力调节阀

外界负荷变化，系统供液量就会随之变化，从而引起压力波动，这不仅会影响被冷却对象的温控精度，还会影响系统的稳定性。蒸发压力调节阀通常安装在蒸发器出口处，根据蒸发压力的高低自动调节阀门开度，控制从蒸发器中流出的制冷剂流量，以维持蒸发压力的恒定。

蒸发压力调节阀根据容量大小分为直动型和控制型两类。

直动型蒸发压力调节阀是一种受阀进口压力(蒸发压力)控制的比例型调节阀，如图5-2-1所示。阀门开度与蒸发压力值和主弹簧设定压力值之差成正比，平衡波纹管有效面积与阀座面积相当，阀板的行程不受出口压力影响。当蒸发压力高于主弹簧的设定压力时，阀被打开，制冷剂流量增加，蒸发压力降低；当蒸发压力小于设定压力时，阀被逐渐关小，制冷剂流量减少，蒸发压力升高，实现对蒸发压力的调节控制。为防止制冷系统出现振荡现象，蒸发压力调节阀中装有阻尼装置，能够保证调节器长久使用，同时不削弱调节精度。

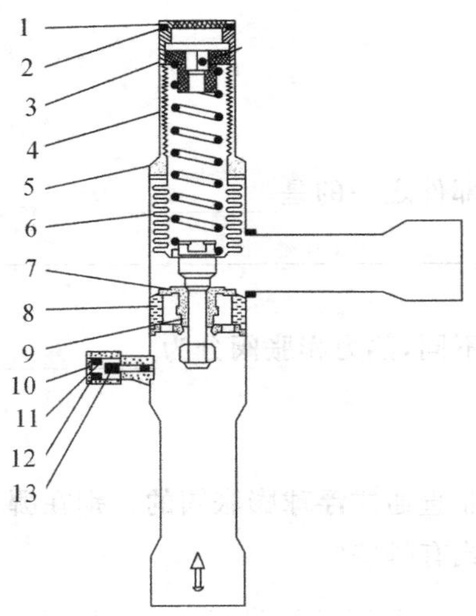

图 5-2-1　直动型蒸发压力调节阀结构图

1—密封帽；　2—垫片；　3—调节螺母；　4—主弹簧；　5—阀体；　6—平衡波纹管；
7—阀板；　8—阀座；　9—阻尼装置；　10—压力表接头；　11—盖帽；　12—垫片；　13—插入物

图5-2-2所示为控制型蒸发压力调节阀，它是将定压导阀（控制阀）和主阀组合使用来调节蒸发压力，一般用于需要准确调节蒸发压力的制冷系统中。图中，A为导阀流口，p_e 是蒸发压力，p_c 是从系统高压侧引过来的压力，p_1 和 p_3 为弹簧压力。通过调节弹簧压力 p_1 设定蒸发压力，使之与蒸发压力 p_e 平衡。当蒸发压力 p_e 降低时，弹簧压力 p_1 大于蒸发压力 p_e，导阀流口关小，在主阀活塞上端形成高压 p_c，主阀将在 p_c 大于 p_3 时关闭，从而蒸发器中的压力将上升；反之，当蒸发压力 p_e 大于 p_1 时，导阀流口开大，压力 p_c 通过A卸掉，主阀活塞上方的压力降低，在 p_3 的作用下打开主阀，从而降低蒸发器中的压力。通过这样动态的变化，控制主阀的开度，实现对制冷剂流量的控制，使得蒸发压力近似保持为设定值。

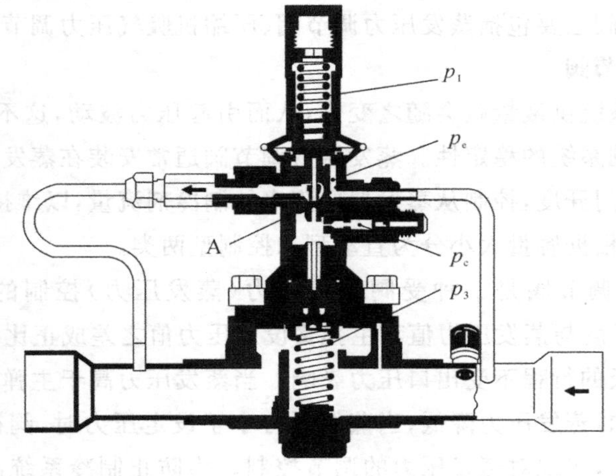

图 5-2-2　控制型蒸发压力调节阀

(二)压缩机吸气压力调节阀

压缩机吸气压力过高，会引起电机负荷过大，严重者会导致电机烧毁。尤其是在长期停机后启动或蒸发器除霜结束重新返回制冷运行时，吸气压力会很高。因此可在压缩机的吸气管路上安装吸气压力调节阀，也称为曲轴箱压力调节阀，避免因过高的吸气压力损坏电机，实现对压缩机的保护。

吸气压力调节阀也有直动式和控制式两种，图 5-2-3 所示为直动式吸气压力调节阀。直动式吸气压力调节阀工作原理和蒸发压力调节阀相似，它通过主弹簧的设定压力值和作用在阀板下部的吸气压力值之差来控制阀板的行程，不受进口压力的影响。当吸气压力高于设定值时，阀板开度关小，当吸气压力低于设定值时，阀板开度增大。直动式吸气压力调节阀也是比例型调节阀，存在一定的比例带。例如，KVL 型吸气压力调节阀的比例带为 0.15 MPa，表明在吸气压力低于设定压力的值在 0.15 MPa 以内时，阀的开度与其压差成比例，当超过该比例带值时，阀将保持全开。

此种吸气压力调节阀一般用于低温制冷系统，使用时应注意接管尺寸不宜选得太小，避免因入口处气流速度过快而产生噪声。对于大、中型制冷设备，一般采用控制式吸气压力调节阀。

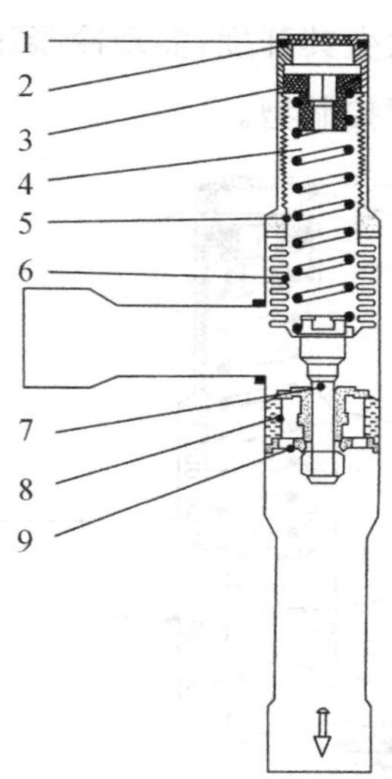

图 5-2-3　直动式压缩机吸气压力调节阀

1—密封帽；　2—垫片；　3—调节螺母；　4—主弹簧；　5—阀体；
6—平衡波纹管；　7—阻尼装置；　8—阀座；　9—阀板

(三)冷凝压力调节阀

负荷发生变化、冷却介质的温度和流量发生变化都会引发冷凝压力的改变。冷凝压力升高，使得压缩机吸排气压力比升高，压缩机耗功增加，制冷量减小，系统 COP 下降；冷凝压力下降过低，会导致膨胀阀的供液动力不足，造成制冷量下降、系统回油困难等问题。因此有必要对系统冷凝压力进行调节。根据冷凝器的类型不同，有不同的冷凝压力调节方式。

风冷冷凝器一般通过冷凝压力调节器进行调节，特别适用于全年制冷运行的风冷系统中。其原理是通过改变冷凝器的有效传热面积来改变冷凝器的传热能力，从而改变冷凝压力，是一种有效的调节方法。冷凝压力调节阀由一个安装在冷凝器出口液管上的高压调节阀和跨接在压缩机出口与高压贮液器之间的差压调节阀组成。高压调节阀是由进口压力控制的比例型调节阀，通过进口压力和冷凝压力设定值之差调节阀的开度；差压调节阀是受阀前后压差（冷凝器和高压调节阀的压降之和）控制的调节阀，开度随着压差的变化同步变化，当压差减小到设定值时，阀门关闭。当冷凝压力过低时，高压调节阀关闭，压缩机排出的制冷剂在冷凝器中冷凝，冷凝器有效传热面积减少，压力逐渐升高，差压调节阀前后产生压差，阀门开启，压缩机排气直接进入贮液器顶部，贮液器内的压力升高，保证膨胀阀前压力稳定；当冷凝压力逐渐升高时，高压调节阀逐渐开启，差压调节阀由于压差逐渐减小而逐渐关闭，当温度升高到使得系统在冷凝压力设定值以上正常运行时，高压调节阀全开、差压调节阀全关，制冷剂走正常循环路径。

图 5-2-4～图 5-2-6 分别给出了高压调节阀、差压调节阀的结构和冷凝压力调节阀在制冷系统中的设置位置。

水冷冷凝器一般通过调节冷却水流量的方法来调节冷凝压力。安装在冷却水管上的水量调节阀，根据冷凝压力变化相应地改变其开度，实现冷凝压力调节。根据控制水量调节阀的参数不同，可以分为压力控制型和温度控制型。

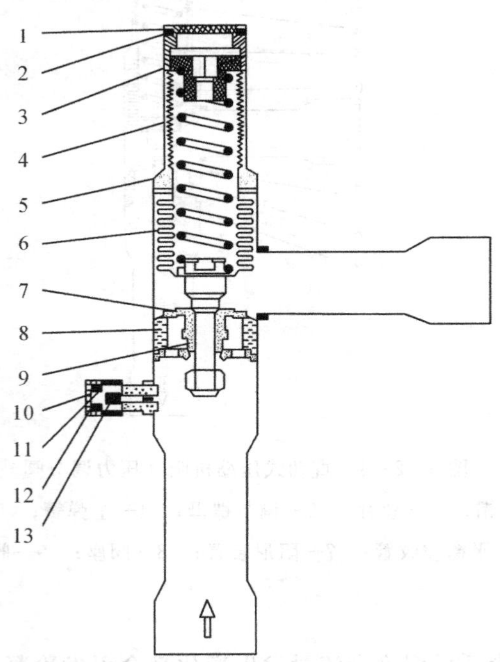

图 5-2-4　高压调节阀结构图

1—密封帽；　2—垫片；　3—调节螺母；　4—主弹簧；　5—阀体；　6—平衡波纹管；
7—阀板；　8—阀座；　9—阻尼装置；　10—压力表接头；　11—自封阀

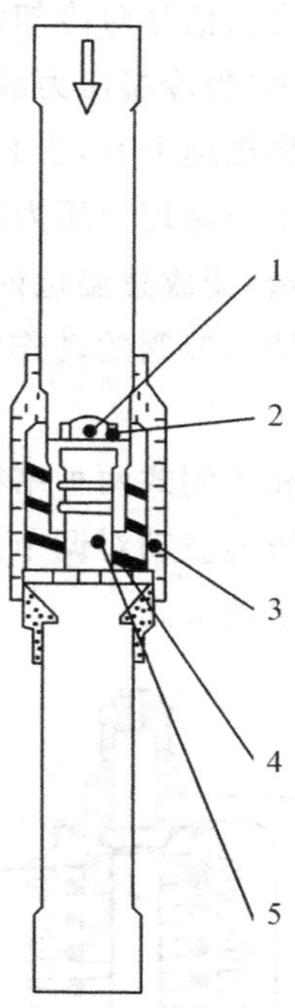

图 5-2-5　差压调节阀结构图

1—活塞；　2—阀片；　3—活塞导向器；　4—阀体；　5—弹簧

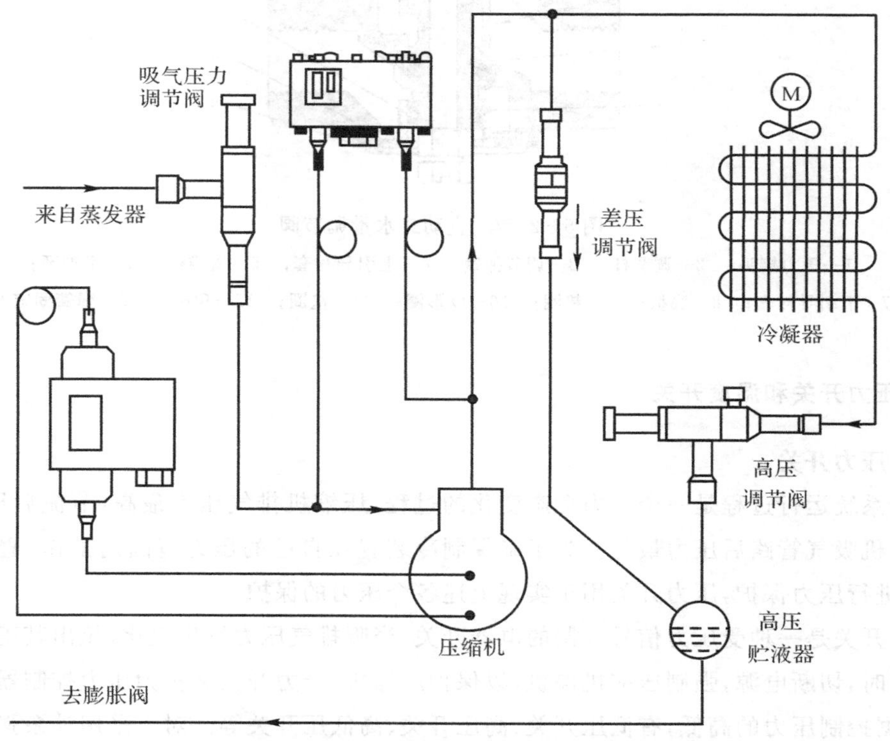

图 5-2-6　采用冷凝压力调节阀的制冷系统(局部)

压力控制型水量调节阀以冷凝压力为信号对冷却水的流量进行比例调节，冷凝压力越高，阀开度越大，冷凝压力越低，阀开度越小，当冷凝压力减小到阀的开启压力以下时，阀门自动关闭，切断冷却水的供应，此后冷凝压力将迅速上升，当其上升至高于阀的开启压力时，阀门又自动打开。温度控制型水流量调节阀的工作原理与压力控制型相同，所不同的是，它以感温包检测冷却水出口的温度变化，将温度信号转变成感温包内的压力信号，调节冷却水的流量。温度控制型水量调节阀不如压力控制型水量调节阀的动作响应快，但工作平稳，传感器安装简单、便捷。

上述两种水量调节阀都有直动式和控制式两种结构，前者一般用于小型系统；对于大型制冷系统，应采用后者，可以减小冷却水压力波动对调节过程的影响。图 5-2-7 和图 5-2-8 分别为直动式和控制式压力控制型水量调节阀。

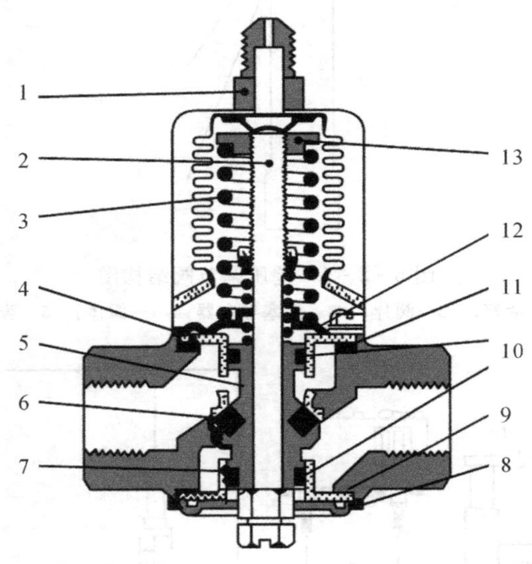

图 5-2-7　直动式水量调节阀

1—压力接头；　2—调节杆；　3—调节弹簧；　4—上引导衬套；　5—阀锥体；　6—T 型环；
7—下引导衬套；　8—底板；　9—垫圈；　10—O 形圈；　11—垫圈；　12—顶板；　13—弹簧固定器

二、压力开关和温度开关

(一)压力开关

制冷系统运行过程是一个压力动态变化的过程，压缩机排气压力最高，节流后压力降低，进入压缩机吸气管路后压力最低。为了确保制冷装置在自己的压力范围内工作，避免发生事故，需要进行压力保护，压力开关用于实现上述各个压力的保护。

压力开关是一种受压力信号控制的电器开关，当吸排气压力发生变化，超出其正常的工作压力范围时，切断电源，强制压缩机停机，以保护压缩机，压力开关又称为压力控制器或压力继电器，根据控制压力的高低，有低压开关、高压开关、高低压开关等。对于采用油泵强制供油的压缩机，还需设置油压差开关。

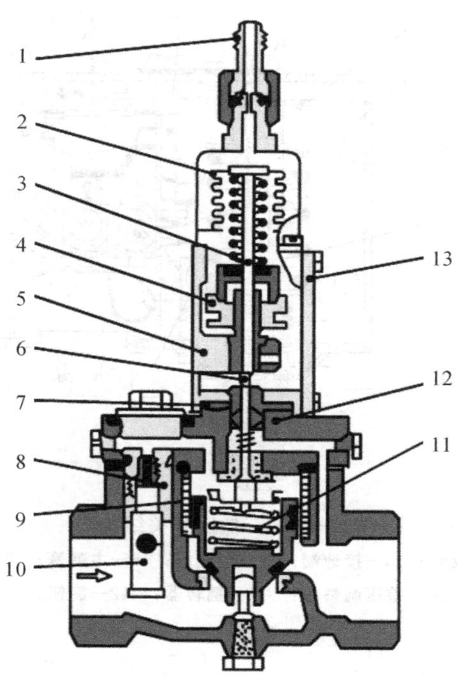

图 5-2-8　控制式水量调节阀

1—压力接头；2—波纹管；3—推杆；4—调节销子；5—弹簧室；6—导阀锥体顶杆；7—绝缘垫片；8—平衡流口；9—伺服活塞；10—滤网组件；11—伺服弹簧；12—阀盖；13—端盖

1.低压开关

如果压缩机的吸气压力过低，不仅会造成压缩机功耗加大，效率降低，而且会导致冷冻冷藏食品的温度无谓地降低，增加食品的干耗，使食品品质下降。如果低压侧负压非常严重时，还会导致空气、水分渗入制冷系统。因此，必须将压缩机的吸气压力控制在安全值以上。

低压开关用于压缩机的吸气压力保护，当压力降到设定值下限时，切断电路，使压缩机停车，并报警；当压力升到设定值上限时，接通电路，系统重新运行。图 5-2-9 所示为低压开关的结构图，其原理图如图 5-2-10 所示。当系统中压力减小至设定值以下时，波纹管克服主弹簧的弹簧力推动主梁，带动微动开关移动，使触点 1、4 分开，而 1、2 闭合，如图 5-2-10(a)中的状态，这时压缩机的电源将被切断，压缩机停止工作。当压力恢复至正常范围时，低压开关处于图 5-2-10(b)中的状态，1、4 触电闭合，接通电源，系统恢复正常运行。

图 5-2-9 所示的压力开关带有手动复位按钮，当压力恢复正常时，为保护系统，触点并不自动跳回，需在排除故障后再手动按一下复位按钮以使触点回到正常位置。也有把压力开关设计成自动复位的，这种情况下不需要人工干预即可自动复位。实际使用时可根据情况自行选择手动复位或自动复位的低压开关。

目前的压力开关都有设定和幅差指示。压力开关的设定值可以通过压力调节杆改变主弹簧的预紧力来实现，根据需求在给定压力范围内进行调节。幅差可以通过差压调整杆改变差压弹簧的预紧力来调节，用于防止当被控压力在设定值附近时压力开关频繁通断。

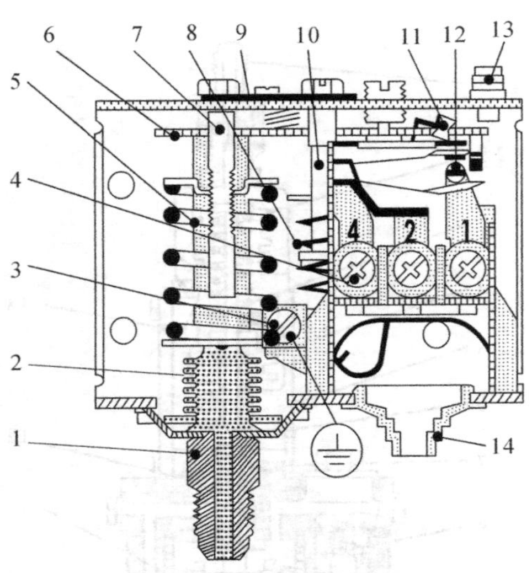

图 5-2-9 低压开关结构图

1—压力连接件； 2—波纹管； 3—接地端； 4—接线端； 5—主弹簧； 6—主梁； 7—压力调整杆；
8—差压弹簧； 9—固定盘； 10—差压调整杆； 11—翻转器； 12—旋钮； 13—复位按钮； 14—电线接口

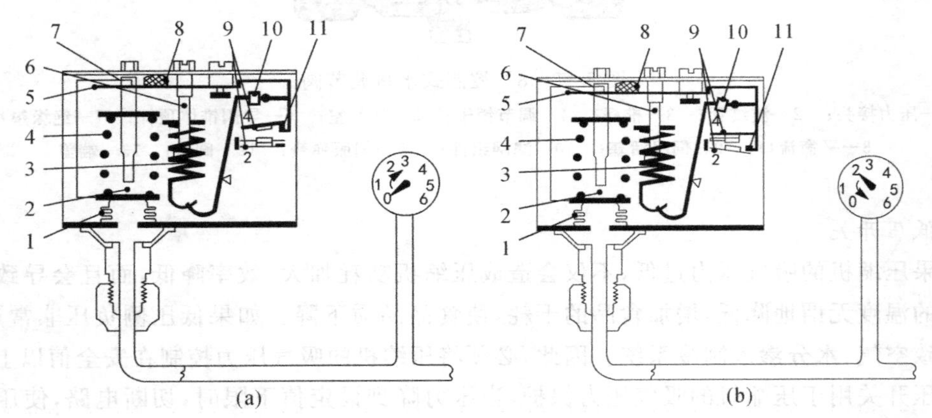

图 5-2-10 压力开关原理示意图

(a)保护状态； (b)正常状态

1—波纹管； 2—顶杆； 3—差压弹簧； 4—主弹簧； 5—主梁； 6—差压调整杆；
7—低压调整杆； 8—杠杆； 9—触点系统； 10—翻转器； 11—支撑架

2.高压开关

当压缩机开机后，排气管阀门未打开、制冷剂充注量过多、冷凝器风扇故障、不凝气体含量增多都会引发系统排气压力过高的故障，而排气压力过高是制冷系统中最危险的故障之一。排气压力过高会导致压缩机排气温度超高，致使润滑油和制冷剂损坏，还有可能烧毁电机绕组和损伤排气阀门。当高压超过设备的承受极限时，还可能发生爆炸，造成安全事故。高压开关用于控制压缩机的排气压力，使其不高于设定的安全值。当压缩机排气压力超过安全值时，高压开关将切断压缩机电源，使其停止工作，并报警。

高压开关与低压开关的结构和原理相同，只是波纹管和弹簧的规格略有不同，此处不再赘述。值得注意的是，高压开关跳开后，即使压力恢复到正常范围内，也不能自动接通压缩机电源，必须人为排除故障后，进行手动复位。

3.高低压开关

高低压开关也称为双压开关，是高压开关和低压开关的组合体，如图 5-2-11 所示。它由低压部分、高压部分和接线部分组成，用于同时控制制冷系统中压缩机的吸气压力和排气压力。高、低压接头分别与压缩机的排气管和吸气管相连接，压力连接件接受压力信号后产生位移，通过顶杆直接和弹簧力作用，推动微动开关，控制电路的接通与断开。部分高低压开关的主要技术指标见表 5-2-1。

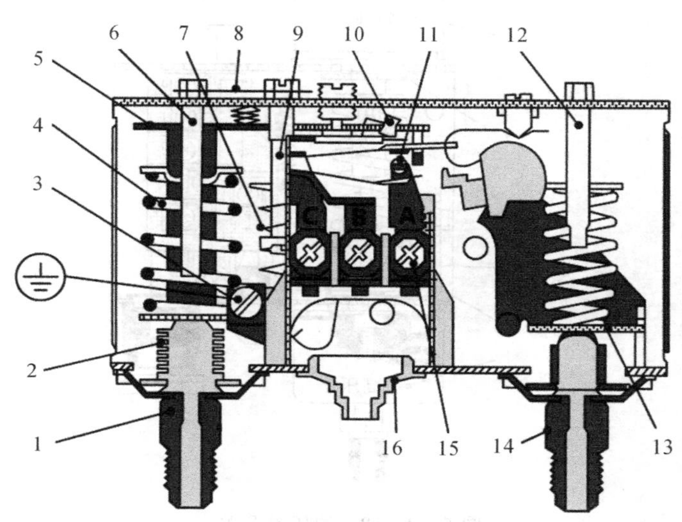

图 5-2-11　高低压开关结构图

1—低压连接件；2—波纹管；3—接地端；4—主弹簧；5—主梁；
6—低压调整杆；7—差压弹簧；8—固定盘；9—差压调整杆；10—翻转器；
11—旋钮；12—高压调整杆；13—支撑架；14—高压连接件；15—接线端子；16—电线接口

表 5-2-1　几种高低压开关的技术指标

型　号	高压/MPa		低压/MPa		开关触点容量	适用工质
	压力范围	幅差	压力范围	幅差		
KD155-S	0.6～1.5	0.3±0.1	0.07～0.35	0.05±0.1	AC220/380,300VA	R12
KD255-S	0.7～2.0			0.15±0.1	DC115/230V.5OW	R22,R717
YK-306	0.6～3.0	0.2～0.5	0.07～0,6	0.06～0.2	DC115/230V,5OW	R12
YWK-11	0.6～2,0	0～0.4	0.08～0.4	0.025～0.1		
KP-I5	0.6～3.2	0.4	0.07～0.75	0.07～0.4		R12,R22,R500

4.油压差开关

采用油泵强制供油的压缩机，如果油压不足，就不能保证油路正常循环，严重时会烧毁压缩机，因此在该系统设置油压差开关进行保护。油压差开关如图 5-2-12 所示。在系统发生故障，油泵无法正常供油，不能建立油压差，或者油压差不足时，油压保护开关切断压缩机电源并报警。考虑到油压差总是在压缩机开机后逐渐建立起来的，所以因欠压令压缩机停机的动作必须延时执行，这样，压缩机开机前未建立起油压差也不会影响压缩机的启动，这是油压差开关和一般压力开关的不同之处。

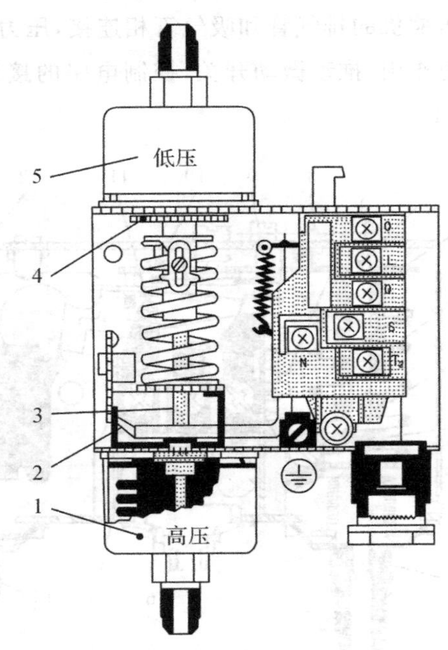

图 5-2-12　油压差开关

1—高压波纹管；2—杠杆；3—顶杆；4—主弹簧；5—压差设置机构

(二)温度开关

温度开关又称为温度继电器或温度控制器，是一种受温度信号控制的电器开关，可以用于控制和调节冷库、冰箱等设备的冷藏温度，以及采用空调器房间的室内温度，也可以用于制冷系统的温度保护和温度检测，如压缩机的排气温度、油温等。根据感温原理的不同，制冷空调中常见的温度开关可以分为压力式、双金属式、电阻式和电子式。

1. 压力式温度开关

压力式温度开关主要由感温包、毛细管、波纹管、主弹簧、幅差弹簧、触点等部件组成。感温包、毛细管与波纹管组成一个密封容器，其内部充注着低沸点的液体。感温包感受被测介质温度后，利用其中充注的挥发性液体将温度信号转变成压力信号，经由毛细管作用在波纹管上，与由弹簧预紧力对应的设定压力进行比较，在幅差范围内给出电气通断信号，通过拨臂控制开关，实现温度控制的目的。

图 5-2-13 所示为一典型的压力式温度开关，与压力开关不同的是：压力开关是直接将被控压力信号引到波纹管上，而压力式温度开关则是通过感温包感知被控温度并将温度信号转化为压力信号，再送至波纹管上。

在选用压力式温度开关时，需要注意它是否符合控制对象的特点和需求。要考虑控制温度范围、幅差、温包形状，还要考虑电气性能方面的容量、接点方式等；安装时，感温包必须始终放置在温度比控制器壳体的毛细管低的地方，保证温度开关的调节不受环境温度的影响，还要根据充注方式考虑感温包和波纹管所处环境温度之间的相互关系。另外，也可以将两个控制不同温度的温度开关组合在一起，称为双温开关，用于防止压缩机的排气温度过高和控制压缩机中的油温。

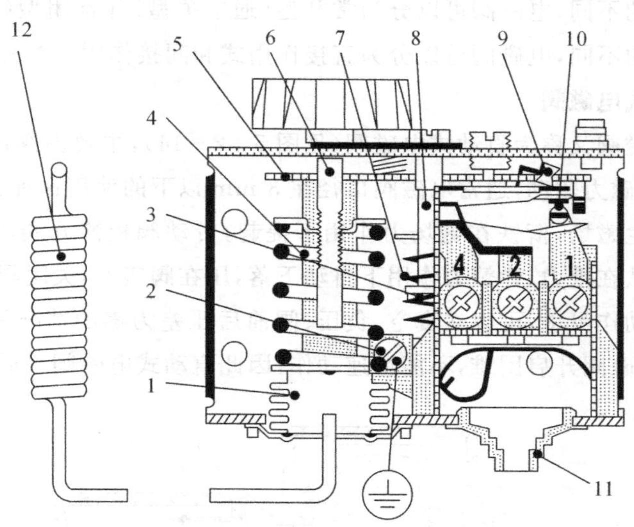

图 5-2-13　压力式温度开关结构图

1—波纹管；　2—接地端子；　3—端子；　4—主弹簧；　5—主梁；　6—温度调节杆；
7—差值弹簧；　8—温差调节杆；　9—翻转器；　10—触电；　11—电缆入口；　12—感温探头

2. 双金属式温度开关

金属都有热胀冷缩的特性，不同的金属随温度变化具有不同的膨胀系数。双金属式温度开关就是将两种膨胀系数不同的金属焊接成双层金属片(通常选用黄铜与钢的组合)，受热时，因膨胀量不同而产生弯曲，使电气开关动作，实现温控。为了使开关动作迅速，双金属片的片长应该足够大，较长时可以绕成盘簧形或螺旋形以实现结构紧凑。

3. 电阻式和电子式温度开关

电阻式温度开关是根据温度变化会引起金属电阻值变化的原理，将其作为温度传感器，接在惠斯顿电桥的一个桥臂上，将温度信号转变成传感电路的电压变化，经过电子线路放大后，给出电气开关的动作指令，可以实现双位控制和三位控制。

电子式温度开关采用热敏电阻或者热电偶作为感温元件。热敏电阻由 Mn、Ni、Co 等烧结而成，阻值随温度的升高而降低或升高，反应灵敏；热电偶是利用泽贝克效应将温度转变为电势差，测量精度较高。

电阻式和电子式温度开关体积小，性能稳定，反应灵敏，与双金属式温度开关和压力式温度开关相比具有很大的优势，目前广泛应用在房间温度控制、压缩机启停控制、风机启停控制、除霜控制等过程中。

三、电磁阀

电磁阀是制冷系统中常见的开关式自动控制元件，它是受电气信号控制而进行开关动作的自控阀门，用于自动接通和切断制冷管路，广泛应用于氟利昂制冷机系统中，属于流量控制元件的一种。它能适应各种介质，包括制冷剂气体、制冷剂液体、空气、水、润滑油等。

按照工作状态的不同，电磁阀可以分为常开型（通电关型）和常闭型（通电开型）两类。按照结构与工作原理的不同，电磁阀可以分为直接作用式和间接作用式两种。

（一）直接作用式电磁阀

直接作用式电磁阀又称为直动式电磁阀（见图 5-2-14），主要由阀体、电磁线圈、衔铁和阀板组成，直接由电磁力驱动，通常电磁阀口径在 3 mm 以下的使用这种类型。

线圈通电后产生磁场，衔铁在磁场力作用下提起，带动阀板离开阀座，开启阀门；切断电流，电磁力消失，衔铁在重力、弹簧力作用下自动下落，压在阀座上，关闭阀门，切断供液通道。

直动式电磁阀动作灵敏，可以在真空、负压、阀前后压差为零的情况下工作；当进、出口压差较大时，会使得电磁阀开启困难，不能快速动作，因此直动式电磁阀仅适用于小型制冷系统。

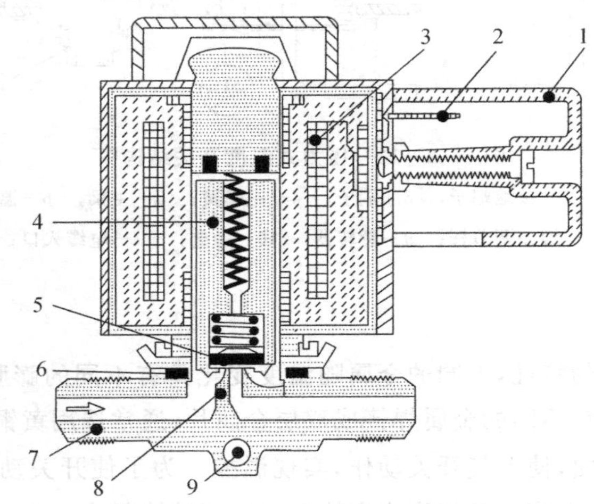

图 5-2-14　直接作用式电磁阀

1—接线盒；2—DIN 插头；3—线圈；4—衔铁；5—阀板；
6—垫片；7—阀体；8—阀座；9—安装孔

（二）间接作用式电磁阀

间接作用式电磁阀又称为继动式电磁阀，有膜片式和活塞式两种，基本原理相同，属于双级开阀式，主要由阀体、导阀、线圈、衔铁、阀板等组成。

图 5-2-15 所示为膜片式间接作用电磁阀，其结构可分为两部分：上半部分是一个小口径的直动式电磁阀，起导阀作用；下半部分是阀体，其中装有膜片组件。导阀阀芯在膜片的中间，直接安装在衔铁上。膜片上有一个平衡孔，未通电时膜片上方与阀进口通过平衡孔达到平衡。

线圈通电后，电磁力将衔铁抬起，导阀阀芯打开，上方的小孔与阀出口连通，导阀上部的压力减小，这样在导阀上下形成压差，在压差的作用下膜片远离主阀芯，主阀被打开，电磁阀开启。切断电源后，衔铁在重力和弹簧力的作用下下落，导阀被关闭，阀前介质通过膜片上的平衡孔进入膜片上方空间，形成下低上高的压差，从而使膜片落下，把主阀关闭。

这种电磁阀虽然结构较为复杂，但电磁阀圈只控制导阀阀芯的起落，可以大大减小线圈功率，缩小电磁阀体积，多用于中型氟利昂制冷系统。值得注意的是，由于膜片的开启和维持要靠阀前后的压力差，因此对于间接作用式电磁阀有一个最小开阀压力，只有在阀前后压差大于这个最小开阀压力的情况下，阀才能被打开；同时电磁阀必须垂直地安装在水平管路上。

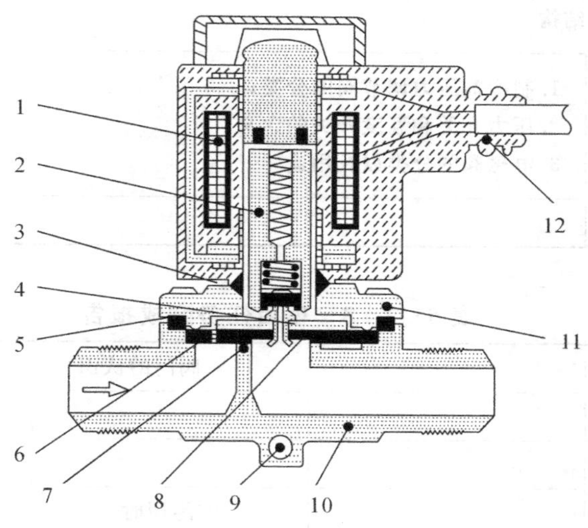

图 5-2-15　间接作用式电磁阀（膜片式）

1—线圈；　2—衔铁；　3—主阀芯；　4—导阀阀芯；　5—垫片；　6—平衡孔；
7—阀座；　8—膜片；　9—安装孔；　10—阀体；　11—阀盖；　12—接头

(三)四通阀

四通阀也称为四通换向阀，主要用于热泵型空调机组或者逆循环热气除霜系统中。四通阀是由一个电磁换向阀（导阀）和一个四通滑阀（主阀）构成的组合阀，通过导阀线圈上的通、断电控制，使电磁换向阀的阀芯左移或者右移，形成压力信号管路连通方向的改变，并推动四通滑阀的移动，使制冷剂流向发生改变，这样系统就可以在制冷和制热两种模式间进行转换。由于四通滑阀的移动是以压缩机吸排气压力差作为动力的，故当制冷系统切换为制热模式时，虽电磁换向阀已上电，但如果压缩机还没有启动，此时四通阀并没有实现真正的换向，只是为四通阀的换向创造了基本条件，只有当吸排气压差达到一定值后四通阀才能换向。

四通阀要求制造精度高，动作灵敏，阀体不能有泄漏现象，否则将会使得动作失灵，无法工作。

任务实施

根据项目任务书和项目任务完成报告进行任务实施，见表 5-2-2 和表 5-2-3。

表 5-2-2 项目任务书

任务名称	阀门的认识		
小组成员			
指导教师		计划用时	
实施时间		实施地点	
任务内容与目标			
1. 掌握制冷剂压力调节阀的分类、结构和工作原理； 2. 掌握压力开关和温度开关的分类和结构； 3. 掌握电磁阀的分类和结构			
考核项目	1. 制冷剂压力调节阀的分类； 2. 压力开关和温度开关的含义； 3. 电磁阀的分类以及用途		
备注			

表 5-2-3 项目任务完成报告

任务名称	阀门的认识		
小组成员			
具体分工			
计划用时		实际用时	
备注			
1. 制冷剂压力调节阀包含哪些？详细说明其影响及作用。 2. 简述压力开关和温度开关的含义以及分类。 3. 简述电磁阀的分类及其用途。			

任务评价

根据项目任务综合评价表进行任务评价，见表 5-2-4。

表 5-2-4　项目任务综合评价表

任务名称：　　　　　　　　　　　　　　　　　　　　　　测评时间：　年　　月　　日

考核明细		标准分	实训得分								
			小组成员								
			小组自评	小组互评	教师评价	小组自评	小组互评	教师评价	小组自评	小组互评	教师评价
团队60分	小组是否能在总体上把握学习目标与进度	10									
	小组成员是否分工明确	10									
	小组是否有合作意识	10									
	小组是否有创新想（做）法	10									
	小组是否如实填写任务完成报告	10									
	小组是否存在问题和具有解决问题的方案	10									
个人40分	个人是否服从团队安排	10									
	个人是否完成团队分配任务	10									
	个人是否能与团队成员及时沟通和交流	10									
	个人是否能够认真描述困难、错误和修改的地方	10									
合计		100									

思考练习

1. 常用制冷系统控制阀门主要包括__________、__________、__________和__________。
2. 制冷剂调节阀主要包括__________、__________和__________。
3. 蒸发压力调节阀根据容量大小分为__________和__________。
4. 水冷冷凝器一般通过调节冷却水流量的方法__________。
5. 高低压开关又称为__________，是__________和__________的组合体。
6. 制冷空调中常见的温度开关可分为__________、__________、__________和__________、__________。

任务三　辅助设备的了解

任务描述

PPT
辅助设备的了解

在蒸气压缩式制冷系统中，除必要的四大部件和再冷却器、回热器、中间冷却器和冷凝-蒸发器等换热设备外，还要有一些辅助设备，以实现制冷剂的储存、分离与净化，润滑油的分离与收集，安全保护等，以改善制冷系统的工作条件，保证制冷系统的正常运转，提高制冷系统运行的经济性和可靠性。当然，为了简化系统，一些部件可以省略。本节主要学习制冷系统的辅助设备。

任务资讯

一、贮液器

贮液器在制冷系统中起稳定制冷剂流量的作用，并可用来存贮液态制冷剂。贮液器有卧式和立式两种，图 5-3-1 所示为氨用卧式贮液器示意图。筒体由钢板卷制焊成，贮液器上设有进液管、出液管(插至筒体中线以下)、安全阀、液位指示器等。

如图 5-3-2 所示，贮液器安装在冷凝器下面，储存高压液态制冷剂，故又称高压贮液器。对于小型制冷装置和采用干式蒸发器的氟利昂制冷系统，由于系统中充注的制冷剂很少，系统气密性较好，可以采用容积较小的贮液器，或者在采用卧式壳管冷凝器时利用冷凝器壳体下部的空间存储一定的制冷剂，不需单独设置贮液器。

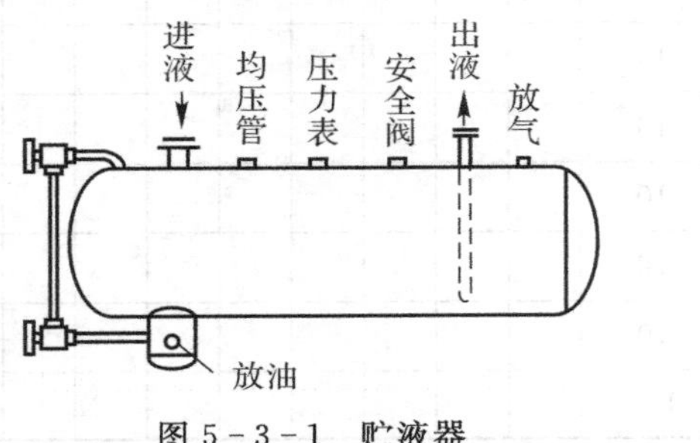

图 5-3-1　贮液器

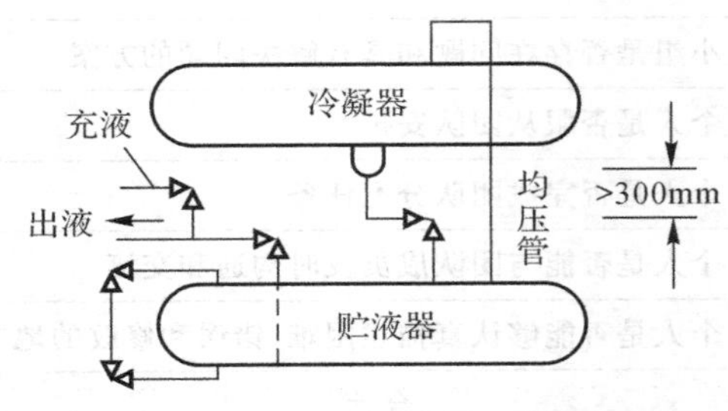

图 5-3-2　贮液器与冷凝器的连接

高压贮液器的容量一般应能容纳系统中的全部充液量，为了防止温度变化时因热膨胀造成危险，贮液器的储存量不应超过本身容积的 80%。

采用泵循环式蒸发器的制冷系统，设有低压贮液器，除了起气液分离作用以外，还可防止液泵的气蚀。低压贮液器的存液量应不少于液泵每小时循环量的 30%，其最大允许储存量为筒体容积的 70%。

二、气液分离器

气液分离器是分离来自蒸发器出口的低压蒸气中的液滴，防止制冷压缩机发生湿压缩甚至液击现象。而氨用气液分离器除有上述作用外，还可使经节流装置供给的气液混合物分离，只让液氨进入蒸发器中，提高蒸发器的传热效果。

空气调节用小型氟利昂制冷系统所采用的气液分离器有管道形和筒体形两种，筒体型气液分离器如图 5-3-3 所示。来自蒸发器的含液气态制冷剂，从上部进入，依靠气流速度的降低和方向的改变，将低压气态制冷剂携带的液或油滴分离；然后通过弯管底部具有油孔的吸气管，将稍具过热度的低压气态制冷剂及润滑油吸入压缩机；吸气管上部的小孔为平衡孔，防止在压缩机停机时分离器内的液态制冷剂和润滑油从油孔被压回压缩机。对于热泵式空调机，为了保证在融霜过程中压缩机的可靠运行，气液分离器是不可或缺的部件。

用于大中型氨制冷系统中的气液分离器有立式和卧式两种，图 5-3-4 所示为一种立式气液分离器，是具有多个管接头的钢制筒体。来自蒸发器的氨气从筒体中部的进气管进入分离器，由于流体通道截面积突然扩大和流向改变，蒸气中夹带的液滴被分离出来，落入下部的氨液中；节流后的湿蒸气从筒体侧面下部进入分离器，液体落入下部，经底部出液管靠自身重力返回蒸发器或进入低压贮液器，而湿蒸气中的氨气则与来自蒸发器的蒸气一起被压缩机吸走。气液分离时氨气流动方向和氨液沉降方向相反，保证了分离效果。

选择气液分离器时，应保证筒体横截面的气流速度不超过 0.5 m/s。

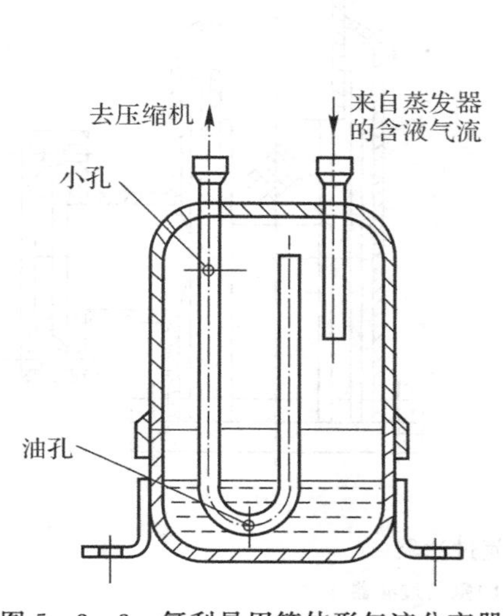

图 5－3－3　氟利昂用筒体形气液分离器

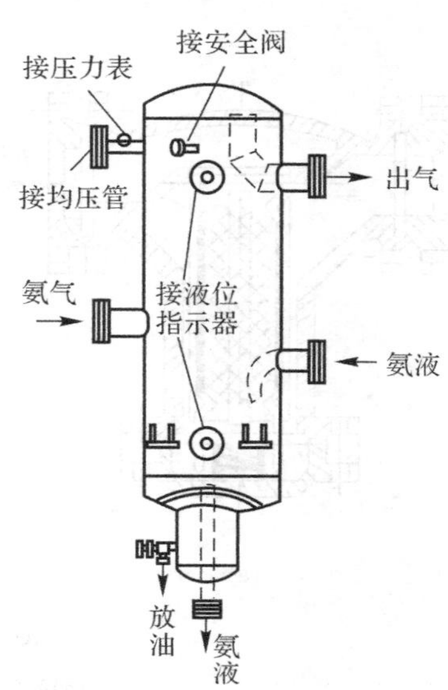

图 5－3－4　氨用立式气液分离器

三、过滤器和干燥器

(一)过滤器

过滤器用来清除制冷剂蒸气和液体中的铁屑、铁锈等杂质。氨制冷系统中有氨液过滤器和氨气过滤器，它们的结构如图 5－3－5 所示。氨过滤器一般由 2～3 层 0.4 mm 网孔的钢丝网制成。氨液过滤器一般设置在节流装置前的液氨管道上，氨液通过滤网的流速应小于 0.1 m/s；氨气过滤器一般安装在压缩机吸气管道上，氨气通过滤网的流速为 1～1.5 m/s。

图 5－3－6 所示为氟利昂液体过滤器。它是用一段无缝钢管作为壳体，壳体内装有 0.1～0.2 mm 网孔的铜丝网，两端盖用螺纹与筒体连接，并用锡焊焊牢。

(二)干燥器

如果制冷系统干燥不充分或充注的制冷剂含有水分，系统中就会存在水分。水在氟利昂中的溶解度与温度有关，温度下降，水的溶解度减少，当含有水分的氟利昂通过节流装置膨胀节流时，温度急剧下降，其溶解度相对降低，于是一部分水分被分离出来停留在节流孔周围，若节流后温度低于冰点，则会结冰而出现“冰堵”现象。同时，水长期溶解于氟利昂中会因分解而腐蚀金属，还会使润滑油乳化，因此需利用干燥器吸附氟利昂中的水分。

在实际的氟利昂系统中常常将过滤和干燥功能合二为一，叫作干燥过滤器。图 5－3－7 给出一种干燥过滤器结构，过滤芯设置在筒体内部，由弹性膜片、聚酯垫和波形多孔板挤压固定，过滤芯由活性氧化铝和分子筛烧结而成，可以有效地除去水分、有害酸和杂质。干燥过滤器应装在氟利昂制冷系统节流装置前的液管上，或装在充注液态制冷剂的管道上。氟利昂通过干燥层的流速应小于 0.03 m/s。

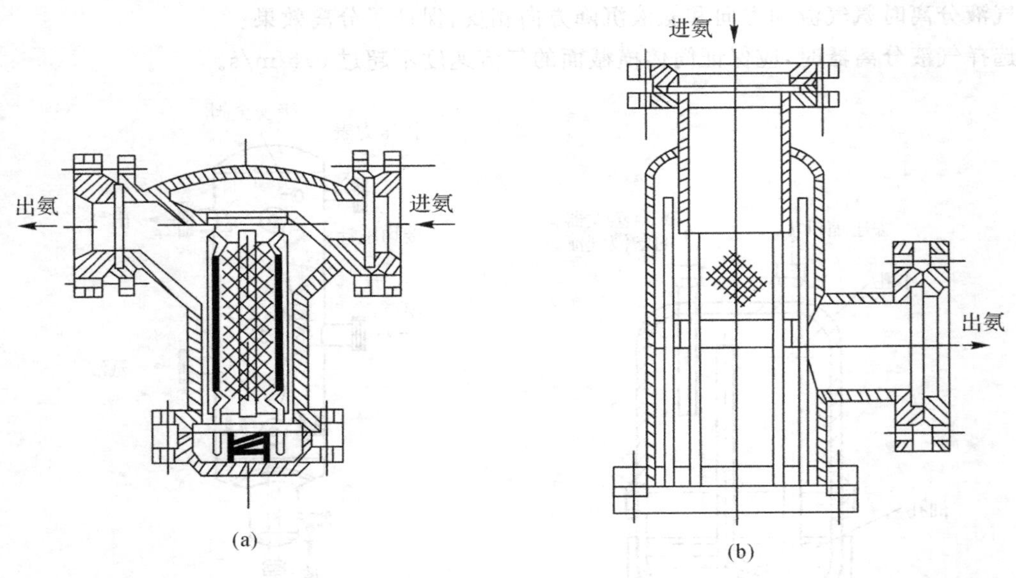

图 5-3-5 氨过滤器

(a)氨液过滤器；(b)氨气过滤器

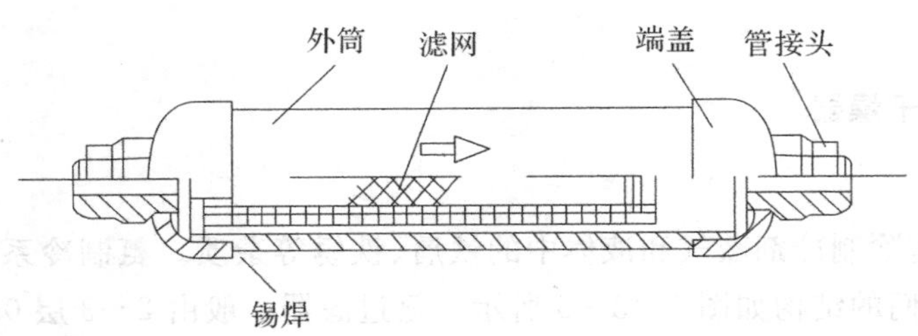

图 5-3-6 氟利昂液体过滤器

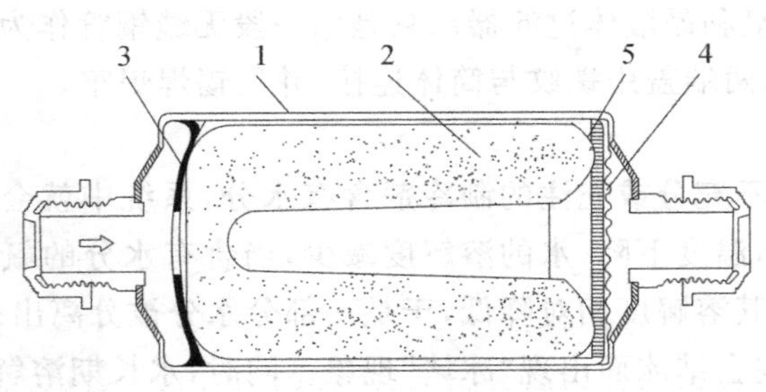

图 5-3-7 干燥过滤器

1—筒体；2—过滤芯；3—弹性膜片；4—波形多孔板；5—聚酯垫

四、油分离器

制冷压缩机工作时，总有少量滴状润滑油被高压气态制冷剂携带进入排气管，并可能进入冷凝器和蒸发器。如果在排气管上不装设油分离器，对于氨制冷装置来说，润滑油进入冷凝器，特别是进入蒸发器以后，会在制冷剂侧的传热面上形成严重的油污，降低冷凝器和蒸发器的传热系数。对于氟利昂制冷装置来说，如果回油不良或管路过长，蒸发器内可能积存较多的润滑油，致使系统的制冷能力大为降低，蒸发温度越低，其影响越大，严重时还会导致压缩机缺油损毁。

油分离器有惯性式、洗涤式、离心式和过滤式四种形式。惯性式油分离器依靠流速突然降低并改变气流运动方向将高压气态制冷剂携带的润滑油分离，并聚积在油分离器的底部，通过浮球阀或手动阀排回制冷压缩机(见图 5－3－8)；洗涤式油分离器将高压过热氨气通入氨液中洗涤冷却，使氨气中的雾状润滑油凝聚分离(见图 5－3－9)；离心式油分离器借助离心力将滴状润滑油甩到壳体壁面聚积下沉分离(见图 5－3－10)；过滤式油分离器靠过滤网处流向改变、降速和过滤网的过滤作用将油滴分离出来(见图 5－3－11)。

过滤式油分离器气流通过滤层的速度为 0.4～0.5 m/s，其他形式的油分离器气流通过筒体的速度应不超过 0.8 m/s。

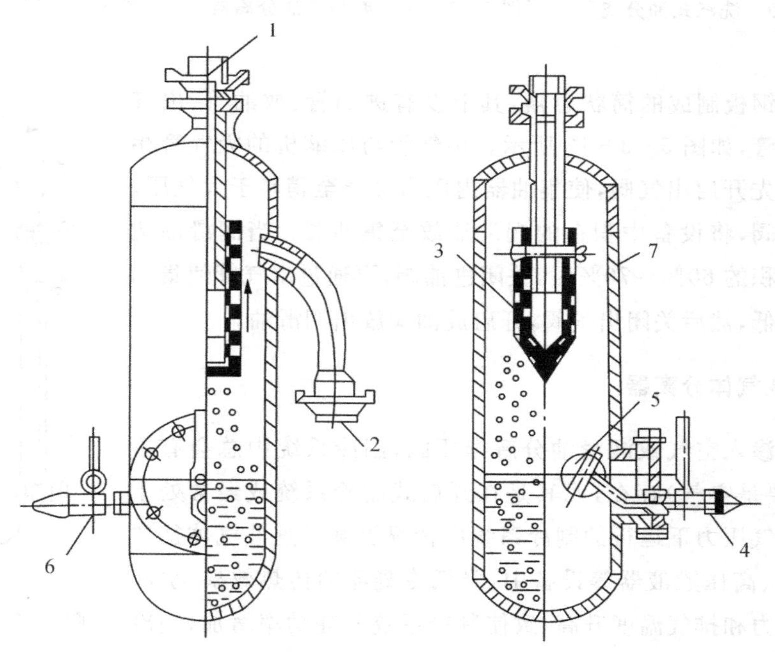

图 5－3－8　惯性式油分离器

1—进口；　2—出口；　3—滤网；　4—手动阀；　5—浮球阀；　6—回油阀；　7—壳体

五、集油器

由于氨制冷剂与润滑油不相溶，因此，在冷凝器、蒸发器和贮液器等设备的底部积存有润滑油，为了收集和放出积存的润滑油，应设置集油器。

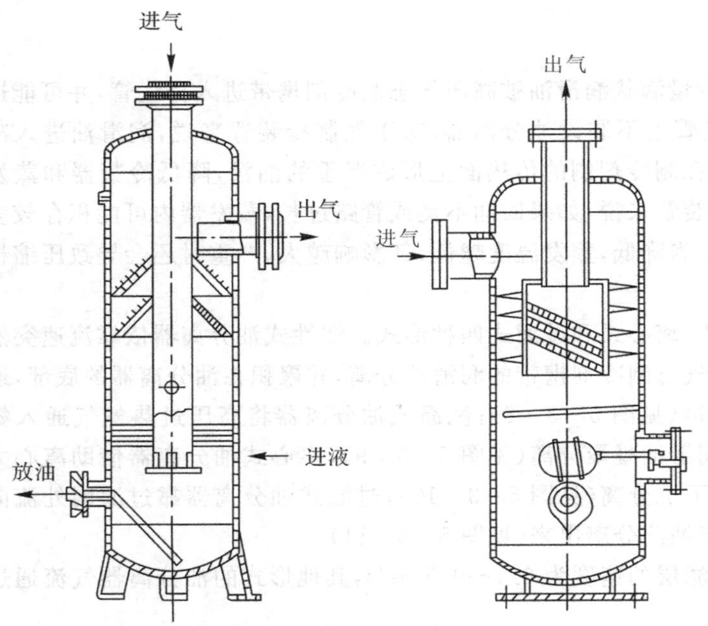

图 5-3-9　洗涤式油分离器　　图 5-3-10　离心式油分离器

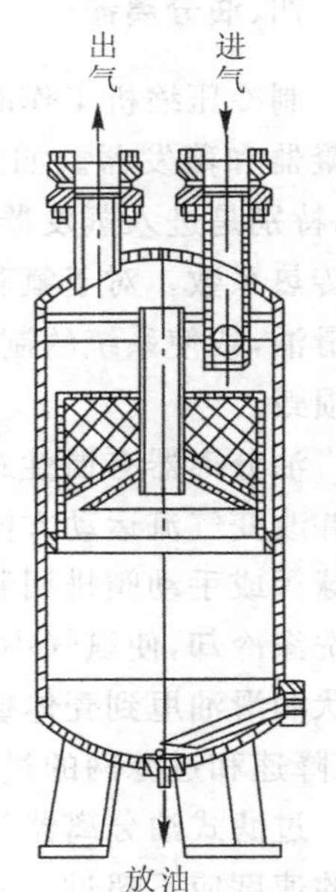

图 5-3-11　过滤式油分离器

集油器为钢板制成的筒状容器，其上设有进油管、放油管、出气管和压力表接管，如图 5-3-12 所示。出气管与压缩机的吸气管相连，放油时，首先开启出气阀，使集油器内压力降低至稍高于大气压；然后开启进油阀，将设备中积存的润滑油放至集油器。当润滑油达到集油器内容积的 60%～70%时，关闭进油阀，再通过出气管使集油器内的压力降低，然后关闭出气阀，开启放油阀放出润滑油。

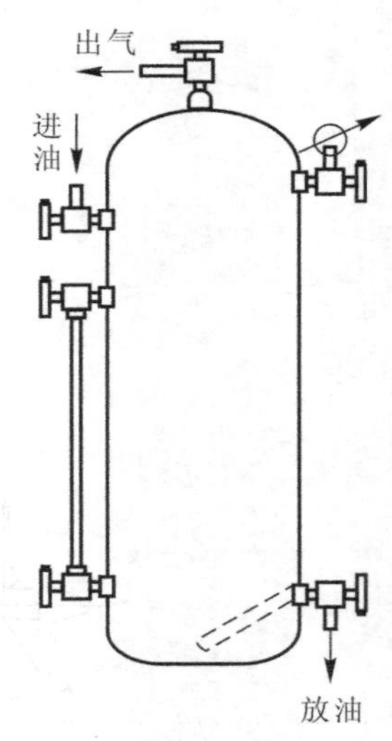

图 5-3-12　集油器

六、不凝性气体分离器

由于系统渗入空气或润滑油分解等原因，制冷系统中总会有不凝性气体（主要是空气）存在，尤其是在开启式制冷系统或经常处于低温和低于大气压力下运行的制冷系统中情况更甚。这些气体往往聚集在冷凝器、高压贮液器等设备中，降低冷凝器的传热效果，引起压缩机排气压力和排气温度升高，致使制冷系统的耗功率增加，制冷量减少。尤其是氨制冷系统，氨和空气混合后，高温下有爆炸的危险。因此必须经常排除制冷系统中的不凝性气体。

R22、氨蒸气和空气混合物中空气饱和含量与压力、温度的关系见表 5-3-1。由表中可以看出，在气态制冷剂与空气的混合物中，压力越高，温度越低，空气的质量百分比越大。所以不凝性气体分离器采用在高压和低温条件下排放空气，可以既放出不凝性气体又能减少制冷剂的损失。

表 5-3-1　R22、氨蒸气和空气混合物中空气饱和含量与压力、温度的关系

压力/bar	温度/℃	空气饱和含量/(%)		压力/bar	温度/℃	空气饱和含量/(%)	
		R717	R22			R717	R22
12	20	41	10	8	20	8	0
	-20	90	55		-20	82	40
10	20	20	3	6	20	0	0
	-20	87	50		-20	76	30

在氨制冷系统中，常用的不凝性气体分离器有四层套管式和盘管式两种。图 5-3-13 所示为盘管式不凝性气体分离器，它实际上是个冷却设备，分离器的圆形筒体由钢板卷焊制成，内装有冷却盘管。不凝性气体分离器原理如图 5-3-14 所示。放空气时，首先打开阀门 9、10、13，使冷凝器或贮液器上部积存的混合气体进入分离器的筒体中，再开启与压缩机吸气管道相连的出气阀 8，并稍微开启膨胀阀 12，使低压液体制冷剂进入蒸发盘管 6，以冷却管外的混合气体，使其温度降低、制冷剂冷凝析出，从而提高混合气体中空气的含量。被冷凝出来的制冷剂沉于分离器的底部，打开阀门 11、14，通过回液管流入贮液器，而不凝性气体则集聚在分离器的上部，通过排放空气阀 5 放出。由于制冷剂在分离器的冷凝过程中为潜热交换，故温度不会显著变化；随着不凝性气体含量增多，分离器内的温度将显著降低，所以在分离器的顶部装有温度计 7，当温度明显低于冷凝压力下的制冷剂饱和温度时，说明其中存在较多的不凝性气体，应该放气。

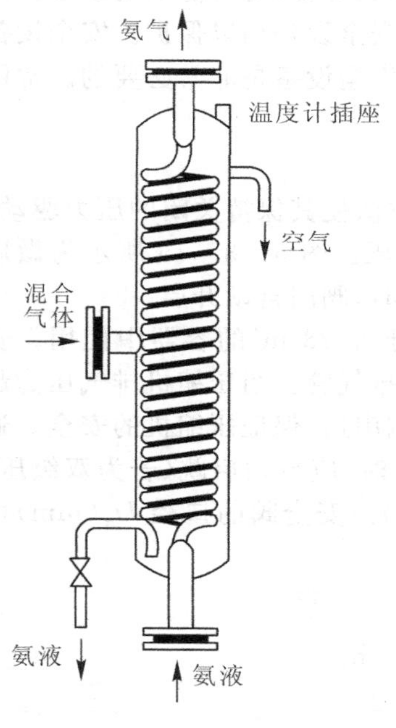

图 5-3-13　盘管式不凝性气体分离器

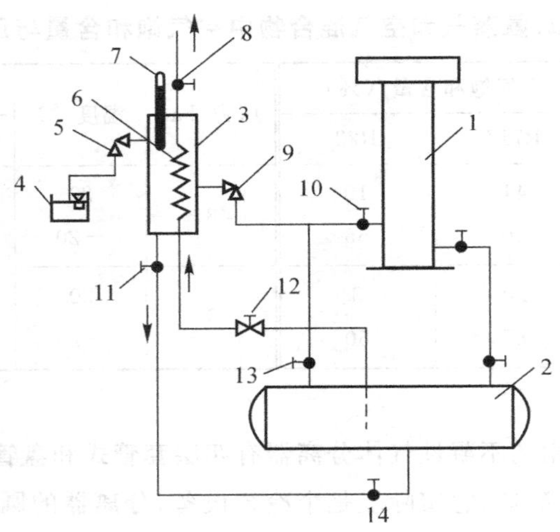

图 5-3-14　不凝性气体分离器工作原理

1—冷凝器； 2—储液器； 3—不凝性气体分离器； 4—玻璃容器； 5—排放空气阀； 6—蒸发盘管；
7—温度计； 8—制冷剂蒸气排出阀； 9,10,11,13,14—阀门； 12—膨胀阀

对于空气调节用制冷系统，除了离心式制冷系统(使用 R11 或 R123)外，系统工作压力高于大气压力，特别是采用氟利昂作为制冷剂时，不凝性气体难于分离(见表 5-3-1)，再则经常使用全封闭或半封闭制冷压缩机，一般可不装设不凝性气体分离器。

七、安全装置

制冷系统中的压缩机、换热设备、管道、阀门等部件在不同压力下工作。由于操作不当或机器故障都有可能导致系统内压力异常，有可能引发事故。因此在制冷系统运转中，除了严格遵守操作规程，还必须有完善的安全设备加以保护。安全设备的自动预防故障能力越强，发生事故的可能性越小，所以完善的安全设备是非常必要的。常用的安全设备有安全阀、熔塞和紧急泄氨器等。

(一)安全阀

安全阀是指用弹簧或其他方法使其保持关闭的压力驱动阀，当压力超过设定值时，就会自动泄压。图 5-3-15 所示为微启式弹簧安全阀，当压力超过规定数值时，阀门自动开启。

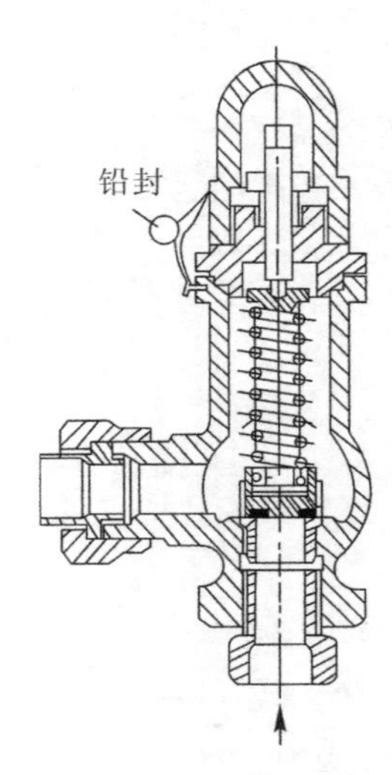

图 5-3-15　安全阀

安全阀通常在内部容积大于 0.28 m^3 的容器中使用。安全阀可装在压缩机上，连通吸气管和排气管。当压缩机排气压力超过允许值时，阀门开启，使高低压两侧串通，保证压缩机的安全。通常规定吸、排气压力差超过 1.6 MPa 时，应自动启跳(若为双级压缩机，吸、排气压力差不超过 0.6 MPa)。安全阀的口径 D_g(mm)可按下式计算，有

$$D_g = C_1\sqrt{V} \qquad (5-5)$$

式中　V—— 压缩机排气量，m^3/h；

C_1—— 系数，见表 5-3-2。

安全阀也常安装在冷凝器、贮液器和蒸发器等容器上，其目的是防止环境温度过高(如火灾)时，容器内的压力超过允许值而发

生爆炸。此时，安全阀的口径 D_g(mm) 按下式计算，有

$$D_g = C_2\sqrt{DL} \tag{5-6}$$

式中　D—— 容器的直径，m；

L—— 容器的长度，m；

C_2—— 系数，见表 5-3-2。

表 5-3-2　安全阀的计算系数

制冷剂	C_1	C_2		制冷剂	C_1	C_2	
		高压侧	低压侧			高压侧	低压侧
R22	1.6	8	11	R717	0.9	8	11

(二)熔塞

熔塞是采用在预定温度下会熔化的构件来释放压力的一种安全装置，通常用于直径小于 152 mm、内部净容积小于 0.085 m^3 的容器中。采用不可燃制冷剂(如氟利昂)时，对于小容量的制冷系统或不满 1 m^3的压力容器，可采用熔塞代替安全阀。图 5-3-16 所示为熔塞的构造，其中低熔点合金的熔化温度一般在 75 ℃以下，合金成分不同，熔化温度也不相同，可以根据所要控制的应力选用不同成分的低熔点合金。一旦压力容器发生意外事故时，容器内压力骤然升高，温度也随之升高；而当温度升高到一定值时，熔塞中的低熔点合金即熔化，容器中的制冷剂排入大气中，从而达到保护设备及人身安全的目的。需要强调的是，熔塞禁止用于可燃、易爆或有毒的制冷剂系统。

(三)紧急泄氨器

紧急泄氨器是指在发生意外事故时，将整个系统中的氨液溶于水中泄出，防止制冷设备爆炸及氨液外逸的设备。制冷系统充注的氨较多时，一般需设置紧急泄氨器，它通过管路与制冷系统中存有大量氨液的容器(如贮液器、蒸发器)相连。紧急泄氨器的结构如图 5-3-17 所示，氨液从正顶部进入，给水从壳体上部侧面进入，其下部为泄水口。当出现意外紧急情况时，将给水管的进水阀与氨液泄出阀开启，使大量水与氨液混合，形成稀氨水，排入下水道，以防引起严重事故。应该注意的是，在非紧急情况下，严禁使用此设备，以避免造成氨的损失。

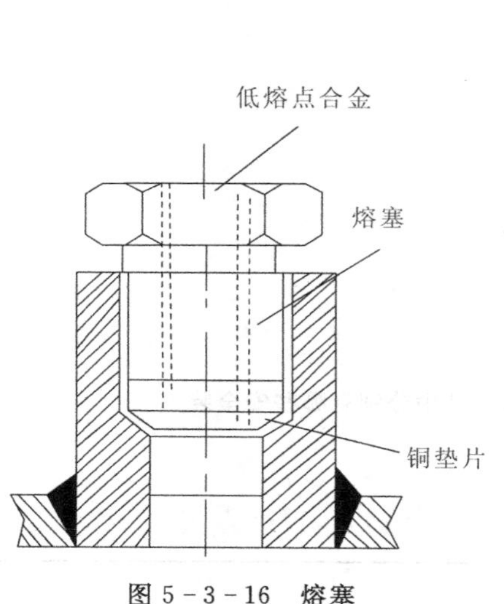

图 5-3-16　**熔塞**

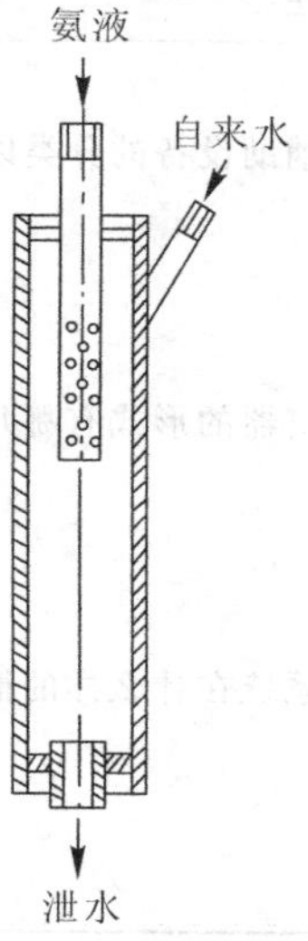

氨液
自来水
泄水

图 5-3-17　**紧急泄氨器**

任务实施

根据项目任务书和项目任务完成报告进行任务实施，见表 5－3－3 和表 5－3－4。

表 5－3－3　项目任务书

<table>
<tr><td>任务名称</td><td colspan="3">辅助设备的了解</td></tr>
<tr><td>小组成员</td><td colspan="3"></td></tr>
<tr><td>指导教师</td><td></td><td>计划用时</td><td></td></tr>
<tr><td>实施时间</td><td></td><td>实施地点</td><td></td></tr>
<tr><td colspan="4">任务内容与目标</td></tr>
<tr><td colspan="4">1. 掌握贮液器、气液分离器、过滤器和干燥器、油分离器、集油器和不凝性气体分离器的作用；
2. 掌握油分离器的形式；
3. 了解安全装置的分类</td></tr>
<tr><td>考核项目</td><td colspan="3">1. 辅助设备的分类以及各自的作用；
2. 油分离器的形式；
3. 安全装置的分类</td></tr>
<tr><td>备注</td><td colspan="3"></td></tr>
</table>

表 5－3－4　项目任务完成报告

<table>
<tr><td>任务名称</td><td colspan="3">辅助设备的了解</td></tr>
<tr><td>小组成员</td><td></td><td></td><td></td></tr>
<tr><td>具体分工</td><td></td><td></td><td></td></tr>
<tr><td>计划用时</td><td></td><td>实际用时</td><td></td></tr>
<tr><td>备注</td><td colspan="3"></td></tr>
<tr><td colspan="4">1. 简述辅助设备的分类以及各自的作用。

2. 油分离器的形式有哪几种？请详细说明。

3. 制冷系统在什么样的情况下会出现异常？其中分别有哪些安全装置？</td></tr>
</table>

任务评价

根据项目任务综合评价表进行任务评价，见表5-3-5。

表5-3-5　项目任务综合评价表

任务名称：　　　　　　　　　　　　　　　　　　　　测评时间：　　年　　月　　日

考核明细		标准分	实训得分								
			小组成员								
			小组自评	小组互评	教师评价	小组自评	小组互评	教师评价	小组自评	小组互评	教师评价
团队60分	小组是否能在总体上把握学习目标与进度	10									
	小组成员是否分工明确	10									
	小组是否有合作意识	10									
	小组是否有创新想(做)法	10									
	小组是否如实填写任务完成报告	10									
	小组是否存在问题和具有解决问题的方案	10									
个人40分	个人是否服从团队安排	10									
	个人是否完成团队分配任务	10									
	个人是否能与团队成员及时沟通和交流	10									
	个人是否能够认真描述困难、错误和修改的地方	10									
合计		100									

思考练习

1. 油分离器有哪些类型？
2. 高压贮液器在制冷系统中起什么作用？

项目六　制冷设备常用电器、电气控制与自动调节的认识

制冷设备是制冷机与使用冷量的设施结合在一起的装置。设计和建造制冷装置，是为了有效地使用冷量来冷藏食品或其他物品；在低温下进行产品的性能试验和科学研究试验；在工业生产中实现某些冷却过程，或者进行空气调节。物品在冷却或冻结时要放出一定的热量，制冷装置的维护结构在使用时也会传入一定的热量。因此为保持制冷装置中的低温条件，就必须装设制冷机，以便连续不断地移去这些热量，或者利用冰的熔化或干冰的升华吸收这些热量。本项目主要介绍制冷设备中的常用电器以及控制型设备。

项目目标

制冷设备常用电器、电气控制与自动调节的认识

- 素养目标
  1. 提高学生的动手操作能力
  2. 培养学生良好的学习素养和创新意识
  3. 激发学生的认知目标
  4. 增强学生的自信心和成就感
- 知识目标
  1. 掌握制冷设备中常用控制型开关
  2. 掌握制冷装置中的保护设备
  3. 了解常用制冷装置的控制器件
  4. 掌握制冷系统中的电气原理
  5. 掌握制冷装置中的控制系统
- 技能目标
  1. 能安装制冷装置的常用开关
  2. 会识别制冷装置中的保护设备及控制器件

任务一　常用电器的认识

PPT
常用电器的认识

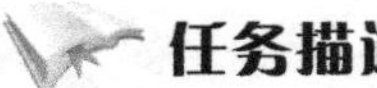

任务描述

本任务主要学习在制冷设备中的一些常用控制器件，分别介绍不同的电器的组成、使用范围以及使用方法。

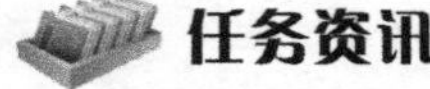

任务资讯

一、闸刀开关

闸刀开关又称刀开关，是一种简单的手动控制电器，主要用作接通电源或断开电源的开关。

闸刀开关分为单极、双极和三极。一般地，闸刀开关上都附有熔丝，当通过开关的电流超

过熔丝的额定电流时，熔丝熔断，起到保护闸刀开关控制的设备的作用。熔丝可更换，更换熔丝时，必须拉下闸刀。

选用闸刀开关时，要选择合适的极数，最好与电源进线极数相一致。开关的额定电压和额定电流应大于或等于它所控制的电路的额定电压和额定电流。

闸刀开关的额定电压一般在 500 V 以下，额定电流可分为 10 A、15 A、30 A、60 A、100 A 等许多等级。型号有 HK1、HK2、HD 等系列。

闸刀开关的符号如图 6－1－1 所示。

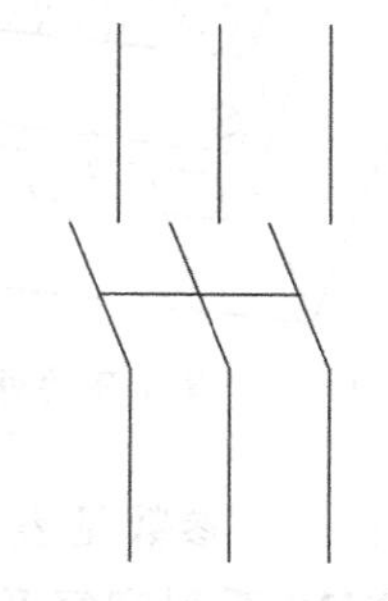

图 6－1－1　闸刀开关

二、空气开关

由于闸刀开关使用起来不太方便，不仅熔丝熔断后需要更换，而且熔丝是否熔断需检查后才能知道，既不直观也不经济，所以现在闸刀开关基本上已被空气开关取代。

空气开关在控制系统里的作用与闸刀开关基本相同，但也有差别。空气开关又称断路器，它不仅是作为一个电源开关，同时又具有自动保护功能。

空气开关内除装有主触点外，还装有热脱扣器，它的作用是瞬时通过的电流达到额定电流整定倍数(10 倍左右)时，主触点迅速脱扣，起到保护作用。有的自动开关还有欠压保护装置。当电源电低于某调定值时，开关自动断开，主电路通电工作过程中，如果所通过的负载电流长期过载或瞬时短路时，热脱扣器或电磁脱扣器将使开关自动跳开，起到过载保护或短路保护作用。

空气开关对周围环境有一定要求。周围空气温度不超过 40 ℃(因为当空气开关自身温度超过 45 ℃时，其触点将自动断开)；大气的相对湿度在最高温度 40 ℃时，不超过 50%，在较低温度下可以有较高相对湿度。

安装时，上接线端子接电源，下接线端子接负载，与垂直面的倾斜度不超过 5°，安装在无显著摇动和无冲击振动的地方。

按空气开关的极数分，可分为单极、二极、三极、四极 4 种。制冷控制电路中常用三极的空气开关。

断路器因控制电路发生故障(过载或短路)而分闸，则操作手柄处于中间位置，查明原因，排除故障后，再合闸时，必须先将操作手柄向下扳动至“分”位置，使操作机构给予“再扣”后，才能进行合闸操作。

选用空气开关时，应使开关主触点的额定电流等于或大于负载电路的额定工作电流，额定电压等于负载的额定电流，热脱扣器的整定电流应等于负载的额定电流或实际工作电流。电磁脱扣器的瞬时动作整定电流应大于负载电路正常工作时的尖峰电流。

空气开关的外形图如图 6－1－2 所示。

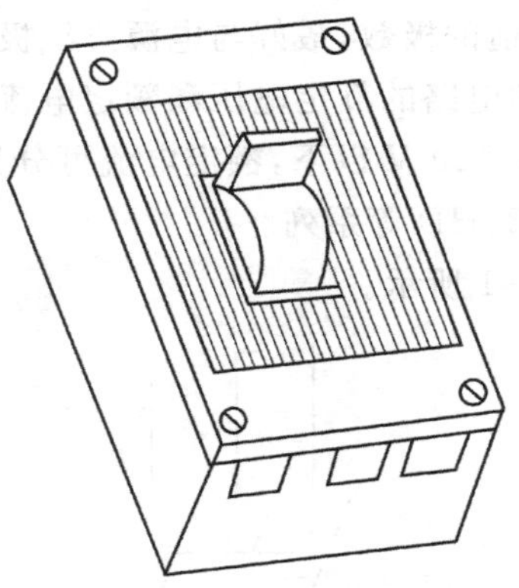

图 6－1－2　空气开关外形图

DZ10 系列和 DZ15 系列空气开关的技术参数见表 6－1－1 和表 6－1－2。

表 6－1－1　DZ10 系列空气开关的技术参数

自动空气开关型号	复式脱扣器		电磁脱扣器	
	额定电流/A	瞬时动作整定电流	额定电流/A	瞬时动作整定电流
DZ10－100	15.20	$10I_r$	15.2	$10I_r$
	25.30		25.30	
	40.50		40.50	
	60		100	
	80			
	100			(6～10)Ir
DZ10－250	100,120	$(5\sim10)I_r$	250	$(2\sim7)I_r$
	140	$(3\sim6)I_r$		$(2\sim7)I_r$
	170			$(2.5\sim8)I_r$
	200	$(6\sim10)I_r$		$(2.5\sim8)I_r$
	250			$(3\sim6)I_r,(7\sim10)I_r$
AZ10－600	200	$(3\sim10)I_r$	600	$(2\sim7)I_r$
	250			$(2.5\sim8)I_r$
	300,350			$(3\sim10)I_r$
	400			$(2\sim7)I_r$
	500			$(2.5\sim8)I_r$
	600			$(3\sim10)I_r$

注：1. 表中 I_r 是脱扣器的额定电流。

2. 自动开关的瞬间动作整定电流，一般均整定在 $10I_r$ 或成本表规定的范围中的最大倍数。

表 6-1-2　DZ15 系列空气开关的技术参数

型　号	额定绝缘电压/V	壳架等级额定电流/A	额定工作电压/V	极数	脱扣器额定电流/A
DZ15-40/190	220	40	220	1	6.10
DZ15-40/290	380		380	2	16.20
DZ15-40/390				3	25.32
DZ15-40/490				4	40
DZ-63/190	220	63	220	1	10.16
DZ-63/290	380		380	2	20.25
DZ-63/390				3	32.10
DZ-63/490				4	50.60

空气开关的型号及其含义如下：

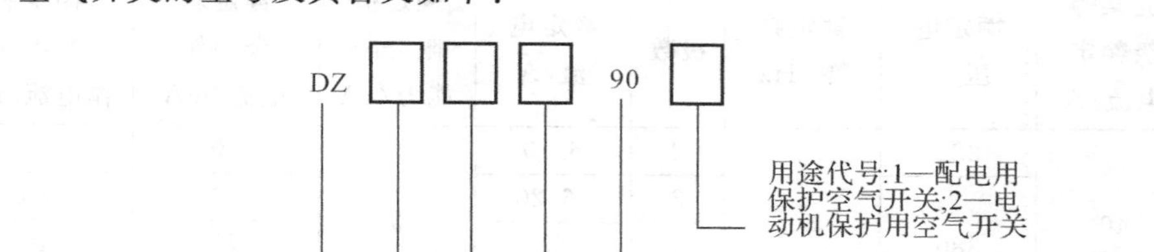

有一种带漏电保护的空气开关又称为漏电断路器。漏电断路器主要适用于交流 50 Hz，额定电压 220 V 或 380 V，额定电流至 100 A 的线路中，作为人身触电保护之用，也可用来防止因设备绝缘损坏，产生接地故障电流而引起的火灾危险，并可用来作保护线路和电动机的过载及短路，亦可用来作线路的不频繁转换及电动机的不频繁起动。

带漏电保护的空气开关的型号及其含义如下：

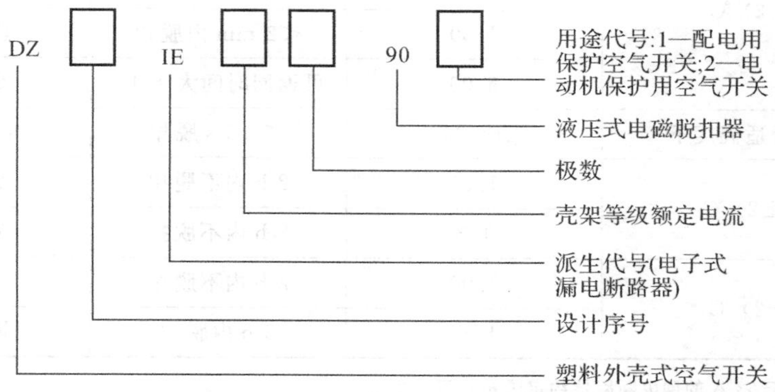

它的正常使用工作条件与不带漏电保护的空气开关基本上是一样的，也是对所处环境的温度、湿度等有一定的要求。

带漏电保护的断路器和普通断路器的内部结构有所不同，它主要由零序电流互感器、电子控制漏电脱扣器及带有过载和短路保护的断路器组成。它的外部结构比普通断路器多一个试验按钮。漏电断路器新安装或运行一定时期后，在合闸通电的状态下，按动试验按钮，如漏电断路器能分闸，则说明漏电断路器是正常可靠的，可投入使用；如不能分闸，则说明漏电断路器或线路中有故障，需进行检修。

漏电断路器的外形结构和空气开关基本相同。其技术数据见表6-1-3和表6-1-4。

表6-1-3　漏电断路器的技术参数

型　号	壳架等级额定电流/A	额定电压/V	额定频率/Hz	极数	额定电流/A	额定极限分断能力/kA	额定剩余动作电流/mA	额定剩余不动作电流/mA
DZ15LE-40	40	220	50	2	6.10	3	30	15
		380		3	16.20		50	25
				4	25		75	40
					32.10		100	50
DZ15LE-100	100	220	50	2	10.16	5	30	15
		380		3	20.25		50	25
				4	32.40		75	40
					50.63		100	50
					80.10		300	150

表6-1-4　电动机保护用漏电断路器过电流脱扣器的保护性能

周围空气温度	配电用漏电断路器		
	试验电流额定电流	试验时间	起始状态
(20±2) ℃	1.05	2 h内不脱扣	冷态开始
	1.20	2 h内不脱扣	热态开始
	1.50	<2 min内脱扣	热态开始
	6.00	可返回时间大于1 s	冷态开始
在任何合适温度下	12.00	<0.2 s脱扣	冷态开始
(−5±2) ℃	1.05	2 h内不脱扣	冷态开始
	1.3	2 h内不脱扣	热态开始
(40±2) ℃	1.00	2 h内不脱扣	冷态开始
	1.20	2 h内脱扣	热态开始

注：额定电流大于63 A的漏电断路器约定脱扣时间为2 h。

三、按钮

按钮是操作人员用以发出指令的电器。按其触点的工作来分，按钮可分为常开按钮和常闭按钮。常开按钮用于接通电源，常闭按钮用于切断电源。既有常开触点又有常闭触点的按钮称为复合按钮。复含按钮往下按时，其常闭触点首先断开，然后常开触点闭合，控制电路中有时会利用它的这一特性。在实际应用中，按钮可根据控制电路的需要选用。

有的按钮装有指示灯，按下按钮时，装在按钮内的指示灯同时亮，表示它处在工作状态，但指示灯往往接在低压电路中，接线时切不可将它接入 380 V 或 220 V 的电路中。

按钮的结构形式如图 6-1-3 所示，技术参数见表 6-1-5。

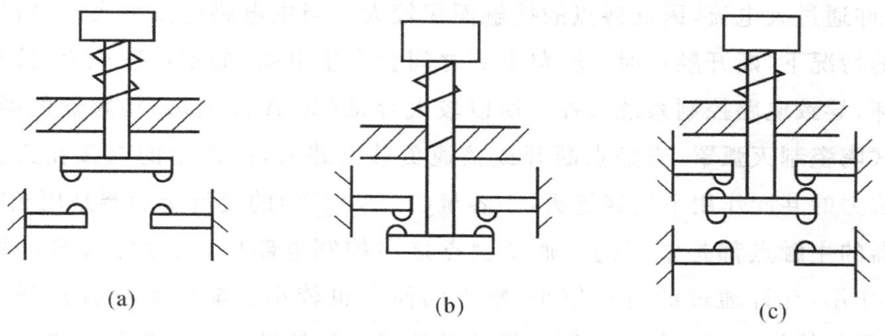

图 6-1-3　按钮结构示意图

(a)常开按钮；(b)常闭按钮；(c)复合按钮

表 6-1-5　LA18-20 系列控制按钮的技术参数

型　号	结构形式	触点对数		按钮数
		常分	常开	
LA18-22(J,Y,X)	J 为紧急式、	2	2	1
LA18-44(J,Y,X)	Y 为钥匙式、	4	4	1
LA18-66(J,Y,X)	X 为旋钮式、	6	6	1
LA19-11(J,D,DJ)	J 为紧急式、	1	1	1
LA20-11(J,D,DJ)	D 为带指示灯、	1	1	1
LA20-22(J,D,DJ)	DJ 为紧急式带指示灯	2	2	1
LA20-2K	开启式	2	2	2
LA20-3K	开启式	3	3	3
LA20-2H	保护式	2	2	2
LA20-3H	保护式	3	3	3

注：LA18-20 系列按钮触点规格均为 380 V、5 A，指示灯额定电压为 6 V，功率小于 1 W。

四、交流接触器

交流接触器的作用是在按钮或继电器的控制下接通和断开带负载的主电路，供频繁起动和控制电动机或其他电器之用。

接触器主要由触点和电磁系统组成。

触点有“常开”和“常闭”之分，当未通电时，衔铁不动作，这时断开的触点称为常开触点，闭合的触点称为常闭触点。

接触器的触点控制着电路的通断。接触器的触点和其他开关的触点一样，总是成对出现的，一个动触点和一个静触点。触点又有主触点和辅助触点之分。主触点是控制主电路通断的，允许通过大电流，因此触点的接触面积较大。当主电路电流很大时，特别是在带有电感负载的情况下，断开触点时，动、静触点之间会产生电弧，如不迅速熄灭，接触器的主触点将被烧坏，导致电路控制系统失控。所以较大容量(20 A以上)的接触器的触点部分，均有半封闭式陶瓷制灭弧罩，当触点断开或接通负载电路时，所产生的电弧在灭弧罩和触点回路的磁吹力的共同作用下迅速熄灭，小容量(10 A以下)的交流接触器是用相间隔弧板隔弧。接触器的主触点都是常开的。辅助触点接在控制电路中，用以完成自动控制中的自锁、互锁等作用，允许通过的电流较小，触点的面积也较小。辅助触点有常开的也有常闭的，不同型号的接触器可以带有不同数目的常开或常闭辅助触点。常开和常闭触点都是联动的，接触器通电动作时，常闭触点先断开，常开融点后闭合，接触器失电释放时，常开触点先断开，常闭触点后闭合。

接触器的电磁系统主要由静铁心、动铁心吸引线圈和弹簧等组成。当吸引线圈通电时，电流在静铁心和动铁心之间产生足够大的电磁吸力，克服弹簧的反作用力，使动、静铁心吸合，动铁心带动固定在绝缘支架上的动触点动作，使常开触点闭合，常闭触点断开。当吸引线圈失电时，动铁心受弹簧的反作用力向上移动，触点复位。

交流接触器的吸引线圈接通电源后，主要靠线圈电感形成的电磁场，使动、静铁心吸合。在接通电源的瞬间，动、静铁心未吸合时磁路的磁阻较大，磁通较小，电抗也较小，这时流过吸引线圈的电流(接触器的起动电流)很大，可为线圈正常工作时的十倍以上。因此，交流接触器不宜用于动作太频繁的场所。在使用时，动、静铁心必须良好吸合，它们之间不能有异物，否则将有较大的电流流过吸引线圈，长时间处于这种工作状态，线圈将被烧毁。

选用接触器时，主要考虑接触器触点的额定电流、额定电压都应等于或大于被控制的电路的额定电流和额定电压。接触器吸引线圈的额定电压和供电电源电压一致，如为380 V、220 V等。在电动机需要正反转的场合，其主电路交流接触器的主触点的容量至少应为电动机额定电流的两倍。

常用交流接触器有CJ0、CJ10等系列。

交流接触器的结构如图6-1-4所示。

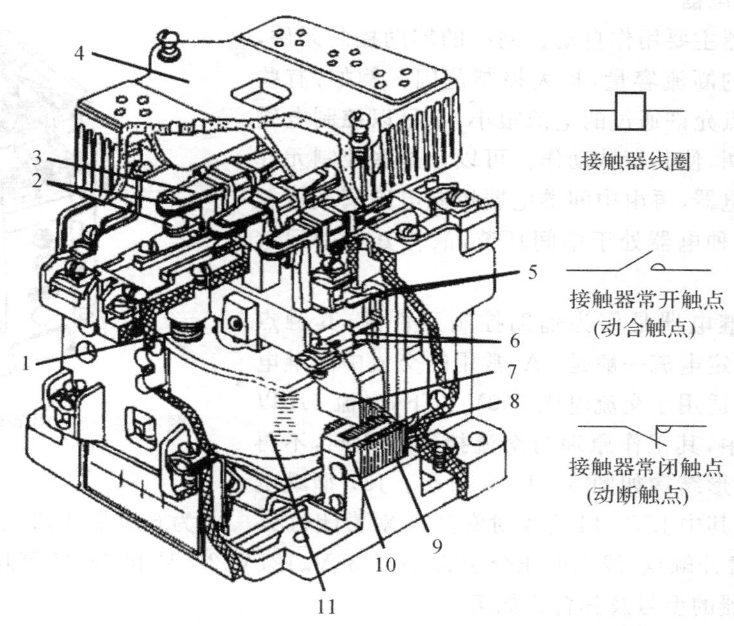

图 6-1-4　交流接触器的结构和符号

1—反作用弹簧；2—主触点；3—触点压力弹簧片；4—灭弧罩；5—辅助常闭触点；6—辅助常开触点；7—动铁心；8—缓冲弹簧；9—静铁心；10—短路环；11—线圈

交流接触器的技术数据见表 6-1-6 和表 6-1-7。

表 6-1-6　CJ0 系列交流接触器的技术参数

型　号	触点额定电压/V	主触点额定电流/A	辅助触点额定电流/A	可控制的三相异步电动机的最大功率/kW		
				127 V	220 V	380 V
CJ0-10	500	10	5	1.5	2.5	4
CJ0-20	500	20	5	3	5.5	10
CJ0-40	500	40	5	6	11	20
CJ0-75	500	75	5	13	22	40

表 6-1-7　CJ10 系列交流接触器的技术参数

型　号	额定电流/A		可控制的三相异步电动机的最大功率/kW	
	主触点	辅助触点	220 V	380 V
CJ10-10	10	5	2.2	4
CJ10-20	20	5	2.5	10
CJ10-40	40	5	11	20
CJ10-60	60	5	27	30
CJ10-100	100	5	29	50
CJ10-150	150	5	43	75

五、中间继电器

中间继电器主要用作自动控制中的辅助控制元件，作为放大触点的断流容量，扩大控制范围。例如：有些控制元件的触点允许通过的电流很小，不足以控制电磁阀或接触器线圈，使其衔铁动作。可以让这些控制元件先控制中间继电器，再由中间继电器控制电磁阀或接触器等电器，因这种电器处于中间环节，故称其为中间继电器。

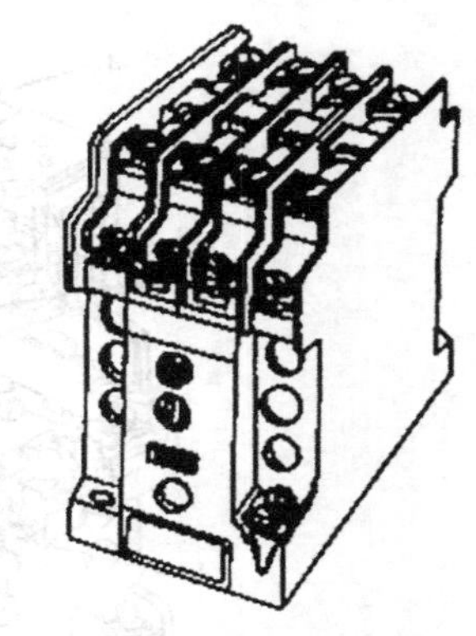

图 6-1-5　中间继电器外形图

因为中间继电器是作为辅助控制元件的，其触点通、断容量的额定电流一般是 5A，常用的交流中间继电器为 JZ7 系列，适用于交流电压 500V 以下，电流 5A 以下的控制电路中，其工作原理与交流接触器相同，不再重复讨论，其外形结构如图 6-1-5 所示。JZ7 型继电器有 8 对触点，其中 JZ7-44 为 4 对常开，4 对常闭；JZ7-62 为 6 对常开，2 对常闭；JZ7-80 的 8 对触点均为常开触点，线圈电压分别为 12V、36V、127V、220V 和 380V 等几种。

中间继电器的型号及其含义如下：

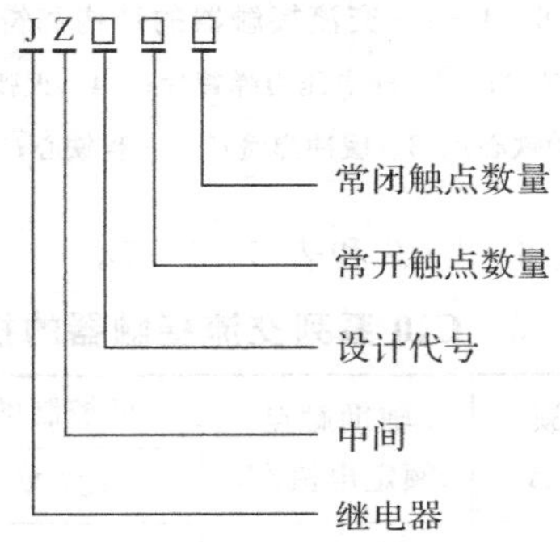

六、起动继电器

起动继电器是单相感应电动机自行起动的一个专用元件。单相感应电动机的定子绕组中有两个绕组，一个是运行绕组，另一个是专供起动用的起动绕组。当电动机起动时，起动线圈帮助运行线圈起动，电动机正常运转后，起动线圈的电源被切断，完成起动任务，控制电动机起动线圈在起动过程中与电源接通和断开的器件就是起动继电器。

起动继电器一般分为两部分，即起动接触器部分和保护部分的过载开关。起动控制部分就是控制起动线圈工作部分。保护部分是不使电动机因超载运行而烧毁绕组的部分。它们是相互联系、不可分割的两个部分。

单相感应电动机一般用于单相电源小型制冷设备中的全封闭压缩机，如家用冰箱和家用冷柜。

起动继电器的结构形式较多，但其工作原理基本相同，它实质上是一个过电流继电器，图 6-1-6 所示为起动继电器的工作原理图。它是由吸引线圈、衔铁、动触点和静触点等组成的。

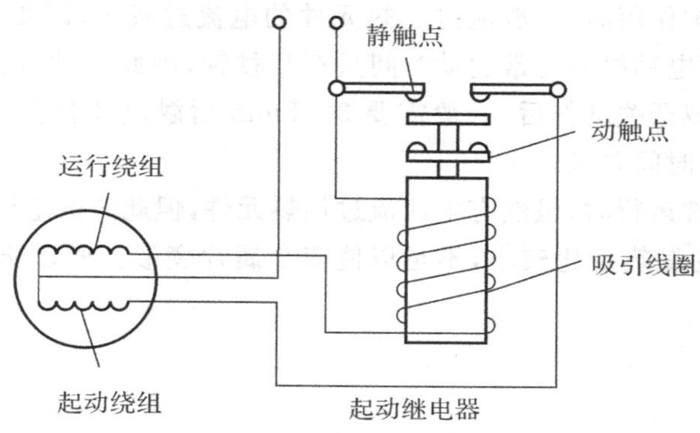

图 6-1-6　起动继电器的工作原理

由于起动继电器的吸引线圈是串接在电动机运行绕组回路上的，当电动机起动并运行时，吸引线圈就一直有电流通过，但只有当吸引线圈通过的电流值足够吸动衔铁时，触点才能吸合，使起动绕组回路接通，否则，衔铁处于释放状态。起动继电器的吸引线圈利用电动机起动时瞬时的一个较大的电流(就是电动机的起动电流，为正常运行时电流的 3～7 倍)，满足了吸引线圈吸动衔铁的要求，于是衔铁动作，使触点闭合，电动机的运行绕组和起动绕组同时有电流流过，满足电动机起动要求，电动机便正常起动。在电动机正常运转后，运行绕组中流过的电流很快变小，以致不足以吸动衔铁，衔铁落下，动、静触点分离，切断起动绕组回路，电动机起动工作结束。

使衔铁被吸动的电流值称为继电器的动作电流，使衔铁被释放的电流值称为释放电流。

起动继电器安装时，必须使重锤垂直向下，且动、静触点处于断开状态。

保护部分的过载开关，实质上是一个热继电器。过载开关是保护电动机，防止电动机超载运行的，当电动机过载时自动切断电源，保护电动机，不使绕组烧毁。图 6-1-7 所示为过载开关的工作原理图，它由热阻丝、双金属片及一对触点组成，动触点装在双金属片端点，双金属片紧靠在加热元件旁，加热元件由热阻丝绕制，过载开关串接在运行绕组中。当电动机过载运行时，流过加热元件的电流使热阻丝发热而对双金属片加热，双金属片受热弯曲，推动动触点与静触点分开，切断电机运行绕组回路，电动机停转。当双金属片冷却后复位时，动、静触点闭合，电动机重新起动运转。

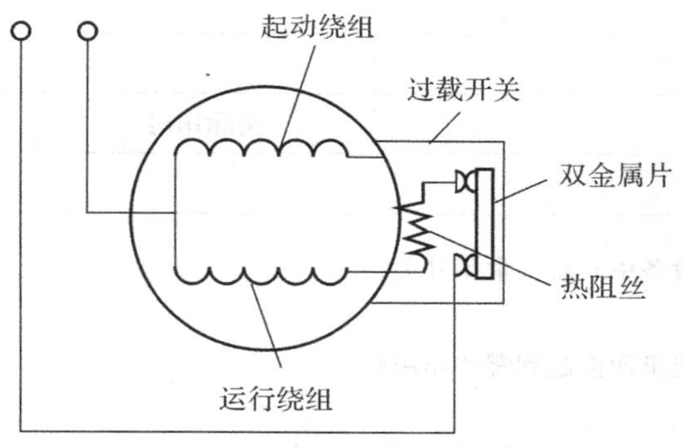

图 6-1-7　起动继电器的工作原理

过载开关在起保护作用时，一般流过发热元件的电流过载时，需要 10～15 s 才能使双金属片受热变形弯曲，而电动机的正常起动时间只有几秒钟，因此电动机正常起动时，不会引起过载开关误动作。过载开关动作后，一般需要 3～5min 后触点才复位，这样也满足了制冷系统高、低压平衡所需的时间要求。

压缩机电动机正常运行时，虽然有电流流过加热元件，但此时的电流小于加热元件的额定工作电流，加热元件的发热量比较小，不足以使双金属片变形。所以压缩机电动机正常运行时，热保护不会断开。

任务实施

根据项目任务书和项目任务完成报告进行任务实施，见表 6－1－8 和表 6－1－9。

表 6－1－8　项目任务书

任务名称	常用电器的认识		
小组成员			
指导教师		计划用时	
实施时间		实施地点	
任务内容与目标			
1. 了解常用电器中的控制器件； 2. 掌握常用开关的保护作用； 3. 掌握控制器件的工作原理			
考核项目	1. 在常用电器中有哪些控制型开关； 2. 控制型开关的保护作用； 3. 控制型装置在什么情况下使用，使用过程中需要注意什么		
备注			

表 6－1－9　项目任务完成报告

任务名称	常用电器的认识		
小组成员			
具体分工			
计划用时		实际用时	
备注			
1. 常用的电器和制冷设备中有哪些常用开关？ 2. 空气开关在控制系统里面能起到哪些作用？ 3. 简述交流接触器的组成，并详细说明使用情况。			

任务评价

根据项目任务综合评价表进行任务评价，见表 6－1－10。

表 6－1－10　项目任务综合评价表

任务名称：　　　　　　　　　　　　　　　　　　　　　　测评时间：　年　　月　　日

<table>
<tr><th colspan="2" rowspan="3">考核明细</th><th rowspan="3">标准分</th><th colspan="9">实训得分</th></tr>
<tr><th colspan="9">小组成员</th></tr>
<tr><th>小组自评</th><th>小组互评</th><th>教师评价</th><th>小组自评</th><th>小组互评</th><th>教师评价</th><th>小组自评</th><th>小组互评</th><th>教师评价</th></tr>
<tr><td rowspan="6">团队60分</td><td>小组是否能在总体上把握学习目标与进度</td><td>10</td><td></td><td></td><td></td><td></td><td></td><td></td><td></td><td></td><td></td></tr>
<tr><td>小组成员是否分工明确</td><td>10</td><td></td><td></td><td></td><td></td><td></td><td></td><td></td><td></td><td></td></tr>
<tr><td>小组是否有合作意识</td><td>10</td><td></td><td></td><td></td><td></td><td></td><td></td><td></td><td></td><td></td></tr>
<tr><td>小组是否有创新想(做)法</td><td>10</td><td></td><td></td><td></td><td></td><td></td><td></td><td></td><td></td><td></td></tr>
<tr><td>小组是否如实填写任务完成报告</td><td>10</td><td></td><td></td><td></td><td></td><td></td><td></td><td></td><td></td><td></td></tr>
<tr><td>小组是否存在问题和具有解决问题的方案</td><td>10</td><td></td><td></td><td></td><td></td><td></td><td></td><td></td><td></td><td></td></tr>
<tr><td rowspan="4">个人40分</td><td>个人是否服从团队安排</td><td>10</td><td></td><td></td><td></td><td></td><td></td><td></td><td></td><td></td><td></td></tr>
<tr><td>个人是否完成团队分配任务</td><td>10</td><td></td><td></td><td></td><td></td><td></td><td></td><td></td><td></td><td></td></tr>
<tr><td>个人是否能与团队成员及时沟通和交流</td><td>10</td><td></td><td></td><td></td><td></td><td></td><td></td><td></td><td></td><td></td></tr>
<tr><td>个人是否能够认真描述困难、错误和修改的地方</td><td>10</td><td></td><td></td><td></td><td></td><td></td><td></td><td></td><td></td><td></td></tr>
<tr><td colspan="2">合计</td><td>100</td><td></td><td></td><td></td><td></td><td></td><td></td><td></td><td></td><td></td></tr>
</table>

思考练习

1. 简述闸刀开关的作用及含义，并详细说明怎么选用闸刀开关。
2. 简述空气开关的作用。
3. 简述起动继电器的工作过程。

任务二　制冷装置保护与控制器件的运行

任务描述

制冷装置要正常安全运行，必须有保护器件和控制器件作保障。保护器件用来保护制冷装置处于正常的工作状况，当有故障发生时，它可以及时切断电源，以免设备遭到损坏、发生重大事故。控制器件是为了让使用者达到某种使用效果，使制冷装置按照自己的要求工作而设置的。

PPT
制冷装置保护与控制器件的运行

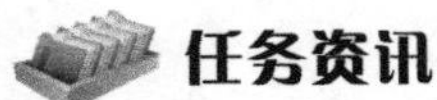

任务资讯

一、压力继电器

压力继电器是一种受压力信号控制的电器开关。它用于制冷机组上，当压缩机吸、排气压力发生剧烈变化，超出其正常的工作压力范围时，高、低压继电器的触点将分别切断电源，使压缩机停止运行，起保护作用。

因冷凝器冷却不充分，制冷剂灌注过多，机组起动时排气管路的阀门未打开等原因造成排气压力急剧上升，超过正常运行负荷，很可能使电动机绕组烧毁和损伤压缩机的排气阀门，所以必须设置压力继电器。当机组的排气压力超过给定值时，高压继电器将立即切断压缩机电动机的电源，使压缩机停车。

低压继电器主要控制机组的吸气压力，当吸气压力低于正常值时，继电器便动作，切断主电动机电源。

制冷装置运行的吸气压力过低，会产生一些不良后果。库温已达到要求，机组继续运行，回气压力必然越来越低，库内温度也会很低，容易引起库存食品变质；如果制冷系统低压侧泄漏，会造成低压侧压力降低，容易引起空气进入系统，从而造成压缩机排气压力和排气温度升高，产冷量降低，甚至还会产生“冰堵”现象；如果制冷装置的高压侧泄漏，会造成吸气压力降低，机组继续运行，很可能会烧毁电动机（全封闭压缩机）。因此应对制冷系统的回气压力系统加以控制，使其保持在一定值以上工作。

压力继电器的类型很多，结构也略有不同，但其工作原理基本相同，都是以波纹管气箱为动力室，接受压力信号后使气箱产生位移，以推动触点的通与断。这里讨论一下 KD 型系列压力继电器的结构与工作原理。

图 6-2-1 所示为 KD 型压力继电器的结构与工作原理图。

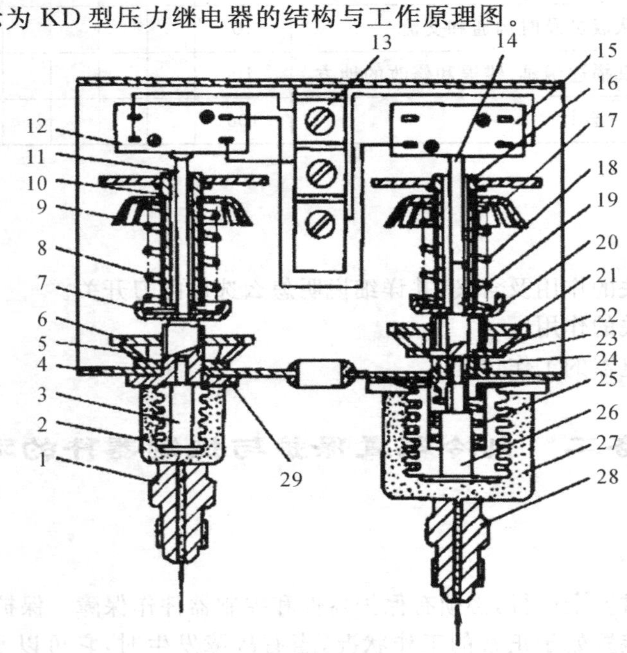

图 6-2-1　KD 型压力继电器的结构与工作原理

1,28—高、低压接头；　2,27—高、低压气箱；　3,26—顶力棒；　4,24—压差调节座；　5,22—碟型弹簧；　6,21—压差调节盘；　7,20—弹簧座；　8,18—弹簧；　9,17—压力调节盘；　10,16—螺纹柱；　11,14—传动杆；　12,15—微动开关；　13—接线口；　19—传力杆；　23,29—簧片垫板；　25—复位弹簧

KD型高低压控制器是采用直顶式传动机构的压力控制器。它由三部分组成：低压部分、高压部分和接线部分。高、低压气箱分别与压缩机排气、吸气管连接，气箱接受压力信号后产生位移，通过顶杆直接作用和弹簧的张力作用，并用传动杆推动微动开关，从而控制电路通与断。

低压部分：低压气体作用于低压气箱27，当低压压力值超过给定值上限时，通过顶力棒26、传动杆14，克服弹簧18的压力，按下微动开关15的按钮，此时电路接通，压缩机正常运行。当低压低于给定值下限时，低压调节弹簧18的弹力克服来自气箱的压力把传动杆抬起，使微动开关断路，电路断开，压缩机停车。

高压部分：高压气体作用于高压气箱2，当高压压力低于高压给定值下限时，高压调节弹簧8克服来自气箱2的压力，将传动杆11弹起，微动开关12的按钮随之抬起，电路接通，压缩机正常运转；当高压值超过高压给定值上限时，高压气箱2克服弹簧的弹力，通过顶力棒3、传动杆11，按下微动开关12的按钮，电路断开，压缩机停车。

高压及低压的压力调节，可通过调节高压或低压的压力调节盘得以实现，凡是加大调节弹簧压力，则断开压力值就相应增大，反之，则减小。

高压或低压的差动压力值，可通过高压或低压压差调节盘6和21进行调节，当顺旋调节盘时，碟形弹簧受压压缩，差动值增加，反之则减少。

压力继电器通常将高、低压继电器做成一体，如KD型。为了适应某些场合的需要，也可以将高压继电器和低压继电器做成单体压力继电器，其结构和工作原理和KD型的高、低继电器相同，不再重复讨论。

压力继电器有多种型号。KD型有KD155－S和KD255－S两种，带刻度的有YK－306型和YWK 22型，单体的有高压继电器TK型和单体的低压继电器TD型，还有进口产品KP15型等，表6－2－1是部分高低压继电器的主要技术指标。

表6－2－1　几种高低压继电器的主要技术指标

型　号	高压/MPa		低压/MPa		开关触点容量	适用介质
	压力范围	差动	压力范围	差动		
KD155－S	0.6～1.5	0.3+0.1	0.07～0.85	0.05±0.1	AC222/380 V，300 V·A	R12
KD255－S	0.7～2.0			0.45±0.1	DC115/230 V50 W	R22，R717，R718
YR－306	0.6～3.0	0.2～0.5	0.07～0.6	0.06～0.2	DC115/230 V，50 W	R12
YEK－11	0.6～2.0	0.1～0.4	0.08～0.4	0.025～0.1		
KP－15	0.6～3.2	0.4	0.07～0.75	0.07～0.4		R12，R22，R114，R500，R502

注：表中压力为表压。

二、压差继电器

压差继电器用在制冷设备上是作为有油泵润滑装置的压缩机的润滑油系统的保护元件，

也称油压继电器。

制冷压缩机在运行过程中，其运动部件必须不断有一定压力的润滑油进行润滑和冷却。当压缩机采用油泵循环润滑油润滑系统时，润滑油是以油泵的排油压力与曲轴箱压力之差为动力，流至各运动部件的摩擦面，起润滑作用，因此滑润系统应该使用压差继电器控制油压，以保证压缩机内各运动部件的摩擦面得到充分润滑，而不发生“咬毛”“抱轴”等事故。

目前用于压缩机油压差保护的是带延时装置的 JC3.5 型压差继电器，图 6-2-2 所示为这种压差继电器的工作原理与电路图。

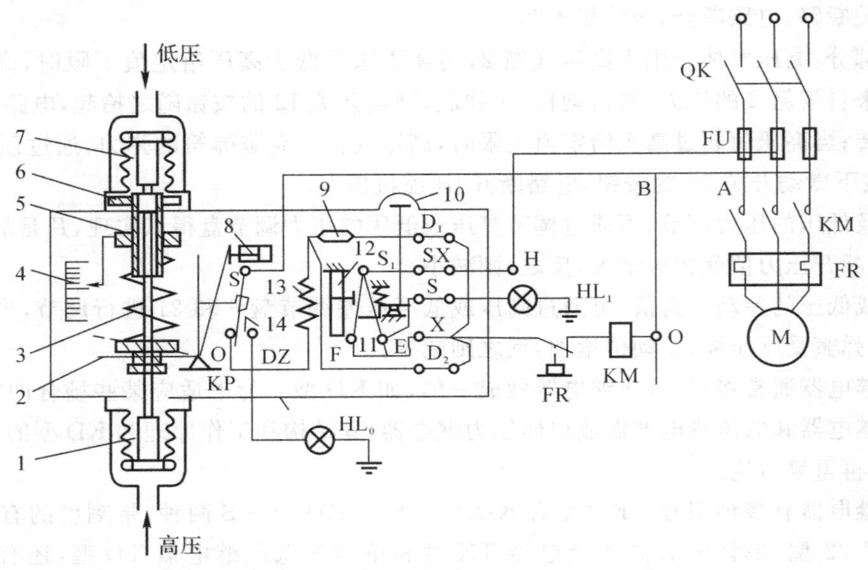

图 6-2-2　JC3.5 型压差继电器的动作原理与电路

1—高压气箱；　2—直角杠杆；　3—弹簧；　4—标尺；　5—传动杆；　6—调节轮；
7—低压气箱；　8—试验按钮；　9—降压电阻(电源为 380 V 时用)；　10—复位按钮；
11—延时开关；　12—双金属片；　13—加热器；　14—压力开关；　HL_1—事故信号灯；
HL_0—正常信号灯(当控制电源为 380 V 时，XD_2之间的虚线不接；当控制电源为 220V 时，XD_1之间的虚线不接)

采用压差继电器作为润滑系统的保护控制装置时，当润滑油压力与吸气压力之差低于正常值时，压差继电器就动作切断主电动机电源，使压缩机停车，起保护作用。

压差继电器有两个感应元件：高、低压波纹管。上部波纹管与压缩机曲轴箱连接，是低压端，下面波纹管与油泵排出口旁通孔连接，是高压端，高、低压波纹管上下相对，在同一根轴线上，由传动杆 5 传递上下压力，传动杆上套有调节弹簧 3，调节轮 6 可以调节其张力，高、低压的压力差由弹簧平衡，三力中有一力变化破坏了原有平衡，传动杆就上下移动，这时杠杆 2 在传动杆的推力下绕支点 O 转动，以推动压差开关 S，使其触点闭合或分离，达到控制主电动机电源的目的。

双金属片 12 在加热器的加热下，温度升高变形向右挠曲，推动延时开关 S_1，使其触点打开或闭合。S_1的触点与触点 F 脱离后，接触器线圈 KM 失电，切断主电动机电源，压缩机停车。这时 S_1被自锁装置锁住，不能自动复位，只有按下复位按钮，S_1才能复位(脱离触点 E 与触点 F 闭合)。

当压差值大于给定值时，直角杠杆 2 顺时针偏转，处于虚线位置，将开关 S 与 DZ 接通。

这时，一条回路 ABSDZ 至接地导通，正常信号灯 HL_0亮，显示润滑系统正常运行；另一条回路 $ABOFS_1HG$ 同时也接通，交流接触器线圈 KM 得电，接通主电动机电源，压缩机正常运转。

当压差值小于给定值时，直角杠杆 2 逆时针偏转，处于实线位置，开关 S 与 KP 接通，正常信号灯熄灭，回路 ABSKP 至加热器 $13D_1XFS_1HG$ 接通，加热器开始发热。此时压缩机仍能运转，但在加热器加热双金属片约 60 s 后，双金属片向右弯曲逐渐变大，直至能推动延时开关 S_1，使其与触点 F 脱离，与触点 E 闭合，从而切断了交流接触器线圈 KM 和加热器 13 的电源，交流接触器脱开，切断主电动机电源，压缩机停车，加热器停止加热，同时事故信号灯 HL_1亮。

因为延时开关 S_1有自锁装置，冷却后也不能自动复位，只有待故障排除后按动复位按钮 10，开关 S_1与触点 F 闭合，交流接触器线圈 KM 得电，起动主电动机，制冷机组才能重新投入运行。

制冷机组刚起动时，基本没有油压，机组之所以能起动并投入正常运行而不被切断电源，主要得益于压差继电器的延时机构。从压差小于给定值到继电器发出指令，切断主电动机电源约需 60 s，而机组从起动到正常运行只需几秒到十几秒时间，所以不待继电器动作，正常油压已经建立，若无延时机构，机组将无法起动投入工作，由此看来，只能用具有延时机构的压差继电器作为压缩机油压保护器件。

在机组刚起动时，指示灯 HL_0和 HL_1都不亮，并非系统发生故障，这是因为刚起动时，系统内没有建立起正常油压，开关 S 和触点 KP 闭合，触点 DZ 断开，HL_0不亮，虽然此时电加热器 13 处于加热状态，但因时间短，双金属片挠曲量小，不足以顶开延时开关 S_1，压缩机仍在运转，事故信号灯 HL_1不亮，直至机组起动过程结束，投入正常运行时，开关 S 脱开触点 KP，与触点 DZ 闭合，正常信号灯 HL_0亮。

使用 JC3.5 型压差继电器时，应注意以下几点：

(1)高、低压波纹管不能接反。

(2)要看清楚电器的工作电压，将其接入 380 V 或 220 V 电路中。

(3)压差一般调为 0.15～0.3 MPa 即可。

(4)延时机构动作后，必须等 5 min 以后，待加热器和双金属片全部冷却，再按复位按钮，才能使其复位。

三、热继电器

热继电器在控制电路里起保护主电动机的作用，电动机运行过程中，由于过载、三相电动机断相、起动频繁等原因，引起电动机的工作电流超过其额定电流，若不及时切断电动机的电源而迫使其停车，就会影响电动机的寿命，严重的会烧毁电动机，因此必须对电动机进行过载保护(也称过电流保护)。热继电器就是用来保护电动机的，使其不在过载情况下运行。

图 6-2-3 是 JR10 型热继电器的外形和结构示意图。它由加热元件、双金属片、电流调节装置及控制触点组成，在控制电路中，加热元件串接在主电动机的三相电路里，热继电器的控制触点串接在交流接触器线圈的回路里，这样，当主电动机出现过载运行时，热继电器的控制触点断开，使接触器的线圈失电，从而切断主电动机电源。

当电动机正常运行时，电动机的输入电流在其额定电流之内，流过加热元件的电流也没有超过其额定电流，因此加热元件产生的热量较小，不能使双金属片有很大的形变，控制触点保持闭合状态，整个电路正常工作。

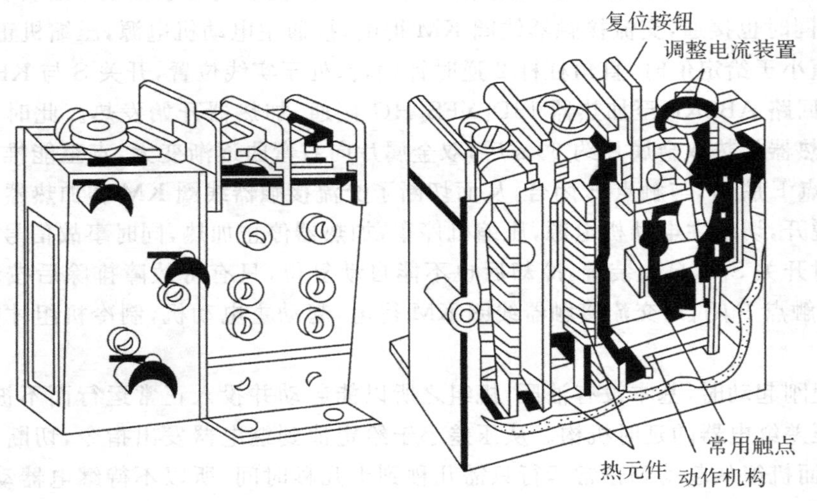

图 6-2-3　JR10-10 型热继电器

当电动机过载运行时，电动机的输入电流超过其额定电流，过载电流流过加热器时，使其发热量变大，双金属片受热后弯曲量变大，推动导板，导板推动杠杆，使控制触点断开，接触器线圈失电，切断主电动机电源。

热继电器动作后，要待双金属片冷却恢复原状后，按下复位按钮，热继电器的控制触点才能闭合。

在调节热继电器的整定电流时，通常和它所控制的电动机的额定电流相一致。调节过大，起不到保护作用；调节过小，则电动机无法正常工作。

热继电器的加热元件有一只、两只和三只三种（一个加热元件对应一个双金属片）。对于单相制冷装置的过载保护，只要选用有一只加热元件的即可，如家用冰箱、空调等，过载保护一般安装在压缩机的接线盒里，也可以对压缩机进行热保护。作为三相主电路的过载保护元件，至少需要在三相主电路的二相中串入发热元件，所以要选用有两只发热元件或三只发热元件的热继电器。

热继电器的技术数据见表 6-2-2 和表 6-2-3。

表 6-2-2　JR0 系列热继电器的技术数据

型　号	额定电流/A	热元件等级	
		额定电流/A	刻度电流调节范围/A
JR0-20/3 JR0-20/3D	20	0.35	0.25～0.36
		0.60	0.32～0.50
		0.72	0.45～0.72
		1.1	0.68～0.1

续 表

型　号	额定电流/A	热元件等级	
		额定电流/A	刻度电流调节范围/A
JR0-20/3 JR0-20/3D	20	1.6	1.0～1.6
		2.4	1.5～2.4
		3.5	2.2～3.5
		5.0	3.2～5
		7.2	4.5～7.2
		11	6.8～11
		16	10～16
		22	14～22
JR0-40	40	0.64	0.4～0.64
		1	0.64～1
		1.6	1～1.6
		2.5	1.6～2.5
		4	2.5～4
		6.4	4～6.4
		10	6.4～10
		16	10～16
		25	10～25
		40	25～40
JR0-60/3 JR0-60/3D	60	22	14～22
		32	20～32
		45	28～45
		63	40～63
JR0-150/3 JE0-150/3D	150	63	40～63
		85	53～58
		120	75～120
		160	100～160

表 6-2-3　JK10-10 型热继电器的技术数据

热元件序号	整定电流范围/A	整定电流值/A	热元件序号	整定电流范围/A	整定电流值/A
0A	0.25～0.35	0.30	8	1.80～2.35	2.06
0	0.30～0.40	0.37	9	2.23～3.00	2.50
1	0.40～0.55	0.47	10	2.80～3.75	3.10
2	0.50～0.65	0.55	11	3.40～4.50	3.80
3	0.55～0.75	0.65	12	4.20～5.60	5.00
1	0.70～0.95	0.80	13	4.75～6.30	5.50
5	0.90～1.25	1.05	14	6.00～8.00	7.20
6	1.20～1.60	1.40	15	7.50～10.00	9.00
7	1.40～1.90	1.60			

四、温度继电器

温度继电器是用来控制冷库及冰箱等制冷设备冷冻室和冷藏室温度的控制开关。在一机多库的制冷系统里，由于各个库的用途不同，到各库的温度要求不一样，就不可能用直接控制主电动机主电源通与断的办法来控制库温，而是要控制输液管上的电磁阀。当某一库内已达到所需温度时，继电器动作，切断控制该冷库输液管的电磁阀的电源，停止对该库的输液，也就停止制冷。对于单机单库的制冷设备，温度继电器直接控制交流接触器线圈，以此直接控制主电动机的电源，达到控制库温的目的。

温度继电器的种类比较多，现在介绍几种以压力作用的原理来推动触点通与断的温度继电器。

1. WTZK－50 型温度继电器

它是温包式温度继电器，主要由感温包、毛细管、波纹管、主弹簧、幅差弹簧、杠杆、拨臂、触点等部件组成。其结构如图 6－2－4 所示。温包毛细管与波纹管组成一个密封容器，内充低沸点的液体。温包感受到被测介质的温度后，将温度信号变为压力信号传到波纹管，波纹管对杠杆的一端产生顶力，这个顶力和杠杆另一端主弹簧的拉力对刀口支点产生的力矩达到平衡。

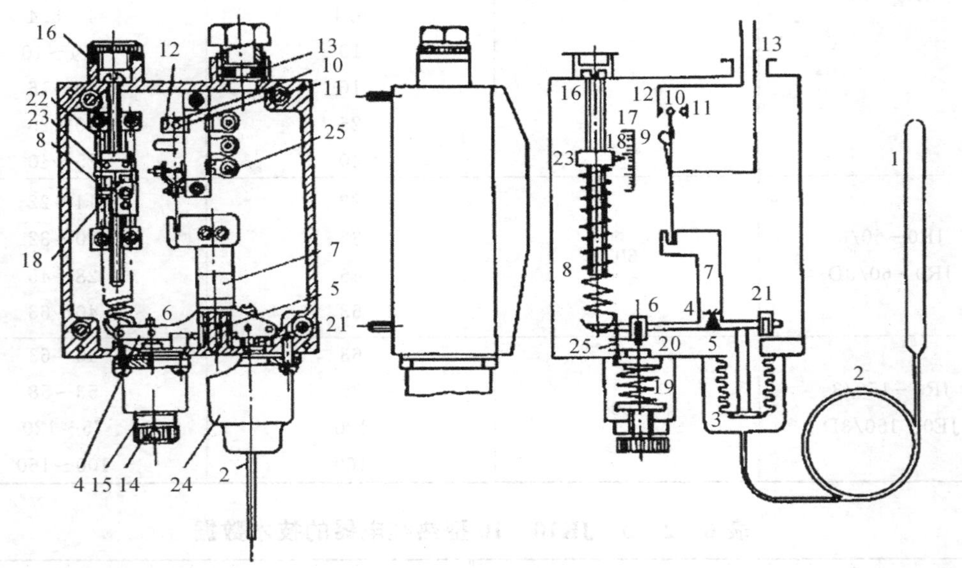

图 6－2－4 典型温包式温度双位调节器

1—温包； 2—毛细管； 3—波纹管； 4—杠杆； 5—刀口支点； 6—螺钉； 7—拨臂； 8—主调弹簧； 9—跳簧片； 10—动触点； 11，12—定触点；13—进线孔； 14—幅差旋钮； 15—幅差标尺； 16—主调弹簧； 17—温度标尺； 18—指针； 19—幅差弹簧； 20—弹簧座； 21—止动螺钉； 22—导杆； 23—活动螺钉； 24—波纹管； 25—接线柱

当被测介质的温度发生变化时，波纹管的压力也相应发生变化，杠杆失去平衡，绕支点转动，带动拨臂去拨动开关，从而达到控制温度的目的。

其受力分析如图 6－2－5 所示。

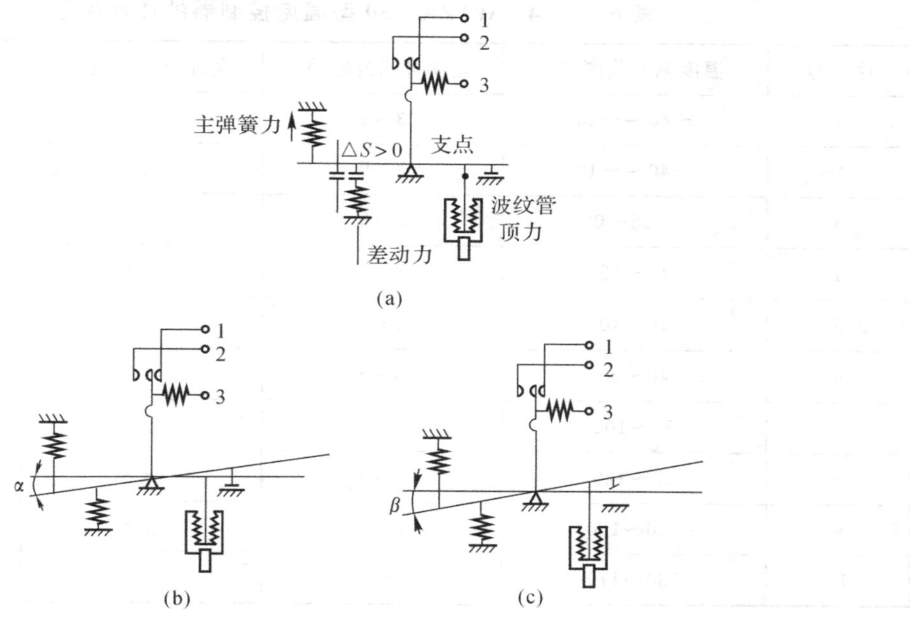

图 6-2-5　温度继电器动作说明

当被测介质的温度逐渐下降到设定温度下限时，波纹管的顶力也相应变小，杠杆在主弹簧拉力矩作用下，绕支点按顺时针方向转动，并带动拨臂使动触点 3 与静触点 2 断开，切断接触器线圈的电源，接触器主触点断开，机组停止运行，这时杠杆呈水平状态，如图 6-2-5(a)所示。随着被测介质温度的升高，波纹管的顶力也随着变大，杠杆在顶力矩的作用下克服主弹簧的拉力矩，按逆时针方向转动一角度 α，此时幅差弹簧接触到杠杆，如果波纹管的顶力矩要继续使杠杆按逆时针方向转动，就不得不同时克服主弹簧的拉力矩和差动弹簧的张力矩，如图 6-2-5(b)所示。当库温上升至设定值上限时，杠杆又逆时针转动($\beta-\alpha$)角度，这时杠杆带动拨臂将动触点与静触点 2 闭合，如图 6-2-5(c)所示，于是交流接触器线圈得电，主电动机运行。

可以通过调节螺杆调整主弹簧的拉力，来设定控制温度的高低，主弹簧的拉力越小，停机温度就越低。设定温度的高低可以从标尺上反映出来。控制温差可以通过调节幅差旋钮，调整幅差弹簧的张力来实现。弹簧的张力越大，放松弹簧，差动值就越小。

如果制冷设备的工作温度要求在−5 ℃左右，就可以将温度继电器的温度设定在−6.5 ℃，若差动温度设定为 3 ℃，这样，当制冷设备达到设定温度−6.5 ℃时，温度继电器就切断主电动机电源，机组停止运行，当温度上升到−3.5 ℃时，温度继电器的触点闭合，机组重新运行。

WTZK-50 型温度继电器的基本参数见表 6-2-4。

这种温度控制器采用两种壳体。WTZK-50 型为酚醛压塑粉壳体，为普通型，冷库、厨房、冰箱一般采用这种控制器。WTZK-50C 型温度控制器为防水型，一般用于船用制冷设备，它在经受二级冲击及二级振动的情况下能正常工作。

表 6-2-4 WTZK-50 型温度控制器的技术参数

序 号	温度调节范围/℃	差动可调范围/℃	允许指标误差/℃	允许动作误差/℃
1	−60～−30	3～5	±1	2
2	−40～−10	3～5	±2	2
3	−25～0	3～5	±2	2
4	15～15	3～5	±2	2
5	10～40	3～5	±2	2
6	40～80	3～5	±2	2
7	60～100	3～5	±3	3
8	80～120	3～5	±3	3
9	110～150	3～5	±3	3
10	130～170	3～5	±3	3

注：序号 1～4 是制冷装置中常用的温控器。

WTZK-50 型温度控制的传压毛细管长度共分 1、3、5、8、10、12 六档（单位 m），可根据需要选用。

另外还有 WT-1226 型温控器，其结构和工作原理与 WTZK-50 型基本一样。

2. WJ3.5 型温度控制器

这种温控器的结构与 WTZK-50 型有所不同，但其工作原理基本上是一样的。

由图 6-2-6 可以看出，它是由感温包、毛细管、弹簧、波纹管、杠杆、曲杆、偏心轮及微动开关组成。感温包、毛细管、波纹管组成感温机构，当感温包感受的温度发生变化时，波纹管对杠杆产生的顶力矩也发生变化，此顶力矩与弹簧产生的拉力矩相对于支点 O 达到平衡。当被测介质温度低于调定值时，由于波纹管的顶力矩小于弹簧的拉力矩，杠杆就绕支点 O 逆时针方向转动，杠杆 A、B 点将微动开关按下，从而切断主电动机电源。当被测介质温度升高时，波纹管的顶力矩大于弹簧的拉力矩，杠杆绕支点 O 顺时针方向转动，杠杆点 A、B 脱离微动开关按钮，微动开关自动复位，触点闭合，压缩机重新开始工作。

旋转偏心轮可以调节温度控制器的设定值，当旋转偏心轮推动曲杆向左移动时，曲杆绕 O 点顺时针方向转动，O 点向上移动，使弹簧的拉力矩变大，这就升高了温度控制器的设定温度值，反之，则可以降低温度控制器的设定温度值。

它的两只微动开关，分别用于两种工况的控制，一只用于制冷工况控制，另一只用于制热工况控制。

3. 电接点温度控制器

WTZ-288 型和 WTQ-288 型电接点压力式温度控制器，适用于 20 m 之内，液体、气体的温度测量，并能在工作温度达到和超过给定值时，发出电信号，也可用来作为温度调节系统内的电路接触开关。根据所测介质的不同，又可分为普通型和防腐型，两种温度控制器的结构和工作原理基本相同。这里以 WTZ288 型为例，介绍其结构和工作原理。

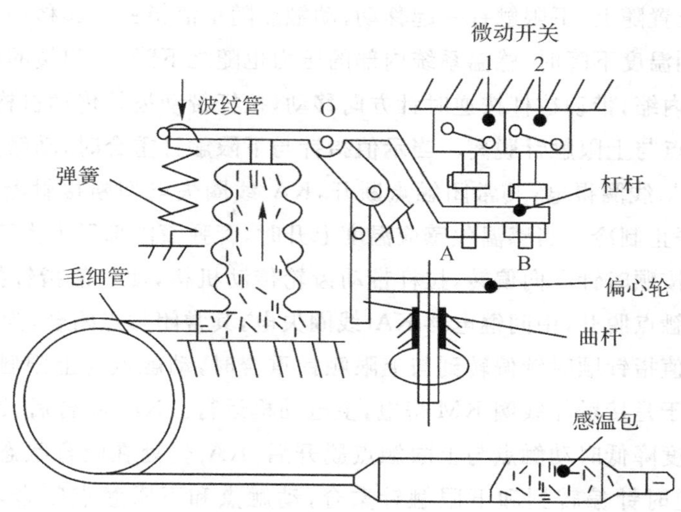

图 6-2-6　WJ3.5 型温度控制器原理

WTZ288 型电接点压力式温控器的结构如图 6-2-7 所示。温包、毛细管及管弹簧组成一个密闭的感温系统，系统内充注一定量的低沸点液体。当被测介质的温度发生变化时，感温系统将温度信号转化为压力信号，使管弹簧变形，管弹簧通过与其自由端相连的拉杆，带动齿轮转动机构，使装在转轴上的示值指针随转轴偏转一定角度，指示被测介质的温度值。

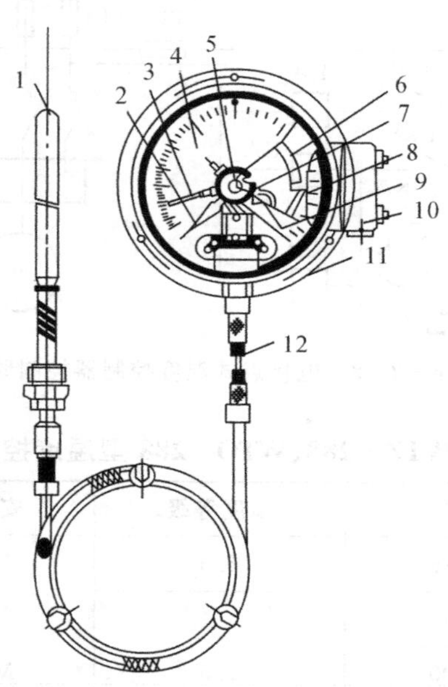

图 6-2-7　WTZ288 型电接点压力式温控器结构

1—温包；　2—下限触针；　3—指针；　4—表盘；　5—转轴；　6—管弹簧；　7—传动齿轮；
8—拉杆；　9—上限触针；　10—接线盒；　11—表壳；　12—毛细管

表盘上装有上、下限触针，用专用钥匙调节上、下限触针的位置，使测温范围设定在任一预定值上。静触点的位置随上、下限触针一起移动，动触点随示值指针一起移动。

当感温包感应到温度下降时，感温系统内部的压力也随之下降，管弹簧的内部压力小于它的内缩弹力，管弹簧内缩，带动拉杆按逆时针方向移动，拉杆带动齿轮传动机构，使示值指针逆时针方向偏转，动触点与上限触针脱离。当示值指针与下限触针重合时，动触点与下限静触点闭合，中间继电器 KA_1 线圈得电，其常闭触点断开，KA_2 线圈失电切断接触器线圈 KM 电源，切断主电动机电源停止制冷。当感温包感应温度上升时，管弹簧内部压力大于其内缩力，管弹簧带动拉杆，使拉杆按顺时针方向偏转，拉杆带动齿轮传动机构，使示值指针按顺时针方向偏转，动触点和下限静触点脱开，中间继电器 KA_1 线圈失电，其常闭触点闭合，为接触器线圈 KM 得电做好准备，当示值指针顺时针偏转到与上限触针重合时，动触点与上限触点闭合，中间继电器 KA 线圈得电，于是接触器线圈 KM 得电，主电动机运行。KA_2 吸合后，通过 KA_1 的常闭触点自锁，因此当温度降低时动触点与上限触点脱开后，KA_1 仍处在吸合状态，保证压缩机工作。直至示值指针逆时针偏转到和下限触针重合，动触点和下限触点闭合，KA_1 线圈得电，KA_1 吸合后 KA_2 的线圈才失电，其常开触点断开，线圈 KM 失电，主电动机停车。电接点式温度控制器控制原理图如图6－2－8所示。两种型号的电接点压力式温度控制器的技术参数见表6－2－5。

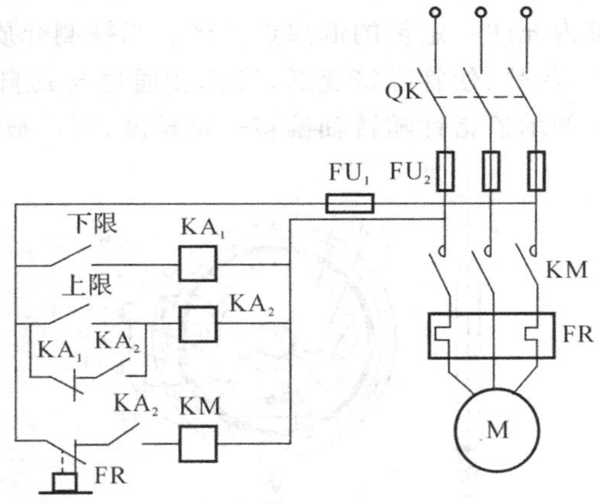

图 6－2－8　电接点式温度控制器控制原理图

表 6－2－5　WTZ－288、WTQ－288 型温度控制器的技术参数

型　号	测量范围/℃	精度等级	安装接头	耐压/MPa
WTZ－288	－20～60	2.5	M27×2	1.6 或 6.4
	0～60	1.5		
	0～100			
	20～120			
	60～160			

续 表

型　号	测量范围/℃	精度等级	安装接头	耐压/MPa
WTQ-288	−80～40	1.5 或 2.5	M33×2 或 M27×2	1.6 或 6.4
	−60～40			
	0～160			
	0～200			
	0～300			
	0～400			
	0～500			

注：仪表在−10～55 ℃的环境温度内能正常工作。

五、时间继电器

在按时间顺序进行控制的电路中，总离不开时间继电器。时间继电器有下列几种：

(1)空气式时间继电器，利用空气阻尼作用达到延时控制，可以通过调节空气进出孔的大小来调节延时的长短。

(2)电子式时间继电器，利用电容充放电过程的长短以及其他电子器件，达到延时控制的目的。

(3)机械式时间继电器，以发条张力为动力，通过变速系统，带动凸轮转动，实现延时控制，延时的长短可通过调节凸轮的行程控制。

(4)电动式时间继电器，它的工作原理和机械式基本相同，只是用电动机代替了发条而已。

任务实施

根据项目任务书和项目任务完成报告进行任务实施，见表 6-2-6 和表 6-2-7。

表 6-2-6　项目任务书

任务名称	制冷装置的保护与控制器件的运行		
小组成员			
指导教师		计划用时	
实施时间		实施地点	
任务内容与目标			
1. 了解制冷装置的保护装置和控制器件； 2. 了解保护装置的工作过程及工作原理； 3. 掌握控制器件有哪些			
考核项目	1. 在制冷设备中有哪些保护装置和控制器件； 2. 保护装置的工作原理以及工作过程； 3. 控制器的类型		
备注			

表 6-2-7　项目任务完成报告

<table>
<tr><td>任务名称</td><td colspan="3"></td></tr>
<tr><td>小组成员</td><td></td><td></td><td></td></tr>
<tr><td>具体分工</td><td></td><td></td><td></td></tr>
<tr><td>计划用时</td><td></td><td>实际用时</td><td></td></tr>
<tr><td>备注</td><td colspan="3"></td></tr>
<tr><td colspan="4">1. 在制冷设备中有哪些保护装置？简述其所产生的作用。

2. 制冷设备的控制器件的类型及工作过程。

3. 列举一个控制器件的组成结构。</td></tr>
</table>

任务评价

根据项目任务综合评价表进行任务评价，见表 6-2-8。

表 6-2-8　项目任务综合评价表

任务名称：　　　　　　　　　　　　　　　　测评时间：　　年　　月　　日

<table>
<tr><td colspan="2" rowspan="3">考核明细</td><td rowspan="3">标准分</td><td colspan="9">实训得分</td></tr>
<tr><td colspan="9">小组成员</td></tr>
<tr><td>小组自评</td><td>小组互评</td><td>教师评价</td><td>小组自评</td><td>小组互评</td><td>教师评价</td><td>小组自评</td><td>小组互评</td><td>教师评价</td></tr>
<tr><td rowspan="6">团队60分</td><td>小组是否能在总体上把握学习目标与进度</td><td>10</td><td></td><td></td><td></td><td></td><td></td><td></td><td></td><td></td><td></td></tr>
<tr><td>小组成员是否分工明确</td><td>10</td><td></td><td></td><td></td><td></td><td></td><td></td><td></td><td></td><td></td></tr>
<tr><td>小组是否有合作意识</td><td>10</td><td></td><td></td><td></td><td></td><td></td><td></td><td></td><td></td><td></td></tr>
<tr><td>小组是否有创新想(做)法</td><td>10</td><td></td><td></td><td></td><td></td><td></td><td></td><td></td><td></td><td></td></tr>
<tr><td>小组是否如实填写任务完成报告</td><td>10</td><td></td><td></td><td></td><td></td><td></td><td></td><td></td><td></td><td></td></tr>
<tr><td>小组是否存在问题和具有解决问题的方案</td><td>10</td><td></td><td></td><td></td><td></td><td></td><td></td><td></td><td></td><td></td></tr>
<tr><td rowspan="4">个人40分</td><td>个人是否服从团队安排</td><td>10</td><td></td><td></td><td></td><td></td><td></td><td></td><td></td><td></td><td></td></tr>
<tr><td>个人是否完成团队分配任务</td><td>10</td><td></td><td></td><td></td><td></td><td></td><td></td><td></td><td></td><td></td></tr>
<tr><td>个人是否能与团队成员及时沟通和交流</td><td>10</td><td></td><td></td><td></td><td></td><td></td><td></td><td></td><td></td><td></td></tr>
<tr><td>个人是否能够认真描述困难、错误和修改的地方</td><td>10</td><td></td><td></td><td></td><td></td><td></td><td></td><td></td><td></td><td></td></tr>
<tr><td colspan="2">合计</td><td>100</td><td></td><td></td><td></td><td></td><td></td><td></td><td></td><td></td><td></td></tr>
</table>

思考练习

1. 制冷装置为什么要设置保护器件？常用的保护器件有哪些？
2. 在保护装置中压差继电器的保护过程是如何实现的？
3. 在制冷装置运行过程中吸气压力过低产生的不良效果有哪些？

任务三　控制系统与控制电路的举例

任务描述

PPT
控制系统与控制
电路的举例

制冷装置的控制系统是由一些常用电器、控制器件及保护器件组成的，保证制冷装置安全、可靠地运行，并实现自动控制的电路系统。由于制冷装置的结构、用途不尽相同，所以它们的控制电路结构也有所不同，有的简单，有的复杂，但通过比较不同制冷装置的电气原理图可以发现其工作原理基本相同。

任务资讯

电气原理图是为了操作、维修人员分析电路的工作原理而设置的，它能反映出电路中各元件的相互间控制和被控制关系，看懂了原理图并了解其工作原理后，当制冷设备在使用过程中出现故障时，就可以快速、准确地判断出故障发生的原因，并及时排除，减少因制冷设备损坏造成的损失。

电气原理图和机械制图不同，后者是根据设备或零部件的结构，按一定比例画出来的，而前者是为了便于分析电路的工作原理，所以电路中的元器件不是按它们的结构画出来的，而是用一种规定的图形符号来表示，有时一个器件的不同部件分别画在电路的不同位置。例如：接触器的线圈在控制电路里，而它的触点则控制着主电动机的主电路的通与断；热继电器的加热器和主电动机串接，而它的触点在控制电路里，控制接触器线圈的得失电。电路中的每个器件用同一个电气技术文字符号表示，读图时，应该把标有同一文字符号的不同部件，看作一个整体，当一个部件动作时，标有相同文字符号的其他部件都要动作。

原理图中表示的各器件的状态，都是指没有通电情况下的自然状态。所谓的常开触点、常闭触点，就是指它们的自然状态，保护器件都处于非保护状态。

原理图一般分为主电路和辅电路(控制电路)两部分。对制冷装置而言，主电路是指主电动机的工作电路，或者控制制冷剂流向的电磁阀工作的电路(一机多库制冷装置)。所有控制器件、保护器件发生动作的最终目的都是控制主电路的通与断。控制电路是由接触器、中间继电器等常用电器的线圈触点及其他保护、控制电器触点等组成的，用来控制主电路的电路。

微课：
控制系统与控制
电路的举例

一、手动控制电路

图 6 - 3 - 1 所示为手动控制电路。合上闸刀 QK，虽然接通了电源，但电动机不能工作，因控制电路里的手动开关 S 没有合上，接触器线圈处于

失电状态，其常开触点 KM 断开，电压没有加到电动机 M 上。只有 QK 和 S 同时合上，接触器线圈得电，其常开触点闭合，电动机才能进入工作状态，这种电路是最基本的控制电路。它没有失压保护作用，即电源断电又恢复供电时，只要两只开关是合着的，电动机才能进入工作状态。

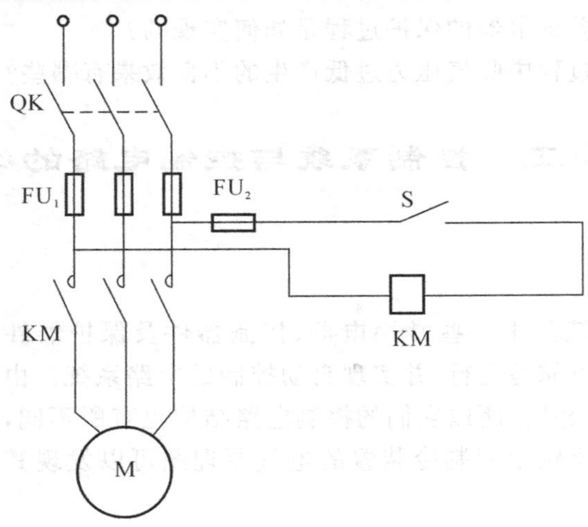

图 6-3-1　手动控制电路

二、有自锁的控制电路

图 6-3-2 所示是具有自锁环节的控制电路，其自锁环节就是并联在起动按钮两端的交流接触器的常开触点 KM。按下起动按钮 SBT 后，交流接触器线圈 KM 得电，其常开触点 KM 闭合，电动机起动并进入工作状态，这时即使松开 SBT，接触器线圈 KM 中仍有电流流过，它是靠并联在 SBT 两端的常开触点（也称自锁触点）KM 自锁来接通回路的。需要停机时，按下停止按钮 SBP 就可以了。停机后，松开 SBP，它又恢复闭合状态，因 SBT 和常开触点 KM 是断开的，线圈 KM 处于断电状态，所以电动机 M 不会重新起动。可见，有自锁的控制电路，具有失压保护作用，即当电源断电后，又恢复供电时，电动机也不能进入工作状态，要起动电动机 M，使其进入工作状态，就必须按下起动按钮 SBT。

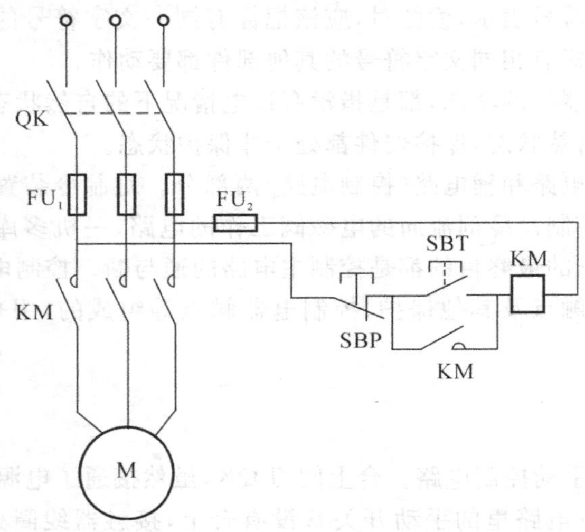

图 6-3-2　带有自锁环节的控制电路

三、带有互锁延时控制的控制电路

所谓互锁也称联锁，其实就是两个接触器存在一种相互制约的关系。互锁一般分为两种方式。一种方式是，一个接触器吸合，另一个接触器必须处于断开状态，如图 6-3-3 所示。控制三相电动机正、反转的控制电路就属于这种方式。当按下 SBT_1 时，接触器线圈 KM_1 得电，其常开触点闭合，电动机运转（假设此时为正转），KM_1 有自锁控制，SBT_1 松开后，电动机继续运行。此时若需要电动机按另一方向（反转）运转，只需按下 SBT_2 即可，这时 KM_1 断电，其常开触点断开，电动机断电。KM_1 释放后，其常闭触点闭合，同时 SBT_2 受外力作用，其常开触点也闭合，因此 KM_2 线圈得电，其常开触点闭合，电动机反转。当 KM_1 线圈得电吸合时，其常闭触点断开，KM_2 线圈所在回路被切断。反之，KM_2 线圈得电工作后，线圈 KM_1 所作回路被接触器 KM_2 的常闭触点切断。

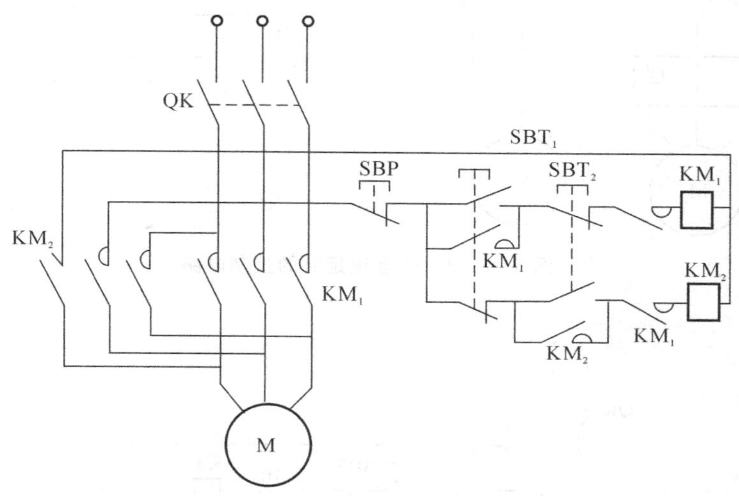

图 6-3-3　控制三相电动机正反转的控制电路

另一种方式是，必须第一只接触器工作后，第二只接触器才能进入工作状态。如图 6-3-4所示。电动机 M_2 是制冷装置的主电动机，M_1 是冷却水泵电动机。水冷却的制冷装置的开机顺序是：先开冷却水的水泵电动机，再开主电动机。图中，按下水泵电机起动按钮 SBT_1，接触器 KM_1 线圈得电，其常开触点闭合，闭合的触点有三个作用：①使电动机 M_1 运转；②实现自锁控制；③使在接触器线圈 KM_2 回路里的常开触点 KM_1 闭合，为 KM_2 进入工作状态做好准备。这时按下主电动机 M_2 的起动按钮 SBT_2，接触器 KM_2 吸合，主电动机 M_2 运转。若接触器 KM_1 不吸合，其常开触点断开，即使按下 M_2 的起动按钮 SBT_2，电动机 M_2 也不会运转。这样可以避免不开冷却水就起动制冷机组事故的发生。

图 6-3-5 所示是笼型电动机 Y-Δ 起动控制电路，这是一个既有互锁控制，又有延时控制的电路。如图所示，按下起动按钮 SBT，同时接触器 KML 线圈得电，接通时间继电器 KT 线圈所在回路，其延时断开常开触点立即闭合，接触器线圈 KM_1 得电，其常开触点闭合，将电动机接成星形。KML 主触头常开触点闭合，电动机开始起动，并且 KML 实现自锁，其常闭触点断开，切断线圈 KT 电源，KT 开始延时，延时一定时间后，其延时断开常开触点 KT 断开，线圈 KM_1 失电，其常闭触点闭合，线圈 KM_2 得电，电动机由星形连接变为三角形连接，进入正

常运行。

这个电路里，接触器 KM_1 和 KM_2 是互锁的，如果它们之间没有这种制约关系，一旦发生误动作，使 KM_1，KM_2 同时吸合，将造成电源短路。

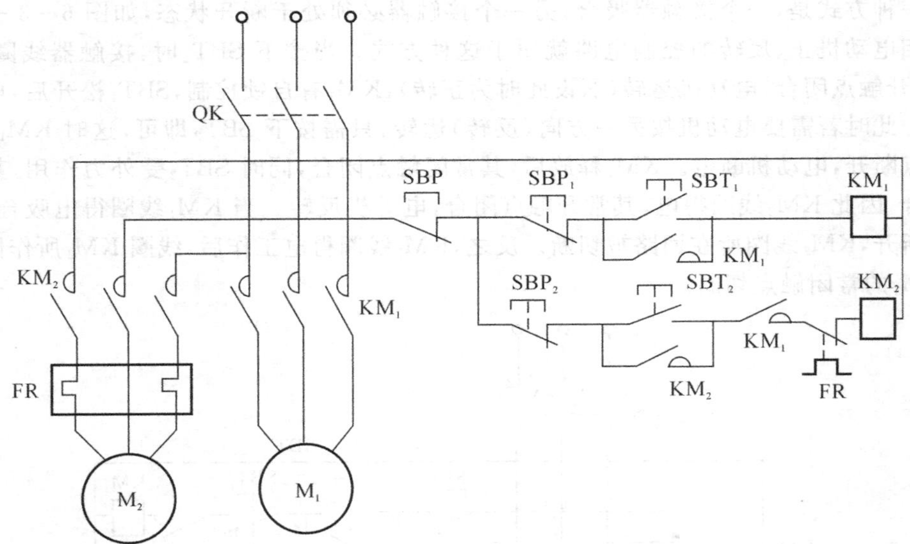

图 6-3-4　带互锁延时的控制电路

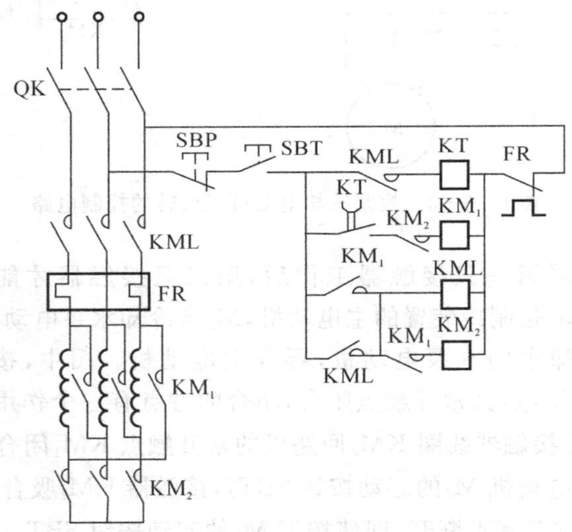

图 6-3-5　起动控制电路

四、制冷装置控制系统

图 6-3-6 所示是制冷装置最基本的控制电路。从图中可看出，主电路由接触器 KM 的常开触点控制主电动机的开、停，热保护的发热元件串接在主电路里，起过载保护作用，辅电路由起动按钮 SBT、停机按钮 SBP、温度继电器 KTE、压力继电器 KP、压差继电器 KD、热继电器 FR、中间继电器 KA 和交流接触器 KM 等组成，控制、保护继电器的常闭触点控制中间继

电器线圈的通断，中间断电器的常开触点 KA 控制交流接触器线圈 KM 的通断，交流接触器的常开触点 KM 控制主电动机 M 的运行或停车。主、辅电路中装有熔断器 FU_1、FU_2，起短路保护作用。

电路无任何故障时，按下起动按钮 SBT，线圈 KA 得电，其常开触点闭合，一方面实现自锁，另一方面使接触器 KM 线圈得电，KM 的常开触点闭合，主电动机开始运行，机组进入制冷状态，制冷温度达到预置温度时，KTE 断开，中间继电器线圈 KA 失电，其常开触点断开，切断接触器线圈的电源，进而切断主电动机的电源，主电机停车，停止制冷。当温度升高到一定温度时，KTE 闭合，机组工作，重新进入制冷状态。

如果因某种原因（前面介绍压力继电器时已经讨论过，这里不再重复）造成制冷系统的高、低压压力发生剧烈变化，高压超过压力继电器调定值上限或低压低于压力继电器调定值下限，则压力继电器的常闭触点断开，使中间继电器 KA 线圈失电，主电动机停车。应排除故障，方可以重新起动机组。

压缩机在运转时，其运动的摩擦面必须得到润滑油充分润滑，否则将会发生故障。压差继电器就是为了保证润滑油压力高于压缩机低压力一定数值，使压缩机在运行时得到充分润滑而设置的，当润滑油压力太低时，其常闭触点断开。KA 线圈失电，KM 的线圈接着失电，迫使主电动机停车，保护压缩机。排除故障后要按下压差继电器的复位按钮，使其复位后，才能重新起动机组。

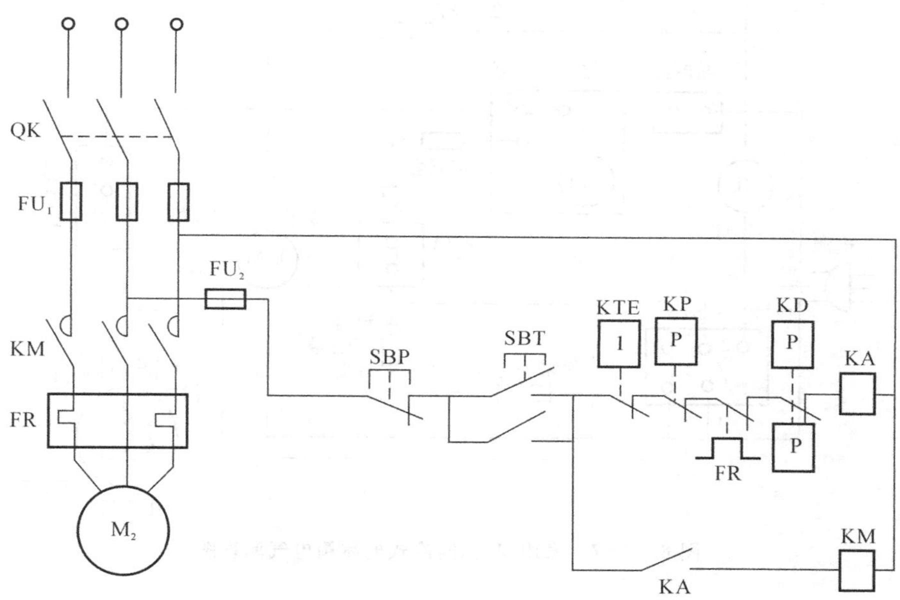

图 6-3-6　制冷系统的基本控制电路

热继电器 FR 也称过载保护，这是一种长期过载保护器件。如果电动机过载或其他原因引起流过电动机的电流超过其额定电流，但超过得不多，熔丝不一定会烧断，电动机长时间处于这种过载情况下运行，可能会被烧毁。热继电器 FR 就可以避免这种情况的发生，当电动机过载运行时，其发热元件发热，使它的常闭触点断开，切断 KA 线圈的电源，主电动机停车。在查明原因、排除故障后，也要按下热继电器的复位按钮，使其复位后才能重新起动主电动机。

这里介绍的只是制冷装置的一般控制原理，它的实际控制电路要比这个基本控制电路复杂一些，因为在实际电路里有照明、指示灯、故障报警等附属控制电路。清楚了控制电路的基本工作原理后，就比较容易读懂它的控制电路原理图。

五、制冷装置控制电路举例

前面已经介绍了制冷装置控制电路的基本工作原理，下面以实际电路为例，分别讨论一下冰箱、空调、冷库等制冷装置控制电路的实际工作状况。

1. 家用电冰箱的电气原理图

图 6-3-7 所示是家用双门、间冷式电冰箱的电气原理图。

冰箱无任何故障时，接通电源后，将温度控制器调到适应位置，由温控器控制压缩机开停，使箱内温度保持在某一温度范围，起冷冻和冷藏作用。

顺便介绍一下冰箱的制冷方式。冰箱分直冷和间冷两种制冷方式。直冷式就是将蒸发器的温度直接传入冷冻室和冷藏室使箱内温度下降，间冷式是由风扇电动机带动风扇将蒸发器的冷量吹入冷冻室和冷藏室实现制冷。

门开关控制冷藏室照明和风扇电动机的通与断，打开冷藏室门，灯亮，关门灯熄。打开冷冻室或冷藏室门时，风扇电动机都停转，以防冷气吹出箱外而耗能。

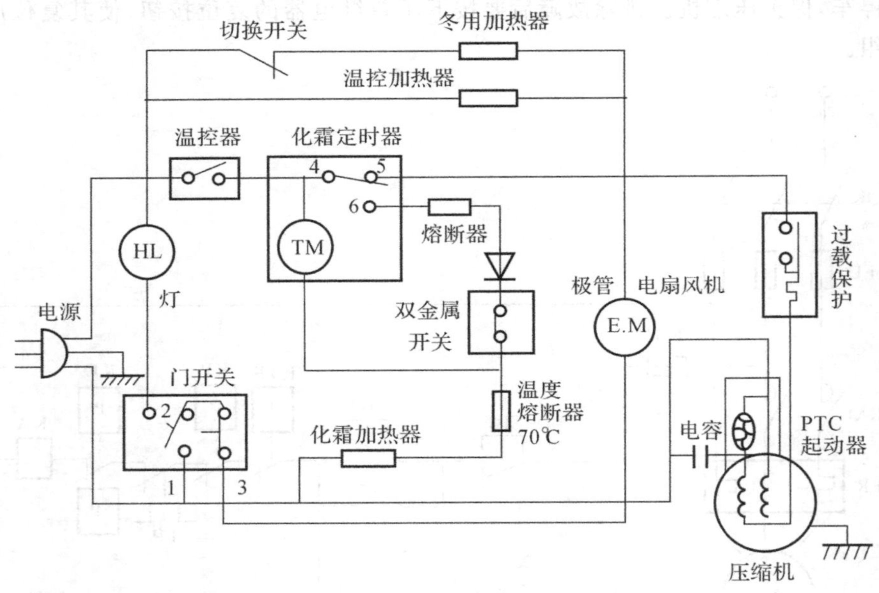

图 6-3-7　家用双门、间冷式电冰箱电气原理图

化霜定时器实际上就是个时间继电器，它是累计压缩机工作时间，进行定时化霜，化霜时化霜定时器开关 4 和 5 脱离，4 和 6 闭合，化霜加热器发热，化掉蒸发器上的冰霜，以利通风，提高制冷效率。当化霜回路中发生短路时，熔丝熔断，二极管起限流作用。双金属开关和温度熔断器是为了防止化霜温度过高烧坏冰箱内胆而设置的双重保护，当温度高于 70 ℃时，温度熔断器熔丝熔断。

温控加热器是为了防止温控器懒于动作，使箱内温度过高设置的，用来加热温控器的感温管，当冰箱所在的环境温度低于 15 ℃时，合上切换开关，冬用加热器和温控加热器一起，对温控进行加热，以保证箱内温度达到使用要求。两个加热器的功率都比较小，一般是 8 W 左右。

过载保护器的作用前面已讨论过，不再重复。

PTC起动器是一只正温度系数的热敏电阻，它的工作原理和重锤起动器相似，压缩机电动机刚起动时，PTC的阻值较小（一般几十欧姆），电动机的运行绕组、起动绕组同时接通电源，压缩机起动，由于起动电流较大（是正常运行时的3～7倍），PTC温度升高，其阻值迅速增大，近乎开路，切断起动线圈电源，压缩机完成起动过程，进入正常运行状态，所以压缩机正常运行时，只有电动机的运行绕组处于工作状态。

直冷式冰箱的电路中，没有风扇电动机和化霜电路，门开关只有一个，其他控制电路和间冷式冰箱基本相同。

2. 空调的电气原理图

图6-3-8所示是申菱LD24、LD32水冷冷风电热型空调器电气原理图。从图中可以看出，空调的主电路是50Hz、380V电源供电电路，控制电路是50Hz、220V电源供电电路。

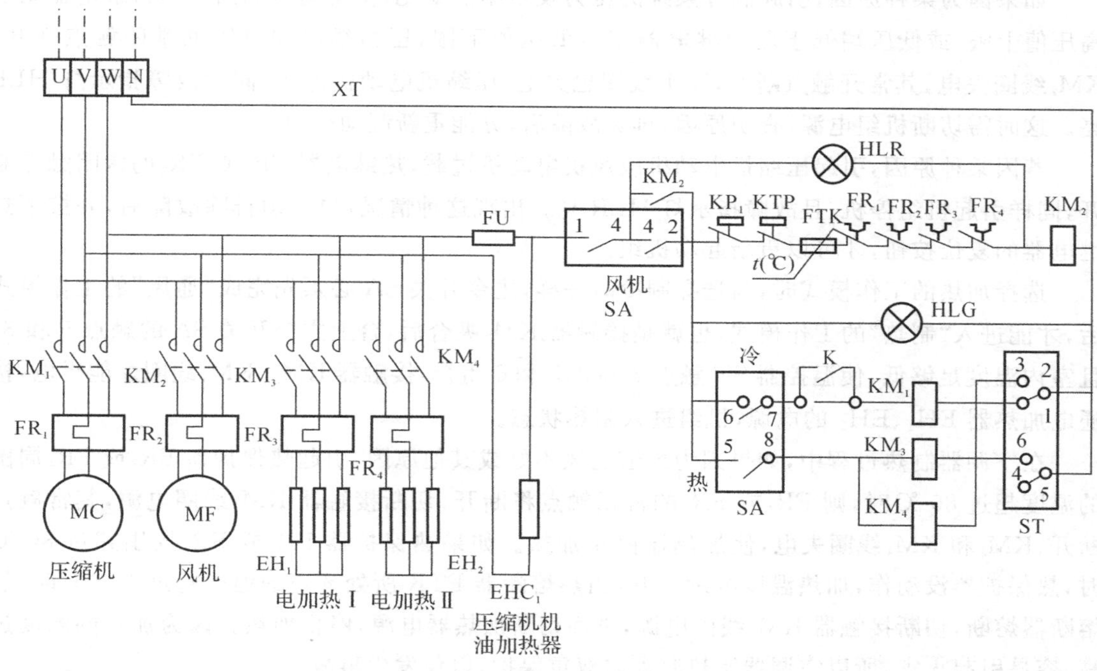

图6-3-8　申菱LD24、LD32空调机电气原理图

MC—压缩机电动机；　EHC—压缩机油加热器；　FTK—热熔断器；　MF—风机；　KP—压力保护开关；　FU—熔断器；　KM—交流接触器；　SA—主令开关；　HLG—运行指示灯（绿）；　FR—热继电器；　ST—温度控制器；　HLR—故障指示灯（红）；　EH—电加热器；　KTP—温度继电器；　XT—接线端子

从主令开关SA的控制触点可以看出，LD系列空调机有通风、制冷和加热三种模式可选择。

选择通风的工作模式时，主令开关SA的1、4触点闭合，4、2触点瞬间闭合，正常情况下和接触器KM_2线圈串接的压力继电器KP_1、温度继电器KTP、热熔断器FTK及热继电器FR_{1-4}都处于闭合状态，因此在4、2触点闭合的瞬间KM_2线圈得电，KM_2吸合，其常开触点闭合，风机电动机MF工作，KM_2辅助触点实现自锁，正常运行时，运行指示灯HLG亮，若由于某种原因，引起风机电动机过载，热继电器FR_2断开，KM_2线圈上的压降变小，无法吸合，其常开触点断开，风机停止运行。同时故障指示灯 HLR 亮，指示操作人员，设备出现故障，应立即切断电源检查维修。

选择制冷的工作模式时，主令开关 SA 在到达"制冷"挡时，必须先经过通风挡，也就是说，必须首先完成通风操作后，才能进入制冷模式。进入制冷工作模式时，触点 6、7 闭合。触点 6、7 闭合了，还要满足两个条件，KM_1线圈才能得电。第一个条件是，控制冷却水泵电机的接触器 K 的常开触点要闭合；第二个条件是室内温度要足够高（一般高于 18 ℃），使温控器 ST 的 1、2 触点闭合。KM_1线圈得电后，压缩机开始运行，机组进入制冷工作状态。可见，在起动压缩机电动机前，必须先起动冷却水泵电动机，否则压缩机电动机无法进入工作状态。

在制冷过程中，若空调器一切正常，则由温控器 ST 的通断，控制 KM_1线圈电路的通断，进而控制压缩机电动机的开停。

如果因为某种原因，引起制冷系统的压力发生剧烈变化，使得高压端高于压力继电器调定高压值上限，或低压端低于压力继电器调定低压值下限，压力继电器 KP_1 的常闭触点断开，KM_2线圈失电，其常开触点断开，KM_1线圈也失电，压缩机电动机停车，同时故障指示灯 HLR 亮。这时需切断机组电源，查明原因，排除故障后，方能重新起动机组。

若因某种原因，引起压缩机电动机或风机电动机过载，热继电器 FR_1或 FR_2的常闭触点断开，同样引起机组停机，且故障指示灯 HLR 亮。出现这种情况，也必须排除故障后，并按下热继电器的复位按钮，才可以重新起动机组。

选择加热的工作模式时，与选择制冷时一样，主令开关 SA 必须先完成"通风"的工作模式后，才能进入"制热"的工作模式，也就是接触器 KM_2吸合后，合上主令开关 SA 的触点 5 和 8，且室内温度足够低，使温控器 ST 触点 2 和 3，5 和 6 闭合，接触器 KM_3、KM_4线圈才能得电，接通电加热器 EH_1、EH_2 的电源，机组进入制热状态。

在空调器制热过程中，如果因为风道通风不好或其他原因，引起热保护器 FR_3或 FR_4周围的温度超过 80 ℃时，则 FR_3或 FR_4的常闭触点将断开，切断接触器 KM_2线圈电源，其常触点断开，KM_3和 KM_4线圈失电，使加热器停止加热。如果热保护器 FR_3或 FR_4周围超过 80 ℃时，热保护器没动作，加热温度继续上升，当热熔断器 FTK 所处环境的温度超过 110 ℃时，热熔断器熔断，切断接触器 KM_2线圈电源，进而切断加热器电源，停止加热。因为加热的温度过高，容易引起火灾，所以空调器制热时采取双重保护，以免发生事故。

压缩机机油加热器 EHC 是用来加热压缩机内润滑油的。因为油温过低，会引起制冷剂溶解于润滑油中，当压缩机起动时，油中的制冷剂迅速蒸发，润滑油起泡沫，不利压缩机润滑，机油加热器的功率和压缩机功率相比小得多，如 5 匹机组的压缩机输出功率为 3.75 kW，而机油加热器的功率只有 60 W。制冷机起动工作时，应提前接通机油加热器电源，加热润滑油，以免制冷剂过度溶解。从空调机电原理图上可以看出，压缩机机油加热器不受控制电路控制，只要接通电源，它就进入工作状态。

3. 小型冷库的电气原理图

图 6-3-9 所示为某小型冷库的电气原理图。从图上可以看出，冷库的电气原理图比冰箱和空调的电气原理要复杂些。因为冷库要求的制冷量大，所用的部件（如电动机、压缩机等）也较大。如果发生故障，相应的损失也大，所以要对这些部件加以保护。另外，还有工作指示、故障指示及故障报警等附属控制电路。因此，电路就显得复杂了一些。下面来看看这个电路

是如何进行工作的。

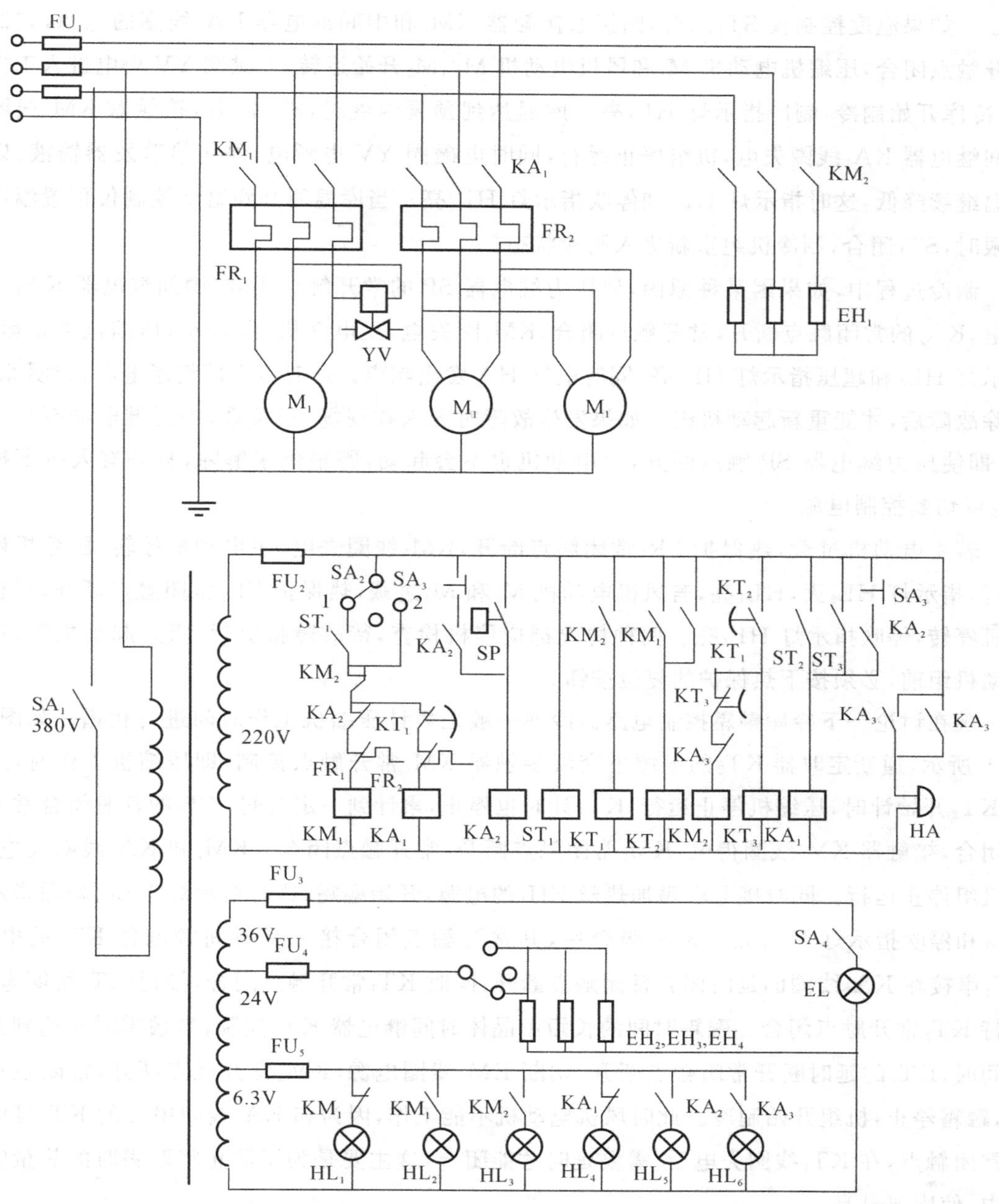

图 6－3－9　某小型冷库电气原理图

$HL_{1\text{-}6}$—信号灯；　EH_1—融霜加热丝；　EH_2—门框加热丝；　EH_3—霜水排水管加热丝；　EH_4—加热丝；　YV—电磁阀；　HA—电铃；　TC—控制变压器；　$FU_{1、4}$—瓷插式熔断器；　$FU_{2、3、5}$—熔断器；　EL—照明灯；　SA_3—按钮；　SP—压力继电器；　KT_1—晶体管时间继电器；　KT_2—通断定时器；　KT_3—时间继电器；　ST_1—温度控制仪；　$FR_{1、2}$—热继电器；　$KA_{1\text{-}3}$—中间继电器；　$KM_{1\text{-}2}$—交流接触器；　$M_{1\text{-}3}$—电动机

合上开关 SA_1，接通变压器的输入电源，通过变压器，各控制电路获得它们所需要的工作电压。如果温度控制仪 ST_1 闭合，则接通接触器 KM_1 和中间继电器 KA_1 线圈的电源，它们的常开触点闭合，压缩机电动机 M_1 和风机电动机 M_2、M_3 开始运转，电磁阀 YV 得电进入工作状态，冷库开始制冷，制冷指示灯 HL_2 亮。库温达到预置温度时，ST_1 断开，接触器 KM_1 线圈和中间继电器 KA_1 线圈失电，机组停止运行，同时电磁阀 YV 也断电，停止给蒸发器输液，以防库温继续降低，这时指示灯 HL_1 和停吹指示灯 HL_4 亮。当库温回升到温度控制仪预置温度的上限时，ST_1 闭合，制冷机组重新进入制冷状态。

制冷过程中，如果因某种原因，使压力继电器 SP 的常开触点闭合，中间继电器 KA_2 线圈得电，KA_2 的常闭触点断开，常开触点闭合，KM_1 圈失电，主电动机 M_1 停车，压缩机停止运行，指示灯 HL_1 和超压指示灯 HL_5 亮，同时电铃 HA 发出响声。此时应立即切断电源，查明原因，排除故障后，才能重新起动机组。如果发生故障时无人在现场，没关系，中间继电器有自锁控制，即使压力继电器 SP 触点断开，主电动机也不会起动，警报仍未解除，直到有人按下按钮 SA_3 或切断控制电源。

若主电动机过载，热保护 FR_1 常闭触点断开，KM_1 线圈失电，主电动机停转，压缩机停止运行，指示灯 HL_2 灭，HL_1 亮，若风机电动机 M_2 和 M_3 过载，热保护 FR_2 常闭触点断开，风机电动机停转，停吹指示灯 HL_4 亮。两种情况都应停机检查，待故障排除后，重新起动机组，重新起动机组前，必须按下热保护的复位按钮。

现在讨论一下冷库融霜控制电路。冷库一般是累计压缩机工作时间进行化霜。如图 6－3－9 所示，通断定时器 KT_2 的电源由交流接触器 KM_1 常开触点控制，即压缩机工作时，定时器 KT_2 开始计时，压缩机停止运行，KT_2 计时也停止，累计到一定时间，KT_2 的延时闭合常开触点闭合，接触器 KM_2 线圈得电，KM_2 常闭触点断开，常开触点闭合。KM_1 和 KA_1 线圈失电，制冷机组停止运行。同时接通融霜加热丝 EH_1 的电源，开始融霜，这时指示灯 HL_1、融霜指示灯 HL_3 和停吹指示灯 HL_4 亮。KM_2 吸合后，其常开触点闭合接通了时间继电器 KT_1 的电源，KT_1 串接在 KA_1 线圈的延时闭合常闭触点断开，同时 KT_1 常开触点闭合，接通 KT_2 线圈电源，维持 KT_2 常开触点闭合。融霜时间的长短由晶体时间继电器 KT_3 控制，当融霜时间达到预定时间时，KT_3 的延时断开常闭触点断开，切断 KM_2 线圈电源，KM_2 常开触点断开，常闭触点闭合，融霜停止，机组开始制冷。此时风机电动机不能工作，因为和 KA_1 线圈串接的 KT_1 延时闭合常闭触点，在 KT_1 线圈失电后，需要延时才能闭合，这主要是为了防止将融霜时的热量吹入库内，使库温升高。

如果库内物品需要速冻，只需将开关 SA_2，从 1 处拨到 2 处即可。

由于某种原因(如温度控制仪触点烧毁等)使库温升高超过上限，或使库温降低低于下限，温度控制仪触点 ST_2 或 ST_3 将闭合，接通中间继电器 KA_3 线圈电源，KA_3 常开触点闭合，超温指示灯 HL_6 亮，电铃 HA 响(报警)。KA_3 吸合后有自锁控制，只有按下按钮 SA_3 或切断控制电源，才能停止报警。

EL 是照明灯，SA_4 是照明灯开关。EH_2、EH_3、EH_4 是辅助加热丝。

任务实施

根据项目任务书和项目任务完成报告进行任务实施，见表 6-3-1 和表 6-3-2。

表 6-3-1　项目任务书

<table>
<tr><td>任务名称</td><td colspan="3">控制系统与控制电路的举例</td></tr>
<tr><td>小组成员</td><td colspan="3"></td></tr>
<tr><td>指导教师</td><td></td><td>计划用时</td><td></td></tr>
<tr><td>实施时间</td><td></td><td>实施地点</td><td></td></tr>
<tr><td colspan="4">任务内容与目标</td></tr>
<tr><td colspan="4">1. 掌握控制系统的各电路类型；
2. 掌握各控制电路的使用情况；
3. 了解控制电路的运行情况</td></tr>
<tr><td>考核项目</td><td colspan="3">1. 在控制系统里面有哪些控制电路；
2. 怎样让控制电路进入工作状态；
3. 控制电路的使用范围</td></tr>
<tr><td>备注</td><td colspan="3"></td></tr>
</table>

表 6-3-2　项目任务完成报告

<table>
<tr><td>任务名称</td><td colspan="3">控制系统与控制电路的举例</td></tr>
<tr><td>小组成员</td><td></td><td></td><td></td></tr>
<tr><td>具体分工</td><td></td><td></td><td></td></tr>
<tr><td>计划用时</td><td></td><td>实际用时</td><td></td></tr>
<tr><td>备注</td><td colspan="3"></td></tr>
<tr><td colspan="4">1. 在控制系统中有哪些控制电路？

2. 怎样让控制电路进入工作状态？请详细说明(列举 2 项)。

3. 在制冷装置中有哪些常用的电路？</td></tr>
</table>

任务评价

根据项目任务综合评价表进行任务评价，见表 6-3-3。

表 6-3-3　项目任务综合评价表

任务名称：　　　　　　　　　　　　　　　　　　　　测评时间：　　年　　月　　日

考核明细		标准分	实训得分								
			小组成员								
			小组自评	小组互评	教师评价	小组自评	小组互评	教师评价	小组自评	小组互评	教师评价
团队60分	小组是否能在总体上把握学习目标与进度	10									
	小组成员是否分工明确	10									
	小组是否有合作意识	10									
	小组是否有创新想(做)法	10									
	小组是否如实填写任务完成报告	10									
	小组是否存在问题和具有解决问题的方案	10									
个人40分	个人是否服从团队安排	10									
	个人是否完成团队分配任务	10									
	个人是否能与团队成员及时沟通和交流	10									
	个人是否能够认真描述困难、错误和修改的地方	10									
合计		100									

思考练习

1. 热继电器在电路中起什么作用？它是怎样工作的？

2. 为什么不能用无延时的压差继电器作为制冷装置的油压保护器件？

3. 结合制冷装置控制电路工作原理分析制冷装置实际工作电路原理，如冰箱、空调和冷库的电路等。

项目七　制冷设备的安装与调试

制冷设备主要是指用于食物冷藏、各类货物冷藏及暑天的舱室空气调节的设备。它主要由压缩机、膨胀阀、蒸发器、冷凝器和附件、管路组成。按工作原理不同，可分为压缩制冷设备、吸收制冷设备、蒸汽喷射制冷设备、热泵制冷设备和电热制冷装置等。制冷设备通过设备的工作循环将物体及其周围的热量移出，造成并维持一定的低温状态。本项目主要学习这些设备的安装方法，以及安装过程中的注意事项。

项目目标

- 制冷设备的安装与调试
  - 素养目标
    - 1. 提高学生的动手操作能力
    - 2. 培养学生良好的学习素养和创新意识
    - 3. 激发学生的认知目标
    - 4. 增强学生的自信心和成就感
  - 知识目标
    - 1. 掌握制冷设备安装的准备工作
    - 2. 掌握制冷设备造成污物的原因
    - 3. 了解常用制冷设备吹污后的影响
    - 4. 掌握制冷剂的充注和取出的方法及注意事项
    - 5. 掌握制冷装置的试运转和调试办法
  - 技能目标
    - 1. 会进行制冷设备的气密试验
    - 2. 能对制冷设备进行制冷剂的充注与取出
    - 3. 会调试制冷设备

任务一　制冷设备的安装

任务描述

PPT
制冷设备的安装

任何制冷设备均要在现场安装调试正常后，才可以正常使用。安装的质量好坏，直接影响制冷设备的操作、维修、管理是否方便，甚至直接影响制冷设备是否能正常工作以及工作性能的好坏，所以制冷设备的正确安装是正常运行的重要保证。

任务资讯

一、制冷设备安装的准备工作

制冷设备安装，是一项复杂的技术工作。为了使这项工作能顺利地完成，应按要求做好各项准备工作。安装前准备工作除了解本工程的特点以外，还要做好技术资料准备、施工机具准备、常用材料准备，并做好设备开箱检查工作。在施工准备阶段除应完成上述准备工作外，还应明确设备安装的工期、环保等要求，明确设备订货情况及到现场的时间，根据设备的数量、规格、到场时间，安排好设备进场次序，并根据设备的不同安装位置，制定出不同的设备运输方式及路线。

(一)技术资料准备

制冷设备在安装前，必须对其有关的技术资料进行认真的准备和审定。技术资料包括施工图纸、施工方案、技术措施、施工进度计划以及制冷设备相关的资料。

1.图纸会审

图纸会审的目的是解决设计中出现的问题、疑点，消除隐患，使设计更为合理，确保工程施工的顺利进行，同时降低成本，使工程质量符合施工验收标准。

图纸会审，一般由建设单位组织，由设计单位、施工单位、监理单位以及设备生产厂家参加，各方签字认同，作为施工与工程验收的依据。会审纪要文件与施工图纸具有同等效力。

图纸会审的内容有两部分：设计与土建、安装之间的有关问题的会审；安装各工种之间的会审。在会审过程中，应注意核对制冷设备与基础之间的配合尺寸(如平面位置、标高、地脚螺栓孔的位置及尺寸)，制冷设备的配管、连接走向及坡度等，电气控制设备的布线等内容。

图纸会审中，主要考虑以下问题：

(1)按图纸目录清点图纸是否齐全，总图、平面图、剖面图、工艺流程图、局部安装详图、所用标准图是否符合设计和施工要求。

(2)建筑结构与制冷设备安装的统一性，包括平面尺寸、标高、预留孔洞尺寸是否一致。

(3)冷冻站房内的管道布置是否畅通、合理，管道有无交叉，各种管路的坡度是否合理。

(4)自控系统原理图、布线图接线是否合理、正确。

(5)站房内部空间及结构能否满足设备吊装、组装、调整等操作要求。

(6)采用的新材料、新工艺、新设备是否满足施工要求等。

图纸会审中所提出的问题，有关问题的处理方式等，要逐项填写在图纸会审记录中，形成图纸会审纪要后应签字盖章并存档。

2.制定施工方案的依据

在完成施工图会审和有关技术文件准备后，方能制定施工方案。施工方案的制定，应依据施工图纸和国家、行业有关施工标准的规定。

对于制冷设备的安装施工，应参照的国家、行业技术标准主要有：

(1)《通风与空调工程施工质量验收规范》(GB 50243—2016)；

(2)《制冷设备、空气分离设备安装工程施工及验收规范》(GB 50274—2010)；

(3)《风机、压缩机、泵安装工程施工及验收规范》(GB 50275—2010)；

(4)《工业金属管道工程施工规范》(GB 50235—2017)；

(5)《给水排水管道工程施工及验收规范》(GB 50268—2017)；

(6)《自动化仪表安装工程质量检验评定标准》(GBJ 131—1990)；

(7)《机械设备安装工程施工及验收通用规范》(GB 50231—2017)。

3.编制施工进度计划

施工进度计划是对施工过程的总安排，它对于保质、保量、保工期，顺利完成施工任务起着重要的作用。制定进度计划的依据有：工程施工图及其他技术资料；开工和竣工日期；施工方案；施工图预算；土建工程进度计划；工期定额；施工队伍人员数量；施工队伍人员各工种的组成；施工设备、机具的使用情况等。

(二)施工机具及量具准备

为提高制冷设备安装的机械化程度，除有必要的钳工设备、焊接设备以外，还应准备吊装机具和常用量具。

(三)制冷设备的开箱检查

制冷设备的开箱检查，是安装前的一个重要工作环节，关系到设备的安装能否顺利进行以及工程能否顺利检收。检查的目的是查明设备的技术状况、数量、有无质量缺陷、有无缺少附件及工具现象、有无影响安装的因素等。

1. 检查人员组成

制冷设备的开箱检查应由建设单位、监理单位、施工单位及供货单位(最好有设备厂参加)的代表所组成。施工单位一般由材料员、质检员、施工员或技术员参加。

2. 检查内容

(1)开箱前根据供货单检查箱数、箱号是否相符，检查箱的包装情况是否完好无损。

(2)开箱后，检查设备装箱清单、产品使用说明书、产品合格证书、产品检验证书、必要的装配图、安装图和其他技术文件是否齐全，并由施工单位保存，作为工程验收的依据之一。

(3)根据设备装箱清单，检查设备名称、数量、规格及型号是否相符；检查全部零件、配件、附属材料、专用工具是否齐备，与设备装箱单是否相符；各种仪表有无破损，铅封是否完好等。

(4)外观检查制冷设备和零部件有无破损、锈蚀等现象。

(5)设备填充的保护气体应无泄露，油封完好。设备开箱检查后，设备应采取保护措施，不应过早拆除，以免设备受损。

3. 检查结果

设备开箱检查结果应由施工单位填入设备开箱检查记录表内，并由参加检查的单位代表共同认定后签字盖章。此表由施工单位保存，如果发现设备不符或缺陷，可作为建设单位向生产厂家交涉的依据和工程验收依据之一。

(四)设备基础的检查验收

设备基础主要承受机器设备的自重的静荷载和机器运转的动荷载，并且应吸收机器运转产生的振动，不允许产生共振，耐润滑油的浸蚀等，在设备安装前要对基础进行检查。设备基础应有足够的强度、刚度、稳定性。设备基础的位置、几何尺寸和质量，应符合现行的《混凝土结构工程施工质量验收规范》(GB 50204—2015)和《机械设备安装工程施工及验收通用规范》(GB 50231—2017)的规定。

(1)设备基础的检查和验收。设备基础一般由土建单位进行施工。在安装单位、土建施工单位共同检查，确认合格后，安装单位方可验收。检查基础时，首先检查外形尺寸是否符合设计要求或产品说明书要求；其次检查其水平度、标高、纵横轴线偏差、地脚螺栓的位置及标高。设备基础表面和地脚螺栓预留孔中的油污、碎石、积水等均应清除干净；预埋地脚螺栓的螺纹和螺母应保护完好；放置垫铁部位表面应凿平。

(2)设备基础检查不合格处理。设备基础检查不合格，应由土建单位进行处理。容易出现不合格的偏差有标高不符合要求、地脚螺栓孔位置不对、水平度不符合要求、基础中心偏差过大等。

(3)设备基础验收合格后,应填写验收记录。

(4)在制冷设备安装前,应对设备基础进行复检,主要检查核对设备基础尺寸和几何尺寸,并做好复检记录,由施工单位保存,该记录是工程验收依据之一。

二、制冷压缩机的安装

(一)设备就位

在制冷压缩机就位前,设备基础应验收合格,并已经将设备基础清理干净。根据施工图纸按建筑物的定位轴线,对压缩机安装的中心线放线,并用墨线弹出中心线(见图 7-1-1),确定压缩机的准确安装位置。

设备就位,就是将制冷压缩机在开箱后由箱的底排移到设备基础上,可根据现场实际条件及制冷压缩机的吨位,选择以下就位方法:

(1)利用冷冻站内的桥式起重机,将制冷压缩机直接吊装到基础上。此方法应注意安全,在就位时钢丝绳与设备的接触处应垫木方等物,以免损坏设备。

(2)利用铲车或叉车就位。此方法尽量不用,因为制冷压缩机的任何部位都难以承受机器的重量。

(3)利用人字桅杆就位。即制冷压缩机运至基础上,再将人字桅杆上挂上倒链,将制冷压缩机吊起,抽去底排,将制冷压缩机安放到基础上。此方法也应注意钢丝绳与设备接触处要垫上木板,以免损坏制冷压缩机加工面及防腐漆,而且机组要保持水平状态。

(4)制冷压缩机滑移上位。将制冷压缩机连同底排运至基础旁摆正,对好基础,卸下底排与制冷压缩机的连接螺栓,撬起制冷压缩机一端,将几根滚杆放在压缩机与底排之间,使制冷压缩机完全落到滚杆上,再在基础和底排上放三四根横跨滚杆,撬动制冷压缩机,使之滑到设备基础上,最后撬动制冷压缩机,抽出滚杆。

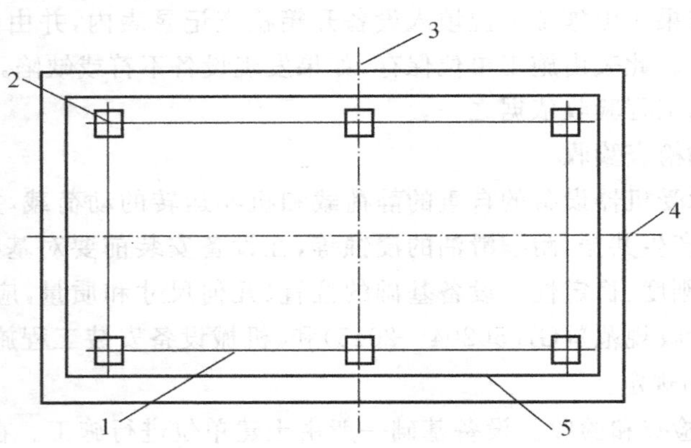

图 7-1-1 基础放线

1—地脚螺栓孔中心线; 2—地脚螺栓孔; 3—纵中心线; 4—横中心线; 5—设备底座边线

(二)制冷压缩机找正

制冷压缩机找正,就是将制冷压缩机的纵横中心线与设备基础纵横中心线对正。可用线锤进行测量，如果没有对正，可用撬杆轻轻撬动制冷压缩机进行调整，直到符合表 7－1－1 的规定。

表 7－1－1　制冷设备与制冷附属设备安装允许偏差

序号	项目	允许偏差/mm	序号	项目	允许偏差/mm
1	平面位移	10	2	标高	±10

制冷压缩机对正时，应注意其管口等部件的位置是否符合设计要求。

(三)制冷压缩机的初平

将制冷压缩机就位找正后，调整制冷压缩机的水平度，使其水平度接近要求(纵横水平度允许偏差为 1/1 000 或按制冷压缩机的技术文件确定)。

1. 初平前的准备工作

初平前的准备工作，应按三方面进行，即地脚螺栓的准备、垫铁的准备以及垫铁垫放位置的确定。

(1)地脚螺栓的准备。地脚螺栓用于将制冷压缩机固定于设备基础上，主要承受动荷载。地脚螺栓分为两种，即长型和短型。在制冷设备安装中，使用短型地脚螺栓，其长度为 100～1 000 mm，其外形如图 7－1－2 所示。

地脚螺栓的直径与设备底座的螺栓孔径有关，使用时，可按表 7－1－2 选用直径。

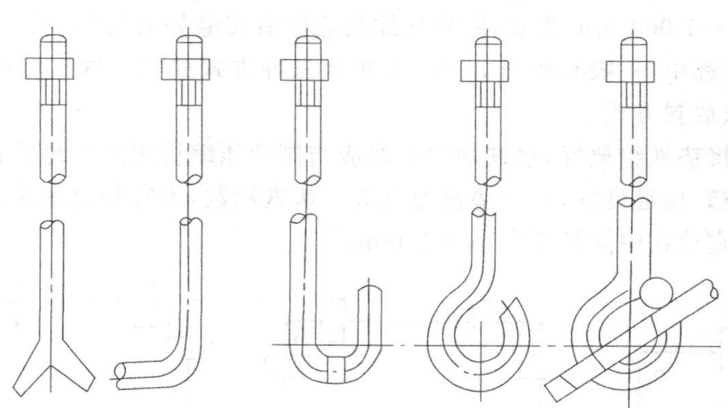

图 7－1－2　短型地脚螺栓外形图

表 7－1－2　机组底座地脚螺栓孔孔径与地脚螺栓直径对照表

机组底座地脚螺栓孔孔径/mm	12～13	13～17	17～22	22～27	27～33	33～40	40～48
地脚螺栓直径/mm	10	12	16	20	24	30	36

螺栓长度应进行计算。它的长度与其直径、垫铁高度、机座厚度、垫圈厚度、防振胶垫的厚度等有关。其长度可按下式计算确定：

$$L = 15d + s + (5 \sim 10)\ \mathrm{mm} \tag{7-1}$$

式中　L—— 地脚螺栓的长度，mm；

d—— 地脚螺栓的直径，mm；

s—— 垫铁高度、机座厚度、垫圈厚度、防振厚度的总和，mm。

(2)垫铁的准备。垫铁垫在制冷压缩机机座下，用于调整压缩机的安装高度和水平度。

垫铁的种类很多，在制冷设备安装中常用的是斜垫铁和平垫铁。其制作材料斜垫铁采用普通碳素钢，平垫铁采用普通碳素钢或铸铁。其外形和尺寸如图 7－1－3 所示。

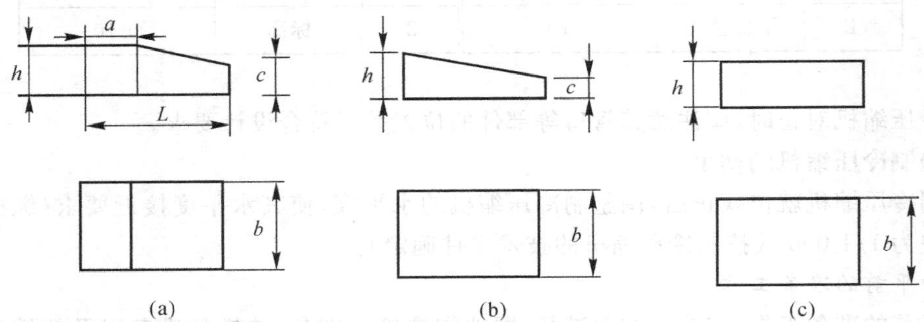

图 7－1－3　斜垫铁和平垫铁

(a)斜垫铁 A 型；(b)斜垫铁 B 型；(c)斜垫铁 C 型

(3)垫铁垫放位置的确定。垫铁的垫放位置应根据制冷压缩机底座外形和机座上螺栓孔的位置来确定。其放置位置应按下列原则确定：每个地脚螺栓孔旁至少应有一组垫铁；垫铁组在能放稳和不影响灌浆的情况下，应放在靠近地脚螺栓和机座主要受力部位的下方；相邻两垫铁组的间距以 500～1 000 mm 为宜；制冷压缩机底座有接缝处的两侧应各垫一组垫铁。在制冷压缩机的安装过程中，一般有如图 7－1－4 所示三种方式放置垫铁。可根据制冷压缩机机座大小选用其垫铁放置方式。

在初平前，先将垫铁组放好，垫铁的中心线应与制冷压缩机机座边缘垂直，并应注意：每组垫铁放置整齐、平稳、接触良好；每一垫铁组宜减少垫铁块数，不宜超过 5 块；放置垫铁时，厚的宜放在下面，薄的宜放在中间且不宜小于 2 mm。

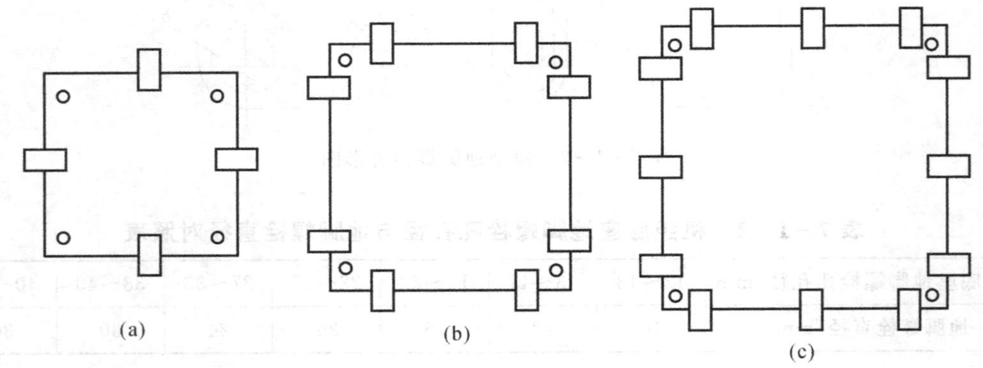

图 7－1－4　垫铁放置的位置

2. 制冷压缩机初平

制冷压缩机初平是在其精加工水平面上，用框式水平仪测量其水平度。若水平度相差很多时，可将低的一侧换上厚垫铁；如果水平度不大，可采用打入斜垫铁的方法逐步找平，使其纵横向水平度接近 1/1 000。在初平过程中，垫铁外露长度应符合要求，不符合时应更换垫铁。

在初平过程中，使用框式水平仪等精密量具时，应将精加工面用软布擦净，以免磨损仪器。在打入垫铁时，应将框式水平仪从压缩机上取下，以免振坏。

在初平时，应校正制冷压缩机标高，使其符合设计要求。

(四)制冷压缩机的精平

1.地脚螺栓二次灌浆

在制冷压缩机对正后，应将地脚螺栓穿入设备基础的预留孔内，加上套垫并拧上螺母，使螺纹外露 2～3 扣，待制冷压缩机初平后，再用混凝土灌浆。这种方法称为二次灌浆法。其优点是螺栓中心距、垂直度、螺栓插入长度易于调整，方便施工。也可以在设备基础施工时将地脚螺栓直接安在上面，这种方法在螺栓定位不准时，会给施工带来极大不便，经常发生制冷压缩机地脚螺栓孔与地脚螺栓不吻合的现象，但小偏差可以调整。出现偏差，应在设备基础验收时解决。

在二次灌浆时应注意：灌浆时宜采用细碎石混凝土，其强度应比基础或地坪的混凝土强度高一级；灌浆时应捣实，并不应使地脚螺栓倾斜和影响安装精度；灌浆必须一次完成；洒水养护时间不少于 7 天；待混凝土强度达到 70%以上时，才能拧紧地脚螺栓，混凝土达到 70%强度的时间与温度有关，表 7-1-3 所列为混凝土强度达到 70%时所需的时间。

表 7-1-3　混凝土强度达到 70%所需时间

气温/℃	5	10	15	20	25	30
所需时间/天	21	14	11	9	8	6

2.制冷压缩机精平

精平是制冷压缩机安装的重要工序，它是在制冷压缩机初平后进行的。精平后，水平度应达到规范要求或制冷压缩机技术文件要求。精平的目的是保持设备运转中的设备稳定及重力的平衡，以减少振动防止变形；减少磨损及能耗，延长设备使用寿命。

精平的方法，根据制冷压缩机的形式不同而不同，如立式和 V 型的压缩机可采用框式水平仪在气缸端面或压缩机进排气口处测量；V 型和 S 型压缩机可采用角度水平仪在气缸测量，如果无角度水平仪，也可在压缩机的进排气口和安全阀法兰端面测量。如果测量水平度不符合要求，应通过调整垫铁的方法进行调平。

在测量水平时，必须将测量面上的油漆刮净，以免影响测量的准确性。

在制冷压缩机精平后，应将各垫铁之间及垫铁组与制冷压缩机机座焊牢(铸铁垫铁除外)，并检查垫铁是否压紧(用手锤敲击垫铁听声判断)，也可采用下列方法：采用 0.05 mm 塞尺检查垫铁与机座、垫铁与垫铁之间的间隙，在垫铁同一断面处以两侧塞入的长度总和不得超过垫铁长度或宽度的 1/3 为宜。精平后，垫铁端面应露出制冷压缩机机座边缘，平垫铁宜露出 10～30 mm，斜垫铁露出 10～50 mm。垫铁组伸入机座底面的长度应超过地脚螺栓的中心。

(五)基础抹面

在制冷压缩机精平后，应将制冷压缩机机座与基础间的空隙灌满混凝土，并将垫铁埋入其中，用于制冷压缩机运行时将负荷传递到基础上。

灌混凝土之前，应在基础外边缘放置模板，当制冷压缩机底部不需全部灌浆且灌浆层需承受设备负荷时，设内模板。内模板到制冷压缩机机座边缘的距离不应小于 100 mm 或底座肋面宽度。

灌装层厚度不应小于 25 mm。灌浆层应有向外的坡度，以防止油、水等流入压缩机底座。在混凝土凝固前应用水泥砂浆抹面。抹面应压密实。

(六)制冷压缩机的拆卸和清洗

制冷压缩机按其出厂方式分为两种，即整体出厂压缩机和解体出厂压缩机。解体出厂压缩机应按要求进行检查、清洗后按技术文件要求进行装配。对整体出厂压缩机在规定的防锈保证期内进行安装时，在油封、气封良好且无锈蚀的情况下，其内部可不拆洗，当超防锈保证期或有明显缺陷时，受建设单位委托，可按制冷压缩机技术文件的要求，对机组内部进行拆卸、清洗。目前，制冷压缩机多整体出厂，故对解体出厂压缩机的组装、清洗不做阐述。

当整体出厂的压缩机进行拆卸和清洗时，首先应测量制冷压缩机原始装配数据及检查零、部件原有装配标记，并做好记录存档。对拆卸后不合格或损坏的零、部件应进行修理或更换，对不符合制冷压缩机技术文件要求的间隙、配合应进行调整，并记录存档。

1.拆卸

拆卸步骤按制冷压缩机的形式及清洗要求而确定，总体来说，应从外向内，由上向下进行拆卸。对于活塞式制冷压缩机，应按下列步骤进行拆卸：擦净制冷压缩机外表面，拆下冷却水管、油管后，卸下吸气过滤器；拆开气缸盖，取出排气阀组；放出曲轴箱内润滑油，拆下侧盖：拆下连杆大头盖，取出连杆螺钉及轴瓦；取出连杆及活塞；取出吸气阀片；取出气缸套；卸下油泵。

拆卸时应注意：拆卸时应记住拆卸顺序；拆卸时不能损坏零、部件；记住拆卸前零部件的位置；拆卸后妥当放置，防止丢失、漏装；密封部分可不拆卸。

2.零、部件清洗

拆卸后的零、部件一般要进行两次清洗。首先除去零、部件表面油漆、油污，用煤油或汽油清洗，然后更换煤油或汽油再洗一次，直到洗净为止。洗净后，应在零部件外涂机油，以防止锈蚀。清洗时，场地内应有防火设备。

3.制冷压缩机装配

所有零、部件清洗完毕后，可进行装配。装配的顺序应由内到外，先拆后装。有些零件应先组装后再装入制冷压缩机。制冷压缩机装配后，拧紧所有紧固螺栓(钉)，开口销等必须更换并锁紧，密封胶垫等必须更换，注入润滑油至规定位置。

各部件装配时，应符合制冷压缩机技术文件要求，并对冷却水路做严密性实验，无渗漏。检查曲轴箱底是否渗油，检查方法是：将煤油注入机身内，使润滑油升至最高油位，持续 4 h 以上无渗漏现象。

三、冷凝器安装

冷凝器的形式有多种，这里只对水冷冷凝器安装作简单介绍。水冷冷凝器有立式和卧式两种。在安装时，立式冷凝器的垂直度和卧式冷凝器的水平度允许偏差为 1/1 000；冷凝器的安装可根据安装现场条件，选用合适的吊装方式，可采用倒链、提升机或绞车等工具。安装完毕后，应对系统进行气密性实验。

(一)立式冷凝器安装

立式冷凝器通常安装于钢筋混凝土水池上方，其安装方法有以下三种：

(1)将冷凝器安装在现浇混凝土的水池池顶。采用这种方法安装时，应在水池顶部预埋地脚螺栓或预留地脚螺栓孔，将冷凝器吊放至池顶部，找正、找平后拧紧螺母，如果地脚螺栓孔需二次灌浆，也在找平、找正后进行。

(2)将冷凝器安装在工字钢或槽钢上。首先将工字钢或槽钢按安装的要求放置在水池上并固定，然后将冷凝器吊装其上，用螺栓加以固定。注意工字钢或槽钢应避让冷却水管。

(3)将冷凝器安装于池顶上，在池顶预埋钢板，钢板与池顶钢筋焊在一起。安装时先按冷凝器的地脚螺栓孔位置放工字钢或槽钢于钢板上，将冷凝器吊装到工字钢或槽钢上，待冷凝器找平、找正后，将工字钢或槽钢与预埋钢板焊牢。用这种方法安装的冷凝器位置可调整，便于校正，比较灵活。

(二)卧式冷凝器安装

卧式冷凝器一般装于室内，为了节省设备间的面积，卧式冷凝器经常安装在贮液器上方，但二者高差应满足设计文件要求。卧式冷凝器可安装于型钢支架上，也可以安装在位置高于贮液器的混凝土基础上。当卧式冷凝器安装于贮液器上方时，如图 7－1－5 所示。

用于安装冷凝器的钢架，应横平竖直，冷凝器的安装精度取决于钢架的水平度。在焊制钢架时，应测量其垂直度和水平度，测量水平度时，应选取多处测量，避免误差，取其平均值，作为水平度。

如果卧式冷凝器的集油器处于中间位置或无集油器，应控制水平度在 1/1 000 以内；当集油器在一端时，应有 1/1 000 的坡度并坡向集油器。

卧式冷凝器上的接口较多，有进气管、出液管、压力表、安全阀、均压管等接口，安装时应注意。

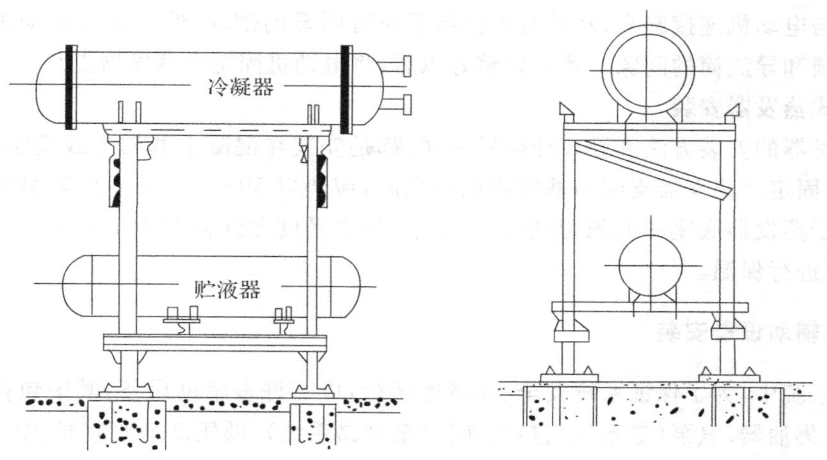

图 7－1－5　卧式冷凝器与贮液器安装

四、蒸发器安装

(一)立式蒸发器安装

立式蒸发器在安装前，应对此箱进行渗漏实验，将水箱装满水保持 8～12 h 不渗不漏为合格。立式蒸发器应安装在保温基础上，四周保温处理(如果需要)，如图 7－1－6 所示。

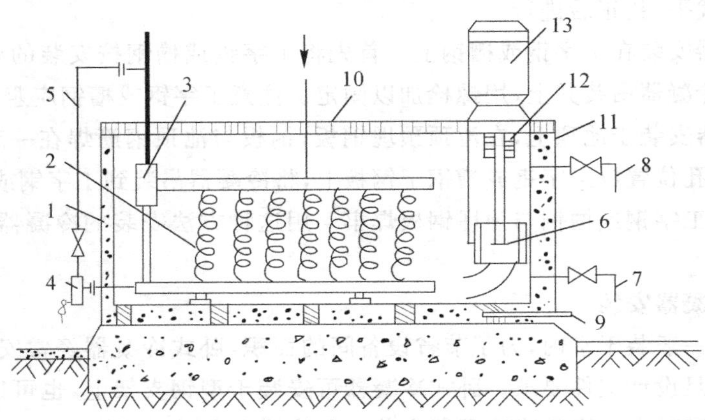

图 7-1-6　立式蒸发器安装

1—蒸发水箱；2—蒸发管组；3—气液分离器；4—集油罐；5—平衡管；6—搅拌器叶轮；7—出水口；8—溢水口；9—泄水口；10—盖板；11—保温层；12—刚性联轴器；13—电动机

先将基础表面清理干净、平整，然后做保温层，同时放防腐枕木，并以 1/1 000 的坡度坡向泄水口，最后用热沥青封面。做完保温后，即可安装水箱。将水箱吊至基础上（应采取防止水箱变形的措施），就位后，将各排蒸发管组吊入水箱内，用集气管和供液管连成大组，然后固定。要求每组管组间距相等，并以 1/1 000 的坡度坡向集油器。组装完毕后，试压合格，方可保温。

安装搅拌器时，应先分开联轴器，清除内孔中的铁锈及污物。清除干净后，再用刚性联轴器将搅拌器与电动机连接起来，转动时搅拌器不应有明显的摆动，然后调整电动机位置，使搅拌器叶轮外圆和导流筒的间隙一致。调整好以后，将电动机固定在蒸发器上。

(二)卧式蒸发器安装

卧式蒸发器的安装方法和卧式冷凝器一样，都是安装在混凝土基础上或型钢焊制的支架上，并用螺栓固定。蒸发器支座与基础或钢架之间，应垫以 50～100 mm 厚防腐枕木，枕木的面积不应小于蒸发器底座的面积，并应保持水平，其水平度允许偏差为 1/1 000。经气密性实验合格后，可进行保温。

五、其他辅助设备安装

在制冷系统中，为了保证系统安全、经济地运行，应有许多辅助设备，其中包括油分离器、空气分离器、集油器、氨泵（氨系统）、热交换器（氟利昂系统）、低压循环贮液器、中间冷却器等。这些设备在安装使用前，均应有校验出厂试压合格证书，否则应补做单体压力试验。辅助设备进入施工现场后，应妥善保管，封口在安装前不得拆开，拆开的要重新封口，以免进入污物。对放置时间过久的设备，应进行除锈处理。

(一)油分离器安装

油分离器一般安装于混凝土基础上，用地脚螺栓固定。固定前应调整其垂直度不大于 1/1 000，如果不符合要求，可用垫铁进行调整。对于洗涤式油分离器，要注意其安装高度与冷凝器的安装高度，应满足设计要求，如设计无要求时，洗涤式油分离器的进液口应比冷凝器的出液口低 200～250 mm，如图 7-1-7 所示。

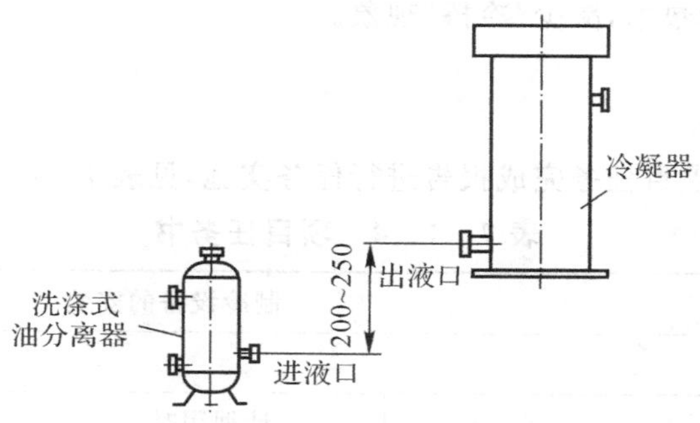

图 7-1-7　洗涤式油分离器与冷凝器的安装高度

(二)空气分离器安装

目前常用的空气分离器有卧式套管式和立式盘管式两种。空气分离器一般安装于墙上，与地面距离 1.2 m 左右，用螺栓与支架固定。如图 7-1-8 所示。

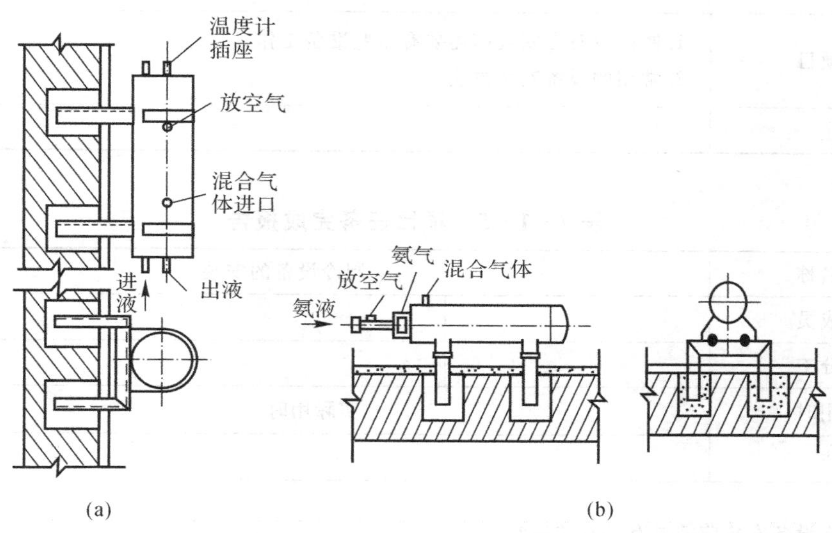

图 7-1-8　空气分离器的安装

(a)立式空气分离器安装；(b)卧式空气分离器安装

安装时在安装位置放线，确定安装位置后，将支架埋于墙内后固定，待混凝土达到强度后，用螺栓将空气分离器固定在支架上。卧式套管式的空气分离器进液端应比尾端提高 1～2 mm。

(三)集油器安装

集油器安装于混凝土基础上，它的安装高度应低于系统中各设备，以便收集润滑油安装方法与油分离器相同。

(四)紧急泄氨器安装

紧急泄氨器一般垂直地安装于机房门口便于操作或通行的外墙壁上。安装方法同盘管式空气分离器。

其他辅助设备的安装，这里不做阐述，但应注意：必须按设计图纸要求进行；平直牢固，位置准确;低温容器应增设垫木,减少“冷桥”现象。

任务实施

根据项目任务书和项目任务完成报告进行任务实施,见表 7-1-4 和表 7-1-5。

表 7-1-4　项目任务书

任务名称	制冷设备的安装		
小组成员			
指导教师		计划用时	
实施时间		实施地点	
任务内容与目标			
1. 了解制冷设备在安装前的准备工作; 2. 了解不同的设备安装方法			
考核项目	1. 制冷设备在安装前需要有哪些准备工作; 2. 常用的设备安装方法		
备注			

表 7-1-5　项目任务完成报告

任务名称	制冷设备的安装		
小组成员			
具体分工			
计划用时		实际用时	
备注			
1. 在制冷设备安装前需要有哪些准备? 2. 制冷压缩机、冷凝器、蒸发器的安装方法。 3. 其他辅助设备安装的方法及注意要点。			

任务评价

根据项目任务综合评价表进行任务评价,见表 7-1-6。

表 7－1－6　项目任务综合评价表

任务名称：　　　　　　　　　　　　　　　　测评时间：　　年　　月　　日

考核明细		标准分	实训得分								
			小组成员								
			小组自评	小组互评	教师评价	小组自评	小组互评	教师评价	小组自评	小组互评	教师评价
团队60分	小组是否能在总体上把握学习目标与进度	10									
	小组成员是否分工明确	10									
	小组是否有合作意识	10									
	小组是否有创新想(做)法	10									
	小组是否如实填写任务完成报告	10									
	小组是否存在问题和具有解决问题的方案	10									
个人40分	个人是否服从团队安排	10									
	个人是否完成团队分配任务	10									
	个人是否能与团队成员及时沟通和交流	10									
	个人是否能够认真描述困难、错误和修改的地方	10									
合计		100									

思考练习

1. 制冷装置的安装原则是什么？
2. 制冷设备安装与其他设备安装相比较有何特殊性？
3. 其他辅助设备安装需要注意哪些问题？

任务二　制冷系统的吹污与气密性试验

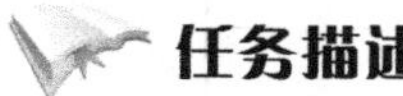

任务描述

PPT

制冷系统的吹污与气密性试验

制冷设备和管道在安装过程中，其内部不可避免会有污物残留在系统内，可能会造成制冷系统不能正常工作，因此在压缩机正式运转前，应对制冷系统进行吹污处理，以保证系统正常运行。在制冷系统吹污后，应对制冷系统进行气密性试验。

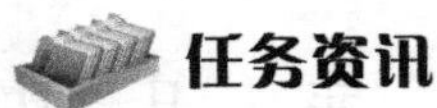

任务资讯

一、制冷系统吹污

制冷设备和管道在安装期间，已经进行了单体除锈吹污工作。但在安装过程中，其内部不可避免地会有焊渣、铁锈及氧化皮等渣滓，如果这些污物留在系统内，可能会被吹入压缩机，使气缸内壁“拉毛”，或使气缸出现划痕，甚至造成敲缸事故。有时还会损坏阀门的密封面，堵塞过滤器、毛细管、膨胀阀等，使制冷系统不能正常工作。因此，在压缩机正式运转之前，应对制冷系统进行吹污处理，使制冷系统保持清洁，以保证系统的正常运行。

在进行吹污操作时，应将与大气相通的阀门关闭，其余阀门全部开启。吹污工作应按设备和系统分段进行，并使每段的排污口在最低点。

吹污的介质可使用二氧化碳、氮气、干燥的压缩空气。吹污前，应将气源与系统相连，并向所需吹污的设备或管路充入吹污气体，在压力逐渐升高的同时，可用木锤敲击弯头或阀门，当充入气体压力达到 0.5～0.6 MPa 时，迅速打开排污口，使污物随同气体一同喷出。反复数次，在排污口处设靶，其上绑上干净的白布，当白布上无污物时为合格。

在吹污时，排污口前方严禁站人，以免吹出的污物伤人。吹污合格后，应将系统中的阀门进行清理，取出阀芯，清洗阀座和阀芯上的污物，然后重新装配，以免使污物留在系统内，影响制冷系统正常运行。对于氟利昂系统，吹污合格后应充入保护气体，以保持系统内的清洁和干燥。

二、制冷系统的气密性试验

在制冷系统吹污后，应对制冷系统进行气密性试验。气密性试验，也称试漏试验。制冷系统试漏试验有压力试漏、真空试漏和充制冷剂试漏。

(一)压力试漏(气压试验)

压力试漏氨系统可用压缩空气、二氧化碳或氮气作为试漏介质；氟利昂系统可用二氧化碳或氮气作为试漏介质。使用压缩空气时，尽量选用双级空气压缩机，因空气的绝热指数大，压缩终点温度太高，若使用制冷压缩机，应指定一台。其试压压力应符合设计和设备技术文件的规定，若无规定，应按表 7-2-1 规定进行。

表 7-2-1 气密性试验压力(绝对压力)

制冷剂	高压系统试验压力/MPa	低压系统试验压力/MPa
R717，R502	2.0	1.8
R22	2.5(高冷凝压力) 2.0(低冷凝压力)	1.8
R12	1.6(高冷凝压力) 1.2(低冷凝压力)	1.2
R11	0.3	0.

试压时，可分两个步骤进行。第一步，将充气管接到系统高压段，关闭压缩机本身的吸、排气阀和系统与大气相通的所有阀门、液位计阀门，然后向系统充气。当系统内压力达到低压系统试验压力要求时，停止充气。待压力平衡后，记录压力表指示压力、环境温度等参数，用肥皂水涂至系统焊口、螺栓、法兰、阀门等处，检查有无漏气。第二步，保持压力 6 h，记录压力表压力及环境温度，允许压力降 0.02～0.03 MPa，如无漏气现象，关闭高低压处截止阀，使高低压段分开，继续向高压系统充气至高压系统试验压力时停止充气。经 18 h 后，压力无变化为合格，如果有压力降，应按下式计算：

$$\Delta p = p_1 - \frac{273 + t_1}{273 + t_2} \times p_2 \tag{7-2}$$

式中　Δp—— 压力降，MPa；

p_1—— 开始时系统中气体绝对压力，MPa；

p_2—— 结束时系统中气体绝对压力，MPa；

t_1—— 开始时系统中气体温度，℃；

t_2—— 结束时系统中气体温度，℃。

气压试验的前 6 h，因压缩机排出气体温度高于室温，系统中气体被冷却后会产生压力降低；后 18 h，系统中气体与室温相差较小，不允许有明显压降。试验终了时压力应符合式(7-2)的计算结果，试验记录应每 2 h 记一次。

(二)真空试漏(真空试验)

真空试漏应在压力试漏后进行。其目的是进一步检查系统在真空下的严密性，并排除系统内残余水分及压力试漏气体，为充制冷剂试漏做准备。真空试验的试验压力应按设备技术文件的规定执行。抽真空时应使用真空泵进行，或使用系统中选定的压缩机，但全封式压缩机和较大的压缩机不宜自身抽气，此时必须用真空泵来进行。系统的真空度应比当地大气压低 20～30 mmHg，用水银压差计或压力真空表测定，保持 18 h 压力没变化为合格。

动画：制冷系统的抽真空操作

(三)充制冷剂试漏

制冷剂试漏在真空试验后进行。其目的是进一步检查系统严密性。检漏方法是：抽真空试验后利用系统的真空度向系统充入少量制冷剂，当系统内压力升至 0.1～0.2 MPa 时，停止充液并进行检漏。其余步骤同压力试漏。对系统进行全面检查应无泄漏为合格。

(四)检漏

检漏工作要细致，主要检查系统各焊接、法兰连接、螺纹连接部位。检测方法大体有声响检漏、目测检漏、浓肥皂水检漏、卤素灯检漏、电子卤素灯检漏仪检漏、酚酞试纸检漏，可根据系统所用制冷剂来定。发现漏点时应作标记，待系统检查完毕后，排出制冷剂并用压缩空气吹净，此时方可补焊，直到不漏为止。

任务实施

根据项目任务书和项目任务完成报告进行任务实施，见表 7-2-2 和表 7-2-3。

表 7-2-2 项目任务书

<table>
<tr><td>任务名称</td><td colspan="3">制冷系统的吹污与气密性试验</td></tr>
<tr><td>小组成员</td><td colspan="3"></td></tr>
<tr><td>指导教师</td><td></td><td>计划用时</td><td></td></tr>
<tr><td>实施时间</td><td></td><td>实施地点</td><td></td></tr>
<tr><td colspan="4">任务内容与目标</td></tr>
<tr><td colspan="4">1. 了解制冷系统中污的来源；
2. 掌握制冷系统中吹污的办法；
3. 了解如何对制冷系统进行试漏试验</td></tr>
<tr><td>考核项目</td><td colspan="3">1. 在制冷设备中会造成污的原因；
2. 在制冷设备中防护污以及吹污的办法；
3. 如何对制冷系统进行试漏试验</td></tr>
<tr><td>备注</td><td colspan="3"></td></tr>
</table>

表 7-2-3 项目任务完成报告

<table>
<tr><td>任务名称</td><td colspan="3">制冷系统的吹污与气密性试验</td></tr>
<tr><td>小组成员</td><td></td><td></td><td></td></tr>
<tr><td>具体分工</td><td></td><td></td><td></td></tr>
<tr><td>计划用时</td><td></td><td>实际用时</td><td></td></tr>
<tr><td>备注</td><td colspan="3"></td></tr>
<tr><td colspan="4">1. 造成设备有污物的原因有哪些？

2. 在制冷设备中吹污的办法有哪些？

3. 在制冷系统吹污后，如何对制冷系统进行试漏试验？</td></tr>
</table>

任务评价

根据项目任务综合评价表进行任务评价，见表 7-2-4。

表 7-2-4 项目任务综合评价表

任务名称：　　　　　　　　　　　　　　　　　　　　测评时间：　年　　月　　日

考核明细		标准分	实训得分								
			小组成员								
			小组自评	小组互评	教师评价	小组自评	小组互评	教师评价	小组自评	小组互评	教师评价
团队60分	小组是否能在总体上把握学习目标与进度	10									
	小组成员是否分工明确	10									
	小组是否有合作意识	10									
	小组是否有创新想(做)法	10									
	小组是否如实填写任务完成报告	10									
	小组是否存在问题和具有解决问题的方案	10									
个人40分	个人是否服从团队安排	10									
	个人是否完成团队分配任务	10									
	个人是否能与团队成员及时沟通和交流	10									
	个人是否能够认真描述困难、错误和修改的地方	10									
合计		100									

思考练习

1. 制冷系统安装完成后为什么要进行吹污？
2. 如何对制冷系统进行气密性试验？

任务三　制冷剂的充注与取出

任务描述

本任务主要学习制冷剂的充注、取出方法和操作过程，以及在操作过程的注意事项。

PPT
制冷剂的充注与取出

任务资讯

动画：
充注制冷剂的操作过程

一、制冷系统充注制冷剂

在制冷系统充制冷剂试漏合格且管道保温后，方能开始对制冷系统正式充灌制冷剂。充灌制冷剂前，应检查制冷剂是否符合设计和设备技术文件要求，有无出厂合格证。

(一)系统充氨

氨具有强烈刺激性气味，在空气中达到一定浓度(11%～25%)时遇明火可发生燃烧或爆炸，对人体皮肤和呼吸道有毒害作用，因此充氨之前应注意做好安全措施：充氨地点准备防毒(氨)面具，橡皮手套、毛巾、脸盆和水等防护工具；药品；严格遵守操作规程；掌握急救方法和急救药品的使用方法。

充氨时应按下列步骤进行：

(1)将氨瓶口朝下，瓶底提高与地面成30°固定在台秤的斜木架上(见图7-3-1)，称出此时氨瓶及木支架的全部重量并作好记录，根据系统设计充氨量设定台秤动作值(若一个氨瓶氨量不足可再换一个氨瓶)，用高压橡胶管连接氨瓶与加氨阀。

(2)微开氨瓶出口阀门后关闭，将系统加氨阀接口松一松，把管内空气放出，再把接头旋紧并检查此处是否泄漏。

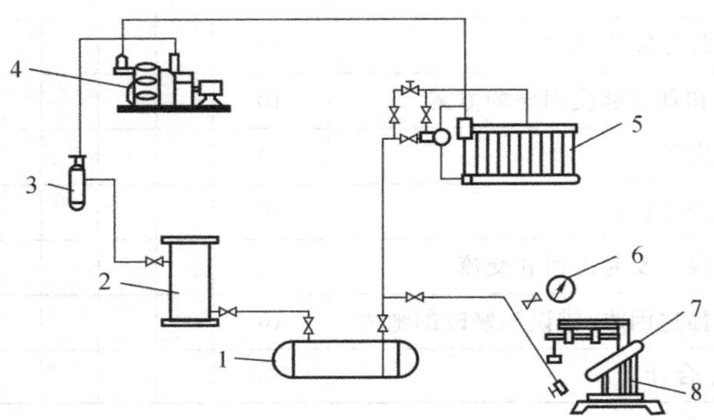

图7-3-1 系统充氨

1—贮液器； 2—冷凝器； 3—油分离器； 4—压缩机；
5—蒸发器； 6—压力表； 7—氨瓶； 8—台秤

(3)开启氨瓶阀与加氨阀向系统充氨，在正常情况下管路表面将结一层薄霜并有制冷剂流动的响声。

(4)随着制冷剂进入系统，系统内氨液量增加，当系统内的压力升高到0.1～0.2 MPa(表压)时应停止充灌，进行全面检查，无异常后，继续充灌；当氨瓶内压力与系统内压力接近时，充氨比较困难，此时，可开启压缩机降低系统内压力继续充氨。

(5)如果充氨过程中台秤动作，证明充氨量已达到设计充氨量的60%或达到计算充氨量，可以暂停加氨，如果系统投入运行发现氨量不足，可以补充氨液。

(6)如果氨瓶下部结霜融化，证明氨液已加完，此时应先关闭氨瓶阀，再关闭加氨阀，并计算出加氨量。更换氨瓶按上述步骤加氨，直到完成为止。

充氨过程中，应注意以下几点：

(1)应开启搅拌机或蒸发器水泵，直接蒸发时要开启强制空气循环的风机；

(2)打开充氨地点所有门窗；

(3)严禁工作人员进入充氨地点，充氨地点周围严禁吸烟和从事电焊等作业；

(4)充氨过程中不允许采取加热氨瓶的方法加快充氨速度；

(5)准备各种用具(小活动搬手、管钳)及充氨工具(如压力表、过滤器及阀门等)。

(二)系统充氟利昂

对于大型的或有专用充液阀的氟利昂制冷系统,可以使用与加氨相同的方法。对于中小型的氟利昂制冷系统,一般不设专用充液阀,制冷剂可从压缩机排气截止阀和吸气截止阀的旁通孔充入系统,并分别称为高压段充氟和低压段充氟。

1. 高压段充氟

这种方法充入系统的制冷剂为液体,也称液体充注法(见图 7-3-2)。这种方法充灌速度快、方便安全,尤其在系统抽真空的情况下或安装完毕后第一次向系统内充灌制冷剂更为方便,使用这种方法充氟,压缩机必须停止运转,以免发生冲缸事故。

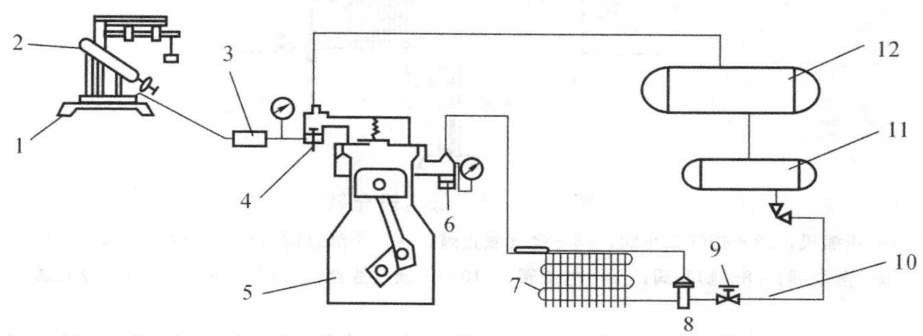

图 7-3-2　高压段充氟

1—台秤;　2—氟瓶;　3—干燥过滤器;　4—排气截止阀;　5—压缩机;　6—吸气截止阀;
7—蒸发器;　8—膨胀阀;　9—电磁阀;　10—干燥过滤器;　11—贮液器;　12—冷凝器

高压段充氟具体操作方法如下:

(1)将制冷剂钢瓶斜放在台秤上,口朝下并固定,注意钢瓶必须高于贮液器,使其二者之间形成高差。

(2)接通电磁阀(蒸发器前),使其开启。

(3)关闭压缩机排气截止阀,开启旁通孔,卸下旁通孔堵头,用铜管将制冷剂钢瓶与旁通管连接。

(4)微开制冷剂钢瓶阀并随即关闭,再将旁通孔端的接头松一松,使氟利昂排除管内空气,然后旋紧,并记录台秤读数。

(5)开启制冷剂钢瓶阀,在正常情况下,应能听到气流声。

(6)制冷剂在压差作用下,进入系统,当系统压力达到 0.2～0.3 MPa 时停止充注,进行全面检查,无异常后,继续灌制冷剂。

(7)充入量达到设计或设备技术文件要求时,关闭钢瓶阀,加热充氟管,使液体气化后进入系统,然后关闭排气截止阀旁通孔。

(8)卸下充氟管,用堵头堵死旁通孔,恢复电磁阀正常工作,充氟完毕。

2. 低压段充氟

低压段充氟即从压缩机吸气截止阀旁通孔处充入氟利昂气体(见图 7-3-3),而不能使用液体,以防止压缩机发生液击或冲缸事故。这种方法充入速度较慢,适用于制冷剂不足而需要补充的情况。在充注过程中,需使压缩机运转,并开启冷凝器的水泵或风机。

充注方法如下：

(1)将制冷剂钢瓶竖放在台秤上。

(2)将压缩机吸气截止阀开足，使吸气截止阀旁通孔关闭，然后卸下旁通孔堵头，用钢管将氟瓶与旁通孔相连。

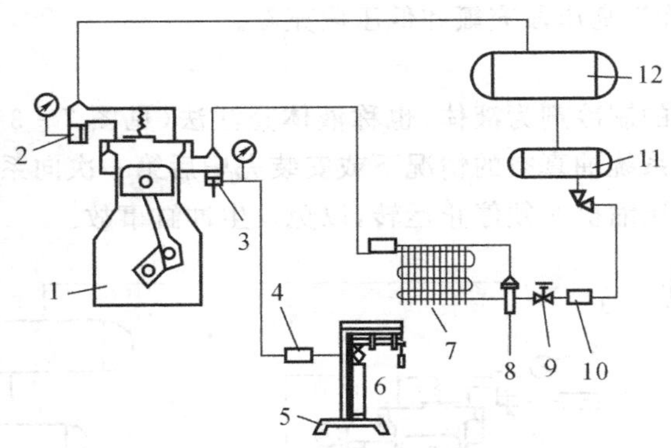

图 7-3-3　低压段充氟

1—压缩机；　2—排气截止阀；　3—吸气截止阀；　4—干燥过滤器；　5—台秤；　6—氟瓶；
7—蒸发器；　8—膨胀阀；　9—电磁阀；　10—干燥过滤器；　11—贮液器；　12—冷凝器

(3)稍开一下氟瓶阀并随即关闭，再松一下旁通孔端管接头使空气排出，听到气流声时立即旋紧。

(4)从台秤上读出重量，并作好记录。

(5)将吸气截止阀阀杆顺时针方向旋转 1～2 圈，使吸气截止阀旁通孔打开与系统相通，再检查排气截止阀是否打开，然后打开钢瓶阀，制冷剂便在压差作用下进入系统。当系统压力升到 0.2～0.3 MPa 时，停止充注，用检漏仪或肥皂水检漏，无漏则继续充注。当钢瓶内压力与系统内压力达到平衡，而充注量还没有达到要求时，关闭贮液器出液阀(无贮液器时关闭冷凝器出液阀)，打开冷却水或风冷式冷凝器风机，逆时针方向旋转吸气截止阀阀杆使旁通孔关小，开启压缩机将钢瓶的制冷剂抽入系统。

关小旁通孔的目的是防止压缩机产生液击。压缩机启动后可根据情况缓慢地开大一点旁通孔，但须注意不要发生液击，如有液击，应立即停机。

(6)充注量达到要求后，关闭钢瓶阀，开足吸气截止阀，使旁通孔关闭，拆下充氟管，堵上旁通孔，打开贮液器或冷凝器出液阀，则充氟工作完毕。

二、制冷剂的取出

开启式制冷机组取氟利昂方法如下：

(1)将压缩机的排气截止阀阀杆逆时针退足(俗称倒煞)，把多用通道关闭，旋下旁通孔的闷塞，装上 T 形或直形接头(用 T 形接头可附装一高压压力表)。直形接头可参考图 7-3-4 加工。依照图接好取氟利昂管(一般用 ϕ6 mm×1 mm 紫铜管做成)，把这接头和备用钢瓶的阀接头连接起来并旋紧接扣，如图 7-3-4 所示。

(2)顺时针旋动排气截止阀阀杆，稍开即关。再把钢瓶一端的管接扣旋松片刻又旋紧，让从系统放出的制冷剂蒸气将管内空气排出。

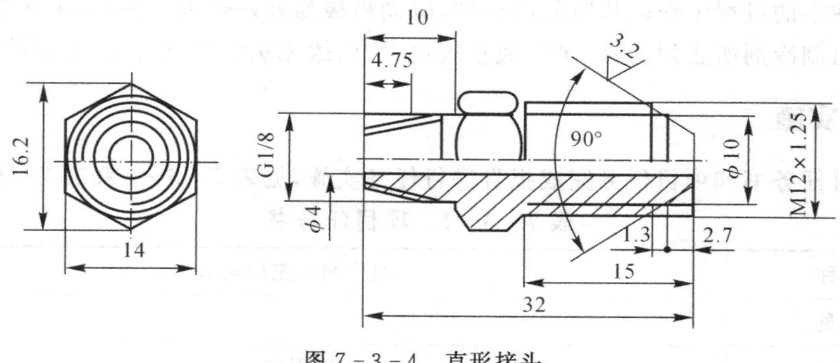

图 7-3-4　直形接头

(3)旋开钢瓶阀,并用冷水浇钢瓶,或把钢瓶浸在冷水中。因为从压缩机压入钢瓶的是制冷剂过热蒸气,必须对它进行强制冷却,以便使它迅速凝结为液体,并可使冷凝压力降低,加速抽出速度,如图 7-3-5 所示。

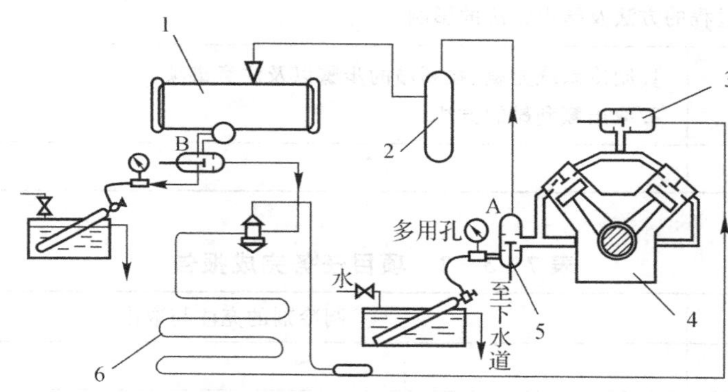

图 7-3-5　制冷系统去氟利昂示意图

1—冷凝器;　2—油分离器;　3—吸气阀;　4—冷冻机;　5—排气阀;　6—蒸发器

(4)起动压缩机。为避免排气过急而击坏阀片,或热蒸气来不及散热致使冷凝压力过高,应事先将吸气截止阀关小。

(5)完全关闭压缩机的排气截止阀,使系统内的制冷剂全部由旁通孔排入钢瓶。这时,必须要连续地向钢瓶浇冷却水,保证及时散热。其排气压力应不超过 1.472 MPa(表压)。

(6)当排气压力逐渐下降,或手摸排气管不太烫时,便可逐渐开大吸气截止阀(逆时针旋)。

(7)当压缩机连续运转了相当时间后,可以看到吸气压力逐渐下降,当压力表指针为“0”MPa(表压)或更低些时,系统中的制冷剂基本上抽空,留下的只是少量的制冷剂蒸气,这时可以停机。

(8)立即关闭钢瓶阀。稍等几分钟,观察吸气压力表指示值的回升情况,若吸气压力回升至“0”MPa(表压)以上,就要重新打开钢瓶阀,起动压缩机继续抽出。

若停机后,吸气压力并不回升,这才说明系统内没有液态制冷剂。至此,可以倒煞排气截止阀以关闭其旁通孔。

若压缩机本身因有故障不能利用,或压缩机为全封闭式或半封闭式,则需另用一台开启式压缩机来进行抽氟利昂的工作,因为这两种型式压缩机的电动机绕组靠制冷剂来冷却;如果制冷剂在逐渐抽空的过程中作较长时间的运转，电动机极易发热烧毁。另外，大多数的全封闭式压缩机连抽出制冷剂所必须的吸、排气截止阀也没有，故无法实行自身抽、排制冷剂。

任务实施

根据项目任务书和项目任务完成报告进行任务实施，见表 7－3－1 和表 7－3－2。

表 7－3－1　项目任务书

任务名称	制冷剂的充注与取出		
小组成员			
指导教师		计划用时	
实施时间		实施地点	
任务内容与目标			
1. 掌握制冷剂在充注过程中的操作方法以及注意事项； 2. 了解制冷剂取出过程的方法及错误方法的影响			
考核项目	1. 制冷系统充氨、氟利昂的步骤以及注意事项； 2. 取出氟利昂的方法		
备注			

表 7－3－2　项目任务完成报告

任务名称	制冷剂的充注与取出		
小组成员			
具体分工			
计划用时		实际用时	
备注			
1. 系统充氨的步骤及注意事项。 2. 系统充氟利昂的步骤及注意事项。 3. 取出氟利昂的步骤方法。			

任务评价

根据项目任务综合评价表进行任务评价，见表 7－3－3。

表 7-3-3　项目任务综合评价表

任务名称：　　　　　　　　　　　　　　　　　　　　测评时间：　　年　　月　　日

考核明细		标准分	实训得分								
			小组成员								
			小组自评	小组互评	教师评价	小组自评	小组互评	教师评价	小组自评	小组互评	教师评价
团队60分	小组是否能在总体上把握学习目标与进度	10									
	小组成员是否分工明确	10									
	小组是否有合作意识	10									
	小组是否有创新想(做)法	10									
	小组是否如实填写任务完成报告	10									
	小组是否存在问题和具有解决问题的方案	10									
个人40分	个人是否服从团队安排	10									
	个人是否完成团队分配任务	10									
	个人是否能与团队成员及时沟通和交流	10									
	个人是否能够认真描述困难、错误和修改的地方	10									
合计		100									

思考练习

1. 简述充氨过程中的注意事项。
2. 简述高压段的充氟方法。
3. 简述低压段的充氟方法。

任务四　制冷设备的试运转与调试

PPT
制冷设备的
试运转与调试

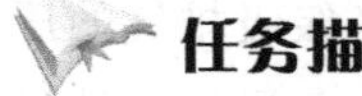

任务描述

本任务主要学习制冷设备在试运转和调试过程中的注意事项，以及在工作过程中出现的常见问题。

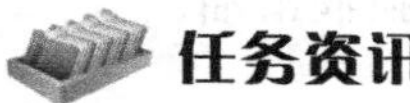

任务资讯

一、制冷设备的试运转

在制冷压缩机安装完毕后，应按设计或制冷压缩机的技术文件要求进行试运转。不同类型的制冷压缩机有不同的试运转内容及要求。在制冷压缩机试运转前，应做一些准备工作：熟悉制冷系统的设备、技术文件、参数要求；检查试运转所需的水、电、油是否满足要求；明确制冷压缩机的试运转程序；准备记录运行中所出现的问题及运行参数。

在制冷压缩机试运转前应对冷却水系统的设备进行检查、密封试验，并对冷却水系统进行试运转。确认冷却水系统正常后方可进行压缩机试运转。制冷压缩机的试运转，应包括空负荷试运转、空气负荷试运转、负荷试运转。

(一)活塞式压缩机试运转

在活塞式制冷压缩机试运转前应做好下列工作：最后核对图纸，检查安装有无遗漏；向曲轴箱内加入润滑油并符合压缩机技术文件要求；全面复查压缩机各紧固部件，紧固部件应已锁紧和紧固；检查电机运转方向与压缩机运转方向是否相符；仪表和电气设备调整是否正确；检查安全阀、油压继电器、高低压继电器等安全保护装置的设定值是否正确，动作是否灵活、可靠，进、排气管路应清洁和畅通。

1. 压缩机空负荷试运转

空负荷试运转的作用在于检查各零部件经拆卸、清洗、装配后的运转情况。

在进行空负荷试运转之前，应将各级吸、排气阀组拆下，并使用试车夹具将气缸套压紧，向活塞环部加 1～2 m 厚的润滑油，用干净布包好气缸顶部的缸盖部分，防止灰尘或异物落入气缸内。先启动冷却系统、滑润系统，视其是否正常。如果正常，点动压缩机检查各部位有无异常。若无异常，再依次运转 5 min、30 min 和 2 h 以上。每次启动运转前应检查压缩机润滑油是否正常，如果异常，应检查其原因后，进行检修，合格后再进行空负荷试运转。

在空负荷试运转中的油压、油温和各摩擦部位的温度应符合压缩机技术文件规定；运转应平稳，无异常噪声和剧烈振动；油封处无滴漏现象；气缸内壁无异常磨损；运转电流应稳定。

2. 压缩机空气负荷试运转

空气负荷试运转的目的是观察压缩机的工作性能，各运动部件在加载情况下声音是否正常。

在空气负荷试运转之前，应更换润滑油，清洗滤油器，装上空气滤清器(或松开吸气过滤器法兰螺栓，留出一定空隙作为压缩机空气吸入口)，逐级装上吸、排气阀组，关闭吸气网，启动压缩机，调整排气压力至 0.3 MPa 左右(当吸气压力为大气压力时，对于有水冷却的其排气压力为 0.3 MPa)，连续运转不小于 1 h。

空气负荷试运转应检查和记录：润滑油的压力、温度、各部位的供油情况；各级吸排气的压力和温度；各级进、排水温度、压力和冷却水供应情况；各级吸、排气阀工作情况；各运动部件运转声音情况；各连接部位有无漏气、漏水、漏油情况；连接部位有无松动现象；能量调节装置是否灵敏；主要磨擦部位温度；电机的电压、电流、温升；自控装置灵敏程度等。在空气负荷试运转后，应拆下空气过滤器(如果安装吸气过滤器应清洗)，清洗油过滤器，并更换润滑油。

(二)螺杆式压缩机试运转

对于螺杆式制冷压缩机安装后的试运转目的在于检查其运转部件运转声音、振动及仪表工作是否正常。

在试运转前，应进行如下检查：润滑系统必须清洁，加油量和规格符合压缩机技术文件规定;冷却水供水量、温度、水质应符合设计或压缩机技术文件要求,且无渗漏;各种仪表,控制设备调试合格;压缩机吸入口处应装空气过滤器和临时过滤网;盘车转动应灵活,无阻滞现象;按规定开启或关闭有关阀件。

1. 螺杆式压缩机空负荷试运转

首先启动油泵,使油压上升,在规定压力下运转不应小于 15 min;点动电机,其旋转方向应与压缩机相符;启动压缩机并运转 2～3 min,无异常现象后其连续运转时间不应小于 30 min;当停机时,油泵应继续运转 15 min 方可停转,停泵后应清洗各进油口的过滤网。再次启动压缩机,应连续进行吹扫,并不应小于 2 h,轴承温度应符合压缩机技术文件规定。

在空负荷试运转中,参照活塞式压缩机空负荷试运转进行检查。

2. 螺杆式压缩机空气负荷试运转

在进行空气负荷试运转前,应做以下准备:空负荷试运转应完毕并不少于 30 min;关闭压缩机吸气口的导向叶片;拆除浮球室盖板和蒸发器上的视孔法兰,使吸气口与大气相通。

空气负荷试运转时,首先按要求供应冷却水,然后启动油泵,使其供油正常,建立正常油压。启动压缩机,待主机运转正常后,按压缩机技术文件要求的升压速率和运转时间,慢慢开启吸气阀,调节滑阀,逐级升压试运转,使压缩机慢慢地升温;在上一级升压试运转无异常现象后,可将压力逐渐升高,在额定压力下连续运转时间不应小于 2 h。

在额定压力下运转,应注意压缩机各项参数的变化并做相应记录,如果有不正常声音或局部温度特别高应立刻停机检查,在排除故障后重新进行试运转。应当检查和记录的项目有:润滑油压力、温度及供油情况;吸、排气的温度和压力;冷却水的进、出水温度及流量;轴承温度;电机运行参数等。

(三)离心式压缩机试运转

离心式制冷压缩机安装后应进行试运转,其目的在于检查电机的转向和附件的动作是否正确,以及机组的运转是否良好。在进行空气负荷试运转前,除应参照活塞式制冷压缩机试运转做相应准备以外,还应检查润滑系统是否正常,并进行油泵试运转,调整油压为 0.1～0.3 MPa,油温为 40～45 ℃,运转时间不应小于 8 h,以便清洗油路。油泵运行停止后,应更换冷冻机油,并重复进行清洗工作。

空气负荷试运转应按如下程序进行:关闭压缩机吸气口导向叶片或进气阀,拆除浮球室盖板和蒸发器上的视孔法兰,使吸、排气口与大气相通;启动冷却水泵,并使其正常工作;启动油泵,调整油系统,使其正常供油;点动压缩机,如果转向正确、无卡阻现象,启动压缩机,机组的电机为通水冷却时,其运转时间不应小于 30 min,机组电机为通气冷却时,其连续运转时间不应大于 10 min。在空气负荷试运转时,应检查油温、油压的变化情况,轴承部分的温升,机器的运转声音及机器的振动。

二、制冷设备的调试

制冷设备的调试就是把系统运行参数调整到所要求的范围内工作,从而既能使制冷系统的工作满足设计要求,又能使装置在既安全又经济的范围内的运行参数下工作。

制冷设备运行的主要参数有:蒸发压力和蒸发温度;冷凝压力和冷凝温度;压缩机的吸气

温度和排气温度;膨胀阀(节流阀)前制冷剂温度等。这些参数在制冷设备运行的过程中不是固定不变的,而是随着外界条件(如库内热负荷、冷却水温、环境温度等)的变化而变化的,所以在调试过程中,必须根据外界条件和设备的特点,把各运行参数调整在合理的范围内。下面对主要运行参数分别给予说明。

1. *蒸发温度 t_0 和蒸发压力 p_0*

蒸发温度 t_0 是蒸发器内制冷剂在一定压力下汽化时的饱和温度,该压力即为蒸发压力 p_0。

设备运行的蒸发温度 t_0 应根据被冷却介质的温度的要求及它的工作特点来确定。例如:对于直接蒸发式冷库来说,空气为自然对流时,蒸发温度比要求冷库温度低 10 ~ 15 ℃;空气为强制循环时,蒸发温度比冷库温度低 5 ~ 10 ℃;对于冷却液体的蒸发器,它的蒸发温度 t_0 应比被冷却液体平均温度低 4 ~ 6 ℃。

在制冷设备运行过程中,蒸发温度 t_0(蒸发压力 p_0)并不是固定不变的,它将随着工作条件的变化(库内热负荷的变化,压缩机能量的变化等)而产生相应的变动。从制冷设备的工作原理可知:在蒸发压力 p_0 不变的情况下,设备的制冷量随着蒸发温度的下降而减小,而单位制冷量的耗功却随着蒸发温度的下降反而增大。

2. *冷凝温度 t_k 和冷凝压力 p_k*

冷凝温度 t_k 是制冷剂气体在冷凝器中冷凝时的温度,在冷凝温度 t_k 下的饱和压力就是冷凝压力 p_k。

冷凝温度的大小取决于冷却水(或空气)的温度,冷却水在冷凝器的温升以及冷凝器的形式。

冷凝温度 t_k 与冷却水进水温度 t_w 的关系为

$$t_k = t_w + \Delta t_1 + \Delta t_2 \tag{7-3}$$

式中 t_w——冷却水进水温度(℃);

Δt_1——冷却水在冷凝器中的温升(即进出水温差),一般 $\Delta t_1 = 2 \sim 4$ ℃;

Δt_2——冷凝温度与冷却水出口水温度之差,一般 $\Delta t_2 = 3 \sim 5$ ℃。

所以冷凝温度比冷却水进口温度高 5 ~ 9 ℃。

当用空气冷却时,冷凝温度比空气进口温度高 8 ~ 12 ℃。

冷凝温度也是通过技术经济分析决定的,降低冷凝温度对设备工作是有利的,但一般需要增大冷却水量(风量),而增大冷却水量需投入外加能量,故应全面考虑。另外,过高冷凝温度造成排气压力和排气温度过高,这时制冷设备的运行极不安全。按照规定:R12 系统的冷凝温度 ≤ 50 ℃(最好能在 40 ℃ 以下);R22 和 R717 系统 ≤ 40 ℃(最好不超过 38 ℃)。

同时从制冷系统的工作原理可知:冷凝温度 t_k 的升高,不仅使系统的制冷量下降,而且造成耗功增大,一般 t_k 增加 1 ℃ 使制冷量减少 1% ~ 2%,耗功增加 1% ~ 1.5%,单位耗电量增加 2% ~ 2.5%。

3. *压缩机的吸气温度*

压缩机的吸气温度是指吸入阀处的制冷剂温度。为了保证压缩机的安全运转,防止液击冲缸现象,吸气温度要比蒸发温度高一点,也就是使制冷气体成为过热气体,有一定的过热度。一般情况下，在没有气液过冷器的氟利昂制冷系统里，吸气温度应比蒸发温度高 5 ℃ 的吸气过热度是合适的。对于氨制冷装置，吸气过热度一般为 5 ～ 10 ℃。

吸气过热度过大或过小都应避免，若过热度过大，则会使制冷量下降，排气温度升高，耗功增大；若过热度过小，易产生液击冲缸现象。

4. 压缩机的排气温度

压缩机的排气温度是指排气阀处的制冷剂温度。为了保证压缩机的安全运行，规定 R12 装置的排气温度不能超过 130 ℃，R22 和氨的系统不能超过 150 ℃。排气温度过高，会引起润滑油因温度高而降低黏度，使润滑效果变差，易造成运转部件的损坏，当排气温度升高到接近润滑油闪点时，也容易出现危险。

排气温度与压缩比 p_k/p_0 及吸气温度有关。吸气温度越高，压缩比越大，则排气温度越高。

排气温度比冷凝温度要高得多。例如氨压缩机在标准工况下运行，按理论循环计算，排气温度为 106 ℃ 左右，而冷凝温度则为 30 ℃ 的饱和气体被冷凝为 30 ℃ 的饱和液体，放出冷凝潜热约占83%；温度30 ℃ 的饱和液体过冷为25 ℃ 的过冷液体，放出显热为2% 左右。由此可见，饱和蒸气的冷凝放热是主要的，起着决定性的作用。

5. 液体制冷剂的过冷温度

为了防止液体制冷剂在膨胀阀（节流阀）前的液管中产生闪发气体，保证进入膨胀阀的制冷剂全部是液体，应该使液体制冷剂具有一定的过冷度。不同的系统，按照膨胀阀（节流阀）前液管总的压力损失的不同，所需的过冷度也不一样。一般希望过冷度在 3 ℃ 以上。

为了达到过冷的要求，可采用回热器。在 R12 的系统中常用的方法是把液管和回气管包扎在一起，成为一个结构简单的回热器，以达到过冷的目的。

例如：有一制冷设备，制冷剂为 R12，要求保持冷库温度是 －10 ℃，调试时冷凝器冷却水温度为 30 ℃。

起动压缩机让制冷装置投入调试运行，在开始调试时由于库温比较高，把膨胀阀的开度调至能看到蒸发器出口开始结霜后，再稍开大点，然后让它运行一段时间。此时低压的数值，一般情况可在0.098 MPa（表压）左右（对应的蒸发温度为－12 ℃ 左右）。应当指出，膨胀阀开度不宜过大，过大易产生液击。但也不能把阀开度调得过小，因为过小会使制冷量过小，降温速度降低。在这段运行时间里，要注意低压的变化及蒸发器的结霜情况，因为随着库温的逐步下降，低压值和结霜都会有些变化。待运行比较稳定后，再调节膨胀阀，调至霜结到回气管的端头（即压缩机的吸入口），但最好不要使霜结到压缩机气缸上，因为这样易引起液击。在调节膨胀阀的操作过程中，一次的调节量不能过大，一般每次调 1/2 ～ 1/4 圈，而且调整一次后，让它有 20 min 左右的运转时间。经多次反复调整，使库温下降至 －10 ℃ 时，低压值处于 0.049 MPa（表压）（即蒸发温度为 －20 ℃）。在调整膨胀阀的同时，应注意高压的运行数值，按照冷凝温度与冷却水温度之间的关系，在 30 ℃ 冷却水的情况，合理的冷凝温度应比 30 ℃ 高 5 ～ 9 ℃，相应的冷凝压力在 0.784 MPa（若有气液过冷器，保持15 ℃ 过热度为宜），如无吸气温度计，则能见到霜刚好结到压缩机的吸入口，调试到此基本达到了设计要求。

任务实施

根据项目任务书和项目任务完成报告进行任务实施，见表 7－4－1 和表 7－4－2。

表 7－4－1　项目任务书

<table>
<tr><td>任务名称</td><td colspan="3">制冷设备的试运转与调试</td></tr>
<tr><td>小组成员</td><td colspan="3"></td></tr>
<tr><td>指导教师</td><td></td><td>计划用时</td><td></td></tr>
<tr><td>实施时间</td><td></td><td>实施地点</td><td></td></tr>
<tr><td colspan="4">任务内容与目标</td></tr>
<tr><td colspan="4">1. 了解制冷设备的试运转情况；
2. 掌握制冷设备的调试方法</td></tr>
<tr><td>考核项目</td><td colspan="3">1. 在制冷设备中有哪些常用设备及其试运转情况；
2. 制冷设备的调试方法</td></tr>
<tr><td>备注</td><td colspan="3"></td></tr>
</table>

表 7－4－2　项目任务完成报告

<table>
<tr><td>任务名称</td><td colspan="3">制冷设备的试运转与调试</td></tr>
<tr><td>小组成员</td><td></td><td></td><td></td></tr>
<tr><td>具体分工</td><td></td><td></td><td></td></tr>
<tr><td>计划用时</td><td></td><td>实际用时</td><td></td></tr>
<tr><td>备注</td><td colspan="3"></td></tr>
<tr><td colspan="4">1. 在制冷设备的试运转中有哪些常用设备？包含哪些试运转情况？

2. 制冷设备调试方法有哪些？

</td></tr>
</table>

任务评价

根据项目任务综合评价表进行任务评价，见表 7－4－3。

表 7-4-3　项目任务综合评价表

任务名称：　　　　　　　　　　　　　　　　　　　　　测评时间：　　年　　月　　日

考核明细		标准分	实训得分								
			小组成员								
			小组自评	小组互评	教师评价	小组自评	小组互评	教师评价	小组自评	小组互评	教师评价
团队60分	小组是否能在总体上把握学习目标与进度	10									
	小组成员是否分工明确	10									
	小组是否有合作意识	10									
	小组是否有创新想(做)法	10									
	小组是否如实填写任务完成报告	10									
	小组是否存在问题和具有解决问题的方案	10									
个人40分	个人是否服从团队安排	10									
	个人是否完成团队分配任务	10									
	个人是否能与团队成员及时沟通和交流	10									
	个人是否能够认真描述困难、错误和修改的地方	10									
合计		100									

思考练习

1. 制冷系统试运转前应做好哪些准备工作？

2. 如何对制冷系统进行调试？

项目八　热泵基础知识的运用

热泵是一种能从自然界的空气、水或土壤中获取低品位热，经过电力做功，输出能用的高品位热的设备。它是一种节能清洁的采暖空调一体化设备，按照取热来源不同，一般分为水源、地源和空气源热泵三种。采用热泵可以把热量从低温区抽吸到高温区。所以热泵实质上是一种热量提升装置，热泵的作用是从周围环境中吸取热量，并把它传递给被加热的对象（温度较高的物体）。同时，热泵不是把电能转变成热能，热泵在工作时，它本身消耗一部分能量，把环境介质中贮存的能量加以挖掘。本项目通过对热泵理论基础知识、热泵的分类、低温热源、驱动能源的介绍，能使学生更加了解热泵功能。

项目目标

- 热泵基础知识的运用
  - 素养目标
    - 1. 提高学生的动手操作能力
    - 2. 培养学生良好的学习素养和创新意识
    - 3. 激发学生的认知目标
    - 4. 增强学生的自信心和成就感
  - 知识目标
    - 1. 掌握热力学、传递性质、传热学基础知识及工作介质热力性质的计算方法
    - 2. 掌握热泵的含义及与制冷设备的不同
    - 3. 了解热泵的发展以及决定热泵发展的因素
    - 4. 掌握热泵的性能指标
    - 5. 掌握热泵的分类
    - 6. 掌握热泵常用低温热源的基本特性
    - 7. 掌握热能驱动能源的种类
  - 技能目标
    - 1. 会工作介质热力性质的计算
    - 2. 会换热器基本的计算
    - 3. 会湿空气的吸热或放热计算
    - 4. 能进行热泵的驱动能源的计算

任务一　热泵理论基础知识的认识

PPT
热泵理论基础
知识的概述

任务描述

热泵是一种将低位热源的热能转移到高位热源的装置，也是全世界倍受关注的新能源技术。它不同于人们所熟悉的可以提高位能的机械设备——“泵”；热泵通常是先从自然界的空气、水或土壤中获取低品位热能，经过电力做功，然后向人们提供可被利用的高品位热能。本任务主要学习

了解热泵理论基础知识，通过学习热力学、传热学、液体力学以及计算方法了解热力状态、热力过程、热力循环。

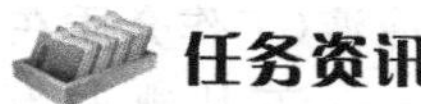

任务资讯

一、术语约定

如图 8-1-1 所示为某热泵工作的示意图。

简而言之，热泵就是以消耗少量高品位能源 W（如电能）为代价，把大量低温热能 Q_L 变为高温热能 Q_H 的装置。

为了便于叙述，对照图 8-1-1，就几个基本术语约定如下。

(1) 低温热源：向热泵提供低温热能的热源，如环境空气、地下水、土壤、海水、工业废热等。

(2) 高温热汇：需要高温热能的热用户。

(3) 热泵工质：在热泵中循环流动的工作介质，在不引起误解时，可简称为“工质”或“循环工质”。

(4) 低温载热介质：将低温热源的低温热能输送给热泵的介质。

(5) 高温载热介质：将热泵制取的高温热能输送给热用户的介质。

(6) 热泵工作介质：热泵工质、低温载热介质、高温载热介质统称为热泵的工作介质，在不引起误解时，可简称为“工作介质”。

(7) 低温热源温度：图中 T_L。

(8) 高温热汇温度：图中 T_H。

(9) 低温热源输热量：图中 Q_L。

(10) 热泵制热量：图中 Q_H。

(11) 热泵耗功量：图中 W。

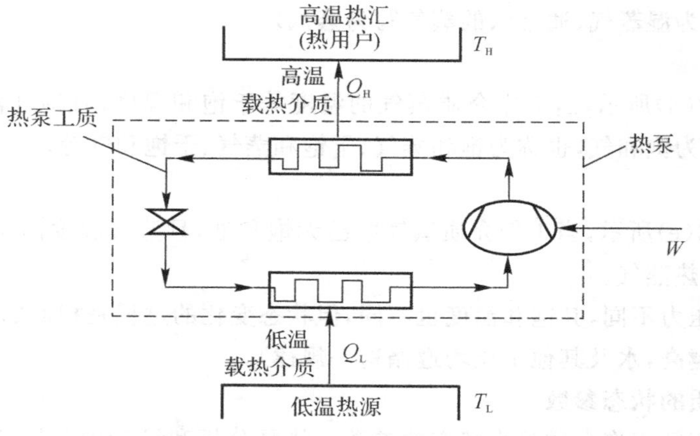

图 8-1-1　某热泵工作的示意图

二、热力学基础

(一)热泵工作介质的状态

热泵工作介质通常有过冷液、饱和液、湿蒸气、饱和气和过热气等 5 种状态。以水为例，在

1 大气压(1 atm①)下其各状态示意如图 8－1－2 所示。

1. 过冷液

如图 8－1－2(a)所示，当工作介质液体的温度低于饱和温度时，称为过冷液(工作介质在某压力下的沸点称为该压力下的饱和温度。对于水，在 1 大气压，即 1 atm 下其沸点为 100 ℃)。

2. 饱和液

如图 8－1－2(b)所示，当工作介质液体的温度等于饱和温度且刚开始产生气泡时，称为饱和液。

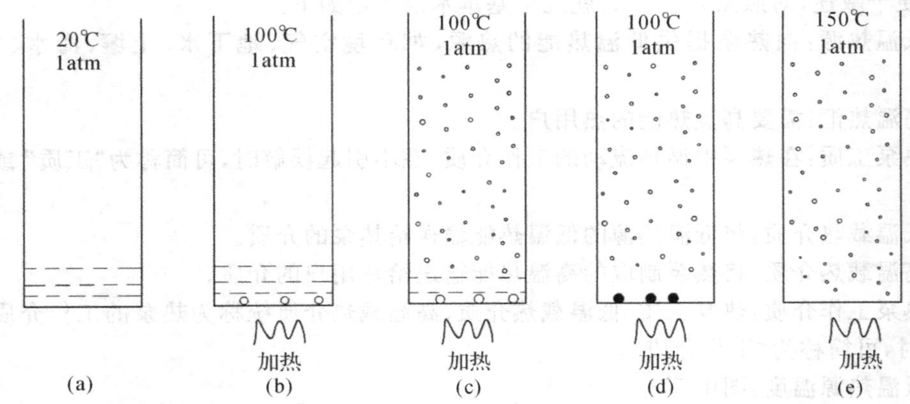

图 8－1－2　水在 1 大气压(latm)下的各状态示意

3. 湿蒸气

如图 8－1－2(c)所示，当工作介质液体的温度等于饱和温度，且已产生较多蒸气而处于气液共存状态时，称为湿蒸气(通常水的蒸气写为蒸汽)。

4. 饱和气

如图 8－1－2(d)所示，当工作介质蒸气的温度等于饱和温度，且饱和液将要被气化完毕时，此时的蒸气称为饱和气，也称为饱和蒸气、干饱和蒸气、干饱和气等。

5. 过热气

如图 8－1－2(e)所示，当工作介质蒸气中已无饱和液，且蒸气温度高于饱和温度时，称为过热气，也称为过热蒸气。

工作介质的压力不同，其饱和温度也不同，但状态变化的过程是相似的(通常压力越高，所对应的饱和温度越高，水及其他工质均遵循这一规律)。

(二)工作介质的状态参数

状态参数是表征工作介质热力状态的参数。热泵分析和设计中常用的状态参数有温度、压力、比体积(密度的倒数)、内能、焓、熵、比热容等。

1. 温度

温度是衡量工作介质冷热程度的参数，一般用 T 或 t 表示，常用单位有 K(开尔文)、℃(摄

① 1 atm＝101 325 Pa。

氏度）和 ℉（华氏度），相互间的换算如下：

摄氏度：$\{t\}$ ℃ $=\{T\}_K-273.15$

华氏度：$\{t\}$ ℉ $=\frac{9}{5}\{T\}_K-459.67$

2. 压力

单位面积上所受的力称为压力，一般用 p 表示，压力的单位有 Pa（帕斯卡）、atm（大气压）、MPa（兆帕）、kPa（千帕）、bar（巴）、mmHg（毫米汞柱）、mmH_2O（毫米水柱）等，相互间的换算如下：

牛顿/平方米：$1\ N/m^2=1\ Pa$

巴：$1\ bar=10^5\ Pa$

毫巴：$1\ mbar=10^2\ Pa$

千帕：$1\ kPa=10^3\ Pa$

兆帕：$1\ MPa=10^6\ Pa$

标准大气压：1 atm＝101 325 Pa

工程大气压：1 at＝98 066.5 Pa

千克力/平方厘米：$1\ kgf/cm^2=98\ 066.5\ Pa$

毫米汞柱（Torr，托）：1 mmHg＝133.324 Pa

毫米水柱：$1\ mmH_2O=9.806\ 375\ Pa$

磅力/平方英寸（psi）：$1\ lbf/in^2=6\ 895\ Pa$

工作介质的压力一般用压力表测量，压力表的读数简称为“表压”，一般用 p_b 表示。当工作介质的实际压力（也称绝对压力）p 高于大气压力 p_a 时（大气压力通常取为 101 325 Pa），实际压力为大气压力与表压之和，有

$$p=p_a+p_b \tag{8-1}$$

当工作介质的实际压力低于大气压力时，表压（此时为真空表读数）表示真空度，实际压力为大气压力与表压之差，有

$$p=p_a-p_b \tag{8-2}$$

如无特别说明，公式计算中用到的工作介质压力一般指实际压力。

3. 密度

密度是单位体积工作介质的质量，为比体积 v 的倒数，一般用 ρ 表示，常用单位有 kg/m^3（千克／立方米）、$1\ b/ft^3$（磅／立方英尺）等，相互间的换算如下：

吨/立方米：$1\ t/m^3=1\ 000\ kg/m^3$

千克/升：$1\ kg/L=1\ 000\ kg/m^3$

克/立方厘米：$1\ g/cm^3=1000\ kg/m^3$

磅/立方英寸：$1\ lb/in^3=27\ 680\ kg/m^3$

磅/立方英尺：$1\ lb/ft^3=16.018\ 45\ kg/m^3$

4. 内能

内能是系统中分子动能和势能的总和，总内能一般用 U 表示，单位质量工作介质的内能一般用 u 表示，常用单位有 J/kg（焦/千克）、kJ/kg（千焦/千克）、kcal/kg（千卡/千克）、Btu/lb（英制热单位/磅）等，相互间的换算如下：

千焦/千克:1 kJ/kg=1 000 J/kg

千卡/千克:1 kcal/kg=4 186.8 J/kg

英制热单位/磅:1 Btu/lb=2 326J/kg

5. 焓

工作介质的总焓一般用 H 表示,单位质量工作介质的焓一般用 h 表示。设工作介质的内能为 u,压力为 p,比体积为 v,则焓的定义式为

$$h=u+pv \tag{8-3}$$

焓的单位与内能相同。

6. 熵

熵表示系统中工作介质分子有序程度的参数,总熵一般用 S 表示,单位质量工作介质的熵一般用 s 表示,熵的单位为 J/(kg・K)(焦/千克・开)、Btu/(lb・℉)[英制热单位/(磅・华氏度)]等,相互间的换算如下:

千焦/(千克・开):1 kJ/(kg・K)=1 000 J/(kg・K)

卡/(千克・开):1 cal/(kg・K)=4.1868 J/(kg・K)

千卡/(千克・开):1 kcal/(kg・K)=4 186.8J/(kg・K)

千瓦・时/(千克・开):1 kW・h/(kg・K)-=3.6×10^6 J/(kg・K)

英制热单位/(磅・华氏度):1 Btu/(lb・T)=4 186.8 J/(kg・K)

7. 比热容

比热容是单位质量的工作介质温度升高 1 ℃时所吸收的热量。常用的有比热定压容 c_p(压力恒定时的比热容)和定容比热容 c_V(比体积恒定时的比热容),比热容的单位与熵相同。

当工作介质接近理想气体状态(温度明显高于工作压力下的饱和温度)时,工作介质在状态变化时的内能、焓、熵变化及定压比热容与定容比热容间的关系分别为

$$u_2-u_1=c_V(T_2-T_1) \tag{8-4}$$

$$h_2-h_1=c_p(T_2-T_1) \tag{8-5}$$

$$s_2-s_1=C_V\ln(T_2/T_1)+R\ln(v_2/v_1)=c_p\ln(T_2/T_1)-R\ln(p_2/p_1) \tag{8-6}$$

$$c_p-c_V=R \tag{8-7}$$

式中 R—— 气体常数,$R=8.314\ 4$ J/(mol・K),1 mol=M_g(M 为工作介质的相对分子质量)。

当液态工作介质的压力不太高时,定压比热容和定容比热容相近,式(8-5)也可用于计算液态工作介质的焓变化。

内能、焓、熵的基准点(零点)由人设定,不同研究者提供的物性数据表中其基准点可能不同,在使用时需特别注意。

(三)工作介质的状态方程

工作介质的状态参数之间有着内在的联系。反映工作介质的温度、压力、比体积之间关系的方程,称为工作介质的状态方程。

利用工作介质的状态方程及理想气体状态下的定压比热容,就可计算各个热力参数,如已知温度、压力时计算比体积、内能、焓、熵等。

工程中应用较多的状态方程有理想气体状态方程、立方型方程(如 PR 方程)、硬球微扰型方程(如 CSD 方程)、维里展开型方程(如 BWR 方程)等。其中理想气体状态方程的形式为

$$pv = RT \tag{8-8}$$

式中 p—— 实际压力,Pa;

v—— 比体积,m^3/mol;

R——8.314 4 J/(mol·K);

T—— 温度,K。

(四) 热力学基本定律

1. 热力学第一定律

热力学第一定律的基本含义是热能和机械能相互转换时总量守恒。设工作介质稳定流过某部件时,换热量为 q(kJ/kg),所做功为 w(kJ/kg),在进口处的焓为 h_1(kJ/kg),在出口处的焓为 h_2(kJ/kg),则有

$$q = h_2 - h_1 + w \tag{8-9}$$

利用上式并结合具体部件的特点,可得热泵中部件或辅助设备的特征能量方程。

(1) 锅炉或各种热交换器,有

$$q = h_2 - h_1 \tag{8-10}$$

(2) 汽轮机、燃气轮机、蒸汽轮机或膨胀机等做功机械,有

$$w = h_1 - h_2 \tag{8-11}$$

(3) 压缩机、泵或风机等耗功机械,有

$$w = h_2 - h_1 \tag{8-12}$$

(4) 喷管。设工作介质进喷管的速度为 c_1,出喷管的速度为 c_2,有

$$c_2^2 - c_1^2 = 2(h_1 - h_2) \tag{8-13}$$

(5) 阀、孔板或毛细管等节流部件,有

$$h_2 = h_1 \tag{8-14}$$

2. 热力学第二定律

热力学第二定律的基本含义是自然界的一切过程都具有方向性,包括热能的传递过程、热能与机械能的转换过程等。对热能传递,热力学第二定律可表述为:热能不会自发地、不付代价地从低温物体传到高温物体。因此,热泵工作需要消耗少量的高品位能源。

(五) 气体工作介质的基本热力过程

1. 定容过程

工作介质在状态变化过程中比体积保持不变,压力与温度成正比。工作介质在定容过程中的换热量为

$$q = c_V(T_2 - T_1) \tag{8-15}$$

2. 定压过程

工作介质在状态变化过程中压力保持不变,比体积和温度成正比。工作介质在定压过程中的换热量为

$$q = c_p(T_2 - T_1) \tag{8-16}$$

3. 定温过程

工作介质在状态变化过程中温度保持不变,比体积和压力成反比。工作介质在定温过程中的换热量和做功量为

$$q = w = RT\ln(p_1/p_2) \tag{8-17}$$

当压缩机采用水冷却时，压缩过程近似为定温过程，其理论耗功量可由式(8－17)计算。

4. 绝热过程

工作介质在状态变化过程中与外界无热量交换（可逆的绝热过程为定熵过程），绝热过程中温度、压力、比体积间的关系为

$$(T_1/T_2)=(v_2/v_1)^{k-1} \tag{8-18}$$

$$(p_1/p_2)=(v_1/v_2)^{k} \tag{8-19}$$

式(8－18)和式(8－19)中 k 为绝热指数，其定义式为

$$k=c_p/c_V \tag{8-20}$$

工作介质在绝热过程中的做功量为

$$\omega=\frac{k}{k-1}R(T_1-T_2) \tag{8-21}$$

当压缩机采用空气冷却时，压缩过程近似为绝热过程，其理论耗功量可由式(8－21)计算。

式(8－17)、式(8－18)、式(8－21)中温度的单位必须为K，R 可为 8.314 4 J/(mol·K)。

三、工作介质的热力性质计算方法

工作介质的热力性质一般是指温度、压力、比体积或密度、焓、熵等热力学状态参数。当工作介质为理想气体时，其热力性质计算可用式(8－4)～式(8－6)和式(8－8)计算；当工作介质为非理想气体时，其计算方法为：工作介质的热物性常数—理想气体定压比热容方程—状态方程—饱和蒸气压方程—焓、熵。

（一）热物性常数

1. 热物性常数简介

(1) 标准沸点。工作介质在一个大气压下的沸腾温度，用 T_b 表示。

(2) 临界参数。工作介质的温度升高时，其饱和压力升高，饱和气的密度增大，饱和液的密度降低，当饱和气与饱和液的密度相等时，此时的温度称为临界温度 T_c，压力称为临界压力 p_c，密度称为临界密度 ρ_c，临界密度的倒数称为临界比体积 v_c，上述参数统称为临界参数。

(3) 临界压缩因子。通常用 Z_c 表示，定义式为

$$Z_c=\frac{p_c v_c}{RT_c} \tag{8-22}$$

式中，临界压力 p_c 的单位为Pa；临界温度 T_c 的单位为K；临界比体积 v_c 的单位为 m^3/mol；R 为 8.314 4 J/(mol·K)。

(4) 偏心因子。偏心因子是反映工作介质分子大小及形状的参数，用 ω 表示，其定义式为

$$\omega=-\lg p_r\big|_{T_r=0.7}-1.0 \tag{8-23}$$

式中，p_r 为对比压力，T_r 为对比温度，其定义式为

$$p_r=\frac{p}{p_c} \tag{8-24}$$

$$T_r=\frac{T}{T_c} \tag{8-25}$$

$p_r\big|_{T_r=0.7}$ 是指对比温度为0.7时的对比压力。

(5) 偶极矩。偶极矩表示分子极性大小的参数，一般用 μ 表示。

热物性常数可在化工、热工手册中查得，也可用基团贡献法估算。

2. 热物性常数的估算式

对标准沸点、临界温度、临界压力、临界比体积、偏心因子，其估算式为

$$T_b = \sum_i \Delta T_{bi} + 147.95\ \text{K} \tag{8-26}$$

$$T_c = T_b / \left(\sum_i \Delta T_{ci}\right) + 0.5888\ \text{K} \tag{8-27}$$

$$p_c = \left[100 / \left(\sum_i \Delta p_{ci} + 11.89\right)\right]^2\ \text{Pa} \tag{8-28}$$

$$v_c = \sum_i \Delta v_{ci} + 24.03\ \text{cm}^3/\text{mol} \tag{8-29}$$

$$\omega = \sum_i \Delta \omega_i + 0.1196 \tag{8-30}$$

式中，ΔT_{bi}、ΔT_{ci}、Δp_{ci}、Δv_{ci}、$\Delta \omega_{ci}$ 分别为各基团对标准沸点、临界温度、临界压力、临界比体积和偏心因子的贡献值，具体见表 8-1-1。

表 8-1-1 估算工作介质热物性常数的基本贡献值

基团	ΔT_{bi}	ΔT_{ci}	Δp_{ci}	Δv_{ci}	$\Delta \omega_{ci}$
非环类工作介质中的基团					
CH_3	38.76	0.014 8	1.176 4	62.93	0.009 5
CH_2F	66.44	0.025 0	1.140 4	69.10	0.068 7
CHF_2	55.59	0.032 2	1.735 8	81.74	0.089 0
CF_3	33.61	0.039 4	2.884 8	99.44	0.081 5
CH_2	30.47	0.013 1	0.887 6	54.06	0.041 5
CHF	41.67	0.020 7	0.959 5	36.58	0.083 6
CF_2	28.36	0.018 8	1.574 0	84.96	0.056 4
CH	10.85	0.071 6	0.717 1	42.04	0.058 0
CF	23.87	−0.011 0	−0.114 6	53.00	−0.019 4
C	−6.98	0.206 0	0.206 0	25.69	0.051 6
O	22.30	0.732 9	0.732 9	29.31	0.066 5
环类工作介质中的基团					
CH_2	33.90	0.007 9	0.602 8	47.02	0.015 2
CHF	38.61	0.003 1	1.101 2	55.63	0.033 2
CF_2	29.73	0.022 0	1.610 2	73.12	0.054 2
CH	22.10	0.011 9	0.873 6	45.59	0.044 3
CF	19.30	−0.018 8	−0.569 9	80.88	0.048 6
C	0.21	0.006 0	0.140 0	12.69	0.040 9

利用式(8-27)估算临界温度时，若标准沸点已知，式中的 T_b 应采用已知数据；若标准沸点未知，可先用式(8-26)估算出 T_b，再用式(8-27)估算临界温度。

上面基团贡献法估算标准沸点、临界温度、临界压力、临界比体积的平均相对偏差分别为 2.52%、1.6%、4.45%、2.33%，估算偏心因子的平均偏差为 0.014。

3. 热物性常数的估算示例

以估算热泵工质 R134a 的标准沸点为例。已知其分子结构简式为 CH_2F-CF_3，由此可知其分子中包括两个基团：CH_2F 和 CF_3，且为非环类物质，由表 8-1-1 可知 CH_2F 基团对标

准沸点的贡献值为 66.44，CF_3基团对标准沸点的贡献值为 33.61。代入式(8-26)，得

$$T_b=(66.44+33.61+147.95)\ \mathrm{K}=248\ \mathrm{K}$$

R134a 标准沸点的实测值为 246.99 K，估算偏差为(248－246.99)/246.99＝0.4%。

(二)理想气体定压比热容方程

理想气体定压比热容随温度而变化，不同工作介质的理想气体定压比热容一般可表示为

$$c_p^0=a+bT+cT^2+dT^3 \tag{8-31}$$

不同工作介质的 a、b、c、d 值可从相关手册中查取，也可用基团贡献法估算。以较简洁的 Joback 法为例，其公式形式为

$$c_p^0=\left(\sum_j\Delta a_j-37.93\right)+\left(\sum_j\Delta b_j+0.210\right)T+\left(\sum_j\Delta c_j-3.91\times10^{-4}\right)T^2+\left(\sum_j\Delta d_j+206\times10^{-7}\right)T^3 \tag{8-32}$$

式中，c_p^0 的单位为 J/(mol·K)；T 的单位为 K；Δa_j、Δb_j、Δc_j、Δd_j 分别是工作介质分子中各基团对系数 a、b、c、d 的贡献值，见表 8-1-2。

表 8-1-2　估算工作介质理想气体定压比热容的基团贡献值

基　团	Δa_j	Δb_j	Δc_j	Δd_j
非环类工作介质中的基团				
CH_3	1.95E+1	−8.08E−3	1.53E−4	−9.67E−8
CH_2	−9.09E−1	9.50E−2	−5.44E−5	1.19E−8
CH	−2.30E+1	2.04E−1	−2.65E−4	1.20E−7
C	−6.62E+1	4.27E−1	−6.41E−4	3.01E−7
F	2.65E+1	−9.13E−2	1.91E−4	−1.03E−7
Cl	3.33E+1	−9.63E−2	1.87E−4	−9.96E−8
Br	2.86E+1	−6.49E−2	1.36E−4	−7.45E−8
I	3.21E+0	−6.41E−2	1.26E−4	−6.87E−8
O	2.55E+1	−6.32E−2	1.11E−4	−5.48E−8
环类工作介质中的基团				
CH_2	−6.03	8.54E−2	−8.00E−6	−1.80E−8
CH	−2.50E+1	1.62E−1	−1.60E−4	6.24E−8
C	−9.09E+1	5.57E−1	−9.00E−4	4.69E−7
F	2.65E+1	−9.13E−2	1.91E−4	−1.03E−7
Cl	3.33E+1	−9.63E−2	1.87E−4	−9.96E−8
Br	2.86E+1	−6.49E−2	1.36E−4	−7.45E−8
I	3.21E+1	−6.41E−2	1.26E−4	−6.87E−8
O	1.22E+1	−1.26E−2	6.03E−5	−3.86E−8

上述基团贡献法估算理想气体定压比热容的误差约 1.41%。

(三)状态方程

与热泵设计相关的多数工作介质分子为非极性或弱极性的，其状态方程可选用 PR 方程。该方程通用性好，对非极性或弱极性分子具有较好的精度，形式简洁。其具体形式为

$$p=\frac{RT}{v-b}-\frac{a\alpha}{v^2+2bv-b^2} \tag{8-33}$$

方程中 a、b、α 为方程参数，其计算式为

$$a=0.457\ 24R^2T_c^2/p_c \tag{8-34}$$

$$b=0.077\ 80RT_c/p_c \tag{8-35}$$

$$\alpha=[1+(0.374\ 64+1.542\ 26\omega-0.269\ 92\omega^2)(1-T_r^{0.5})]^2 \tag{8-36}$$

由式(8-33)～式(8-36)可见，只要知道工作介质的温度、临界温度、临界压力和偏心因子，即可确定其PR方程式(8-33)中的方程参数a、b和α，从而可利用PR方程计算工作介质的压力或比体积。

实际应用中多数情况为已知温度和压力，用状态方程求解比体积，为此，PR方程可整理成如下形式的多项式：

$$z^3-(1-B)z^2+(A-3B^2-2B)z-(AB-B^2-B^3)=0 \tag{8-37}$$

式中，A、B、z均为无因次量，其计算式为

$$A=a\alpha p/(RT)^2=0.457\ 24\alpha p_r T_r^2 \tag{8-38}$$

$$B=bp/(RT)=0.077\ 80p_r/T_r \tag{8-39}$$

$$z=pv/(RT) \tag{8-40}$$

求解时先用工作介质的热物性常数和已知的温度T、压力p，计算出A、B的值，则式(8-37)即变为一般的三次方程，利用迭代法或直接解法求出方程的根z，再用式(8-40)解出比体积即可。

三次方程的根可能有两种情况：① 方程的根为一个实根和两个虚根时，实根即为所求的解。② 方程的根为三个实根时，则当工作介质处于过热气状态时，最大根为所求的解；当工作介质处于过冷液状态时，最小根为所求的解；当工作介质处于饱和状态(饱和气、饱和液、湿蒸气)时，最大根为对应饱和气比体积的z值，最小根为对应饱和液比体积的z值。

(四) 饱和蒸气压方程

工作介质处于气、液平衡的饱和状态时，其压力和温度只有一个参数是独立的，知道其中一个，即可确定另一个。原则上工作介质的状态方程已定时，可利用热力学平衡条件确定饱和状态下温度与压力的关系，但通常较烦琐且精度也不很高，因此实际中可直接应用通用性好、具有较强预测功能的饱和蒸气压方程来估算工作介质的饱和压力或温度。

以Lee-Kesler方程为例，该蒸气压方程可适用于非极性或弱极性工作介质，只需知道临界温度、临界压力和偏心因子三个热物性常数即可。其具体形式为

$$\ln p_{vr}=f^{(0)}+\omega f^{(1)} \tag{8-41}$$

式中，$p_{vr}=p/p_c$为饱和对比压力，无因次；无因次参数$f^{(0)}$和$f^{(1)}$的计算式为

$$f^{(0)}=5.927\ 14-\frac{6.096\ 48}{T_r}-1.288\ 62\ln T_r+0.169\ 347T_r^6$$

$$f^{(1)}=152\ 518-\frac{15.687\ 5}{T_r}-13.472\ 1\ln T_r+0.435\ 77T_r^6$$

式中，$T_r=T/T_c$为对比温度，无因次。

(五) 焓方程和熵方程

在工作介质的理想气体定压比热容和状态方程已确定后，即可导出工作介质的焓方程和熵方程。

设已知工作介质的温度为T，压力为p，此时其焓为h，熵为s，设工作介质在该温度、压力下处于理想气体状态下的焓为h^0，熵为s^0，则定义剩余焓和剩余熵为

$$\Delta h = h^0 - h \tag{8-42}$$

$$\Delta s = s^0 - s \tag{8-43}$$

工作介质的状态方程为PR方程时，利用热力学关系式，可导出剩余焓和剩余熵方程为

$$\frac{\Delta h}{RT} = 1 - z + \frac{A}{2.828B}\left(1 + \frac{D}{a\alpha}\right)\ln\frac{z + 2.414B}{z - 0.414B} \tag{8-44}$$

$$\frac{\Delta S}{R} = -\ln(z - B) + \frac{BD}{2.828Aa\alpha}\ln\frac{z + 2.414B}{z - 0.414B} \tag{8-45}$$

式中，参数 a、α、A、B、z 的计算式与"(三) 状态方程"中相同，参数 D 的计算式为

$$D = m\left(a\alpha\sqrt{T_r/\alpha}\right) \tag{8-46}$$

$$m = 0.374\ 64 + 1.542\ 26\omega - 0.269\ 92\omega^2 \tag{8-47}$$

式(8-42) ～ 式(8-45) 中焓 h 的单位为 J/mol，熵 s 的单位为 J/(mol·K)。

实际中，焓、熵的应用主要是计算工作介质在状态变化时的焓变化(焓差) 和熵变化(熵差)。设状态1时工作介质的温度为 T_1、压力为 p_1；对应的焓为 h_1，对应的理想气体状态的焓为 h_1^0；对应的熵为 s_1 对应的理想气体状态的熵为 s_1^0。状态2时工作介质的温度为 T_2、压力为 p_2；对应的焓为 h_2，对应的理想气体状态的焓为 h_2^0；对应的熵为 s_2，对应的理想气体状态的熵为 s_2^0。则由状态1变为状态2时工作介质焓的变化(焓差) 为

$$\begin{aligned}\Delta h_{12} = h_2 - h_1 = &[(h_1^0 - h_1) - h_1^0] - [(h_2^0 - h_2) - h_0^2] = \\ &(\Delta h_1 - h_1^0) - (\Delta h_2 - h_2^0) = \Delta h_1 - \Delta h_2 + (h_2^0 - h_1^0) = \\ &\Delta h_1 - \Delta h_2 + c_p^0(T_2 - T_1)\end{aligned} \tag{8-48}$$

由状态1变为状态2时熵的变化(熵差) 为

$$\begin{aligned}\Delta s_{12} = s_2 - s_1 = &[(s_1^0 - s_1) - s_1^0] - [(s_2^0 - s_2) - s_2^0] = \\ &(\Delta s_1 - s_1^0) - (\Delta s_2 - s_2^0) = \Delta s_1 - \Delta s_2 + (s_2^0 - s_1^0) = \\ &\Delta s_1 - \Delta s_2 + c_p^0\ln(T_2/T_1) - R\ln(p_2/p_1)\end{aligned} \tag{8-49}$$

式中，Δh_1、Δh_2 为状态1和状态2时的剩余焓，J/mol，可用式(8-44) 计算；Δs_1、Δs_2 为状态1和状态2时的剩余熵，J/(mol·K)，可用式(8-45) 计算；c_p^0 为 $(T_2 + T_1)/2$ 时工作介质的理想气体定压比热容，J/(mol·K)；$R = 8.314\ 4$ J/(mol·K)。

通过上述方法可求任意状态之间的焓差和熵差，当人为选定焓和熵的基准时，即可计算得出任意温度、压力下工作介质的焓和熵。对热泵工质，通常规定273 K饱和液的焓值为200 kJ/kg，熵值为1.0 kJ/(kg·K)。

四、传递性质及其获取

(一)传递性质简介

1. 热导率

热导率是表征物质热传导能力的一种物性参数，也称为导热系数，一般用 λ 表示，常用单位为 W/(m·K)，其他单位及单位之间的换算如下。

千卡/(小时·米·摄氏度)：1 kcal/(h·m·℃) = 1.163 0 W/(m·K)

英制热单位/(小时·英尺·华氏度)：1 Btu/(h·ft·℉) = 1.731 W/(m·K)

通常把常温下热导率小于0.2 W/(m·K)的材料称为绝热材料。

2. 黏度

黏度是表征由于速度不均匀引起动量输运的物性参数，可分为动力黏度和运动黏度。动力黏度也简称“黏度”，一般用 μ 表示，单位为 Pa・s，其他单位及单位间的换算如下：

千克/(米・秒)：1 kg/(m・s)＝1 Pa・s

泊：1 P＝0.1 Pa・s

厘泊：1 cP＝1×10^{-3} Pa・s

千克力・秒/平方米：1 kgf・s/m^2＝9.806 65 Pa・s

磅力・秒/平方英寸：1 lbf・s/in^2＝6 895 Pa・s

磅力・秒/平方英尺：1 lbf・s/ft^2＝47.88 Pa・s

运动黏度通常用 ν 表示，为动力黏度与流体密度之比，单位为 m^2/s，其他单位及单位间的换算如下：

平方厘米/秒：1 cm^2/s＝1×10^{-4} m^2/s

平方米/小时：1 m^2/h＝$0.277\ 8\times10^{-3}$ m^2/s

斯托克斯：1 St＝10^{-4} m^2/s

厘斯(或厘沲)：1 cSt＝1×10^{-6} m^2/s

平方英尺/小时：1 ft^2/h＝$2.580\ 65\times10^{-5}$ m^2/s

平方英尺/秒：1 ft^2/s＝0.092 898 m^2/s

3. 热扩散系数

热扩散系数也称为导温系数，是与非稳定导热过程直接联系的物性参数，表征物体在经历某种温度变化时，物体内部的温度趋于一致的能力，一般用 a 表示，等于热导率除以物质密度与定压比热容的乘积，即 $a=\lambda/(\rho c_p)$。热扩散系数的单位为 m^2/s，与运动黏度相同。

4. 表面张力系数

气、液界面处液体表面上受到使表面有收缩倾向的力，称为液体的表面张力。液体增加单位面积所需的功称为表面张力系数，一般用 σ 表示，单位为 N/m，其他单位及单位间的换算如下：

焦/平方米：1 J/m^2＝1 N/m

千克/平方秒：1 kg/s^2＝1 N/m

达因/厘米：1 dyn/cm＝10^{-3} N/m

5. 普朗特数

普朗特数是运动黏度与热扩散系数之比，用 Pr 表示，无因次。通常一般液体(如各种油类)的普朗特数远大于1，液态金属的普朗特数远小于1，气体的普朗特数约等于1。

(二)传递性质数据表

1. 固体材料

常用固体材料的热导率、密度和比热容等热物理性质见表 8-1-3。

2. 液体介质

常用液体介质的温度、密度、定压比热容、热导率、热扩散系数、运动黏度和普朗特数等热物理性质见表 8-1-4。

3. 气体介质

常用气体介质的温度、密度、定压比热容、热导率、热扩散系数、动力黏度、运动黏度和普朗特数等热物理性质见表 8-1-5。

表 8-1-3　固体材料的热物理性质

材　料	温度 T ℃	密度 ρ $kg \cdot m^{-3}$	热导率 λ $W \cdot (m \cdot ℃)^{-1}$	定压比热容 c_p $kJ \cdot (kg \cdot K)^{-1}$
金属				
铝	20	2 700	203.5	0.896
	100		206	0.92
铝铜合金(94%～96%Al,5%～3%Cu)	20	2 790	164	0.883
铝硅合金(78%～80%Al,22%～20%Cu)	20	2 630	161	0.854
锻铝 LD7	25	2 800	142.4	0.79
铜(紫铜)	0	8 800	383.8	0.381
青铜(75%Cu,25%Sn)	20	8 670	26	0.345
黄铜(70%Cu,30%Zn)	20	8 500	108.5	0.377
康铜(60%Cu,40%Ni)	20	8 900	22.7	0.41
锡	20	7 300	64	0.227
铅	0	11 400	35	0.13
镍	20	8 900	90	0.45
银	0	10 500	458	0.235
钼	20	10 200	123	0.25
钨	20	19 350	163	0.134
	600		113	
钛	20	4 500	22	0.52
铁	20	7 900	74	0.452
铸铁(生铁)	20	7 250	58	0.46
钢(碳钢)	20	7 900	45	0.46
不锈钢(铬 18.镍 18)	20	7 850	17	0.46
硅钢(1%Si)	20	7 800	42	0.46
锌	20	7 140	112	0.39
金		19 290	312	0.127
非金属				
石棉	0	570	0.15	0.795
石棉板	30	770	0.12	0.80
石棉纤维	50	470	0.11	0.80
混凝土	20	2 300	1.28	1.05
混凝土板	35	1 950	0.80	1.00
泡沫混凝土	36	520	0.18	0.84
玻璃板(窗玻璃)	20	2 500	0.76	0.84
玻璃棉	0	200	0.037	0.84
	36	50	0.035	0.84
珍珠岩(散料)	20	44～288	0.042～0.078	

续 表

材　料	温度 T ℃	密度 ρ $kg \cdot m^{-3}$	热导率 λ $W \cdot (m \cdot ℃)^{-1}$	定压比热容 c_p $kJ \cdot (kg \cdot K)^{-1}$
蛭石	100	80～200	0.08	
硅藻土	150	300	0.07	
红砖(建筑用砖)	20	1 600～1 800	0.7～0.8	0.84
瓷砖	20	2 000	1.32	0.93
碳化硅砖	600		21.5	
	1 400		13	
铬砖	200	3 000	2.32	0.84
	550		2.47	0.84
	900		1.99	0.84
硅藻土砖	204		0.24	
	872		0.31	
耐火黏土砖	500	2 000～2 300	1～1.3	0.96
	1 100		1.1～1.4	
灰泥(灰浆粉刷)	20	1 700	0.78	0.84
油毡	20	600	0.18	1.47
砾石(鹅卵石)	20	1 840	0.36	
砖石		2 600	1.73～4	0.82
大理石,花岗岩	20	2 500～2 900	1.74～2.9	0.8
黄土(干)		1 910	1.65	
黄土(湿)		1 440	0.63	
黏土		1 457		0.88
软黏土(湿)		1 770		
硬黏土(湿)		2 000		
石黏土(干)		1 610	1.16	
砂土(干)	20	2 000	0.35～0.58	1.93
砂土(湿)			2.33	
砂土(中等湿度)			1.74	
砂质黏土(湿)			1.86	
砂质黏土(中等湿度)			1.40	
砂质黏土(干)			1.05	
雪		560	0.47	2.09
冰	0	920	2.25	2.26
沥青	20	2 100	0.7	1.88
干沙	20	1 500	0.33	0.7
湿沙	20	1 650	1.13	2.1
硅胶	32	140	0.024	
矿物毛,毛毡	50	200	0.046	0.92
矿渣棉	100	250	0.058	0.75

续表

材料	温度 T ℃	密度 ρ $kg \cdot m^{-3}$	热导率 λ $W \cdot (m \cdot ℃)^{-1}$	定压比热容 c_p $kJ \cdot (kg \cdot K)^{-1}$
软木板	30	190	0.042	1.88
橡胶制品	0	1 200	0.163	1.38
聚氨酯硬质泡沫塑料		30～60	0.02～0.06	0.47
聚苯乙烯硬质泡沫塑料		20～50	0.031～0.047	
聚氯乙烯泡沫塑料		40～50	≤0.043	
聚氯乙烯硬质泡沫塑料		25～96	0.026～0.034	
聚丙烯泡沫塑料		30	0.033	
酚醛泡沫塑料		40～80	0.03～0.034	
		5～16	0.03～0.041	
脲醛泡沫塑料		13～19	0.026～0.03	
酚醛苯乙烯多孔塑料		70～120	0.034～0.047	

表 8-1-4 液体介质的热物理性质

液体	温度 T ℃	密度 ρ $kg \cdot m^{-3}$	定压比热容 c_p $kJ \cdot (kg \cdot K)^{-1}$	热导率 λ $10^{-2} W \cdot (m \cdot ℃)^{-1}$	热扩散系数 a $10^{-7} m^2 \cdot s^{-1}$	运动黏度 ν $10^{-6} m^2 \cdot s^{-1}$	普朗特数 Pr
甲醇 CH_3OH	0	810	2.43	21.4	1.087	1.01	9.29
	20	792	2.47	21.2	1.084	0.74	6.83
	50	765	2.55	20.7	1.061	0.52	4.93
乙醇 C_2H_5OH	0	806	2.30	18.5	0.998	2.21	22.2
	20	789	2.47	18.3	0.939	1.51	16.1
	50	763	2.81	17.8	0.830	0.91	10.96
甘油 $C_3H_5(OH)_3$	20	1 264	2.39	28.6	0.947	1180	12 460
	30	1 258	2.45	28.6	0.928	500	5 388
	40	1 252	2.51	28.6	0.910	220	2 418
	50	1 245	2.58	28.7	0.893	150	1 680
柴油	20	908	1.84	12.8	0.766	620	8 094
	40	896	1.91	12.6	0.736	135	1 834
	60	882	1.98	12.4	0.710	45	634
	80	870	2.05	12.3	0.690	20	290
	100	857	2.12	12.2	0.671	10.8	161
变压器油	20	866	1.89	12.4	0.758	36.5	482
	40	852	1.99	12.3	0.725	16.7	230
	60	842	2.09	12.2	0.693	8.7	126
	80	830	2.20	12.0	0.657	5.2	79
	100	818	2.29	11.9	0.635	3.8	59

续 表

液　体	温度 T ℃	密度 ρ $kg \cdot m^{-3}$	定压比热容 c_p $kJ \cdot (kg \cdot K)^{-1}$	热导率 λ $10^{-2} W \cdot (m \cdot ℃)^{-1}$	热扩散系数 a $10^{-7} m^2 \cdot s^{-1}$	运动黏度 ν $10^{-6} m^2 \cdot s^{-1}$	普朗特数 Pr
润滑油 （新油）	20	888	1.88	14.5	0.869	900	10 356
	40	876	1.96	14.4	0.839	240	2 861
	60	864	2.05	14.0	0.790	84	1 063
	80	852	2.13	13.8	0.760	38	500
	100	840	2.22	13.7	0.735	20	272
苯 C_6H_6	20	879	1.74	12.6	0.824	0.74	9
	50	847	1.80	12.2	0.800	0.52	6.4
汞 Hg 熔点：−38.9 ℃ 沸点：357 ℃	20	13 550	0.139	790	0.419	0.114	2.72
	100	13 350	0.137	895	0.489	0.094	1.92
	150	13 230	0.137	965	0.532	0.086	1.62
	200	13 120	0.137	1030	0.573	0.080	1.40
	300	12 880	0.137	1170	0.663	0.071	1.07
NaCl 水溶液 质量分数：7% 凝固温度：−4.4 ℃	20	1 050 （15 ℃）时	3.834	59.3	1.482	1.03	6.95
	10		3.835	57.6	1.425	0.34	9.4
	0		3.827	55.9	1.402	1.78	12.7
	−4		3.818	55.6	1.392	2.06	14.8
NaCl 水溶液 质量分数：11% 凝固温度：−7.5 ℃	20	1 080 （15 ℃）时	3.697	59.3	1.472	1.06	7.2
	10		3.684	57.0	1.424	1.41	9.9
	0		3.676	55.6	1.396	1.878	13.4
	−5		3.672	54.9	1.378	2.26	16.4
	−7.5		3.672	54.5	1.376	2.45	17.8
NaCl 水溶液 质量分数：13.6% 凝固温度：−9.8 ℃	20	1 100 （15 ℃时）	3.609	59.3	1.513	1.12	7.4
	10		3.601	56.8	1.427	1.47	10.3
	0		3.588	55.4	1.500	1.95	13.0
	−5		3.584	54.7	1.386	2.37	17.1
	−9.8		3.580	54.0	1.367	3.13	22.9
NaCl 水溶液 质量分数：16.2% 凝固温度：−12.2 ℃	20	1 120 （15 ℃时）	3.534	57.3	1.446	1.20	8.3
	10		3.525	56.9	1.440	1.57	10.9
	0		3.513	55.2	1.338	2.02	15.1
	−5		3.509	54.4	1.387	2.58	18.6
	−10		3.504	53.5	1.371	3.18	23.2
	−12.2		3.500	53.3	1.357	3.84	28.3
NaCl 水溶液 质量分数：18.8% 凝固温度：−115.1 ℃	20	1 140 （15 ℃时）	3.462	58.2	1.482	1.26	8.5
	10		3.454	56.6	1.430	1.63	11.4
	0		3.442	55.5	1.398	2.25	16.1
	−5		3.433	54.2	1.384	2.74	19.8
	−10		3.429	53.3	1.371	3.40	24.8
	−15		3.425	52.5	1.352	4.19	31.0

续 表

液 体	温度 T ℃	密度 ρ $kg \cdot m^{-3}$	定压比热容 c_p $kJ \cdot (kg \cdot K)^{-1}$	热导率 λ $10^{-2} W \cdot (m \cdot ℃)^{-1}$	热扩散系数 a $10^{-7} m^2 \cdot s^{-1}$	运动黏度 ν $10^{-6} m^2 \cdot s^{-1}$	普朗特数 Pr
NaCl 水溶液 质量分数:21.2% 凝固温度:−18.2 ℃	20	1 160 (15 ℃时)	3.395	57.9	1.462	1.33	9.7
	10		3.383	56.3	1.430	1.73	12.1
	0		3.375	54.7	1.394	2.44	17.5
	−5		3.366	53.8	1.377	2.96	21.5
	−10		3.362	53.0	1.365	3.70	27.1
	−15		3.358	52.2	1.342	4.55	33.9
	−18		3.354	51.8	1.330	5.24	39.4
NaCl 水溶液 质量分数:23.1% 凝固温度:−21.2 ℃	20	1 175 (15 ℃时)	3.345	56.5	1.479	1.42	9.6
	10		3.337	54.9	1.405	1.84	13.1
	0		3.324	54.4	1.392	2.59	18.6
	−5		3.320	53.6	1.373	3.20	23.3
	−10		3.312	52.8	1.363	4.02	29.5
	−15		3.308	52.0	1.121	4.09	36.5
	−21		3.303	51.4	1.320	6.60	50.0
$CaCl_2$ 水溶液 质量分数:9.4% 凝固温度:−5.2 ℃	20	1 080 (15 ℃时)	3.643	58.4	1.484	1.15	7.75
	10		3.634	57.0	1.457	1.44	9.88
	0		3.626	55.6	1.418	2.00	14.1
	−5		3.601	54.9	1.413	2.36	16.7
$CaCl_2$ 水溶液 质量分数:14.7% 凝固温度:−10.2 ℃	20	1 130 (15 ℃时)	3.362	57.6	1.517	1.32	8.7
	10		3.349	56.3	1.477	1.64	11.1
	0		3.329	54.9	1.455	2.27	15.6
	−5		3.316	54.2	1.444	2.70	18.7
	−10		3.308	53.4	1.423	3.60	25.3
$CaCl_2$ 水溶液 质量分数:18.9% 凝固温度:−15.7 ℃	20	1 170 (15 ℃时)	3.148	57.2	1.556	1.54	9.9
	10		3.140	55.8	1.516	1.91	12.6
	0		3.128	54.4	1.488	2.56	17.2
	−5		3.098	53.7	1.485	2.94	19.8
	−10		3.086	52.9	1.465	4.00	27.3
	−15		3.065	52.3	1.468	5.27	35.9
$CaCl_2$ 水溶液 质量分数:20.9% 凝固温度:−19.2 ℃	20	1 190 (15 ℃时)	3.077	56.9	1.541	1.68	10.9
	10		3.056	55.5	1.515	2.06	13.6
	0		3.044	54.2	1.492	2.76	18.5
	−5		3.014	53.5	1.498	3.22	21.5
	−10		3.014	52.7	1.471	4.25	28.9
	−15		3.014	52.1	1.448	5.53	38.2

续 表

液　体	温度 T / ℃	密度 ρ / $kg \cdot m^{-3}$	定压比热容 c_p / $kJ \cdot (kg \cdot K)^{-1}$	热导率 λ / $10^{-2} W \cdot (m \cdot ℃)^{-1}$	热扩散系数 a / $10^{-7} m^2 \cdot s^{-1}$	运动黏度 ν / $10^{-6} m^2 \cdot s^{-1}$	普朗特数 Pr
$CaCl_2$ 水溶液 质量分数:23.8% 凝固温度:−25.7 ℃	20	1 220 (15 ℃时)	2.998	56.5	1.552	1.94	12.5
	10		2.952	55.1	1.526	2.35	15.4
	0		2.931	53.8	1.505	3.13	20.8
	−10		2.910	52.3	1.476	4.87	33.0
	−15		2.910	51.8	1.459	6.20	42.5
	−20		2.889	51.1	1.442	7.77	53.9
	−25		2.889	50.4	1.426	9.48	66.5
$CaCl_2$ 水溶液 质量分数:25.7% 凝固温度:−31.2 ℃	20	1 240 (15 ℃时)	2.889	56.2	1.570	2.12	13.5
	10		2.889	54.8	1.521	2.51	16.5
	0		2.868	53.5	1.511	3.43	22.7
	−10		2.847	52.1	1.475	5.40	36.6
	−15		2.847	51.4	1.458	6.75	46.3
	−20		2.805	50.8	1.456	8.52	58.5
	−25		2.805	50.1	1.444	10.40	72.0
	−30		2.763	49.4	1.446	12.00	83.0
乙烯乙二醇水溶液 体积分数:20% 起始凝固点:−8.8 ℃ 沸点(常压):103 ℃	−5	1 037	3.757	46.0	1.181	3.520	29.8
	0	1 036	3.769	46.8	1.199	2.915	24.3
	20	1 030	3.815	49.7	1.265	1.602	12.7
	40	1 022	3.861	52.0	1.318	1.037	7.87
	60	1 012	3.907	53.8	1.361	0.731	5.37
	80	1 000	3.953	54.9	1.389	0.550	3.96
	100	986	3.999	55.6	1.410	0.436	3.09
	120	971	4.045	55.6	1.416	0.350	2.47
乙烯乙二醇水溶液 体积分数:40% 起始凝固点:−24.8 ℃ 沸点(常压):106 ℃	−5	1 069	3.384	38.9	1.076	6.717	62.2
	0	1 067	3.401	39.5	1.086	5.464	50.1
	20	1 060	3.468	41.5	1.119	2.792	24.9
	40	1 051	3.535	43.1	1.173	1.684	14.4
	60	1 040	3.602	44.4	1.186	1.125	9.50
	80	1 027	3.669	45.2	1.196	0.798	6.67
	100	1 012	3.736	45.7	1.223	0.593	4.92
	120	995	3.804	45.8	1.211	0.462	3.83
乙烯乙二醇水溶液 体积分数:60% 起始凝固点:<−48 ℃ 沸点(常压):112 ℃	−5	1 097	2.975	33.3	1.020	13.90	136
	0	1 095	2.997	33.6	1.024	11.00	107
	20	1 086	3.084	34.9	1.042	4.954	47.5
	40	1 076	3.171	36.0	1.055	2.639	25.0
	60	1 064	3.258	36.9	1.064	1.588	14.9
	80	1 049	3.345	37.5	1.069	1.049	9.81
	100	1 033	3.433	37.9	1.069	0.745	6.97
	120	1 015	3.520	38.0	1.064	0.562	5.28

续 表

液 体	温度 T ℃	密度 ρ $kg \cdot m^{-3}$	定压比热容 c_p $kJ \cdot (kg \cdot K)^{-1}$	热导率 λ $10^{-2} W \cdot (m \cdot ℃)^{-1}$	热扩散系数 a $10^{-7} m^2 \cdot s^{-1}$	运动黏度 ν $10^{-6} m^2 \cdot s^{-1}$	普朗特数 Pr
乙烯乙二醇水溶液 体积分数:80% 起始凝固点:−45.2 ℃ 沸点(常压):127 ℃	−5	1 122	2.530	28.8	1.015	28.13	277
	0	1 120	2.556	29.0	1.013	21.82	215
	20	1 110	2.663	29.8	1.008	9.054	89.8
	40	1 098	2.770	30.4	1.000	4.472	44.7
	60	1 085	2.876	31.0	0.993	2.507	25.2
	80	1 069	2.983	31.4	0.985	1.553	15.8
	100	1 052	3.089	31.6	0.972	1.045	10.8
	120	1 032	3.196	31.8	0.964	0.746	7.47
丙烯乙二醇水溶液 体积分数:20% 起始凝固点:−7.4 ℃ 沸点(常压):101 ℃	−5	1 027	3.918	45.6	1.133	4.849	42.8
	0	1 026	3.929	46.4	1.151	3.947	34.3
	20	1 019	3.973	49.2	1.215	1.982	16.3
	40	1 010	4.016	51.3	1.265	1.168	9.23
	60	999	4.060	52.9	1.304	0.781	5.99
	80	986	4.104	60.2	1.488	0.568	3.82
	100	972	4.147	60.8	1.508	0.442	2.93
	120	955	4.191	60.8	1.519	0.356	2.34
丙烯乙二醇水溶液 体积分数:40% 起始凝固点:−21.8 ℃ 沸点(常压):105 ℃	−5	1 047	3.619	38.0	1.003	16.00	160
	0	1 045	3.636	38.5	1.013	11.84	117
	20	1 036	3.702	40.2	1.048	4.411	42.1
	40	1 025	3.768	41.5	1.075	2.156	20.1
	60	1 012	3.834	42.5	1.095	1.285	11.7
	80	997	3.900	43.0	1.106	0.883	7.98
	100	980	3.966	43.0	1.111	0.673	6.06
	120	961	4.032	42.9	1.107	0.552	4.99
丙烯乙二醇水溶液 体积分数:60% 起始凝固点:−51.1 ℃ 沸点(常压):108 ℃	−5	1 061	3.228	31.4	0.917	41.32	451
	0	1 059	3.250	31.7	0.921	29.58	321
	20	1 048	3.339	32.5	0.929	9.580	103
	40	1 035	3.427	33.1	0.933	4.106	44.0
	60	1 021	3.515	33.5	0.933	2.174	23.3
	80	1 004	3.603	33.7	0.932	1.345	14.4
	100	985	3.692	33.6	0.924	0.934	10.1
	120	964	3.780	33.4	0.917	0.716	7.81
丙烯乙二醇水溶液 体积分数:80% 起始凝固点:−51.1 ℃ 沸点(常压):119 ℃	−5	1 072	2.738	25.9	0.882	100.4	1 138
	0	1 068	2.766	25.9	0.877	69.71	795
	20	1 053	2.876	26.1	0.862	19.98	232
	40	1 037	2.987	26.1	0.843	7.705	91.4
	60	1 021	3.097	26.0	0.822	3.741	45.5
	80	1 005	3.208	25.8	0.800	2.169	27.1
	100	988	3.319	25.5	0.778	1.437	18.5
	120	971	3.429	25.1	0.754	1.050	13.9

表 8-1-5 气体介质的热物理性质

气体	温度 T ℃	密度 ρ $kg \cdot m^{-3}$	定压比热容 c_p $kJ \cdot (kg \cdot K)^{-1}$	热导率 λ $10^{-2}W \cdot (m \cdot ℃)^{-1}$	热扩散系数 a $m^2 \cdot s^{-1}$	动力黏度 μ 10^{-6} Pa	运动黏度 ν $10^{-6}m^2 \cdot s^{-1}$	普朗特数 Pr
干空气	−50	1.584	1.013	2.04	12.7	14.6	9.24	0.728
	−40	1.515	1.013	2.12	13.8	15.2	10.04	0.728
	−30	1.453	1.013	2.20	14.9	15.7	10.80	0.723
	−20	1.395	1.009	2.28	16.2	16.2	11.61	0.716
	−10	1.342	1.009	2.36	17.4	16.7	12.43	0.712
	0	1.293	1.005	2.44	18.8	17.2	13.28	0.707
	10	1.247	1.005	2.51	20.0	17.6	14.16	0.705
	20	1.205	1.005	2.59	21.4	18.1	15.06	0.703
	30	1.165	1.005	2.67	22.9	18.6	16.00	0.701
	40	1.128	1.005	2.76	24.3	19.1	16.96	0.699
	50	1.003	1.005	2.83	25.7	19.6	17.95	0.698
	60	1.060	1.005	2.90	26.2	20.1	18.97	0.696
	70	1.029	1.009	2.96	28.6	20.6	20.02	0.694
	80	1.000	1.009	3.05	30.2	21.1	21.09	0.692
	90	0.972	1.009	3.13	31.9	21.5	22.10	0.690
	100	0.946	1.009	3.21	33.6	21.9	23.13	0.688
	120	0.898	1.009	3.34	36.8	22.8	25.45	0.686
	140	0.854	1.013	3.49	40.3	23.7	27.80	0.684
	160	0.815	1.017	3.64	43.9	24.5	30.09	0.682
	180	0.779	1.022	3.78	47.5	25.3	32.49	0.681
	200	0.746	1.026	3.93	51.4	26.0	34.85	0.680
	250	0.674	1.038	4.27	61.0	27.4	40.61	0.677
	300	0.615	1.047	4.60	71.6	29.7	48.33	0.674
	350	0.566	1.059	4.91	81.9	31.4	55.46	0.676
	400	0.524	1.068	5.21	93.1	33.0	63.09	0.678
	500	0.456	1.093	5.74	115.3	36.2	79.38	0.687
	600	0.404	1.114	6.22	138.3	39.1	96.89	0.699
	700	0.362	1.135	6.71	163.4	41.8	115.4	0.700
	800	0.329	1.156	7.18	188.3	44.3	134.8	0.713
	900	0.301	1.172	7.63	216.2	46.7	155.1	0.717
	1 000	0.277	1.185	8.07	245.9	49.0	177.1	0.719
	1 100	0.257	1.197	8.50	276.2	51.2	199.3	0.722
	1 200	0.239	1.210	9.15	316.5	53.5	233.7	0.724
氦(He)	0	0.179	5.192	14.42	155.3	18.53	103	0.66
	100	0.172	5.192	16.63	186.1	22.65	132	0.71
	200	0.102	5.200	19.70	371.4	27.50	269.6	0.72
	300	0.082	5.200	22.09	518	30.6	373	0.72
	400	0.071	5.200	24.6	666	34.0	480	0.72

续 表

气体	温度 T ℃	密度 ρ $kg \cdot m^{-3}$	定压比热容 c_p $kJ \cdot (kg \cdot K)^{-1}$	热导率 λ $10^{-2} W \cdot (m \cdot ℃)^{-1}$	热扩散系数 a $m^2 \cdot s^{-1}$	动力黏度 μ 10^{-6} Pa	运动黏度 ν $10^{-6} m^2 \cdot s^{-1}$	普朗特数 Pr
烟气（质量分数为：$CO_2$13%；H_2O11%；$N_2$76%）	273	1.295	1.042	2.28	16.9	15.8	12.20	0.72
	373	0.950	1.068	3.13	30.8	20.4	21.54	0.69
	473	0.748	1.097	4.01	48.9	24.5	32.80	0.67
	573	0.617	1.122	4.84	69.9	28.2	45.81	0.65
	673	0.525	1.151	5.70	94.3	31.7	60.38	0.64
	773	0.457	1.185	6.56	121.1	34.8	76.30	0.63
	873	0.405	1.214	7.42	150.9	37.9	93.61	0.62
	973	0.363	1.239	8.27	183.8	40.7	112.1	0.61
	1 073	0.330	1.264	9.15	219.7	43.4	131.8	0.60
	1 173	0.301	1.290	10.00	258.0	45.9	152.5	0.59
	1 273	0.275	1.306	10.90	303.4	48.4	174.3	0.58
	1 373	0.257	1.323	11.75	345.5	50.7	197.1	0.57
	1 473	0.240	1.340	12.62	392.4	53.0	221.0	0.56
氢气(H_2)	150	0.163 7	12.602	9.81	47.55	5.595	34.18	0.72
	200	0.122 7	13.540	12.82	77.17	6.813	55.53	0.72
	250	0.098 2	14.059	15.61	113.15	7.919	80.64	0.71
	300	0.081 9	14.314	18.2	155.25	8.963	109.44	0.70
	400	0.061 4	14.491	22.8	256.25	10.864	176.94	0.69
	500	0.049 2	14.507	27.2	381.09	12.636	256.83	0.67
	600	0.040 9	14.537	31.5	520.80	14.285	349.27	0.66
	700	0.034 9	14.574	35.1	690.09	15.89	455.3	0.66
	800	0.030 6	14.675	38.4	855.13	17.40	568.6	0.66
	900	0.027 2	14.821	41.2	1022.0	18.78	690.4	0.68
氮气(N_2)	200	1.710 8	1.042 9	1.824	10.223	12.95	7.569	0.74
	300	1.142 1	1.040 8	2.620	22.041	17.84	15.620	0.71
	400	0.853 8	1.045 9	3.335	37.346	21.98	25.744	0.69
	500	0.682 4	1.055 5	3.984	55.312	25.70	37.661	0.63
	600	0.568 7	1.075 6	4.580	74.874	29.11	51.187	0.68
	700	0.493 4	1.096 9	5.123	94.658	32.13	65.12	0.69
	800	0.427 7	1.122 5	5.609	116.83	34.84	81.46	0.70
	900	0.379 6	1,146 4	6.070	139.48	37.49	98.76	0.71
	1 000	0.341 2	1.167 7	6.475	162.52	40.00	117.23	0.72
氧气(O_2)	150	2.619 0	0.917 8	1.367	5.687	11.49	4.387	0.77
	200	1.955 9	0.913 1	1.824	10.213	14.85	7.592	0.74
	250	1.561 8	0.915 7	2.259	15.808	17.87	11.442	0.72
	300	1.300 7	0.920 3	2.676	22.355	20.63	15.861	0.71
	350	1.113 3	0.929 1	3.070	29.680	23.16	20.803	0.70
	400	0.975 5	0.942 0	3.461	37.664	25.54	26.181	0.70
	450	0.868 2	0.956 7	3.828	46.087	27.77	31.986	0.69
	500	0.780 1	0.972 2	4.173	55.023	29.91	38.341	0.70
	550	0.709 6	0.988 1	4.517	64.422	31.97	45.054	0.70
	600	0.650 1	1.004	4.830	74.00	33.89	52.130	0.70

续 表

气　体	温度 T ℃	密度 ρ $kg \cdot m^{-3}$	定压比热容 c_p $kJ \cdot (kg \cdot K)^{-1}$	热导率 λ $10^{-2} W \cdot (m \cdot ℃)^{-1}$	热扩散系数 a $m^2 \cdot s^{-1}$	动力黏度 μ 10^{-6} Pa	运动黏度 ν $10^{-6} m^2 \cdot s^{-1}$	普朗特数 Pr
一氧化碳(CO)	250	1.341	1.043	2.14	15.30	15.156	11.30	0.74
	300	1.139	1.042	2.53	21.32	17.81	15.64	0.73
	350	0.974	1.043	2.88	28.35	20.1	20.64	0.73
	400	0.854	1.048	3.23	36.09	22.2	25.99	0.72
	450	0.762	1.055	3.56	44.16	24.2	31.76	0.72
	500	0.682	1.063	3.86	53.24	26.1	38.27	0.72
	550	0.620	1.076	4.16	62.36	27.9	45.0	0.72
	600	0.568	1.088	4.45	72.01	29.6	52.11	0.72
二氧化碳(CO_2)	250	2.165 7	0.804	1.288	7.397	12.59	5.813	0.79
	300	2.179 3	0.871	1.657	8.730	14.96	6.865	0.78
	350	1.536 2	0.900	2.047	14.806	17.21	11.203	0.76
	400	1.342 4	0.942	2.461	19.462	19.32	14.392	0.74
	450	1.191 8	0.980	2.897	24.804	21.34	17.906	0.72
	500	1.073 2	1.013	3.352	30.833	23.26	21.673	0.70
	550	0.973 9	1.047	3.821	37.473	25.08	25.752	0.69
	600	0.893 8	1.076	4.311	44.826	26.83	30.018	0.67
水蒸气(H_2O)	400	0.554 2	2.014	2.61	23.384	13.44	24.251	1.04
	450	0.490 2	1.980	2.99	30.806	15.25	31.110	1.01
	500	0.440 5	1.985	3.39	38.770	17.04	38.683	1.00
	550	0.400 5	1.997	3.79	47.387	18.84	47.041	0.99
	600	0.365 2	2.026	4.22	57.035	20.67	56.599	0.99
	650	0.338 0	2.056	4.64	66.770	22.47	66.479	0.99
	700	0.314 0	2.085	5.05	77.136	24.26	77.261	1.00
	750	0.293 1	2.119	5.49	88.395	26.04	88.843	1.01
	800	0.273 9	2.152	5.92	101.712	27.86	101.716	1.01
	850	0.257 9	2.186	6.37	112.989	29.69	115.122	1.02

五、传热学基础

热量可通过三种方式传递：导热、对流和热辐射。单位时间传递的热量称为传热功率或热流量，通常用 Q 表示；单位面积的传热功率称为热流密度，通常用 q 表示。

(一) 导热

1. 简介

导热也称为热传导，是温度不同的物体直接接触或同一物体内不同温度的各部分之间，依靠物质的分子、原子及自由电子等微观粒子热运动而引起的一种能量传递现象。

2. 平板导热计算

对大平板，设平板高温侧温度为 T_1(K)，低温侧温度为 T_2(K)，平板厚度为 δ(m)，平板的热导率为 λ[W/(m・K)]，平板的面积为 F(m^2)，则通过导热由高温侧传递到低温侧的热流量 Q(W) 为

$$Q = \lambda F \frac{T_1 - T_2}{\delta} \tag{8-50}$$

3. 圆管导热计算

对长度远大于外径的圆管壁，设其长度为 L(m)，内、外直径各为 d_1(m)、d_2(m)，内、外壁面的温度分别为 T_1(K) 和 T_2(K)，且 $T_1 > T_2$，则通过导热由内壁传递到外壁的热流量 Q(W) 为

$$Q = \frac{(T_1 - T_2)L}{\frac{1}{2\pi\lambda}\ln\frac{d_2}{d_1}} \tag{8-51}$$

(二) 热对流

1. 简介

热对流也简称为“对流”，是指液体受热或冷却时，各部分之间发生相对位移，冷热流体相互搀混所引起的热量传递现象。热对流仅能发生在流体中，且与流体的性质及流动有关，同时必然伴有导热现象。

2. 对流换热的计算公式

工程中大量遇到的是流体流过一固体壁面时所发生的热交换过程，此过程称为对流换热，它是热对流与流体内部的导热综合起作用的过程。设壁面的表面积为 F(m^2)，壁面温度为 T_W(K)，流体温度为 T_f(K)，且 $T_W > T_f$，壁面与流体的对流换热系数为 a[W/(m^2 · K)]，则单位时间内壁面与流体的换热量 Q(W) 为

$$Q = aF(T_w - T_f) \tag{8-52}$$

3. 典型场合的对流换热系数

对流换热系数是与对流换热过程有关的量，与流体性质、壁面性质、流动过程特点（自然对流或强迫对流、是否发生相变、是冷凝相变还是蒸发相变等）均有关系，不同情况下需采用不同的对流换热系数计算公式(具体可在传热学手册中查取)。

典型场合的对流换热系数的大致范围为：设备外壳对外散热所引起的空气自由运动（自然对流）的对流换热系数为 5 ～ 20 W/(m^2 · K)，空气或过热蒸汽强迫流动时的对流换热系数为 10 ～ 100 W/(m^2 · K)，水层流时对流换热系数为 500 ～ 2 500 W/(m^2 · K)，水紊流时对流换热系数可达 3 500 ～ 10 000 W/(m^2 · K)，水沸腾或蒸汽凝结时的对流换热系数可达几千到几万瓦 /(平方米 · 开)。

(三) 热辐射

热辐射是物体因其本身温度而发射电磁波来传递能量的现象。热辐射传递能量时不需任何介质，且只要物体表面温度大于 − 273.15 ℃，就会向外产生热辐射。

设物体表面的温度为 T(K)，其发射率(或黑度) 为 ε(可在传热手册中查取)，黑体辐射系数 C_b 为 5.67 W/(m^2 · K^4)，物体的表面积为 F(m^2)，则物体表面向外的热辐射功率 E(W) 为

$$E = 10^{-8}\varepsilon C_b F T^4 \tag{8-53}$$

辐射换热是指物体之间的相互辐射和吸收的总效果。例如，在两个温度不同的物体之间辐射换热，温度高的物体辐射多于吸收，温度低的物体吸收多于辐射，最终的净结果是高温物体向低温物体传递了热量。

(四) 传热过程

1. 简介

热泵各部件中的传热过程往往不是单一的传热方式,而是多种传热方式的综合。以平板一侧的热流体(如热水)向另一侧冷流体(如空气)的传热为例,如图 8-1-3 所示。

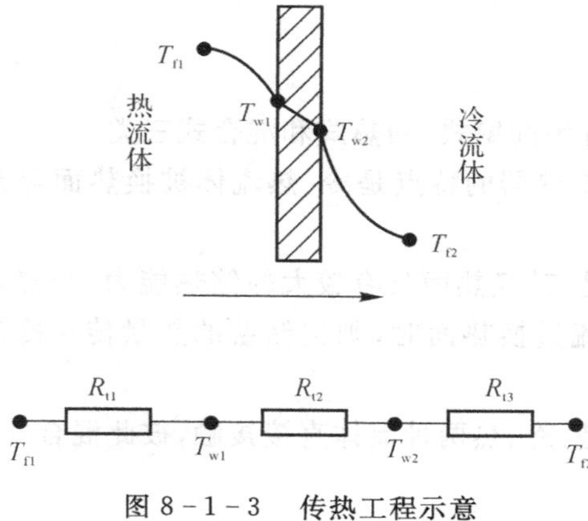

图 8-1-3　传热工程示意

由图 8-1-3 可见,热流体的热量传递给冷流体的过程为:先由温度为 T_{f1} 的热流体通过对流换热将热量传递到温度为 T_{w1} 的平板热表面,再由平板热表面通过导热传递到温度为 T_{w2} 的平板冷表面,最后由平板冷表面通过对流换热传递给温度为 T_{f2} 的冷流体。

2. 热阻的概念

上述过程可由图下部热阻的概念更形象地表示。由于温度为 T_{f1} 的热流体传热给温度为 T_{f2} 的冷流体需经过三个环节,如以温度类比电压,以热流量类比电流,则图中的三个环节相当于电路中的三个电阻,在传热学中称为热阻。设传热时温差为 ΔT,热流量为 Q,则热阻的一般定义式为

$$R_t = \frac{\Delta T}{Q} \tag{8-54}$$

对于(平板)导热,设板厚为 δ(m),热导率为 λ[W/(m·K)],面积为 F(m²),则热阻的计算式为

$$R_{td} = \frac{\delta}{\lambda F} \tag{8-55}$$

对于对流换热,设对流换热系数为 α[W/(m²·K)],面积为 F(m²),则热阻的计算式为

$$R_{tc} = \frac{1}{\alpha F} \tag{8-56}$$

3. 热阻概念的应用

传热过程的总热阻可根据热阻的串联或并联关系进行计算。以图 8-1-3 的传热过程为例,总热阻为

$$R_t = R_{t1} + R_{t2} + R_{t3} \tag{8-57}$$

热流体到冷流体的热流量计算式可利用热阻概念方便地写出,有

$$Q = \frac{T_{f1} - T_{f2}}{R_t} = \frac{T_{f1} - T_{f2}}{R_{t1} + R_{t2} + R_{t3}} \tag{8-58}$$

4. 传热系数

传热过程的强弱可用传热系数 k 表示。设传热面积为 F,则传热系数与传热过程总热阻 R_t 的关系为

$$R_t = \frac{1}{kF} \tag{8-59}$$

(五) 换热器及其计算

1. 换热器的分类

换热器按工作原理可分为间壁式、回热式和混合式三类。

间壁式(也称表面式)换热器的特点是冷、热流体被换热面隔开,热流体通过换热面将热量传给冷流体。

回热式换热器的特点是,其换热面具有较大的储热能力,当热流体流过换热面时,其温度升高,储蓄热量;当冷流体流过换热面时,则把储蓄的热量传给冷流体,如此周而复始地交替工作。

混合式换热器的特点是,冷、热两种流体直接接触,彼此混合并换热,一般在热交换的过程中存在着质量交换。

2. 换热器的基本计算公式

设换热器的面积为 $F(\mathrm{m}^2)$,以 F 为基准的传热系数为 $k[\mathrm{kW/(m^2 \cdot K)}]$,换热器中冷流体和热流体的平均传热温差为 $\theta_m(\mathrm{K})$;热流体的流量为 $qm_1(\mathrm{kg/s})$,比热容为 $c_1[\mathrm{kJ(kg \cdot K)}]$,进换热器的温度为 $t'_1(\mathrm{K})$,出换热器的温度为 $t''_1(\mathrm{K})$;冷流体的流量为 $qm_2(\mathrm{kg/s})$,比热容为 $c_2[\mathrm{kJ/(kg \cdot K)}]$,进换热器的温度为 $t'_2(\mathrm{K})$,出换热器的温度为 $t''_2(\mathrm{K})$。则换热器的传热量 $Q(\mathrm{kW})$ 计算式为

$$Q = kF\theta_m = qm_1c_1(t'_1 - t''_1) = qm_2c_2(t''_2 - t'_2) \tag{8-60}$$

3. 换热器的平均传热温差

换热器的传热温差与冷、热流体的相对流动方向有关,其中顺流、逆流、叉流或错流换热器中流体温度沿换热器长度的变化如图 8-1-4 所示。

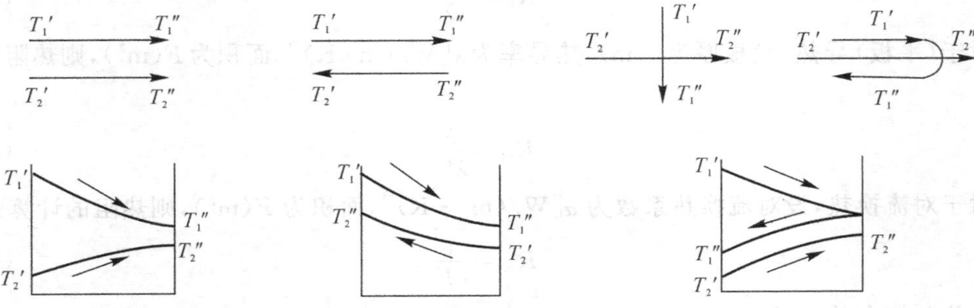

图 8-1-4 热换器中流体的流动方式及温度变化

顺流式换热器的平均传热温差计算式为

$$\theta_{\mathrm{mpa}} = \frac{(t'_1 - t'_2) - (t''_1 - t''_2)}{\ln \dfrac{t'_1 - t'_2}{t''_1 - t''_2}} \tag{8-61}$$

逆流式换热器的平均传热温差计算为

$$\theta_{\mathrm{mco}}=\frac{(t'_1-t''_2)-(t''_1-t'_2)}{\ln\dfrac{t'_1-t''_2}{t''_1-t'_2}} \tag{8-62}$$

叉流或错流式换热器的平均传热温差计算为

$$\theta_{\mathrm{mcr}}=\frac{(t'_1-t'_2)-\left(t''_1-\dfrac{t'_2+t''_2}{2}\right)}{\ln\dfrac{t'_1-t'_2}{t''_1-\dfrac{t'_2+t''_2}{2}}} \tag{8-63}$$

如果在传热过程中，有一种流体的温度保持不变（如流体冷凝或蒸发时），则顺流和逆流换热器的平均传热温差没有区别，均为

$$\theta_{\mathrm{m}}=\frac{t''_2-t'_2}{\ln\dfrac{t_1-t'_2}{t_1-t''_2}} \tag{8-64}$$

$$\theta_{\mathrm{m}}=\frac{t'_1-t''_1}{\ln\dfrac{t'_1-t_2}{t''_1-t_2}} \tag{8-65}$$

六、液体力学基础

流体在管路、阀件及换热器等部件中流动时，会产生压力损失。压力损失可分为沿程压力损失 Δp_{L} 和局部压力损失 Δp_{W}。

1. 沿程压力损失

沿程压力损失 Δp_{L}(Pa) 是指由于流体与壁面间的切应力所引起的阻力，通常又称为沿程摩擦阻力。设流体的密度为 ρ(kg/m^3)，沿程阻力系数为 λ，管长为 L(m)，管内径为 d_{i}(m)，流体在管内的平均流速为 u(m/s)，则沿程压力损失的计算式为

$$\Delta p_{\mathrm{L}}=\rho\lambda\frac{L}{d_{\mathrm{i}}}\times\frac{u^2}{2} \tag{8-66}$$

2. 局部压力损失

流体经过截面的突然变化、流向的改变或速度分布发生变化时，所受到的局部位置上的阻力，称为局部压力损失。影响局部压力损失的因素很多，通常要靠实验测得。设局部压力损失为 Δp_{W}(Pa)，局部阻力系数为 ζ，流体在管内的平均流速为 u(m/s)，则局部压力损失常表示为

$$\Delta p_{\mathrm{W}}=\rho\zeta\times\frac{u^2}{2} \tag{8-67}$$

3. 总压力损失

流体通过各个管道、部件等的总压力损失（即压力降）是各段中的压力降之和，即

$$\Delta p=\sum_{i=1}^{n}\Delta p_{\mathrm{L}i}+\sum_{i=1}^{n}\Delta p_{\mathrm{W}i} \tag{8-68}$$

式中　$\Delta p_{\mathrm{L}i}$—— 流体在 i 段中的沿程摩擦阻力，Pa；

$\Delta p_{\mathrm{W}i}$—— 流体在 i 段中的局部阻力，Pa。

式(8－66)、式(8－67) 中的沿程阻力系数 λ 和局部阻力系数 ζ 可在化工或热工手册中查取。

 任务实施

根据项目任务书和项目任务完成报告进行任务实施，见表 8－1－6 和表 8－1－7。

表 8－1－6 项目任务书

任务名称	热泵理论基础知识的认识		
小组成员			
指导教师		计划用时	
实施时间		实施地点	
任务内容与目标			
1. 掌握热泵的基本术语； 2. 掌握热力学介质的工作状态； 3. 掌握工作介质的热力性质计算方法； 4. 了解传递性质； 5. 掌握热量的传递			
考核项目	1. 热泵工作介质的状态； 2. 工作介质的热力性质计算方法； 3. 传递的方式及内涵		
备注			

表 8－1－7 项目任务完成报告

任务名称	热泵理论基础知识的认识		
小组成员			
具体分工			
计划用时		实际用时	
备注			
1. 热泵工作介质通常有哪些状态？ 2. 估算热泵工质 R134a 的标准沸点。 3. 简述传递性质的方式有哪几种，并详细说明。			

任务评价

根据项目任务综合评价表进行任务评价，见表 8－1－8。

表 8－1－8　项目任务综合评价表

任务名称：　　　　　　　　　　　　　　　　　　　　　测评时间：　　年　　月　　日

考核明细		标准分	实训得分								
			小组成员								
			小组自评	小组互评	教师评价	小组自评	小组互评	教师评价	小组自评	小组互评	教师评价
团队60分	小组是否能在总体上把握学习目标与进度	10									
	小组成员是否分工明确	10									
	小组是否有合作意识	10									
	小组是否有创新想(做)法	10									
	小组是否如实填写任务完成报告	10									
	小组是否存在问题和具有解决问题的方案	10									
个人40分	个人是否服从团队安排	10									
	个人是否完成团队分配任务	10									
	个人是否能与团队成员及时沟通和交流	10									
	个人是否能够认真描述困难、错误和修改的地方	10									
合计		100									

思考练习

一、填空题

1. 当工作介质液体的温度低于饱和温度时称为________，当工作介质液体的温度等于饱和温度且刚开始产生气泡时称为________。

2. 热泵分析和设计中常用的状态参数有________、________、________、________、________。

3. 传热学可通过________、________、________传递。

4. 液体在管路、阀件及换热器等部件中流动时，会产生压力损失，其压力损失可分为________和________。

5. 换热器按分类可分为________、________、________。

二、简答题

1. 列举热泵的通用术语。
2. 简述热泵工作介质通常有哪些状态，并详细说明。

三、名词解释

1. 热导率；
2. 导热；
3. 物对流。

任务二　热泵含义及特点的认识

任务描述

PPT
热泵含义及特点的认识

本任务主要学习热泵的概念以及特点，通过学习要知道热泵最突出的优点，对比热容泵与制冷设备的不同之处以及应用领域。

任务资讯

热泵是一种制热装置，该装置以消耗少量电能或燃料能为代价，能将大量无用的低温热能变为有用的高温热能，如同泵送“热能”的“泵”一样。热泵的工作过程可与水泵相类比，如图8－2－1所示。

如图 8－2－1 所示，水泵是消耗少量电能或燃料能 W，将大量水从低位处泵送到所需的高位处。热泵也是消耗少量电能或燃料能 W，将环境中蕴含的大量免费热能或生产过程中的无用低温废热 Q_2，变为满足用户要求的高温热能 Q_1。根据热力学第一定律，Q_1、Q_2 和 W 之间满足如下关系式：

$$Q_1 = Q_2 + W \tag{8-69}$$

式中　Q_1—— 热泵提供给用户的有用热能，kW；

Q_2—— 热泵从低温热源中吸取的免费热能（环境热能或工业废热），kW；

W—— 热泵工作时消耗的电能或燃料能，kW。

由式(8－69)可见，$Q_1 > W$，即热泵制取的有用热能，总是大于所消耗的电能或燃料能，而用燃烧加热、电加热等装置制热时，所获得的热能一般小于所消耗的电能或燃料的燃烧能，这是热泵与普通加热装置的根本区别，也是热泵制热最突出的优点。

由图 8－2－1 还可看出，热泵在向高温需热处供热的同时，也在从低温热源吸热（制冷），因此，热泵兼有制冷制热的双重功能，但热泵与制冷设备又有明显的不同，主要体现在以下几方面。

1. 目的不同

热泵的目的是供热，制冷设备的目的是供冷，不同的目的影响机组结构和流程的设计。如内燃机驱动的热泵，需尽量回收尾气余热和气缸冷却热，与热泵制取的热量一起供给用户；而内燃机驱动的制冷设备则只需考虑制冷效果。

2. 工作温度区间不同

热泵工作温度的下限一般是环境温度，上限则根据用户需求而定，可高于 100 ℃；制冷设备工作温度的上限一般是环境温度，下限则根据用户需要而定（如食品冷冻温度为－30 ℃），其示意如图 8－2－2 所示。

3. 对部件和工质的要求不同

由于热泵与制冷设备的工作温度不同，其工作压力、各部件材料与结构、对工质特性的要求也不同。

4. 应用领域不同

制冷设备用于低温储藏或加工的场合，热泵则用于需要供热的场合。

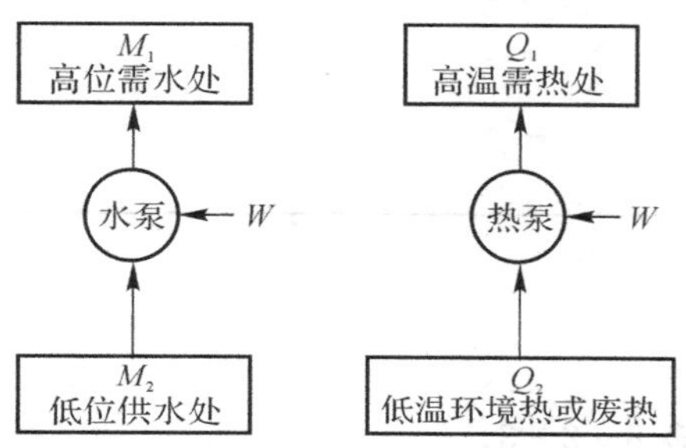

图 8－2－1　热泵和水泵的工作过程类比

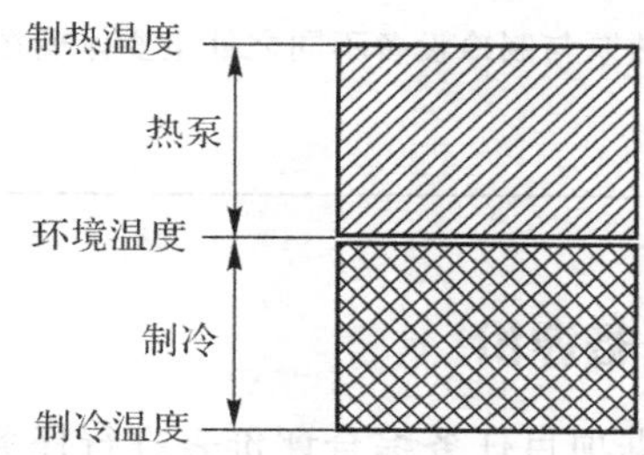

图 8－2－2　热泵与制冷设备的工作示意图

任务实施

根据项目任务书和项目任务完成报告进行任务实施，见表 8－2－1 和表 8－2－2。

表 8－2－1　热泵项目任务书

任务名称	热泵含义及特点的认识		
小组成员			
指导教师		计划用时	
实施时间		实施地点	
任务内容与目标			
1. 了解热泵的含义； 2. 了解热泵的特点； 3. 了解热泵与制冷设备的对比			
考核项目	1. 制热装置的工作过程； 2. 水泵与热泵的工作过程类比； 3. 热泵的功能以及与制冷设备的不同		
备注			

表 8-2-2　项目任务完成报告

任务名称	热泵含义及特点的认识		
小组成员			
具体分工			
计划用时		实际用时	
备注			
1. 简述热泵的含义。 2. 根据图 8-2-1 说出热泵的特点。 3. 热泵与制冷设备不同之处主要体现在哪些方面？			

任务评价

根据项目任务综合评价表进行任务评价，见表 8-2-3。

表 8-2-3　项目任务综合评价表

任务名称：　　　　　　　　　　　　　　　　测评时间：　　年　　月　　日

考核明细		标准分	实训得分								
			小组成员								
			小组自评	小组互评	教师评价	小组自评	小组互评	教师评价	小组自评	小组互评	教师评价
团队60分	小组是否能在总体上把握学习目标与进度	10									
	小组成员是否分工明确	10									
	小组是否有合作意识	10									
	小组是否有创新想(做)法	10									
	小组是否如实填写任务完成报告	10									
	小组是否存在问题和具有解决问题的方案	10									
个人40分	个人是否服从团队安排	10									
	个人是否完成团队分配任务	10									
	个人是否能与团队成员及时沟通和交流	10									
	个人是否能够认真描述困难、错误和修改的地方	10									
合计		100									

思考练习

一、填空题

1. 热泵从低温热源中吸取的免费热能有＿＿＿＿＿＿、＿＿＿＿＿＿。
2. 热泵工作时消耗＿＿＿＿＿＿和＿＿＿＿＿＿。
3. 热泵既能制＿＿＿＿＿＿又能制＿＿＿＿＿＿。
4. 制冷设备用于＿＿＿＿＿＿或＿＿＿＿＿＿。

二、简答题

1. 热泵是什么？与制冷机组区别在哪？
2. 热泵的工作过程与水泵的工作过程是相同的，这句话是否正确？为什么？

任务三　热泵的发展历程

任务描述

本任务主要学习热泵的发展历程，通过了解热泵的发展史以及发展阶段知道影响热泵发展的必要因素。

PPT
热泵的发展历程

任务资讯

热泵的理论基础可追溯到1824年卡诺发表的关于卡诺循环的论文，1850年开尔文(Kelvin)指出制冷装置也可用以制热，1852年威廉·汤姆逊(William Thomson)发表了一篇论文，提出热泵的构想，并称之为热能放大器或热能倍增器。至19世纪70年代，制冷技术和设备得到了迅速的发展，但加热由于有各种简单的方法可以实现，热泵的开发一直到20世纪初才展开。

到20世纪20—30年代，热泵逐步发展起来。1930年霍尔丹(Haldane)在他的著作中介绍了1927年在苏格兰安装和试验的家用热泵，用热泵吸收环境空气的热量来为室内采暖和提供热水，可以认为这一装置是现代蒸气压缩式热泵的真正原型。

最早的大容量热泵的应用是1930—1931年间在美国南加利福尼亚爱迪生公司的洛杉矶办事处，热泵自此得到了较迅速的发展，至20世纪40年代后期即已出现许多有代表性的热泵设计，以英国和瑞士为例，典型应用见表8-3-1。

此后，由于技术、能源价格等原因，热泵的发展也出现过波折，但总的趋势是应用越来越广泛。随世界范围内对节约能源、保护环境越来越重视，热泵以其吸收环境热能或回收低温废热来高效制取高温热能的突出优势，正在得到充分展现。

热泵发展到今天，制热温度(供给用户的热能温度)低于50 ℃的热泵已较成熟，且由于部件和工质基本与制冷设备通用，应用也最广泛。制热温度在50～100 ℃之间的热泵，其工业化应用的领域正在逐步拓展，相关部件及工质体系也正在完善。制热温度大于100 ℃的热泵，其大规模应用还有较多技术问题需解决，应用领域也有待开拓。

表 8-3-1 早起的热泵典型应用

施工年份	地　点	低温热源	制热量/kW	备　注
1941	瑞士苏黎世	河水、废水	1 500	
1941	瑞士 Skeckborn	湖水	1 950	游泳池加热
1941	瑞士 Landquart	空气	122	人造丝厂工艺用热
1943	瑞士苏黎世	河水	1 750	纸厂工艺用热
1945	英国诺里季电力公司	河水	120～240	供热
1949	英国皇家节日大厅	水	2 700	供暖
1952	英国电气研究协会	污水	25	

只要是需要热能的场合，就有热泵的应用机会，人们的衣食住行及身边诸多产品的生产过程，均和热能有着密切的关系，从这一角度讲，热泵的发展空间是无限的。回顾热泵的发展历史，热泵发展的速度主要取决于以下几个因素。

1. 能源因素

它包括能源的价格（电能、煤、油、燃气等的比价）和能源的丰富性。当不同能源间比价合理或能源紧张时，热泵就具有较好的发展大环境。

2. 环境因素

当出于环境保护的考虑，对其他制热方式（如燃煤制取热能）有严格的限制时，热泵就具有更大的应用空间。

3. 技术因素

它包括通过热泵循环、部件、工质的改进提高热泵的效率，利用材料技术简化热泵结构、降低热泵造价，利用测控技术提高热泵的可靠性和操作维护的简易性等，可使热泵比其他简单加热方式具有更强的综合竞争优势。

4. 低温热源

热泵与其他简单加热方法的不同点之一是必须要有低温热源，且低温热源的温度越高，对提高热泵的性能和应用优势越有利，有时能否有合适的低温热源甚至是决定热泵应用的关键因素，因此，利用相关领域的先进技术，拓展热泵的低温热源，也是促进热泵应用和发展的重要因素。

5. 应用领域开发

目前热泵已应用于供暖、制取热水、干燥（木材、食品、纸张、棉、毛、谷物、茶叶等）、浓缩（牛奶等）、娱乐健身（人工冰场、游泳池的同时供冷与供热等）、种植、养殖、人工温室等领域。进一步了解不同产品生产工艺中的热需求，并将热泵和工艺用热有机结合，可为热泵拓展更多的应用领域。

任务实施

根据项目任务书和项目任务完成报告进行任务实施，见表 8-3-2 和表 8-3-3。

表 8-3-2　项目任务书

<table>
<tr><td>任务名称</td><td colspan="3">热泵的发展历程</td></tr>
<tr><td>小组成员</td><td colspan="3"></td></tr>
<tr><td>指导教师</td><td></td><td>计划用时</td><td></td></tr>
<tr><td>实施时间</td><td></td><td>实施地点</td><td></td></tr>
<tr><td colspan="4">任务内容与目标</td></tr>
<tr><td colspan="4">1. 了解热泵的发展历程；
2. 熟悉早期的热泵应用领域有哪些；
3. 了解热泵发展的决定因素</td></tr>
<tr><td>考核项目</td><td colspan="3">1. 热泵的发展历程有几个阶段；
2. 决定热泵发展的因素</td></tr>
<tr><td>备注</td><td colspan="3"></td></tr>
</table>

表 8-3-3　项目任务完成报告

<table>
<tr><td>任务名称</td><td colspan="3">热泵的发展历程</td></tr>
<tr><td>小组成员</td><td></td><td></td><td></td></tr>
<tr><td>具体分工</td><td></td><td></td><td></td></tr>
<tr><td>计划用时</td><td></td><td>实际用时</td><td></td></tr>
<tr><td>备注</td><td colspan="3"></td></tr>
<tr><td colspan="4">1. 简述热泵的发展历程有几个阶段，并详细说明。

2. 早期的热泵应用在哪些地方？

3. 在热泵发展过程中决定热泵发展的因素有哪些？</td></tr>
</table>

任务评价

根据项目任务综合评价表进行任务评价，见表 8-3-4。

表 8-3-4 项目任务综合评价表

任务名称： 测评时间： 年 月 日

考核明细		标准分	实训得分								
			小组成员								
			小组自评	小组互评	教师评价	小组自评	小组互评	教师评价	小组自评	小组互评	教师评价
团队60分	小组是否能在总体上把握学习目标与进度	10									
	小组成员是否分工明确	10									
	小组是否有合作意识	10									
	小组是否有创新想(做)法	10									
	小组是否如实填写任务完成报告	10									
	小组是否存在问题和具有解决问题的方案	10									
个人40分	个人是否服从团队安排	10									
	个人是否完成团队分配任务	10									
	个人是否能与团队成员及时沟通和交流	10									
	个人是否能够认真描述困难、错误和修改的地方	10									
合计		100									

思考练习

1. ________威廉·汤姆逊发表一篇论文提出________构想并称之为________或________。

2. 最大的大容量热泵应用时间是________。

3. 热泵以其吸收________或________来高效制取高温热能的突出优势，正在得到充分展现。

4. 热泵的发展速度主要取决于________、________、________、________和________。

任务四 热泵性能指标的解析

PPT
热泵性能
指标的解析

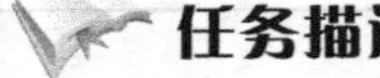

任务描述

本任务主要通过学习热泵的制热系数相关的知识来比较其他制热装置的制热效率，从而体现出热泵的制热优势。

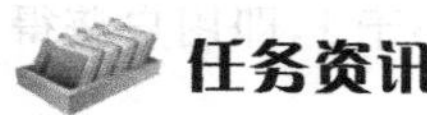

任务资讯

一、热泵的制热系数

热泵最主要的性能指标是制热系数，可用符号 COP_H 表示。

制热系数的一般定义为

$$COP_H = \frac{用户获得的热能}{热泵消耗的电能或燃料能} \tag{8-70}$$

由式(8-70)可知，制热系数 COP_H 为无因次量，表示用户消耗单位电能或燃料能所获得的有用热能。

二、热泵与其他制热装置制热效率的比较

与锅炉、电加热器等制热装置相比，热泵的突出特点是消耗少量电能或燃料能，即可获得大量的所需热能，这一特点可通过装置的能流图和制热系数得到明确的体现。

1. 热泵的能流图和制热系数

热泵的简化能流图如图 8-4-1 所示(图中热泵的制热系数为 4，即输入 1 份电能或燃料能，可从环境或废热中吸取 3 份热能，总计供给用户 4 份热能)。

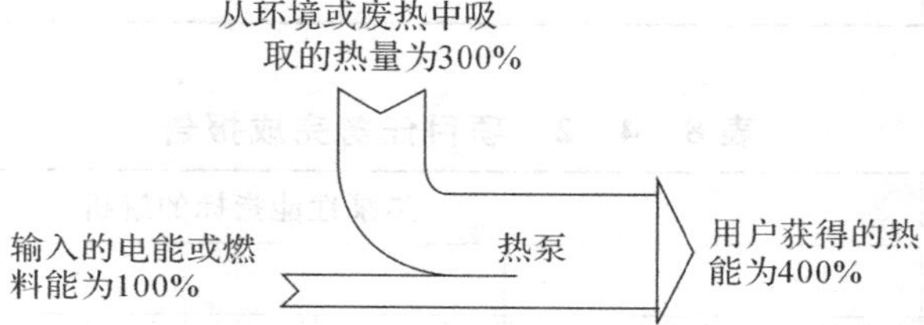

图 8-4-1　热泵的简化能流图

由图 8-2-1、图 8-4-1 和式(8-70)可知，热泵的制热系数 COP_H 为

$$COP_H = \frac{Q_1}{W} = \frac{Q_2 + W}{W} = 1 + \frac{Q_2}{W} > 1 \tag{8-71}$$

即热泵的制热系数永远大于 1，用户获得的热能总是大于所消耗的电能或燃料能。

2. 锅炉的能流图和制热系数

以锅炉作为普通制热装置的代表，其能流图如图 8-4-2 所示(按制热系数的含义，锅炉的制热系数即通常所说的热效率，图中取为 0.8)。

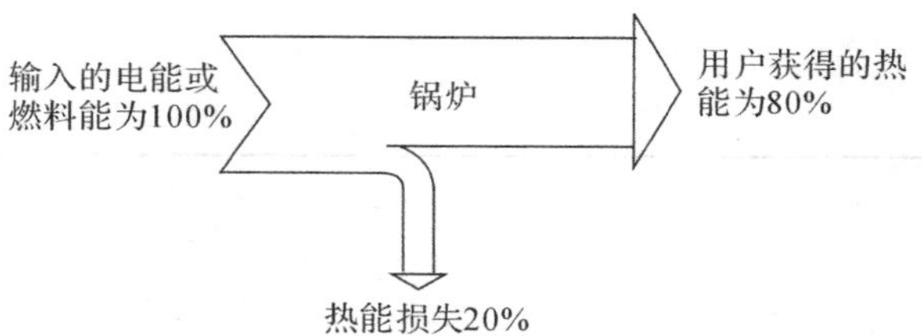

图 8-4-2　锅炉的简化能流图

由图 8－4－2 和式(8－70)可知，锅炉等普通制热装置的制热系数永远小于 1，即用户获得的热能总是小于所消耗的电能或燃料能。

任务实施

根据项目任务书和项目任务完成报告进行任务实施，见表 8－4－1 和表 8－4－2。

表 8－4－1 项目任务书

任务名称	热泵性能指标的解析		
小组成员			
指导教师		计划用时	
实施时间		实施地点	
任务内容与目标			
1. 了解热泵制热系数的定义； 2. 知道其他制热装置制热效率的特点			
考核项目	1. 热泵的主要性能指标以及表示符号； 2. 热泵的优势		
备注			

表 8－4－2 项目任务完成报告

任务名称	热泵性能指标的解析		
小组成员			
具体分工			
计划用时		实际用时	
备注			
1. 热泵的主要性能指标是什么？用什么符号表示？ 2. 热泵与其他制热装置相比较各有什么优势？			

任务评价

根据项目任务综合评价表进行任务评价，见表 8－4－3。

表 8-4-3　项目任务综合评价表

任务名称：　　　　　　　　　　　　　　　　　　　　测评时间：　年　月　日

考核明细		标准分	实训得分								
			小组成员								
			小组自评	小组互评	教师评价	小组自评	小组互评	教师评价	小组自评	小组互评	教师评价
团队60分	小组是否能在总体上把握学习目标与进度	10									
	小组成员是否分工明确	10									
	小组是否有合作意识	10									
	小组是否有创新想(做)法	10									
	小组是否如实填写任务完成报告	10									
	小组是否存在问题和具有解决问题的方案	10									
个人40分	个人是否服从团队安排	10									
	个人是否完成团队分配任务	10									
	个人是否能与团队成员及时沟通和交流	10									
	个人是否能够认真描述困难、错误和修改的地方	10									
合计		100									

思考练习

1. 热泵的性能指标是________。
2. 热泵的制热系数定义式是________。
3. 热泵制热系数永远大于1，获得的热能总是大于所消耗的________和________。

任务五　热泵分类的分析

PPT
热泵分类的分析

任务描述

本任务学习热泵的分类，按照不同的分类了解热泵所产生的效果以及热泵的工作过程。

微课：
热泵的分类

任务资讯

一、按工作原理分类

按热泵的工作原理，热泵可分为蒸气压缩式热泵（也称为机械压缩式热泵)、吸收式热泵、化学热泵、蒸汽喷射式热泵、热电热泵等。

1. 蒸气压缩式热泵

蒸气压缩式热泵的结构示意如图 8－5－1 所示。

如图 8－5－1 所示,蒸气压缩式热泵由压缩机 1(包括驱动装置,如电动机、内燃机等)、冷凝器 2、节流膨胀部件 3、蒸发器 4 等基本部件组成封闭回路,在其中充注循环工质,由压缩机推动工质在各部件中循环流动。热泵工质在蒸发器中发生蒸发相变,吸收低温热源的热能;在压缩机中由低温低压变为高温高压,并吸收压缩机的驱动能;最后在冷凝器中发生冷凝相变放热,把蒸发、压缩过程中获得的能量供给用户。蒸气压缩式热泵的系统介绍参见项目二。

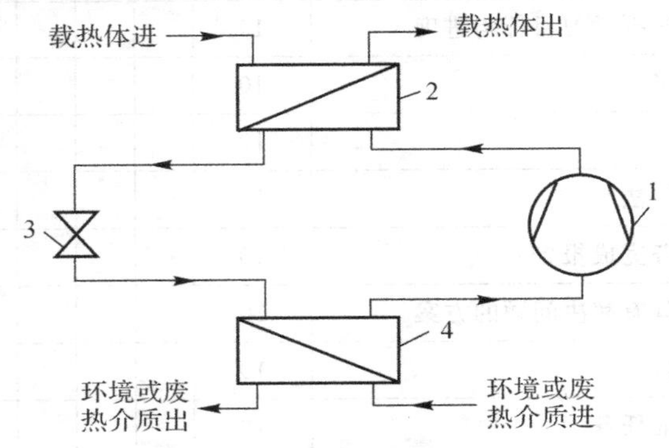

图 8－5－1　蒸气压缩式热泵的结构示意

1—压缩机；2—冷凝器；3—节流膨胀部件；4—蒸发器

2. 吸收式热泵

吸收式热泵结构示意如图 8－5－2 所示。吸收式热泵由发生器 1、吸收器 3、溶液泵 2、溶液阀 4 共同作用,起到蒸气压缩式热泵中压缩机的作用,并和冷凝器 5、节流膨胀阀 6、蒸发器 7 等部件组成封闭系统,在其中充注液态工质对(循环工质和吸收剂)溶液,吸收剂与循环工质的沸点差很大,且吸收剂对循环工质有极强的吸收作用。由燃料燃烧或其他高温介质加热发生器中的工质对溶液,产生温度和压力均较高的循环工质蒸气,进入冷凝器并在冷凝器中放热变为液态,再经节流膨胀阀降压降温后进入蒸发器,在蒸发器中吸取环境热或废热并变为低温低压蒸气,最后被吸收器吸收(同时放出吸收热)。与此同时,吸收器、发生器中的浓溶液和稀溶液间也不断通过溶液泵和溶液阀进行质量和热量交换,维持溶液成分及温度的稳定,使系统连续运行。吸收式热泵的系统介绍参见项目三。

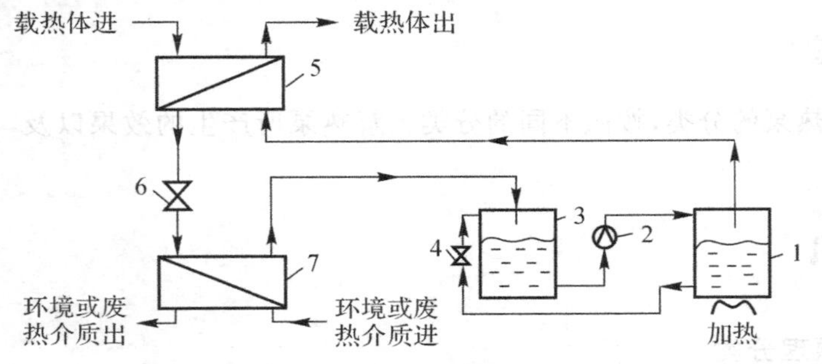

图 8－5－2　吸收式热泵结构示意

1—发生器；2—溶液泵；3—吸收器；4—溶液阀；5—冷凝器；6—节流膨胀阀；7—蒸发器

3. 化学热泵

化学热泵是指基于吸附/解吸及其他热化学反应原理的热泵。图 8-5-3 是一个典型的化学热泵工作过程的示意。

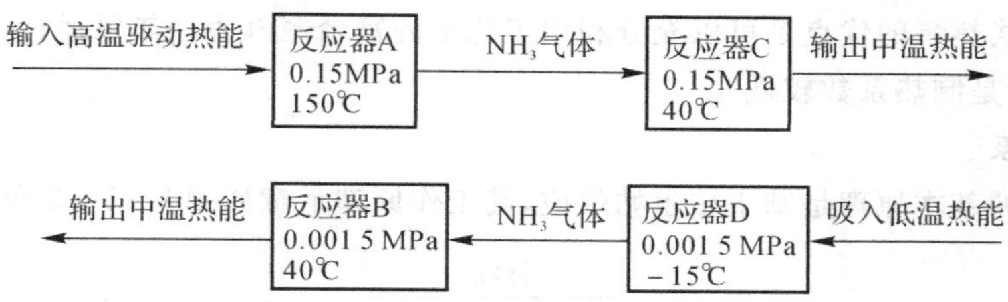

图 8-5-3　化学热泵工作过程的示意

图 8-5-3 中 4 个反应器中进行的反应分别如下：

反应器 A：

$FeCl_2 \cdot 6NH_3$(固)$\longrightarrow FeCl_2 \cdot 2NH_3$(固)$+4NH_3$(气)$-Q_H$

反应器 C：

$FeCl_2 \cdot 4NH_3$(固)$+4NH_3 \longrightarrow FeCl_2 \cdot 8NH_3$(固)$+Q_M$

反应器 B：

$FeCl_2 \cdot 2NH_3$(固)$+4NH_3$(气)$\longrightarrow FeCl_2 \cdot 6NH_3$(固)$+Q_M$

反应器 D：

$FeCl_2 \cdot 8NH_3$(固)$\longrightarrow FeCl_2 \cdot 4NH_3$(固)$+4NH_3$(气)$-Q_L$

该热泵的基本工作过程为：反应器 A 中，驱动热源提供热能使 $FeCl_2 \cdot 6NH_3$吸热分解，分解出的 NH_3气进入反应器 C，与 $FeCl_2 \cdot 4NH_3$反应生成 $FeCl_2 \cdot 8NH_3$，并放出中温热能给用户，上述反应是在较高压力(0.15 MPa)下进行的。上述反应完成后，改变系统压力，使压力降到 0.001 5 MPa，此时低温反应器 D 可从环境中吸取低温热能，并使 $FeCl_2 \cdot 8NH_3$分解，放出的 NH_3进入反应器 B，与其中的 $FeCl_2 \cdot 2NH_3$反应，放出中温热能给用户。如此反复进行，可使用户不断得到满足要求的中温热能。

化学热泵目前的研究较多，且具有良好的应用前景，化学热泵的系统介绍参见项目四。

4. 蒸汽喷射式热泵

蒸汽喷射式热泵的结构示意如图 8-5-4 所示。

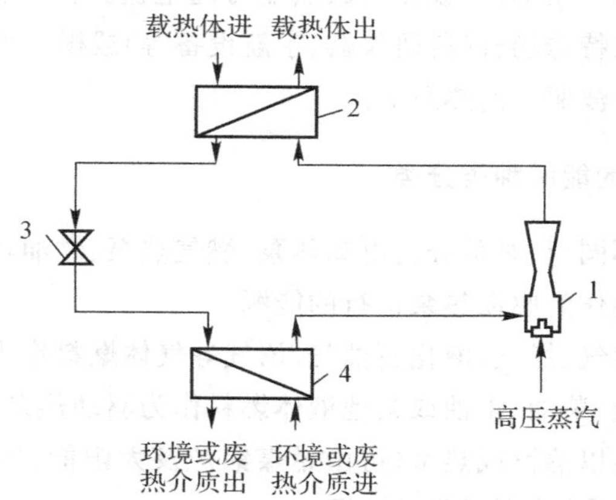

图 8-5-4　蒸汽喷射式热泵结构示意

1—蒸汽喷射器；　2—冷凝器；　3—节流膨胀部件；　4—蒸发器

蒸汽喷射式热泵从喷嘴高速喷出的工作蒸汽形成低压区，使蒸发器中的水在低温下蒸发并吸收低温热源的热能，之后被工作蒸汽压缩，在冷凝器中冷凝并放热给用户。该类热泵主要应用于食品、化工等领域的浓缩工艺过程，并通常在结构上和浓缩装置设计成一体。

蒸汽喷射式热泵的优点是可以充分利用工艺中的富余蒸汽驱动热泵运行，且无运动部件，工作可靠；缺点是制热系数较低。

5. 热电热泵

热电热泵的基本原理是基于珀尔帖效应，其工作原理示意如图 8-5-5 所示。

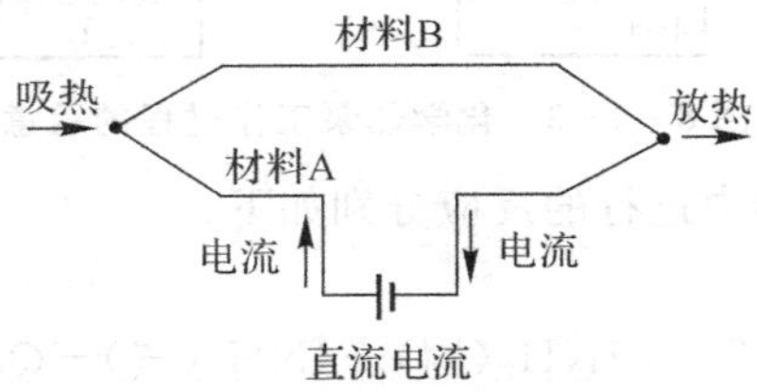

图 8-5-5　热电热泵工作原理示意

当两种不同金属或半导体材料组成电路且通以直流电时，则两种材料的一个接点吸热（制冷），另一个接点放热，利用这种效应的热泵即为热电热泵（也称为珀尔帖热泵）。

由于半导体材料的珀尔帖效应较显著，实际的热电热泵多由半导体材料制成，其结构示意如图 8-5-6 所示。

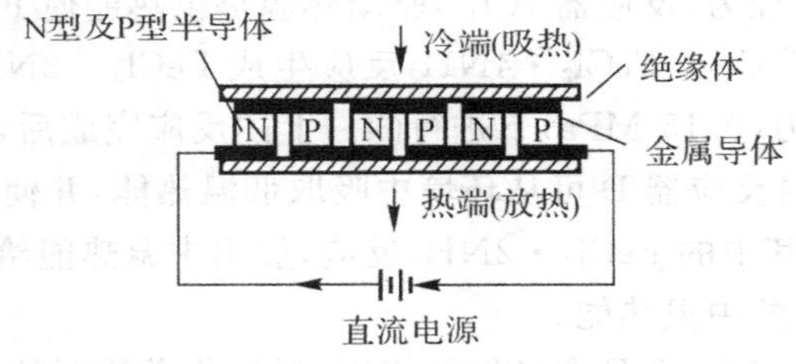

图 8-5-6　热电热泵结构示意

热电热泵的优点是无运动部件，吸热与放热端可随电流方向灵活转换，结构紧凑；缺点是制热系数低。因此限于在特殊场合（科研仪器、宇航设备等）或微小型装置中使用。

此外，还有磁热泵、声波驱动的热泵等。

二、按驱动热泵所用的能源种类分类

按所用驱动能源的不同，热泵可分为电动热泵、燃气热泵、燃油热泵、蒸汽或热水热泵等。

（1）电动热泵：以电能作为驱动热泵运行的能源。

（2）燃气热泵：以天然气、煤气、液化石油气、沼气等气体燃料作为驱动热泵运行的能源。

（3）燃油热泵：以汽油、柴油、重油或其他液体燃料作为驱动热泵运行的能源。

（4）蒸汽或热水热泵：以蒸汽或热水（可由燃煤锅炉及太阳能、地热能、生物质能等可再生能源或新能源产生）作为驱动热泵运行的能源。

三、按热泵制取热能的温度分类

按制热温度，热泵可分为常温、中温、高温热泵。

(1)常温热泵：所制取的热能温度低于40 ℃时为常温热泵。

(2)中温热泵：所制取的热能温度在40～100 ℃时为中温热泵。

(3)高温热泵：所制取的热能温度高于100 ℃时为高温热泵。

四、按载热介质分类

载热介质通常有水、空气等，根据高温载热介质和低温载热介质的不同组合，可将热泵分为以下几种。

(1)空气-空气热泵：低温载热介质和高温载热介质均为空气。

(2)空气-水热泵：低温载热介质为空气，高温载热介质为水。

(3)水-水热泵：低温载热介质和高温载热介质均为水。

(4)水-空气热泵：低温载热介质为水，高温载热介质为空气。

(5)土壤-水热泵：低温热源为土壤，高温载热介质为水。

(6)土壤-空气热泵：低温热源为土壤，高温载热介质为空气。

五、按热泵与低温热源、高温热源的耦合方式分类

按热泵与低温热源、高温热源的耦合方式，热泵可分为直接耦合式热泵和间接式热泵。

(1)直接耦合式热泵：热泵与低温热源、高温热源直接相连，其工作原理示意如图8-5-7(a)所示。

(2)间接式热泵：热泵与低温热源或高温热源通过载热介质相连，其工作原理示意如图8-5-7(b)所示。

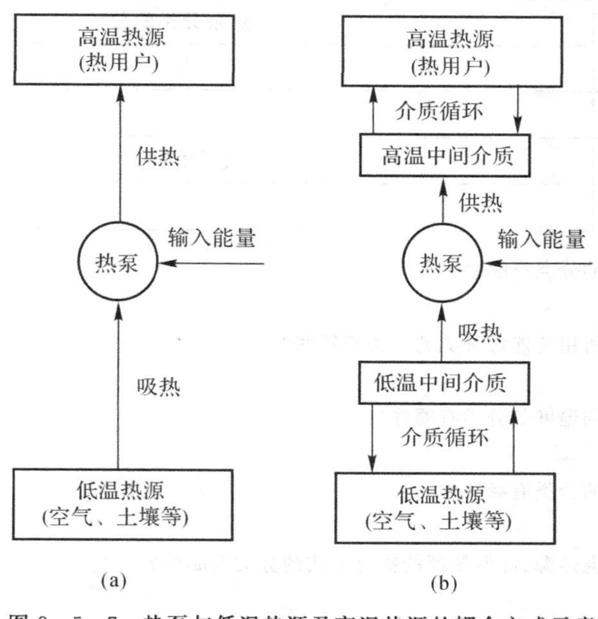

图8-5-7　热泵与低温热源及高温热源的耦合方式示意

任务实施

根据项目任务书和项目任务完成报告进行任务实施，见表 8－5－1 和表 8－5－2。

表 8－5－1 项目任务书

<table>
<tr><td>任务名称</td><td colspan="3">热泵分类的分析</td></tr>
<tr><td>小组成员</td><td colspan="3"></td></tr>
<tr><td>指导教师</td><td></td><td>计划用时</td><td></td></tr>
<tr><td>实施时间</td><td></td><td>实施地点</td><td></td></tr>
<tr><td colspan="4">任务内容与目标</td></tr>
<tr><td colspan="4">1. 了解热泵按工作原理的分类；
2. 熟悉热泵按驱动热泵所用的能源种类的分类；
3. 了解热泵按热泵制取热能的温度的分类；
4. 了解热泵按载热介质的分类；
5. 掌握热泵按热泵与低温热源、高温热汇的耦合方式的分类</td></tr>
<tr><td>考核项目</td><td colspan="3">1. 热泵按工作原理的分类；
2. 热泵按驱动热泵所用的能源种类的分类；
3. 热泵按热泵制取热能的温度的分类；
4. 热泵按载热介质的分类；
5. 热泵按热泵与低温热源、高温热汇的耦合方式的分类</td></tr>
<tr><td>备注</td><td colspan="3"></td></tr>
</table>

表 8－5－2 项目任务完成报告

<table>
<tr><td>任务名称</td><td colspan="3">热泵分类的分析</td></tr>
<tr><td>小组成员</td><td></td><td></td><td></td></tr>
<tr><td>具体分工</td><td></td><td></td><td></td></tr>
<tr><td>计划用时</td><td></td><td>实际用时</td><td></td></tr>
<tr><td>备注</td><td colspan="3"></td></tr>
<tr><td colspan="4">1. 热泵按工作原理的分类有哪些？

2. 热泵按驱动热泵所用的能源种类的分类有哪些？

3. 热泵按制取热能的温度的分类有哪些？

4. 热泵按载热介质的分类有哪些？

5. 热泵按热泵与低温热源、高温热源的耦合方式的分类有哪些？</td></tr>
</table>

任务评价

根据项目任务综合评价表进行任务评价，见表 8－5－3。

表 8－5－3　项目任务综合评价表

任务名称：　　　　　　　　　　　　　　　　　　测评时间：　　年　　月　　日

考核明细		标准分	实训得分								
			小组成员								
			小组自评	小组互评	教师评价	小组自评	小组互评	教师评价	小组自评	小组互评	教师评价
团队60分	小组是否能在总体上把握学习目标与进度	10									
	小组成员是否分工明确	10									
	小组是否有合作意识	10									
	小组是否有创新想(做)法	10									
	小组是否如实填写任务完成报告	10									
	小组是否存在问题和具有解决问题的方案	10									
个人40分	个人是否服从团队安排	10									
	个人是否完成团队分配任务	10									
	个人是否能与团队成员及时沟通和交流	10									
	个人是否能够认真描述困难、错误和修改的地方	10									
合计		100									

思考练习

一、填空题

1. 热泵按照工作原理分类可分为________、________、________、________、________。

2. 蒸气压缩式热泵又称为________。

3. 按照所用驱动能源的不同，热泵可分为________、________、________、________。

4. 根据高温载热介质和低温载热介质的不同组合，热泵可分为________、________、________、________和________。

二、简答题

1. 压缩式热泵由哪些基本设备组成？

2. 热泵常用的热源种类有哪些？

3. 简述载热介质的分类，并详细说明。

任务六　热泵低温热源的认识

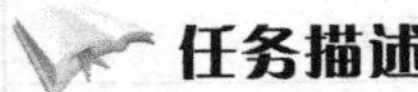

任务描述

本任务主要学习低温热源，通过学习了解有哪些低温热源，各种低温热源的特性，通过学习计算在不同环境下的吸热或放热。

任务资讯

PPT
热泵低温热源的认识

用热泵高效制热，离不开容量大且温度适当的低温热源。热泵常用的低温热源有环境空气、地下水、地表水(河水、湖泊水、城市公共用水等)、海水、土壤、工业废热、太阳能或地热能等。各低温热源的基本特性见表 8－6－1。

表 8－6－1　常用低温热源的基本特性

基本特性	环境空气	地下水	地表水	海水	土壤	工业废热	太阳能	地热能
热源温度/℃	－15～35	6～15	0～30	0～30	0～12	10～60	10～80	30～90
受气候的影响	大	小	较大	较小	较小	较小	较大	小
是否随处可得	是	否	否	否	是	否	是	否
是否随时可得	是	是	否	是	是	否	否	是

各低温热源的简要情况如下。

一、环境空气

环境空气作为热泵低温热源的优点是随时随处可以无限制地得到，其缺点是在秋末、冬季及初春温度偏低，空气与换热器的传热系数小，需较大的换热器尺寸。

环境空气是水蒸气和干空气的混合物，也称为湿空气或简称为“空气”，在分析和计算时可作为理想气体处理。

1. 饱和湿空气

当湿空气中的含水量已达最大值时的湿空气称为饱和湿空气。饱和湿空气中水蒸气的分压力等于其温度下纯水的饱和蒸汽压。

当饱和湿空气的温度降低时，水蒸气会从湿空气中凝结析出。

2. 相对湿度

相对湿度是指湿空气接近饱和湿空气的程度，一般用 ϕ 表示。设湿空气的温度为 T，湿空气中水蒸气的分压为 p_w，温度为 T 时纯水的饱和蒸汽压为 p_{ws}，相对湿度的定义式为

$$\phi = \frac{p_w}{p_{ws}} \times 100\% \tag{8-72}$$

相对湿度的范围为 0% ～ 100%。干空气的相对湿度为 0%，饱和湿空气的相对湿度为

100%。温度为 T、相对湿度 $\phi<100\%$ 的湿空气，当温度下降时，其相对湿度升高，相对湿度达 100% 时的温度称为该湿空气的露点温度，用 T_d 表示。

3. 含湿量

含湿量是指湿空气中每伴随 1 kg 干空气的水蒸气质量，有时也称为湿含量，一般用 d 表示，单位为 kg(水蒸气)/kg(干空气)。

设湿空气的总压力(通常为大气压力)为 p_a，湿空气的温度为 T，相对湿度为 ϕ，温度 T 时纯水的饱和蒸汽压为 p_{ws}，则含湿量的计算式为

$$d=0.622\times\frac{\phi p_{ws}}{p_a-\phi p_{ws}} \tag{8-73}$$

4. 湿空气的吸热或放热计算

(1) 空气被加热时的吸热量计算。设湿空气在初状态 1 的温度为 T_1(K)，含湿量为 d_1[kg(水蒸气)/kg(干空气)]；终状态 2 的温度为 T_2(K)，含湿量不变；在 T_1 和 T_2 之间水蒸气的平均定压比热容为 c_{pw}(kJ/kg·K)，干空气的平均定压比热容为 c_{pa}(kJ/kg·K)；则含有 1 kg 干空气的湿空气由初状态 1 吸热变为终状态 2 时的吸热量 q_H[kJ/kg(干空气)] 的计算式为

$$q_H=c_{pa}(T_2-T_1)+c_{pw}(T_2-T_1)d_1 \tag{8-74}$$

(2) 空气被冷却时的放热量计算。当湿空气被冷却未达到露点温度时，其放热量 q_c[kJ/kg(干空气)] 的计算式与式(8-74) 相似，即

$$q_c=c_{pa}(T_1-T_2)+c_{pa}(T_1-T_2)d_1 \tag{8-75}$$

当湿空气被冷却至低于露点温度时，设露点温度为 T_d(K)，冷却终状态 2 时湿空气的含湿量为 d_2[kg(水蒸气)/kg(干空气)]，初、终状态湿空气中的平均含湿量为 (d_1-d_2)[kg(水蒸气)/kg(干空气)]，露点温度与终状态温度之间水的平均汽化潜热为 r(kJ/kg)，则含有 1 kg 干空气的湿空气由初状态 1 被冷却变为终状态 2 时的放热量 q_c[kJ/kg(干空气)] 的近似计算式为

$$q_c=c_{pa}(T_1-T_2)+c_{pw}(T_1-T_2)d_m+r(d_1-d_2) \tag{8-76}$$

简单估算时，可取干空气的定压比热容 c_{pa} 为 1.0 kJ/(kg·K)，水蒸气的定压比热容 c_{pw} 为 1.9 kJ/(kg·K)，水的汽化潜热 r 为 2 000 kJ/kg。

湿空气的性质或吸热、放热量也可通过焓-湿图查取，具体可参阅空调制冷或干燥手册。

二、地下水

1. 简介

地下水的年平均温度为 10 ℃ 左右，一年四季比较稳定。依抽吸地下水的井位和井深的不同，冬季地下水温度为 8 ～ 12 ℃，夏季为 10 ～ 14 ℃。特别宜于作热泵热源。

2. 利用地下水的基本要求

地下水利用需有管理部门的许可。

在用地下水作为热泵的低温热源时，通常在建抽水井的同时，也需建回灌井，将抽出的水吸热后，在保持其成分和化学性质不变的情况下，经回灌井注入原先抽水的地层，其结构示意如图 8-6-1 所示。

利用地下水作为热泵的低温热源时还需化验水的化学组成，测量水的物理特性，并监控其变化，作为泵及其他部件选取或设计的参考。

3. 地下水井装置

在钻抽水井之前，应进行试钻，掌握地层结构，了解适于抽取地下水的地层厚度和深度，并获得地下水的化学成分、温度、流向等基本数据资料。

抽水井与回灌井之间的距离应尽可能远些，至少应相距 15 m，以免短路，且回灌井应位于抽水井的下游。

井下构件应注意腐蚀防护，降低因生物或化学因素导致井的老化速度；抽水井和回灌井的过滤管须深埋地下，避免其上边缘暴露在水面附近，并在含水层允许的条件下，使回灌井过滤管长度及有效过滤面积为抽水井的 3 ～ 5 倍。

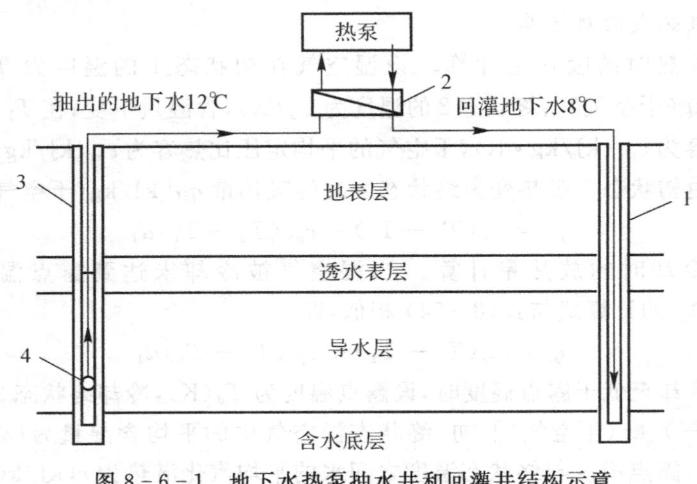

图 8－6－1　地下水热泵抽水井和回灌井结构示意

1—回灌井；　2—换热器；　3—收水井；　4—抽水泵

三、地表水

利用地表水作为热泵的低温热源时，也需事先得到有关部门的许可。

地表水作为热泵低温热源的优点是可省去利用地下水时建造和维护井的费用，且在近河、近湖等处容量充裕。

地表水作为热泵低温热源的缺点是水温变化大，尤其是冬季可能结冰，难以从中抽取热量；从水源处到热泵装置需一定的距离，需克服较大的流动阻力；地表水可能较脏，热泵与地表水之间的换热器宜采用易拆洗的换热器，如板式换热器等。

四、海水

海水作为热泵的低温热源时的优缺点与采用地表水时相似，但海水的资源丰富，海水的温度变化一般也小于地表淡水。海水作为低温热源对近海企业或单位利用热泵制热时特别适宜。

1. 海水的盐度、密度与温度

大洋中海水所含盐度，一般介于 3.3%～3.7%之间。海水中各种盐的含量见表 8－6－2。

表 8-6-2　海水中的盐及其含量

盐　类	含量/(g·L^{-1})	百分比/(%)
氯化钠($NaCl$)	27.23	77.76
氯化镁($MgCl_2$)	3.81	10.88
硫酸镁($MgSO_4$)	1.66	4.74
硫酸钙($CaSO_4$)	1.27	3.60
硫酸钾(K_2SO_4)	0.86	2.47
碳酸钙($CaCO_3$)	0.12	0.35
溴化镁($MgBr_2$)及其他	0.05	0.20
总计	35.00	100.00

我国不同海区海水的密度(kg/m^3)和温度(℃)见表 8-6-3。

表 8-6-3　各海区的海水温度及密度

月份	深度/m	黄海、渤海		东海		南海	
		温度/℃	密度/(kg·m^{-3})	温度/℃	密度/(kg·m^{-3})	温度/℃	密度/(kg·m^{-3})
二月	0	0～12	1 022～1 026	5～23	1 014～1 026	16～28	1 022～1 024
	25	0～13	1 024～1 026	9～23	1 024～1 026	17～27	1 022～1 025
	50	5～12	1 025～1 026	11～23	1 025～1 026	19～26	1 022～1 025
	100	—	—	14～21	1 025～1 026	18～22	1 025～1 026
	200	—	—	17～20	1 026	14～19	1 026～1 027
五月	0	9～20	1 019～1 025	17～27	1 010～1 025	24～30	1 015～1 023
	25	6～11	1 023～1 026	10～26	1 023～1 025	23～29	1 021～1 023
	50	5～13	1 026	12～25	1 024～1 026	22～27	1 022～1 024
	100	—	—	14～24	1 024～1 026	19～22	1 024～1 025
	200	—	—	15～20	1 026～1 027	15～17	1 026～1 027
八月	0	23～29	1 013～1 021	26～29	1 008～1 022	25～31	1 016～1 022
	25	8～25	1 021～1 025	20～28	1 022～1 024	21～29	1 022～1 024
	50	7～16	1 024～1 026	15～27	1 022～1 025	21～29	1 022～1 025
	100	—	—	14～26	1 024～1 025	18～22	1 024～1 025
	200	—	—	14～21	1 026	14～17	1 027
十一月	0	8～19	1 019～1 024	17～26	1 012～1 024	21～29	1 021～1 023
	25	12～19	1 023～1 024	20～26	1 024	22～28	1 021～1 024
	50	9～20	1 024～1 025	20～25	1 023～1 025	24～28	1 022～1 023
	100	—	—	17～25	1 024～1 025	20～25	1 024～1 025
	200	—	—	15～20	1 026	14～19	1 026

2. 海水的定压比热容

海水的定压比热容随温度、盐度的增大而降低。在同一温度和盐度下，压力增加，定压比热容的值亦趋减小。一个大气压下海水的定压比热容 c_{pw}[kcal/(kg·K)]随温度 t(℃)和盐度 s(%)的变化见表 8-6-4。

表 8-6-4　一个大气压下的海水的定压比热容随温度和盐度的变化

盐度 s/(%)	温度/℃						
	0	5	10	15	20	25	30
	定压比热容/[kcal·(kg·K)$^{-1}$]						
20	0.959	0.956	0.953	0.951	0.950	0.949	0.949
25	0.953	0.950	0.947	0.945	0.944	0.943	0.943
30	0.947	0.944	0.941	0.939	0.938	0.937	0.937
35	0.941	0.938	0.935	0.933	0.932	0.931	0.931
40	0.935	0.932	0.929	0.926	0.926	0.925	0.925

五、土壤

1. 浅层土壤热能

当热泵附近的可用面积较宽裕时，可采用浅层土壤中蕴含的热能。一般在土壤的 1～2 m 深处，其温度全年变化不大，在这一深度埋设热交换器，即可吸收土壤的热能。

土壤换热器的埋设深度和通过土壤换热器可吸取的热量，随地区和气候条件的不同而变化。以单位面积土壤可提供的热量为例，其数值为 15(轻土壤)～30(重湿土壤)(W/m^2)，受土壤的比热容、导热性、含水量、渗水和水蒸气特性(扩散性)及太阳照射影响很大。

在土壤换热器附近，土壤温湿度是变化的。在该处，水蒸气凝结而湿润土壤，使土壤的导热性提高，并放出凝结热。当换热器管温度降到冰点以下时，换热器管周围结冰，又取得附加的凝固热。当相邻的两根换热管外的冰层结得很厚，以致冰表面相互接触时，则土壤换热器就达到了吸热极限。因此，土壤换热器的管间距，通常为 0.6～1.2 m。

土壤换热器的管材可采用塑料管(土壤换热器与土壤的换热过程中，热阻主要在管外的土壤侧)，其成本低，耐蚀性好，能抗老化，寿命长，并能在管外结冰时对抗所产生的压力。

土壤换热器多通过防冻的载热介质(如乙二醇或盐水溶液)，把土壤中蕴含的热能连续输送到热泵，并进而通过热泵升温后供给用户。因此，土壤换热器在土壤中布设时，宜分成许多并联的管路，尽量减少载热介质的流动阻力，降低循环泵的功率消耗。

2. 深层土壤热能

热泵所需的供热量较大时，应用浅层土壤热能往往需要过大的土壤面积，从成本到地面条件都不再适宜，此时可采用深层垂直埋管方式吸取土壤深处的热能，埋管深度可达 30～100 m。

六、工业废热

在民用和工业领域，均存在大量的余热或废热(如干燥装置的排风中所蕴含的显热和潜热、生产工艺中排放的温热废水、工业燃烧装置排出的烟气或固体废渣等)，可作为热泵的低温热源进行升温后再利用，不仅可节能降耗，同时减少了对环境的热污染，有利于实现企业的清洁生产。

七、太阳能

太阳能作为热泵低温热源的优点是随处可得，但缺点是强度随时间、季节的变化很大，能量密度小，即使在夏天中午，能量密度也只有 1 000 W/m^2 左右，冬天则只有 50～200 W/m^2，其中能利用的能量一般低于其中的 50%，因此，太阳能通常只能作为热泵的一个辅助热源。

八、地热能

地热能是蕴藏在地层深处的热能，其温度可从 30 ℃到 100 ℃及以上。我国有丰富的地热资源，并以 30～60 ℃的低温地热为主，可用作热泵的低温热源，制取生产、生活所需的高温热能，提高地热资源的经济效益和社会效益。

任务实施

根据项目任务书和项目任务完成报告进行任务实施，见表 8-6-5 和表 8-6-6。

表 8-6-5 项目任务书

任务名称	热泵低温热源的认识		
小组成员			
指导教师		计划用时	
实施时间		实施地点	
任务内容与目标			
1. 掌握热泵常用的低温热源； 2. 了解常用低温热源的基本特性； 3. 了解常用低温热源的含义及特点； 4. 掌握在不同环境情况下，空气中吸热量或放热量的计算			
考核项目	1. 热泵常用低温热源； 2. 常用低温热源的含义及特点		
备注			

表 8-6-6 项目任务完成报告

任务名称	热泵低温热源的认识		
小组成员			
具体分工			
计划用时		实际用时	
备注			

1. 热泵常用低温热源有哪些?

2. 低温热源的种类有哪些?

3. 说出常用低温热源的含义及特点(详细说明)。

任务评价

根据项目任务综合评价表进行任务评价,见表 8-6-7。

表 8-6-7 项目任务综合评价表

任务名称: 测评时间: 年 月 日

考核明细		标准分	实训得分								
			小组成员								
			小组自评	小组互评	教师评价	小组自评	小组互评	教师评价	小组自评	小组互评	教师评价
团队 60 分	小组是否能在总体上把握学习目标与进度	10									
	小组成员是否分工明确	10									
	小组是否有合作意识	10									
	小组是否有创新想(做)法	10									
	小组是否如实填写任务完成报告	10									
	小组是否存在问题和具有解决问题的方案	10									
个人 40 分	个人是否服从团队安排	10									
	个人是否完成团队分配任务	10									
	个人是否能与团队成员及时沟通和交流	10									
	个人是否能够认真描述困难、错误和修改的地方	10									
合计		100									

思考练习

一、填空题

1. 环境空气是__________和__________的混合物。
2. 饱和湿空气中的水蒸气的分压力等于其温度下纯水的__________。
3. 海水的温度变化一般__________地表淡水。

二、简答题

1. 简述地表水、海水作为低温热源的优点和缺点。
2. 土壤作为低温热源的特点。

任务七　热泵驱动能源的应用

任务描述

PPT
热泵驱动能源的应用

热泵是一种充分利用低品位热能的高效节能装置。热量可以自发的从高温物体传递到低温物体中去，但不能自发地沿相反方向进行。热泵的工作原理就是以逆循环方式迫使热量从低温物体流向高温物体的机械装置，它仅消耗少量的逆循环净功，就可以得到较大的供热量，可以有效地把难以应用的低品位热能利用起来达到节能的目的。本任务主要学习热泵的驱动能源，以达到驱动热泵的目的。

任务资讯

热泵的驱动能源有电能和固体、液体、气体类燃料等。液体、气体燃料可直接驱动热泵，固体燃料一般用来产生蒸汽驱动热泵。因电能的应用较简单，此处略。

一、固体燃料

固体燃料包括煤及各类生物质燃料，此处以煤为代表作简要介绍。

1. 煤的组成成分

根据所含元素，煤主要由碳(C)、氢(H)、硫(S)、氧(O)和氮(N)组成，此外，还有一定数量的灰分(A)和水分(W)。其中，碳、氢和硫是可燃成分，其余均为不可燃成分。

煤组成成分的量化表示常用质量百分数来表示，表示基准一般为应用基，即把送入炉内燃烧的炉前燃料质量作为100%，用“Y”表示，即

$$Y_C+Y_H+Y_S+Y_N+Y_A+Y_W=100\%$$

式中，Y_C、Y_H、Y_S、Y_O、Y_N、Y_A、Y_W 分别为煤中碳、氢、硫、氧、氮、灰分、水分的质量分数。应用基水分是煤的全水分(内部水分和外部水分之和)。煤的组成示意如图 8-7-1 所示。

2. 煤的热值

单位质量的燃料经历完全燃烧生成最稳定的氧化物的过程中释放出的热量，称为燃料的热值，单位为 kJ/kg。在燃料热值的测定中，燃烧产物中的水以液态存在时的热值称为高热值，用 h_o 表示；燃烧产物中的水以水蒸气状态存在时，即由高热值中扣除水的凝结热后所得的热值称为低热值，用 h_u 表示。工程燃烧设备中烟气内的水一般为水蒸气，故设计分析时热值

一般取低热值。

煤的热值取决于煤中可燃成分的多少，因品种和组成的不同而差别很大，低的仅为 8 370 kJ/kg，高的可达 29 310 kJ/kg，煤的低热值 h_u(kJ/kg) 可用下式估算：

$$h_u = 339Y_C + 1\,030Y_H - 109(Y_O - Y_S) - 25Y_W \tag{8-77}$$

为设计方便，人为地引入标准煤的概念，标准煤的应用基低热值规定为 29 310 kJ/kg。

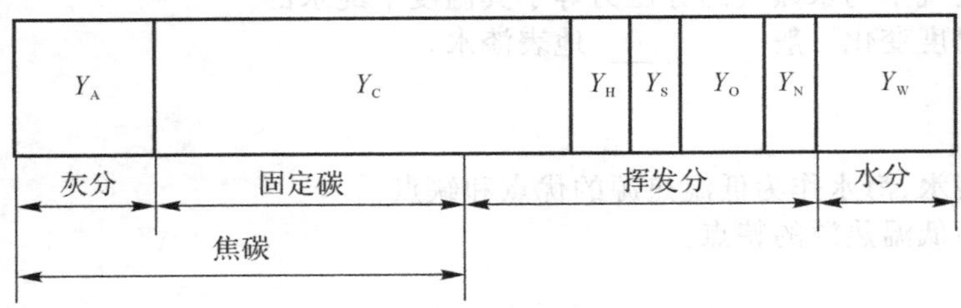

图 8-7-1　煤的组成示意

3. 燃烧所需空气量

燃料完全燃烧所需的最小空气量，称为理论空气量，用 L_{min} 表示。实际燃烧中所供给的空气量 L 要大于理论空气量，二者之比称为过量空气系数 a_{air}。

$$a_{air} = \frac{L}{L_{min}} \tag{8-78}$$

1 kg 应用基煤完全燃烧所需的理论空气量为 L_{min}(m^3/kg)，可由各可燃元素的完全燃烧反应方程导出，估算公式为

$$L_{min} = 0.088\,9(Y_C + 0.375\,Y_S) + 0.265Y_H - 0.033Y_O \tag{8-79}$$

如无煤的元素分析成分数据，也可根据其应用基低热值 h_u(kJ/kg) 用经验式估算，即

$$L_{min} = 2.65 \times 10^{-4} h_u + 0.5 \tag{8-80}$$

煤的过量空气系数与煤的种类、燃烧方式及燃烧装置的结构有关，通常为 1.3～1.5。

4. 燃烧产生的烟气量

如果仅供应理论空气量且煤完全燃烧时，烟中只有 CO_2、SO_2、H_2O、N_2，此时烟气的体积称为理论烟气量 V_{min}(m^3/kg)，其计算式为

$$V_{min} = 0.01\,866(Y_C + 0.375\,5Y_S) + 0.111Y_H + 0.012\,4Y_W + 0.008Y_N + 0.806\,1L_{min} \tag{8-81}$$

当缺乏煤的元素分析数据时，可用理论烟气量与低热值间的经验式估算，即

$$V_{min} = 2.13 \times 10^{-4} h_u + 1.65 \tag{8-82}$$

由于实际燃烧过程中有过量空气($a_{air} > 1$)，因此烟气中还有过量氧气，相应的氮气和水蒸气的含量也增加。此时，每燃烧 1 kg 煤所产生的实际烟气量 V(m^3/kg) 为

$$V = V_{min} + 1.016\,1(a_{air} - 1)L_{min} \tag{8-83}$$

实际空气量和实际烟气量是选择风机容量的依据之一。

二、液体燃料

液体燃料包括各类燃料油、甲醇、乙醇等。

1. 常用液体燃料的特性

常用液体燃料的特性见表 8-7-1。

表 8－7－1　常用液体燃料的特性

燃料	密度 ρ / $kg \cdot m^{-3}$	高热值 h_o / $kJ \cdot kg^{-1}$	低热值 h_u / $kJ \cdot kg^{-1}$	质量分数 / %		
				C	H	O
乙醇(C_2H_5OH)	0.794	29 874	26 963	52.2	13	34.8
苯(C_6H_6)	0.879	41 952	40 236	92.3	7.7	
褐煤焦油	0.86～0.90	43 962	41 031	87	9	4
柴油	0.85～0.88	44 799	41 659	87	13	
喷气发动机燃料	0.75～0.85	44 799	42 706	85.5	14.5	
汽油(kfz)	0.72～0.80	46 683±1 465	42 496±1 465	85	.15	
航空汽油	0.70～0.76	47 521	42 496	85	15	
燃料油 EL	≈0.86		41 868	86	14	
燃料油 L			≈37 682			
燃料油 M			≤40 194			
燃料油 s			≤39 356			
煤油	0.80～0.82	42 915	40 822	85.5	14.5	
甲醇(CH_3OH)	0.79	22 316	19 511	37.5	12.5	50
发动机用煤焦油	0.95～0.97	39 147	37 472	87	9	4
供热用煤焦油	1.00～1.08	39 356	38 310	89	7	4

注：表中数据为液体燃料在 20 ℃时的密度、高热值、低热值以及大约的化学组成。

2. 燃烧所需空气量

已知液体燃料的低热值后，燃烧所需的理论空气量 L_{min}(m^3/kg) 可用下式估算：

$$L_{min} = 2.03 \times 10^{-4} / h_u + 2.0 \tag{8-84}$$

3. 燃烧产生的烟气量

已知液体燃料的低热值后，燃烧排放的理论烟气量 V_{min}(m^3/kg) 可用下式估算：

$$V_{min} = 2.65 \times 10^{-4} / h_u \tag{8-85}$$

三、气体燃料

(一)气体燃料的种类

气体燃料主要有天然气、人工气体燃料和液化石油气三大类。

(1)天然气：是一种优质的气体燃料，主要成分为甲烷(CH_4)，其次为乙烷等饱和碳氢化合物。

(2)人工气体燃料：从固体燃料加工中获得的可燃气体，大体可分为三种。

1)固体燃料干馏煤气。利用焦炉连续式直立炭化炉对煤进行干馏所获得的煤气称为干馏煤气。这种煤气中 CH_4 和 H_2 的含量较高，是城市煤气的主要来源。

2)固体燃料气化煤气。压力气、煤气、发生炉煤气和水煤气都属于固体燃料气化煤气。除压力气化煤气外，发生炉煤气和水煤气发热量较低。

3)高炉煤气。高炉煤气是炼铁过程的副产品，发热量较低。

(3)液化石油气：是在开采和炼制石油过程中的副产品，发热量很高。

(二)气体燃料的组分及其性质

气体燃料都是由一些单一气体(组分)混合而成的，其中大部分是可燃气体，另一小部分是不可燃气。可燃气体有 CO、H_2、CH_4、C_2H_6、C_3H_8 等，不可燃气体有 CO_2、N_2、O_2 和 SO_2 等。

气体燃料组分的基本性质见表 8－7－2。

气体燃料组分的燃烧性质见表 8－7－3。

表 8-7-2　气体燃料组分的基本性质(标准状态下)

名称	分子式	相对分子质量 M	摩尔容积 V_M $Nm^3\cdot kmol^{-1}$	气体常数 R $J\cdot(kg\cdot K)^{-1}$	密度 ρ $kg\cdot Nm^{-3}$	临界温度 T_c K	临界压力 p_c MPa	高热值 h_o $MJ\cdot Nm^{-3}$	低热值 h_u $MJ\cdot Nm^{-3}$	爆炸极限(体积分数) % 下限	爆炸极限(体积分数) % 上限	动力黏度 μ $10^{-6}Pa\cdot s$	运动黏度 ν $10^{-6}m^2\cdot s^{-1}$	沸点 T_b ℃	比定压热容 c_p $kJ\cdot(Nm^3\cdot K)^{-1}$	绝热指数 K	热导率 A $W\cdot(m\cdot K)^{-1}$
甲烷	CH_4	16.043	22.362	518.75	0.717 4	190.58	4.544	39.842	35.906	5.0	15.0	10.60	14.50	−161.49	1.545	1.309	0.030 24
乙烷	C_2H_6	30.070	22.187	276.64	1.355 3	305.42	4.816	70.351	64.397	2.9	13.0	8.77	6.41	−88.60	2.244	1.198	0.018 61
乙烯	C_2H_4	28.054	22.257	296.56	1.260 5	282.36	4.966	63.438	59.477	2.7	34.0	9.50	7.46	−103.68	1.888	1.258	0.016 4
丙烷	C_3H_8	44.097	21.936	188.65	2.010 2	369.82	4.194	101.266	93.240	2.1	9.5	7.65	3.81	−42.05	2.960	1.161	0.015 12
丙烯	C_3H_6	42.081	21.990	197.77	1.913 6	364.75	4.550	93.667	87.667	2.0	11.7	7.80	3.99	−47.72	2.675	1.170	—
正丁烷	C_4H_{10}	58.124	21.504	143.13	2.703 0	425.18	3.747	133.886	123.649	1.5	8.5	6.97	2.53	−0.50	3.710	1.144	0.013 49
异丁烷	C_4H_{10}	58.124	21.598	143.13	2.691 2	408.14	3.600	133.048	122.853	1.8	8.5			−11.72	—	1.144	—
丁烯	C_4H_8	56.108	21.607	148.33	2.596 8	419.55	3.970	125.847	117.695	1.6	10.0	7.47	2.81	−6.25	—	1.146	—
正戊烷	C_5H_{12}	72.151	20.891	115.27	3.453 7	469.65	3.325	169.377	156.733	1.4	8.3	6.48	1.85	36.06	—	1.121	—
氢	H_2	2.016	22.422	412.67	0.089 8	33.25	1.280	12.745	10.786	4.0	75.9	8.52	93.0	−252.75	1.298	1.407	0.216 3
一氧化碳	CO	28.010	22.398	297.14	1.250 1	132.95	3.453	12.636	12.636	12.5	74.2	16.90	13.30	−191.48	1.302	1.403	0.023 0
氧	O_2	31.999	22.392	259.97	1.428 9	154.33	4.971	—	—	—	—	19.80	13.30	−182.98	1.315	1.400	0.025 0
氮	N_2	28.013	22.403	296.95	1.250 7	125.97	3.349	—	—	—	—	17.00	13.30	−195.78	1.302	1.402	0.024 89
二氧化碳	CO_2	44.010	22.260	189.04	1.976 8	304.25	7.290	—	—	—	—	14.30	7.09	78.20	1.620	1.304	0.013 72
硫化氢	H_2S	34.076	22.180	244.17	1.539 2	373.55	8.890	25.364	23.383	4.3	45.5	11.90	7.63	−60.20	1.557	1.320	0.013 14
空气		28.966	22.400	287.24	1.293 1	132.40	3.725	—	—	—	—	17.50	13.40	−192.00	1.306	1.401	0.024 89
水蒸汽	H_2O	18.015	21.629	461.76	0.833	647.00	21.830	—	—	—	—	8.60	10.12	—	1.491	1.335	0.016 17

表 8－7－3　气体燃料组分的燃烧性质

名称	燃烧反应式	热值 kJ·Nm^{-3}		理论空气量，耗氧量 Nm^3·Nm^{-3}(干燃气)		理论烟气量 V_{min} Nm^3·Nm^{-3}(干燃气)				爆炸极限(体积分数，常压，20 ℃) %		燃烧热量计温度① ℃	最低着火温度 ℃
		高	低	空气	氧气	CO_2	H_2O	N_2	V_{min}	下限	上限		
氢	$H_2+0.5O_2 = H_2O$	12 745	10 786	2.38	0.5	—	1.0	1.88	2.88	4.0	75.9	2 210	400
一氧化碳	$CO+0.5O_2 = CO_2$	12 626	12 636	2.38	0.5	1.0	—	1.88	2.88	12.5	74.2	2 370	605
甲烷	$CH_4+2O_2 = CO_2+2H_2O$	39 842	35 906	9.52	2.0	1.0	2.0	7.52	10.52	5.0	15.0	2 043	540
乙炔	$C_2H_2+2.5O_2 = 2CO_2+H_2O$	58 502	56 488	11.90	2.5	2.0	1.0	9.40	12.40	2.5	80.0	2 620	335
乙烯	$C_2H_4+3O_2 = 2CO_2+2H_2O$	63 438	59 477	14.28	3.0	2.0	2.0	11.28	15.28	2.7	34.0	2 343	425
乙烷	$C_2H_6+3.5O_2 = 2CO_2+3H_2O$	70 351	64 397	16.66	3.5	2.0	3.0	13.16	18.16	2.9	13.0	2 115	515
丙烯	$C_3H_6+4.5O_2 = 3CO_2+3H_2O$	93 667	87 667	21.42	4.5	3.0	3.0	16.92	22.92	2.0	11.7	2 224	460
丙烷	$C_3H_8+5O_2 = 3CO_2+4H_2O$	101 266	93 240	23.80	5.0	3.0	4.0	18.80	25.80	2.1	9.5	21.55	450
丁烯	$C_4H_8+6O_2 = 4CO_2+4H_2O$	125 847	117 695	28.56	6.0	4.0	4.0	22.56	30.56	1.6	10.0	—	385
正丁烷	$C_4H_{10}+6.5O_2 = 4CO_2+5H_2O$	133 886	123 649	30.94	6.5	4.0	5.0	24.44	34.44	1.S	8.5	2 130	365
异丁烷	$C_4H_{10}+6.5O_2 = 4CO_2+5H_2O$	133 048	122 853	30.94	6.5	4.0	5.0	24.44	34.44	1.8	8.5	2 118	460
戊烯	$C_5H_{10}+7.5O_2 = 5CO_2+5H_2O$	159 211	148 837	35.70	7.5	5.0	5.0	28.20	38.20	1.4	8.7	—	290
正戊烷	$C_5H_{12}+8O_2 = 5CO_2+6H_2O$	169 377	156 733	38.08	8.0	5.0	6.0	30.08	41.08	1.4	8.3	—	260
苯	$C_6H_6+7.5O_2 = 6CO_2+3H_2O$	162 259	155 770	35.70	7.5	6.0	3.0	28.20	37.20	1.2	8.0	2 258	560
硫化氢	$H_2S+1.5O_2 = SO_2+H_2O$	25 364	23 383	7.14	1.5	1.0	1.0	5.64	7.64	4.3	45.5	1 900	270

注：①燃烧热量计温度是指干燃气采用理论空气量完全燃烧且燃烧过程绝热，燃烧热全部用于加热燃烧产物时烟气所能达到的温度。

(三)气体燃料的可燃极限

1. 可燃极限的含义

常温下可燃气体与空气的混合物,只有在一定的比例范围内才能燃烧,此范围称为可燃气体的着火体积分数范围,也称为可燃极限。着火体积分数的下限称为最低可燃极限,用 LFL 表示;着火体积分数的上限称为最高可燃极限,用 UFL 表示。可燃气体的爆炸极限一般与其可燃极限相近。

2. 气体燃料可燃极限的估算

气体燃料一般为混合物,当已知各组分的可燃极限时,混合物的可燃极限可由下式估算。

(1)当气体燃料中不含氧或惰性气体时,有

$$\mathrm{FL}=100/(a/A+b/B+c/C+\cdots) \tag{8-86}$$

式中　FL—— 气体燃料的最低可燃极限(LFL) 或最高可燃极限(UFL),%;

A,B,C—— 气体燃料中各组分的最低可燃极限(LFL) 或最高可燃极限(UFL),%;

a,b,c—— 气体燃料中各组分的体积分数,%。

(2) 当气体燃料中含惰性气体时。当气体燃料中含惰性气体时,其可燃极限范围将缩小,可按下式估算:

$$\mathrm{FL_i}=100\mathrm{FL}[1+B_\mathrm{i}/(1-B_\mathrm{i})]/[100+\mathrm{FL}B_\mathrm{i}/(1-B_\mathrm{i})] \tag{8-87}$$

式中　$\mathrm{FL_i}$—— 含有惰性气体的气体燃料的最低可燃极限(LFL) 或最高可燃极限(UFL),%;

B_i—— 惰性气体的体积分数,%。

3. 常用气体燃料的可燃极限数据

几种常用气体燃料的可燃极限(体积分数)见表 8-7-4。

表 8-7-4　常用气体燃料的可燃极限

气体燃料名称	可燃极限(体积分数)/(%)	
	下限 LFL	上限 UFL
发生炉煤气	20～35	65～75
高炉煤气	35～46	62～75
焦炉煤气	5～7	21～31
天然气	4.5～5.5	13～17

(四)气体燃料的热值

燃气的热值均以标准立方米(1 $\mathrm{Nm^3}$)为单位,当各组分的热值已知时,气体燃料的热值可由各组分的热值和组分的体积分数来计算,即

$$h_\mathrm{o}=\sum h_{\mathrm{o}i}y_i \tag{8-88}$$

$$h_\mathrm{u}=\sum h_{\mathrm{u}i}y_i \tag{8-89}$$

式中　h_o—— 气体燃料的高热值,$\mathrm{kJ/Nm^3}$;

$h_{\mathrm{o}i}$—— 气体燃料中 i 组分的高热值,$\mathrm{kJ/Nm^3}$;

h_u—— 气体燃料的低热值,$\mathrm{kJ/Nm^3}$;

h_{ui}—— 气体燃料中 i 组分的低热值，kJ/Nm^3；

y_i—— 气体燃料中 i 组分的体积分数或摩尔分数。

(五) 气体燃料燃烧所需的空气量

1 Nm^3 燃气按燃烧反应计量方程式完全燃烧时所需的空气量为理论空气量。当已知气体燃料的组分及其体积分数时，理论空气量可按下式计算：

$$V_{min}=4.762\times[0.5B_{H_2}+0.5B_{CO}+\sum(n+0.25m)B_{C_nH_m}+1.5B_{H_2S}-B_{O_2}] \tag{8-90}$$

式中　V_{min}—— 理论空气量，干空气 $/Nm^3$ 干燃气；

$B_{H_2},B_{CO},B_{C_nH_m},B_{H_2S},B_{O_2}$—— 干燃气中各组分的体积分数；

n—— 碳原子数；

m—— 氢原子数。

当已知气体燃料的低热值 h_u 时，其理论空气量 V_{min}（Nm^3 干空气 $/Nm^3$ 干燃气）可由下式估算：

$$V_{min}=0.209h_u/1\,000,\quad h_u<10\,500\ kJ/Nm^2 \tag{8-91}$$

$$V_{min}=0.26h_u/1\,000-0.52,\quad h_u>10\,500\ kJ/Nm^3 \tag{8-92}$$

(六)气体燃料燃烧产生的烟气量及其成分

已知气体燃料的成分时，可按燃烧反应式确定燃烧产物（烟气）。

以纯甲烷的燃烧为例，基本步骤如下：

燃烧反应式为

$$CH_4+2O_2 = CO_2+2H_2O$$

将式中的氧转换为空气，有

$$CH_4+\frac{2}{0.21}(\text{空气}) = CO_2+2H_2O+\frac{2}{0.21}\times0.79(\text{氮气})$$

式右侧即为烟气组成。当 CH_4 为 1 Nm^3 且空气供给为理论空气量时，烟气中各组分的体积为

$$V_{CO_2}=1\ Nm^3(\text{烟气})/Nm^3(\text{燃气})$$

$$V_{H_2O}=2\ Nm^3(\text{烟气})/Nm^3(\text{燃气})$$

$$V_{O_2}=0\ Nm^3(\text{烟气})/Nm^3(\text{燃气})$$

$$V_{N_2}=2\times0.79/0.21\ Nm^3(\text{烟气})/Nm^3(\text{燃气})=7.52\ Nm^3(\text{烟气})/Nm^3(\text{燃气})$$

故理论干烟气量为

$$V_{min,d}=V_{CO_2}+V_{N_2}=(1+7.52)\ Nm^3(\text{烟气})/Nm^3(\text{燃气})=8.52\ Nm^3(\text{烟气})/Nm^3(\text{燃气})$$

故理论湿烟气量为

$$V_{min,w}=V_{min,d}+V_{H_2O}=(8.52+2)\ Nm^3(\text{烟气})/Nm^3(\text{燃气})=10.52\ Nm^3(\text{烟气})/Nm^3(\text{燃气})$$

当气体燃料组成较复杂或空气供给大于理论空气量时，也可按该步骤得出烟气相关数据。

(七)常用气体燃料的特性数据

常用气体燃料的特性数据见表 8－7－5。

表 8-7-5 常用气体燃料的特性数据

燃　料	密度 ρ $kg \cdot m^{-3}$	高热值 h_o $10^3\ kJ \cdot Nm^{-3}$	低热值 h_u $10^3\ kJ \cdot Nm^{-3}$	理论空气量 L_{min} m^3(空气)·Nm^{-3}(燃气)
干燥天然气	≈0.7	29～38	25～33	≈9.5
湿天然气	0.7～1.0	33～63	29～56	10.0～12.0
褐煤干馏气	1.0～1.5	13～16	11～15	≈3.6
石煤干馏气	0.8～1.2	29～34	25～31	≈7.1
炼焦气	0.5～0.6	19～20	17～19	≈5.0
城市煤气(混合煤气)	≈0.6	17～19	16～18	≈3.7
高炉煤气	1.2～1.3	4≈	≈4	≈0.6
发生炉煤气	1.1～1.2	≈5	≈5	≈1.5
水煤气	≈0.7	11～12	10～11	≈2.3
水煤气(碳化的)	≈0.7	15～19	14～17	≈3.3

注：表中数据为气体燃料的密度(0 ℃、101 325 Pa)，每标准立方米的高热值、低热值以及每标准立方米气体燃料所需的理论最小空气量。

任务实施

根据项目任务书和项目任务完成报告进行任务实施，见表 8-7-6 和表 8-7-7。

表 8-7-6 项目任务书

<table>
<tr><td>任务名称</td><td colspan="3">热泵驱动能源的应用</td></tr>
<tr><td>小组成员</td><td colspan="3"></td></tr>
<tr><td>指导教师</td><td></td><td>计划用时</td><td></td></tr>
<tr><td>实施时间</td><td></td><td>实施地点</td><td></td></tr>
<tr><td colspan="4">任务内容与目标</td></tr>
<tr><td colspan="4">1. 了解热泵驱动能源的种类；
2. 了解固体燃料包含哪些组成部分；
3. 掌握煤的热值的含义；
4. 掌握液体燃料、气体燃料的种类；
5. 了解气体燃料的组成部分以及可燃极限、热值、所需空气量</td></tr>
<tr><td>考核项目</td><td colspan="3">1. 热泵驱动能源的种类；
2. 驱动能源种类的组成部分</td></tr>
<tr><td>备注</td><td colspan="3"></td></tr>
</table>

表 8-7-7　项目任务完成报告

任务名称	热泵驱动能源的应用		
小组成员			
具体分工			
计划用时		实际用时	
备注			
1. 简述热泵的驱动能源种类。 2. 简述固体燃料的组成部分。 3. 简述气体燃料的组成部分。			

任务评价

根据项目任务综合评价表进行任务评价，见表 8-7-8。

表 8-7-8　项目任务综合评价表

任务名称：　　　　　　　　　　　　　　测评时间：　　年　　月　　日

考核明细		标准分	实训得分								
			小组成员								
			小组自评	小组互评	教师评价	小组自评	小组互评	教师评价	小组自评	小组互评	教师评价
团队60分	小组是否能在总体上把握学习目标与进度	10									
	小组成员是否分工明确	10									
	小组是否有合作意识	10									
	小组是否有创新想(做)法	10									
	小组是否如实填写任务完成报告	10									
	小组是否存在问题和具有解决问题的方案	10									
个人40分	个人是否服从团队安排	10									
	个人是否完成团队分配任务	10									
	个人是否能与团队成员及时沟通和交流	10									
	个人是否能够认真描述困难、错误和修改的地方	10									
合计		100									

思考练习

一、填空题

1. 固体燃料一般用来产生__________驱动热泵。
2. 应用基水分是煤的全水分，由__________和__________组成。
3. 由高热值中扣除凝结热后所得的热值称为__________。
4. 液体燃料包括__________、__________和__________等。
5. 气体燃料主要有__________、__________和__________三大类。

二、问答题

1. 热泵驱动能源种类有哪些？
2. 简述煤的热值含义。
3. 简述气体燃料的成分。

项目九　蒸气压缩式热泵的认识

本项目包括的内容有蒸气压缩式热泵基础、蒸气压缩式热泵的工质、蒸气压缩式热泵的基本部件、蒸气压缩式热泵的辅助部件和材料、蒸气压缩式热泵的设计、蒸气压缩式热泵的安装调试与维护。通过以上内容的学习，能了解到蒸气压缩式热泵的安装与调试，以及不同类型的热泵的工作原理和结构，在出现的问题中具有分析问题和排除问题的能力，从而进一步加强对蒸气压缩式热泵的认识。

项目目标

蒸气压缩式热泵的认识

- 素养目标
  - 1. 提高学生的动手操作能力
  - 2. 培养学生良好的学习素养和创新意识
  - 3. 激发学生的识知目标
  - 4. 增强学生的自信心和成就感
- 知识目标
  - 1. 掌握蒸气压缩式热泵的基础
  - 2. 熟悉节气压缩式热泵的工质
  - 3. 熟悉节气压缩式热泵的基本部件
  - 4. 掌握节气压缩式热泵的辅助部件和材料
  - 5. 掌握节气压缩式热泵的设计方式
  - 6. 掌握蒸气压缩式热泵的安装高度与维护方法
- 技能目标
  - 1. 会蒸气压缩式热泵循环的计算
  - 2. 具有蒸气压缩式热泵循环分析能力
  - 3. 具有改进蒸气夺缩式热泵循环的能力
  - 4. 会分析蒸气压缩式热泵的故障原因
  - 5. 具有设计蒸气压缩机热泵的能力
  - 6. 能进行机组高度、检修、故障分析及排除问题的能力

任务一　蒸气压缩式热泵基础的认识

任务描述

蒸气压缩式热泵也称为机械压缩式热泵，其主要特点是利用电动机或内燃机等动力机械驱动压缩机使工质在热泵中循环流动并发生状态变化，实现热泵的连续高效制热。理解热泵工质的状态和性质变化规律是掌握蒸气压缩式热泵工作原理的基础。

PPT
蒸气压缩式热泵基础的认识

任务资讯

一、热泵工质的状态变化规律

一定压力下的工质，均有过冷液、饱和液、饱和气、过热气等状态。工质的低温过冷液被加热至某温度时，会发生沸腾（或称为汽化、蒸发等）并吸热；反之，工质的过热气被冷却至某温度时，会发生凝结（或称为冷凝）并放热。沸腾和凝结均称为相变，压力变化，相变温度也随之变化。

热泵工质的饱和温度一般随压力的升高而升高，二者之间的关系曲线称为饱和蒸气压曲线。以应用最广的热泵工质 R22 和 R134a 为例，其饱和蒸气压曲线如图 9－1－1 所示。

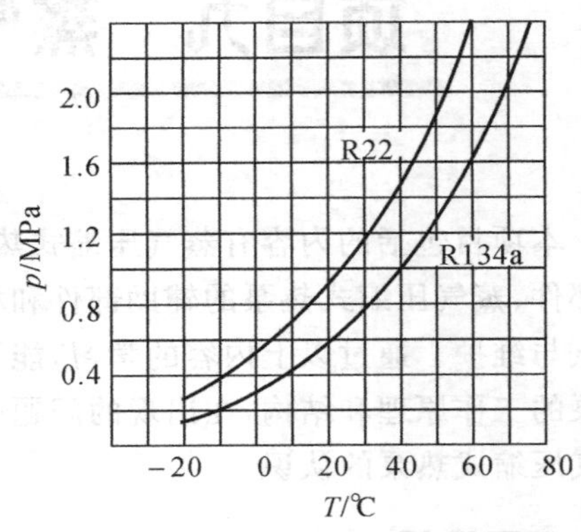

图 9－1－1　R22 和 R134a 的饱和蒸气压曲线

由图可见，对不同的热泵工质，尽管饱和蒸气压曲线的形状是相似的，即饱和压力均随饱和温度的上升而上升，但变化规律并不完全相同。这种不同点主要体现在两处：一是饱和蒸气压曲线的斜率不同，这一特性会影响蒸气压缩式热泵的效率；二是相同温度下对应的饱和压力不同，这一特性会影响热泵的工作状况和对部件的材料要求，也是为不同制热温度的热泵优选工质的基本依据。

二、蒸气压缩式热泵的工作原理

（一）工作过程

蒸气压缩式热泵的工作原理如图 9－1－2 所示。由图 9－1－2 可见，蒸气压缩式热泵由压缩机、冷凝器、节流阀和蒸发器构成封闭系统，系统中充入一定量的适宜热泵工质。热泵工质在蒸发器中为低压低温状态，可吸收低温热源的热能，发生液—气相变（蒸发），变为低压蒸气进入压缩机并被压缩机升压后进入冷凝器，高压高温的工质蒸气在冷凝器中放热给热用户，工质变为高压液体进入节流阀，经节流阀节流后变为低压低温的饱和气与饱和液的混合物进入蒸发器，开始下一个循环。

（二）出节流阀的湿蒸气的干度

图 9－1－3 所示在节流阀出口处工质为饱和液与饱和气的混合物，简称为“湿蒸气”，为表征湿蒸气中饱和液与饱和蒸气的相对量，用干度 X 表示湿蒸气中饱和气的质量比例，其定义式为

$$X=\frac{\text{饱和气的质量}}{\text{饱和气的质量}+\text{饱和液的质量}}=\frac{M_{\mathrm{V}}}{M_{\mathrm{V}}+M_{\mathrm{L}}}\qquad(9-1)$$

（三）进出热泵的能量关系

为方便表达，蒸气压缩式热泵的结构常用图 9－1－4 所示的结构简图表示，图中也给出了热泵稳定运行时出入热泵的能量关系。

由图 9－1－3 可见，工质流经热泵压缩机时吸收功或电能 W_{m}，经蒸发器时从低温热源吸热 Q_{e}，这两部分能量合并后变为高温热能 Q_{c} 并由工质携带至冷凝器中放出给热用户，三者间的

关系为

$$Q_c = Q_e + W_m \tag{9-2}$$

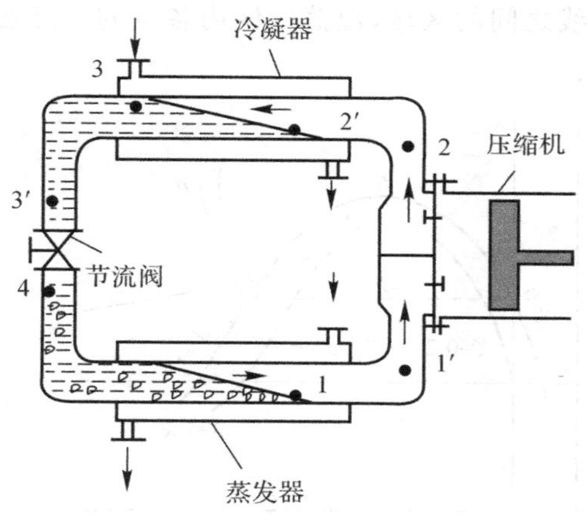

图 9-1-2　蒸气压缩式热泵工作原理

图 9-1-3　蒸气压缩式热泵的能量关系及结构简图

三、热泵工质的压(p)-焓(h)图和温(T)-熵(s)图

利用热泵工质的压(p)-焓(h)图和温(T)-熵(s)图可较全面地反映工质的综合性质，且使热泵工作过程和循环的表达更加直观、方便。

(一) 热泵工质的压(p)-焓(h)图

热泵工质的压(p)-焓(h)图如图 9-1-4 所示，其特征点、线及工质的状态分区如下：

临界点：图中 K 点，工质在该点的压力、温度、比体积分别称为临界压力、临界温度和临界比体积。

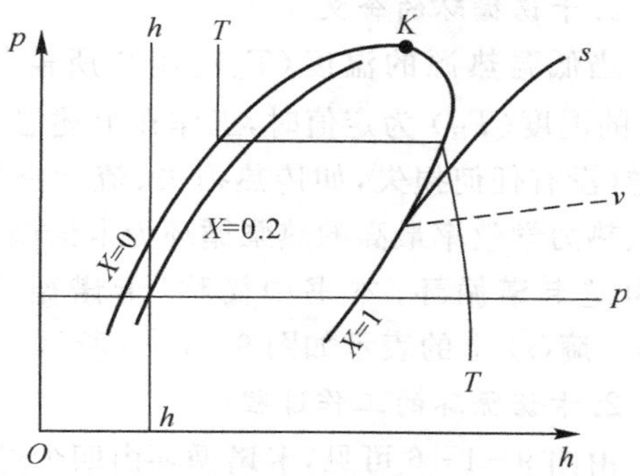

图 9-1-4　热泵工质的压(p)-焓(h)图

水平线：为等压线。

垂直线：为等焓线。

饱和液线：为 K 点左下方曲线，即 $X=0$ 线，该线上各点状态均为饱和液，且越接近临界点，压力越高；越向下，压力越低。

饱和气线：为 K 点右下方曲线，即 $X=1$ 线，该线上各点状态均为饱和气，且越接近临界点，压力越高；越向下，压力越低。

等干度线：饱和液线与饱和气线下的一组曲线，如 $X=0.2$ 的等干度曲线，等干度线上各点的干度相同。

等容线：为饱和气线右侧虚线，该线上各点比体积相同。

等熵线：为饱和气线右上侧实线，该线上各点熵相同。

等温线：等温线在饱和气线右下侧为向右下延伸的实线，在饱和气线与饱和液线之间的部分为水平线，在饱和液线左上侧部分为近似垂直线。

过冷区：为饱和液线左侧区域，在此区域内各点状态为过冷液。

过热区：为饱和气线右侧区域，在此区域内各点状态为过热蒸气。

超临界区：临界点上方区域。

湿蒸气区：为临界点下方，在饱和液线与饱和气线之间的区域，湿蒸气区内各点的干度在 0 ～ 1 之间。

(二) 热泵工质的温(*T*) -熵(*s*) 图

热泵工质的温(*T*) -熵(*s*) 图如图 9 - 1 - 5 所示，其特征点、线及工质的状态分区如下：

临界点：为图中 *K* 点。

等温线：为图中水平线。

等熵线：为图中垂直线。

饱和气线：为 $X=1$ 的曲线。

饱和液线：为 $X=0$ 的曲线。

等焓线：为饱和气线右下侧的实线。

等容线：为饱和气线右上侧虚线。

等压线：等压线在饱和气线右上侧为实线，在饱和气线与饱和液线之间为水平线，在饱和液线左下侧为贴近饱和液线的实线。

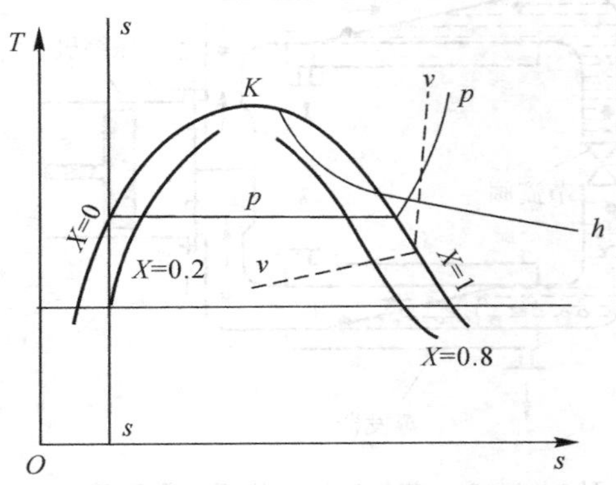

图 9 - 1 - 5　热泵工质的温(*T*) -熵(*s*) 图

过冷区、过热区、超临界区、湿蒸气区等与压(*p*) -焓(*h*) 图中相似，此处不再详述。

四、蒸气压缩式热泵的循环

(一) 卡诺循环

1. 卡诺循环的含义

当低温热源的温度(T_L)、用户所需热能(高温热汇) 的温度(T_H) 为定值时，工作在上述温度之间、完全可逆(没有任何损失，如传热损失、流动损失、摩擦损失等)、热力学效率最高的热泵循环为卡诺循环(严格讲应称为逆卡诺循环，本书中简称“卡诺循环”)，其在温(*T*) - 熵(*s*) 上的表示如图 9 - 1 - 6 所示。

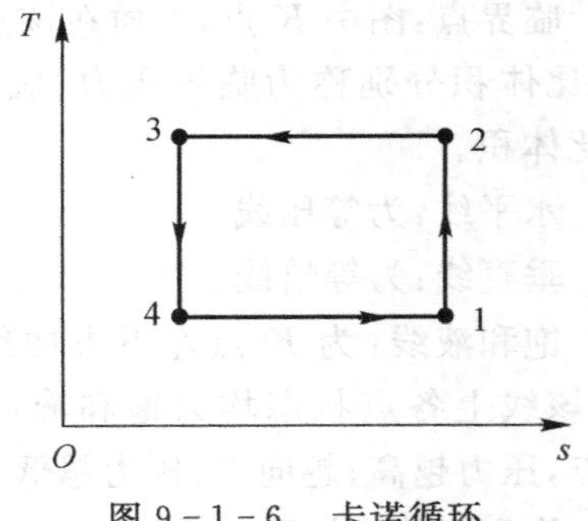

图 9 - 1 - 6　卡诺循环

2. 卡诺循环的工作过程

由图 9 - 1 - 6 可见，卡诺循环由四个过程组成：1 → 2 为等熵压缩过程，2 → 3 为等温(T_H) 放热过程，3 → 4 为等熵膨胀过程，4 → 1 为等温(T_L) 吸热过程。

3. 卡诺热泵循环的制热系数

热泵按卡诺循环工作时，其制热系数为

$$COP_{H,carnot}=\frac{T_H}{T_H-T_L} \tag{9-3}$$

式中　T_L—— 低温热源的温度，K；

T_H—— 用户所需热能(高温热汇) 的温度，K。

设低温热源（环境空气）温度 $T_L = 10℃$，冬季房间供暖所需热能（高温热汇）的温度 $T_H = 30℃$，卡诺循环热泵的制热系数为

$$COP_{H,carnot} = \frac{273+30}{(273+30)-(273+10)} = \frac{303}{20} = 15.15$$

即热泵消耗 1J 的功或电能，可从环境吸收 14.15J（10℃）的热能，向用户供给 15.15J（30℃）的所需热能。

(二)理论循环

1.理论循环的含义

由于热泵工作时不可避免地存在各种损失，因此，卡诺循环是一个理想循环，是热泵循环研究的最高目标，实际热泵的循环特性与卡诺循环往往有一定的距离。在热泵循环的分析和计算中，采用较多的是对实际循环作适当简化、分析处理也较方便、能代表实际循环本质特性的理论循环。

蒸气压缩式热泵理论循环的含义如下：

(1)循环基于特定的热泵工质。

(2)工质的压缩过程为等熵过程。

(3)工质的冷凝过程为等压等温过程。

(4)节流过程前后工质的焓相等。当节流部件采用膨胀机时，假设工质经膨胀机的过程为等熵膨胀过程（如无特别说明，节流过程均指采用节流阀）。

(5)工质的蒸发过程为等压等温过程。

2.基本理论循环在压(p)-焓(h)图和温(T)-熵(s)图上的表示

工质在冷凝器出口为饱和液、在蒸发器出口为饱和气的理论循环为基本理论循环，其在压(p)-焓(h)图和温(T)-熵(s)图上的表示如图 9-1-7 和图 9-1-8 所示（节流过程应画为虚线，本书为简洁起见均用实线表示）。

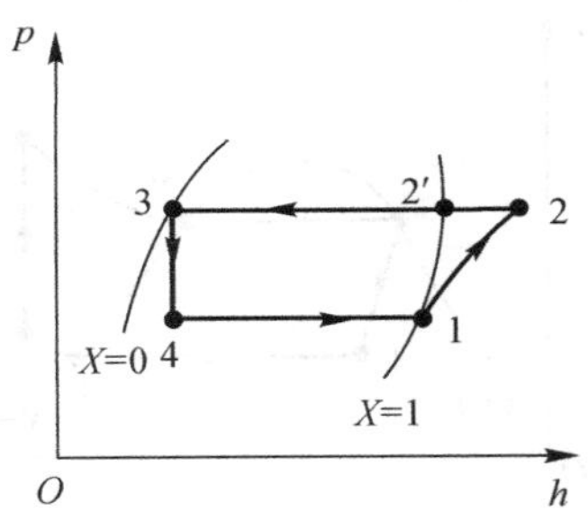

图 9-1-7　基本理论循环在压(p)-焓(h)图上的表示

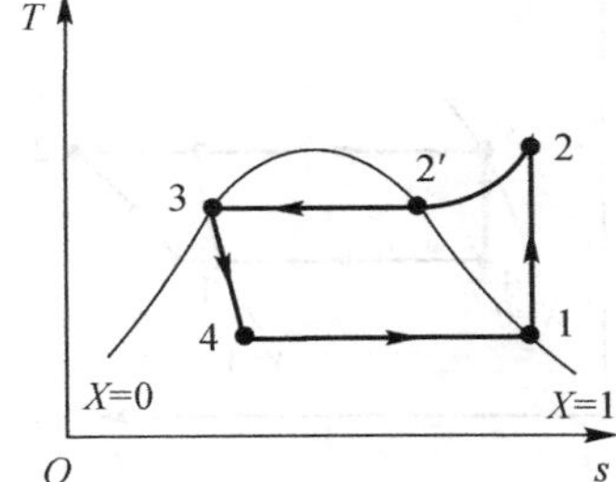

图 9-1-8　基本理论循环在温(T)-熵(s)图上的表示

(三)过冷循环

1.过冷循环的含义

工质在冷凝器出口为过冷液的理论循环称为过冷循环。该压力下的饱和温度 T_c 与过冷液温度 T_{sc} 之差，称为过冷液的过冷度，用 ΔT_{sc}(K) 表示，即

$$\Delta T_{sc} = T_c - T_{sc} \tag{9-4}$$

2. 过冷循环在压(p)-焓(h)图和温(T)-熵(s)图上的表示及应用

过冷循环在压(p)-焓(h)图和温(T)-熵(s)图上的表示如图9-1-9和图9-1-10所示。

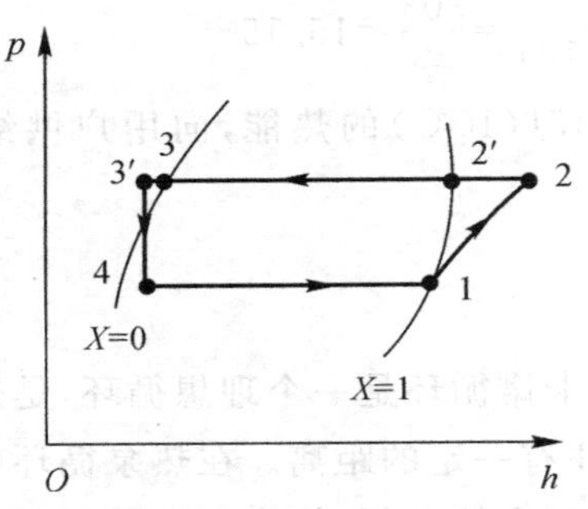

图9-1-9　过冷循环在 $p-h$ 图上的表示

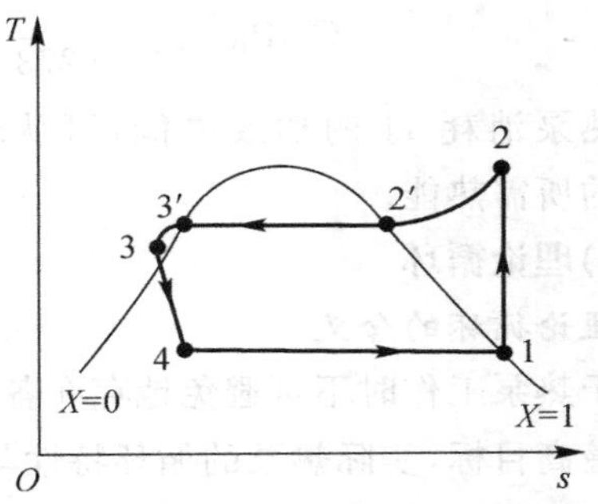

图9-1-10　过冷循环在 $T-s$ 图上的表示

当热泵工质的饱和液线较倾斜时,通常需对冷凝器出口工质进行适度过冷,以减少节流后湿蒸气中的闪蒸气量,使4点的干度较小,提高单位质量工质的吸收量和制热量。

(四) 过热循环

1. 过热循环的含义

工质出蒸发器的状态为过热气的理论循环称为过热循环。过热气的温度 T_{sh} 与饱和温度 T_e 之差,称为过热气的过热度,用 ΔT_{sh}(K)表示,即

$$\Delta T_{sh} = T_{sh} - T_e \tag{9-5}$$

2. 过热循环在压(p)-焓(h)图和温(T)-熵(s)图上的表示及应用

过热循环在压(p)-焓(h)图和温(T)-熵(s)图上的表示如图9-1-11和图9-1-12所示。

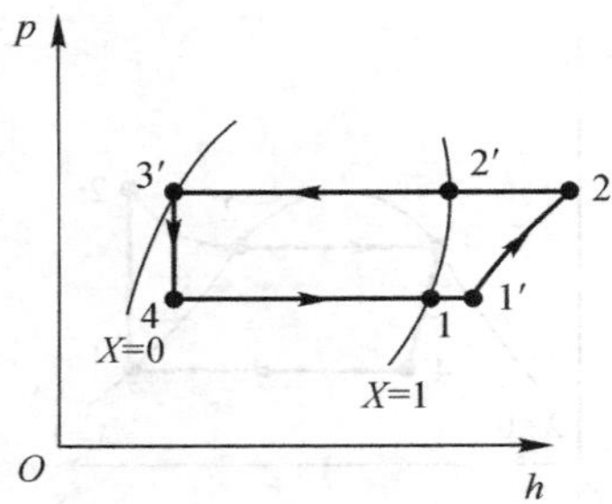

图9-1-11　过热循环在 $p-h$ 图上的表示

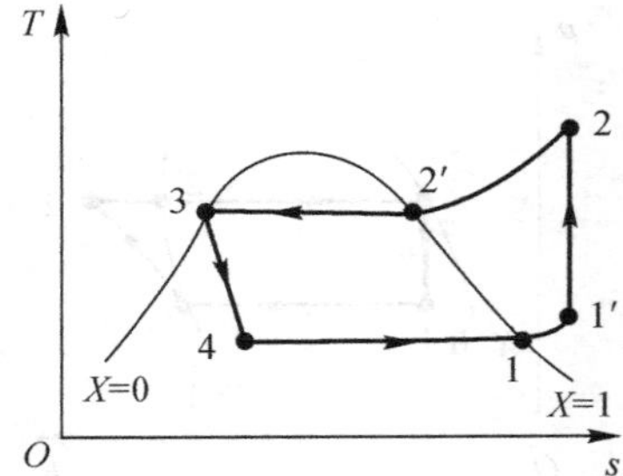

图9-1-12　过热循环在 $T-s$ 图上的表示

当压缩机工作时对工质蒸气中的液滴较敏感时,一般需使压缩机进口蒸气具有一定的过热度(5～15℃),以确保压缩机压缩过程中的工质蒸气无液滴,保证压缩机工作的安全可靠。

(五) 过冷过热循环

1. 过冷过热循环的含义及其在压(p)-焓(h)图和温(T)-熵(s)图上的表示

冷凝器出口处工质为过冷液、蒸发器出口处工质为过热气的理论循环为过冷过热循环,其在压(p)-焓(h)图和温(T)-熵(s)图上的表示如图9-1-13和图9-1-14所示。

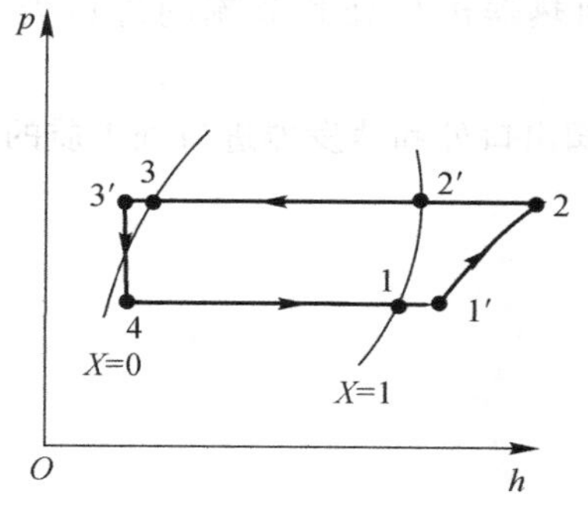

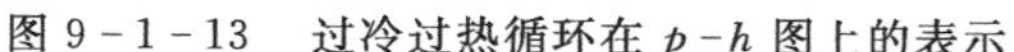

图 9-1-13　过冷过热循环在 $p-h$ 图上的表示

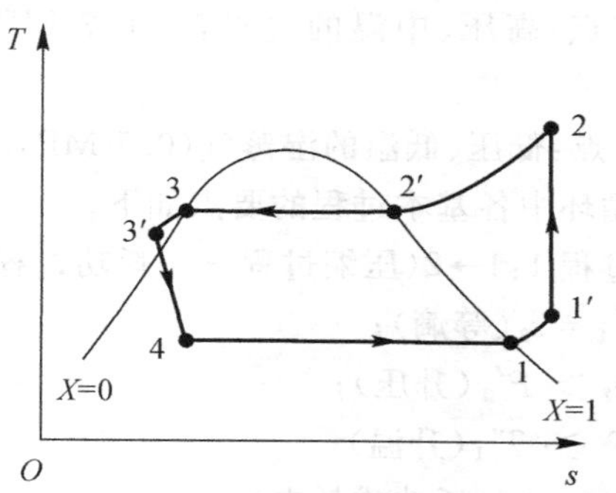

图 9-1-14　过冷过热循环在 $T-s$ 图上的表示

2. 过冷过热循环的实现

蒸气压缩式热泵通常用回热器实现过冷过热循环，其示意图如图 9-1-15 所示，图中各点与图 9-1-13、图 9-1-14 中各点相对应。

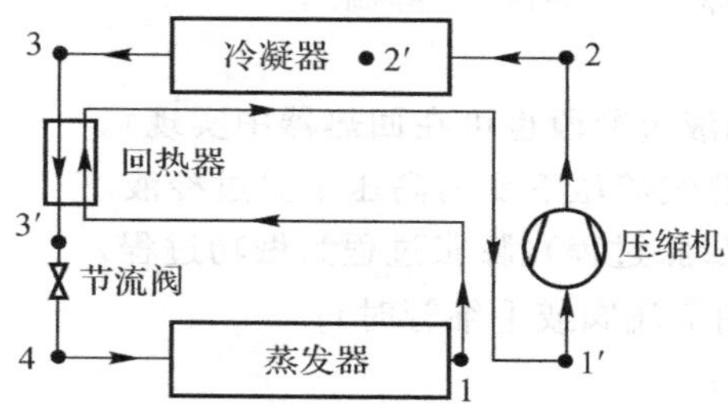

图 9-1-15　过冷过热循环热泵的示意

由图 9-1-15 可见，出蒸发器的工质蒸气进入回热器，与出冷凝器的工质液体进行热交换，在回热器中饱和液被冷却为过冷液，饱和气变为过热蒸气。

(六)理论循环的特性小结

理论循环对蒸气压缩式热泵的工作过程进行了一定简化处理，但又表征了热泵循环及工况的本质特点。以回热器的过冷过热循环为代表，对蒸气压缩式热泵循环中的关键点、过程总结如下(以冷凝压力为 1.7 MPa、蒸发压力为 0.5 MPa、R22 为工质的蒸气压缩式热泵的典型参数为例)。

循环中各关键状态点如下。

1 点：低压、低温的饱和蒸气(0.5 MPa，0℃)，为蒸发器出口处和回热器进口处工质的状态。

1′点：低压、低温的过热蒸气(0.5 MPa，10℃)，为回热器出口处和压缩机进口处工质的状态。

2 点：高压、高温的过热蒸气(1.7 MPa，66℃)，为压缩机出口处和冷凝器进口处工质的状态。

2′点：高压、中温的饱和蒸气(1.7 MPa，45℃)，为冷凝器中工质开始冷凝时的状态。

3 点：高压、中温的饱和液(1.7 MPa，45℃)，为冷凝器出口处和回热器进口处工质的状态。

3′点：高压、中温的过冷液（1.7 MPa，40℃），为回热器出口处和节流阀进口处工质的状态。

4点：低压、低温的湿蒸气（0.5 MPa，0℃），为节流阀出口处和蒸发器进口处工质的状态。

循环中各基本过程的要点如下。

过程1：1→2（压缩过程——耗功过程）

$s'_1 = s_2$（等熵）；

$p_2 > P'_1$（升压）；

$T_2 > T'_1$（升温）；

$W_m < 0$（耗功或耗电）。

实现部件：压缩机。

作用：将低压低温过热蒸气变为高压高温过热蒸气。

过程2：2 → 3′（冷凝过程 —— 制热过程）（过热蒸气 → 饱和蒸气 → 饱和液 → 过冷液）

$P_2 = P_{2'} = P_3 = P_{3'}$（等压）；

$T_2 > T_{2'} = T_3 > T_{3'}$（降温 — 等温 — 降温）；

$Q_c > 0$（放热）。

实现部件：冷凝器（饱和液过冷段也可在回热器中实现）。

作用：将高压高温过热蒸气等压下变为高压中温过冷液。

过程3：3′ → 4（节流或膨胀过程）（膨胀过程为做功过程）

$h_{3'} = h_4$（等焓 —— 采用节流阀或毛细管时）；

$s_{3'} = s_4$（采用膨胀机时）；

$p_{3'} > p_4$（降压）；

$T_{3'} > T_4$（降温）；

$Q_{thr} = 0, W_{thr} = 0$（采用节流阀或毛细管时）；

$Q_{exp} = 0, W_{exp} > 0$（采用膨胀机时）。

实现部件：节流或膨胀部件（毛细管、节流阀或膨胀机等）。

作用：将高压中温过冷液变为低压低温饱和气与饱和液的混合物。

过程4：4 → 1′（蒸发过程 —— 吸热过程）（饱和液 → 饱和蒸气 → 过热蒸气）

$P_4 = P_1 = P_{1'}$（等压）；

$T_4 = T_1 < T_{1'}$（等温 — 升温）；

$Q_e < 0$（吸热）。

实现部件：蒸发器（饱和蒸气过热段也可在回热器中实现）。

作用：将低压低温饱和气与饱和液的混合物变为低压低温过热蒸气。

(七)实际循环

1.实际蒸气压缩式热泵工作过程与理论循环假设的不同

蒸气压缩式热泵机组中，工质的实际工作过程与上述各循环中的假设条件均有一定偏离，具体表现如下。

压缩机中：工质流经压缩机的进、排气阀时有压力损失；工质在压缩过程中与气缸壁有热交换，压缩机活塞与气缸壁有摩擦损失，压缩机与环境有热交换，工质在气缸中流动时有能量耗散，少量润滑油气化与工质混合等。由于上述因素，压缩机中压缩过程开始时工质的状态不再是蒸发器出口处工质蒸气的状态，压缩过程也不再是等熵过程，而是熵增过程。

冷凝器中：工质流经冷凝器中有流动阻力产生的压力降，导致工质的冷凝温度随冷凝过程的进行而不断降低；与环境有少量热交换产生热损失。

蒸发器中：工质在蒸发器中流动时也产生压力降，导致蒸发温度不断降低，并有热损失。

节流阀或毛细管中：工质与环境有少量热交换。当采用膨胀机时，主要的不可逆损失与压缩机中相似。

各部件间要有管路连接，工质流经管路时产生阻力损失（压力降），并有热损失。

2. 实际循环在压(p)-焓(h)图和温(T)-熵(s)图上的表示

基于以上原因，蒸气压缩式热泵的实际循环和理论循环有一定偏差，其示意图如图 9-1-16和图 9-1-17 所示。

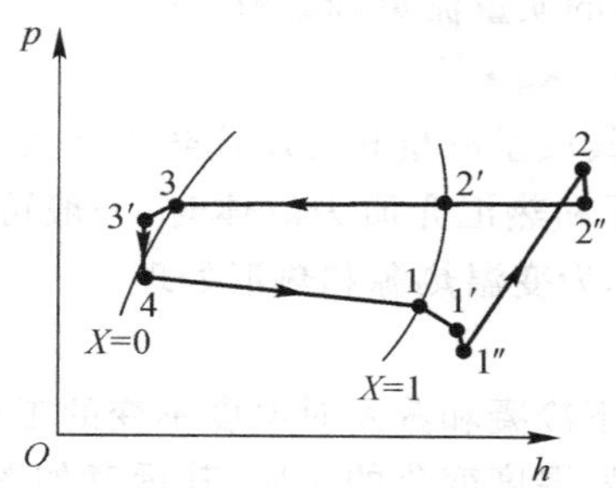

图 9-1-16　实际循环在 $p-h$ 图上的表示

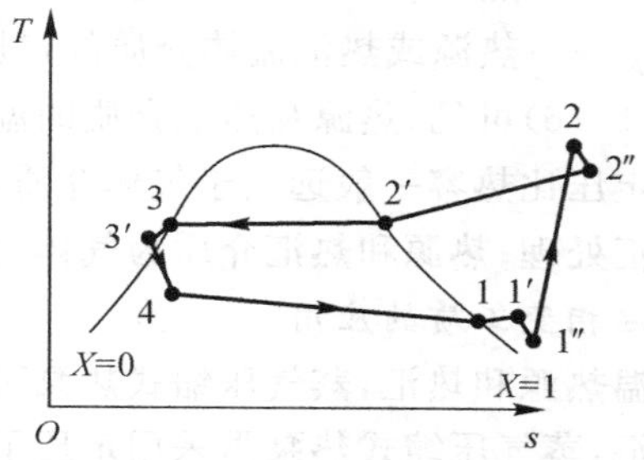

图 9-1-17　实际循环在 $T-s$ 图上的表示

3. 实际循环的状态点和过程分析

参照图 9-1-16 和图 9-1-17，实际循环中的典型状态点和过程如下。

1 点、1′点、2 点、2′点、3 点、3′点、4 点与前面循环中的状态相同，实际循环中的 1"点表示工质流经压缩机吸气阀后的低压低温过热蒸气状态，2"点表示工质流经压缩机排气阀后的高压高温过热蒸气状态。

过程 1"→2：为实际压缩过程，过程线向右倾斜，表示该过程为熵增过程。在蒸发压力、冷凝压力、压缩机进气状态相同时，实际压缩过程的排气温度要高于等熵压缩过程。

过程 2→2"：压缩后高压高温过热蒸气经过压缩机排气阀的过程。

过程 2"→2′：高压高温过热蒸气在冷凝器中的降温过程。

过程 2′→3：高压中温饱和蒸气在冷凝器中的冷凝过程，其压力和冷凝温度逐渐降低。

过程 3→3′：高压中温饱和液在冷凝器中的过冷过程。

过程 3′→4：高压中温过冷液经节流阀的降压降温过程。

过程 4→1：低压低温湿蒸气在蒸发器中的蒸发过程，其压力和蒸发温度逐渐降低。

过程 1→1′：低压低温饱和蒸气从蒸发器中到压缩机吸气阀进口处的加热过程。

由图 9-1-16 和图 9-1-17 可见，蒸气压缩式热泵实际循环比理论循环更加偏离卡诺循环，当低温热源温度和高温热汇温度相同时，其制热效率也明显低于卡诺循环和理论循环。

(八)劳伦兹循环

1. 定温热源、热汇与变温热源、热汇

根据低温热源和高温热汇介质流经热泵换热器（蒸发器或冷凝器）时温度变化的大小，热泵的热源和热汇可分为定温和变温两类。

当热源和热汇介质流经热泵换热器时其温度变化不大（如小于 10℃）时，这类热源和热汇称为定温热源和热汇；反之则称为变温热源和热汇。

热源和热汇介质在蒸发器或冷凝器中与热泵工质换热时满足下式。

$$Q = mc_p\Delta T$$

因此

$$\Delta T = \frac{Q}{mc_p} \tag{9-6}$$

式中 ΔT—— 热源和热汇介质流经热泵换热器时的温度变化，K；

Q—— 热源或热汇流体介质与热泵工质的传热量，W；

m—— 热源或热汇流体介质流经热泵换热器的质量流量，kg/s；

c_p—— 热源或热汇流体介质的定压比热容，J/(kg·K)。

由式(9-6)可见，热源和热汇介质的温度变化与其质量流量和定压比热容成反比，由于液体介质的定压比热容一般远大于气体介质，因此，热源和热汇介质为液体时，一般可作为定温热源和热汇处理；热源和热汇介质为气体时，一般需作为变温热源和热汇处理。

2. 变温相变工质的应用

对定温热源和热汇，蒸气压缩式热泵可采用定压下冷凝和蒸发时温度不变的工质；对变温热源和热汇，蒸气压缩式热泵需采用定压下冷凝和蒸发温度变化的工质，其示意如图9-1-18所示。

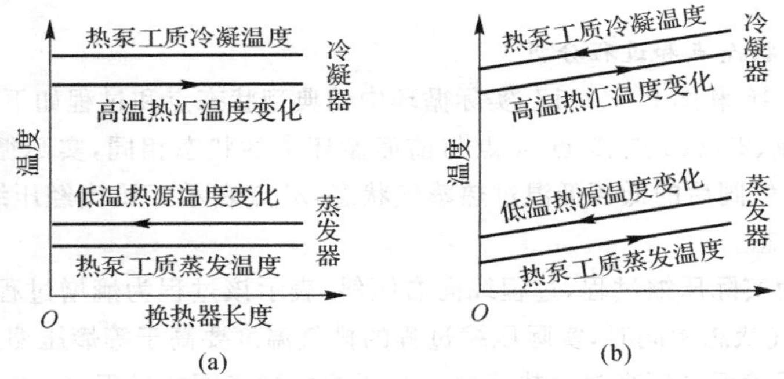

图 9-1-18 热泵换热器中工质和热源及热汇介质的温度变化

(a)定温热源和热汇； (b)变温热源和热汇

3. 劳伦兹循环及其在温(T)-熵(s)图上的表示

当热泵的热源和热汇为变温热源和热汇时，热力学效率最高的循环是劳伦兹循环（卡诺循环是工作在定温热源和热汇间的热力学效率最高的循环）。劳伦兹循环可看作是无数个微卡诺循环组合而成，故也称为变温热源时的卡诺循环，其在 $T-s$ 图上的表示如图 9-1-19所示。

与卡诺循环相似，劳伦兹循环也由 4 个基本过程组成：

1→2：等熵压缩过程。

2→3：变温放热过程。

3→4：等熵膨胀过程。

4→1:变温吸热过程。

4. 劳伦兹循环热泵的制热系数

劳伦兹循环热泵的制热系数计算公式为

$$COP_{H,Lorenz}=\frac{T_{23}}{T_{23}-T_{41}} \tag{9-7}$$

式中　T_{23}——2 点和 3 点的平均温度,K;

T_{41}——4 点和 1 点的平均温度,K。

5. 变温热源和热汇时热泵的理论循环

当蒸气压缩式热泵采用等压冷凝过程中冷凝温度降低、等压蒸发过程中蒸发温度升高的工质,且其他假设与理论循环相同时,可得变温热源和热汇的蒸气压缩式热泵理论循环,如图 9-1-20 所示。

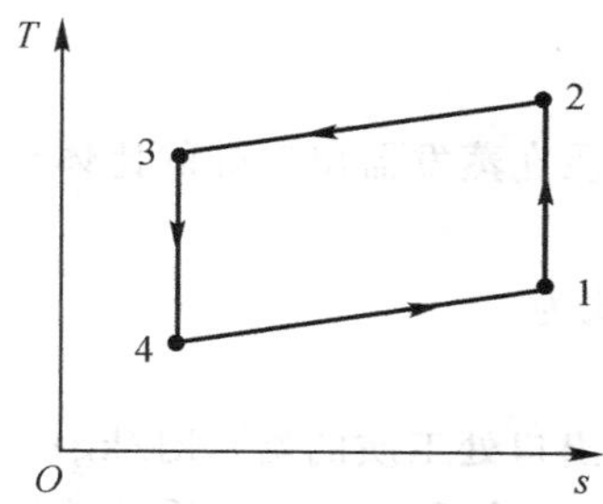

图 9-1-19　劳伦兹循环在 $T-s$ 图上的表示

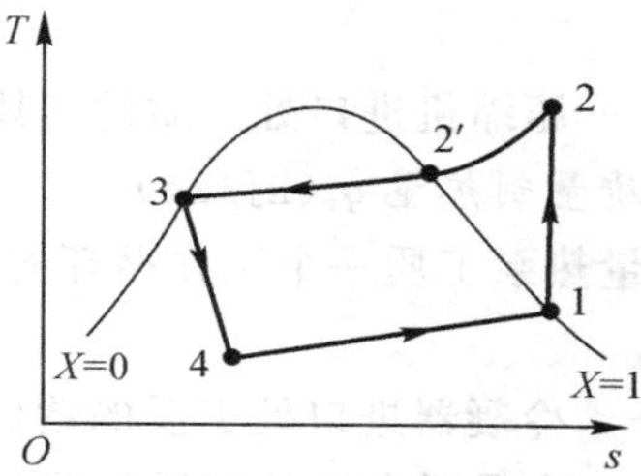

图 9-1-20　变温热源和热汇热泵理论循环在 $T-s$ 图上的表示

图 9-1-20 中,2—2′—3 表示工质在冷凝器中等压(冷凝压力)下的变温冷凝过程,3—4 为节流过程,4—1 为蒸发器中等压(蒸发压力)下的变温蒸发过程,1—2 为等熵压缩过程。

6. 变温热源与热汇时热泵的简化实际循环

当考虑热泵工质在各部件中流动时的阻力损失、压缩过程的不可逆损失等实际因素时,工作在变温热源和热汇间、采用变温相变工质的热泵简化实际循环(不考虑压缩机进、排气阀的流动损失及冷凝器出口工质的过冷度与蒸发器出口工质的过热度等)如图 9-1-21 所示。

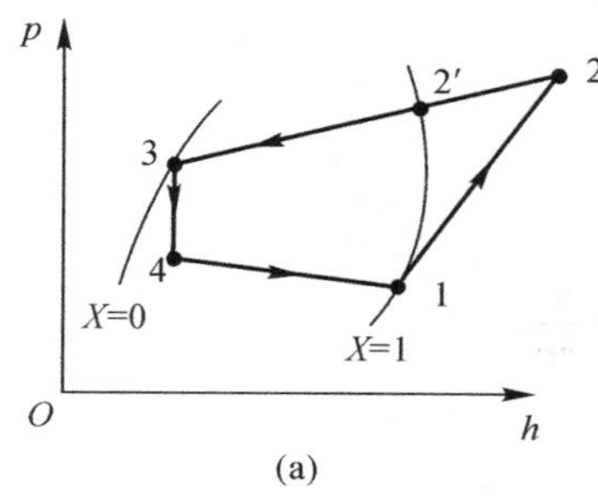

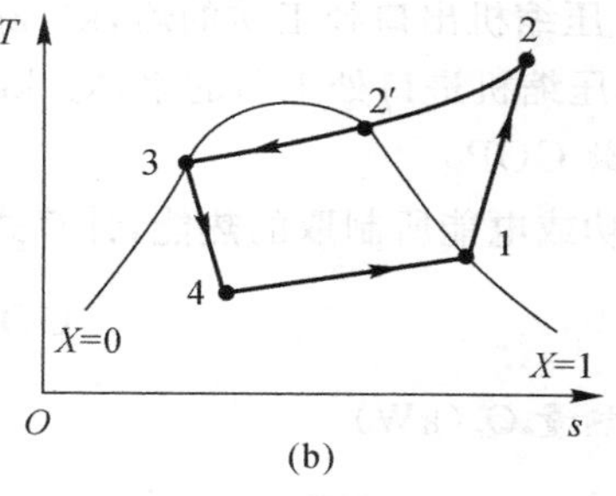

图 9-1-21　变温热源与热汇时热泵的简化实际循环

(a)在 $p-h$ 图上的表示;　(b)在 $T-s$ 图上的表示

五、蒸气压缩式热泵循环的计算

(一)性能指标及其计算公式

以基本理论循环为例(参阅图 9-1-7 和图 9-1-8)。

1. 单位质量工质的吸热量 q_e(kJ/kg)

单位质量热泵工质一个工作循环的吸热量,计算式为

$$q_e = h_1 - h_4 \tag{9-8}$$

式中 h_1—— 工质在蒸发器出口处的焓(约等于压缩机进口处工质的焓),kJ/kg;

h_4—— 工质在蒸发器进口处的焓(约等于节流阀进口处和出口处工质的焓),kJ/kg。

2. 单位容积吸热量 q_{ev}(kJ/m³)

单位容积热泵工质一个工作循环的吸热量,计算式为

$$q_{ev} = \frac{q_e}{v_1} \tag{9-9}$$

式中 v_1—— 压缩机进口处工质的比体积(约等于工质在蒸发器出口处的比体积),m^3/kg。

3. 单位质量制热量 q_c(kJ/kg)

单位质量热泵工质一个工作循环的制热量,计算式为

$$q_c = h_2 - h_3 \tag{9-10}$$

式中 h_2—— 冷凝器进口处工质的焓(约等于压缩机出口处工质的焓),kJ/kg;

h_3—— 冷凝器出口处工质的焓(约等于节流阀进口处和出口处工质的焓约等于蒸发器进口处的焓),kJ/kg。

4. 单位容积制热量 q_{cv}(kJ/m³)

单位容积热泵工质一个工作循环的制热量,计算式为

$$q_{cv} = \frac{q_c}{v_1} \tag{9-11}$$

式中 v_1—— 压缩机进口处工质的比体积,m^3/kg。

5. 单位质量耗功量 w(kJ/kg)

单位质量热泵工质一个工作循环的耗功量,计算式为

$$w = h_2 - h_1 \tag{9-12}$$

式中 h_2—— 压缩机出口处工质的焓,kJ/kg;

h_1—— 压缩机进口处工质的培,kJ/kg。

6. 制热系数 COP_H

消耗单位功或电能所制取的热能,计算式为

$$COP_H = \frac{q_c}{w} \tag{9-13}$$

7. 热泵制热量 Q_c(kW)

计算式为

$$Q_c = q_c m_r \tag{9-14}$$

式中 m_r—— 热泵中工质循环的质量流量,kg/s。

8. 热泵吸热量 Q_e(kW)

计算式为

$$Q_e = q_e m_r \tag{9-15}$$

9. 热泵耗功量 W_m(kW)

计算式为

$$W_m = w m_r = \frac{Q_c}{COP_H} = \frac{Q_e}{COP_H - 1} \tag{9-16}$$

忽略热泵机组与环境的热交换时，有

$$Q_c = Q_e + W_m$$

10. 热力学完善度 ζ

表示理论循环接近工作在相同温度区间的卡诺循环的程度，计算式为

$$\zeta = \frac{COP_H}{COP_{H,Carnot}} \tag{9-17}$$

$$COP_{H,Carnot} = \frac{T_c}{T_c - T_e} \tag{9-18}$$

式中　COP_H——理论循环制热系数；

$COP_{H,Carnot}$——卡诺循环制热系数；

T_c——冷凝温度，K；

T_e——蒸发温度，K。

（二）节流后工质湿蒸气干度的计算

设节流后湿蒸气的干度为 X。

1. 节流部件采用节流阀或毛细管

由于节流前后焓相等，因此有

$$h_4 = h_3 \tag{9-19}$$

节流后湿蒸气焓的计算式为

$$h_4 = X h_{1v} + (1 - X) h_{1L} \tag{9-20}$$

将式(9-19)和式(9-20)联立，得

$$X = \frac{h_3 - h_{1L}}{h_{1v} - h_{1L}} \tag{9-21}$$

式中　h_{1L}——蒸发压力下饱和液的焓，kJ/kg；

h_{1v}——蒸发压力下饱和蒸气的焓，kJ/kg。

2. 设节流部件采用膨胀机

由于膨胀机前后熵相等，因此有

$$s_4 = s_3 \tag{9-22}$$

节流后湿蒸气熵的计算式为

$$s_4 = X s_{1v} + (1 - X) s_{1L} \tag{9-23}$$

将式(9-22)和式(9-23)联立，得

$$X = \frac{s_3 - s_{1L}}{s_{1v} - s_{1L}} \tag{9-24}$$

式中　s_{1L}——蒸发压力下饱和液的熵，kJ/(kg·K)；

s_{1v}——蒸发压力下饱和蒸气的熵，kJ/(kg·K)。

(三) 工质物性数据的获取

热泵循环性能指标计算所需的工质物性，可采用第 1 个项目介绍的基于状态方程(PR 方程)、理想气体定压比热容和饱和蒸气压方程的方程法获取，也可采用本项目任务二中基于常用工质物性数据表的简化计算方法获得。

(四) 性能指标的计算示例

1. R134a 热泵的基本理论循环计算

以 R134a 为工质的蒸气压缩式热泵，其蒸发温度为 0℃，冷凝温度为 60℃，制热量为 4kW，计算该热泵理论循环的各性能指标及节流后湿蒸气干度与密度。计算方法如下。

(1) 画出理论循环在 $p-h$ 图和 $T-s$ 图上的表示(见图 9－1－22 和图 9－1－23)。

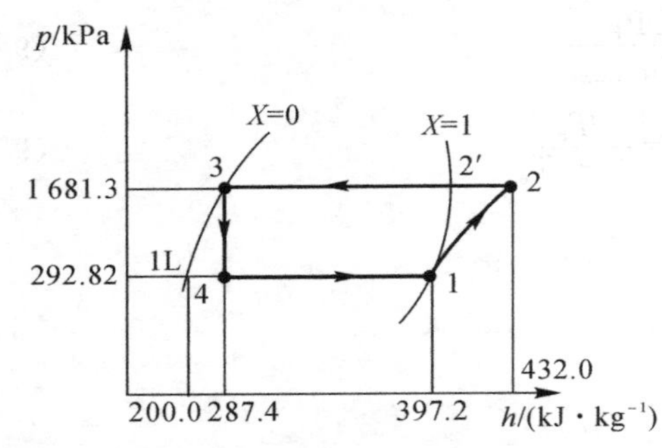

图 9－1－22　理论循环计算在 $p-h$ 图上的表示

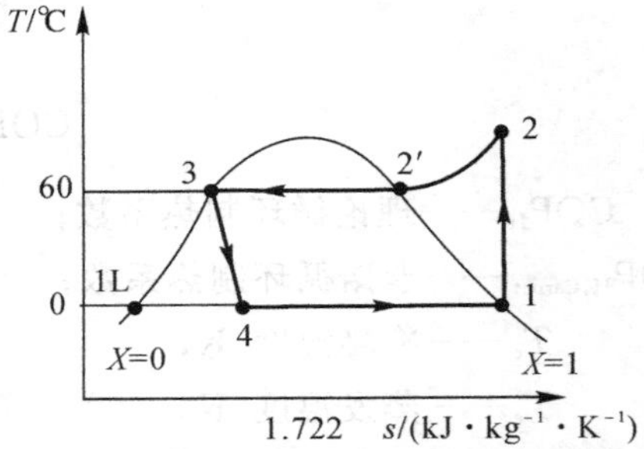

图 9－1－23　理论循环计算在 $T-s$ 图上的表示

(2) 确定循环中各关键点物性参数

蒸发温度为 0℃ 时对应的蒸发压力为

$$p_1 = p_4 = p_{1L} = 292.82 \text{ kPa}$$

冷凝温度为 60℃ 时对应的冷凝压力为

$$p_2 = p'_2 = p_3 = 1\ 681.3 \text{ kPa}$$

温度为 0℃ 时的饱和蒸气的焓为

$$h_1 = 397.2 \text{ kJ/kg}$$

温度为 0℃ 时的饱和蒸气的比体积为

$$v_1 = 0.068\ 9 \text{ m}^3/\text{kg}$$

温度为 0℃ 时的饱和蒸气的熵为

$$s_1 = 1.722 \text{ kJ/(kg} \cdot \text{K)}$$

温度为 0℃ 时的饱和液的焓为

$$h_{1L} = 200.00 \text{ kJ/kg}$$

温度为 0℃ 时的饱和液的比体积为

$$v_{1L} = 0.772 \times 10^{-3} \text{ m}^3/\text{kg}$$

温度为 60℃ 时的饱和液的焓为

$$h_3 = 287.4 \text{ kJ/kg}$$

节流后的焓的确定。因节流前后焓相等，故有

$$h_4 = h_3 = 287.4 \text{ kJ/kg}$$

压缩机出口处(循环图上 2 点) 过热蒸气性质的确定。

压缩过程 1 → 2 为等熵过程，得 2 点熵为

$$s_2 = s_1 = 1.722\ \text{kJ/(kg}\cdot\text{K)}$$

已知 2 点压力为

$$p_2 = 1\ 681.3\ \text{kPa}$$

由 2 点已知的压力和熵，可确定该状态下的焓与温度为

$$h_2 = 432.0\ \text{kJ/kg}$$

$$T_2 = 65℃$$

(3) 性能指标计算。

单位质量吸热量为

$$q_e = h_1 - h_4 = (397.2 - 287.4)\text{kJ/kg} = 109.8\ \text{kJ/kg}$$

单位容积吸热量为

$$q_{ev} = \frac{q_e}{v_1} = \frac{109.8}{0.068\ 9}\ \text{kJ/m}^3 = 1\ 594\ \text{kJ/m}^3$$

单位质量制热量为

$$q_c = h_2 - h_3 = (432.0 - 287.4)\ \text{kJ/kg} = 144.6\ \text{kJ/kg}$$

单位容积制热量为

$$q_{ce} = \frac{q_c}{v_1} = \frac{144.6}{0.068\ 9}\ \text{kJ/m}^3 = 2\ 099\ \text{kJ/m}^3$$

单位质量耗功量为

$$w = h_2 - h_1 = (432.0 - 397.2)\ \text{kJ/kg} = 34.8\ \text{kJ/kg}$$

制热系数为

$$\text{COP}_H = \frac{q_c}{w} = \frac{144.6}{34.8} = 4.2$$

热泵中工质的质量循环流量为

$$m_r = \frac{Q_c}{q_c} = \frac{4.0}{144.6}\ \text{kg/s} = 0.027\ 7\ \text{kg/s}$$

热泵吸热量为

$$Q_e = q_e m_r = 109.8 \times 0.027\ 7\ \text{W} = 3\ 037\ \text{W}$$

热泵耗功量为

$$W_m = w m_r = 34.8 \times 0.027\ 7\ \text{kW} = 963\ \text{kW}$$

节流膨胀后干度为

$$X = \frac{h_3 - h_{1L}}{h_1 - h_{1L}} = \frac{287 - 200}{397 - 200} = 0.44$$

节流后湿蒸气的比体积为

$$v_4 = Xv_1 + (1 - X)v_{1L} = [0.44 \times 0.068\ 9 + (1 - 0.44) \times 0.772 \times 10^{-3}]\ \text{m}^3/\text{kg} = 0.030\ 86\ \text{m}^3/\text{kg}$$

节流后湿蒸气的密度为

$$\rho_4 = \frac{1}{v_4} = \frac{1}{0.030\ 86}\ \text{kg/m}^3 = 32.4\ \text{kg/m}^3$$

工作在 60℃ 和 0℃ 之间的卡诺循环制热系数为

$$\mathrm{COP_{H,Carnot}}=\frac{T_c}{T_c-T_e}=\frac{273+60}{60-0}=5.55$$

热力学完善度为

$$\zeta=\frac{\mathrm{COP_H}}{\mathrm{COP_{H,Carnot}}}=\frac{4.2}{5.55}=0.76$$

2. R22 热泵的过冷过热循环计算

以 R22 为工质的蒸气压缩式热泵，其蒸发温度为 0℃，冷凝温度为 45℃，冷凝器出口处工质过冷度为 5℃，蒸发器出口处工质过热度为 10℃，制热量为 5 kW，计算该热泵过冷过热循环的各性能指标及节流后湿蒸气干度与密度。计算方法如下。

(1) 画出过冷过热循环在 $p-h$ 图和 $T-s$ 图上的表示（见图 9-1-24 和图 9-1-25)。

(2) 确定循环中各关键点物性参数。

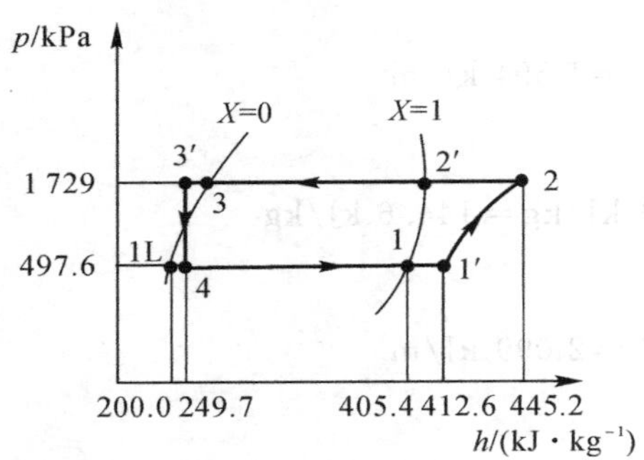

图 9-1-24 过冷过热循环计算在 $p-h$ 图上的表示

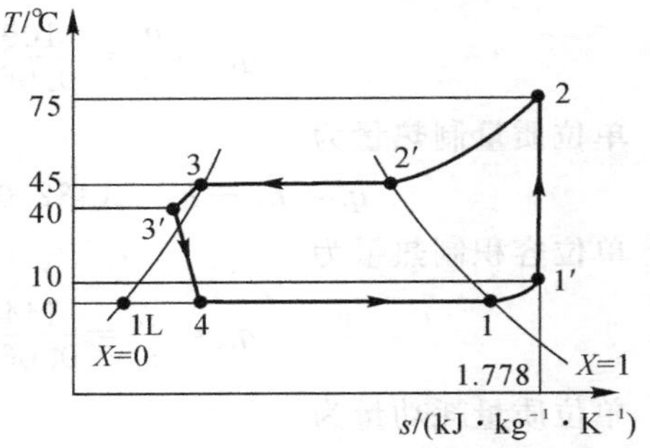

图 9-1-25 过冷过热循环计算在 $T-s$ 图上的表示

蒸发温度为 0℃ 时对应的蒸发压力为

$$p_1=p_4=p'_1=p_{1L}=497.6\ \mathrm{kPa}$$

冷凝温度为 45℃ 时对应的冷凝压力为

$$p_2=p'_2=p_3=p'_3=1\ 729\ \mathrm{kPa}$$

温度为 0℃ 时饱和蒸气的性质为

$$h_1=405.4\ \mathrm{kJ/kg}$$
$$v_1=0.047\ 1\ \mathrm{m^3/kg}$$

温度为 0℃ 时饱和液的性质为

$$h_{1L}=200.0\ \mathrm{kJ/kg}$$
$$v_{1L}=0.788\times10^{-3}\ \mathrm{m^3/kg}$$

蒸发压力(497.6 kPa) 下过热度为 10℃ 的过热蒸气的性质为

$$h'_1=412.6\ \mathrm{kJ/kg}$$
$$v'_1=0.049\ 6\ \mathrm{m^3/kg}$$
$$s'_1=1.778\ \mathrm{kJ/(kg\cdot K)}$$

冷凝压力(1 729 kPa) 下过冷度为 5℃ 的过冷液的焓为

$$h'_3=h_3-c_{pL}\Delta T_{sc}\approx249.7\ \mathrm{kJ/kg}$$

节流后(4 点) 的焓为

$$h_4=h'_3=249.7\ \mathrm{kJ/kg}$$

压缩机出口处（2 点）的性质为

$$s_2 = s'_1 = 1.778\ \text{kJ/(kg·K)}$$

$$p_2 = 1\ 729\ \text{kPa}$$

$$h_2 = 445.2\ \text{kJ/kg}$$

$$T_2 = 75℃$$

(3) 性能指标计算。

单位质量吸热量为

$$q_e = h'_1 - h_4 = (412.6 - 249.7)\ \text{kJ/kg} = 162.9\ \text{kJ/kg}$$

单位容积吸热量为

$$q_{ev} = \frac{q_e}{v'_1} = \frac{162.9}{0.049\ 6}\ \text{kJ/m}^3 = 3\ 284\ \text{kJ/m}^3$$

单位质量制热量为

$$q_e = h_2 - h'_3 = (445.2 - 249.7)\ \text{kJ/kg} = 195.5\ \text{kJ/kg}$$

单位容积制热量为

$$q_{cv} = \frac{q_c}{v'_1} = \frac{195.5}{0.049\ 6}\ \text{kJ/m}^3 = 3\ 942\ \text{kJ/m}^3$$

单位质量耗功量为

$$w = h_2 - h'_1 = (445.2 - 412.6)\ \text{kJ/kg} = 32.6\ \text{kJ/kg}$$

制热系数为

$$\text{COP}_\text{H} = \frac{q_c}{w} = \frac{195.5}{32.6} = 6.0$$

热泵中工质的质量循环流量为

$$m_r = \frac{Q_c}{q_c} = \frac{5.0}{195.5}\ \text{kg/s} = 0.025\ 6\ \text{kg/s}$$

热泵吸热量为

$$Q_e = q_e m_r = 162.9 \times 0.025\ 6\ \text{kW} = 4.166\ \text{kW}$$

热泵耗功量为

$$W_m = w m_r = 32.6 \times 0.025\ 6\ \text{kW} = 0.834\ \text{kW}$$

节流膨胀后干度为

$$X = \frac{h'_3 - h_{1L}}{h_1 - h_{1L}} = \frac{249.7 - 200.0}{405.4 - 200.0} = \frac{49.7}{205.4} = 0.24$$

节流后湿蒸气的比体积为

$$v_4 = Xv_1 + (1 - X)v_{1L} = [0.24 \times 0.0471 + (1 - 0.24) \times 0.778 \times 10^{-3}]\ \text{m}^3/\text{kg} = 0.011\ 90\ \text{m}^3/\text{kg}$$

节流后湿蒸气的密度为

$$\rho_4 = \frac{1}{v_4} = \frac{1}{0.011\ 90}\ \text{kg/m}^3 = 84.1\ \text{kg/m}^3$$

工作在 45℃ 和 0℃ 之间的卡诺循环制热系数为

$$\text{COP}_{\text{H,Carnot}} = \frac{T_c}{T_c - T_e} = \frac{273 + 45}{45 - 0} = 7.07$$

热力学完善度为

$$\zeta=\frac{\mathrm{COP_H}}{\mathrm{COP_{H,Carnot}}}=\frac{6.0}{7.07}=0.85$$

六、蒸气压缩式热泵循环的分析

蒸气压缩式热泵的工况参数主要包括工质的冷凝温度 T_c(或冷凝压力)、蒸发温度 T_e(或蒸发压力)、冷凝器出口处工质过冷度 ΔT_{sc}、蒸发器出口处工质的过热度 ΔT_{sh}。工况参数变化时,热泵循环的性能也随之变化。掌握蒸气压缩式热泵的性能与工况参数之间的变化规律,是热泵设计和调控的基础。

(一) 冷凝温度对理论循环性能的影响

1. 冷凝温度对循环特性的影响

当其他工况参数一定时,冷凝温度对基本理论循环性能的影响如图 9-1-26 所示。

图 9-1-26 中,1→2→3→4→1 为原循环,1→2′→3′→4′→1 为冷凝温度升高之后的循环。由图 9-1-26 可见,冷凝温度升高时,循环中冷凝压力、压缩机排气温度、节流后湿蒸气干度均增大,但最重要的性能指标 —— 制热系数却减少,这是因为

$$\mathrm{COP_H}=\frac{q_c}{w}=\frac{q_e+w}{w}=1+\frac{q_e}{w}$$

由图 9-1-26 可见,冷凝温度升高后,单位质量吸热量($q_e=h_1-h'_4$)比原循环变小,单位质量耗功量($w=h'_2-h_1$)比原循环增加,因此二者之比 q_e/w 减少,由上式可知,制热系数减少。

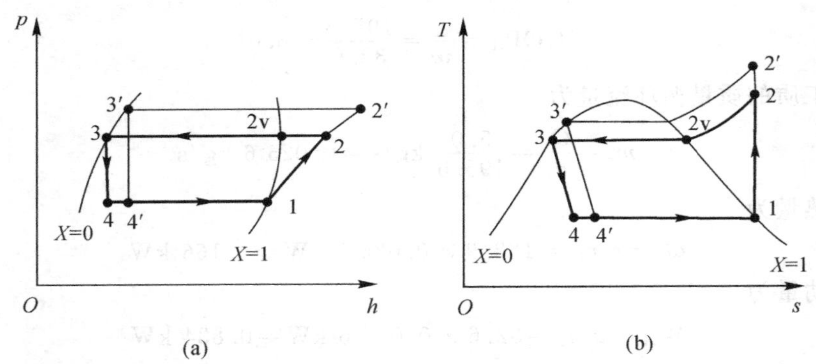

图 9-1-26 冷凝温度对理论循环性能的影响

(a) 在 p-h 图上的表示; (b) 在 T-s 图上的表示

2. 制热系数随冷凝温度的变化曲线

以 R22 和 R134a 为例,蒸发温度为 0℃,冷凝温度对理论循环制热系数的影响如图 9-1-27所示。

由图 9-1-27 可见,当冷凝温度由 25℃升高到 45℃时,理论循环制热系数降低 1 倍,冷凝温度越低,冷凝温度的变化对制热系数的影响越大。

(二)蒸发温度对理论循环性能的影响

1. 蒸发温度对循环特性的影响

当其他工况参数一定时,蒸发温度对基本理论循环性能的影响如图 9-1-28 所示。

图 9-1-28 中,1→2→3→4→1 为原循环,1′→2′→3′→4′→1′为蒸发温度升高之后的循

环。由图 9-1-28 可见，蒸发温度升高时，循环中蒸发压力、节流后湿蒸气干度增大，压缩机排气温度降低，制热系数增加。

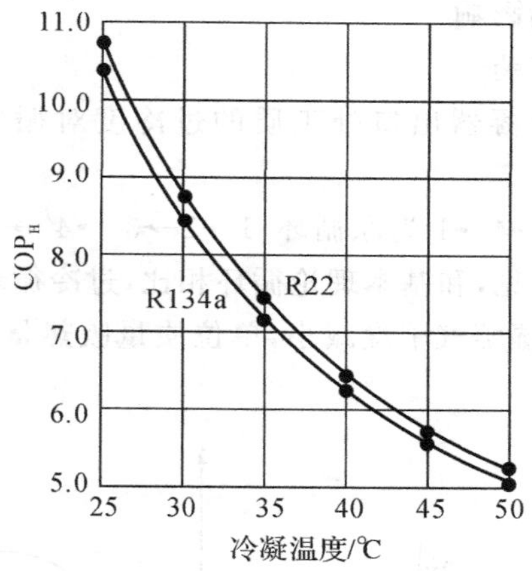

图 9-1-27　冷凝温度对制热系数的影响

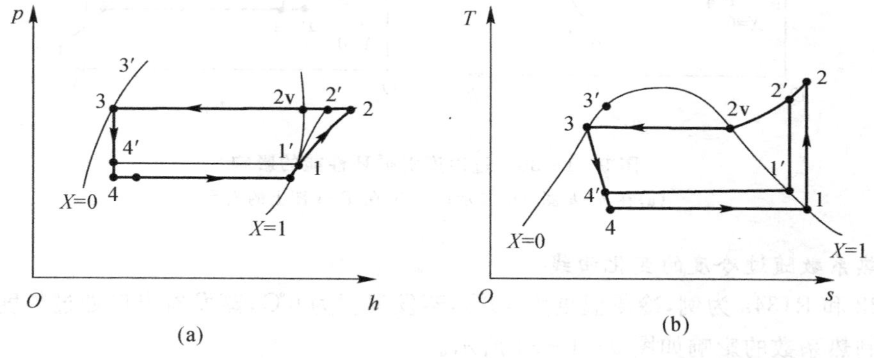

图 9-1-28　蒸发温度对基本理论循环性能的影响

(a)在 $p-h$ 图上的表示；　(b)在 $T-s$ 图上的表示

2. 制热系数随蒸发温度的变化曲线

以 R22 和 R134a 为例，冷凝温度为 50℃，蒸发温度变化时理论循环制热系数的变化如图 9-1-29 所示。

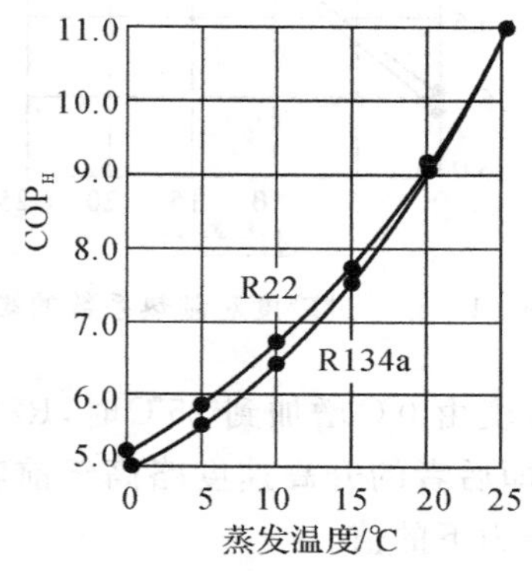

图 9-1-29　蒸发温度对制热系数的影响

由图 9-1-29 可见，当蒸发温度由 0℃升高到 25℃时，理论循环制热系数升高 1 倍以上。蒸发温度越高，蒸发温度的变化对制热系数的影响越大。

(三)过冷度对循环性能的影响

1. 过冷度对循环特性的影响

当其他工况参数一定，冷凝器出口处工质的过冷度对循环性能的影响如图 9-1-30 所示。

图 9-1-30 中，1→2→3→4→1 为原循环，1→2→3′→4′→1 为冷凝器出口处工质有过冷度时的循环，由图 9-1-30 可见，和基本理论循环相比，过冷循环中冷凝压力、蒸发压力、压缩机排气温度均不变，但节流后湿蒸气干度减小，单位质量吸热量和制热量增加，而单位质量耗功量不变，制热系数增加。

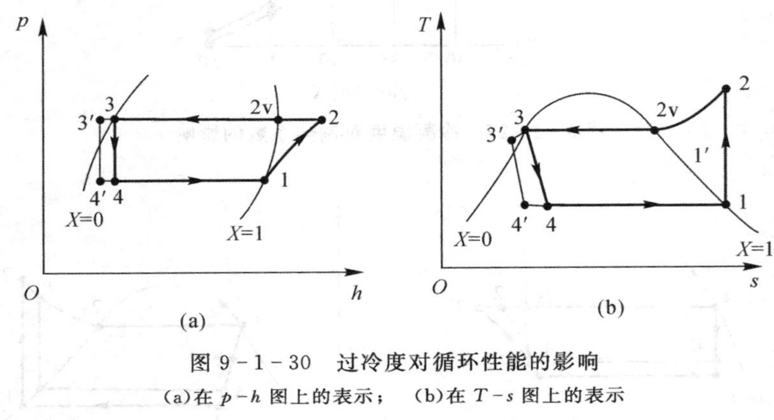

图 9-1-30 过冷度对循环性能的影响

(a)在 $p-h$ 图上的表示； (b)在 $T-s$ 图上的表示

2. 制热系数随过冷度的变化曲线

以 R22 和 R134a 为例，冷凝温度为 40℃，蒸发温度为 0℃，蒸发器出口处过热度为 0℃时，过冷度对制热系数的影响如图 9-1-31 所示。

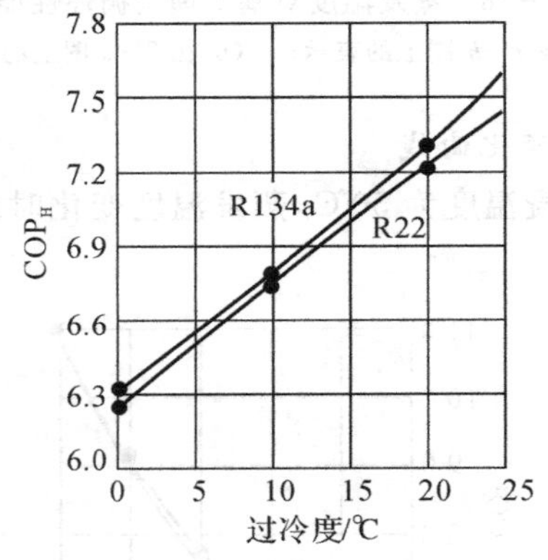

图 9-1-31 过冷度对制热系数的影响

由图 9-1-31 可见，当过冷度由 0℃增加到 25℃时，R22 热泵的制热系数升高了 14%，R134a 的制热系数升高了 18%，即后者的升高速度略高于前者，这是由于 R134a 液体的定压比热容略大于 R22 相应温度和压力下的值。

(四)过热度对循环性能的影响

1. 过热度对循环性能的影响

当其他工况参数一定，蒸发器出口处工质过热度对循环性能的影响如图 9-1-32 所示。

图 9-1-32 中，1→2→3→4→1 为原循环，1′→2′→3→4→1′为蒸发器出口处工质有过热时的循环，由图 9-1-32 可见，和基本理论循环相比，过热循环中冷凝压力、蒸发压力不变，但压缩机吸气温度、排气温度增高，压缩机吸气密度减小，容积制热量减小。

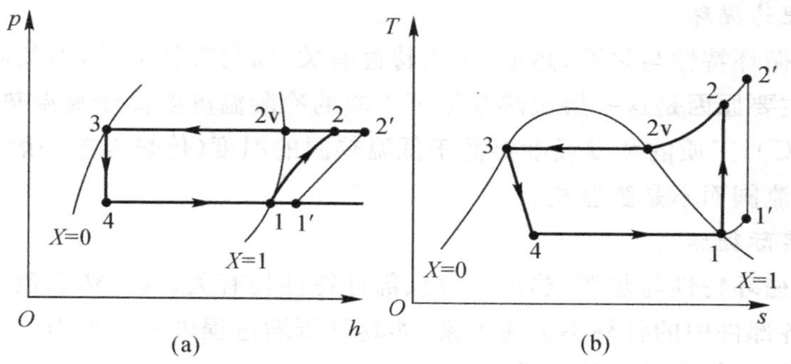

图 9-1-32　过热度对循环性能的影响

(a)在 $p-h$ 图上的表示；(b)在 $T-s$ 图上的表示

2. 制热系数随过热度的变化曲线

以 R22 和 R134a 为例，冷凝温度为 40℃，蒸发温度为 0℃，冷凝器出口处过冷度为 0℃时，过热度对制热系数的影响如图 9-1-33 所示。

由图 9-1-33 可见，当过热度由 0℃增加到 25℃时，R22 工质循环的制热系数升高了 3%，R134a 升高了 2%，过热度对制热系数的影响远小于过冷度。实际机组中通常使工质在蒸发器出口处保持一定的过热度，目的主要是防止压缩机出现湿压缩。

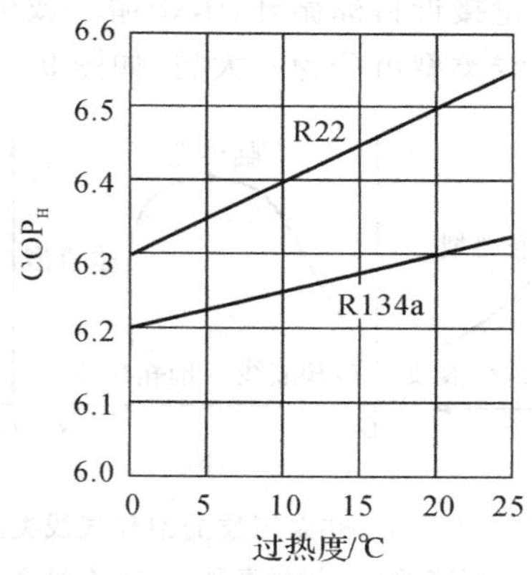

图 9-1-33　过热度对制热系数的影响

当热泵工质的冷凝温度、蒸发温度、冷凝器出口处过冷度、蒸发器出口处过热度等工况参数中有两个或两个以上同时变化时，其对循环制热系数及其他指标的影响较复杂，可针对具体情况，参照本任务中的方法进行实际计算和分析。

七、蒸气压缩式热泵循环的改进

(一)蒸气压缩式热泵循环的三个层次

蒸气压缩式热泵的循环大致可分为以下三个层次。

1.层次一:卡诺循环或劳伦兹循环

这一层次的循环性能只与低温热源和高温热汇有关,与工质、部件特性均无关。

2.层次二:理论循环

这一层次的循环特性与热源、热汇、工质特性有关,而与部件无关,但其制热系数比卡诺循环已明显降低,主要原因是这一层次热泵循环工质的冷凝温度要高于高温热汇的温度(传热温差一般为5~15℃),工质的蒸发温度要低于低温热源的温度(传热温差一般为5~15℃),节流部件通常采用节流阀而不是膨胀机。

3.层次三:实际循环

这一层次的循环特性与热源、热汇、工质、部件特性均有关,其制热系数比层次二又明显降低,主要原因是各部件中的各种不可逆因素,尤其是压缩过程中的各种损失。

(二)蒸气压缩式热泵循环的改进方法

基于上述考虑,实际应用中,对蒸气压缩式热泵的循环改进的主要方法如下。

(1)根据热源和热汇特性,优选循环类型,明确改进目标。当热源和热汇是定温热源和热汇时,循环改进的目标是卡诺循环;当热源和热汇是变温热源和热汇时,循环改进的目标是劳伦兹循环。

(2)优选工质类型。当改进目标是卡诺循环时,工质应采用定压下相变时冷凝温度和蒸发温度变化不大的工质,如纯工质、共沸混合工质、近共沸混合工质;当改进目标是劳伦兹循环时,工质应采用定压下相变时冷凝温度变化与高温热汇介质温度变化相匹配、蒸发温度变化与低温热源介质温度变化相匹配的工质,如非共沸混合工质、可实现超临界循环的工质。

(3)利用工质设计使循环尽量接近目标循环(卡诺循环或劳伦兹循环)。以循环目标为卡诺循环为例,热泵工质的饱和气线类型可分为三大类,如图9-1-34所示。

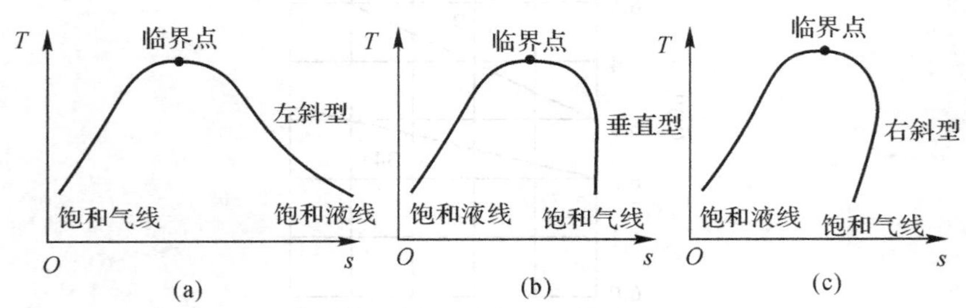

图9-1-34 热泵工质的饱和气线类型

(a)左斜型; (b)垂直型; (c)右斜型

其中左斜型和右斜型工质的饱和气线斜率可通过工质设计进行调节。当采用左斜型工质时,热泵理论循环如图9-1-35所示;采用右斜型工质,热泵的简化实际循环如图9-1-36所示。

由图9-1-35可见,热泵采用左斜型工质时,1—2—2′三角使该循环与卡诺循环有较大偏差，当考虑到实际循环中压缩过程的各种损失时，该三角形的2点更偏右上方，与卡诺循环的偏差更大；而当采用图9-1-36所示的右斜型工质时，通过工质设计使工质的饱和气线斜度与压缩过程斜度相同，实现冷凝温度与蒸发温度间的饱和气线与压缩过程线重合，则可削去图9-1-35中的尖角，使循环更接近卡诺循环。当循环改进的目标是劳伦兹循环时，这一思路也适用。

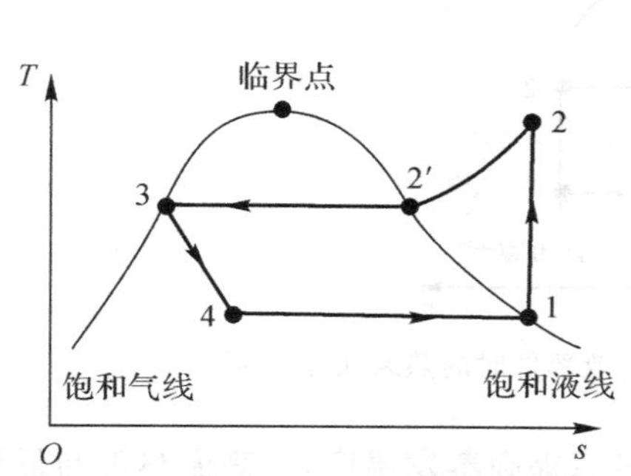

图9-1-35　采用左斜型工质的热泵循环

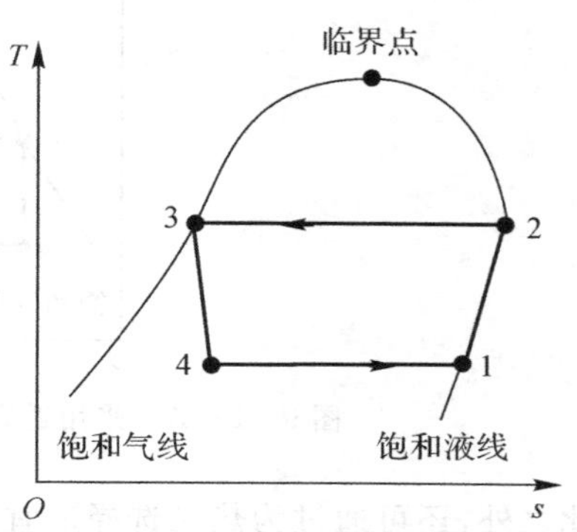

图9-1-36　采用右斜型工质的热泵循环

(4)节流部件采用膨胀机。当节流部件采用节流阀或毛细管时，节流前高压工质蕴涵的能量不但没有被回收利用，且这部分能量在节流过程中耗散为无用能，使节流阀或毛细管出口的熵增加，减少了单位循环工质的吸热量和制热量，体现在图上是循环左侧比卡诺循环缺一块大的斜角(由于节流过程线斜度较大)。当采用膨胀机时(如图9-1-36中过程线3—4所示)，可克服上述弊端，使循环更接近卡诺循环，也使循环的制热系数明显提高。

(5)减小热泵工质与热源、热汇的传热温差。造成热泵实际循环与卡诺循环或劳伦兹循环制热系数间差距的重要原因之一是热泵工质与热源、热汇间的传热温差。设高温热汇的平均温度为T_{sink}，低温热源的平均温度为T_{source}，热泵的平均冷凝温度为T_c，热泵的平均蒸发温度为T_e，则定义

$$\Delta T_{c,s}=T_c-T_{sink} \tag{9-25}$$

$$\Delta T_{s,e}=T_{source}-T_e \tag{9-26}$$

$$\Delta T_{c,e}=T_c-T_e \tag{9-27}$$

式中　$\Delta T_{c,s}$——热泵工质平均冷凝温度与高温热汇平均温度之差，K；

$\Delta T_{s,e}$——低温热源平均温度与热泵工质平均蒸发温度之差，K；

$\Delta T_{c,e}$——热泵工质的平均冷凝温度与平均蒸发温度之差，K。

传热温差对热泵循环制热系数的影响可由有传热温差时所导致的制热系数降低量与无传热温差时的制热系数之比表示，其简略估算式为

$$\Delta COP_H=\frac{\Delta T_{c,s}+\Delta T_{s,e}}{\Delta T_{c,e}} \tag{9-28}$$

由式(9-28)可见，若冷凝器、蒸发器中工质与热源、热汇介质的传热温差均为10℃，热泵的冷凝温度与蒸发温度之差为50℃时，由于传热温差引起的制热系数降低约40%。

减小热泵工质与热源、热汇间传热温差的方法有：强化传热过程；增大传热面积；当热泵工况或热源、热汇温度发生变化时，及时调控热泵，使工质与热源、热汇间的传热温差维持在合理

的数值范围内。

(6)当工质适宜、各部件高效(如压缩机、膨胀机效率接近 100%,冷凝器、蒸发器中传热温差很小,各部件及管路中流动阻力也很小)且部件与部件间及工质与部件间匹配良好时,蒸气压缩式热泵的实际循环可接近理想循环(卡诺循环或劳伦兹循环),如图 9-1-37 所示。

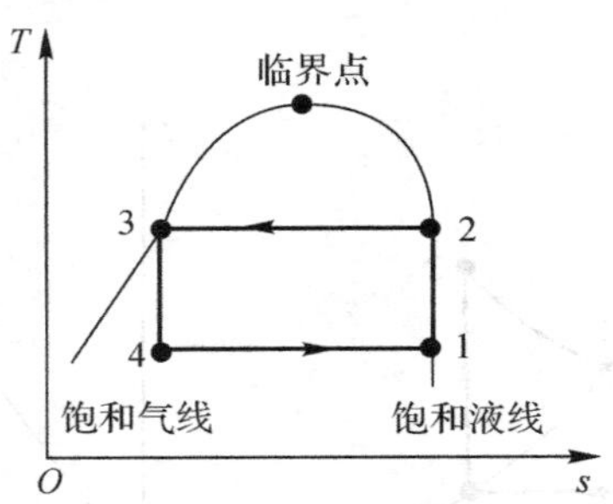

图 9-1-37　采用适宜工质和高效部件时的热泵实际循环

除此之外,还可通过为热泵选择适宜的低温热源提高蒸发温度,当高温热汇与低温热源之间温度差较大时采用多级热泵循环等方法提高热泵的制热系数。

综上所述,通过强化冷凝器和蒸发器的传热使热泵工质的冷凝温度接近高温热汇温度、蒸发温度接近低温热源温度;通过工质设计使热泵循环接近卡诺循环或劳伦兹循环;通过提高压缩机或膨胀机等部件的效率减少热泵各过程的不可逆损失,是提高热泵循环性能的三条基本途径,也是设计效率高、运行安全可靠的蒸气压缩式热泵所需考虑的主要因素。

任务实施

根据项目任务书和项目任务完成报告进行任务实施,见表 9-1-1 和表 9-1-2。

表 9-1-1　项目任务书

<table>
<tr><td>任务名称</td><td colspan="3">蒸气压缩式热泵基础的认识</td></tr>
<tr><td>小组成员</td><td colspan="3"></td></tr>
<tr><td>指导教师</td><td></td><td>计划用时</td><td></td></tr>
<tr><td>实施时间</td><td></td><td>实施地点</td><td></td></tr>
<tr><td colspan="4">任务内容与目标</td></tr>
<tr><td colspan="4">1. 掌握蒸气压缩式热泵循环的计算;
2. 熟悉蒸气压缩式热泵循环的分析过程;
3. 熟悉蒸气压缩式热泵循环改进的方法</td></tr>
<tr><td>考核项目</td><td colspan="3">1. 蒸气压缩式热泵循环的正确计算方法;
2. 蒸气压缩式热泵循环分析的过程;
3. 蒸气压缩式热泵循环改进的操作步骤</td></tr>
<tr><td>备注</td><td colspan="3"></td></tr>
</table>

表 9－1－2　项目任务完成报告

<table>
<tr><td>任务名称</td><td colspan="3">蒸气压缩式热泵基础的认识</td></tr>
<tr><td>小组成员</td><td colspan="3"></td></tr>
<tr><td>具体分工</td><td colspan="3"></td></tr>
<tr><td>计划用时</td><td></td><td>实际用时</td><td></td></tr>
<tr><td>备注</td><td colspan="3"></td></tr>
<tr><td colspan="4">1.蒸气压缩式热泵循环的工作原理是什么？

2.节流后工质湿蒸气干度如何计算？

3.蒸气压缩式热泵循环如何改进？</td></tr>
</table>

任务评价

根据项目任务综合评价表进行任务评价，见表 9－1－3。

表 9－1－3　项目任务综合评价表

任务名称：　　　　　　　　　　　　　　　　　测评时间：　　年　　月　　日

<table>
<tr><td colspan="2" rowspan="4">考核明细</td><td rowspan="4">标准分</td><td colspan="9">实训得分</td></tr>
<tr><td colspan="9">小组成员</td></tr>
<tr><td colspan="3"></td><td colspan="3"></td><td colspan="3"></td></tr>
<tr><td>小组自评</td><td>小组互评</td><td>教师评价</td><td>小组自评</td><td>小组互评</td><td>教师评价</td><td>小组自评</td><td>小组互评</td><td>教师评价</td></tr>
<tr><td rowspan="6">团队60分</td><td>小组是否能在总体上把握学习目标与进度</td><td>10</td><td></td><td></td><td></td><td></td><td></td><td></td><td></td><td></td><td></td></tr>
<tr><td>小组成员是否分工明确</td><td>10</td><td></td><td></td><td></td><td></td><td></td><td></td><td></td><td></td><td></td></tr>
<tr><td>小组是否有合作意识</td><td>10</td><td></td><td></td><td></td><td></td><td></td><td></td><td></td><td></td><td></td></tr>
<tr><td>小组是否有创新想(做)法</td><td>10</td><td></td><td></td><td></td><td></td><td></td><td></td><td></td><td></td><td></td></tr>
<tr><td>小组是否如实填写任务完成报告</td><td>10</td><td></td><td></td><td></td><td></td><td></td><td></td><td></td><td></td><td></td></tr>
<tr><td>小组是否存在问题和具有解决问题的方案</td><td>10</td><td></td><td></td><td></td><td></td><td></td><td></td><td></td><td></td><td></td></tr>
<tr><td rowspan="4">个人40分</td><td>个人是否服从团队安排</td><td>10</td><td></td><td></td><td></td><td></td><td></td><td></td><td></td><td></td><td></td></tr>
<tr><td>个人是否完成团队分配任务</td><td>10</td><td></td><td></td><td></td><td></td><td></td><td></td><td></td><td></td><td></td></tr>
<tr><td>个人是否能与团队成员及时沟通和交流</td><td>10</td><td></td><td></td><td></td><td></td><td></td><td></td><td></td><td></td><td></td></tr>
<tr><td>个人是否能够认真描述困难、错误和修改的地方</td><td>10</td><td></td><td></td><td></td><td></td><td></td><td></td><td></td><td></td><td></td></tr>
<tr><td colspan="2">合计</td><td>100</td><td></td><td></td><td></td><td></td><td></td><td></td><td></td><td></td><td></td></tr>
</table>

?! 思考练习

1. 简述热泵工质的状态变化规律。
2. 过冷循环的含义是什么?
3. 冷凝温度对理论循环性能的影响是什么?

任务二　蒸气压缩式热泵工质的认识

PPT
蒸气压缩式热泵工质的认识

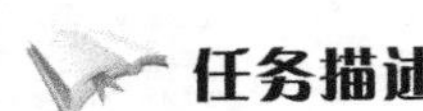

任务描述

热泵工质对蒸气压缩式热泵的设计和运行调控均具有重要影响,尤其是近年出于环境保护的考虑,部分传统热泵工质被禁用,一批新的热泵工质被开发,在工质应用、相关设备和材料选用方面均带来一些新的问题。

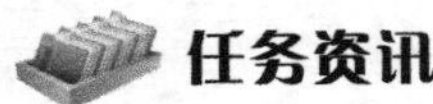

任务资讯

一、概述

目前热泵设计中可选用的循环工质有 HCFCs、HCs、HFCs、天然工质、混合工质等几类。

(一)HCFCs 工质

由 C、H、F、Cl 等组成的饱和烷烃的衍生物,如 R22、R123、R124、R141b、R142b 等。该类工质对环境有一定的破坏效应,但还允许使用较长一段时间,采用该类工质的热泵装置成本相对较低。

(二)HCs 工质

碳氢化合物,如丙烷(R290)、丁烷(R600)、异丁烷(R600a)等,该类工质的优点是环境友好,循环效率也较高,但可燃可爆。

(三)HFCs 工质

饱和烷类的氟化物,多为含碳、氟、氢元素的甲烷、乙烷、丙烷衍生物,如 R134a、R152a、R227ea、R236fa、R245fa 等,该类物质也属环境友好性工质,部分工质的温室效应偏大。

(四)天然工质

自然中存在、已有多年工程应用经验且对环境基本无危害的工质,如 NH_3、CO_2、H_2O、空气等,有时 HCs 工质也归入此类。但 NH_3 可燃且有一定毒性;CO_2 作为工质时系统的工作压力较高;H_2O 作为工质时对系统的材料、润滑有特殊要求,且蒸发温度不能低于 0℃;空气一般适宜于工业低温领域。

(五)混合工质

由于纯工质种类较多,且各有优缺点,实际应用时也可将纯工质按一定比例组配成混合工质以获得综合性能优良的热泵工质,如热力循环效率高但可燃的工质与不可燃工质混合,可得到不可燃且效率也较好的混合工质。

在实际设计热泵装置时,热泵工质选用的基本原则如下。

(1)中低温热泵:可直接选用应用较广泛的制冷空调工质。

(2)中高温热泵:需要在较大的范围内优选或开发适用的工质。其中目前可选用的工质有R22、R134a、R152a、R600、R600a、R124、R227ea、R141b、R142b、R236fa、R123、R245ca、R245fa、R717、R744、R718及其所组成的混合工质,其中R22、R134a、R600a、R123、R717、R744等已有成套的专门为之设计的专用部件(压缩机、蒸发器、冷凝器、节流阀等)及材料(润滑油等);HCFCs工质则可方便地借用其他工质的设备和材料。

选用或设计适宜的热泵工质,需要对工质的特性具有较全面的了解。

二、热泵工质的要求

理想的热泵工质,从热力学、物理化学、生理学、经济性等几方面考虑,应满足如下一些要求。

(一)良好的热力学特性

(1)良好的热力循环特性。工质饱和气液状态下的比热容适宜,使工质在温(T)-熵(s)图上的饱和气线、饱和液线有合理的倾斜度,使膨胀或节流之前易于使循环工质饱和液过冷,以减少节流后湿蒸气的干度(要求饱和液线尽量陡,即饱和液比热容小),避免压缩前后工质蒸气的过热度偏大(可使饱和气线的倾斜度与压缩机的效率相适应),以免压缩机过热,导致循环工质与润滑油和其他物质起化学反应。

(2)工质的标准沸点(101.325 kPa下的饱和温度)和临界点适宜。标准沸点和临界点适宜时,可使热泵工作时蒸发温度所对应的饱和压力不过低,以略高于大气压力为宜,容易检漏,且防止机组出现泄漏时空气和水分进入系统,同时又具有合理的容积制热量值;工质的冷凝温度所对应的饱和压力不过高,以降低对设备耐压和密封的要求,允许用较轻的材料构造热交换器、压缩机、管道及其他部件等,减少机组重量,降低成本;同时可使压缩机的压缩比(冷凝压力与蒸发压力之比)低,容积效率高,能耗小。

(3)在工作温度(蒸发温度和冷凝温度)下相变潜热大,使单位工质循环有较大的制热能力,减少工质的循环量。

(4)工质的凝固点要低,以避免低温下凝固阻塞管路。

(5)比体积适宜。对活塞式压缩系统,比体积宜小,这样可使容积制热量大,利于减小压缩机的尺寸;对离心式压缩系统,比体积则宜大些。

(二)良好的传热和流动性能

工质应有较高的热导率、低的表面张力和高的相变换热系数,传热(包括短期和长期)效果好,以减少换热器的面积和尺寸。

工质应有较低的黏度,以减少在管路和部件中的流动阻力,减少流动中的压力损失。

(三)良好的物理化学性质

(1)化学稳定性和热稳定性好,保证在温度较高时(如在压缩机排气阀附近)不分解。

(2)工质与接触到的机组内金属和非金属材料不发生作用,对密封材料的溶解、膨胀作用小,保证长期可靠运行。

(3)有一定的吸水性。由工质、润滑油、泄漏、机组部件内壁吸附等原因带入机组内少量水分时,不致影响机组的运行和寿命。

(四)与润滑油有较好的互溶性

与润滑油不起化学反应,工质与润滑油互溶性好,可保证系统回油,使压缩机的摩擦面得到充分润滑,且避免在换热器底部沉积,影响传热。

(五)安全性好

(1)毒性和刺激性小(对人或其他动植物的健康无害,无刺激作用)。

(2)不可燃,不爆炸。

(3)泄漏时易被检测(使用过程中因泄漏所产生的危害程度取决于如下因素:工质相对于空间的泄漏量;用途;发生明火和电弧的概率;泄漏时工质的气味)。

(六)环境友好

(1)工质的臭氧层破坏潜能 ODP 值应较小。

(2)工质的温室效应潜能 GWP 值应较小。

(3)工质应为非 VOC 物质(不在地面附近产生光化学烟雾)。

(4)可在较短时间内在大气中降解,且降解物无毒无害。

(七)电气绝缘性好

由于封闭式(全封闭或半封闭式)压缩机的电动机绕组及电气元件浸泡在气态或液态工质中,要求工质不腐蚀这些材料,也要求工质本身的绝缘性好。

(八)经济性好

来源广,价格低,易获得。在为热泵确定循环工质时,宜综合考虑热力特性、物理化学特性、经济性、环保性和安全性等几个主要方面,再根据高温热汇与低温热源的特性,确定最佳的热泵循环工质。

三、工质的环境特性和安全特性

(一)工质的环境特性指标及数据

1. ODP(Ozone Depletion Potential)

臭氧耗损潜能值,表征工质造成臭氧损耗的潜在效应。工质 ODP 值的定义为单位质量工质引起的 O_3的耗损除以单位质量 R11 引起的臭氧损耗。

工质对臭氧层的破坏主要是由分子中的 Cl 原子或 Br 原子引起的,因此,完全由 C、F、Cl 组成的烷烃衍生物(CFCs 工质)ODP 值较大,HCFCs 工质的 ODP 不为 0,但相对较小,HFCs、HCs、天然工质的 ODP 值为 0。

2. GWP(Global Warming Potential)

全球变或温室效应潜能值。工质 GWP 值的定义是,以 CO_2 的 GWP 值为 1,其他工质导致全球变暖的能力与 CO_2 相比的倍数即为其 GWP 值。

CFCs 工质的 GWP 值通常较大,部分 HFCs 工质的 GWP 值也较大,HCFCs 工质的 GWP 值相对较小,HCs 及天然工质的 GWP 值最小。

3. POCP

光化学臭氧产生潜能值。该参数是衡量工质进入低海拔大气中发生氧化反应的能力,如果工质一进入大气即发生氧化反应而产生光化学烟雾,将导致地球表面的臭氧含量增加,严重污染地球表面环境,任何使低海拔高度氧增加倾向的化合物都被认为是空气的污染物,这类物质称为挥发性有机化合物 VOC(Volatile Organic Compounds)。POCP 是与乙烯比较而得的一个相对值(乙烯设定值为 POCP=100),碳氢化合物 HCs 属于这一类物质,都具有一定的 POCP 值,CFCs、HCFCs、HFCs 及天然工质的 POCP 值为 0。

4. *工质的环境特性数据*

纯工质及混合工质的大气寿命、ODP 值、GWP 值见表 9-2-1。其中 GWP 是基于 100

年的时间区间的值。

表 9－2－1　工质的环境特性数据和安全性分类

工质编号	分子结构简式或质量分数/(%)(对混合工质)	大气寿命/年	ODP	GWP	安全性分类(GB/T 7778—2001)(括号内为浓度允差)
氯氟烃类(CFCs)					
R11	CCl_3F	45	1.0	4 600	A1
R12	CCl_3F_2	100	0.82	10 600	A1
R13	$CClF_3$	640	1.0	14 000	A1
R113	$CCl_2F—CC1F_2$	85	0.9	6 000	A1
R114	$CClF_2—CClF_2$	300	0.85	9 800	A1
R115	$CC1F_2—CF_3$	1 700	0.4	7 200	A1
含氢氯氟烃类(HCFCs)					
R21	CCl_2F	2.0	0.01	210	B1
R22	$CClF_2$	11.9	0.034	1 700	A1
R123	$CCl—CF_3$	1.4	0.012	120	B1
R124	$CClF—CF_3$	6.1	0.026	620	A1
R141b	$CH_3—CCl_2F$	9.3	0.086	700	
R142b	$CH_3—CClF_2$	19	0.043	2 400	A2
氢氟烃类(HFCs)					
R23	CHF_3	260	0.0	1 200	A1
R32	CH_2F_2	5.0	0.0	550	A2
R125	$CHF_2—CF_3$	29	0.0	3 400	
R134	$CHF_2—CHF_2$	10.6	0.0	1 000	
R134a	$CH_2F—CF_3$	13.8	0.0	1 300	A1
R143	$CH_2F—CHF_2$	3.8	0.0	300	
R143a	$CH_3—CF_3$	52	0.0	4 300	A2
Rl52a	$CH_3—CHF_2$	1.4	0.0	120	A2
R227ea	$CF_3—CHF—CF_3$	33	0.0	3 500	
R236ea	$CHF_2—CHF—CF_3$	7.8	0.0	710	
R236fa	$CF_3—CH_2—CF_3$	220	0.0	9 400	
R245cb	$CH_3—CF_2—CF_3$	1.8	0.0		
R245ca	$CH_2F—CF_2—CHF_2$	6.6	0.0	560	
R245eb	$CH_2F—CHF—CF_3$	6	0.0	350	

续 表

工质编号	分子结构简式或质量分数/(%)(对混合工质)	大气寿命/年	ODP	GWP	安全性分类(GB/T 7778—2001)(括号内为浓度允差)
R245fa	$CHF_2—CH_2—CF_3$	7.2	0.0	950	
R254cb	$CH_3—CF_2—CHF_2$	1.6	0.0		
R365mfc	$CH_3—CF_2—CH_2—CF_3$	11	0.0	850	
R4 310meec	$CF_3—CHF—CHF—CF_2—CF_3$	17.1	0.0	1 300	
碳氢化合物类(HCs)					
R50	CH_4	12.0	0.0	23	A3
R170	$CH_3—CH_3$		0.0	约 20	A3
R290	$CH_3—CH_2—CH_3$	<1	0.0	3	A3
R600	$CH_3—CH_2—CH_2—CH_3$		0.0	约 20	A3
R600a	$CH(CH_3)_2CH_3$		0.0	约 20	A3
R601	$CH_3—CH_2—CH_2—CH_2—CH_3$	≤1	0.0	11	
R1 270	$CH_3—CH=CH_2$		0.0	约 20	A3
全氟代烷烃类(FCs)					
R14	CF_4	50 000	0.0	5 700	A1
R116	$CF_3—CF_3$	10 000	0.0	11 900	A1
R218	$CF_3-CF_2-CF_3$	2 600	0.0	8 600	A1
R1 216	$CF_2=CF-CF_3$	5.8	0.0	2	A1
RC318	$-CF_2-CF_2-CF_2-CF_2-$	3 200	0.0	10 000	
R51-14	$CF_3—CF_2-CF_2-CF_2-CF_2-CF_3$	3 200	0.0	7 400	
其他有机化合物类					
R12B1	$CBrClF_2$	11	5.1	1 300	
R13B1	$CBrF_3$	65	12.0	6 900	A1
R30	CH_2Cl_2	0.46	0.0	10	B2
R40	CH_3Cl	1.3	0.02	16	B2
R160	$CH_3—CH_2Cl$	<1	0.0		
R13I1	CF_3I	<0.1	0.0	1	
R7 146	SF_6	3 200	0.0	23 900	
E125	$CHF_2—O—CF_3$	150	0.0	14 900	
E134	$CHF_2—O—CHF_2$	26.2	0.0	6 100	

续 表

工质编号	分子结构简式或质量分数/(%)(对混合工质)	大气寿命/年	ODP	GWP	安全性分类(GB/T 7778—2001)(括号内为浓度允差)
E143a	$CH_3—O—CF_3$	4.4	0.0	750	
E170	$CH_3—O—CH_3$	0.015	0.0	1	
E236ea1	$CHF_2—O—CHF—CF_3$	4.2	0.0		
E245ca2	$CH_2F—CF_2—O—CHF_2$	3±10	0.0		
E245cb1	$CH_3—O—CF_2—CF_3$	4.7	0.0	160	
E245fa1	$CHF_2—O—CH_2—CF_3$	6.1	0.0	640	
E254cb1	$CH_3—O—CF_2—CHF_2$	0.49	0.0		
E347mcc3	$CH_3—O—CF_2—CF_2—CF_3$	6.4	0.0	485	
E347mmy1	$CF_3—CF—(OCH_3)—CF_3$	3.4	0.0	330	
无机化合物类					
R717	NH_3	<1	0.0	约 0	B2
R718	H_2O		0.0	<1	A1
R729	Air		0.0	0.0	A1
R744	CO_2	120	0.0	1	A1
共沸混合物类					
R500	R12/R152a(73.8/26.2)		0.605	7 900	A1
R501*	R22/R12(75/25)		0.231	3 900	A1
R502	R22/R115(48.8/51.2)		0.221	4 500	A1
R503	R23/R13(40.1/59.9)		0.599	130 004	
R504	R32/R115(48.2/51.8)		0.207	000	
R505	R12/R31(78/22)		0.642		
R506	R31/R114(55.1/44.9)		0.387		
R507A	R125/R143a(50/50)		0.0	3 900	A1
R508A	R23/R116(39/61)		0.0	12 000	A1
R508B	R23/R116(46/54)		0.0	12 000	A1/A1
R509A	R22/R218(44/56)		0.015	5 600	A1
非共沸混合物类					
R400	R22/R114(50/50)		0.835	10 000	A1/A1
R400	R22/R114(60/40)		0.832	10 000	A1/A1
R401A	R22/R152a/R124(53/13/34)		0.027	1 100	A1/A1[(±2/0.5)±(1.5/±1)]

续表

工质编号	分子结构简式或质量分数/(%)(对混合工质)	大气寿命/年	ODP	GWP	安全性分类(GB/T 7778—2001)(括号内为浓度允差)
R401B	R22/R152a/R124(61/11/28)		0.028	1 200	$A1/A1_{[(\pm2/0.5)\pm(1.5/\pm1)]}$
R401C	R22/R152a/R124(33/15/52)		0.025	900	$A1/A1_{[(\pm2/0.5)\pm(1.5/\pm1]}$
R402A	R125/R290/R22(60/2/38)		0.013	2 700	$A1/A1_{(\pm2/\pm1/\pm2)}$
R402B	R125/R290/R22(38/2/60)		0.020	2 300	$A1/A1_{(\pm2/\pm1/\pm2)}$
R403A	R290/R22/R218(5/75/20)		0.026	3 000	$A1/A1_{[(-0.2\pm2)/\pm2/\pm2]}$
R403B	R290/R22/R218(5/56/39)		0.019	4 300	$A1/A1_{[(-0.2\pm2)/\pm2/\pm2]}$
R404A	R125/R143a/R134a(44/52/4)		0.0	3 800	$A1/A1_{(\pm2/\pm1/\pm2)}$
R405A	R22/R152a/R142b/RC318(45/7/5.5/42.5)		0.018	5 200	$A1/A1_{(\pm2/\pm1/\pm1/\pm2)}$
R406A	R22/R600a/R142b(55/4/41)		0.036	1 900	$A1/A1_{(\pm2/\pm1/\pm1)}$
R407A	R32/R125/R134a(20/40/40)		0.0	2 000	$A1/A1_{(\pm1/\pm2/\pm1)}$
R407B	R32/R125/R134a(10/70/20)		0.0	2 700	$A1/A1_{(\pm1/\pm2/\pm1)}$
R407C	R32/R125/R134a(23/25/52)		0.0	1 700	$A1/A1_{(\pm1/\pm2/\pm1)}$
R407D	R32/R125/R134a(15/15/70)		0.0	1 500	$A1/A1_{(\pm1/\pm2/\pm1)}$
R407E	R32/R125/R134a(25/15/60)		0.0	1 400	$A1/A1_{(\pm1/\pm2/\pm1)}$
R408A	R125/R143a/R22(7/46/47)		0.016	3 000	$A1/A1_{(\pm2/\pm1/\pm2)}$
R409A	R22/R124/R142b(60/25/15)		0.039	1 500	$A1/A1_{(\pm2/\pm2/\pm1)}$
R409B	R22/R124/R142b(65/25/10)		0.033	1 500	$A1/A1_{(\pm2/\pm2/\pm1)}$
R410A	R32/R125(50/50)		0.0	2 000	$A1/A1_{[(0.5\pm1.5)/(1.5\pm0.5)]}$
R410B	R32/R125(45/55)		0.0	2 100	$A1/A1_{(\pm1/\pm1)}$
R411A	R1 270/R22/R152a(1.5/87.5/11)		0.030	1 500	$A1/A2_{[(0\pm1)/(2\pm0)/(0\pm1)]}$
R411B	R1 270/R22/R152a(3/94/3)		0.032	1 600	$A1/A2_{[(0\pm1)/(2\pm0)/(0\pm1)]}$
R412A	R22/R218/R142b(70/5/25)		0.035	2 200	$A1/A2_{(\pm2)/(\pm2)/(\pm1)}$
R413A	R218/R134a/R600a(9/88/3)		0.0	1 900	—
R414A	R22/R124/R600a/142b(51/28.5/4/16.5)		0.032	1 900	—
R414B	R22/R124/R600a/142b(50/39/1.5/9.5)		0.031	1 300	—
R415A	R22/R152a		0.026	1 350	—
R415B	R22/R152a		0.007	440	—
R416A	R134a/R124/R600(59/39.5/1.5)		0.010	1 000	—
R418A	R290/R22/R152a		0.032	1 600	—

(二)工质的毒性

1.常用的毒性安全性技术术语

(1)毒性。在急剧或长期接触、吸入或摄取的情况下，工质对人体健康有毒害或致命的能力。人在短时间内能够耐受工质浓度的极限，称为毒性急性作用或急性毒性；在较长持续时间内能够耐受的工质浓度的极限，称为毒性长期慢性作用或慢性毒性。

(2)对生命或健康有危险的极限(IDLH，Immediately Dangerous to Life and Health)。人们可在 30min 内脱离的最高浓度，此时不会产生伤害症状或对健康有不可恢复的影响。

(3)50%测试动物致死浓度(LC_{50}，Lethal Concentration for 50% of Tested Animals)。通常用老鼠做实验，在此种环境中持续 4h，有 50%死亡时的浓度，也有用 1h 的 LC_{50}，大约为 4h LC_{50}的 2 倍。

(4)允许暴露极限(PEL，Permissible Exposure Limit)。工质生产厂家建议在给定时间内人可耐受而无有害影响的浓度，称为允许暴露极限，这些极限值是百万分之几，表示可安全耐受工质浓度的最大值。

(5)安全阀值(TLVs，Threshold Limit Values)。物质的毒性大小，还可以用安全阀值来描述，表示各种工作人员可日复一日地暴露在这种条件下而无任何对健康不利的影响，对挥发性物质，如工质，其安全阀值以容器中每百万分之几的工质容积浓度表示。

(6)安全阀值-时间加权平均值(TLV - TWA，Threshold Limit Value - Time Weighted Average)。它是按在一周 40h 工作制的任何 8h 工作日内，工质 TLV 值的时间加权平均浓度。暴露在这种浓度下的所有工作人员的健康都不会受到影响。

(7)额定成分或名义成分(Nominal Formulation)。含气相和液相的工质的主体成分。当容器中充灌多于或等于 80%液相工质时，该液相成分可作为工质的额定成分。

(8)分馏(Fractionation)。混合工质由于易挥发组分优先蒸发，或不易挥发组分优先凝结引起的成分变化。

上述指标中，急性毒性指标包括 IDLH、LC_{50}等，慢性毒性包括 PEL、TLVs 和 TLV - TWA 等指标。目前在安全等级分类等方面使用较多的是 TLV - TWA，该值越大，表示毒性越小。

2.工质的毒性数据

一般来说，工质分子中含氯原子越多，则工质的毒性越大；分子中仅含 C、H、F 等元素时(如 HFC、HC 类工质)，工质的毒性通常很小。常用纯工质的毒性和可燃性数据见表9 - 2 - 2。

(三)工质的可燃性和阻燃性

可燃工质一般具有较好的循环性能，但其可燃性又会带来一定的安全隐患，一定程度上妨碍了其应用。掌握工质的可燃性数据及其基本规律，对拓展可燃工质的应用范围，保证其应用安全性，优选阻燃工质，配制不可燃混合工质均具有一定的指导意义。

表 9-2-2　常用纯工质的毒性和可燃性数据

工质	LC_{50} / 10^{-6}	IDLH / 10^{-6}	PEL / 10^{-6}	TLV-TWA / 10^{-6}	LFL[①]（体积分数）/ %	UFL[②]（体积分数）/ %	HOC[③] / $MJ \cdot kg^{-1}$
R11				1 000	无	无	0.9
R12				1 000	无	无	−0.8
R22				1 000	无	无	2.2
R32	26 200		1 000	1 000	12.7	33.4	9.4
R50	>800 000		1 000		5.1	15.0	
R123	220 000		1 000	50	无	无	2.1
R124	>760 000	5 000	1 000	1 000	无	无	0.9
R125		50 000		1 000	无	无	−1.5
R134a	32 000	50 000	10～30	1 000	无	无	4.2
R140a	262 500		1 000		7.4		
R141b	>800 000		1 000	500	5.6	17.7	8.6
R142b	567 000	4 000	1 000	1 000	6.0	18.0	9.8
R143					5.8		
R143a	61 647		500	1 000	7.0	16.1	10.3
R152	128 000	50 000	1 000		3.6		
R152a				1 000	4.2	17.1	17.4
R161					3.0		
R170					3.2	15.5	
R227ea	383 000		1 000	1 000	无	无	3.3
RC318				1 000	无	无	
R290				2 500	2.1	9.5	50.3
R600					1.5	8.5	
R600a	>800 000			800	1.7	8.5	49.4
正戊烷	>800 000	20 000	1 000		1.3	7.8	
二甲醚					3.3	26	
R410A	570 000		600	1 000	无	无	−4.4
R407C				1 000	无	无	−4.9
R502				1 000	无	无	
R717				25	14.8	28	22.5

注：①最低可燃极限。

②最高可燃极限。

③燃烧热。

1. 纯工质的可燃性或阻燃性的分析

一般而言，可燃性主要与分子中的含氢量有关。含氢原子数越多，则可燃性越强，不含氢时一般不可燃。如 R32、R152a、R143a 微燃，R50、R170 等则有强的可燃性。

定义如下参数作为工质的可燃性参数，有

$$POF = 4N_C + N_H - 3N_F - 3N_{Cl} - 12N_{Br} - 36nN_I \qquad (9-35)$$

式中，N_C、N_H、N_F、N_{Cl}、N_{Br}、N_I分别为工质分子中碳、氢、氟、氯、溴、碘原子数。POF 为正时，工质可燃；POF 为负时，工质不可燃，且有阻燃能力，可用于与可燃工质配制不可燃混合工质；POF 为零时，工质有微弱可燃性或在特定条件下可燃。该式对常用工质均可给出正确的判断结果。

2. 纯工质最低可燃极限的估算

对可燃纯工质分析表明，当可燃工质与空气按完全燃烧反应的计量比混合时，可燃工质浓度近似为该工质的最低可燃极限浓度。故纯工质在空气中的最低可燃极限 LFL 可由下式估算，有

$$LFL=45/(N_C+N_H-N_F-2N_{Cl}-8N_I) \tag{9-36}$$

该式的平均偏差为 0.55%（体积分数）。

部分纯工质的可燃性数据见表 9-2-1。

3. 混合工质可燃性的判断及可燃数据的估算

对式(9-35)中定义的可燃性参数，当参数为正时，表示工质有可燃能力，可称为可燃工质的可燃力；当该参数为负时，表示工质有阻燃能力，可称为阻燃工质的阻燃力。

由可燃工质和阻燃工质组成的混合工质，其可燃性可由下式判断，有

$$POF_m=\sum_j y_j POF_j \tag{9-37}$$

式中，y_j 为物质的量浓度。当 $POF_m \leqslant 0$ 时，混合工质不可燃。令该式为 0，即可得出混合工质的临界可燃比 CFR(Critical Flammability Ratio)。该式可用于指导阻燃工质的优选和初步确定阻燃工质浓度。

(四)工质的安全性分类

热泵工质的安全性指健康和安全两方面，毒性和可燃性是两个主要指标。

中华人民共和国国家质量技术监督局于 2001 年发布的国家标准 GB/T 7778—2001《制冷剂编号方法和安全性分类》中，工质的安全性分类由字母和数字构成(A1、B1、A2、B2、A3、B3)，大写字母表示毒性分类，阿拉伯数字表示燃烧性危险程度分类。其示意如图 9-2-1 所示。

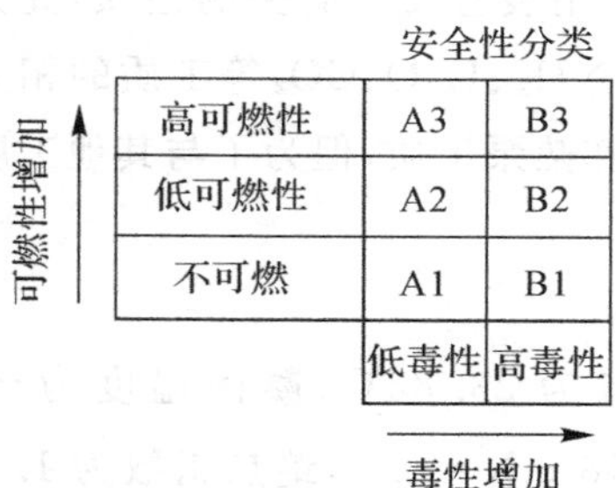

图 9-2-1　工质的安全性分类

1. 毒性危害分类

根据允许曝露量，工质毒性危害分为 A、B 两类。

等级A:根据已确定的安全阀值-时间加权平均值(TLV-TWA)或一定的系数,工质体积浓度大于或等于0.04%时,没有毒性危害,则分在A类,为低毒性。

等级B:根据已确定的安全阀值-时间加权平均值(TLV-TWA)或一定的系数,工质体积浓度小于0.04%时,有毒性危害者,则分在B类,为高毒性。

2.燃烧性危险程度分类

按工质燃烧性危险程度,工质分为1、2、3三类(对卤代烃工质,测试按规定条件进行)。分类方法如下。

等级1:工质在气压为101 kPa和温度为18℃的空气中试验时,无火焰蔓延(传播),即不可燃。

等级2:工质在气压为101 kPa、温度为21℃、相对湿度为50%的条件下,工质最低可燃极限(LFL)高于0.1 kg/m^3,且燃烧产生热量低于19 000 kJ/kg,则有燃烧性。

等级3:工质在气压为101 kPa、温度为21℃、相对湿度为50%的条件下,工质最低可燃极限(LFL)低于或等于0.1 kg/m^3,且燃烧产生热量大于19 000 kJ/kg,有很强的燃烧性,即有爆炸性。

混合工质安全性分类:对混合工质,其成分在相变时会发生变化(浓度滑移),其燃烧性和毒性也可能变化。故其应有两个安全性分组类型,两个类型用一个斜杠(/)分开。每个类型都是根据相同的分类原则按单组分工质进行。第一个类型是混合工质在规定组分浓度进行分类,第二个类型是混合工质在最大浓度滑移的组分浓度下进行分类。

对燃烧性的“最大浓度滑移”是指在该百分比组成下,气相或液相的燃烧性组分浓度最高。对毒性的“最大浓度滑移”是指在该百分比组成下,在气相或液相的TLV-TWA体积浓度小于0.04%的组分浓度最高。一种混合工质的TLV-TWA应该由各组分的TLV-TWA按组分浓度百分比进行计算。

常用工质的安全性分类见表9-2-1。

四、典型工质的应用特性

工质的应用特性是指对其应用装置设计有关的性质,此处给出了R11、R12、R22、R123、R134a,R227ea,R236fa、R245fa、NH_3、H_2O、CO_2等工质的相关应用特性数据(R11、R12为环境危害性较大的工质,不宜再用作热泵工质,但为了与其他工质相对比,此处也一并列出)。

(一)R11工质

1.简况

化学式为CCl_3F,标准沸点为23.82℃,凝固温度为-111.0℃,25℃时的折射率为1.374nD,25℃时的表面张力为18 $mN \cdot m^{-1}$,绝热指数为1.13,450℃时开始分解,沸点时液体比热容为0.871 kJ/(kg·K)。R11机组的润滑油可采用矿物油,工质与油无限互溶。

2.电气性能

R11的电气性能见表9-2-3。

表 9-2-3　R11 的电气性能

项目	电容率	绝缘电阻(1 cm,60 Hz)/MΩ	击穿电压(1 cm)/kV
液相	1.930	6.36	111
气相	1.010	7.45	108(压力 98 kPa,温度 0℃)
项目	介电常数	相对击穿或绝缘强度(N_2=1)	
液相	2.5(25℃)		
气相	1.009(室温,饱和) 1.001 9(26℃,0.05 MPa)	3.5(40℃,0.08～0.12 MPa) 3.1(23℃,0.101 3 MPa)	

3. 水在 R11 液体中的溶解度

水在 R11 液体中的溶解度见表 9-2-4。

表 9-2-4　水在 R11 液体中的溶解度数据

温度/℃	−70	−65	−60	−55	−50	−45	−40	−35	−30	−25	−20	−15
溶解度/[mg(水)/kg(工质)]	0.4	0.7	0.9	1.3	2	3	4	6	8	10	14	18
温度/℃	−10	−5	0	5	10	15	20	25	30	35	40	
溶解度/[mg(水)/kg(工质)]	22	28	36	45	55	69	86	106	129	155	179	

此外,25℃时,工质在水中的溶解度为 1 100×10^{-6} kg(工质)/kg(水)。

R11 一般用 XH-5 或 XH-6 分子筛作干燥剂。

4. 工质与材料的相容性

R11 对金属材料的影响见表 9-2-5,对塑料材料和弹性材料的影响见表 9-2-6。

表 9-2-5　R11 对金属材料的影响

工质	油	卤化物质量分数/(%)			影响程度			
		Cl	Br	F	液体	Fe	Cu	Al
R11	矿物油	1.7	≤0.002	0.42	3	1	3	1

注:1. 试验条件:无水分,255SUS 矿物油,424.26K,2.95 天。

2. 影响程度:1—液体/试样有很小变化;3—液体棕色,铜片有轻微棕色沉积物。

表 9-2-6　R11 对塑料材料及弹性材料的影响

材料	23℃	70℃
塑料材料		
聚苯乙烯(PS)	溶解	溶解
聚乙烯(PE)	10/2	12/1

续表

材料	23℃	70℃
尼龙66(PA-66)	0/0	0/0
弹性材料		
丁腈橡胶(NBR)	29/9	28/8

注：试验为7天；表中的数字是质量变化率(%)/长度变化率(%)。

(二)R12工质

1. 简况

化学式为CCl_2F_2(二氯二氟甲烷)，标准沸点为－29.79℃，凝固温度为－158.0℃。25℃时的折射率为1.287nD，表面张力为8.9 mN/m，绝热指数为1.138(20℃，0.101 325 MPa时)；液体热导率为0.071W/(m·K)，气体热导率(0.1 MPa)为0.009 6 W/(m·K)，液体黏度为0.22 mPa·s，气体黏度(0.1 MPa)为0.012 5 mPa·s，液体比热容为1.0 kJ/(kg·K)，气体比热容(0.1 MPa)为0.874 kJ/(kg·K)，标准沸点时液体比热容为0.854 kJ/(kg·K)。R12在石英管中500℃仍不分解，在低于200℃时不与金属反应，但与熔融钠、钾等接触会剧烈反应。R12机组的润滑油可采用矿物油，R12与矿物油(包括环烷矿物油与链烷矿物油)及烷基苯合成油均互溶。

2. 电气性能

R12的电气性能见表9-2-7。

表9-2-7　R12的电气性能

项目	电容率	绝缘电阻(1 cm，60 Hz)/MΩ	击穿电压(1 cm)/kV
液相	1.780	5.02	148
气相	1.014	7.19	148(压力98 kPa，温度0℃)
项目	介电常数	相对击穿或绝缘强度(N_2=1)	
液相	2.1(25℃A)		
气相	1.012(室温，饱和) 1.001 6(29℃，0.05 MPa)	2.4(22.8℃，0.101 3 MPa)	

3. 水在R12液体中的溶解度

水在R12液体中的溶解度见表9-2-8。

表9-2-8　水在R12液体中的溶解度

温度/℃	－70	－65	－60	－55	－50	－45	－40	－35	－30	－25	－20	－15
溶解度/[mg(水)/kg(工质)]	0.1	0.2	0.3	0.5	0.8	1.2	1.7	2.4	3.5	5.1	7.1	10.1
温度/℃	－10	－5	0	5	10	15	20	25	30	35	40	
溶解度/[mg(水)/kg(工质)]	13.9	18.7	25	33	44	57	74	91	116	144	180	

此外，25℃（0.1 MPa）时，工质在水中的溶解度为 2.80×10^{-4} kg（工质）/kg（水）。R12 一般用 XH－5 分子筛作干燥剂。

4. 工质与材料的相容性

R12 对金属材料的影响见表 9－2－9。

表 9－2－9　R12 对金属材料的影响

工质	油	卤化物质量分数/（%）	影响程度			
			液体	Fe	Cu	Al
R12	矿物油	＜0.2	4	3	2	2

注：1. 试验条件：151.09℃，11.8 天。

2. 影响程度：2—很轻微变化，铜片黑色生锈，中度腐蚀；3—轻微，不可接受，铁有棕色沉积物；4—中度不可接受变化。

R12 对塑料材料的影响见表 9－2－10。

表 9－2－10　R12 对塑料材料的影响

塑料材料	23℃	70℃
聚乙烯（PE）	5/2	6/4
尼龙 66（PA－66）	0/0	－2/－1

注：试验为 7 天；表中的数字是质量变化率（%）/长度变化率（%）。

R12 对弹性材料的影响（R12 与 HNBR、EPDM 等均相容）见表 9－2－11。

表 9－2－11　R12 对弹性材料的影响

弹性材料	25℃	80℃	141℃
Adiprene L	1	5	—
丁腈橡胶（Buna N）	1*	0*	2*
丁苯橡胶（Buna S）	3	4	—
异丁橡胶（Butyl Rubber）	2	4	—
氯磺化聚乙烯（Hypalon 48）	1	0	0
Nordel 弹性材料（人造橡胶）	2*	2*	
合成橡胶（Viton A）	5	5	
天然橡胶	4	5	
氯丁（二烯）橡胶（Neorene W）	0*	1*	—
硅酮（Silicone）	5	5	—
乙硫橡胶（Thiokol FA）	1	1	

注：1. *—建议更换的材料。

2. 影响程度：0—无变化；1—可接受的变化；2—临界变化；3—稍不可接受的变化；4—相当不可接受的变化；5—极不可接受的变化。

(三)R22 工质

1. 简况

蒸气压缩式热泵的冷凝温度低于 50℃时,R22 是目前综合性能较优的适宜工质,工质及相应的润滑油价格均较低,配套部件和材料较全,且成熟可靠。其化学式为 $CHClF_2$(一氯二氟甲烷),标准沸点为−40.80℃,凝固温度为−163.0℃。R22 为 HCFC 类物质,稳定性相对低,在 290℃即开始分解。分子中的氯原子少对水解的稳定性好,但在一定温度和有金属存在时,水解量会有所增加。

2. 与润滑油的相容性

R22 机组可采用矿物油,与润滑油的相溶性为部分互溶,属微溶范围,且溶解时降低润滑油的黏度。温度越低,溶解度越小,故在压缩机曲轴箱和冷凝器内工质与润滑油相互溶解,在蒸发器内当温度降到某一程度时,润滑油可与 R22 分层,油在工质上面,影响工质的蒸发,且阻碍油被吸回压缩机。该现象对石蜡族润滑油尤其严重,故 R22 常用环烃族润滑油。近年封闭机组中也采用聚硅酸丁腈类合成机油,它与 R22 在−80℃以上完全互溶,故在蒸发器里不形成工质与油的分层,系统可不设分油器。

此外,R22 混入冷冻油后,其电气绝缘性能要发生变化,具体见表 9-2-12。

表 9-2-12　R22 与润滑油混合后绝缘性能的变化

R22 质量/%	冷冻机油质量/%	绝缘电阻(1 cm,1 000 Hz)/MΩ	R22 质量/%	冷冻机油质量/%	绝缘电阻(1 cm,1 000 Hz)/MΩ
0	100	2×10^8	95.8	4.2	50
75.3	24.7	120	99.8	0.2	80
84.8	15.2	10～50	100	0	5 200

3. 电气性能 R22 的电气性能

电气性能 R22 的电气性能见表 9-2-13。

表 9-2-13　R22 的电气性能

项目	电容率	绝缘电阻(1 cm,60 Hz)/MΩ	击穿电压(1 cm)/kV
液相	6.120	8.32	120
气相	1.003	2.06	175(压力 98 kPa,温度 0℃)
项目	介电常数	相对击穿或绝缘强度(n_2=1)	
液相	2.1(25℃)		
气相	1.003 5(25.6℃,0.050 7 MPa)	1.3(22.8℃,0.101 3 MPa)	

4. 水在 R22 液体中的溶解度

水在 R22 液体中的溶解度见表 9-2-14。

表 9－2－14　水在 R22 液体中的溶解度

温度/℃	−70	−65	−60	−55	−50	−45	−40	−35	−30	−25	−20	−15
溶解度/[mg(水)/kg(工质)]	23	32	42	56	73	94	120	149	186	229	282	346
温度/℃	−10	−5	0	5	10	15	20	25	30	35	40	
溶解度/[mg(水)/kg(工质)]	419	505	596	703	830	960	1 110	1 290	1 490	1 690	1 890	

5. 工质与材料的相容性

R22 对金属材料和高分子材料的影响见表 9－2－15 和表 9－2－16。

表 9－2－15　R22 对金属材料的影响

工质	金属腐蚀度/[mg·(dm^2·d)$^{-1}$]		
	SS－400	Cu	Al
R22	<5	<5	<5

表 9－2－16　R22 对高分子材料的影响

工质/油	NBR	HNBR	EPDM	CR	PTFE	尼龙 66
R22/矿物油	24/23	24/28	59/70	24/42	3/3	2/1

注：表中的数字是质量变化率(%)/体积变化率(%)。

(四)R123 工质

1. 简况

当蒸气压缩式热泵的冷凝温度大于 100℃时，R123 是目前综合性能较优的可选工质，该工质也是制冷领域用于替代 R11 的低环害工质，其应用中主要的注意点是该工质有轻微的毒性。R123 机组可采用矿物油。

2. R123 的应用环境

R123 的允许暴露极限(AEL)为(10～30)×10^{-6}，一般情况下机房中 R123 的浓度应低于 1×10^{-6}，防止密度较大的工质在低处蓄积。毒性(TLV 8 h)为 50 ppm(1 ppm＝1 μg/g，下同)，TLV－TWA 为 50×10^{-6}。由于 R123 的 TLV－TWA 远低于 R11 等的 1 000×10^{-6}，其毒性不能忽视，应在 R123 的机房内设置工质浓度传感器和报警装置，加设能排出泄漏工质的通风系统，排空管路应引至建筑物外，远离进风口和有人员活动的地方。

3. 电气性能

R123 的电气性能见表 9－2－17。

表 9－2－17　R123 的电气性能

项目	介电常数	相对击穿或绝缘强度(n_2＝1)	
液相	4.686(25℃，1.5 MPa)		
气相		1.5～3.3(40℃，0.08～0.12 MPa)	

4. 与水的溶解度

25℃时水在 R123 液体中的溶解度为 662 ppm[mg(水)/kg(工质)],R123 在水中的溶解度为 2 100 ppm[mg(工质)/kg(水)]。水在工质中的溶解度较大,说明其吸湿性强,宜选择较高规格的分子筛,实用中可采用 XH－6 分子筛作干燥剂。

5. R123 与材料的相容性

R123 对金属材料的影响见表 9－2－18。

表 9－2－18　R123 对金属材料的影响

工质	油	卤化物质量分数/(%)			影响程度			
		Cl	Br	F	液体	Fe	Cu	Al
R123	矿物油	0.08	≤0.002	0.003	0	1	2	0

注:1. 试验条件:无水分,255SUS 矿物油,424.26K,2.95 天。

2. 影响程度:0—无变化;1—液体/试样有很小变化;2—液体轻棕色,试样轻微生锈。

R123 对塑料材料的影响见表 9－2－19。

表 9－2－19　R123 对塑料材料的影响

塑料材料	23℃	70℃	塑料材料	23℃	70℃
聚丙烯(PP)	10/0	12/2	尼龙 66(PA－66)	0/0	0/0
聚苯乙烯(PS)	溶解	溶解	尼龙 11(PA－11)	2/0	20/0
聚乙烯(PE)	5/1	8/1	尼龙 12(PA－12)	2/0	20/6
聚氯乙烯(PVC)	0/0	30/8	氯化聚乙烯(PE－C)	28/9	20/8
尼龙 6(PA－6)	0/0	2/0			

注:试验为 7 天;表中的数字是质量变化率(%)/长度变化率(%)。

R123 对弹性材料的影响见表 9－2－20。

表 9－2－20　R123 对弹性材料的影响

弹性材料	23℃	70℃	弹性材料	23℃	70℃
氯磺化聚乙烯(CSM)	20/5	15/4	碳氯橡胶	40/12	49/13
丁腈橡胶(NBR)	45/10	89/18	三元乙丙橡胶(EPDM)	30/5	35/6
丁基橡胶(BR)	34/16	45/19	氯丁橡胶(CR)	20/0	20/0

注:试验为 7 天;表中的数字是质量变化率(%)/长度变化率(%)。

(五)R134a 工质

1. 简况

当蒸气压缩式热泵的冷凝温度低于 70℃时,R134a 是较适宜的工质。

2. 热稳定性

在常温下为稳定的化学物质。R134a 的自燃温度为 770℃,且在高温下(如有明火或在炽热的金属表面)会发生分解,燃烧或分解产物有一定的毒性或刺激性,生成 HF 和碳氟氧化物,如剧毒的碳酰氟($F_2C{=}O$)。因此在使用和处理 R134a 时,应避免接触明火和发热的电热元件。

3. 化学稳定性

由于 R134a 中存在氢原子，化学稳定性降低，主要表现在其水解反应上。如在升温、紫外线照射或有其他试剂存在下，R134a 与水发生如下反应。

$$CF_3—CH_2F + H^+—OH^- \longrightarrow CF_3—CH_2 + HF$$

4. 水分的影响

R134a 用作热泵工质时，水的存在不仅能使 R134a 水解，还能使机组中的酯类润滑油产生水解，生成酸性物质，对设备造成腐蚀，影响机组的寿命和安全性。因此，应严格控制 R134a 及其润滑油中的含水量，使系统内的总含水量在安全值以下。

5. 可燃性

在通常条件下(常温和大气压下)不可燃，但在特定条件下具有可燃性，该性质在 R134a 的生产和使用中需特别注意。R134a 与普通空气的混合物或 R134a 与富氧空气的混合物能否燃烧取决于三个因素：温度、压力和混合物中的氧含量。例如，R134a 在常压下自燃温度为 770℃，但当与空气的混合物压力为 1 393 kPa 和温度为 177℃，空气浓度大于 60%时，具有可燃性。温度越低，燃烧要求的压力就越高。在环境温度下，压力低于 205 kPa 绝对压力时，R134a 与空气的任意比例混合均不可燃。将液态 R134a 泵入初始空气压力小于 100 kPa 的密闭容器中，最终压力不超过 2 170 kPa 时，空气与 R134a 的混合物是不可燃的；但当初始空气压力大于 100 kPa 时，混合物则是可燃的，因此，R134a 在压力下或高温下不允许与空气混合或与富氧空气共存，如对储存 R134a 的容器、应用 R134a 为工质的设备检漏时，不允许使用压缩空气。

6. R134a 与润滑油的互溶性

为保证机组运行，工质应与润滑油有良好的互溶性。但 R134a 与传统的环烷矿物油、链烷矿物油及烷基苯合成油的互溶性均较差，与 R134a 匹配性良好的润滑油有聚烯属烃乙二醇合成油(如聚亚烷基二醇 PAG—Polyalkylene Glycols)，聚酯合成油(如多元醇酯 POE—Polyol Esters)等合成润滑油。两种油与 R134a 均互溶，但吸水性较强(PAG 油更强，但也有更好的低温润滑性)。R134a 在润滑油中的溶解度情况见表 9－2－21(温度范围－50～93℃)。

表 9－2－21　R134a 与润滑油的互溶性

润滑油类型	混合物中 R134a 的质量分数		
	30%	60%	90%
500SUS Naphthenic 环烷烃类	两相	两相	两相
500SUS Paraffinic 脂肪烃类	两相	两相	两相
125SUS Dialkylbenzene 二烷基苯类	两相	两相	两相
300SUS Alkylbenzene 烷基苯类	两相	两相	两相
165SUS PAG	均相(－50～>93℃)	均相(－50～>93℃)	均相(－50～73℃)
525SUS PAG	均相(－50～>93℃)	均相(－40～35℃)	均相(－23～－7℃)
100SUS POE	均相(－40～>93℃)	均相(－35～>93℃)	均相(－35～>93℃)
150SUS POE	均相(－50～>93℃)	均相(－50～>93℃)	均相(－50～>93℃)
300SUS POE	均相(－50～>93℃)	均相(－50～>93℃)	均相(－50～>93℃)
500SUS POE	均相(－40～>93℃)	均相(－35～>93℃)	均相(－35～>93℃)

7. 电气性质

气相介电常数为1.099(25℃,0.05 MPa),相对击穿或绝缘强度($n_2=1$)为0.8~1.1。

8. 与水的互溶性

水在液态工质中以及工质在水中均有一定的溶解度。不同温度下水在R134a中的溶解度见表9-2-22。

此外,25℃(0.101 325 MPa)时,工质在水中的溶解度为1.5×10^{-3} kg(工质)/kg(水)。

表9-2-22 水在R134a中的溶解度

温度/℃	−45	−18	10	25	38	65	93
水在R134a中的溶解度/[10^{-6}kg(水)·kg^{-1}(工质)]	160	360	800	1 100	1 540	2 420	3 630

R134a可采用XH-7或XH-9分子筛作干燥剂,分子筛用量应比同制热量的R12机组加大约15%。

9. R134a与润滑油及金属的相容性

在蒸气压缩式热泵中,R134a长期与金属零部件、多元醇酯类(POE)或聚亚烷基二醇类(PAG)润滑油接触,三者的相容性数据见表9-2-23。

表9-2-23 R134a与润滑油及金属的相容性

润滑油	UCON RO-W-6602(PAG油)	Mobil EAL Arctic32(POE油)	Castrol Icematic SW 100(POE油)
黏度(40℃)/($10^{-6}m^2\cdot s^{-1}$)	134	29.4	108.8
稳定性			
纯润滑油	很好	很好	很好
润滑油/R134a	很好	很好	很好
铜	很好	很好	很好
铁	很好	很好	很好
铝	很好	很好	很好
黏度变化			
纯润滑油的变化/(%)	<1	−3.1	4.3
润滑油/R134a的变化/(%)	−12.7	−36.2	−27.1
分解分析			
R143a/ppm	<7	<3	<0.3
F^-/ppm	<0.7	—	<7

表中数据表明,R134a和润滑油对金属,如铜、铁、铝等均有较好的稳定性。较高温度下R134a、润滑油与金属材料的相容性见表9-2-24。

表 9-2-24　高温下 R134a 与润滑油及金属的相容性

工质	油	卤化物质量分数/(%)	影响程度			
			液体	Fe	Cu	Al
R134a	PAG	4.23	无变化	无变化	无变化	无变化

注：试验条件：151.09℃，11.8 天。

10. 与高分子材料的相容性

蒸气压缩式热泵中的许多零部件、密封件、连接软管材料为塑料或橡胶，R134a 与它们的相容性直接影响到设备的运行稳定性和寿命。

与 R134a 相容性较好的有 ABS、聚甲醛树脂、环氧树脂、聚四氟乙烯、ETFE、聚偏氟乙烯、尼龙 66、聚芳烃、聚碳酸酯、高密度聚乙烯、PBT(聚酯类)、PET(聚酯类)、聚酰亚胺醚、聚乙烯、聚环氧乙烷、聚丙烯、聚砜、聚苯乙烯以及 HNBR、EPDM 等。不相容的塑料有丙烯酸树脂、赛璐珞。具体数据见表 9-2-25 和表 9-2-26。

表 9-2-25　R134a 对橡胶或弹性体的影响

弹性体种类	25℃	80℃	141℃
Adiprene L	2	5	—
丁腈橡胶(Buna N)	1	0*	1
丁苯橡胶(Buna S)	3	2	—
异丁橡胶(Butyl Rubber)	0	3	—
氯磺化聚乙烯(Hypalon 48)	1*	0	0
天然橡胶	0	2	—
氯丁(二烯)橡胶(Neorene W)	0	2	—
Nordel 弹性材料(人造橡胶)	1	1	—
硅酮(Silicone)	2	2	—
乙硫橡胶(Thiokol FA)	1*	0	—
合成橡胶(Viton A)	5	5	—

注：1. *—建议更换的材料。

2. 影响程度：0—不变化；1—可接受的变化；2—临界变化；3—轻微不可接受的变化；5—严重不可接受的变化。

表 9-2-26　R134a 对塑料材料的影响

塑料材料	23℃	70℃	塑料材料	23℃	70℃
聚丙烯(PP)	0/0	2/1	尼龙 66(PA-66)	−1/0	3/1
聚苯乙烯(PS)	1/0	8/−6	尼龙 11(PA-11)	0/0	4/0
聚乙烯(PE)	1/1	2/0	尼龙 12(PA-12)	0/0	4/2
聚氯乙烯(PVC)	0/0	1/0	氯化聚乙烯(PE-C)	0/1	1/1
尼龙 6(PA-6)	0/0	3/0			

注：试验为 7 天；表中的数字是质量变化率(%)/长度变化率(%)。

(六)R227ea 工质

当蒸气压缩式热泵的冷凝温度低于 90℃时，R227ea 为可选的工质。

R227ea 的表面张力低，阻燃能力强，是作为一种新型灭火剂被商品化，但也可用作中高温热泵工质，或作为阻燃工质与可燃工质组成不可燃且综合性质良好的混合工质。

水在 R227ea 中的溶解度(25℃)为 0.06%(质量分数)，R227ea 在水中的溶解度(20℃)为 0.058%(质量分数)。

R227ea 的相对介电常数(25℃，101.3 kPa，$n_2=1$)为 2.00。

R227ea 与聚亚烷基二醇(PAG)、多元醇(POE)润滑油互溶性良好。

R227ea 化学稳定性：R227ea 不燃、不爆，在常温常压下稳定，但高温下分解出氟化氢和碳酰氟，与碱金属、活泼金属粉末、强还原剂不相容，与强氧化剂接触时可能发生燃烧或爆炸，不发生聚合反应。

R227ea 与金属材料的相容性：通常情况下，不与钢、生铁、黄铜、紫铜、锡、铅、铝等金属反应，当温度高于 175℃和特定条件下(如有湿气或其他污染物存在时)，某些金属可对 R227ea 的分解起催化作用。R227ea 与碱、碱土金属会发生激烈反应，在较高的温度下可与镁、铝粉末发生反应。

R227ea 与弹性体的相容性：室温下，R227ea 与丁基橡胶、Nordel 三元乙丙橡胶、氯丁橡胶、丁腈橡胶、氯磺化聚乙烯、表氯醇均聚物、FA 聚硫橡胶、HytrelTPE 有良好的相容性，不发生明显的线膨胀、增重和硬度变化。R227ea 与氟橡胶(Viton A)不相容。

R227ea 与塑料的相容性：R227ea 与高密度聚乙烯、聚苯乙烯、聚丙烯、ABS、聚碳酸酯、尼龙作用时，不发生明显的增重、外观变化，但 R227ea 使聚四氟乙烯增重明显(5.23%)，使聚甲基丙烯酸甲酯发生部分溶解、变形、结构崩溃。

(七)R236fa 工质

当蒸气压缩式热泵的冷凝温度为 100℃左右时，R236fa 是可选工质。

R236fa 也是作为一种新型灭火剂被商品化，但可用作高温热泵工质，也可作为阻燃工质与可燃工质组成不可燃的混合工质。

R236far 相对介电常数(25℃，1 013 kPa，$n_2=1$)为 1.016 6。

R236fa 的化学稳定性：常温常压下，R236fa 性质稳定，不燃、不爆、不聚合，但与明火、高温炽热物体表面接触时会发生分解，产生剧毒的碳酰氟和强腐蚀性的 HF。R236fa 与碱金属不相容，与强氧化剂接触会发生燃烧、爆炸。

R236fa 的润滑油：多元醇酯类润滑油(POE)与 R236fa 互溶性较好；低黏度的聚烷基二醇润滑油(PAG)与 R236fa 有很好的互溶性，但当 PAG 黏度升高后，其溶解性变差；环烷烃、脂肪烃、烷基苯类润滑油与 R236fa 的互溶性很差。

R236fa 的干燥剂：在疏松装填干燥器中，分子筛 UOP XH－7、XH－9、GraceMS592、MS594 等干燥剂与 R236fa 相容性较好，UOPAA－XH－5 与 R236fa 不相容；在紧密装填干燥器中，UOPXH－6 干燥剂与 R236fa 有较好的相容性。

R236fa 与金属材料的相容性：R236fa 与铜、铝、铁等金属有良好的相容性。

R236fa 与橡胶的相容性：丁基橡胶、三元乙丙橡胶(Nordel)、氯丁橡胶、丁腈橡胶、氯磺化聚乙烯橡胶(Hypalon)、表氯醇均聚物、FA 聚硫橡胶、HytrelTPE、聚四氟乙烯(Teflon)与 R236fa 相容性较好，氟橡胶(Viton A)与 R236fa 相容性较差。

R236fa 与塑料的相容性:高密度聚乙烯、聚苯乙烯、聚丙烯、ABS、聚碳酸酯、聚甲基丙烯甲酯等与 R236fa 有较好的相容性。

(八)R245fa 工质

当蒸气压缩式热泵的冷凝温度低于 130℃时,R245fa 是可选工质。

水在 R245fa 中的溶解度为 0.16%(质量分数)。

R245fa 有高的热稳定性和水解稳定性,不燃。将 R245fa 分别与水(300ppm)及金属试样(300Al 和/或 316 不锈钢)放在密闭管中于 75～200℃放置 6 周,R245fa 不分解。R245fa 与氯丁橡胶、三元乙丙橡胶、尼龙、聚四氟乙烯有良好的相容性,与氟橡胶、丁腈橡胶、氢化丁腈橡胶(HNBR)及天然橡胶相容性较差。

(九)NH_3 工质

当蒸气压缩式热泵的冷凝温度低于 60℃时,氨(R717,NH_3)是一种可选的工质。氨是一种自然界存在的天然工质,作为循环工质已有 100 余年的历史。

1. 氨作为循环工质的优点如下。

(1)环境友好。

(2)循环效率高。

(3)相变换热系数高。

(4)泄漏时易发现。氨的刺激性气味有利于及时发现机组中工质的泄漏。当大气中氨的浓度为 0.5 ppm 时,人的嗅觉就能感受到。

(5)氨与油不互溶。氨在油中的溶解度极小,与润滑油易于分离,有利于系统的回油,不会因工质中溶有较多润滑油而导致传热及润滑油黏度下降。

(6)氨在水中的溶解度大。每 100 mL 纯水中可溶解 90 g 氨。

(7)管道直径可较小。

(8)氨的价格也较低。

2. 氨作为循环工质的不足

(1)毒性。氨的 TWA 值(时间加权平均浓度)为 25 ppm,STEEL 值(短暂暴露极限浓度,指人体暴露 7 min 而不受损害的环境最高浓度)为 35 ppm,可见氨的毒性明显大于其他工质。

(2)可燃性。氨与空气形成混合物时,其体积浓度在 17%～29%范围时,有可能发生燃烧和爆炸。当有油存在时,着火的可能性更大(LEL 值可低于 8%)。

(3)压缩机排气温度高。这是氨热泵设计和操作中需注意的问题。

(4)腐蚀性。纯氨一般无腐蚀作用,但当其中有杂质时,就会对金属及合金产生腐蚀性。总体而言,氨水和氨气对钢铁的腐蚀性较小,而氨水对铜、锡、锌等金属有较大的腐蚀性,但当液氨中有杂质时可能对钢的焊缝有一定的腐蚀性。此外,由于氨可破坏绝缘材料,故在封闭式压缩机中使用氨作为工质有一定难度。

3. 应用分析

综上所述,氨可认为是一种优良的天然工质,可通过合理的设计、安装、操作和监控把氨的缺点限制在最小范围内。要扩大氨在热泵中的应用,还需在防泄漏、降低排气温度、节能运行、设备小型化等方面进行努力。

(十)H_2O 工质

当蒸气压缩式热泵的冷凝温度大于 150℃时,水(R718,H_2O)是较适宜的工质。

水也是一种天然工质，作为热泵工质的主要优点是高温下热稳定性和化学稳定性好，无毒，不可燃，制热系数高，热导率大。应用中的主要限制是对压缩机和润滑油有特殊要求，低温热源温度不能太低，停机时注意不能使机组任何部位的温度低于 0℃，机组中有杂质时对金属材料有腐蚀性。

(十一)CO_2 工质

1. 简况

CO_2 的临界温度低(31.1℃)，循环中其冷凝温度要超过临界温度，进入超临界区，即其放热过程不再是普通的相变过程，而是单相的变温放热过程，工作压力也超过其临界压力(7.38 MPa)。采用膨胀机节流的二氧化碳热泵理论循环的示意如图 9-2-2 所示。

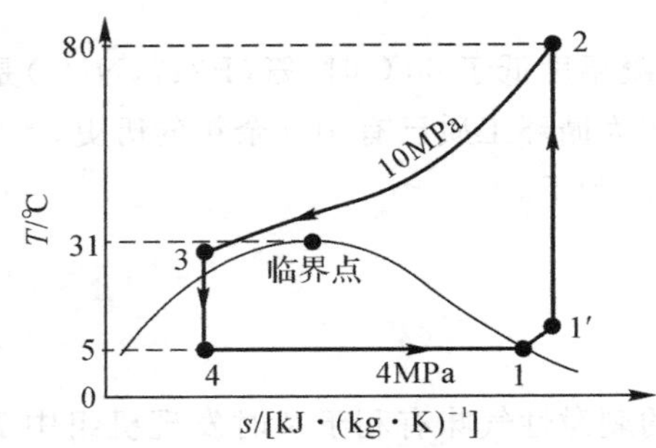

图 9-2-2　CO_2 理论循环的示意

图 9-2-2 中过程 1—2 为等熵压缩过程，过程 2—3 为等压变温放热过程，此二过程均在超临界区域内进行。过程 3—4 为采用膨胀机的等熵膨胀过程，过程 4—1—1′为等压蒸发吸热过程，此二过程主要在亚临界区域内进行。这种在超临界区域内放热，在亚临界区域内吸热的过程，称为跨临界循环。CO_2 在超临界区域内放热时，有很大的温度降，这种特性很适合开发变温热汇的高效率热泵。

由图 9-2-2 可见，压缩机入口的压力可达 3.5～4 MPa，压缩机出口压力更高达 8～11 MPa，平均压力为 R12、R134a 热泵的 10 倍左右。

2. 二氧化碳作为热泵工质的主要优势

热导率和定压比热容高，有助于获得高的换热系数；动力黏度小，可减小工质在管内的压降；蒸气密度高，有助于提高工质的质量流量；密度比(密度比代表气体与液体性质相差的大小)较小，有利于工质液的分配；表面张力较小，可提高蒸发器中沸腾区的换热强度；气体密度高，单位容积制热量大，可达 R22 的 5 倍，可降低管道和压缩机尺寸，使系统质量减轻、结构紧凑、体积减小；压缩机的压比(冷凝压力与蒸发压力之比)低，压缩过程可更接近等熵压缩而使效率提升；来源广泛，价格低。

3. 二氧化碳作为热泵工质在应用中需注意的问题

(1)压缩机方面。工作压力大大高于传统压缩机，且吸排气压差与温度差均较大，对压缩机零部件的机械结构、压缩机的防泄漏设计、传动轴上的轴承选用、在高压环境下的润滑油和油路设计、排气口的排气阀门等的设计，均需特殊考虑。在采用封闭式压缩机时，耐高压电动机结构、高启动负荷电动机的选用、低电动机转子惯性、小体积高扭矩与高效率电动机设计等均需注意。

(2)节流膨胀过程。冷凝器与蒸发器的压差大,设计并应用高效率的膨胀机是提高二氧化碳热泵制热效率的关键。

(3)二氧化碳与润滑油互溶性。由于二氧化碳与润滑油互溶性差,需加强压缩机与冷凝器间的油分离作用,并加设蒸发器到压缩机之间的回油装置。

(十二)可燃工质

可燃工质的突出优点是相同工作条件下一般制热效率较高,实际应用中主要与不可燃工质配制成不可燃且效率也较高的混合工质。

常用的可燃工质如下。

R152a:ODP 为 0,GWP 很小,非 VOC 物质。可与 R22 组成 R12 的 Drop－in(灌注式,即不需对机组进行改动或很小改动就可使用)替代工质。

R600 与 R600a:ODP 为 0,GWP 很小。可与 R134a、R227ea 等组成不可燃混合工质,并改进 R134a、R227ea 与传统润滑油的相溶性。

R141b 与 R142b:ODP 很小,GWP 很小,非 VOC 物质。可与 R124、R236fa 等组成不可燃混合工质。

五、热泵工质的设计

(一)混合工质的设计

混合工质是由两种或两种以上纯工质组配成的混合物,其作为蒸气压缩式热泵的工质主要用在两种场合:一是对某热泵无法找到适宜的纯工质时,此时可考虑采用共沸混合工质或近共沸混合工质(等压下相变时温度变化较小的混合工质);二是低温热源和高温热源是变温的,此时可考虑采用非共沸混合工质(等压下相变时温度变化较大的混合工质)。

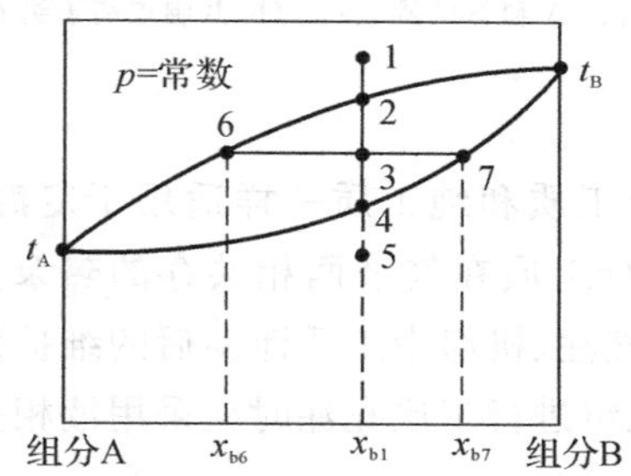

图 9－2－3　二元非共沸混合工质的等压相变示意

1. 非共沸混合工质

非共沸混合工质在等压下相变的示意如图 9－2－3 所示(以二元混合工质为例)。

图 9－2－3 中纵坐标表示温度,横坐标表示 A、B 两种组分(也称组元)组成的混合工质中组分 B 的质量浓度,t_A、t_B 分别为纯工质 A 和 B 在相应压力下的沸点。曲线 t_A—2—t_B 以上为气相区,曲线 t_A—4—t_B 以下为液相区,两条曲线之间的部分为气液共存的两相区。

由图 9－2－3 可见,当浓度为 x_{b1}的混合工质从气体状态 1 在等压下冷却到状态 2 时,开始有液滴析出,点 2 称为露点,该点的温度称为露点温度。继续冷却,进入气液共存区,3 点为其中某一气液共存状态,其中液态混合工质的浓度为 x_{b7},气态混合工质的浓度为 x_{b6},气液两相的质量比为(线段 37)/(线段 63)。继续冷却至点 4 时全部凝结为液体,4 点称为泡点,该点温度称为泡点温度。从点 4 继续冷却则变为过冷态，如点 5。露点与泡点之间的线段表示混合工质的相变过程，其温度差值（t_2-t_4）称为该压力和浓度下的温度滑移（或泡露点温差，或相变温差）。从图 9-2-3 可见，混合工质在一定压力下相变时其温度是变化的，即具有变温相变特性。当相变温度滑移较大时，称为非共沸混合工质，简记为 NARM(Non-Azeotropic Refrigerant Mixture)；温度滑移较小时，称为近共沸混合工质。

2. 共沸混合工质

共沸混合工质在等压下相变的示意如图 9-2-4 所示（以二元混合工质为例）。当混合工质在特定压力和组成下，相变时其露点和泡点合一时，混合工质称为共沸混合工质，简记为 ARM(Azeotropic Refrigerant Mixture)。泡点与露点合一的点称为共沸点，此时的浓度称为共沸组分，压力称为共沸压力，温度称为沸点。共沸点可分为两大类：某些共沸工质的共沸点温度可能比其组元 A 和 B 的沸点温度低，如图 9-2-4(a)所示；某些共沸工质的共沸点可能比其组元 A 和 B 的沸点高，如图中 9-2-4(b)所示。由于共沸混合工质的滑移温度为零，气液共存时气相和液相的浓度相同，其热力学行为与纯工质相似。

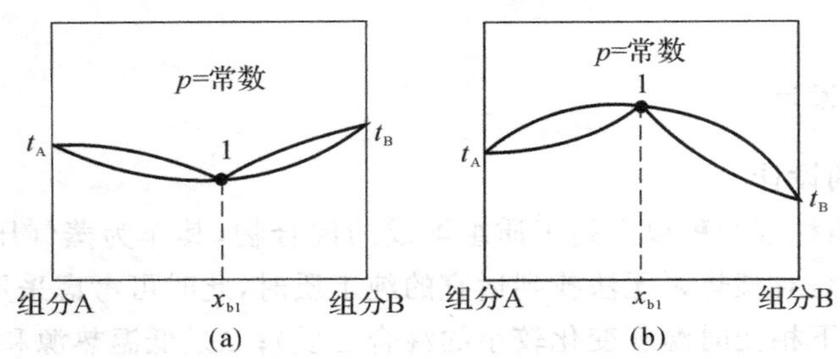

图 9-2-4　二元工沸混合工质的温度-质量浓度图

(a)共沸点低于组元 A 和 B 的沸点；　(b)共沸点高于组元 A 和 B 的沸点

3. 混合工质的应用

共沸混合工质、近共沸混合工质和纯工质一样适用于定温低温热源和高温热汇的情况。由于共沸混合工质和近共沸混合工质在气液两相共存的热泵蒸发器、冷凝器及储存容器中，气、液成分相同或相近，工质的充注、机组中工质泄漏后的维护处理均与纯工质相似，操作相对简便，但近共沸混合工质在对机组进行工质充注时应采用液相充注（即容器中的工质以液相状态注入机组）。

非共沸混合工质适用于变温低温热源和高温热汇的情况，并可利用其相变时气液成分不同的特性进行机组制热量的调节。非共沸混合工质应用时需注意冷凝器和蒸发器应尽量采用逆流换热器，且由于非共沸混合工质的气液共存时气、液的浓度不同（如图 9-2-3 中的 6 点和 7 点），机组发生工质泄漏或工质充注方法不当时会引起机组中的工质浓度偏离设计浓度，这一复杂性是影响其应用和推广的问题之一。

4. 非共沸混合工质的设计

(1)设计非共沸混合工质时可参考的基本规律。

1)各组分的正常沸点相差较大时，所形成的混合工质一般也具有较大的相变温差。

2)对多元混合工质，其相变温差主要取决于高沸点组元和低沸点组元的标准沸点之差。以三组元混合工质为例，当标准沸点位于高、低沸点之间的第三组元加入时，对原二元工质的相变温差影响不大。此外，当高沸点工质、低沸点工质的浓度相近时，混合工质的相变温差通常取较大值。

3)对二元混合工质，当两个组元的标准沸点相差较大时，加入标准沸点位于二者之间的第三组元时，可改进循环工质与低温热源及高温热汇的匹配程度。因此，当高温热汇介质在冷凝器中或低温热源介质在蒸发器中的温度变化较大时，宜采用三元混合工质(组元太多时混合工质的配制、使用均过于复杂，一般也不必要求)。

4)非共沸混合工质的可燃性判断可用式(9-37)进行。

(2)非共沸混合工质的设计步骤。

1)混合工质相变温差的确定。按照混合工质的温度变化规律应与低温热源介质、高温热汇介质的温度变化相匹配的原则，确定混合工质的相变温差。

2)组元数的确定。当要求混合工质的相变温度变化小于 20℃时，采用二元混合工质即可；大于 20℃时，宜采用三元混合工质。

3)混合工质各组元的确定。搜索工质数据库，寻找适宜的高、低沸点组元对("适宜"是指高、低沸点组元的标准沸点之差比所要求的混合工质相变温差大，并尽量满足低环害、不可燃、制热效率高、传热特性好、与润滑油互溶性好、易购等要求)；对三元混合工质，还要初选标准沸点在高、低沸点组元的标准沸点之间的第三组元，以调整混合工质的可燃性或相变温度变化特性。

4)混合工质各组元浓度的确定。对初选的(一般选 2～3 组)二元或三元混合工质，计算不同压力下的泡点温度和露点温度，并按混合工质沿换热器的相变温度变化曲线与低温热源介质、高温热汇介质沿换热器的温度变化曲线相似的原则，确定各组混合工质的组元浓度。

5)混合工质的最后确定。从满足温度匹配要求的几组非共沸混合工质中，综合考虑工作压力、可燃性、易购性、相变潜热、环境可接受性等指标，从中选出最适宜的热泵循环工质。

(3)非共沸混合工质的设计示例。设某热泵中高温热汇介质在冷凝器中、低温热源介质在蒸发器中的温度变化幅度均在 30℃左右，按前述的非共沸混合工质的设计步骤，取混合工质的相变温差为 30℃，组元数为 3。经在热泵工质数据库检索后，取高沸点组元为 R1416(标准沸点 $t_b=32℃$)，低沸点组元可为 R22($t_b=-40℃$)、R134a($t_b=-26℃$)或 R152a($t_b=-24℃$)，中间组元可为 R124($t_b=-13℃$)、R142b($t_b=-10℃$)或 R227ea($t_b=-18℃$)，经混合工质的计算分析综合可燃性、易购性等因素，可取 R22＋R124＋R141b(0.2＋0.5＋0.3，物质的量浓度)或 R134a＋R227ea＋R141b(0.3＋0.5＋0.2，物质的量浓度)均可满足该热泵的要求，前者的目前价格、易购性方面优于后者，但对环境的友好性不如后者；后者各组元国内均可购，但价格稍贵。

(二)纯工质的优选

纯工质选取时需考虑的因素为：在满足环境、安全、材料相容性、与润滑油相容性要求的前提下，应具有较高的制热效率、适当的工作压力(当不采用离心压力机时，蒸发压力宜大于 1 atm但不宜太高，冷凝压力宜小于 20 atm)、相应的部件和材料品种规格齐全且易购、工质的价格低等特点，对一定的应用场合，可采用的工质方案可能有多种，可根据热用户的低温热源条件和高温热汇要求进行优选。

对典型的制热温度，可参考选用的纯工质及其简要特性见表 9-2-27(设热泵的制热温度比工质的冷凝温度低 10℃)。

表 9-2-27　典型制热温度时的可选工质

制热温度/℃	工质名称	工质简况
40	R22	当前应用广泛的工质，与之配套的设备部件及材料齐全，是目前较适宜的工质，价格较低
	R123	采用离心式压缩机，与之配套的设备部件及材料齐全，蒸发器内可能为负压，有一定毒性，是目前较适宜的工质，适于大型机组，价格中等
	R134a	应用广泛的工质，与之配套的设备部件及材料齐全，在此制热温度时工作压力适宜，价格中等
	R717	应用广泛的天然工质，与之配套的设备部件及材料齐全，但可燃，有一定毒性，适于大中型机组，价格较低
	R744	天然工质，工作压力高，可用于变温低温热源和高温热汇，采用跨临界循环且节流部件为膨胀机时，可有较高的效率，价格较低
70	R124	是目前较适宜的工质，工作压力适宜，与传统工质的部件和材料基本相容，价格中等
	R134a	应用广泛的工质，与之配套的设备部件及材料齐全，用于此制热温度时冷凝压力偏高，价格中等
	R142b	是目前较适宜的工质，机组效率较高，工作压力适宜，与传统部件及材料相容，但该工质可燃，不宜用于大中型机组，价格中等
	R227ea	工作压力适宜，不燃，但相关部件可能需新研制，价格中等
	R236fa	工作压力适宜，不燃，但相关部件可能需新研制，价格较高
	R744	天然工质，工作压力高，可用于变温低温热源和高温热汇，采用跨临界循环且节流部件为膨胀机时，可有较高的效率，价格较低
100	R123	较适宜的工质，可采用多种压缩机，机组效率较高，工作压力适宜，不燃，但有一定毒性，配套部件及材料齐全，价格中等
	R141b	机组效率较高，工作压力适宜，但可燃，不宜用于大中型机组，价格中等
	R236fa	工作压力适宜，不燃，但相关部件可能需新研制，价格较高
	R245fa	工作压力适宜，不燃，但相关部件可能需新研制，价格较高
150	R123	较适宜的工质，可采用多种压缩机，机组效率较高，工作压力适宜，不燃，但有一定毒性，配套部件及材料齐全，价格中等
	R141b	机组效率较高，工作压力适宜，但可燃，不宜用于大中型机组，价格中等
	R718	天然工质，工作压力适宜，但机组相关部件及材料可能需新开发，价格较低

(三)近卡诺循环工质的设计

1. 近卡诺循环工质与近卡诺循环

采用适当工质使蒸气压缩式热泵的压缩过程线在 $T-s$ 图上近似与工质的饱和气线重合(见图 9-1-36)，是提高热泵制热效率的方法之一。由于此时的热泵循环较压缩机排气过热度较大的普通循环(见图 9-1-35)更接近卡诺循环，故称满足上述要求的工质为近卡诺循环工质，采用近卡诺工质的循环称为近卡诺循环。

热泵采用近卡诺循环工质时可提高压缩过程的效率；多级压缩时可省去级间冷却器；在压

缩机和润滑油耐温极限相同的条件下，可提高热泵的制热温度，并使冷凝器中的传热得到强化。

2. 典型工质的饱和气线特性

工质在 $T-s$ 图上饱和气线的倾斜性是设计近卡诺循环工质的基础。典型工质在不同温度时饱和气的熵及其比值(表征饱和气线的斜率)等数据见表 9－2－28。

表 9－2－31 中列出了典型工质在 40℃、60℃、80℃时饱和气的熵和温-熵图上 40～80℃之间饱和气线的平均斜率($\Delta T/\Delta s$)。根据平均斜率可将工质分为两大类：该值为正值时表示工质在相应温度区间内属右斜型工质(可作为近卡诺循环工质)，该值为负值时属左斜型工质。当该值(绝对值)超过 4 000 时则饱和气线近似垂直于等温线。

表 9－2－28　典型工质的饱和气线特性

典型工质	分子结构简式	熵 s/[kJ·(kg·℃)$^{-1}$]			平均斜率 $\Delta T/\Delta s$
		40℃	60℃	80℃	
R123	$CHCl_2-CF_3$	0.569 6	0.575 3	0.582 5	3 101
R124	$CHClF-CF_3$	0.643 5	0.647 1	0.649 0	7 273
R134a	CH_2F-CF_3	0.850 8	0.842 8	0.829 1	－1 843
R142b	$CClF_2-CH_3$	0.829 8	0.828 3	0.826 1	－10 811
R152a	CH_3-CHF_2	1.242 0	1.222 0	1.198 0	－909
R227ea	$CF_3-CHF-CF_3$	0.551 2	0.565 0	0.575 3	1 660
R236ea	$CHF_2-CHF-CF_3$	0.610 0	0.623 9	0.634 7	1 460
R600	$CH_3-CH_2-CH_2-CH_3$	1.435 0	1.459 0	1.476 0	976
R600a	$CH-(CH_3)_3$	1.409 0	1.427 0	1.445 0	1 111
E134	$CHF_2-O-CHF_2$	0.797 4	0.801 2	0.806 1	4 598
R717	NH_3	4.742 0	4.533 0	4.321 0	－95

3. 近卡诺循环工质的设计

近卡诺循环工质(包括纯工质和混合工质)设计的基本原则为工质的饱和气线特性应与压缩机的效率相匹配。即确保在冷凝温度和蒸发温度之间的这一温度段内，在 $T-s$ 图上工质的饱和气线倾斜程度与压缩过程线的倾斜程度相一致，近似使两线重合。

除 NH_3、CO_2 和采用离心压缩机等较特殊的热泵外，对大多数热泵，通常蒸发压力在 0.1～0.5 MPa 之间，冷凝压力低于 2 MPa，单级热泵的冷凝温度与蒸发温度之差在 40～60℃之间。在此约定下，近卡诺循环工质的设计方法如下。

(1)纯工质的选取。由表 9－2－28 可见，有较多 $T-s$ 图上饱和气线右斜的纯工质可供选择，如 R124、R123、E134、R227ea、R236ea、R600、R600a 等，可根据压缩机的效率，选择与之匹配的纯工质。

当纯工质无法满足要求时，可通过配制混合工质解决。

(2)混合工质的设计。

1)混合工质的组元确定方法。设 $T-s$ 图上饱和气线或压缩过程线的斜率用 TS(TS=

$\Delta T/\Delta s$)表示。由已知压缩机效率可得到压缩过程线在 $T-s$ 图上的斜率,设其为 TS_C,设混合工质为二元混合工质,两组元的饱和气线在 $T-s$ 图上的斜率分别为 TS_{R1} 和 TS_{R2},则应满足

$$TS_{R1} > TS_C > TS_{R2}$$

即混合工质两组元的饱和气线应分别在压缩过程线的两侧。当混合工质为三元混合工质时,应确保其中两个组元的饱和气线在压缩过程线的两侧,对第三组元则无特殊要求。

2)混合工质组元浓度的确定。设工质各个组元的浓度分别为 X_1、X_2、X_3,对二元混合工质,其浓度确定公式为

$$TS_C = X_1 TS_{R1} + X_2 TS_{R2} \tag{9-38}$$

对三元混合工质,其浓度确定公式为

$$TS_C = X_1 TS_{R1} + X_2 TS_{R2} + X_3 TS_{R3} \tag{9-39}$$

六、工质的充注量

工质的充注量对热泵的运行效率和安全性具有直接影响,严格计算时应考虑热泵运行的最佳工况、各部件及管路准确体积、机组中各部位的工质饱和气与饱和液的密度、工质进蒸发器的干度、工质在冷凝器和蒸发器中的空泡系数等。

工程实际中,可采用较简洁的液相容积法计算。其基本依据为,热泵运行时工作压力一般不大于 20 atm,此时液相工质的密度远大于气相工质的密度,故热泵稳定运行中液相工质所占的容积与工质液相密度之积即为热泵工质的充注量,其近似计算公式为

$$M_R = 1.10\rho_L(V_{PL} + 0.5V_E + 0.5V_C) \tag{9-40}$$

式中 1.10——考虑润滑油中溶解工质及忽略气相工质质量等因素所加的系数;

ρ_L——冷凝温度和蒸发温度的平均值下工质的饱和液密度;

V_{PL}——热泵稳定运行时冷凝器出口到节流阀出口之间的液相管路、部件的总容积(干燥过滤器等需减去干燥剂等内容物所占据的体积);

V_E——蒸发器工质侧的容积;

V_C——冷凝器工质侧的容积。

七、载热介质

(一)间接式热泵与直接(耦合)式热泵

当热泵机组距离低温热源或高温热汇较远时,一般通过低温载热介质将热量从低温热源送到热泵蒸发器,热泵冷凝器所放出的热也通过高温载热介质送往热用户,该类热泵可称为间接式热泵。与之相对应,热泵工质直接在冷凝器、蒸发器中与高温热汇、低温热源换热的热泵称为直接式热泵,也称为直接耦合式热泵。热泵与热源及热汇不同耦合方式的示意如图 9-2-5所示。

(二)对载热介质的要求

对载热介质的要求主要有如下几个方面。

(1)在热量载运过程中不能出现气化或凝固现象。对低温载热介质,其凝固点必须低于低温热源的温度,且最好能低于热泵工质的蒸发温度 51℃,以防止停机时出现局部凝固;对高温载热介质,其沸点必须高于高温热汇(热用户)的温度,且最好能高于热泵工质的冷凝温度 51℃。

(2)比热容大。载热量相同时,载热介质的比热容越大,所需的载热介质量越少,载热介质循环所消耗的功越少。

(3)黏度小。黏度越小,载热介质的流动阻力越小,泵驱动载热介质循环所消耗的功越少。

(4)热导率高。热导率越高,则传热越强,换热器的成本和占用空间越小。

(5)性质稳定。长期运行时不变性(分解或聚合)、不分层、不沉积;与大气接触时不分解或氧化,不改变其物理化学性质;与换热器、管路及泵等材料的相容性好。

(6)腐蚀性低。

(7)使用安全,对人和环境友好。

(8)不可燃,不爆炸。

(9)来源广泛,易购,价格低。

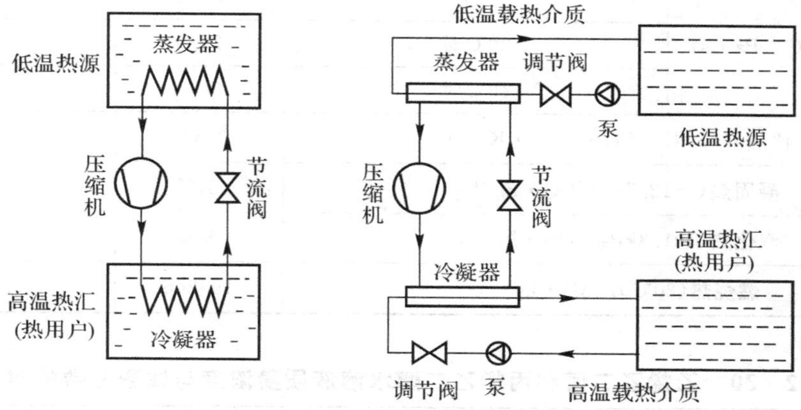

图 9-2-5 热泵与热源及热汇的耦合形式

(三)典型载热介质简介

工程应用较多的载热介质有水、盐水、乙二醇、油类等,其中前三种在热泵制热系统中较常用,其简要性质如下。

(1)水。当需载送的热能温度在 5～95℃之间时,水是较理想的载热介质,具有价格低、比热容大、密度大、性质稳定等突出优点。

(2)氯化钠(NaCl)的水溶液和氯化钙($CaCl_2$)的水溶液。可用于低温热源的温度低于 0℃时,使用中需注意不同浓度溶液的凝固点,且要求与之相接触的材料能耐腐蚀。两种溶液在不同浓度和温度下的热物理性质见表 8-1-4。

(3)乙二醇的水溶液。乙二醇分为乙烯乙二醇和丙烯乙二醇两种,均为无色无味的有机化合物。乙烯乙二醇比丙烯乙二醇具有更良好的低温性能,但后者更安全(尤其在与人接触或对毒性要求高的场合),乙烯乙二醇和丙烯乙二醇纯物质的特性见表 9-2-29。

(4)乙烯乙二醇水溶液和丙烯乙二醇水溶液。在不同温度、体积浓度时的凝固点、沸点、密度、比热容、热导率、运动黏度等热物理性质见表 8-1-4,其质量浓度与体积分数的对应关系见表 9-2-30。

表 9-2-29 乙烯乙二醇和丙烯乙二醇物质的特性

性质		乙烯乙二醇	丙烯乙二醇
密度(20℃)/(kg·m⁻³)		1 113	1.36
沸点/℃	101.3 kPa时	198	187
	6.67 kPa时	123	116
	1.33 kPa时	89	85
饱和蒸气压力(20℃)/Pa		6.7	9.3
凝固温度/℃		−12.7	低于−60℃时呈玻璃状
动力黏度/(10^{-3} Pa·s)	0℃时	57.4	243
	20℃时	20.9	60.5
	40℃时	9.5	18.0
比热容(20℃)/($kJ \cdot kg^{-1} \cdot K^{-1}$)		2.347	2.481
凝固热(−12.7℃)/($kJ \cdot kg^{-1}$)		187	—
汽化热(101.3kPa)/($kJ \cdot kg^{-1}$)		846	688
燃烧热(20℃)/($MJ \cdot kg^{-1}$)		19.246	23.969

表 9-2-30 乙烯乙二醇和丙烯乙二醇水溶液质量浓度与体积分数的对应关系

质量分数/%		0	5	10	15	20	25	30	35	40	45
体积分数/%	乙烯乙二醇水溶液	0	4.4	8.9	13.6	18.1	22.9	27.7	32.6	37.5	42.5
	丙烯乙二醇水溶液	0	4.8	9.6	14.5	19.4	24.4	29.4	34.4	39.6	44.7
质量分数/%		50	55	60	65	70	75	80	85	90	95
体积分数/%	乙烯乙二醇水溶液	47.6	52.7	57.8	62.8	68.3	73.6	78.9	84.3	89.7	95.0
	丙烯乙二醇水溶液	49.9	55.0	60.0	65.0	70.0	75.0	80.0	85.0	90.0	95.0

任务实施

根据项目任务书和项目任务完成报告进行任务实施，见表 9-2-31 和表 9-2-32。

表 9－2－31　项目任务书

<table>
<tr><td>任务名称</td><td colspan="3">蒸气压缩式热泵工质的认识</td></tr>
<tr><td>小组成员</td><td colspan="3"></td></tr>
<tr><td>指导教师</td><td></td><td>计划用时</td><td></td></tr>
<tr><td>实施时间</td><td></td><td>实施地点</td><td></td></tr>
<tr><td colspan="4">任务内容与目标</td></tr>
<tr><td colspan="4">1. 了解热泵设计中可选用的循环工质的类型及其作用；
2. 了解热泵工质的要求；
3. 掌握工质的热物性</td></tr>
<tr><td>考核项目</td><td colspan="3">1. 热泵设计中可选用的循环工质的类型及其作用；
2. 热泵工质的要求；
3. 工质的热物性</td></tr>
<tr><td>备注</td><td colspan="3"></td></tr>
</table>

表 9－2－32　项目任务完成报告

<table>
<tr><td>任务名称</td><td colspan="3">蒸气压缩式热泵工质的认识</td></tr>
<tr><td>小组成员</td><td></td><td></td><td></td></tr>
<tr><td>具体分工</td><td></td><td></td><td></td></tr>
<tr><td>计划用时</td><td></td><td>实际用时</td><td></td></tr>
<tr><td>备注</td><td colspan="3"></td></tr>
<tr><td colspan="4">1. 热泵技术中可选用的循环工质的类型有哪些？其作用是什么？

2. 请写出热泵工质的要求。

3. 请写出常用的工质毒性安全性技术术语。</td></tr>
</table>

任务评价

根据项目任务综合评价表进行任务评价，见表 9－2－33。

表 9－2－36　项目任务综合评价表

任务名称：　　　　　　　　　　　　　　　　　　测评时间：　　年　　月　　日

考核明细		标准分	实训得分								
			小组成员								
			小组自评	小组互评	教师评价	小组自评	小组互评	教师评价	小组自评	小组互评	教师评价
团队60分	小组是否能在总体上把握学习目标与进度	10									
	小组成员是否分工明确	10									
	小组是否有合作意识	10									
	小组是否有创新想(做)法	10									
	小组是否如实填写任务完成报告	10									
	小组是否存在问题和具有解决问题的方案	10									
个人40分	个人是否服从团队安排	10									
	个人是否完成团队分配任务	10									
	个人是否能与团队成员及时沟通和交流	10									
	个人是否能够认真描述困难、错误和修改的地方	10									
合计		100									

思考练习

1. $HCFC_S$工质是由________、________、________、________等组成的饱和烷烃的衍生物。

2. 在实际设计热泵装置时，热泵工质选用的基本原则是什么？

3. 混合工质的安全性分为什么？

4. R12 工质化学式为________，标准沸点为________，凝固温度为________。

5. 当蒸汽压缩式热泵的冷凝温度低于________时，________是目前综合性能较优的适宜工质，当蒸汽压缩式热泵的冷凝温度大于________时，________是目前综合性能较优的可选工质。

任务三　蒸气压缩式热泵基本部件的应用

任务描述

PPT
蒸气压缩式热泵
基本部件的应用

蒸汽压缩式热泵在现代化工等各行各业应用非常广泛，它是由许多零部件组合而成的，这些基本部件都是必不可少的。通过本任务的学习，大家需要掌握蒸汽压缩式热泵基本部件的类型、特点及重要作用。

任务资讯

一个典型的蒸气压缩式热泵系统如图 9－3－1 所示。

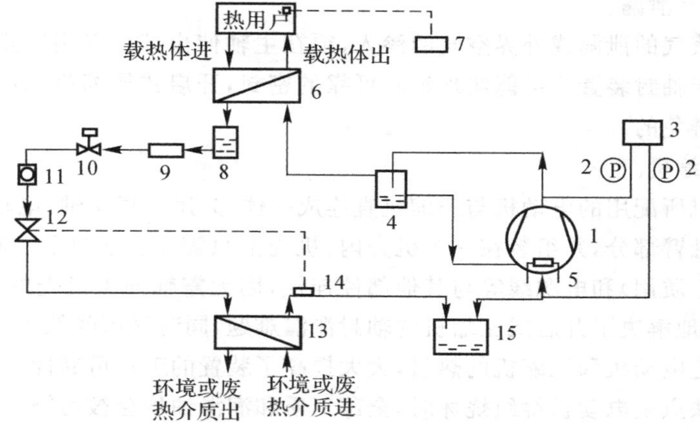

图 9－3－1　蒸气压缩式热泵的组成部件

1—压缩机；　2—压力表；　3—高低压控制器；　4—油分离器；　5—曲轴箱加热器；　6—冷凝器；
7—温控器；　8—储液器；　9—干燥过滤器；　10—电磁阀；　11—视镜；　12—节流部件；
13—感温包；　14 —蒸发器；　15—气液分离器

由图 9－3－1 可见，组成系统的部件如下。

1. 基本部件

基本部件包括压缩机、冷凝器、节流部件和蒸发器。

2. 辅助部件

辅助部件包括油分离器、气液分离器、电磁阀、干燥过滤器、储液器、管道、泵、风机、特定系统专用部件及压力表、温度计、高低压控制器、温控器等测控部件。

3. 其他部件

其他部件如循环工质、润滑油、隔热材料等。

热泵各部件通常均由专业厂生产。热泵设计主要是确定热泵应用系统的部件组成和各部件的参数要求，作为对部件选型的依据。为此，本节和下一节主要介绍各部件的原理、类型、主要参数及选型方法。

一、热泵压缩机

压缩机是蒸气压缩式热泵的心脏。热泵压缩机与制冷或空调压缩机基本相同，但工作温度可能较高，应用时需注意不能超过其部件及材料的耐温、耐压极限。

(一)压缩机的类型

1.按密封方式分类

热泵装置对工质泄漏的要求很严格，根据防止工质泄漏所采取的密封结构方式，热泵压缩机可分为开启式和封闭式，封闭式又可细分为半封闭式和全封闭式两种。

(1)开启式压缩机。

开启式压缩机通过伸出机体之外的主轴进行功率输入，压缩机和电动机分为两体，它们之间通过传动装置(联轴器、传动带或变速器)相连接并实现传动，特点是容易拆卸、维修，缺点是密封性较差，工质易泄漏。

为防止工质蒸气的泄漏或外界空气的渗入，须在主轴伸出部位采用防止泄漏的轴封装置进行密封。但由于轴封装置不可能实现绝对可靠的密封，开启式压缩机工质的泄漏和外界空气的渗入是难以避免的。

(2)封闭式压缩机。

封闭式压缩机所配用的电动机与压缩机直连成一体，共用一根主轴，电动机的转子直接装在压缩机曲轴的悬臂部分，并组装在一个机壳内，机壳上只需布置进气管、排气管、工艺管(小机组维修与充放工质用)和电源线等与其他部件连接，因无需轴伸出机壳外，故取消了联轴器和轴封装置，彻底地解决了开启式压缩机的轴封泄漏难题，同时又可降低噪声，且结构紧凑，吸入的工质还可带走电动机和压缩机的热量，大大提高了装置的工作可靠性，且有利于机组的小型化与轻量化。缺点是电动机绕组烧坏时，全部工质和润滑油均会被污染。

封闭式压缩机在出厂时一般已预装适量的润滑油，并内充以一定压力的惰性介质或工质后将各进出管密封。压缩机工作时热泵工质和润滑油与电动机线圈绕组直接接触，因此要求电动机绕组的绝缘材料能耐润滑油和工质的腐蚀。

由于封闭式压缩机无法从机外观察到压缩机的转向，因此要求负责强制润滑的润滑油泵，在正、反转时都能正常供油。

半封闭式与全封闭式压缩机的不同是，半封闭式压缩机的机壳、气缸盖等是采用可拆卸式装配方式紧固，其密封面以法兰连接，用垫片或垫圈密封，如有必要仍可卸拆。而全封闭式压缩机是压缩机和电动机全部安装在一个封闭罩壳内，且罩壳全部焊接(电焊或钎焊)紧固，不能实现非破坏性拆卸，一旦出现故障，修理较难，因此对封闭式压缩机零部件的加工、装配质量、可靠性和使用寿命要求均较高，应保证10～15年的设计使用期限。

2.按工作原理分类

根据压缩机压缩气体提高其压力的原理，热泵压缩机可分为容积型和速度型两大类。

(1)容积型压缩机。

容积型压缩机中，低压气体在气缸中直接受到压缩，原有体积被强制缩小，使单位容积内气体分子数目增加，从而达到提高压力的目的。其结构形式有两种：往复式和回转式。其中往复式压缩机包括曲轴连杆式、滑管式、斜盘式和电磁振动式等；回转式压缩机有螺杆式、滚动转子式、滑片式和涡旋式等形式，均靠转子在气缸中旋转而引起气缸容积变化，实现对工质气体的压缩。

(2)速度型压缩机。

速度型压缩机中，气体压力的提高是由气体的速度转化而来，使气体的动能变为气体势能，使气体的压力得到相应的提高。速度型压缩机主要有两种形式：离心式和轴流式。

3. 按热泵工质分类

根据热泵工质的不同，热泵压缩机主要可分为氟里昂压缩机、氨压缩机、碳氢化合物压缩机、二氧化碳压缩机等类型。不同的热泵工质对压缩机的结构和材料均有某些特殊的要求，如氨对铜有腐蚀性，故氨压缩机中不许用铜质零件(磷青铜除外)；氟里昂渗透性强，对有机物有溶胀作用，故对压缩机的材料及密封要求较高；二氧化碳作工质压力较高，故要求压缩机耐压性较好；碳氢化合物一般易燃易爆，故对压缩机的防燃防爆等安全性指标要求高。

(二)压缩机的相关参数

1. 压比

压比为冷凝压力 p_c 和蒸发压力 p_e 之比，即

$$\varepsilon = p_c / p_e \tag{9-41}$$

2. 输气系数

输气系数为压缩机的实际输气量与理论输气量之比，一般用 λ 表示。输气系数与压缩过程的初态压力、终态压力、工质类型及余隙容积等有关，并直接影响压缩机的容积损失(容积损失一般由阀损失、工质管路中的流动损失、余隙容积中蒸气的逆膨胀、压缩机中的热交换、压缩机活塞和气缸间的泄漏等造成)。

3. 压缩机压缩工质的质量流量

设压缩机的理论输气量为 V(m^3/s)、输气系数为 λ、压缩机吸入工质蒸气的密度为 ρ(kg/m^3)，则流经压缩机的工质质量流量 m_R(kg/s) 为

$$m_R = \lambda V \rho \tag{9-42}$$

4. 压缩机的等熵压缩功率

设压缩过程为等熵过程，压缩过程开始时工质的焓为 h_{ci}(kJ/kg)，压缩过程结束时工质的焓为 h_{co}(kJ/kg)，则工质的等熵压缩功率 P_s(kW) 为

$$P_s = m_R (h_{co} - h_{ci}) \tag{9-43}$$

5. 压缩机的指示功率

实际压缩过程中存在各种不可逆损失，设实际压缩过程开始时工质的焓为 h_{cia}(kJ/kg)，压缩过程结束时工质的焓为 h_{coa}(kJ/kg)，则压缩机的指示功率 P_i(kW) 为

$$P_i = m_R (h_{coa} - h_{cia}) \tag{9-44}$$

6. 压缩机的轴功率

压缩机工作时从主轴输入的功率，用 P_n(kW) 表示。轴功率大于指示功率，二者之差为机械摩擦等导致的功率损失。

7. 压缩机的指示效率

等熵压缩功率与指示功率之比，称为指示效率，一般用 η_i 表示，即

$$\eta_i = P_s / P_i \tag{9-45}$$

8. 压缩机的机械效率

实际压缩过程的指示功率与轴功率之比，称为压缩机的机械效率，一般用 η_m 表示，即

$$\eta_{m}=P_{i}/P_{n} \tag{9-46}$$

9.压缩机的等熵效率

等熵效率也称为绝热效率，是等熵压缩功率与轴功率之比，一般用 η_s 表示，即

$$\eta_{s}=P_{s}P_{n}=\eta_{i}\eta_{m} \tag{9-47}$$

(三)往复活塞式压缩机

1.简介

往复活塞式热泵压缩机是应用曲轴连杆机构或其他方法，把原动机的旋转运动转变为活塞在气缸内作往复运动而压缩气体。根据将旋转运动变为往复运动的方式，可分为曲轴连杆式、滑管式、斜盘式和电磁振动式等形式。

2.优点

(1)能适应较广阔的压力范围和制热量要求。

(2)热效率较高，单位制热的耗电量较少，特别是在偏离设计工况运行时更为明显。

(3)对材料要求低，多用普通钢铁材料，加工比较容易，造价也较低廉。

(4)技术上较为成熟，生产、使用均已积累了丰富的经验。

(5)应用系统比较简单。与此相对比，螺杆式热泵系统中需要附设大容量油分离器；离心式热泵系统中要配置工艺要求高的增速齿轮箱、复杂的润滑油系统和密封油系统等。

3.缺点

(1)转速受到限制。单机输气量大时，机器显得笨重，电动机体积也相应增大。

(2)结构复杂，易损件多，维修工作量大。

(3)运转时有振动。

(4)输气不连续，气体压力有波动等。

活塞式压缩机的上述特点使它较适宜于中小热泵机组，制热量较大的热泵机组可选用螺杆式压缩机或离心式压缩机，它们具有结构简单紧凑、振动小、易损件少和维修方便等优势。

4.结构与工作过程

其结构示意如图 9-3-2 所示。

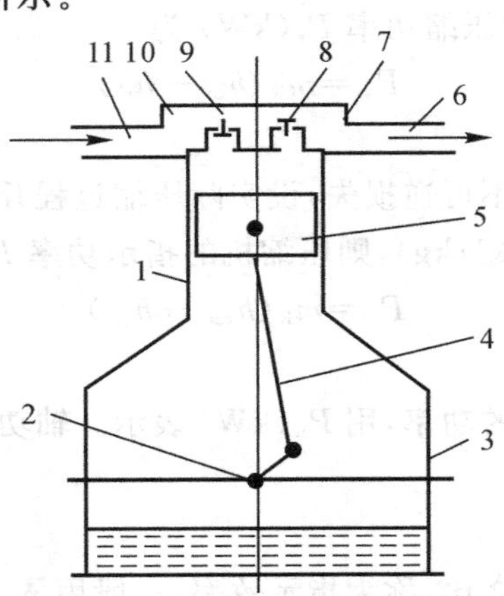

图 9-3-2 往复活塞式压缩机结构示意

1—气缸体； 2—曲轴； 3—曲轴箱； 4—连杆； 5—活塞； 6—排气管； 7—排气腔；
8—排气阀； 9—吸气阀； 10—吸气腔； 11—吸气管

由图 9－3－2 可见，压缩机的机体由气缸 1 和曲轴箱 3 组成，气缸中装有活塞 5，曲轴箱中装有曲轴 2，通过连杆 4 与活塞连接起来，在气缸顶部装有吸气阀 9 和排气阀 8，通过吸气腔 10、排气腔 7 分别与吸气管 11、排气管 6 相连。当曲轴被电动机带动而旋转时，通过连杆的传动，活塞便在气缸内作上下往复运动，在吸、排气阀的配合下，完成对工质蒸气的吸入、压缩和输送。

5. 主要指标

(1) 理论输气量。设压缩机的气缸数为 Z，气缸直径为 D(m)，行程为 S(m)，转速为 N(r/s)，则压缩机的理论输气量 V_n(m^3/s) 为

$$V_n = \frac{\pi}{4} D^2 SNZ \tag{9-48}$$

(2) 输气系数。输气系数通常可用容积系数 λ_V、压力系数 λ_p、温度系数 λ_T、泄漏系数 λ_L 的乘积来表示，即

$$\lambda = \lambda_V \lambda_p \lambda_T \lambda_L \tag{9-49}$$

输气系数一般在 0.75～0.95 之间。压缩机功率越大，吸气阀和排气阀的阻力越小，工质在进气和压缩过程中与压缩机的热交换量越少，工质在压缩过程中的泄漏量越少，则输气系数越高。

(3)指示效率。指示效率通常在 0.75～0.95 之间，随压缩机的进气压力、排气压力、结构形式、功率大小而不同。压比越小，功率越大，指示效率越高。

(4)机械效率。机械效率主要与压比和转速有关。压比越小，机械效率越高。高速压缩机的机械效率一般在 0.7～0.85 之间，低中速压缩机的机械效率一般在 0.8～0,95 之间。

(5)等熵效率。等熵效率一般在 0.6～0.8 之间。

6. 典型规格参数及使用极限条件

当选用制冷压缩机作为热泵压缩机时，其典型规格参数见表 9－3－1。

表 9－3－1　中型活塞式单级热泵(制冷)压缩机的基本参数

类型	缸径 D/mm	行程 S/mm	转速范围 N/($r \cdot min^{-1}$)	缸数 Z	排量 V_n/($m^3 \cdot h^{-1}$)
半封闭式	70	70	1 000～1 800	2,3,4,6,8	
		55			
	100	100	750～1 500		282.6～565.2
		80			226.1～452.2
开启式	125	110	600～1 200	2,4,6,8	388.6～777.2
		100			353.3～706.5
	170	140	500～1 000		762.3～1 524.5

设计和使用的条件见表 9－3－2。

表 9－3－2　中型活塞式热泵(制冷)压缩机的设计和使用条件

项目		R717	R12		R22		R502
			Pco	Pci	Pco	Pci	
最高排气压力饱和温度/℃		46	60	49	60*	49	
最大压力差/MPa		1.6	1.4		1.8	1.6	1.8
最高吸气压力饱和温度/℃		5	10				—10
最高排气温度/℃		150	125		145		
使用温度范围/℃	高温	—	10～—10				—
	中温	5～—15	0～—20				—
	低温	—10～—30			—	—10～—35	—10～—40

注：1. * 表示中温时最高排气压力饱和温度为 55℃。

2. P_{co}为高冷凝压力，P_{ci}为低冷凝压力。对具体压缩机，使用时还应参考其说明书。

(四)回转式热泵压缩机

1. 简介

回转式热泵压缩机没有往复运动机构，结构简单、体积小、重量轻、零部件少(特别是易损件少)，可靠性高。故运转时力矩变化小，动力平衡性好，转速高，振动小，输气脉动小，且操作简便，易于实现自动化。

目前广泛使用的回转式热泵压缩机有螺杆式压缩机、滚动转子式压缩机和涡旋式压缩机等。中小型热泵中，可采用滚动转子式压缩机或涡旋式压缩机；中大型热泵中可采用螺杆式压缩机。

但回转式热泵压缩机也有不足。首先是其运动机件表面多呈曲面形状，这些曲面的加工及检测均较复杂，有的还需使用专用设备；其次是回转式压缩机运动机件之间或运动机件与固定机件之间，常需保持一定的运动间隙，气体通过间隙势必引起泄漏，这就限制了回转式压缩机的效率，且由于要求运动间隙尽可能小，又对加工和装配精度提出了很高的要求；另外，由于转速高以及工作容积与吸、排气孔口周期性地通断，使回转式热泵压缩机(如螺杆式压缩机)噪声较高，需采用减噪消声措施。

2. 滚动转子式压缩机

滚动转子式压缩机是利用一个偏心圆筒形转子在气缸内转动来改变工作容积，以实现气体的吸入、压缩和排出，以滚动活塞式压缩机为代表，其结构示意如图 9－3－3 所示。

如图 9－3－3 所示，在圆筒壳体中，偏心活塞 R 在转动。用弹簧力压住的隔片 T，将压缩室分为吸入室 A 和压出室 B，此时不需要吸气阀，但需要排气阀 C。该类压缩机单级时的压力比可达 16。由于振动部件较少，故在高速运转时可保证工作平稳。

滚动转子式压缩机的特点如下。

(1)结构简单，体积小，重量轻。同活塞式压缩机比较，体积可减少 40％～50％，重量也可减小 40％～50％。

(2)零部件少，特别是易损失件少，同时相对运动部件之间的摩擦损失少，因而可靠性较高。

(3)仅滑片有较小的往复惯性力,旋转惯性力可完全平衡,因此振动小,运转平稳。

(4)没有吸气阀,吸气时间长,余隙容积小,并且直接吸气,减少了吸气有害过热,所以其效率高。

但滚动转子式压缩机的加工及装配精度要求很高。

滚动转子式压缩机的理论输气量可用下式计算:

$$V_n = N\pi(R^2 - r^2)LZ = N\pi R^2 L\varepsilon(2-\varepsilon)Z \tag{9-50}$$

式中　V_n—— 理论输气量,m^3/s;

R—— 气缸内半径,m;

r—— 转子外半径,m;

L—— 气缸轴向长度,m;

N—— 转子的转速,r/s;

Z—— 气缸数;

ε—— 相对偏心距,$\varepsilon = e/R$,其中 e 为偏心距(圆筒中心和转子中心的距离,m)。

滚动转子式压缩机的输气系数:因余隙容积很小,且吸气过程阻力很小(吸气速度小,无吸气阀),可比同容量的活塞式压缩机高 20% 左右,有些压缩机的输气系数已高达 0.9 以上。

滚动转子式压缩机的效率:中温全封闭滚动转子式压缩机的机械效率在 0.7 ~ 0.85 之间。定义全封闭式压缩机的电效率为理论压缩(等熵压缩过程)所需电功率 P_s(kW)与实际所需的电功率 P_e(kW)之比,即

$$\eta_e = P_s / P_e \tag{9-51}$$

滚动转子式压缩机的电效率是指示效率、加热效率、泄漏效率、机械效率、电动机效率的乘积。

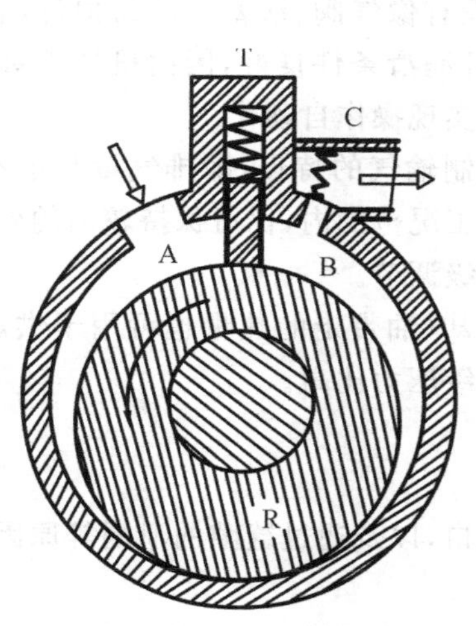

图 9-3-3　滚动转子式压缩机结构示意

A—吸入室；　B—压出室；　C—排气阀；

T—隔片；　R—偏心活塞

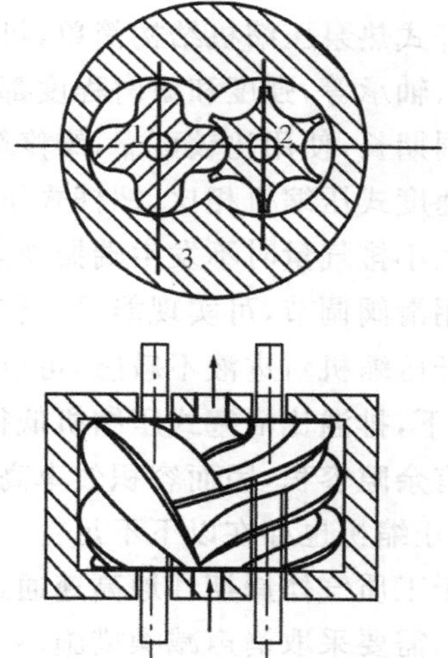

图 9-3-4　双螺杆式压缩机结构示意

1—由电动机驱动的主动螺杆；

2—由主动螺杆驱动的从动螺杆；　3—壳

3. 螺杆式压缩机

工作原理:螺杆式压缩机可分为单螺杆式和双螺杆式。以双螺杆式压缩机为例,其结构示

意如图 9-3-4 所示。

由图 9-3-4 可见，压缩机中具有一对互相啮合、旋向相反的螺旋形齿的转子，其中齿面凸起的转子称为阳转子，齿面凹下的转子称为阴转子（其中一个为主动转子，另一个为从动转子）。转子的齿相当于活塞，转子的齿槽、机体的内壁面和两端端盖等共同构成的工作容积，相当于气缸。机体的两端设有成对角线布置的吸、排气孔口。随着转子在机体内的旋转运动，吸入侧的齿间容积增大，压出侧的减少，使工作容积由于齿的侵入或脱开而不断发生变化，从而周期性地改变转子每对齿槽间的容积，达到吸气、压缩和排气的目的。

螺杆压缩机没有振动零件，可在 2 950 r/min 以上的高转速下运转。利用压缩机内所装的滑阀，可在 10%～100%范围内对能量进行无级调节。

螺杆式压缩机在热泵工况下运行压力可能较高，因此推力轴承的承载能力应选得比用作制冷压缩机时要大些，在设计机器时应注意这点，且轴承是易损件，需定期更换。在吸入过程结束后，一般都向壳体中喷油，以保证转子和壳体之间的密封，防止气体倒流和螺杆过热，因此设计装置的循环时，应采取相应的措施，保证喷油及避免润滑油带入循环中去。

螺杆的制造精度要求较高。螺杆式压缩机有带滑阀和不带滑阀的两种。在滑阀移动时，它使吸气侧部分敞开，于是工作腔中的一部分气体就通过旁通管流回吸气接管。不带滑阀的压缩机，只能通过改变转速来调节排气量，通常用内燃机驱动。

螺杆式热泵压缩机同时具有活塞式和速度式压缩机两者的特点。其主要优点如下：

(1)与往复活塞式热泵压缩机相比，螺杆式热泵压缩机具有转速高、重量轻、体积小、占地面积小以及排气脉动低等一系列优点。

(2)螺杆式热泵压缩机没有往复质量惯性力，动力平衡性能好，运转平稳，机座振动小，基础可做得较小。

(3)螺杆式热泵压缩机结构简单，机件数量少，没有像气阀、活塞环等易损件，它的主要摩擦件如转子、轴承等，强度和耐磨程度都比较高，而且润滑条件良好，因而机加工量少，材料消耗低，运行周期长，使用比较可靠，维修简单，有利于实现操作自动化。

(4)与速度式压缩机相比，螺杆式压缩机具有强制输气的特点，即排气量几乎不受排气压力的影响，在小排气量时不发生喘振现象，在宽广的工况范围内，仍可保持较高的效率。

(5)采用滑阀调节，可实现能量在较大范围内无级调节。

(6)螺杆压缩机对进液不敏感，可以采用喷油冷却（油带走的热量也可用于供热），故在相同的压力比下，排温比活塞式压缩机低得多，因此单级压力比高。

(7)没有余隙容积，因而容积效率高。

螺杆式压缩机也存在以下不足：

(1)由于工质气体周期性地高速通过吸、排气孔口，以及通过缝隙的泄漏等原因，使压缩机有很大噪声，需要采取消声减噪措施。

(2)螺旋形转子对空间曲面的加工精度要求高，需用专用设备和刀具来加工。

(3)由于间隙密封和转子刚度等的限制，目前螺杆式压缩机还不能像往复式压缩机那样达到较高的终了压力。

(4)为了保证螺杆式热泵压缩机的正常运转，必须配置相应的辅助机构，如润滑油的分离和冷却装置、能量的调节控制装置、安全保护装置和监控仪表等。

螺杆式压缩机（双螺杆）的理论输气量为

$$V_n = (Z_1 A_{01} N_1 + Z_2 A_{02} N_2) L \tag{9-52}$$

式中　V_n—— 理论输气量，m^3/s；

Z_1, Z_2—— 阳、阴螺杆的齿数；

A_{01}, A_{02}—— 阳、阴螺杆的齿间面积，m^2；

N_1, N_2—— 阳、阴螺杆的转速，r/s；

L—— 转子长度，m。

由于齿间面积计算较困难，当阳转子为主动转子时，理论输气量也可用下式计算：

$$V_n = C_n C_\phi D_0^2 L N_1 \tag{9-53}$$

式中　C_n—— 面积利用系数；

C_ϕ—— 螺杆扭转角较大造成吸气不足的扭角系数；

D_0—— 转子的公称直径，m。

螺杆式热泵压缩机的输气系数大致在 0.7～0.92 之间，机械效率通常为 0.95～0.98，绝热（等熵）效率为 0.72～0.85。

典型螺杆式热泵（制冷）压缩机的参数见表 9-3-3。

表 9-3-3　螺杆式单级热泵（制冷）压缩机技术参数

	型号						
	KA25-100	KA20-50	KF20-48	KF20-30	KA16-25	KF16-24	KF16-15
转子名义直径/mm	250	200			160		
转子长度/mm	375	300			240		
主动转子转速/(r·min^{-1})	2 960						
转子间传动方式	阳带阴						
工质	NH_3	NH_3	R22	R12	NH_3	R22	R12
制热量/kW 标准工况	1 474	781	760	543	390	379	270
制热量/kW 空调工况		1 414	1 362		707	684	
电动机功率/kW（标准工况/空调工况）	315/500	200/250			100/125		
进气管直径/mm	200	150			100		
排气管直径/mm	250	100			80		
制热量调节范围/(%)	15～100（滑阀）						
噪声/dB(A)	≤98	≤92			≤89		
耗油量/(g·h^{-1})	≤200	≤110			≤80		
质量/kg	7 500	4 500	3 750	3 750	3 000		
外形尺寸（长×宽×高）/mm	4 350×1 800×2 800	2 875×1 410×1 767	3 620×960×2 285	3 620×960×2 285	2 470×1 355×1 300		

表 9－3－3 中标准工况和空调工况的规定见表 9－3－4。

表 9－3－4　标准工况和空调工况的参数规定

工质	蒸发温度/℃	吸气温度/℃	冷凝温度/℃	过冷温度/℃
标准工况				
R717	－15	－10	30	25
R12,R22	－15	15	30	25
空调工况				
R717	5	10	40	35
R12,R22	5	15	40	35

当直接采用螺杆式制冷压缩机用于热泵装置时，其设计与制造条件见表 9－3－5。

表 9－3－5　螺杆式热泵(制冷)压缩机的设计和制造条件

工作温度	工质		
	R717	R22	R12
最高冷凝温度/℃	46	49	
最低冷凝温度/℃	－40		
最高蒸发温度/℃	5	10	
最高排气温度/℃	<105		90

4. 涡旋式压缩机

涡旋式压缩机的工作室是由两个涡旋体啮合而成，涡旋体一般采用圆的渐开线。压缩机工作时，利用涡旋转子与涡旋定子的啮合，形成多个压缩室，随着涡旋转子的平移回转，使各压缩室的容积不断变化来压缩气体。

涡旋式压缩机具有效率高、噪声小、运转平衡等优点。涡旋式压缩机不需要进气阀和排气阀，工质在涡旋体中流速较低，可在 900～13 000 r/min 的范围内运转良好，宜于用电动机变频调速的方式调节热泵制热量。

涡旋式压缩机可采用轴向和径向的柔性密封，密封性能好，容积效率高，对湿行程(进气或压缩过程中有工质液滴)不敏感，对热泵在高压比下运行时采用喷液冷却提供了方便。

涡旋式压缩机对加工精度和安装技术要求很高。应用中尽管对湿行程不敏感，但若进液过多，可能稀释润滑油影响轴承的润滑，因此是否加气液分离器需视具体情况而定；涡旋压缩机只能向一个方向旋转，对三相电动机需注意接线，防止电动机反向旋转。

(五)速度型压缩机

速度型压缩机主要分离心式和轴流式，由于离心式压缩机可产生较高的压差，较适于用作热泵(及制冷空调)压缩机，故此处仅介绍离心式压缩机。

1. 优点

因压缩气体的工作原理不同，离心式压缩机与往复活塞式压缩机相比较，具有下列优点。

(1)无往复运动部件,动平衡特性好,振动小,基础要求简单。

(2)无进排气阀、活塞、气缸等磨损部件,故障少、工作可靠、寿命长。

(3)机组单位制热量的重量、体积及安装面积小。

(4)机组的运行自动化程度高,制热量调节范围广,且可连续无级调节,经济方便。

(5)在多级压缩机中容易实现一机多种蒸发温度,可从多种低温热源中吸热。

(6)润滑油与工质基本不接触,从而提高了冷凝器及蒸发器的传热性能。

(7)对大型离心式压缩机,可由蒸汽透平(汽轮机)或燃气透平(燃气轮机)直接带动,能源使用经济、合理。

2. 缺点

(1)单机容量不能太小,否则会使气流流道太窄,影响流动效率。

(2)因依靠速度能转化成压力能,速度又受到材料强度等因素的限制,故压缩机的一级压力比不大,在压力比较高时,需采用多级压缩。

(3)通常工作转速较高,需通过增速齿轮来驱动。

(4)当冷凝压力太高或制冷负荷太低时,机器会发生喘振而不能正常工作。

(5)制热量较小时,效率较低。

综上所述,制热量很大时,适于选用离心式压缩机。

3. 工作原理

离心式压缩机的结构示意如图 9-3-5 所示。离心式压缩机由转子与定子等组成。工质进入压缩机后,带叶片的转子(即工作轮)高速转动,叶片带动工质流动,把功传递给工质,使工质获得动能;定子部分则包括扩压器、弯道、回流器、蜗壳等,它们改变工质气流的运动方向并把工质的速度能转变为压力能。工质蒸气由轴向吸入,沿半径方向甩出,故称离心式压缩机。

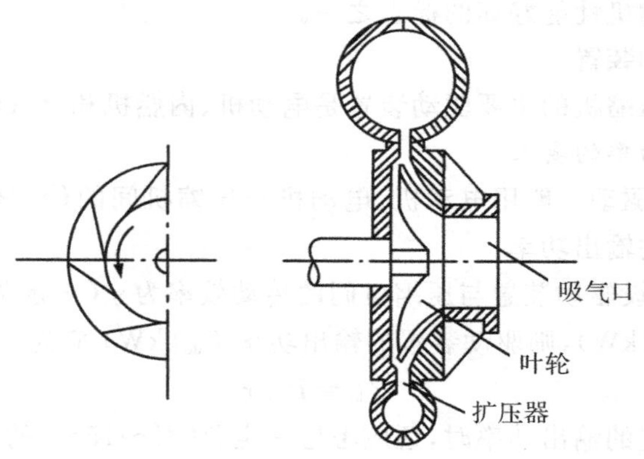

图 9-3-5　离心式压缩机的结构示意

4. 总体结构

离心式压缩机可分为开启式和封闭式两大类型。开启式的压缩机与原动机分开(增速齿轮可以与压缩机装在同一机壳内,也可以单独装在机外),压缩机轴的外伸端装有机械密封,以防止工质外泄或空气漏入。封闭式的压缩机则是将压缩机、增速齿轮、原动机用一个壳体连成一体,轴端不需要机械密封。采用氟里昂作工质时为减少工质的泄漏,大多采用封闭式结构。

由于使用场合、工作条件(冷凝温度、蒸发温度)及采用的工质不同,离心式压缩机可根据不同需要在结构上采用单级或多级。

5. 工况变动时对性能的影响

蒸发温度和冷凝温度变化时，离心式压缩机的性能也将发生变化，变化规律与往复活塞式压缩机相似，但离心式压缩机对工况变化较敏感，制热量等的变化幅度要大于往复活塞式压缩机。

转速变化时，由于离心式压缩机产生的能量头与转速的平方成正比。当转速降低时，能量头急剧下降，制热量也将急剧下降。

6. 喘振与堵塞

(1)喘振。

离心式压缩机在设计工况下工作时，气流方向和叶片流道方向一致。当流量减小时，气流速度和方向均发生变化，可使非工作面上出现脱离现象。当流量减少到某一点时，脱离现象扩展到整个流道，使损失大大增加，压缩机产生的能量头不足以克服冷凝压力，致使气流从冷凝器倒流，倒流的气体与吸进来的气体混合，流量增大，叶轮又可压送气体。但由于吸入气体量没有变化，流量仍然很小，故又将产生脱离，再次出现倒流现象，如此周而复始。这种气流来回倒流撞击的现象称为“喘振”，它将使压缩机产生强烈的振动和噪声，严重时会损坏叶片甚至整个机组。为防止压缩机工况变化时发生喘振现象，机组中可采取反喘振措施，如从压缩机出口旁通一部分气流直接进入压缩机的吸入口，加大它的吸入量，从而避免喘振现象的发生。

(2)堵塞。

堵塞是指流量已达到最大量，此时压缩机流道中最小截面处的气流速度达到了音速，流量不可能继续增加。

从堵塞点(最大流量点)到喘振点(最小流量点)这一范围称为离心式压缩机的稳定工作区。它的大小也是压缩机性能好坏的标志之一。

(六)压缩机的驱动装置

蒸气压缩式热泵压缩机的主要驱动装置是电动机、内燃机和燃气轮机。

1. 驱动装置输出功率的要求

对封闭式压缩机，驱动一般用电动机，电动机与压缩机间的传动效率近似为 1，故压缩机的轴功率即为电动机的输出功率。

对开启式压缩机，设驱动装置与压缩机间的传动效率为 η_c(一般为 0.9～0.95)，压缩机所需输入的轴功率为 P_n(kW)，则驱动装置的输出功率 P_{do}(kW) 应为

$$P_{do}=P_n/\eta_c \tag{9-54}$$

实际确定驱动装置的输出功率时，还应考虑一定(10%～15%)的安全裕量。

2. 电动机

驱动热泵压缩机的电动机主要为单相或三相感应式异步电动机，其适用的功率范围和电动机的大致效率 η_o 如图 9-3-6 所示。

其中电动机效率定义为电动机输出功率 P_{do}(kW) 与输入功率 P_{di}(kW) 之比，即

$$\eta_o=P_{do}/P_{di} \tag{9-55}$$

已知电动机的效率和所要求的输出功率时，电动机输入功率可由式(9-55) 计算得出。

3. 内燃机

内燃机较宜用作热泵压缩机驱动装置的内燃机主要为四冲程内燃机，即活塞在气缸内往

复运动两次(曲轴旋转两圈),依次完成吸气、压缩、膨胀、排气四个过程的内燃机。根据燃料引燃方式的不同,又可分为点燃式和压燃式两种。

(1) 点燃式内燃机。

点燃式内燃机的主要特点是燃料与空气的混合物在气缸中用火花塞点燃。可用的燃料通常为汽油,也可为燃气(天然气、液化石油气等)。

点燃式内燃机工作介质理论循环时的状态变化在压力(p)-比体积(v)图上的表示如图 9-3-7 所示。

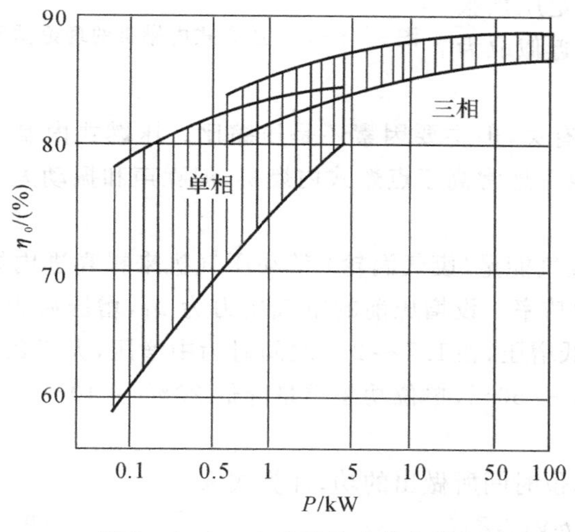

图 9-3-6　电动机的功率和效率

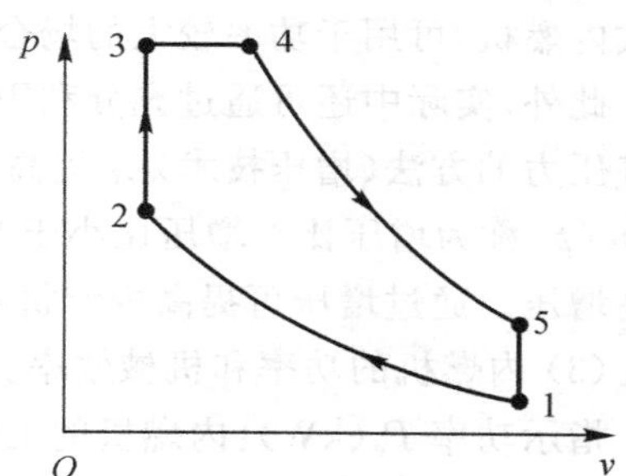

图 9-3-7　点燃式内燃机的理论循环

图中 1→2 表示定熵压缩过程,2→3 表示工作介质在定容下燃烧加热过程,3→4 表示定熵膨胀做功过程,4→1 表示工作介质在定容下的放热过程。该循环中加热过程比体积是不变的,故称为定容加热循环,也称为奥托(Otto)循环。

内燃机所做功与所消耗热能的比,称为其热效率。奥托循环的热效率为

$$\eta_t = 1 - \frac{1}{\varepsilon^{k-1}} \tag{9-56}$$

式中,$\varepsilon = V_1/V_2$ 称为内燃机的压缩比;k 为工作介质的定压比热容与定容比热容之比,称为绝热指数或等熵指数。内燃机工作介质的绝热指数可近似与空气的绝热指数相同(约为 1.4)。点燃式内燃机的压缩比一般在 6.5 ~ 9 之间,当压缩比为 7.5 时,点燃式内燃机理论循环的热效率约为 55%。

(2) 压燃式内燃机。

压燃式内燃机是先将空气吸入气缸,压缩到一定压力和温度后,喷入燃料,靠压缩形成的高温引燃燃料与空气的混合物。其工作介质的循环过程在压力(p)-比体积(v)图上的表示如图 9-3-8 所示。

图中 1→2 为等熵压缩过程,压缩过程结束时,空气的温度已超过燃料的自燃点,此时喷油嘴向气缸中喷出雾状燃料,燃料与空气接触后立即燃烧,气缸内的温度和压力迅速升高,这一过程用定容燃烧过程 2→3 表示;到 3 点状态后,喷油和燃烧继续进行,但压力基本保持不变,这一过程可近似用等压燃烧过程 3→4 表示;到 4 点状态后,高温高压的工作介质等熵膨胀

并推动活塞做功，该过程可用 4 → 5 表示；之后为膨胀后的废气的定容放热过程 5 → 1。该循环中燃料燃烧过程基本是在定容和定压下进行的，故称为混合加热循环，也称为萨巴德循环。

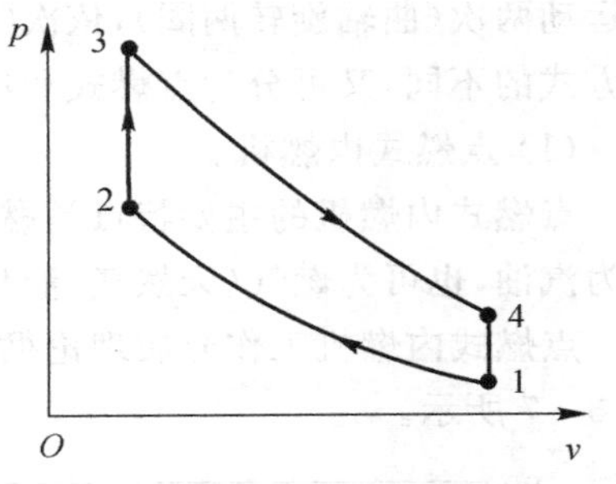

图 9-3-8　压燃式内燃机的理论循环

萨巴德循环的热效率为

$$\eta_t = 1 - \frac{1}{\varepsilon^{k-1}} \times \frac{\lambda\varphi^x}{(\lambda-1)+k\lambda(\phi-1)} \quad (9-57)$$

式中，$\lambda = p_3/p_2$，为定容升压比；$\phi = v_4/v_3$，为定压预胀比；$\varepsilon = v_1/v_2$ 为压缩比；$k = c_p/c_V$ 为绝热指数(近似取为空气的绝热指数 1.40)。

尽管压燃式内燃机的热效率与多种因素有关，但主要因素还是压缩比。压燃式内燃机的压缩比一般为 14 ～ 22。压燃式内燃机的热效率通常高于点燃式内燃机，但噪声和振动大于点燃式内燃机，可用于功率较大的场合。

此外，实际中还可通过充分利用燃烧后废气能量(废气涡轮) 带动压气机来提高进内燃机空气压力的方法(增压技术) 来提高内燃机的功率。设增压前的空气压力为 p_1，增压后为 p_2，则 p_2/p_1 称为增压比。增压比小于1.7时为低增压，在1.7 ～ 2.5之间时为中增压，大于2.5时为高增压。通过增压可提高内燃机功率 30% ～ 50%，单位功率重量降低 20% ～ 40%。

(3) 内燃机的功率和机械效率。

指示功率 P_i(kW)：内燃机的工作介质单位时间所做出的功，计算式为

$$P_i = 2p_i V_h NZ/C \quad (9-58)$$

$$V_h = \pi D^2 S/4 \quad (9-59)$$

式中　p_i—— 气缸中一个工作循环中的平均指示压力，kPa；

V_h—— 气缸有效工作容积，m^3；

D—— 气缸的有效直径，m；

S—— 活塞行程，m；

N—— 内燃机转速，r/s；

Z—— 内燃机气缸数；

C—— 内燃机冲程数。

有效功率 P_e(kW)：各部件摩擦，喷油泵、冷却水循环等所消耗的功率之和称为机械损失功率 P_m(kW)，指示功率与机械损失功率之差为内燃机从轴输出的有效功率，即

$$P_e = P_i - P_m \quad (9-60)$$

有效功率与指示功率之比为内燃机的机械效率 η_m，即

$$\eta_m = P_e/P_i \quad (9-61)$$

额定工况下内燃机的机械效率一般在 0.75 ～ 0.90 之间。

(4)内燃机的燃料。

内燃机的燃料可分为气体燃料或液体燃料，常用液体燃料为汽油和柴油，常用气体燃料为煤气和天然气。

汽油和气体燃料一般用于点燃式内燃机中，柴油一般用于压燃式内燃机中。

汽油的主要使用指标为抗爆性，可用辛烷值表示，辛烷值越高，抗爆性越好。

柴油的主要使用指标为自燃性，可用十六烷值表示，该值应适中。较低时则自燃性差，自柴油喷入到开始燃烧的时间间隔较长，一旦燃烧则过程十分剧烈，对内燃机有害；该值较高时，柴油喷入后还未与空气混合充分就已开始燃烧，易导致燃烧不充分，浪费燃料。

柴油按密度可分为轻柴油和重柴油。用重柴油作燃料时需注意其凝固点和黏度，确保供油和燃烧充分。

(5)内燃机的热平衡。

内燃机约将输入能量的1/3转化为动力，其余均以热能形式排出。内燃机输入、各种输出能量的平衡关系为

$$Q_b = Q_e + Q_L + Q_r + Q_s \tag{9-62}$$

式中　Q_b——内燃机耗用燃料的总发热量，kJ；

Q_e——转换为有效功的热量，kJ；

Q_L——冷却介质带走的热量，kJ；

Q_r——废气带走的热量，W；

Q_s——其他热量损失，W。

式(9-62)两边同除以 Q_b 时，可得各部分能量占燃料总发热量的比值关系为

$$q_e + q_L + q_r + q_s = 100\% \tag{9-63}$$

内燃机热平衡的典型数据见表9-3-6。

表9-3-6　内燃机热平衡的典型数据

热平衡的各组成部分	点燃式内燃机	压燃式内燃机	热平衡的各组成部分	点燃式内燃机	压燃式内燃机
燃料总发热量/(%)	10	100	废气带走部分/(%)	35～40	25～45
做有效功部分/(%)	20～30	30～42	其他热量损失/(%)	5～10	2～10
冷却介质带走部分/(%)	25～30	15～35			

由表9-3-6可见，废气和冷却水带走的热量约占燃料总发热量的2/3(其中气缸套冷却水出口温度通常为85～95℃，排气温度为350～450℃)，这部分热量可被回收用来和热泵冷凝器放热一起供给热用户。

(6)内燃机的热效率和油耗。

设燃料的消耗量为 G_b(kg/s)，低热值为 h_u(kJ/kg)，内燃机的指示功率为 P_i(kW)，有效功率为 P_e(kW)，则内燃机的指示热效率为

$$\eta_{it} = P_i/(G_b h_u) \tag{9-64}$$

有效热效率为

$$\eta_{et} = P_e/(G_b h_u) \tag{9-65}$$

每产生1 kW·h指示功的燃料消耗量称为指示燃料耗率 g_i[kg(燃料)/(kW·h)(功)]，用公式写为

$$g_i = 3\,600 G_b/P_i \tag{9-66}$$

每产生1 kW·h有效功的燃料消耗量称为有效燃料耗率 g_e[kg(燃料)/(kW·h)(功)]，用公式写为

$$g_e = 3\,600 G_b/P_e \tag{9-67}$$

柴油机和汽油机在额定工况下的有效油耗率和有效热效率见表9-3-7。

表9-3-7 柴油机和汽油机在额定工况下的有效油耗率和有效热效率

内燃机类型	有效油耗率/(%)		有效热效率/(%)
	kg(油)/(kW·h)(有效功)	kg(油)/(hp*·h)(有效功)	
低速柴油机	0.190～0.225	0.140～0.165	0.45～0.38
中速柴油机	0.195～0.240	0.145～0.175	0.43～0.36
高速柴油机	0.215～0.285	0.160～0.210	0.40～0.30
四冲程汽油机	0.270～0.470	0.200～0.300	0.30～0.20
二冲程汽油机	0.410～0.545	0.300～0.400	0.20～0.15

注:* hp表示马力,1 hp=735.499 W。

(7)内燃机的变工况特性。

内燃机的变工况特性也称为内燃机的负荷特性。对柴油机,一般当负荷为额定功率70%～90%时,具有较高的有效热效率和较低的燃料耗率,这一负荷范围称为柴油机的经济功率,选择和使用柴油机时,应使其经常在这一区间工作。

燃气轮机大型开启式热泵可用燃气轮机驱动,燃气轮机装置的组成及其循环示意如图9-3-9和图9-3-10所示。

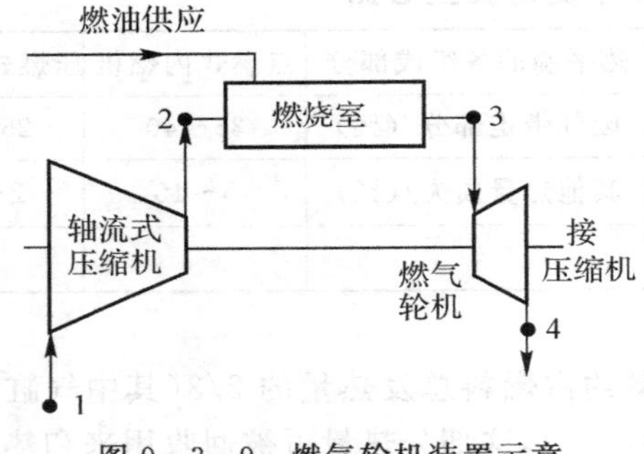

图9-3-9 燃气轮机装置示意

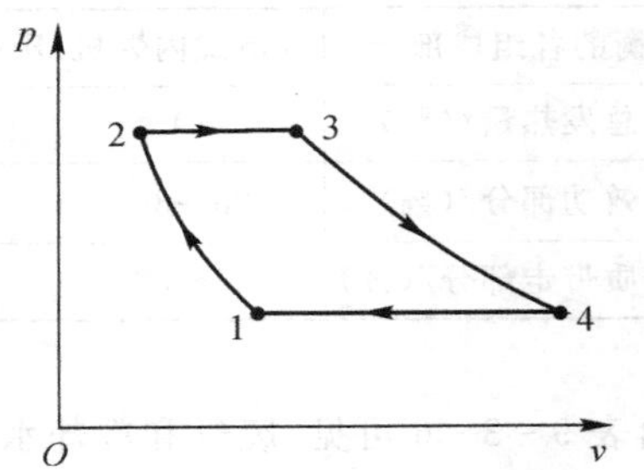

图9-3-10 燃气轮机装置的理论循环

由图9-3-9可见,燃气轮机装置由轴流式空气压缩机、燃烧室和燃气轮机组成,燃气轮机驱动热泵压缩机制热。过程1→2表示空气经压缩机等熵压缩升压后进入燃烧室;同时向燃烧室中喷入燃油,与高温空气混合并在定压下燃烧,该过程由2→3表示;燃烧产生的高温高压气体进入燃气轮机等熵膨胀做功(驱动热泵压缩机),该过程由3→4表示;出燃气轮机的废气排入大气中(其中的热能可被回收一部分与热泵冷凝器放热一起供给热用户)。

燃气轮机所做功与所消耗燃料热能的比值,称其为热效率η_t,燃气轮机理论循环热效率的计算式为

$$\eta_t = 1 - 1/\beta^k - 1 \tag{9-68}$$

式中,$\beta = p_2/p_1$,称为空气的绝热增压比,k为空气的绝热指数(约为1.4)。

燃气轮机装置的绝热增压比一般为3～10。设该值为8时,则燃气轮机理论循环的热效率约为45%。

燃气轮机装置的转速通常在3 000 r/min以上,整套装置很紧凑,但需使用耐高温和高强

度的材料，轴流式空气压缩机的功率消耗也很大。

(七)热泵压缩机的润滑油

热泵压缩机润滑油一般指与工质及压缩机相匹配的各种冷冻机油。

1.润滑油的作用

(1)润滑压缩机运动件的摩擦表面，使摩擦表面被油膜分开，减少零件的磨损，降低压缩机的功耗。

(2)润滑油不断进入摩擦表面，带走摩擦热，对摩擦表面有冷却作用。

(3)润滑油使活塞环和气缸镜面间、轴封摩擦面等部分充满润滑油，以阻挡工质的泄漏。

(4)润滑油不断冲洗摩擦表面，带走磨屑，可减少零件的磨损。

小型压缩机可用飞派润滑，大中型可用压力润滑(设有专门的压力润滑系统)。对压力润滑的压缩机，可利用润滑系统的油压控制卸载机构。

2.润滑油的性能指标

(1)黏度。黏度是润滑油的最主要特性，它不仅决定润滑油性能，而且直接影响到压缩机的性能、摩擦零件的冷却和密封机构的密封性能。

润滑油的黏度随温度而变，一般温度越高，黏度越小。压缩机中润滑油的黏度过大或过小均不宜；黏度过大会增加摩擦功率和摩擦热，而黏度过小又难以建立起所需的油膜，使润滑性能恶化。

使用不同工质的压缩机，对润滑油的黏度要求是不同的。当工质(如 R717，氨)和润滑油不互溶时，应选用黏度较低的润滑油；当工质(如 R12)和润滑油互溶时，工质溶入润滑油可能使润滑油的黏度变低，故应选用黏度较高的润滑油。

(2)酸值。润滑油中如含有酸类物质，与金属接触会引起腐蚀。油中含有游离酸的数量常用酸值来表示。中和润滑油中的游离酸所需 KOH 的毫克数称为酸值。

(3)浊点。浊点是指随温度的降低，润滑油中开始析出石蜡时的温度。热泵压缩机中使用的润滑油应该在工作范围内不会有石蜡析出，即润滑油的浊点应低于蒸发温度，否则石蜡析出将会堵塞节流机构和影响传热效果。

润滑油中溶有氟里昂后的浊点，与纯冷冻油的浊点不同，测量润滑油的浊点时，应加入一定数量的氟氯烷后进行。

(4)凝点。润滑油在冷却时逐渐变黏，流动性下降，当润滑油完全失去流动性时的温度称为凝点。润滑油的凝点一般应低于－40℃。润滑油中溶有氟里昂后，其凝点会有所降低。

(5)闪点。润滑油加热到所产生的油蒸气接触明火时，能发生闪火的最低温度叫闪点。润滑油的闪点必须比压缩机排气温度高 15℃以上，以免引起润滑油的燃烧和结焦。通常要求润滑油的闪点不低于 150℃。

(6)化学稳定性、氧化安定性。润滑油在使用过程中，要求能保持其化学性质和组成稳定不变。事实上，在使用过程中，高温下与金属、工质、水分等接触时，会产生分解、氧化和聚合等反应。氧化后生成的有机酸物质，增加了对钢铁和绝缘材料的腐蚀，会造成电动机绝缘不良。聚合反应的结果是生成胶质沥青等聚合物，使油的黏度增加，润滑性能降低。这些物质附着在压缩机的阀片上，会使阀片关闭不严，影响气阀的正常工作，也会阻塞过滤器、输油管道和节流阀通道等。因此要求润滑油应具有良好的氧化安定性和化学稳定性。

氧化安定性和化学稳定性，一般用油氧化后生成沉淀物的多少和氧化后的酸值来表示。

(7)含水量、机械杂质和溶胶含量。

(8)击穿电压。击穿电压是表示润滑油绝缘性能的指标。纯润滑油的电绝缘性能是很好的,但当油中含有水分、纤维、灰尘等微小杂质时,电绝缘性能就会降低。在封闭式压缩机中,由于润滑油与电动机绕组和接线柱接触,因而要求具有较高的击穿电压。

3.对润滑油的要求

(1)凝固点低。固化现象的表现可能为温度低时黏度变大,也可为石蜡固化析出。在热泵装置中,蒸发器中的温度最低,所以选用润滑油时,应确保润滑油的凝固点要低于工质的蒸发温度。

(2)润滑性能好。

(3)发火点高,抗氧化稳定性好。在高温下不氧化、不分解、不出现胶结及结碳现象。在热泵中,压缩机气缸及排气口处的温度最高,在选用润滑油时,应确保润滑油可长期工作在该温度下不变性。

(4)有适当的黏度,受温度变化的影响小。

(5)与工质的分离性好,不产生化学反应,对其他材料也不产生化学作用。氨能乳化脂肪油,故氨机组中用纯矿物油。

(6)抗乳化性强,挥发性小。

(7)不含水及酸类杂质,电气绝缘性好。

(8)油膜强度高。

由于油分子本身的特性,当润滑油的黏度高、热稳定性好时,其低温性能就可能差,在实际应用时需综合权衡。

4.润滑油的分类及其基本特性

润滑油主要可分为矿物油和合成油两大类。矿物油又以其所含主要成分不同,分为石蜡基油和环烷基油。合成油主要有适用于R22的烷基苯(Alkylbenzene),适用于R134a的聚乙二醇(Polyglycol)和多元醇酯类油(Polyolesters),后者也称聚酯油,用POE表示。聚烷基乙二醇(PAG),不仅适用于R134a系统,也适用于R12和R22系统。典型润滑油的基本特性见表9-3-8。

表9-3-8　典型润滑油的基本特性

性质		矿物油				合成油				
		环烷基			石蜡基	烷基苯	酯类		乙二醇类	
黏度(38℃)/($mm^2\cdot s^{-1}$)		33.1	61.9	68.6	34.2	31.7	30	100	29.9	90
黏度指数		0	0	46	95	27	111	98	210	135
相对密度		0.913	0.917	0.9	0.862	0.872	0.995	0.972	0.99	1.007
流动点/℃		—43	—40	—37	—18	—46	—48	—30	—46	—40
冷凝点/℃		—56	—51	—51	—35	—73				
闪点/℃		171	182	204	202	177	234	258	204	168
质量分数/(%)	C_A(芳香族)	14	16	7	3	24				
	C_N(环烷族)	43	42	46	32	—				
	C_P(石蜡族)	43	42	47	65	76				
与R22的临界溶解温度/℃		—3.9	1.7	23	27	—73				

5.润滑油的选用

典型工质与矿物油的互溶性见表9-3-9。

表9-3-9　工质和矿物油的互溶性

完全互溶	部分互溶			不互溶
	高互溶	中互溶	低互溶	
R11	R13B1	R22	R13	R717
R12	K501	R114	R14	CO_2
R21	R123		R115	R134a
R113			R152a	
R500			R-C318 R502	

典型工质及压缩机的可选润滑油见表9-3-10。

表9-3-10　典型工质及压缩机的可选润滑油

工质	压缩机形式	润滑油黏度(38℃)/($mm^2\cdot s^{-1}$)
氨(R717)	螺杆式	60～65
氨(R717)	活塞式	32～65
二氧化碳(R744)	活塞式	60～65
R11	离心式	60～65
R123	离心式	60～65
R12	离心式	60～65
R12	活塞式	60～65
R12	回转式	60～65
R134a	离心式	60～65
R134a	螺杆式	60～65
R22	离心式	60～86
R22	活塞式	32～65
R22	涡旋式	60～65
R22	螺杆式	60～173
卤代烃工质	螺杆式	32～800

(八)压缩机的选型方法

(1)确定热泵的工质、冷凝温度、蒸发温度、容积制热量、制热量和压缩机功率。

(2)先考虑有无该工质的专用压缩机,如R22、R134a、R717、R744等均有专用压缩机系列。

(3)如有专用压缩机，根据热泵的制热量、功率范围及当地能源情况，确定压缩机的形式。如制热量较大时可考虑离心式压缩机，制热量中等时可考虑螺杆式压缩机，制热量不大时可考虑活塞式、旋转式、涡旋式压缩机。如用电较方便时，宜首选封闭式压缩机；如电较紧张时，可考虑采用内燃机或燃气轮机驱动的开启式压缩机。

(4)压缩机形式确定后，选择生产该形式压缩机的制造商，查询压缩机的样本资料，根据制热量确定压缩机型号。以丹佛斯美优乐全封闭压缩机的部分样本资料为例，设某热泵所用工质为 R22，蒸发温度为 5℃，冷凝温度为 50℃，制热量为 10 kW，则可选 MT32，在上述工况下其制热量＝制冷量＋压缩机功率＝7.857 kW＋2.76 kW＝10.6 kW，满足该热泵要求，此时电动机输入功率为 2.76 kW。当考虑实际运行时的工况波动及一定的机组制热裕量时，也可选择 MT36 压缩机，其制热量约 12kW，压缩机功率为 3.11 kW。

(5)当热泵工质无专用压缩机时，可考虑与该工质相容的压缩机。对开启式压缩机，一般可使用不同工质，通用性较强；对封闭式压缩机，因压缩机内各种材料均是为某种工质专门设计的，换用其他工质时一定慎重。通常，选用相容压缩机时需考虑如下几方面。

1)所选压缩机的润滑油要与工质相容。

2)封闭式压缩机中的材料，如电动机绕组的绝缘漆等，要与工质相容。

3)工质与材料相容的大致规律是极性小的工质一般可与极性大的工质的配套材料相容，反之通常不可。反映工质极性的主要参数可参考表 9－2－1 中工质的偶极矩。

4)压缩机的受力不应超过设计值。

5)压缩机中各点的温度不应超过设计值。

6)满足上述条件后，核算工质的热力循环性能。此时压缩机一般在非设计工况下运行，原则上应使其负荷略低于设计负荷而不应超出。

7)压缩机采用非原配工质长期运行时，需就上述内容进行前期实验和测试，满足各项要求后才能使用。

(6)选用示例。设热泵所要求的制热量为 45 kW，冷凝温度为 90℃，蒸发温度为 30℃，工质可选 R124。由表 9－2－2，其冷凝压力约为 1 946.2 kPa，蒸发压力约为 445.30 kPa，蒸发压力下饱和气的比体积为 0.036 m^3/kg。目前制热量在这一数量级、用于 R124 的专用压缩机很少，可考虑当前技术较成熟且价格相对低、与 R124 相容的封闭式压缩机。作为初选，可选 R22 压缩机。由表 9－2－1，R124 的偶极矩约为 1.469 0 Debye，R22 的偶极矩约为 1.458 0 Debye，二者极性相近，初步推测，R124 应可与 R22 全封闭式压缩机内的材料和润滑油相容。

压缩机可按输气量初步选型。由于制冷压缩机样本资料一般是按制冷量给出的，此处先按制冷量选型(制冷量相同时，制热量也基本相同)，然后核算制热量。由 R124 热泵的循环参数可算得其单位容积制冷量约为 1 900 kJ/m^3；制热量为 45 kW 时，按制热系数为 3 估算，其制冷量约为 30 kW，需压缩机输气量约为 0.016 m^3/s($\approx$58 m^3/h)。由压缩机样本资料，并考虑到活塞排量(理论输气量)与实际输气量的差距，可初选 MT250 压缩机。

对初选压缩机的制热能力校核。当 R22 的压力为 19.5atm 时，其饱和温度约为 50℃；压力为 4.5atm 时，饱和温度约为－3℃，R22 为工质时的压缩机功率约为 18kW，制冷量约为 44 kW。由于 R22 该工况下饱和气比体积约为 0.052 m^3/kg，其单位容积制冷量约为 2 700 kJ/m^3，因此改用 R124 为工质时其制冷量约为 44×1 900/2 700≈31 kW；又由于两种工质的冷凝压力与蒸发压力相同，R124 和 R22 的绝热指数相近(分别约为 1.2 和 1.3)，故用 R124 时的压缩机功率与 R22 为工质时应相近，也约为 18 kW，由此得制热量约为 18 kW＋31 kW＝49 kW，说明初选结果可满足制热量要求。

综上所述，当压缩机采用非原配工质时，可根据经验规律参照上述步骤初选确定压缩机型号，但在压缩机长期运行前应进行工质与压缩机材料及润滑油间的相容性实验，并详细分析压缩机内部有无过压点、超温点、压缩机工作过程中有无超负荷工况及部件受力有无过载等。

(九)压缩机的管理与维护

1.容量调节

压缩机运行过程，需根据热用户的需求变化适时调节其制热量，简称为“容量调节”。容量调节的理想目标是：容量可从 0%～100%连续无级调节；部分负荷时仍保持较高的制热效率；可卸载启动；容量调节时不改变压缩机的可靠性。

对不同类型的压缩机，几种通用的方法如下。

(1)压缩机的双位调节。

压缩机的双位调节也称开关调节，机组根据负荷情况间歇运行。

在小型热泵机组中，可采用压缩机间歇运行的方法来实现调节制热量和需热对象温度的目的。即需热对象温度高于规定温度的上限值时，通过温度继电器或压力继电器，使压缩机停止运行，对象温度开始下降；当温度降到低于规定温度的下限值时，上述控制器件又将压缩机的电路接通，压缩机重新启动运行。这样，使压缩机在一个开、停周期内的平均输气量(制热量)，和对象的负荷相适应。这种能量调节方法多用于功率小于 10 kW 的小型机组中。

这种容量调节方法较简单，缺点是会引起热用户温度的波动，机组频繁起停，使电动机经常带负载启动，影响机组的寿命(破坏反复冷却的压缩机的润滑油膜)。

(2)开吸气阀片调节输气量。

工作原理是：当不需要某气缸工作时，该气缸调节机构将其吸气阀片强制顶离阀座，使吸气阀始终处于开启状态。压缩机吸气过程中，低压蒸气从吸气阀吸入，压缩过程中蒸气又通过吸气阀重新回到吸气腔，排气阀始终处于关闭状态，因而使该气缸的输气量为零。利用该种方法可以实现压缩机的空载启动及压缩机的输气量调节，达到制热量调节的目的。

(3)关闭吸入阀。

活塞移动时只在气缸中空吸，既不吸气，也不压缩。在压缩机气缸有 50%不起作用时(如四缸只有两缸工作)，不工作的气缸所消耗的功率只是原来的 3%，主要消耗在活塞和连杆运动的机械损失以及活塞的少量漏气。

(4)输气量旁通调节。

使压缩机排出的高压工质蒸气旁通回到吸气侧。

(5)吸气节流调节。

在压缩机吸气管路上加设阀门调节流量，这种调节方式的能量损失较大。

(6)多台压缩机的台数调节。

该方法一般在大型装置中与顶开吸气阀的调节方式联合使用。以三台压缩机组成的机组为例，如以一台为主，另两台为辅时，则磨损不均，且资源浪费。使三台程序开动平均分担负荷时，需处理好均匀的润滑油供应。多台压缩机并联运行时，往往会出现一台压缩机的润滑油特别多，而其余的压缩机又特别少的问题。此外，这种方法的成本也较高。

(7)变转速调节。

通过改变压缩机转速来调节压缩机输气量的容量，用该方法时需注意压缩机的转速调节范围。

用电动机驱动的压缩机可用改变交流电源频率的方法调整转速；用内燃机或燃气轮机驱动的压缩机可通过调节燃料供应量的方法调节转速。

此外，对特定压缩机，还可通过适当方法调节容量，如螺杆压缩机可通过滑阀调节，离心压缩机可通过在进口处采用可调进口导叶或预旋叶片的方法等。

2. 压缩机正常工作的标志

以往复活塞式压缩机为例。

(1)工作参数。

主要的标志性工作参数如下。

吸气压力：与蒸发温度相对应，略低于蒸发温度下的饱和压力。

排气压力：与冷凝温度相对应，略高于冷凝温度下的饱和压力。

吸气温度：随蒸发温度变化，应比蒸发温度高 5～15℃。

排气温度：随冷凝温度和吸气温度变化，但最高一般不应超过 150℃。

(2)润滑系统。

油泵的排出压力：系列压缩机应比吸气压力高 0.15～0.3 MPa，非系列压缩机应比吸气压力高 0.05～0.15 MPa。

润滑油温度：一般在 45～60℃之间，最高不应超过 70℃，最低不应低于 5℃。

此外，润滑油不应起泡沫（氟里昂机组除外），油面应约在油面视镜的 1/2 处或最高与最低标线之间，压缩机气缸和轴封的滴油量应符合说明书的规定。

(3)压缩机部件温度 。

轴封：一般不超过 70℃；

轴承：一般不超过 60℃；

各运转摩擦部件：一般不超过室温 30℃；

气缸冷却水：出水温度一般不超过 35℃，进出水温差一般为 3～5℃。

此外，压缩机机体不应有局部发热现象，气缸壁不应有局部发热或结霜现象，表面温差不应大于 20℃。

(4)运转的声音。

除进、排气阀片应发出上、下起落的清晰声外，气缸与活塞、活塞销、连杆轴承、安全盖以及曲轴箱等部分应无敲击声。

其他压缩机可参考压缩机的安装使用说明资料判断。

3. 压缩机常见故障及排除

(1)活塞式压缩机。

故障 1：压缩机不能正常启动。

可能原因如下：

1)电源故障。包括电动机（包括启动器）、熔断器、中间继电器、触点以及线路等失灵，电网电压太低以及缺相运行等，可通过检修电动机和线路、调整电压来排除。

2)控制部分故障。能量调节装置、温控器和自动保护装置等失灵。保护装置包括热继电器，压力、压差和油压差继电器，中冷器和循环储液器等液位控制器，以及冷却水断水保护器。

这类故障可通过检修和调整控制装置来排除。

3)机械部分故障。压缩机连杆大头和曲轴主轴承抱轴咬死，活塞卡在气缸内，高、低压串气使曲轴箱压力升高，负荷增大等，处理方法是检修压缩机。

故障2:压缩机启动后容易停机。

可能原因如下：

1)控制部分故障引起。如温控器幅值差太小；压力和压差调定值不适，使压力、压差和油压等控制器动作；电动机超载，使热继电器动作；电流过大，熔断器烧断等。这些可通过查明原因，检修故障点而排除。

2)因压缩机高、低压串气，使吸气压力上升，负荷增大。这可通过检修压缩机密封元件解决。

故障3:压缩机启动或运转中油压不起或油压过低。

可能原因如下：

1)润滑系统故障。油压表表阀未开，油系统堵塞、漏气和漏油，油泵传动机构失灵，油泵磨损严重、间隙(齿隙或端面间隙)大、漏油多，油泵内有空气，油压调节阀开启太大，曲轴箱内油量太少，润滑油中溶解工质太多等，可通过检修或更换有关部件、清理系统来解决。

2)压缩机机械故障。轴承间隙过大，油泄漏大，氨压缩机中曲轴箱回液导致氨液蒸发使油泵吸入蒸气等，这可通过检修轴承和排空氨液的方法来处理。

故障4:油压过高。

可能原因有油压表损坏、油压调节阀开度太小和油路局部堵塞等，可通过更换油压表、疏通油路和调节阀门解决。

故障5:油温过高。

可能原因如下：

1)润滑油方面。曲轴箱油面太高，连杆搅油而耗功产生热量；油的规格或质量不对，黏度太低，承载能力下降，摩擦发热增大；油冷却器供水太少。处理方法是减少油量，选用合适的油或调整冷却水量。

2)压缩机方面。压缩机高、低压串气，使低压漏入高温气体；轴承和轴封间隙太小或表面不平，产生摩擦发热增多；吸、排气温度过高。处理方法是检修压缩机和正确操作。

故障6:曲轴箱中油起泡沫(氨压缩机)。

可能原因是油中含有大量氨液时，箱内压力降低，氨液蒸发而起泡；油面太高，因连杆搅动而起泡。处理方法是排空氨液和调整油量。

故障7:压缩机耗油量过多。

可能原因包括压缩机轴承，气缸与活塞、油环等处间隙过大，使漏油增加，以及卸荷油缸漏油严重等，可由检修或更换相应部件来解决。

另外，油压过高时，使供油量增加；油面过高时，则使连杆搅动增加，气体易带走油；排温过高时，油易被蒸发而带走，这也都将引起耗油增大，处理方法是调整油压和油量，降低排温。

故障8:气缸中有敲击声。

可能原因如下：

1)运行方面。压缩机湿冲程(工质液体或润滑油大量进入气缸内，产生液击现象)将导致敲击。处理方法是正确操作，防止液击。

2)压缩机方面。余隙过小而致使活塞撞击阀板或排气阀座或缸盖;安全弹簧变形和破裂,使弹力不足,缸盖容易打开;吸、排气阀固定螺栓松动,弹簧失灵,阀片下降过快;阀片和活塞环等损坏或磨损,掉入气缸内;连杆大、小头轴承,气缸与活塞等处因缺油、磨损或螺钉松动、拉长、损坏等使间隙加大;气缸中油有杂质,或供油太多,引起油击;气缸与曲轴连杆机构的中心线不重合或连杆弯曲、扭摆;活塞和活塞环卡在气缸中硬性摩擦,活塞销与连杆小头衬套之间因磨损而间隙增大等。处理方法是检修压缩机,疏通油路,适当供油等。

故障9:曲轴箱有敲击声。

可能原因为压缩机连杆大头和主轴承间隙过大,润滑不良;连杆大头轴瓦与曲柄销之间的间隙增大;连杆螺母松动或开口销折断;飞轮键与曲轴结合松动;联轴器中心未找正,油泵齿轮磨损等。解决方法是检修压缩机轴承及连杆,修理键槽,校正联轴器。

故障10:轴封温度高。

可能原因是装配时主轴承间隙过小,动、静环压得过紧,使摩擦加剧、温度升高。处理方法是调整间隙及弹簧,检修有关部件。

另外,当润滑油供应不畅或不足时,也将引起此类故障。

故障11:轴封严重漏油。

可能原因为橡胶密封圈老化或松紧不当导致密封不严;石棉垫片损坏以及轴封弹簧弹力减弱;动、静环密封面拉毛、静环背面不平或销子过紧;压盖螺钉拧得不均匀等。这些问题通过更换部件、检修密封面、均匀用力拧紧螺钉等来处理。

另外,当曲轴箱压力过高时,也易导致漏油。

故障12:能量调节机构失灵。

可能原因如下:

1)油路系统。油压过低、油路堵塞或油活塞卡住,以及油管内有气体等都将使能量调节机构工作不正常,解决方法是清洗或疏通油路,灌油放气等。

2)装配方面。拉杆与转动环安装不正确,卡住转动环;小顶杆被气阀压紧;油分配器装配不当;以及油缸盖螺母拧得不均都会使能量调节机构工作不正常。解决方法是检查装配情况,重新安装,以及对角拧紧螺母等。

故障13:气缸壁温度过高。

可能原因如下:

1)油路系统。油路不畅通,油压过低,以及润滑油黏度太低、承荷能力和附着能力差,不能充分润滑及带走热量。处理方法是检修油路,更换新油。

2)压缩机方面。活塞走偏或活塞与汽缸间隙太小,摩擦增大;高、低压串气和吸气温度过高,使缸壁温度升高。这可由检修压缩机、正确操作来处理。

另外,当冷却水套内水量不足或水垢太多时,也会影响热量的带走,使缸壁温度升高。

故障14:汽缸拉毛。

可能原因如下:

1)气缸内掉入污物、气阀碎片、磨损杂质和油中带入脏物等。

2)活塞与气缸装配间隙及活塞环的锁口尺寸和装配间隙等过小;各种原因引起的(液态工质进入气缸,水套中水温过低,水量中断等)气缸与活塞温度不同而间隙缩小或膨胀不一致,破坏油膜形成干摩擦。

3)润滑油质量不合格,黏度太低,或排温太高使油黏度下降,这将降低油膜承压能力,易摩擦而拉毛气缸。当活塞走偏也易导致局部摩擦发热而损坏气缸。

4)气缸拉毛后,必须停机修理。

故障15:活塞卡在气缸中。

可能原因如下:

1)润滑系统。润滑油质量不合格或杂质多,产生摩擦热多;气缸和活塞销等处缺油或断油,也易干摩擦而卡住活塞。处理方法是换油及充分供油。

2)压缩机。气缸与活塞和活塞环搭口间隙太小;活塞与气缸温度不同使间隙太小;曲柄连杆机构装偏或气缸与活塞已严重拉毛导致活塞被卡住,因长期不用,严重锈蚀而导致抱轴。处理方法是检修压缩机。

故障16:压缩机高低压串气。

凡压缩机高低压之间密封泄漏,都将引起高低压串气。如阀片破碎、不平;阀座与气缸密封不严;气缸与机体垫片损坏,活塞环磨损或销口没有错开;安全阀泄漏和能量调节机构的小顶杆太长或油压太低等。处理方法是检修各密封面。

故障17:阀片漏气或破碎。

可能原因如下:

1)运转方面。压缩机湿冲程会振碎阀片,温度变化会使阀片破碎。这可通过正确操作来解决。

2)阀片本身。材质不合格,表面不够光洁或粘有脏污,阀片翘曲或不平直等易引起漏气或阀片损坏。而气阀装配不正确,如阀片接触不良、装偏,螺母拧不紧,弹簧装歪等,也会引起阀片损坏。解决办法是选好阀片,正确装配。

故障18:轴承温度过高。

可能原因如下:

1)润滑系统。油中杂质多、油孔堵塞、供油不足或断油,这可通过清洗油路,充分供油来解决。

2)轴承方面。轴瓦拉毛、不平,间隙太小,轴承偏斜或曲轴翘曲等,均导致摩擦加大,热量增加。处理方法是调整间隙,检修轴瓦。

故障19:连杆大头轴瓦巴氏合金熔化。

可能原因如下:

1)大头轴承。间隙太小,安装位置不对,轴瓦拉毛等易引起发热增加。

2)油路系统。油孔堵塞,油压不起或缺油、断油,以及油中杂质过多,都会引起干摩擦而发热熔化轴瓦。解决方法是调整间隙,检修轴瓦;清洗油路,充分供油。

故障20:连杆螺栓折断。

可能原因如下:

1)螺栓装配方面。螺母拧得过紧,使预加应力过大;固紧不均匀,使受力不均;螺栓装偏,产生额外应力。这些都可通过正确装配来解决。

2)使用方面。螺母松动,或螺栓因螺纹磨损而松动,使大头轴承间隙扩大,增加了螺栓的额外撞击和拉伸力;螺栓磨损或疲劳过度也易损坏;选用材料不当也可能导致该故障。处理方法是检修螺栓,旋紧螺母,更换有关零件。

故障21:压缩机外部出现响声。

可能原因是飞轮键与键槽的配合间隙过大;皮带损坏或松动,联轴器的弹性圈磨损;压缩机、电动机的底脚螺母松动。

除上述一般性故障外,氟里昂(CFCs、HCFCs、HFCs等工质的总称)压缩机特有的一些故障及其排除方法见表9-3-11。

(2)螺杆式压缩机。

故障1:启动负荷过大或不能启动。

可能原因如下:

1)控制部分。压力、压差控制器故障或调定压力不当,能量调节装置未卸荷到零位。这可通过检修压力或压差继电器,卸荷到0%来处理。

2)操作方面。压缩机内充满油或液体制冷剂,而液体不可压缩;停机后排气无旁道,使排气压力过高,启动负荷过大。解决方法是手盘压缩机联轴器排液,打开旁通阀,使高压气体流到低压部分。

表9-3-11 氟里昂压缩机常见故障及排除

故障情况	主要原因	排除方法
压缩机在运转中突然停机或停开频繁	①油分离器自动回油阀泄漏高压气体,使吸气压力升高,油温上升,油压下降; ②节流阀冰堵	①拆检修复; ②除去系统中水分,更换干燥器
气缸中有异声	①曲轴曲拐或连杆大头因油面太高拨油所产生的油液击声; ②油击	①短时间不必停机,如长达几分钟要停机检查; ②检修活塞、活塞环等装配间隙,检查油面高低、油中工质含量、蒸发器积油等
压缩机启动不起来	曲轴箱中油内溶解大量氟里昂,使油压建立不起来	抽空油中工质或加热提高油温
压缩机耗油量过多	①吸气腔回油孔太小或堵塞; ②油分离器回油不正常	①加大回油孔或通孔道; ②查明原因消除之
能量调节机构失灵	油内溶解大量工质,使油压建立不起来,或在油缸中蒸发推动不了油活塞	抽空油中工质或提高油温

3)机械方面。排气止回阀泄漏,使启动负荷大;部分运动部件严重磨损或烧伤,形成咬死等现象。处理方法是检修止回阀和压缩机。

故障2:机组发生不正常振动。

可能原因如下:

1)安装方面。机组地脚螺栓未紧固,压缩机与电动机轴心错位,机组与管道的固有振动频率相同而共振等。这可通过调整垫块、拧紧螺栓、重新找正联轴器与压缩机同轴度、改变管道支撑点位置来处理。

2)压缩机方面。转子不平衡,过量的油及液体吸入压缩机,滑阀不能停在所要求的地方,吸气腔真空度高，也将产生振动。处理方法是调整转子，停车手盘联轴器排除液体，检查油路及开启吸气阀等。

故障3：压缩机转动中出现不正常响声。

可能原因为转子内有异物；推力轴承损坏或滑动轴承磨损，造成转子与机壳间的摩擦；滑阀偏斜；运动连接件（如联轴器等）松动；油泵汽蚀等。排除方法是检修转子和吸气过滤器，更换轴承，检修滑阀导向块和导向柱，检查运动连接件并查明汽蚀原因等。

故障4：压缩机运转后自动停机。

可能原因如下：

1）电路方面。过载引起停机。应查找过载原因并排除。

2）控制部分。可能自动保护和控制元件调定值不当或控制电路有故障。处理方法是检修电路，调整调定值。

故障5：制热能力不足。

可能原因有能量调节装置的滑阀位置不当等；从油路方面，吸气压力降低，喷油量不足，泄漏大也会影响制热量；从压缩机机械部分，可能吸气过滤器堵塞，转子磨损后间隙过大，安全阀或旁通阀泄漏等。处理方法为检修能量调节装置、油泵及油路，清洗过滤网，检修转子和阀门等。

吸气压力低于蒸发压力或排气压力高于冷凝压力，使压比增大，输气量减少，也将影响制热量。应重点检查管道及阀门，并排除故障。

故障6：能量调节机构不动作或不灵活。

可能原因包括油压不足，指示器失灵，油路不通，油活塞和滑阀卡住或漏油，以及控制回路有故障等。可通过调整油压、检修指示器、通畅油路、检修滑阀或油活塞，检查控制回路来处理。

故障7：排温、油温过高。

可能原因如下：

1）压缩机方面。油冷却器传热效果不佳，喷油量不足、旁通管路泄漏带入较热气体或摩擦部位严重磨损等将引起这种故障。这时可清除污垢，降低进水温度，加大水量；检修油路及压缩机。

2）系统方面。压缩比过大，吸气过热度较大或空气渗入系统也将导致这种故障。此时可降低排压，或加大供液，排除空气。

故障8：油压过高。

可能原因如下：

1）油路系统方面。油压调节阀调节不当，喷油量过大，内部泄漏，油路不畅，油泵效率降低，油量不足或油质低劣等将引起此种故障。这可通过检修油路，调整阀门，加油及换油来处理。

2）运行方面。油温过高和排压过大。解决方法是加强油冷却器的传热能力，降低排压等。

故障9：耗油量大。

原因可能为油分离器效率下降，一次油分离器中油太多和二次油分离器中回油不畅。处理方法是检修、清洗油分离器,放油至规定油位,检查回油通路等。

故障10:油面上升。

原因有油内溶有过量工质或进入液体工质。解决方法是提高油温,降低供液量。

故障11:压缩机和油泵的轴封漏油。

机械方面可能原因有部件磨损、装配不良而偏磨或振动,"O"形密封环腐蚀老化和密封接触面不平整等。排除方法是拆除、修理或更换有关部件。另外,轴封供油不足易造成损坏轴封而漏油。

故障12:停机时压缩机反转。

可能原因为吸入止回阀失灵或防倒转的旁通管路不畅通。解决方法是检修止回阀、旁通管路及阀门。

(3)离心式压缩机。

故障1:压缩机不能启动。

可能原因有电源故障,如过载继电器动作或熔断器断线;导叶不能全关而带载荷启动。可通过检查电源,检修继电器和熔断器,手动全关导叶来排除。

故障2:压缩机转动不平衡出现振动。

可能原因如下:

1)压缩机机械部分故障,如轴承间隙过大,防振装置调整不好,密封填料和旋转体接触、轴弯曲等。处理方法是调整间隙和弹簧、校正轴。

2)变速机构故障,如增速齿轮磨损和联轴节齿面污垢磨损。处理方法是修理或更换部件。油压过高也会引起振动。

故障3:电动机过负荷。

当热负荷过大,吸入液体工质和排气压力过高时将会引起这种故障。处理方法是减少制热负荷,减少供液量,降低水量,增加水温和排出空气。

故障4:压缩机喘振。

当冷凝压力过高,蒸发压力过低或导叶开度太小时导致此种故障。排除方法是降低冷凝压力,提高蒸发压力,调整导叶开度。

故障5:油压过低。

主要原因有油内含有工质,使油变稀;油过滤器堵塞;油压调节阀失灵;油面过低;油泵故障或均压管阀开度不当等。处理方法是减少油冷却器水量,提高油温;清洗过滤器,检修调节阀和油泵,补充油位和调整均压管阀开度等。

故障6:油压过高。

一般有调节阀失灵和油路堵塞两种原因。处理方法是检修调节阀和清洗油路。

故障7:油压波动剧烈。

主要原因是油压表故障,油路中有气体或油压调节阀失灵,通过检修油压表、油压调节阀和排除空气来解决。

故障8:轴封漏油并伴有温度升高现象。

可能原因是机械密封损坏、油循环不畅、油压降低等。解决方法是更换密封元件,清洗油路并调整调节阀。

故障 9：轴承温度过高。

可能原因为轴瓦磨损、润滑油不纯、排温过高、油冷却器有污垢或冷却水量不足使摩擦发热。排除方法是更换轴瓦、换油、疏通管路降低排压、清洗油冷却器、加大水量和降低水温等。

故障 10：压缩机严重腐蚀。

可能原因有密封不严而渗入空气，润滑油质量不好，冷却水质不好，长期停止使用时未抽净工质等。这可通过检漏并修复漏点、更换油、处理水质和抽净工质来处理。

二、冷凝器

根据载热介质的不同，冷凝器可分为气体式冷凝器和液体式冷凝器。气体式冷凝器主要为空气式冷凝器；液体式冷凝器主要为水冷凝器（载热介质不为水时需注意腐蚀性、防垢性等要求）。

空气式冷凝器不需消耗水，故使用与安装都很方便，适宜于小型装置，但传热系数低，体积和重量均较大，另外翅片表面积灰也会使传热恶化，需及时清洗。水冷凝器的特点是传热效率高，结构比较紧凑，适用于大中型装置，但需定期清洗管壁污垢。

（一）空气式冷凝器

以空气为载热介质的冷凝器。根据空气流动方式的不同，可分为自然对流式和强制通风式。由于空气侧的传热系数远小于工质侧的换热系数，故多在空气侧加翅片，并提高空气流速，以强化传热。多用于中小型机组。

1. 自然对流式

有百叶窗式和钢丝式冷凝器等形式。

2. 强制通风式

也称为强制对流式，由风机强制吹送空气穿过冷凝器。多由铜管和冲压出凸边孔的铝片（翅片）经穿片、套焊弯头、压力或机械式（钢球）胀管后制成。翅片管直径一般为 8～16mm，工质气体在管内流动放热冷凝，冷却空气横向吹过管束（流速为 1.5～3.5m/s），把热量带走。此种冷凝器的传热系数为 25～50 W/(m^2·K)，平均传热温差为 10～15℃，空气进出口温差一般在 10℃以上，沿空气流动方向的管排数为 3～6 排。

（二）水冷凝器

1. 壳管式冷凝器

由两端固定在管板上的管束、圆柱形外壳及管座法兰等组成。水一般在管内，工质在管外。氟里昂一般采用卧式壳管式冷凝器，由于氟里昂工质侧对管子的放热强度低于管子对管内流动的水的放热，因此通常用外部有翅片的铜管（如滚压低肋片管，即螺旋管），使管外与管内的面积比约为 3∶1，以弥补氟里昂放热系数低的不足，这种翅片管的传热系数在水速为 0.5～3 m/s 时，大致为 580～1 050 W/(m^2·K)。壳管式冷凝器中水的温升可取 4～6℃，平均传热温差用氨为工质时为 3～7℃，用氟里昂为工质时为 5～10℃。

2. 套管式冷凝器

这种冷凝器结构最紧凑，积蓄工质的量也最小。一般由内外两根管子同心套装而成，工质在管间的环形空间里流动，水在内管中流动，通常为逆流式。外管采用无缝钢管或铜管，内管多用铜管。为强化水侧传热，内管多加工成螺旋形，以加大水在流动时的扰动，提高传热系数。

依水流速不同，套管式冷凝器的传热系数为 520～1 500 W/(m²·K)。

3. 沉浸式盘管冷凝器

主要由盘管和水箱组成，盘管沉浸在盛有水的容器内，可作为热水采暖系统的蓄热器，具有结构简单，容易制造等特点。待冷凝的工质蒸气流经盘管，与箱内水流逆向流动，但由于水箱中水的流速较低，为 0.2～0.4m/s，传热系数只有 230W/(m²·K)左右。

4. 板式冷凝器

板式冷凝器由各种板状传热表面压紧组成的冷凝器，板间分别形成工质循环通道和水通道，板片易于组装和拆卸，可用于水质不高的场合。

板式冷凝器结构紧凑，传热系数高，一般为壳管式冷凝器的 1.1～1.7 倍；工质积蓄量少，只需壳管式冷凝器的 20%～40%。

5. 螺旋板式冷凝器

螺旋本体由两张平行的钢板卷制而成，构成一对同心的螺旋通道。中心部分用隔板将两个通道隔开，两端用密封条焊住或装有可拆卸的封头，最外一圈通道端部焊上渐扩形进水管。水从螺旋板外侧接管切向进入，与工质流向相反，由外向中心作螺旋运行，最后由中间接管流出。工质蒸气由中央上端进气管进入，由中心向外作螺旋形流动，冷凝后液体由底部出液支管汇集到出液总管排出。

螺旋板式冷凝器结构紧凑，体积小，重量轻，传热性能好，氟里昂鼓泡式螺旋板式冷凝器传热系数可达 2 300 W/(m²·K)以上。

(三)典型冷凝器的特点及使用范围

典型冷凝器的特点及使用范围见表 9-3-12。

表 9-3-12 典型冷凝器的特点及使用范围

类型	形式	工质	优点	缺点	使用范围
水为载热介质	立式壳管式	氨	可装于室外，占地面积小，传热管容易清洗	水量大，体积较卧式大	大、中型
	卧式壳管式	氨、氟里昂	传热效果比立式好，容易小型化，容易和其他设备组装	水质要求高，管易腐蚀	大、中、小型
	套管式	氨、氟里昂	传热系数高，结构简单，易制造	水流动阻力大，清洗困难	小型
	板式	氨、氟里昂	结构紧凑，组合灵活，传热系数高	制造复杂，水质要求高	中、小型
	螺旋板式	氨、氟里昂	传热系数高，体积小	水侧阻力大，维修困难	中、小型
空气为载热介质	强制对流	氟里昂	不消耗水，不需水配管，可装于室外，节省机房面积	体积大，传热面积大，工质功率消耗大	中、小型
	自然对流	氟里昂	不消耗水，无噪声，不需动力	体积庞大，传热面积大，工质流动阻力大，工质与载热介质的传热温差大	小型

(四)典型冷凝器的传热系数和热流密度

典型冷凝器的传热系数和热流密度见表 9-3-13。

表 9－3－13　典型冷凝器的传热系数和热流密度的推荐值

工　质	形　式	传热系数 $W \cdot m^{-2} \cdot K^{-1}$	热流密度 $W \cdot m^{-2}$	相应条件
氨	立式水冷凝器	700～900	3 500～4 000	水温升 $\Delta t=2\sim3$℃，传热温差 $\theta_m=4\sim6$℃，单位面积水量 1～1.7 $m^3/(m^2 \cdot h)$，传热管为光钢管
	卧式水冷凝器	800～1100	4 000～5 000	水温升 $\Delta t=4\sim6$℃，传热温差 $\theta_m=4\sim6$℃，单位面积水量 0.5～0.9 $m^3/(m^2 \cdot h)$，水速 0.8～1.5 m/s，传热管为光钢管
	板式水冷凝器	2 000～2 300		使用焊接板式或经特殊处理的钎焊板式，板片为不锈钢片
	螺旋板式水冷凝器	1 400～1 600	7 000～9 000	水温升 $\Delta t=3\sim5$℃，传热温差 $\theta_m=4\sim6$℃，水速 0.6～1.4 m/s
氟里昂	卧式水冷凝器	800～1 200 (R22、R134a)（以翅片管外表面积计算）	5 000～8 000	水温升 $\Delta t=4\sim6$℃，传热温差 $\theta_m=7\sim9$℃，水速 1.5～2.5 m/s，低肋铜管，肋化系数≥3.5
	套管式水冷凝器	800～1 200 (R22、R134a)	7 500～10 000	水流速 1～2 m/s，传热温差 $\theta_m=8\sim12$℃，低肋铜管，肋化系数≥3.5
	板式水冷凝器	2 300～2 500 (R22、R134a)		钎焊板式，板片为不锈钢片
	空气冷却式　自然对流	6～10	45～85	
	空气冷却式　强制对流	30～40（以翅片管外表面积计算）	250～300	迎面风速 2.5～3.5 m/s，传热温差 $\theta_m=8\sim12$℃，铝平翅片套铜管冷凝温度与进风温度≥15℃

注：表中所列传热系数值，除括号内注明外，均以工质侧表面积为基准。

(五)典型冷凝器规格示例

典型冷凝器规格见表 9－3－14。

表 9－3－14　氟里昂用卧式壳管式冷凝器规格示例(大连冷冻机股份有限公司)

型号	冷凝面积/m^2	流程数	冷凝管		外形尺寸/mm		筒体直径/mm	接管尺寸/mm				
			管数	长度/mm	长度	高度		进气	出液	安全 A	安全 B	进出水
WNFG－2	2	4	32	1 400	1 760	885	273	25	20		20	40
WNFG－5	5	4	60	1 800	2 160	940	325	25	20	15	15	65
WNFG－8	8	2	74	2 300	2 660	965	325	32	25	20	15	65
WNFG－12	12	2	102	2 500	2 660	1 035	325	32	32	20	15	80
WNFG－18	18	2	136	2 800	3 200	1 110	377	40	40	25	15	100
WNFG－28	28	2	212	2 800	3 200	1 270	450	50	50	25	20	125
WNFG－40	40	2	262	3 200	3 610	1 400	500	65	65	25	25	150
WNFG－120	120	2	716	3 500	4 070	1 760	700	100	100	32	25	250

注：筒体直径指筒体外径，高效冷凝管为 ϕ6 mm×1.1 mm 铜管，冷凝面积是指管子外表面基本面积。

三、蒸发器

依热泵的低温热源类型，蒸发器可分为气体-工质式、液体-工质式、固体-工质式等类型。

(一)气体-工质式蒸发器

微课：

蒸发器

1. 简介

当气体为低温热源时，多采用气体-工质式蒸发器。应用最多的是以空气为热源的蒸发器，即空气式蒸发器。

空气式蒸发器多用于中小型热泵中，一般为干式蒸发器。进入蒸发器的工质浸润蒸发器的管子内壁，形成工质蒸气和工质液体的混合物，在蒸发器管子内流动。随着热量的吸收，液滴不断蒸发，到蒸发器出口处，全部液滴都转变成蒸气。为了避免工质液滴进入压缩机气缸，蒸发器靠近出口的一小段，工质蒸气继续吸收一部分热量，以达到稍过热的状态，一般取过热度为 8～15℃。

空气式蒸发器也可分为自然对流式和强制对流式，但以强制对流式为主。蒸发器多采用翅片管式结构，如由套有铝片的铜管组成，翅片的作用是增大换热器的传热外表面积，传热系数随翅片结构、翅片间距、空气速度、温度和湿度的不同而变化。

空气式蒸发器与空气式冷凝器的一个明显不同处是蒸发器外可能析出水滴(温度高于0℃时)或结霜(温度低于0℃时)。析出水滴时一般可强化空气侧的换热，结霜或冰较厚时会妨碍蒸发器从低温热源中吸热，通常在环境空气温度＜7℃时结霜尤其严重，因此需有融霜措施。

2. 融霜方法

融霜的基本方法有以下几种。

(1)用环境空气融霜。当环境空气温度高于 0℃时，待霜层到一定厚度时可将压缩机停下，但让风机继续对翅片管组吹风，从而对蒸发器融霜。当空气温度＞4℃时，这种简单方法可在短时间内达到融霜目的。

(2)逆循环融霜(热蒸气融霜)。该方法原理是通过四通阀变换工质的流动方向，从而热工质蒸气进入蒸发器实现融霜。需注意的是，在由制热工况转换到融霜工况的瞬间，压缩机很容易吸入冷凝器中的液体工质，造成液击。为此，需采取特别措施，如装上气液分离器等。

(3)用热盐水融霜。翅片管组具有两根平行管子，一根供工质蒸发用，另一根供盐水流通用。盐水通过换热器，由布置在热泵高温侧的蓄热器吸取热量，在压缩机停止运行时，由蓄热器传给蒸发器中的霜层实现融霜。

(4)用电阻加热融霜。耗电多些，但简单、可靠、易行，由制热工况转换到融霜工况时，不会产生气缸的液击。同时由于避免了转换阀造成的压力降，循环效率也得到改善。

3. 融霜过程的控制

控制融霜的目的是防止霜层过厚，融霜可按时间、温度和压差进行控制。

(1)定时控制。按照一定的时间程序启停融霜过程。

(2)压差控制。通过测量翅片管组前后的压差进行控制。当压降超过设定的极限值时，自动控制设备就启动融霜过程，只要霜全部融掉，翅片管组的温度上升到0℃以上，温度传感器就作用于控制设备，使融霜过程结束。

(3)温度控制。用两个温度传感器来测量环境空气和翅片管组之间的温差，当环境空气和翅片管组之间的温差超过控制设备的设定值时，就启动融霜过程，与压差控制时一样，当翅片管组温度超过0℃时，控制设备就停止融霜过程。

(二)液体-工质式蒸发器

液体可包括各种工农业及生活废热液体、载热液体(盐溶液、有机溶液等)、水(地下水、河水、湖水、海水等)，应用较多的是水-工质式蒸发器，简称为“水式蒸发器”。

1.壳管式蒸发器

壳管式蒸发器多为卧式，可分为满液式和干式。

(1)满液式蒸发器。

满液式蒸发器中工质一般在管内，载热介质在管外。氨为工质的系统中，蒸发器中液面较高，液量可约占总容积的90%，工质下入上出。氟里昂为工质时，工质液面一般控制在中心位置上，上面的空间使氟里昂蒸气过热，传热管多为滚压低螺纹铜管。

在满液式蒸发器中，蒸发器管内充满了液体工质，上升的气泡会带有液滴，故在吸入管路中需装气液分离器。

(2)干式蒸发器。

干式蒸发器中工质一般为氟里昂，多为卧式。工质通常在管内流动，且在管内全部蒸发完。干式蒸发器的工质充注量较满液式减小80%～85%，可节省工质成本。传热管采用内肋紫铜管，管内工质流速高，润滑油不易在蒸发器内积聚，工质侧传热效果好。

板式和螺旋板式蒸发器结构和相应形式的冷凝器相似。板式蒸发器用于载热介质不太洁净的场合有其优越性。

2.套管式蒸发器

结构和相应的冷凝器相似。在内外管之间走载热介质，在内管中走工质，二者在蒸发器中逆向流动。工质通常经节流阀由上面喷入管内，蒸发而成的蒸气由下面排出。

(三)固体-工质式蒸发器

固体-工质式蒸发器主要为土壤式蒸发器，即将蒸发器管路水平或垂直埋在土壤中，吸收土壤中的热量使工质气化蒸发，可用在小型热泵机组中。

当低温热源发生液-固相变(如水结冰)时，此时的蒸发器工作状态也为固体-工质式蒸发器，设计时需注意冰形成时工质管路的受力。

此外，还有直管式、螺旋管式、蛇管(盘管)式等水箱型(沉浸式)蒸发器。

(四)典型蒸发器的特点和使用范围

典型蒸发器的特点和使用范围见表9-3-15。

表 9－3－15　典型蒸发器特点及使用范围

类　型	形　式		优　点	缺　点	使用范围
液体式蒸发器	水箱型（沉浸式）	立管式	载热介质冻结危险性小，有一定蓄热能力，操作、管理方便	体积大、占地面积大容易发生腐蚀金属耗量大且易积油	氨机组
		螺旋管式	具有立管式的全部优点，结构简单、制造方便，体积、占地面积比立管式小	维修比立管式麻烦	氨机组
		蛇管式	具有立管式的全部优点，结构简单、制造方便	管内工质流速低	小型氟里昂机组
	卧式壳管式	满液式	结构紧凑、重量轻、占地面积小，可采用闭式循环，腐蚀性小	加工复杂，载热介质易冻结且胀裂管子	氨、氟里昂机组
		干式	载热介质不易冻结，回油方便，工质充灌量小	制造工艺复杂，不易清洗	氟里昂机组
	板式换热器		传热系数高，结构紧凑、组合灵活	制造复杂、维修困难，造价较高	氨、氟里昂机组
	螺旋板式换热器		体积小，传热系数高	制造复杂、维修困难，使用淡水有冻结危险	氨、氟里昂机组
	套管式蒸发器		结构简单、体积小，传热系数高	水质要求高、不易清洗，维修困难	小型氟里昂机组
空气式蒸发器	翅片管式蒸发器		结构紧凑，传热效果好	占用空间大	氟里昂机组

(五)典型蒸发器的传热系数和热流密度

典型蒸发器的传热系数和热流密度见表 9－3－16。

表 9－3－16　典型蒸发器传热系数和热流密度

工质	形式	载热介质	传热系数/$W\cdot m^{-2}\cdot K^{-1}$	热流密度/$W\cdot m^{-2}$	相应条件
氨	直管式	水	500～700	2 500～3 500	传热温差 $\Delta t_m=4\sim6$℃，载热介质流速 0.3～0.7 m/s
		盐水	400～600	2 200～3 000	
	螺旋管式	水	500～700	2 500～3 500	
		盐水	400～600	2 200～3 000	
	卧式壳管式（满液式）	水	500～750	3 000～4 000	传热温差 $\Delta t_m=5\sim7$℃，载热介质流速 1～1.5 m/s，光钢管
		盐水	450～600	2 500～3 000	
	板式	水	2 000～2 300		使用焊接板式或经特殊处理的钎焊板式，板片为不锈钢片
		盐水	1 800～2 100		
	螺旋板式	水	650～800	4 000～5 000	传热温差 $\Delta t_m=5\sim7$℃，载热介质流速 1～1.5 m/s
		盐水	500～700	3 500～4 500	

续表

工　质	形　式	载热介质	传热系数 W·m^{-2}·K^{-1}	热流密度 W·m^{-2}	相应条件
氟里昂	蛇管式(盘管式)(R22)	水	350～450	1 700～2 300	有搅拌器
		水	170～200		无搅拌器
		盐水	115～140		
	卧式壳管式(满液式)(R22)	盐水	500～750		传热温差 Δt_m＝4～6℃,载热介质流速 1～1.5 m/s,光铜管
		水	800～1 400		水速 1.0～2.4 m/s,低肋管,肋化系数>3.5
	卧式壳管式(干式)(R22)	盐水	800～1 000(以外表面积计算)	5 000～7 000	传热温差 Δt_m＝5～7℃,光铜管 2 mm
		水	1 000～1 800(以外表面积计算)	7 000～12 000	传热温差 Δt_m＝4～8℃,载热介质流速 1.0～1.5 m/s,带内肋芯铜管
	套管式(R22、R134a)	水	900～1 100(以外表面积计算)	7 500～10 000	水流速 1.0～1.2 m/s,低肋管,肋化系数>3.5
	板式(R22、Rl34a)	水	2 300～2 500		钎焊板式,板片为不锈钢片
		盐水	2 000～2 300		
	翅片管式	空气	30～40(以外表面积计算)	450～500	蒸发管组 4～8 排,迎面风速 2.5～3 m/s,传热温差 Δt_m＝8～12℃

注:表中所列传热系数值,除括号内注明外,均以工质侧表面积为基准。

(六)典型蒸发器规格示例

典型管式蒸发器规格示例见表 9－3－17。

表 9－3－17　螺旋管式蒸发器规格示例(部分)(上海第一冷冻机厂)

型　号	蒸发面积 m^2	蒸发管组数	水箱尺寸 mm			接管直径 mm						水箱容积 m	搅拌器功率 kW	质量 kg
			长	宽	高	进液	回气	放油	出水	溢水	放水			
SR－30	30	2×15	1 910	1 100	1 250	25	100	25	50	50	50	2.44	2.2	1 558
SR－50	48	2×24	2 630	1 100	1 250	25	100	25	80	80	50	3.35	2.2	2 093
SR－70	72	2×35	3 590	1 100	1 260	25	100	25	80	80	50	4.58	3	2 853
SR－90	90	2×45	4 350	1 100	1 260	25	100	25	80	80	50	5.55	4	3 448
SR－145	144	4×36	3 590	2 100	1 260	25	125	25	100	100	50	8.75	2×3	5 150
SR－180	180	4×45	4 350	2 100	1 260	25	125	25	100	100	50	10.60	2×4	6 318

(七)蒸发器或冷凝器的选型方法

按如下步骤确定蒸发器或冷凝器(下面统称换热器)。

1. 步骤一

根据已知的热泵工质和载热介质,确定换热器的形式。

2. 步骤二

确定换热器的负荷(换热量)。对冷凝器,其负荷约等于热泵制热量;对蒸发器,其负荷约等于热泵制热量减去压缩机功率。

3. 步骤三

确定换热器的传热系数。传热系数可根据公式计算(计算热泵工质侧的对流换热系数、计算管壁导热、确定污垢系数、计算载热介质侧对流换热系数,根据管内外侧的换热面积比,即可得到换热器的传热系数),也可根据经验数据、换热器的运行参数大致选取。

4. 步骤四

确定换热器的平均传热温差。可根据热泵工质与载热介质的进出口温度计算得出,也可根据经验数据选取。

5. 步骤五

确定换热器的传热面积。

传热面积=换热器的负荷/(传热系数×平均传热温差)。

6. 步骤六

根据得出的传热面积和载热介质、工质特点,从生产商提供的产品样本中选取适宜的型号。

此外,对强制对流式换热器,还需计算载热介质流过换热器时的压力降和介质流量,以确定与换热器配套的泵或风机功率及型号。

四、节流部件

节流部件的主要作用是控制热泵工质的流量与压缩机的输气量相匹配。

(一)对节流部件的要求

理想的节流部件应满足以下要求:

(1)调节性好。主要指标是调节幅度大,温度的控制精度高,反应速度快。

(2)稳定性好。被控温度的波动小,机组不产生振荡。

(3)适应性好。对不同工质和蒸发器均有较好的适应性。

(4)对压缩机的保护性好。在开机、停机及工况调整时,可较好地保证压缩机供气的温度、压力及流量。

(5)可回收高压液体所蕴含的能量。

(6)价格低,可靠性好。

当前常用的节流部件有毛细管、节流阀(主要有热力膨胀阀和电子膨胀阀)、膨胀机等。毛细管、节流阀能不回收高压液体所蕴含的功,但价格相对低,简单可靠,多用于中小型机组;膨胀机可回收膨胀功,但结构相对复杂,价格较高,目前只限于少量大型装置等。

(二)毛细管

毛细管一般内径为0.7～2.5 mm,长为0.6～6 m,适宜于冷凝压力和蒸发压力较稳定的小型热泵装置。

1. 优点

(1)由紫铜管拉制而成,结构简单,制造方便,价格低廉。

(2)没有运动部件,本身不易产生故障和泄漏;与冷凝器和蒸发器通常采用焊接连接,连接处不易出现漏点。

(3)具有自补偿的特点,即工质液在一定压差(冷凝压力和蒸发压力之差)下,流经毛细管的流量是稳定的。当热泵负荷变化导致压差增大时,工质在毛细管内的流量也变大,使压差回复到稳定值,但这种补偿的能力较小。

(4)压缩机停止运转后,系统内的高压侧(冷凝器侧)压力和低压侧(蒸发器侧)压力可迅速得到平衡,再次启动时,压缩机的电动机启动负荷较小,故可不用启动转矩大的电动机,这一点对半封闭和全封闭式压缩机尤为重要,较适于热泵采用开停调节制热量和控制制热温度。

2. 缺点

(1)当机组中工质的充注量较多时,需在蒸发器和压缩机之间设置气液分离器,以防止工质液体进入压缩机气缸,避免出现液击(当机组较小、工质充注量较少,即使工质全部进入全封闭压缩机也不致引起液击时,可不必设置气液分离器)。

(2)毛细管的调节能力较弱,当热泵的实际工况点偏离设计点时,则热泵效率就要降低。此外,采用毛细管作节流部件时,要求工质充注量要准确。

(3)当工质中有脏物时,或当蒸发温度低于0℃而系统中有水时,易将毛细管的狭窄部位堵住。

3. 毛细管尺寸的确定

毛细管尺寸可通过如下方法确定。

(1)用经验公式估算作为参考。以R22为例,一定长度和内径的毛细管其流量的近似估算式(计算结果仅供参考)为

$$m=5.44\left(\frac{\Delta p}{L}\right)^{0.571}D^{2.71} \tag{9-69}$$

式中　m—— 工质通过毛细管的质量流量,g/s;

ΔP—— 毛细管进、出口的压力差,MPa;

L—— 毛细管长度,m;

D—— 毛细管内径,m。

(2) 比较法。新研制热泵时,如已知相近制热量的已有机组的毛细管尺寸,且机组的工质、工况(主要为冷凝压力和蒸发压力) 也相近,则可采用与之相同的毛细管,也可将毛细管的内径和长度稍作调整,二者之间的关系(保证工质流量相同时) 为

$$L_1/L_2=(d_{i1}/d_{i2})^{4.6} \tag{9-70}$$

式中　L—— 长度;

d_i—— 内径。

由上式,如毛细管内径增加5%,在其他条件不变的情况下,要保证工质流量不变,则其长度需为原长度的$(1.05)^{4.6}=1.25$倍。

(三)热力膨胀阀

1. 简介

热力膨胀阀安装在蒸发器进口处,由感温包测知蒸发器出口处工质的过热度,由此判断工

质流量的适当与否(过热度较大时,说明工质流量不足;过热度较小时,说明工质流量过大),并通过调整阀的开度控制工质的流量。

热力膨胀阀适宜应用在中小型热泵中。

热力膨胀阀主要可分为两种类型:内平衡式热力膨胀阀和外平衡式热力膨胀阀。

2. 内平衡式热力膨胀阀

内平衡式热力膨胀阀的结构及安装示意如图 9-3-11 所示。

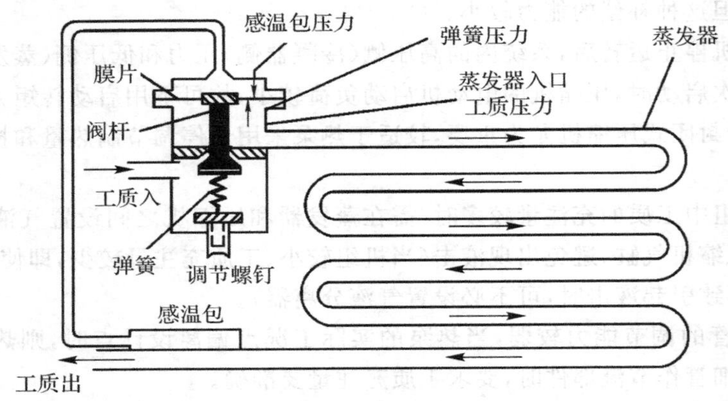

图 9-3-11 内平衡式热力膨胀阀的结构及安装示意

在内平衡式热力膨胀阀中,来自感温包(感温包贴在蒸发器出口处,其中装有感温介质,蒸发器出口处工质蒸气的温度变化时,感温介质的压力按一定规律变化)的蒸气(或液体)压力作用在膜片的上侧,蒸发器入口处的工质压力和弹簧压力作用在膜片的下侧。膜片与阀杆连接,当蒸发器出口处工质的过热度变化时,感温包压力变化,驱动膜片带动阀杆调节阀的开度,使工质的流量发生变化。通过调节螺钉,可调整阀中弹簧的压力,对热力膨胀阀的设定参数进行微调。

内平衡式热力膨胀阀适用于工质流经蒸发器时压力降不大的情况,当蒸发器管路较长导致阻力较大时,宜采用外平衡式热力膨胀阀。

3. 外平衡式热力膨胀阀

外平衡式热力膨胀阀的结构和安装示意如图 9-3-12 所示。

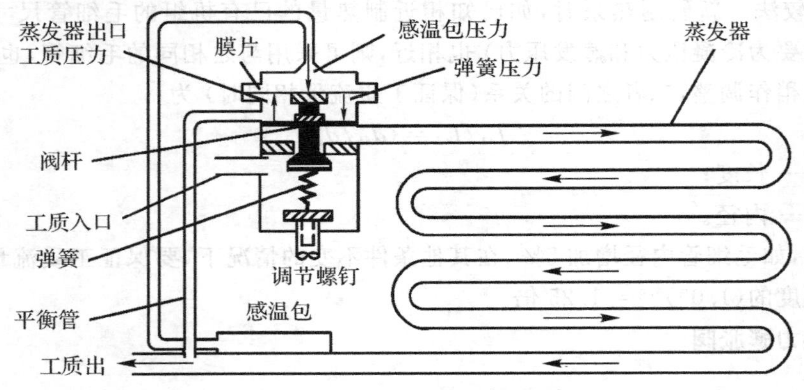

图 9-3-12 外平衡式热力膨胀阀的结构及安装示意

与内平衡式热力膨胀阀相比，该阀多了一条外部平衡管，该管下方与蒸发器出口处的工质相连通，上方接膜片下部的空间，从而使膨胀阀所提供的过热度与蒸发器出口处的饱和温度相适应，而不受因蒸发器压力降所引起的工质饱和温度变化的影响。为了保证阀的正常工作，膜片下的空间与蒸发器入口处隔绝，膜片的运动通过密封片传递给阀杆。

4. 热力膨胀阀的安装

(1)感温包安装位置。

感温包应安装在蒸发器出口处不受积液和油影响的位置，如压缩机吸气管需抬高时，抬高处需有弯头，而感温包应安装在弯头前，如图 9－3－13 所示。

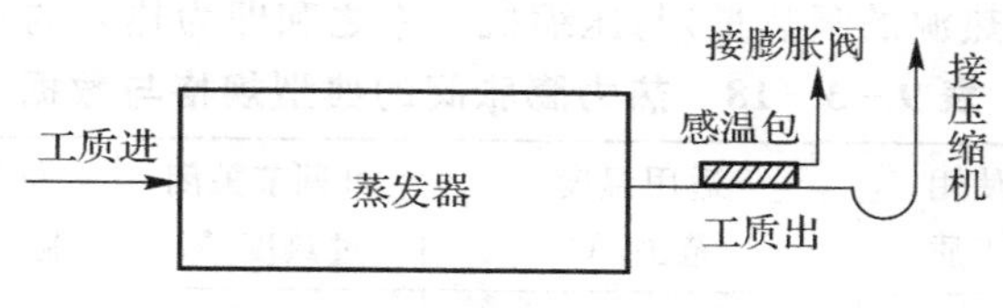

图 9－3－13　感温包安装位置

(2)感温包安装方法。

感温包应安装在蒸发器出口管的上方，用软隔热材料和隔汽材料包好，在安装时注意不要将感温包与阀体之间的连接管折断。

(3)调节螺钉。

调节螺钉一般出厂时已调好。必要时可根据工质和压缩工作的要求对热力膨胀阀的设定参数进行微调。

(4)进出口。

膨胀阀安装接管时注意口径小的一端为进口，大的一端为出口。进口处一般有过滤网，安装时勿损坏。

(5)外平衡的平衡管的安装。

平衡管与蒸发器的连接位置应位于感温包附近。

5. 热力膨胀阀的工质流量计算

工质流经热力膨胀阀时的质量流量可用下式大致估算[数据应以产品说明(样本资料)标注或实际测得的为准]：

$$M = KC_{\mathrm{D}}A(p_{\mathrm{c}} - p_{\mathrm{r}})^{0.5} \tag{9-71}$$

式中　M——工质流量，kg/s；

K——与工质物性有关的常数[工质为 R12 时，K=16 103；工质为 R22 时，K=15 346；工质为 R717(氨，NH_3)时，K = 10 885；对新工质，可参考物性相近的工质取值]；

A——热力膨胀阀的通道面积，m^2；

p_{c}——热力膨胀阀进口处的压力(约等于冷凝压力)，bar；

p_{r}——热力膨胀阀出口处的压力(约等于蒸发压力)，bar；

C_{D}——流量系数(对 R12，为 0.75～0.85；对 R22，为 0.65～0.75；对 R717，为 0.5～0.6)。

流量系数也可用下式估算：

$$C_D = 0.020\,05(\rho_i) + 0.634 v_o \tag{9-72}$$

$$v_o = x v_{sv} + (1-x) v_{sL}$$

式中 ρ_i—— 热力膨胀阀进口处(约为冷凝压力下饱和液)工质液体的密度,kg/m^3;

v_{sv}—— 热力膨胀阀出口处工质压力下(约为蒸发压力)饱和气的比体积,m^3/kg;

v_{sL}—— 热力膨胀阀出口处工质压力下(约为蒸发压力)饱和液的比体积,m^3/kg;

x—— 热力膨胀阀出口处工质湿蒸气的干度。

6. *热力膨胀阀的典型规格与性能参数*

热力膨胀阀的典型规格与性能参数见表 9-3-18。其中口径是指热力膨胀阀的通孔直径;制冷量(热泵从低温热源的吸热量)与压缩机功率之和即为热泵的制热量。

表 9-3-18　热力膨胀阀的典型规格与数据

型号	口径/mm	使用工质	适用温度范围/℃	可调节关闭过热度/℃	标准工况制冷量/kW	空调工况制冷量/kW
PF1	1	R12	+10～-30	2～8	1.4	1.3
		R22	-30～-80		2.3	
PF1.2	1.2	R12	+10～-30		7	1.5
		R22	-30～-80		9	
PF1.5	1.5	R12	+10～-30		2.2	2.0
		R22	-30～-80		3.6	
PF2	2	R12	+10～-30		2.9	2.6
		R22	-30～-80		4.8	
WPF3	3	R12	+10～-30		5.8	5.3
		R22	-30～-80		10.0	
WPF4	4	R12	+10～-30		10.5	9.3
		R22	-30～-80		18.0	
WPF5	5	R12	+10～-30		13.1	11.6
		R22	-30～-80		21.5	
WPF6	6	R12	+10～-30		14.9	13.9
		R22	-30～-80		26.3	

7. *热力膨胀阀的选型方法*

(1)工质有配套的热力膨胀阀时。热泵工况一般与热力膨胀阀说明资料上标明的工况不同,当假设感温包内感温介质的温度-压力变化规律不变、压缩机对蒸发器出口处工质过热度的要求不变、热力膨胀阀内的膜片和弹簧特性不随温度变化时,可借助式(9-71)和产品资料(见表 9-3-18)进行换算。以 R22 热泵为例,当热泵冷凝温度为 50℃,蒸发温度为 0℃,冷凝器出口过冷度和蒸发器出口过热度均为 0℃时,其工况与表 9-3-18 所标工况均不同,此时确定适宜热力膨胀阀的步骤如下。

步骤一:

根据制热量和工质流经蒸发器的压降确定采用内平衡式还是外平衡式热力膨胀阀。

步骤二:

根据制热量和热泵工况由下式计算得出工质流量,有

$$M=Q/(h_{ci}-h_{co}) \tag{9-73}$$

式中　M—— 工质的质量流量,kg/s;

Q—— 热泵的制热量,kW;

h_{ci}—— 工质进冷凝器的焓,kJ/kg;

h_{co}—— 工质出冷凝器的焓,kJ/kg。

步骤三:

将式(9－73)得出的工质流量代入式(9－71),算出热力膨胀阀的通道面。

步骤四:

仍用式(9－71)计算在该通道面积下标准工况或空调工况下的工质流量。

步骤五:

计算上一步工质流量下在标准工况或空调工况时的制冷量。

步骤六:

根据上一步算出的制冷量由产品样本(见表9－3－18)中选出适宜规格的热力膨胀阀,该阀即可用于实际的热泵工况。

(2)工质没有配套的热力膨胀阀时。可参照物性与之相近的工质的已知公式系数或产品资料,初选适当型号的热力膨胀阀,并通过实验测试最终确定。

(四)电子膨胀阀

1.简介

尽管热力膨胀阀的调控性能比毛细管有较大的改进,但由于控制信号是通过感温包感受蒸发器出口处工质过热度变化再由感温介质传到膜片处,时间滞后较大,控制精度不高,且由于膜片的变形量有限,调节幅度不大。当热泵的制热量大范围调节且控温精度要求较高时,需采用电子膨胀阀。

电子膨胀阀是通过电子感温元件测知蒸发器出口处工质过热度的变化,并通过电动执行机构驱动阀杆运动,具有感温快、调节范围大、阀杆运动规律可智能化(适宜不同工况和工质要求)等优点,但价格也明显高于热力膨胀阀。

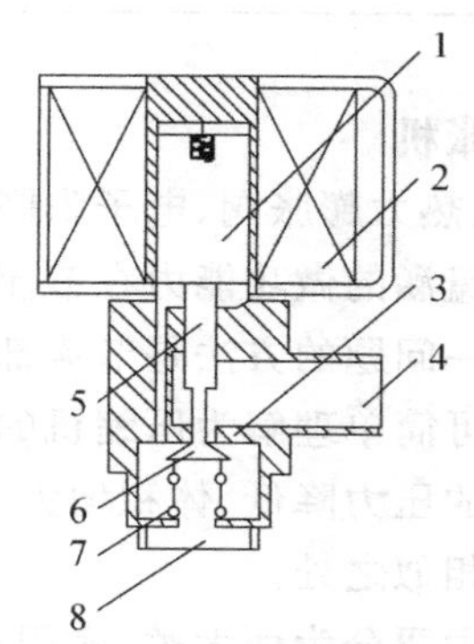

图9－3－14　电磁式电子膨胀阀的结构示意

1—柱塞；　2—线圈；　3—阐座；　4—入口；
5—阀杆；　6—针阀；　7—弹簧；　8—出口

2.结构

电子膨胀阀通常可分为电动式和电磁式两大类。

(1)电动式电子膨胀阀。

电动式电子膨胀阀一般由步进电动机驱动阀杆运动。根据电动机与阀杆的连接方式可细分为直动型和减速型两种。

(2)电磁式电子膨胀阀。

电磁式电子膨胀阀通常用电磁线圈带动阀杆运动。通过调节电磁线圈的电压,产生不同的电磁力,控制阀的开度。

以电磁式电子膨胀阀为例,电子膨胀阀的结构示意如图9－3－14所示。

实用中，电子膨胀阀可做成全封闭式结构，使阀体和驱动机构封闭在密封壳体内，不但可彻底防止工质泄漏，且减小了阀杆的密封压紧力和旋转阻力，对驱动机构的功率要求降低，也可使电子膨胀阀较小巧，但要求驱动机构线圈与工质的相容性好。

3. 热力膨胀阀与电子膨胀阀的比较分析

热力膨胀阀与电子膨胀阀的比较见表 9－3－19。

表 9－3－19 热力膨胀阀与电子膨胀阀的比较

比较的项目	热力膨胀阀	电子膨胀阀
工质与阀的选择因素	由感温包充注决定	限制较小
工质流量调节范围	较大	大
流量调节机构	阀开度	阀开度
流量反馈控制的信号	蒸发器出口过热度	蒸发器出口过热度
调节对象	蒸发器	蒸发器
蒸发器过热度控制偏差	较小，但蒸发温度低时大	很小
流量调节特性补偿	困难	可以
过热度调节的过渡过程特性	较好	优
允许负荷变动	较大，但不适合于能量可调节的系统	很大，也适合于能量可调节的系统
流量前馈调节	困难	可以
价格	较低	较高

(五)膨胀机

毛细管、热力膨胀阀、电子膨胀阀均为简单的节流部件，工质在节流过程前后焓不变，高压工质液体所蕴涵的做功能力在节流过程中全部耗散为热能，造成热泵循环的制热效率损失。

解决这一问题的方法是节流部件采用膨胀机。

膨胀机可简单理解为压缩机的反义词。压缩机是消耗功将气体压力提高，膨胀机是将高压工质液体的压力降低、体积增大(膨胀)并同时输出功。因此，膨胀机的类别及结构与压缩机也有一定的相似之处。

膨胀机主要分为两大类：容积式膨胀机和透平式膨胀机。容积式膨胀机主要分为活塞式和螺杆式两大类：活塞式膨胀机是通过活塞的往复运动来实现膨胀过程；螺杆式膨胀机则通过螺杆的回转运动来实现膨胀过程。透平式膨胀机又称为涡轮式膨胀机，又可细分为径流式透平膨胀机和轴流式透平膨胀机。

膨胀机的具体分类如图 9－3－15 所示。

一般而言，容积式膨胀机适用于中小型装置，尤其是大膨胀比、小流量的场合，如活塞式、螺杆式、涡旋式等形式的膨胀机；而透平(涡轮)式膨胀机适用于大型装置，尤其是小膨胀比、大流量的场合。

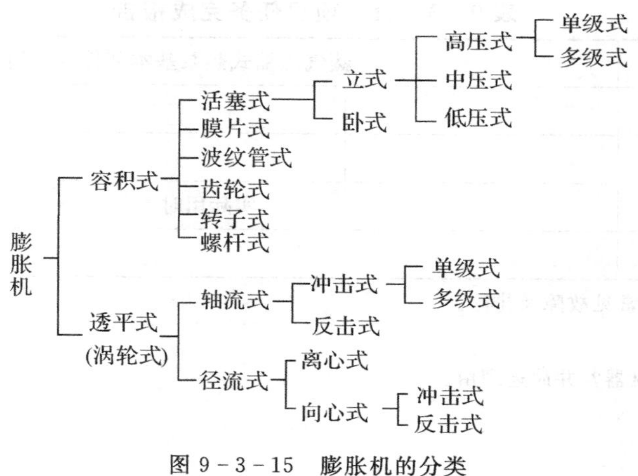

图 9－3－15　膨胀机的分类

任务实施

根据项目任务书和项目任务完成报告进行任务实施，见表 9－3－20 和表 9－3－21。

表 9－3－20　项目任务书

<table>
<tr><td>任务名称</td><td colspan="3">蒸气压缩式热泵基本部件的应用</td></tr>
<tr><td>小组成员</td><td colspan="3"></td></tr>
<tr><td>指导教师</td><td></td><td>计划用时</td><td></td></tr>
<tr><td>实施时间</td><td></td><td>实施地点</td><td></td></tr>
<tr><td colspan="4">任务内容与目标</td></tr>
<tr><td colspan="4">1. 了解热泵压缩机的类型及选用方法；
2. 了解热泵压缩机的管理与维护；
3. 了解冷凝器的类型及特点；
4. 了解蒸发器的类型及特点；
5. 掌握对节流部件的要求</td></tr>
<tr><td>考核项目</td><td colspan="3">1. 热泵压缩机的类型；
2. 热泵压缩机的管理及维护；
3. 冷凝器的类型；
4. 蒸发器的类型；
5. 节流部件的要求</td></tr>
<tr><td>备注</td><td colspan="3"></td></tr>
</table>

表 9－3－21　项目任务完成报告

任务名称	蒸气压缩式热泵基本部件的应用		
小组成员			
具体分工			
计划用时		实际用时	
备注			
1. 简述压缩机的分类、常见故障及排除。 2. 哪些冷凝器为水冷凝器？并简述理由。 3. 请写出蒸发器类型。 4. 简述对节流部件的要求。			

任务评价

根据项目任务综合评价表进行任务评价，见表 9－3－22。

表 9－3－22　项目任务综合评价表

任务名称：　　　　　　　　　　　　　　　　　测评时间：　　年　　月　　日

考核明细		标准分	实训得分								
			小组成员								
			小组自评	小组互评	教师评价	小组自评	小组互评	教师评价	小组自评	小组互评	教师评价
团队60分	小组是否能在总体上把握学习目标与进度	10									
	小组成员是否分工明确	10									
	小组是否有合作意识	10									
	小组是否有创新想（做）法	10									
	小组是否如实填写任务完成报告	10									
	小组是否存在问题和具有解决问题的方案	10									
个人40分	个人是否服从团队安排	10									
	个人是否完成团队分配任务	10									
	个人是否能与团队成员及时沟通和交流	10									
	个人是否能够认真描述困难、错误和修改的地方	10									
合计		100									

思考练习

1. 蒸汽压缩式热泵的基本部件包括________、________、________、________。
2. 节流部件的主要作用是控制________与________相匹配。
3. 压缩机的选用方法有哪些？
4. 简述空气式冷凝器的优缺点。
5. 毛细管一般内径为________，长________，适宜________和________较稳定的小型热泵装置。
6. 简述毛细管的优缺点。

任务四　蒸气压缩式热泵的辅助部件和材料的认识

任务描述

蒸汽压缩式热泵有许多的辅助部件及材料，熟悉各个部件及材料，了解它们各自的功能及重要性。

PPT
蒸气压缩式热泵的辅助部件和材料的认识

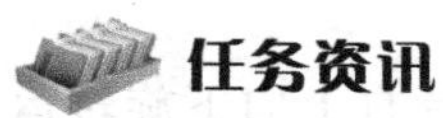

任务资讯

一、干燥器与过滤器

由于水分和杂质的存在均会对热泵的性能和寿命带来不利的影响，因此干燥器和过滤器是热泵装置中必需的。

干燥器中所用干燥剂有粒状硅胶、无水氯化钙、分子筛等类型，干燥剂吸水量达一定值时，可取出，通过加热的方法再生。液态工质在干燥器中的速度应在 0.013～0.033 m/s 之间，流速太大时易使干燥剂粉碎。

过滤器一般为与工质及润滑油相容的金属细网（氨用过滤器一般由 2～3 层网孔为 0.4 mm 的钢丝网，氟里昂过滤器则滤气时用网孔为 0.2 mm 的铜丝网，滤液时用网孔为 0.1 mm 的铜丝网），过滤网脏后可拆下用汽油清洗。

在小型氟里昂热泵装置中，通常将干燥器和过滤器组合在一起，简称为"干燥过滤器"。干燥过滤器两端有金属网（铁网或铜网）、纱布或脱脂棉等，防止干燥剂进入管路系统中。干燥过滤器的结构示意如图 9－4－1 所示。

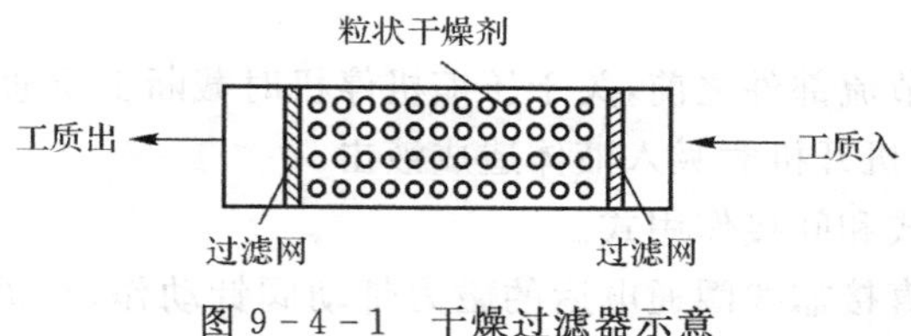

图 9－4－1　干燥过滤器示意

干燥过滤器通常安装在节流部件前、冷凝器之后。干燥过滤器中气态工质通过滤网的速度应在 1～1.5 m/s 之间，液态工质通过滤网的速度应小于 0.1 m/s。

二、气液分离器

气液分离器的功能是将出蒸发器、进压缩机气流中的液滴分离出来，防止压缩机发生液击，主要用于工质充注量较大、压缩机进气可能带液且压缩机对湿压缩较敏感的情况。

气液分离器一般通过降低气流速度和改变气流方向使蒸气和液滴分离。设计和使用时，蒸气在气液分离器内的流速不应大于 0.5m/s。

气液分离器安装在蒸发器之后，压缩机之前。

三、油分离器

油分离器主要用于将压缩机排气中所携带的润滑油从工质蒸气中分离出来。油分离器可分为过滤式、洗涤式、离心式和填料式等四种。

过滤式油分离器的原理是气态工质进入其壳体后，速度突然下降并改变气流方向，并通过金属丝网等作用将气体所携带的润滑油分离出来，主要用于小型氟里昂装置中。

洗涤式油分离器适用于氨机组，是靠冷却作用进行分离。

填料式油分离器是靠气流在壳体内速度降低、转向且通过填料层的作用而分离。填料可为小瓷环、金属切削或金属丝网（如纺织的金属丝网），以金属丝网的效果最好，分离效率可达 96%～98%，但阻力也较大。该类油分离器适用于中小型热泵装置中。

离心式油分离器的原理是气流沿切线方向进入油分离器，沿螺旋状叶片自上向下旋转运动，借离心力作用将滴状润滑油甩到壳体壁面，聚积成较大的油滴，使油从工质蒸气中分离。该类油分离器适宜于中等制热量的热泵装置。

过滤式、离心式油分离器的分油效率均很高。选择油分离器时，可以进气、出气管径为参考，一般进气管内气流速度为 10～25 m/s；此外，也可根据筒体直径选择（过滤式油分离器气流通过滤层的速度为 0.4～0.5 m/s，其他形式的油分离器中气流通过筒体的速度不应大于 0.8 m/s）。

油分离器安装在压缩机之后、冷凝器之前。

四、储液器

储液器通常安装在冷凝器之后，用来储存冷凝器来的工质液体，以适宜工况变化和减少补充工质的次数。储液器通常为卧式，其容量可按机组每小时工质循环量的 1/3～1/2 确定，工质在储液器中的液面高度一般不应超过筒体直径的 80%。

五、电磁阀

电磁阀一般安装在节流部件之前，关于压缩机停机时截断工质通路，防止大量液态工质大量进入蒸发器，导致压缩机开机时吸入液体造成液击。

电磁阀分直接作用式和间接作用式。

直接作用式电磁阀直接靠线圈通电后的磁力带动阀针动作，在进、出口压力差较大时，可能会开启困难，主要用于小型氟里昂机组中。

间接作用式电磁阀通过控制浮阀上的小孔的开闭，利用浮阀上下方工质液体形成的压差来控制电磁阀的开与关，可用于中型氟里昂机组中。

电磁阀选用和使用时,需注意以下几点。

(1)可根据管路尺寸,配置接管尺寸相同的电磁阀。

(2)工质要与电磁阀中的材料相容。

(3)电磁电压有 380 V、220 V、36 V 交流和 220 V、110 V、24 V 直流等多种,要按要求电压供电。

(4)电磁阀应垂直安装在水平管道上,线圈向上,工质流动方向应与电磁阀外壳箭头方向一致。

(5)电磁阀前后压差不能超过许用值。

(6)工质温度不应超过许用值。

(7)阀所在位置应振动较小。

以 FDF 系列为例,电磁阀的规格与参数见表 9-4-1。

表 9-4-1　FDF 系列电磁阀的规格与参数示例

型　号	通径 mm	额定工作压力 kPa	开阀能力（在额定电压 85%情况下阀前后压差）kPa				电压 V		功率 W	介质温度 ℃	适宜范围
			气态		液态		交流	直流			
			最大	最小	最大	最小					
FDF3	3	1 666	1 666		1 372		36或220或380	24或110或220	14	−40～50	R12、R22（气态、液态），无腐蚀性气体
FDF6	6	1 666	1 666	29.4	1 372	29.4			14	−40～50	
FDF8	8	1 666	1 666	29.4	1 372	29.4			14	−40～50	
FDF10	10	1 666	1 666	29.4	1 372	29.4			14	−40～50	
FDF13	13	1 666	1 666	29.4	1 372	29.4			14	−40～50	
FDF16	16	1 666	1 666	29.4	1 372	29.4			14	−40～50	
FDF19	19	1 666	1 666	29.4	1 372	29.4			14	−40～50	
FDF25	25	1 666	1 666	29.4	1 372	29.4			14	−40～50	
FDF32	32	1 666	1 666	29.4	1 372	29.4			14	−40～50	
DF25	25	784				784			14	−40～50	水、海水及黏度不大于恩氏黏度2°E的液体
DF32	32	784				784			14	−40～50	
DF50	50	784				784			14	−40～50	

电磁阀故障及排除方法见表 9-4-2。

表 9-4-2　电磁阀常见故障及排除方法

故障现象	故障原因	排除方法
通电不动作	安装错误	重新安装
	线圈烧毁	调换线圈
	动铁心卡住或损坏	消除卡住因素或更换动铁心

续 表

故障现象	故障原因	排除方法
断电不关闭	铁心或弹簧卡住	消除卡住因素或更换动铁心
	剩磁力吸住动铁心	设法去磁或更换新材质铁心
关闭不严密	聚四氟乙烯阀座受损	更换阀座(采用冷挤法)
	动铁心阀针拉毛	磨光心针,达到原粗糙度要求
	有脏物	清洗阀门及过滤网
	弹簧变形	更换弹簧
工质泄漏	密封垫圈受损	更换密封垫圈
	紧固螺钉受力不均	松开螺钉,重新坚固
	隔磁套管氩弧焊受损	补焊或更换隔磁套管

六、高低压控制器

离低压控制器也称为高低压开关、高低压继电器、压力控制器、压力继电器等,是常闭开关,与压缩机控制电路串联。当压缩机排气压力高于设定值或吸气压力低于设定值时,高低压控制器断开,使压缩机停机,可防止机组压力过高出现安全事故或压缩机吸气压力过低损坏压缩机。

高低压控制器的结构形式很多,但工作原理基本相同,都是以波纹管气箱为动力室,接受压力信号后使气箱产生移位,推动触点的通与断。以 KD 型为例,其结构示意如图 9-4-2 所示。

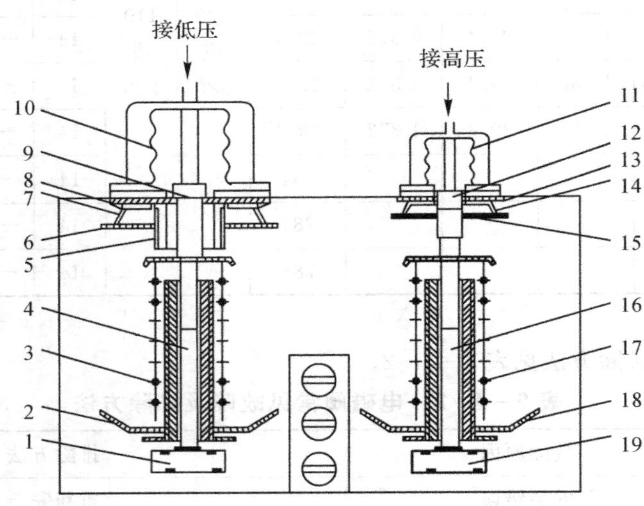

图 9-4-2 KD型高低压控制器结构示意

1,19—微动开关; 2—低压调节盘; 3—低压调节弹簧; 4—传动杆; 5—调节螺钉; 6—低压压差调节盘; 7,14—碟形弹簧; 8,13—垫片; 9—传动芯棒; 10—低压波纹管; 11—高压波纹管; 12—传动螺钉; 15—高压压差调节盘; 16—传动杆; 17—高压调节弹簧; 18—高压调节盘

由图 9－4－2 可见，高低压控制器由高、低压气箱和波纹管、弹簧、传动芯棒、传动杆、微动开关等部件组成。高、低压气箱直接用管路与压缩机的吸、排气腔连接，气箱内波纹管接受压力信号后产生移位，通过顶杆直接与弹簧的弹力联合作用，使传动杆直接推动微动开关动作。高、低压部分用两只微动开关分别控制电路，故结构紧凑，调节方便。

高低压控制器的接线方法如图 9－4－3 所示。

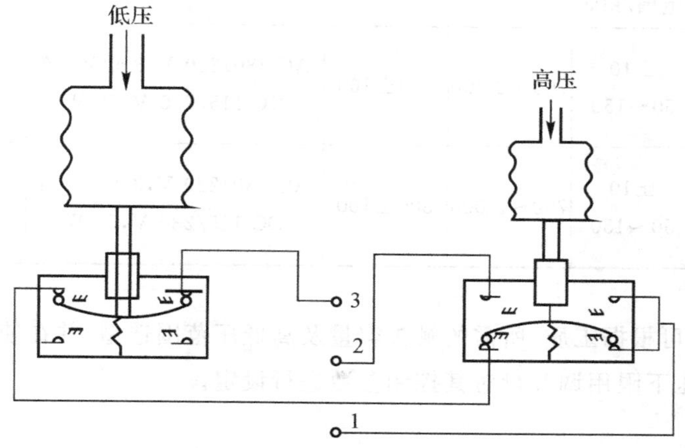

图 9－4－3　KD 型高低压控制器接线示意

1—接电源线；　2—接事故报警灯或铃；　3—接接触器线圈

高、低压控制器和压缩机的连接示意如图 9－4－4 所示。

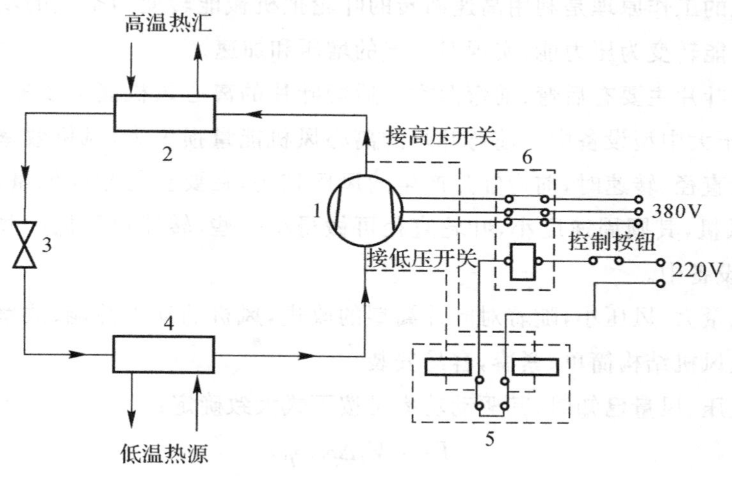

图 9－4－4　高低压控制器和压缩机的连接示意

1—压缩机；　2—冷凝器；　3—节流阀；　4—蒸发器；　5—高低压控制器；　6—交流接触器

KD 型高低压控制器的高压及低压的断开压力值，可通过高压或低压的调节盘进行调节；高压或低压的差动压力值（指接通和断开时的压力差）可通过高压或低压压差调节盘进行调节。

KD 型高低压控制器的相关技术参数见表 9－4－3。

表 9-4-3 KD型高、低压控制器的技术参数

型号	低压端压力调节范围/kPa	低压端压力差(差动)调节范围/kPa	高压端压力调节范围/kPa	高压端压力差/kPa	开关触头容量	适用介质	备注
KD255 KD255S	700～350	±10 50～150	700～2 000	300±100	AC 380/220 V,300 V・A DC 115/230 V,50 W	R22、NH3 油、空气	S型高压端有手动复位装置
KD155 KD155S	700～350	±10 50～150	700～2 000	300±100	AC 380/220 V,300 V・A DC 115/230 V,50 W	R12 油、空气	

高低压控制器可根据工质,所需的触头容量及高低压范围选型,并在使用前根据机组所允许的高压上限、低压下限用调节盘对其控制参数进行设定。

七、风机

当热泵采用空气强制对流冷凝器或蒸发器时,需用风机来吹送空气。

与热泵冷凝器或蒸发器配套的风机主要可分为离心式和轴流式两大类。

离心式风机的工作原理是利用高速回转的叶轮把机械能转变为空气的动能,又经过风机蜗壳把空气的动能转变为压力能,实现对空气的增压和加速。

离心风机的叶片主要有后弯、前弯两类。后弯叶片的离心风机能量损失小、效率较高、气流较平稳,宜用于大中型设备中。前弯叶片的离心风机能量损失大,风机效率较低,但与后弯叶片在相同叶轮直径、转速时,前弯叶片产生的风压较高,在要获得相同风量、风压时,采用前弯叶片的离心风机,其圆周速度小,叶轮直径可做得小一些,转速也可低一些,有利于减小噪声,宜用于小型设备中。

轴流风机风量大、风压小,随着对叶片翼型的改进,风机的动力性能、效率也得以提高,噪声也降低。轴流风机结构简单、紧凑,容易安装。

当风机的风压、风量已知时,其驱动功率可按下式大致确定:

$$P_F = V_a \Delta\rho_a / \eta_F \quad (9-74)$$

式中 P_F—— 风机功率,W;

V_a—— 空气的体积流量,m^3/s;

$\Delta\rho_a$—— 克服换热器或风道阻力所需的风压(与空气速度的平方成正比),Pa;

η_F—— 风机的效率。

风机选型时需已知风压、流量或功率三者中的两个。当风量变化大时,还考虑不同风机叶片形状对变工况的适应性。

风机的典型参数见表 9-4-4(以轴流风机为例)。

表 9-4-4　轴流风机的典型参数

典型参数	型号			
	420-4	420-4	420-6	4206
电动机形式	D	E	D	E
自由状态风量/($m^3 \cdot h^{-1}$)	5 000	5 000	3 250	3 250
转速/($r \cdot min^{-1}$)	1 340	1 300	890	880
噪声级/dB(A)	50	50	38	38
额定功率/kW	0.45	0.45	0.15	0.17
额定电流/A	0.92	2.1	0.38	0.82

注:D为交流三相 380 V,E为单相交流 220 V。

风机的常见故障及其分析处理见表 9-4-5。

表 9-4-5　风机的常见故障及其分析处理

故障	可能原因	处理方法
风机反转	电源接错	三相电源中任意两相交换
风机振动大	转速过高	适当降低转速
	叶轮不平衡	拆下修整
	风管连接不良	加固
	进出风口关闭	开启
	基础薄弱(强度不足)	加固,提高强度
	基础螺钉松动	紧固
	轴承滚珠破碎	更换滚珠
	滑动轴承轴瓦白合金脱壳	更换轴瓦
	轴承间隙过大	调整或更换轴承
	风机、电动机带轮不在同一平面	调整
	风机主轴变形	校直
风机噪声大	上述振动大引起	采取减振等相应措施
	风机内进入异物	清洁
	叶轮与机壳相碰	校正
风量不足	风机转速过低,电力不足	调整转速,检查电源
	风门调节不当	重新调节
	风管接管不良,阻力损失大	调整接管
	风机反转	电源换向

续 表

故障	可能原因	处理方法
轴承温升过高	轴承润滑不良	加油或更换
	轴承间隙过小	调整或更换
	轴承损坏	更换
电动机温升过高	电动机绝缘性差，绕组受湿	烘干
	电动机负荷过大、超载	降转速、减风量、关小风门
	三相电断	检查、接上

八、泵

当热泵冷凝器或蒸发器的载热介质为水或其他液体介质时，其强制流动需用泵驱动。

泵有活塞泵、回转泵、离心泵、叶片泵等类型，应用较多的是离心泵，其尺寸小、价格低，但效率相对低些。

当已知液体流动所需克服的总阻力及流量时，泵的流量 V_w 和压头（扬程）p_w 可按下式确定：

$$V_w = (1.1 \sim 1.2) V_{max} \tag{9-75}$$

$$p_w = (1.1 \sim 1.2) p_{max} \tag{9-76}$$

式中 V_{max}—— 设计的最大流量，m^3/s；

p_{max}—— 液体在最不利情况时的总阻力计算值，Pa。

泵的轴功率可用下式计算：

$$P_b = V_w \Delta p_w / \eta_w \tag{9-77}$$

式中 P_b—— 泵的轴功率，W；

V_w—— 泵的流量，m^3/s；

Δp_w—— 泵的压头，Pa；

η_w—— 泵的效率，一般为 0.6 ～ 0.8。

水泵驱动电机的功率要有一定的裕量，以免过载，电机额定功率可按下式确定：

$$P_d = K P_b \tag{9-78}$$

式中 P_d—— 电机额定功率，W；

K—— 安全系数，见表 9-4-6。

表 9-4-6 泵驱动电机的容量安全系数

水泵轴功率/kW	＜1	1～2	2～5	5～10	10～25	25～60	60～100	＞100
K	1.7	1.7～1.5	1.5～1.3	1.30～1.25	1.25～1.15	1.15～1.10	1.10～1.08	1.08～1.05

水泵转速恒定而其他量（流量、压头、功率、效率）变化时，其关系如图 9-4-5 所示。

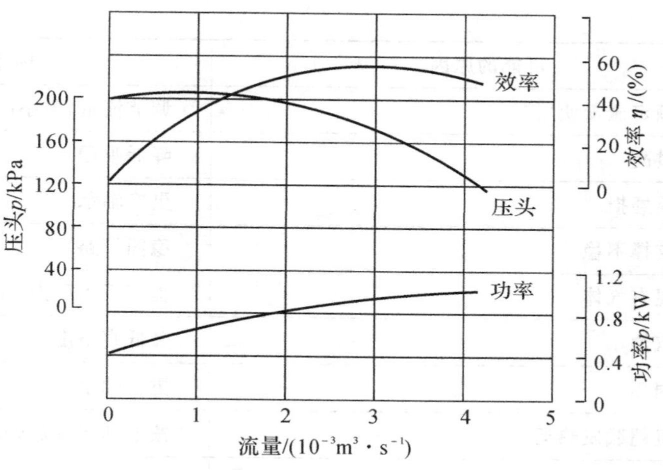

图 9-4-5　单级离心水泵的性能曲线

泵选型时，除考虑流量、压头、介质外，当泵的流量变化较大时，还需考虑其变工况特性。典型离心泵的参数见表 9-4-7。

表 9-4-7　典型离心泵的性能参数

结构形式	系列	流量范围		扬程范围	
		$L\cdot s^{-1}$	$m^3\cdot h^{-1}$	kPa	mH_2O
单级、单级、悬壁式	IS	1.75～111	6.3～400	49～1 226	5～125
单级、双级、中开式	S	38.9～561	140～2 020	98～931	10～95
单级、多级、分段式	TSWA	4.17～53.1	15～191	165～2 865	16.3～292

离心清水泵的常见故障及处理方法见表 9-4-8。

表 9-4-8　离心清水泵常见故障及处理方法

故障现象	可能的原因	排除方法
水泵不出水	进出口阀门未打开，进出管路阻塞，叶轮流道阻塞	检查，去除阻塞物
	电动机运行方向不对，电机缺相，转速很慢	调整电动机方向，紧固电动机接线
	吸入管漏气	拧紧各密封面，排除空气
	泵未灌满液体，泵腔内有空气	打开泵上盖或打开排气阀，排尽空气
	进口供水不足、吸程过高，底阀漏水	停机检查、调整
	管路阻力过大，泵选型不当	减少管路弯道，重新选泵
水泵流量不足	先按水泵不出水原因检查管道、泵叶轮流道部分阻塞，水垢沉积、阀门开度不足	先按水泵不出水排除去除阻塞物，重新调整阀门开度
	电压偏低叶轮磨损	稳压，更换叶轮

续 表

故障现象	可能的原因	排除方法
功率过大	超过额定流量使用	调节流量,关小出口阀门
	吸程过高	降低吸程
	泵轴承磨损	更换轴承
杂声振动	管路支撑不稳	稳固管路
	液体混有气体	提高吸入压力、排气
	产生汽蚀	降低真空度
	轴承损坏	更换轴承
	电动机超载发热运行	按电动机发热处理
电动机发热	流量过大,超载运行	关小出口阀
	碰擦,电动机轴承损坏	检查排除更换轴承
	电压不足	稳压
水泵漏水	机械密封磨损	更换
	泵体有砂孔或破裂密封面不平整	焊补或更换修整
	安装螺栓松懈	紧固

九、管路材料

热泵各部件连接时需要管道。对氟里昂机组,当管道直径在 20 mm 以下时用铜管,再大时可用无缝钢管;对氨机组,管道可用无缝钢管;蒸发器和冷凝器载热介质管道可用无缝钢管或焊接管。

管材为钢管时,管道与管道之间连接用焊接,管道与部件连接处及需拆卸处用法兰连接(不能用天然橡胶垫片或涂矿物油,必要时可涂甘油);管材为铜管时,管道与管道之间用铜焊,公称直径在 20 mm 以下的管道,与部件连接或需拆卸处用带螺纹和喇叭口的接头丝扣连接。

管道直径的确定原则是其压降不能过大(通常不能超过饱和温度变化 1～2℃所对应的压降)。初选时,可取气相管内工质流速在 8～20 m/s 之间,液相管内工质或载热介质流速在 0.5～1.5 m/s 之间。然后,用下式计算管径(内径),有

$$d_i = [4V_m/(\pi u \rho)]^{0.5} \tag{9-79}$$

式中 d_i—— 管道直径,m;

V_m—— 工质或载热介质的质量流量,kg/s;

u—— 工质或载热介质在管内的流速,m/s;

ρ—— 工质或载热介质在管内的平均密度,kg/m³。

根据计算结果,可在表 9-4-9 或表 9-4-10 所示的管径系列中选出合理值,并验算工质在管内的压力降。对氟里昂机组,在确定管道直径后,可在需拆卸处用专用工具扩喇叭口将管道和部件连接,其接头及螺母规格见表 9-4-11。

表 9-4-9 常用无缝钢管规格

外径×壁厚/mm	内径/mm	质量(1m)/kg	净断面积/m^2
10×2	6	0.395	0.000 028
14×2	10	0.592	0.000 079
18×2	14	0.789	0.000 154
25×2	21	1.13	0.000 346
32×2.5	27	1.82	0.000 573
38×2.5	33	2.19	0.000 855
45×2.5	40	2.62	0.001 257
57×3.5	50	4.62	0.002 00
70×3.5	63	5.74	0.003 10
76×3.5	69	6.26	0.003 8
89×3.5	82	7.38	0.005 3
108×4	100	10.26	0.007 9
133×4	125	12.73	0.012 3
159×4.5	150	17.15	0.017 7
219×6.0	207	31.52	0.036 6
273×7.0	259	45.92	0.052 7

表 9-4-10 常用紫铜管规格

外径×壁厚/mm	内径/mm	质量(1m)/kg	净断面积/$10^{-6}\,m^2$
3×0.5	2	0.035	0.314
4×0.75	2.5	0.066	0.49
4×1	2	0.084	0.314
6×1	4	0.140	1.26
8×1	6	0.196	2.83
10×1	8	0.252	5.03
12×1	10	0.307	7.85
16×1	14	0.419	15.39
19×1.5	16	0.734	20.11
22×1.5	19	0.859	28.35
25×1.5	22	0.985	38.01
28×2	24	1.453	45.24
30×2	26	1.565	53.09

表 9-4-11 氟里昂管道接头及螺母规格

配管直径/mm	螺纹/mm	配管直径/mm	螺纹/mm
6×1	M12×1.25	12×1	M18×1.5
8×1	M14×1.5	19×1.5	M27×2
10×1	M16×1.5	22×2	M30×2

热泵应用系统中其他工作介质相应的管道材料的选用见表 9-4-12。

表 9-4-12 热泵系统中不同工作介质的适宜管道材料

分类	名称	标准号	规格尺寸范围/mm	钢号(材质)	适用范围	输送介质
碳素钢管	镀锌焊接钢管	GB/T 3091—2015	DN6～150	Q195、Q215A、Q235A	0～100℃ ≤0.6 MPa	生活水、凝水、煤气
	焊接钢管	GB/T 3092—2008				生活水、冷却水、冷(热)水、空气
	电焊接管		DN6～150	Q195、Q215A、Q235A	0～100℃ ≤0.6 MPa	生活水、冷却水、冷(热)水、空气
	螺旋埋弧焊接管	SY/T 5037—2008	(φ219.1×5) (φ220.0×16)	Q235AF、16Mn RJ216—392	≤200℃ ≤2 MPa	水、煤气、空气
	无缝钢管	GB/T 8163—2018	热轧外径φ32～630 冷拔外径φ6～200	10 钢 20 钢 0.9MnV 16Mn	−20～450℃ −20～450℃ −70～100℃ −40～450℃	水、蒸汽、煤气、油、空气
合金钢管	焊接钢管	GB/T 12771—2008	外径φ6～560	1Cr18Ni9 1Cr18Ni9Ti 0Cr18Ni9 0Cr13	−196～700℃ −20～600℃	水、蒸汽、乙二醇、脱盐水、油
	无缝钢管	GB/T 14976—2012	热轧外径φ54～480 冷拔外径φ6～200	0Cr13 1Cr18Ni9 1Cr18Ni9Ti	−20～600℃ −196～700℃	
橡胶管	夹布输水胶管		内径φ13～51	橡胶	工作压力 0.3,0.5,0.7 MPa	常温水、中性液体
	吸水胶管		内径φ25～357	橡胶	可用于真空度 80 kPa 下	
	夹布蒸汽胶管		DN13～76	橡胶	<0.4 MPa <150℃	饱和蒸汽、过热水
	夹布吸油胶管		DN13～25		<40℃ 0.4,0.7,1.0 MPa	汽油、煤油、柴油、机油、润滑油
	排吸油胶管		DN38～254		0.6,0.9,1.2 MPa 负压可用	溴化锂溶液、油品

续 表

分类	名称	标准号	规格尺寸范围/mm	钢号(材质)	适用范围	输送介质
塑料管	PVC 管	GB/T 4219—2005	外径尺寸 ϕ10～400	聚氯乙烯	轻型管 0.6 MPa 重型管 1.0 MPa 常温 −15～60℃ 真空 98 kPa	腐蚀性流体、各种酸类、碱液、盐类、海水、盐水
	ABS 管		DN15～100	工程塑料	PN10 MPa	可承受高压

十、保温材料

保温材料也称隔热材料。热泵及其应用系统其温度明显高于环境温度处应采用保温材料，防止热量损失。当给定某处允许的漏热量为 Q 时，保温材料的厚度可按下式(以圆形管道为例)计算：

$$T_g - T_a = \frac{Q}{2\pi L}\left[\frac{1}{\lambda} \times \ln\frac{r+\delta}{r} + \frac{1}{\alpha(r+\delta)}\right] \tag{9-80}$$

式中　T_g—— 管道温度(近似为管内工质或介质温度)，℃；

T_a—— 环境空气温度，℃；

Q—— 被保温处的允许漏热量，W；

L—— 被保温管道或部件的长度，m；

λ—— 保温材料的热导率，W/(m · ℃)；

r—— 保温前管道的外半径，m；

δ—— 保温材料的厚度，m；

α—— 保温层外表面与空气的对流换热系数(一般在 5 ～ 20 之间)，W/(m^2 · ℃)。

常用保温材料的特性见表 9-4-13。

表 9-4-13　常用保温材料的特性

材料名称	密度 ρ / kg · m^{-3}	热导率 λ / W · m^{-1} · K^{-1}	比热容 C / kJ · kg^{-1} · K^{-1}	吸水率 / %	适用温度 T / ℃	备　注
软木板	150～200	0.04～0.07	约 2.1	<50	−60～150	
软木颗粒	100～250	0.04～0.06	约 2.1		−60～150	
硬质聚氯乙烯泡沫塑料	40～45	0.03～0.043		<3		
可发性聚苯乙烯塑料板、管壳	18～25	0.041～0.044			−40～70	有自熄型和非自熄型两种
软质聚氨酯泡沫塑料制品	30～36	0.040			−30～130	可现场发泡浇注成型，强度较高，成本也较高

续表

材料名称	密度 ρ $\frac{}{kg \cdot m^{-3}}$	热导率 λ $\frac{}{W \cdot m^{-1} \cdot K^{-1}}$	比热容 c $\frac{}{kJ \cdot kg^{-1} \cdot K^{-1}}$	吸水率 %	适用温度 T ℃	备注
硬质聚氨酯泡沫塑料	45～65	0.022～0.024		＜1.5	－100～120	可现场发泡浇注成型，强度较高，成本也较高
酚醛树脂矿渣棉管壳	150～180	0.042～0.019			＜300	难燃、价廉、货源广，施工时刺激皮肤及尘土大
岩棉保温管壳	100～200	0.052～0.058			－268～350	适用温度范围广、施工简易，需注意对人体的危害
水泥珍珠岩管壳	250～400	0.058～0.087			＜600	不燃、不腐蚀、化学稳定性好、价廉
玻璃棉管壳	120～150	0.035～0.058			＜250	耐腐蚀、耐火、吸水性很小、有良好的化学稳定性，但施工时刺激皮肤
沥青玻璃棉毡	85	0.035～0.058			＜200	耐腐蚀、耐火、吸水性很小、有良好的化学稳定性，但施工时刺激皮肤
锯木肩	200～250	0.07～0.093	1.884			
稻壳	155	0.14		8～10		
泡沫混凝土	400～600	0.174～0.233	1.046			
矿渣棉	100～180	0.038～0.046				
超细玻璃棉	18～22	0.033		～2	＜100	
普通膨胀珍珠岩	120～300	0.034～0.061	0.67		－100～450	
石棉砖	470	0.151				

任务实施

根据项目任务书和项目任务完成报告进行任务实施，见表 9－4－14 和表 9－4－15。

表 9－4－14　项目任务书

任务名称	蒸气压缩式热泵的辅助部件和材料的认识		
小组成员			
指导教师		计划用时	
实施时间		实施地点	
任务内容与目标			
1. 认识干燥器与过滤器的必要性； 2. 掌握气液分离器的功能； 3. 了解油分离器的种类以及各种类的原理； 4. 了解储液器的作用； 5. 掌握电磁阀使用时注意事项； 6. 掌握高低压控制器的连接方法； 7. 了解风机的常见故障及其分析处理； 8. 了解泵的类型、流量和压头公式			
考核项目	1. 干燥器与过滤器对蒸气压缩式热泵的影响； 2. 气液分离器的功能； 3. 油分离器的种类以及各种类的原理； 4. 高低压控制器的连接方法		
备注			

表 9－4－15　项目任务完成报告

任务名称	蒸气压缩式热泵的辅助部件和材料的认识		
小组成员			
具体分工			
计划用时		实际用时	
备注			
1. 简述干燥器与过滤器对蒸气压缩式热泵的影响。 2. 简述气液分离器的功能。 3. 简述油分离器的种类以及各种类的原理。 4. 图 9－4－2 为 KD 型高低压控制器结构示意图，请根据示意图画出高低压控制器的接线方法示意图。			

任务评价

根据项目任务综合评价表进行任务评价，见表 9-4-16。

表 9-4-16　项目任务综合评价表

任务名称：　　　　　　　　　　　　　　　　　　　　　　测评时间：　　年　　月　　日

考核明细		标准分	实训得分								
			小组成员								
			小组自评	小组互评	教师评价	小组自评	小组互评	教师评价	小组自评	小组互评	教师评价
团队60分	小组是否能在总体上把握学习目标与进度	10									
	小组成员是否分工明确	10									
	小组是否有合作意识	10									
	小组是否有创新想(做)法	10									
	小组是否如实填写任务完成报告	10									
	小组是否存在问题和具有解决问题的方案	10									
个人40分	个人是否服从团队安排	10									
	个人是否完成团队分配任务	10									
	个人是否能与团队成员及时沟通和交流	10									
	个人是否能够认真描述困难、错误和修改的地方	10									
合计		100									

思考练习

1. 气液分离器一般通过________和________使蒸汽和液滴分离。
2. 气液分离器安装在________之后，________之前。
3. 油分离器可分为________、________、________和________四种。
4. 简述储液器的作用。
5. 电磁阀分为哪两种作用式？
6. 简述电磁阀常见故障及排除方法。
7. 简述离心清水泵常见故障及处理方法。

PPT
蒸气压缩式热泵的设计

任务五　蒸气压缩式热泵的设计

任务描述

本任务主要了解蒸气压缩式热泵的设计内容，通过学习掌握不同种类的热泵系统，可以通过数据确定使用不同的热泵系统。

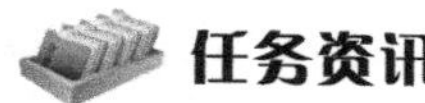

任务资讯

一、蒸气压缩式热泵设计的主要内容

蒸气压缩式热泵设计的主要内容如下。

(1)详细了解热用户的资源条件和热泵制热的目的及要求。

(2)确定热泵的低温热源。

(3)确定热泵的驱动能源。

(4)确定热泵的总体结构形式是单级还多级，采用直接式还是间接式，如采用间接式时，确定载热介质。

(5)确定工质。

(6)确定热泵系统的具体流程及部件的构成。

(7)通过热泵的循环计算确定各部件的主要参数。

(8)对各部件进行选型。

(9)确定管道材料及隔热材料。

(10)绘制热泵的设备布置图。

(11)给出安装的技术要求细则。

(12)文件汇总(设计计算说明、主要循环参数、部件及材料明细等)。

蒸气压缩式热泵设计所涉及的基本内容前面均已介绍，这里不再重复。此处主要对几种略复杂的典型热泵系统的结构流程进行分析，并在最后对一个小型热泵给出较详细的设计过程。

二、内燃机驱动的热泵系统

利用内燃机或燃气轮机驱动蒸气压缩式热泵时，燃料燃烧的热能中，只有约 30%转化为功用来驱动热泵运行，其余大部分热能则主要被废气或气缸冷却水带走，因此，在内燃机驱动的蒸气压缩式热泵系统的设计中，均需考虑这部分热能的利用。

内燃机驱动的蒸气压缩式热泵的一种典型流程如图 9－5－1 所示。

在图 9－5－1 中，由于热泵冷凝器、内燃机冷却水、内燃机废气均可用来为热用户提供热能，且载热介质的温度依次提高，因此，图 9－5－1 中将来自热用户的回水依次通过上述三个部分，实现高温载热介质的梯级加热，可使热用户得到温度高于热泵冷凝温度的热能。

除图 9－5－1 所示串联流程外，内燃机驱动的蒸气压缩式热泵的载热介质还可采用并联流程，分别满足热用户不同温度的供热需要。如一路仅经热泵冷凝加热用于需热温度相对低的场合；另一路则经内燃机冷却系统和内燃机废气加热提供给需热温度高的场合，两路之间还可通过阀门互通。

三、多级热泵

当冷凝温度和蒸发温度相差较大(如≥70℃)时，宜采用多级热泵或复叠式热泵，因复叠式热泵相对复杂，故通常可用多级热泵。

以两级热泵为例，具体结构可有多种，如两级压缩机、一级或二级节流等。一种典型的结构流程如图 9－5－2 所示。

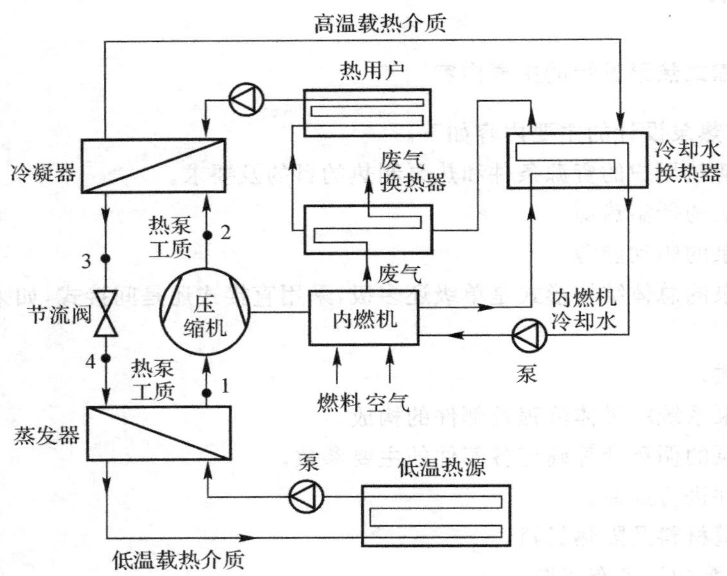

图 9－5－1 内燃机驱动的蒸气压缩式热泵的典型流程

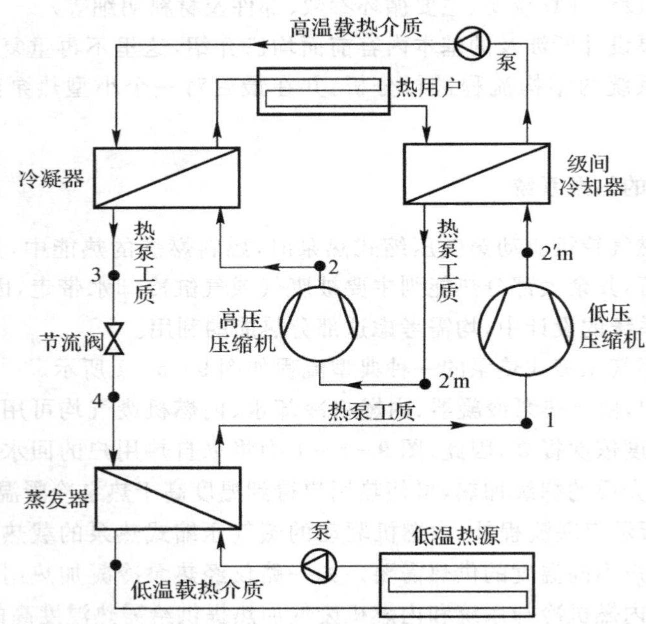

图 9－5－2 两级压缩式热泵系统结构流程

图 9－5－2 中，两级热泵的理论循环在 $p-h$ 和 $T-s$ 图上的表示如图 9－5－3 和图 9－5－4所示，图中各点均相对应。

当冷凝温度和蒸发温度相差过大时采用多级压缩的主要目的是防止压缩机排气温度过高

和提高压缩过程的效率，其实现原理如图 9－5－2～图 9－5－4 所示。图中 1 点为进压缩机的工质蒸气，被低压压缩机升压升温后进入级间冷却器被降温到中间压力下的饱和温度，变为中间压力下的饱和蒸气并进入高压压缩机被升压至所需的冷凝压力。

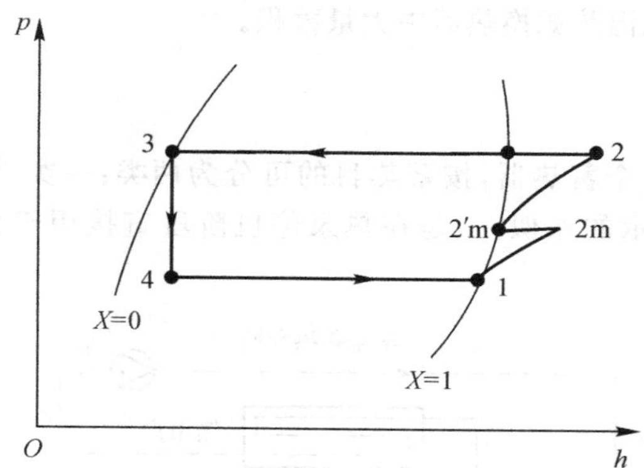

图 9－5－3　两级热泵理论循环在 $p-h$ 图上的表示

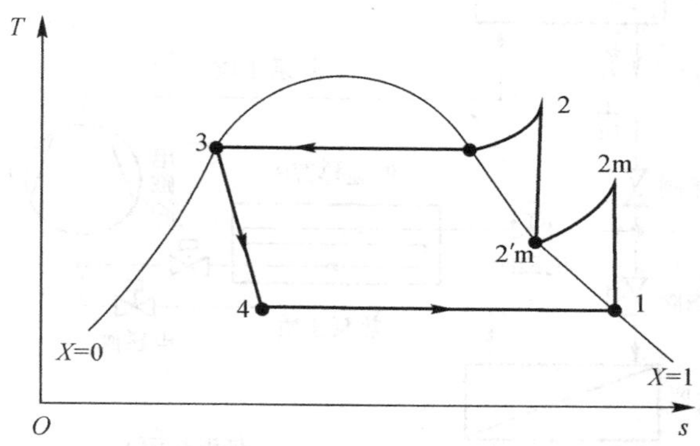

图 9－5－4　两级热泵理论循环在 $T-s$ 图上的表示

中间压力确定的一般原则是各级压比大致相同。以二级压缩为例，设冷凝压力为 p_c，蒸发压力为 p_e，中间压力为 p_m，则三者间应满足

$$\frac{p_c}{p_m}=\frac{p_m}{p_e}$$

从而有

$$p_m=(p_c p_e)^{0.5} \tag{9-81}$$

四、多热源热泵

当采用单一低温热源无法满足热泵的吸热要求时，可考虑采用多热源，如同时采用环境空气和地下水、土壤或太阳能等作为低温热源。

多热源热泵系统的流程也有多种，可每个低温热源配一套热泵，也可一套热泵连接多个低温热源，图 9－5－5 为后一种流程的示意。

图 9－5－5 中，低温热源 A 为主低温热源（如环境空气），热泵运行一般主低温热源可满足要求，但在特殊情况下（如冬季环境空气温度特别低时），主低温热源的供热能力可能出现不

足，此时需起用备用低温热源（图 9－5－5 中低温热源 B，如地下水等），保证热泵有足够的吸热量。

热泵在两个低温热源间切换时，需注意对热泵工质流动的控制，保证压缩机不受冲击，且防止工质在温度较低的低温热源换热器中大量蓄积。

五、蓄热型热泵

蓄热型热泵系统有一个蓄热器，按蓄热目的可分为两类：一类是用作热泵的辅助低温热源，结构与图 9－5－5 所示的相似；二是在热泵停机阶段直接用于为用户供热，其示意如图 9－5－6所示。

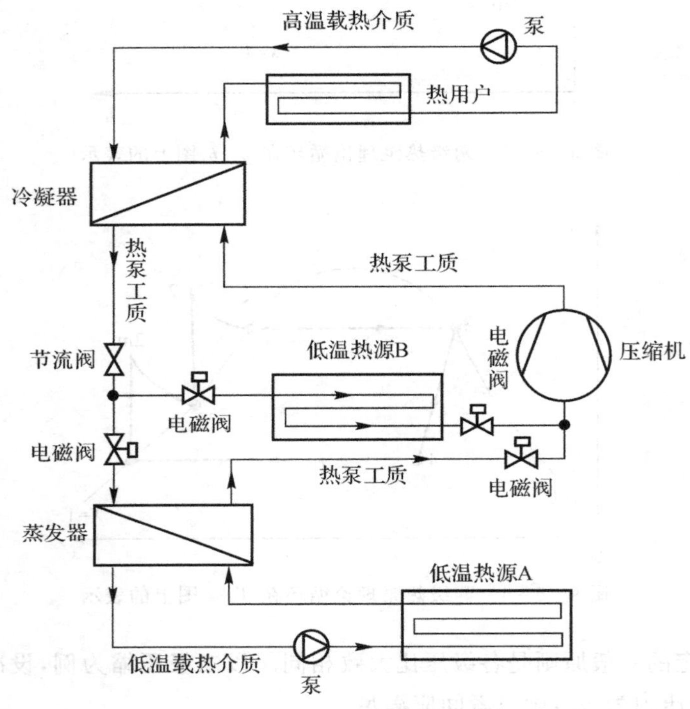

图 9－5－5　多热泵热泵系统简图

图 9－5－6 中，蓄热器与冷凝器串联，热泵工质经冷凝器后进入蓄热器。当用户需热量较小时，工质在冷凝器中冷凝一部分，在蓄热器中凝结一部分，从而不断对蓄热器中的介质加热。当热泵停机时或用户需热量超过热泵制热量时，可接通蓄热介质循环泵，用蓄热器中蓄存的热量向用户供热。

蓄热型热泵有以下特点。

(1)热泵机组的容量可减小，可节省设备投资。

(2)可增大热泵的开、停时间间隔。

(3)机组运行时，一般处于额定设计工况（接近满负荷）状态下运转，可保证机组的运行效率。

(4)当发生停电等意外情况时，启动小功率应急发电动机带动蓄热介质泵，就可保证局部重要地区的供热要求。

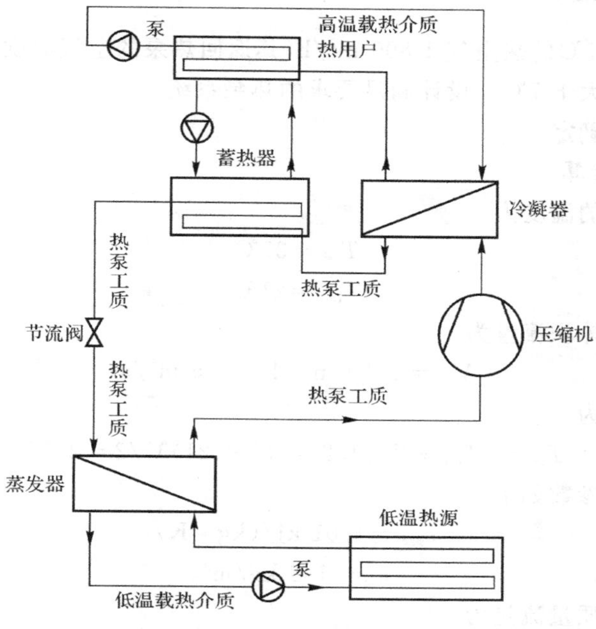

图 9-5-6　蓄热型热泵系统简图

蓄热介质：蓄热型热泵的蓄热温度通常不高，一般低于 50℃，属于低温蓄热，可用的蓄热介质有水及盐水化合物。当加热盐水化合物至熔点时发生相变，结晶水析出。而当冷却时，熔融的液体中水分子在金属离子的周围发生聚合现象，产生结晶，因而可以利用其相变的热量来达到蓄热的目的。一些常用的盐水化合物蓄热材料特性见表 9-5-1。

表 9-5-1　部分盐水化合物的蓄热性能

材　料	熔点/℃	熔点的性质	溶解热	
			$J \cdot g^{-1}$	$J \cdot cm^{-3}$
$CaCl_2 \cdot 6H_2O$	29	包晶点	170.0	286.0
$NaCO_3 \cdot 10H_2O$	32	包晶点	246.6	355.0
$Na_2SO_4 \cdot 10H_2O$	32.4	包晶点	251.2	389.4
$Na_2HPO_4 \cdot 12H_2O$	36	包晶点	279.9	422.9
$Ca(NO_3)_2 \cdot 4H_2O$	43	调和熔点	142.4	259.2
$Na_2S_2O_3 \cdot 5H_2O$	48.5	包晶点	199.7	342.5
$NaCH_3CO_2 \cdot 3H_2O$	58	包晶点	251.2	364.6
$Ba(OH)_2 \cdot 8H_2O$	78	包晶点	293.0	640.6
$Sr(OH)_2 \cdot 8H_2O$	88	包晶点	351.7	669.9
$Mg(NO_3)_2 \cdot 6H_2O$	89	调和熔点	159.9	233.6
$KAl(SO_4)_2 \cdot 12H_2O$	91	调和熔点	232.4	406.5
$NH_4Al(SO_4)_2 \cdot 12H_2O$	94	调和熔点	250.8	409.5
$MgCl_2 \cdot 6H_2O$	117	包晶点	172.5	270.9

六、蒸气压缩式热泵的设计示例

某热用户，需要37℃的热空气1 800 m³/h，其返回热泵的空气温度为21℃。热用户冬季环境空气的温度一般大于7℃。设计满足要求的热泵系统。

(一)设计方案的确定

1. 需热量 Q_x 的估算

空气进出热用户的温度为

$$T_{cai}=37℃$$
$$T_{cao}=21℃$$

用户所需的空气体积流量为

$$V_{av}=1\ 800\ m^3/h=0.5\ m^3/s$$

空气的平均温度为

$$T_{ca}=(T_{cai}+T_{cao})/2=(37+21)℃/2=29℃$$

此时空气的物性参数如下：

定压比热容 $c_{pac}=1.01\ kJ/(kg\cdot K)$

密度 $\rho_{ac}=1.2\ kg/m^3$

用户所需的空气质量流量为

$$V_{am}=V_{av}\times\rho_{ac}=0.5\times1.2\ kg/s=0.6\ kg/s$$

用户的需热量为

$$Q_x=V_{am}c_{pac}(T_{cai}-T_{cao})=0.6\times1.01\times(37-21)\ kW=9.7\ kW$$

2. 总体方案的确定

由于用户的需热量不大，且冬季环境温度较高，故热泵的低温热源可采用环境空气，热泵的总体结构形式为热泵与低温热源及热用户均直接耦合的直接式热泵；又由于环境空气温度和热用户所需热空气的温度相差不大，热泵可采用单级；热泵工质可采用R22。

(二)热泵的循环计算及压缩机、节流部件的确定

1. 循环工况参数的确定

根据热用户所需的热空气温度和环境温度，为保证热泵在最低的环境温度下制热量大于热用户需热量，取循环参数如下：

冷凝温度 $T_c=45℃$

蒸发温度 $T_e=0℃$

冷凝器出口处工质温度 $T_{sc}=40℃$（过冷度为5℃）

蒸发器出口处工质温度 $T_{sh}=5℃$（过热度为5℃）

综上所述，该热泵循环在 $p-h$ 图和 $T-s$ 图上的表示如图9-5-7和图9-5-8所示。

2. 各循环工况点热力参数的确定

查附表1中R22物性表，可得：

冷凝温度为45℃时：

冷凝压力 $p_c=1.73\ MPa$

饱和液的焓 $h_{cL}=256\ kJ/kg$

饱和液的定压比热容 $c_{pcL}=1.38\ kJ/(kg\cdot K)$

冷凝压力下温度 $T_{sc}=40℃$ 的过冷液的焓为

$$h_{sc}=h_{cL}-c_{pcL}(T_c-T_{sc})=256\ \text{kJ/kg}-1.38\times(45-40)\ \text{kJ/kg}=249\ \text{kJ/kg}$$

蒸发温度为 0℃时：

蒸发压力　　$p_e=0.5\ \text{MPa}$

饱和气的焓　　$h_{ev}=405\ \text{kJ/kg}$

饱和液的焓　　$h_{eL}=200\ \text{kJ/kg}$

饱和气的定压比热容　　$c_{pev}=0.74\ \text{kJ/(kg·K)}$

蒸发压力下温度 $T_{sh}=5℃$ 的过热气的焓为

$$h_{sh}=h_{ev}+c_{pev}(T_{sh}-T_e)=405\ \text{kJ/kg}+0.74\times(5-0)\ \text{kJ/kg}=409\ \text{kJ/kg}$$

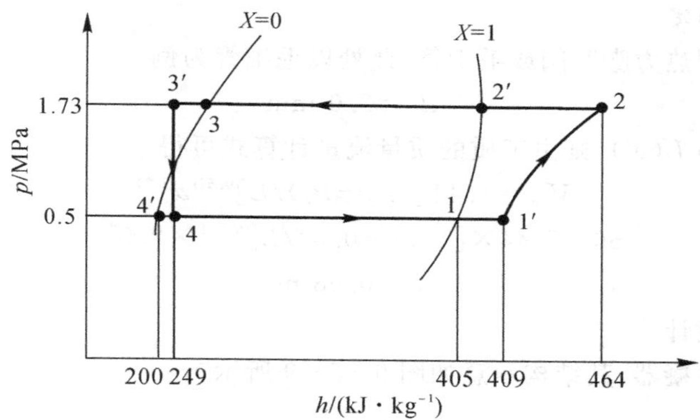

图 9-5-7　热泵循环在 $p-h$ 图上的表示

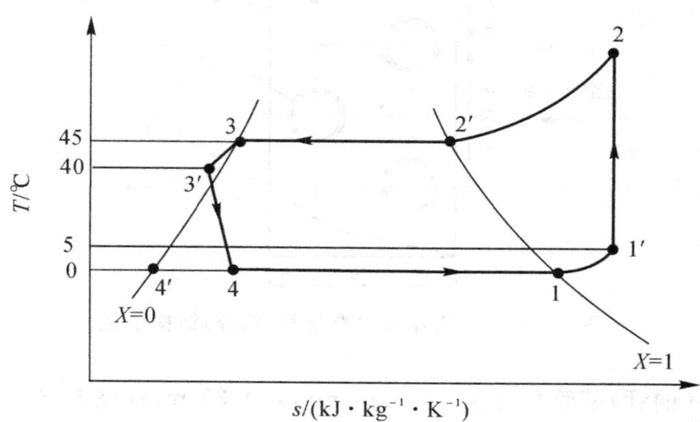

图 9-5-8　热泵循环在 $T-s$ 图上的表示

3. 压缩机的确定

由压缩机样本资料，MT36 压缩机可满足本例要求。该压缩机在蒸发温度为 0℃，冷凝温度为 45℃时的性能参数如下：

功率　　$P=2.75\ \text{kW}$

制冷量(由低温热源吸热量)　　$Q_e=8.0\ \text{kW}$

制热量 $Q_c=P+Q_e=2.75\ \text{kW}+8.0\ \text{kW}=10.75\ \text{kW}>$ 需热量 $Q_x=9.7\ \text{kW}$(考虑到系统热损失，有一定裕量)。

制热系数为

$$COP_H=(Q_e+P)/P=(8.0+2.75)/2.75=3.9$$

热泵工质的质量流量为

$$V_{rm}=Q_e/(h_{sh}-h_{sc})=8.0/(409-249)\ \text{kg/s}=0.05\ \text{kg/s}$$

4. 压缩机排气处工质的焓 h_{shcom} 的求取

压缩机功率为

$$P=V_{rm}(h_{shcom}-h_{sh})$$

压缩机排气处工质的焓为

$$h_{shcom}=P/V_{rm}+h_{sh}=2.75/0.05\ \text{kJ/kg}+409\ \text{kJ/kg}=464\ \text{kJ/kg}$$

5. 节流部件的确定

节流部件可采用热力膨胀阀或毛细管,此处以毛细管为例。

取毛细管内径 $d_{it}=2.0\ \text{mm}$

设毛细管长度为 L(m),则由工质的质量流量计算式可得

$$V_{rm}=5.44[(P_c-P_e)/L]^{0.571}d^{2.71}$$

$$50=5.44\times[1.73-0.5)/L]^{0.571}\times 2.0^{2.71}$$

$$L=0.68\ \text{m}$$

(三)冷凝器的设计

采用翅片管式冷凝器,其结构示意如图 9-5-9 所示。

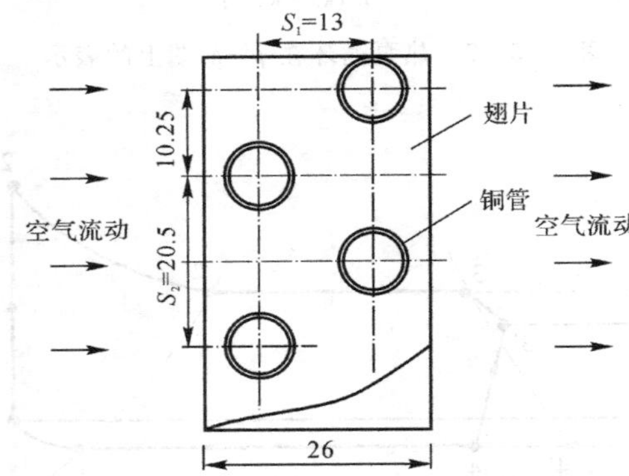

图 9-5-9 翅片管式冷凝器(部分)结构示意

图 9-5-9 中,(铜管)基管尺寸为 $D_0=\phi 7\ \text{mm}\times 0.35\ \text{mm}$(壁厚 $\delta_0=0.35\ \text{mm}$),近似按正三角形交错排列,(沿空气流动方向)前后管中心距(排间距)$S_1=13\ \text{mm}$,(垂直于空气流动方向)上下管中心距(每排中管间距)$S_2=20.5\ \text{mm}$;翅片厚 $\delta=0.15\ \text{mm}$,翅片间距 $S=1.6\ \text{mm}$。

空气进冷凝器的温度为 $T_{cao}=21$℃,出冷凝器的温度为 $T_{cai}=37$℃,冷凝器热负荷为$Q_c=10.75\ \text{kW}$。

1. 结构参数计算

基管复合外径为

$$D=D_0+2\delta=7\ \text{mm}+2\times 0.15\ \text{mm}=7.3\ \text{mm}$$

1 m 长基管外表面积为

$$A_1 = \pi D(S-\delta)\times\frac{1\ 000}{S} = 3.14\times 7.3\times(1.6-0.15)\times 1\ 000\times 1.6^{-1}\ \text{mm}^2 =$$

$$20\ 773\ \text{mm}^2 = 0.020\ 773\ \text{m}^2$$

1 m 长基管翅片面积为

$$A_2 = 2\left(S_1S_2-\frac{1}{4}\pi D^2\right)\times\frac{1\ 000}{S} = 2\times\left(13\times 20.5-\frac{1}{4}\times 3.14\times 7.3^2\right)\times 1\ 000\times 1.6^{-1}\ \text{mm}^2 =$$

$$280\ 834\ \text{mm}^2 = 0.280\ 834\ \text{m}^2$$

1 m 长基管总外表面积为

$$A_w = A_1 + A_2 = 0.020\ 773\ \text{m}^2 + 0.280\ 834\ \text{m}^2 = 0.301\ 607\ \text{m}^2$$

1 m 长基管内壁表面积为

$$A_n = \pi(D_0 - 2\delta_0)\times 10^3 = 3.14\times(7-2\times 0.35)\times 10^3\ \text{mm}^2 =$$

$$19\ 782\ \text{mm}^2 = 0.019\ 782\ \text{m}^2$$

肋化系数为

$$\beta = \frac{A_w}{A_n} = \frac{0.301\ 607}{0.019\ 782} = 15.25$$

2. 空气循环量计算

冷凝器空气循环量为

$$V_{mac} = Q_c/[c_{pac}(T_{cai} - T_{cao})] = 10\ 750\times 3.6/[1.01\times(37-21)]\ \text{kg/h} = 2\ 395\ \text{kg/h}$$

$$V_{vac} = V_{mac}/\rho_{ac} = 2\ 395/1.2\ \text{m}^3/\text{h} = 1\ 996\ \text{m}^3/\text{h}$$

3. 传热系数计算

空气的平均温度为

$$T_{ca} = (T_{cai} + T_{cao})/2 = (37+21)℃/2 = 29℃$$

此时空气的运动黏度和热导率为

$$\nu_c = 16.5\times 10^{-6}\ \text{m}^2/\text{s}$$

$$\lambda_c = 0.026\ 4\ \text{W}/(\text{m}\cdot\text{K})$$

取冷凝器迎面风速为

$$w_1 = 2\ \text{m/s}$$

$$S' = \frac{1}{2}S_2 = \frac{1}{2}\times 20.5\ \text{mm} = 10.25\ \text{mm}$$

当量直径为

$$D_d = \frac{2(S_2-D)(S-\delta)}{(S_2-D)+(S-\delta)} = \frac{2\times(20.5-7.3)\times(1.6-0.15)}{(20.5-7.3)+(1.6-0.15)}\ \text{mm} = 2.613\ \text{mm}$$

最窄面风速为

$$w_{max} = w_1\frac{(S-\delta)(S'-D)}{SS'} = 2\times\frac{1.6\times 10.25}{(1.6-0.15)(10.25-7.3)}\ \text{m/s} = 7.66\ \text{m/s}$$

雷诺数为

$$Re = w_{max}D_d/v_c = 7.66\times 2.613\times 10^{-3}/(16.5\times 10^{-6}) = 1\ 213$$

空气侧的对流换热系数 α_{ac} 的计算。

翅片管按正三角形排列时，系数 $C_a = 0.45$，空气的普朗特数 $Pr = 0.7$，每米翅片管的平均面积为

$$A_m=\pi(D_0-\delta_0)\times 1\,000=3.14\times(7-0.35)\times 1\,000\ \text{mm}^2=20\,881\ \text{mm}^2=0.020\,881\ \text{m}^2$$

$$\alpha_{ac}=C_a(\lambda_c/D)Re^{0.65}(A_w/A_m)^{-0.375}Pr^{0.33}=$$

$$0.45\times(0.026\,4/0.007\,3)\times 1\,213^{0.65}\times(0.301\,617/0.020\,881)^{-0.375}\times 0.7^{0.33}\ \text{W}/(\text{m}^2\cdot\text{K})=54.2\ \text{W}/(\text{m}^2\cdot\text{K})$$

在冷凝温度 $T_c=45℃$ 时，R22 饱和液的热导率、密度、相变潜热和动力黏度为

$$\lambda_{rc}=0.076\,5\ \text{W}/(\text{m}\cdot\text{K})$$

$$\rho_{rc}=1\,107\ \text{kg/m}^3$$

$$\gamma_c=160\ \text{kJ/kg}=160\,000\ \text{J/kg}$$

$$\mu_{rc}=2.18\times 10^{-4}\ \text{N}\cdot\text{s/m}^2$$

故

$$\beta_c=\frac{\lambda_{rc}^3\rho_{rc}^2 g\gamma_c}{\mu_{rc}}=\frac{(0.076\,5)^3\times(1\,107)^2\times 9.81\times 160\,000}{2.18\times 10^{-4}}=3.96\times 10^{12}$$

R22 在管内的冷凝放热系数的计算。

R22 在管内冷凝放热量，取

$$C_r=0.555$$

管内径为

$$D_n=D_o-2\delta_0=7.0\ \text{mm}-2\times 0.35\ \text{mm}=6.3\ \text{mm}=6.3\times 10^{-3}\ \text{m}$$

设管壁温度为 T_b(℃)，则

$$\alpha_{rc}=C_r\left(\frac{\beta_c}{D_n}\right)^{0.25}\times\left(\frac{1}{T_c T_b}\right)^{0.25}=0.555\times\left(\frac{3.96\times 10^{12}}{6.3\times 10^{-3}}\right)^{0.25}\times\left(\frac{1}{45-T_b}\right)^{0.25}=$$

$$2\,780\times(45-T_b)^{-0.25}$$

由于工质传给管壁的热量等于管壁传给空气的热量，因此有

$$\alpha_{rc}A_n(45-T_b)=\alpha_{ac}A_w(T_b-T_{ca})$$

将数值代入，有

$$2\,780\times 0.019\,782\times(45-T_b)^{0.75}=54.2\times 0.301\,607\times(T_b-29)$$

得

$$T_b=40℃$$

$$\alpha_{rc}=2\,780\times(45-T_b)^{-0.25}=2\,780\times(45-40)^{-0.25}\ \text{W}/(\text{m}^2\cdot\text{K})=1\,858\ \text{W}/(\text{m}^2\cdot\text{K})$$

紫铜管的热导率为

$$\lambda_{cu}=384\ \text{W}/(\text{m}\cdot\text{K})$$

取管外污垢热阻 $R_w=0.000\,3\ (\text{m}^2\cdot\text{K})/\text{W}$，但不考虑管内油膜热阻时，冷凝器基于管外表面积的传热系数为

$$\frac{1}{K_c}=\frac{1}{\alpha_{ac}}+R_w+\frac{\delta_0}{\lambda_{cu}}\times\frac{A_w}{A_m}+\frac{1}{\alpha_{rc}}\times\frac{A_w}{A_n}=$$

$$\left(\frac{1}{54.2}+0.000\,3+\frac{0.35\times 10^{-3}}{384}\times\frac{0.301\,607}{0.208\,81}+\frac{1}{1\,858}\times\frac{0.301\,607}{0.019\,782}\right)(\text{m}^2\cdot\text{K})/\text{W}=$$

$$(0.018\,456+0.000\,3+0.000\,013+0.008\,206)(\text{m}^2\cdot\text{K})/\text{W}=$$

$$0.026\,97\ (\text{m}^2\cdot\text{K})/\text{W}$$

解得

$$K_c = 37.1\ \text{W}/(\text{m}^2 \cdot \text{K})$$

4. 平均传热温差计算

$$\Delta T_{cm} = \frac{T_{cai} - T_{cao}}{\ln \dfrac{T_c - T_{cao}}{T_c - T_{cai}}} = \frac{37 - 21}{\ln \dfrac{45 - 21}{45 - 37}} ℃ = 14.6℃$$

5. 传热面积的计算

$$A_c = \frac{Q_c}{K_c T_{cm}} = \frac{10\ 750}{37.1 \times 14.6}\ \text{m}^2 = 19.8\ \text{m}^2$$

需翅片管总长度为

$$L_{tc} = \frac{A_c}{A_w} = \frac{19.8}{0.301\ 607}\ \text{m} = 65.6\ \text{m}$$

6. 冷凝器尺寸计算

空气风量为

$$V_{vac} = 1\ 996\ \text{m}^3/\text{h} = 0.55\ \text{m}^3/\text{s}$$

迎面风速为

$$w_1 = 2\ \text{m/s}$$

冷凝器迎风面积为

$$F_y = \frac{V_{vac}}{W_1} = \frac{0.55}{2}\ \text{m}^2 = 0.275\ \text{m}^2$$

取迎风面高度方向为

$$N_p = 20(\text{排管})$$

则冷凝器高度为

$$H = N_p S_2 = 20 \times 20.5\ \text{mm} = 410\ \text{mm} = 0.41\ \text{m}$$

则冷凝器宽度(管长方向)为

$$B = \frac{F_y}{H} = \frac{0.275}{0.41}\text{m} = 0.67\ \text{m}$$

每排的翅片管总长度为

$$L_p = N_p B = 20 \times 20.5\ \text{mm} = 410\ \text{mm} = 0.41\ \text{m}$$

冷凝器需要的(沿空气流动方向的)管排数为

$$N_t = \frac{L_{tc}}{L_p} = \frac{65.6}{13.4}\ \text{排} = 4.9\ \text{排} \approx 5\ \text{排}$$

冷凝器沿空气流动方向的厚度为

$$E = N_t S_1 = 5 \times 13\ \text{mm} = 65\ \text{mm} = 0.065\ \text{m}$$

综上所述,冷凝器的尺寸为宽×高×厚=0.67 m×0.41 m×0.065 m。

(四) 蒸发器的设计

采用翅片管式蒸发器,其结构如图 9-5-10 所示。

图 9-5-10 中,(铜管) 基管尺寸为 $D_0 = \phi 9.52\ \text{mm} \times 0.35\ \text{mm}$,近似按正三角形交错排列,(沿空气流动方向) 前后管中心距(排间距)$S_1 = 18.75\ \text{mm}$,(垂直于空气流动方向) 上下管中心距(每排中管间距)$S_2 = 25\ \text{mm}$;翅片厚 $\delta = 0.15\ \text{mm}$,翅片间距 $S = 1.75\ \text{mm}$。

空气进蒸发器的干球温度为 $T_{eai} = 7℃$,湿球温度为 $T_{eaiw} = 6℃$;出蒸发器的干球温度为

$T_{eao}=4℃$，温球温度为 $T_{eaow}=3.7℃$。蒸发器的传热负荷为 $Q_e=8.0\ kW$。

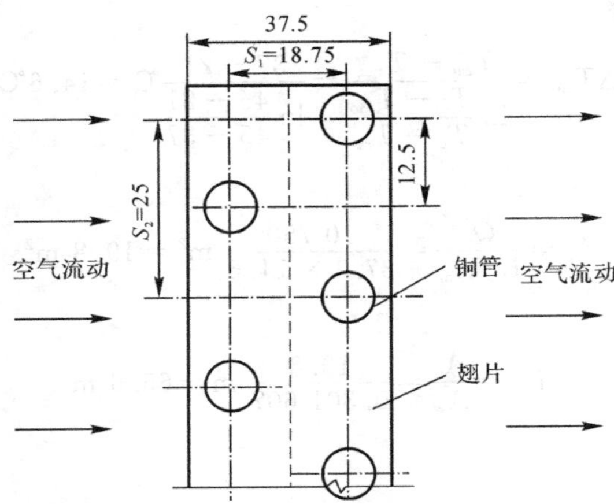

图 9-5-10　翅片管式蒸发器(部分)结构示意

1. 结构参数计算

基管复合外径为

$$D=D_0+2\delta=9.52\ mm+2\times0.15\ mm=9.82\ mm$$

1 m 长基管外表面积为

$$A_1=\pi D(S-\delta)\times1\ 000S^{-1}=3.14\times9.82\times(1.75-0.15)\times1\ 000\times(1.75)^{-1}\ mm^2=281\ 912\ mm^2=0.028\ 192\ m^2$$

1 m 长基管外翅片表面为

$$A_2=2(S_1S_2-\frac{1}{4}\pi D^2)\times1\ 000S^{-1}=$$

$$2\times(25\times18.75-\frac{1}{4}\times3.14\times9.82^2)\times1\ 000\times(1.75)^{-1}\ mm^2=$$

$$449\ 201\ mm^2=0.449\ 201\ m^2$$

1 m 长基管总外表面积为

$$A_w=A_1+A_2=0.028\ 192\ mm^2+0.449\ 201\ m^2=0.477\ 393\ m^2$$

1 m 长基管内壁表面积为

$$A_n=\pi(D_0-2\delta_0)\times10^3=3.14\times(9.52-2\times0.35)\times10^3\ mm^2=27\ 695\ mm^2=0.027\ 695\ m^2$$

肋化系数为

$$\beta=\frac{A_w}{A_n}=\frac{0.477\ 393}{0.276\ 95}=17.24$$

2. 空气循环流量的计算

由湿空气性质计算公式或图表，可得环境空气流过蒸发器的状态变化如图 9-5-11 所示。

设空气进蒸发器的状态为 1 点，出蒸发器的状态为 2 点。由已知参数，可得其焓(取干空气在 0℃ 的焓为 0.0 kJ/kg)和含湿量为

$$d_1=5.4g(水蒸气)/kg(干空气)$$

$$h_1=20.9\ \mathrm{kJ/kg}(\text{干空气})$$

$$d_2=4.9\ \mathrm{g}(\text{水蒸气})/\mathrm{kg}(\text{干空气})$$

$$h_2=16\ \mathrm{kJ/kg}(\text{干空气})$$

$$d_L=4.8\ \mathrm{g}(\text{水蒸气})/\mathrm{kg}(\text{干空气})$$

$$h_L=15\ \mathrm{kJ/kg}(\text{干空气})$$

$$T_L=3℃$$

$$h_m=h_L+\frac{h_1-h_2}{\ln\dfrac{h_1-h_L}{h_2-h_L}}=\left(15+\frac{20.9-16}{\ln\dfrac{20.9-15}{16-15}}\right)\ \mathrm{kJ/kg}(\text{干空气})=17.8\ \mathrm{kJ/kg}(\text{干空气})$$

$$d_m=5.1\ \mathrm{g}(\text{水蒸气})/\mathrm{kg}(\text{干空气})$$

$$T_m=5℃$$

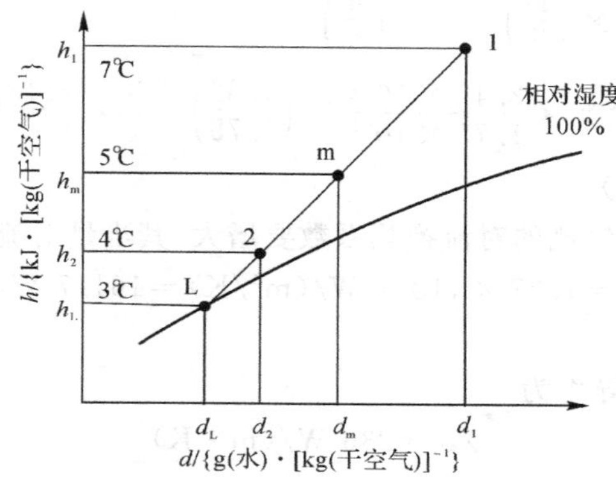

图 9-5-11　空气在蒸发器中的状态变化

空气流过蒸发器时因温度降至低于进口空气的露点，有液态水析出，析湿系数为

$$\zeta=1.0+2.48\times\frac{d_m-d_L}{t_m-t_L}=1.0+2.48\times\frac{5.1-4.8}{5-3}=1.37$$

取空气密度为

$$\rho_a=1.2\ \mathrm{kg/m^3}$$

则蒸发器的空气循环量为

$$V_{ac}=\frac{Q_e}{\rho_a(h_1-h_2)}=\frac{8\,000\times3.6}{1.2\times(20.9-16)}\ \mathrm{m^3/h}=4\,898\ \mathrm{m^3/h}$$

3. 空气侧对流换热系数

空气在平均温度为 5℃ 时，其运动黏度和热导率为

$$V_{ea}=14.25\times10^{-6}\ \mathrm{m^2/s}$$

$$\lambda_{ea}=2.45\times10^{-2}\ \mathrm{W/(m\cdot h)}$$

在垂直于空气流动方向，基管中心间的距离为

$$S'=0.5S_2=0.5\times25\ \mathrm{mm}=12.5\ \mathrm{mm}=0.012\,5\ \mathrm{m}$$

取蒸发器迎面风速，有

$$w_1=3\ \mathrm{m/s}$$

最窄面风速为

$$w_{\max}=w_1\frac{SS'}{(S-\delta)(S'-D)}=3\times\frac{1.75\times 12.5}{(1.75-0.15)\times(12.5-9.82)}\ \mathrm{m/s}=15.36\ \mathrm{m/s}$$

肋片当量直径为

$$D_d=\frac{2\times(S_2-D)(S-\delta)}{(S_2-D)+(S-\delta)}=\frac{2\times(25-9.82)\times(1.75-0.15)}{(25-9.82)+(1.75-0.15)}\ \mathrm{mm}=2.9\ \mathrm{mm}$$

雷诺数为

$$Re=\frac{w_{\max}D_d}{v_{ea}}=\frac{15.36\times 2.9\times 10^{-3}}{14.25\times 10^{-6}}=3\ 126$$

设沿空气流动方向的管排数为 6 排，则肋片高为

$$h=6S_1=6\times 18.75\ \mathrm{mm}=112.5\ \mathrm{mm}=0.112\ 5\ \mathrm{m}$$

则干空气的对流换热系数为

$$\alpha_{ad}=0.205Re^{0.65}\times\frac{\lambda_{ea}}{S}\times\left(\frac{D}{S}\right)^{-0.54}\times\left(\frac{h}{S}\right)^{-0.14}=$$

$$0.205\times(3\ 126)^{0.65}\times\frac{2.45\times 10^{-2}}{1.75\times 10^{-3}}\times\left(\frac{9.82}{1.75}\right)^{-0.54}\times\left(\frac{112.5}{1.75}\right)^{-0.14}\ \mathrm{W/(m^2/K)}=$$

$$118.1\ \mathrm{W/(m^2/K)}$$

当有液态水析出时，空气侧的对流换热系数要增大，其当量对流换热系数为

$$\alpha_{aw}=\zeta\alpha_{ad}=1.37\times 118.1\ \mathrm{W/(m^2/K)}=161.7\ \mathrm{W/(m^2/K)}$$

4. 翅片管效率

取翅片材料(铝)的热导率为

$$\lambda_{Al}=236\ \mathrm{W/(m\cdot K)}$$

翅片形状参数为

$$m=\left(\frac{2\alpha_{aw}}{\lambda_{Al}\delta}\right)^{0.5}=\left(\frac{2\times 161.7}{236\times 0.15\times 10^{-3}}\right)^{0.5}\ \mathrm{m^{-1}}=95.6\ \mathrm{m^{-1}}$$

翅片管按正三角形排列时，其 $L/B=1$，因此

$$P=1.27\times\frac{S_2}{D}\times\left(\frac{L}{B}-0.3\right)^{0.5}=1.27\times\frac{25}{9.82}\times(1.0-0.3)^{0.5}=2.7$$

翅片当量高度为

$$h'=0.5D(P-1)(1+0.35\ln P)=0.5\times 9.82\times(2.7-1)\times(1+0.35\ln 2.7)=11.25\ \mathrm{mm}$$

翅片效率为

$$\eta_{ch}=\frac{\mathrm{th}(mh')}{mh'}=\frac{\mathrm{th}(95.6\times 11.25\times 10^{-3})}{95.6\times 11.25\times 10^{-3}}=\frac{\mathrm{th}(1.076)}{1.076}=0.736$$

式中，$\mathrm{th}(x)$ 为双曲线函数，可查传热学或数学手册中的双曲线函数表得其函数值。

翅片管效率为

$$\eta_f=\frac{\eta_{ch}A_2+A_1}{A_w}=\frac{0.736\times 0.449\ 201+0.028\ 192}{0.477\ 393}=0.752$$

5. R22 在管内沸腾的换热系数

取 R22 在蒸发器管入口处的流速为 $w_r=0.13\ \mathrm{m/s}$，在蒸发器出口处干度 $x=1.0$，则有

$$\alpha_{re}=2\ 470\ w_r^{0.47}=2\ 470\times(0.13)^{0.47}\ \mathrm{W/(m^2\cdot K)}=947\ \mathrm{W/(m^2\cdot K)}$$

6. 蒸发器的传热系数

取管内污垢热阻 $R_f=0.008\ (\mathrm{m^2\cdot K})/\mathrm{W}$，管壁热阻忽略不计时，蒸发器基于管外表面积

的传热系数为

$$\frac{1}{k_e}=\frac{1}{\alpha_{aw}\eta_f}+R_f+\frac{\beta}{\alpha_{rc}}=\left(\frac{1}{161.7\times 0.752}+0.008+\frac{17.24}{947}\right)\ (\text{m}^2\cdot\text{K})/\text{W}=$$

$$(0.008\ 22+0.008+0.018\ 2)\ (\text{m}^2\cdot\text{K})/\text{W}=0.0344\ 2\ (\text{m}^2\cdot\text{K})/\text{W}$$

解得

$$K_e=29.0\ \text{W}/(\text{m}^2\cdot\text{K})$$

7. 平均传热温差计算

$$\Delta T_{em}=\frac{T_{eai}-T_{eao}}{\ln\dfrac{T_{eai}-T_e}{T_{eao}-T_{ei}}}=\frac{7-4}{\ln\dfrac{7-0}{4-0}}\ ℃=5.36℃$$

8. 传热面积的计算

$$A_e=\frac{Q_e}{k_e\Delta T_{em}}=\frac{8\ 000}{29.0\times 5.36}\ \text{m}^2=51.5\ \text{m}^2$$

需翅片管总长度为

$$L_{te}=\frac{A_e}{A_w}=\frac{51.5}{0.477\ 393}\ \text{m}=107.8\ \text{m}$$

9. 蒸发器尺寸计算

空气风量为

$$V_{ac}=4\ 898\ \text{m}^3/\text{h}=1.36\ \text{m}^3/\text{s}$$

迎面风速为

$$w_1=3\ \text{m/s}$$

蒸发器迎风面积为

$$F_y=\frac{V_{ac}}{w_1}=\frac{1.36}{3}\ \text{m}^2=0.45\ \text{m}^2$$

取迎风面高度方向为

$$N_p=20(\text{排管})$$

则蒸发器高度为

$$H=N_pS_2=20\times 25\ \text{mm}=500\ \text{mm}=0.50\ \text{m}$$

则蒸发器宽度(管长方向)为

$$B=\frac{F_y}{H}=\frac{0.45}{0.50}\ \text{m}=0.9\ \text{m}$$

每排的翅片管总长度为

$$L_p=N_pB=20\times 0.9\ \text{m}=18\ \text{m}$$

蒸发器需要的(沿空气流动方向的)管排数为

$$N_t=\frac{L_{te}}{L_p}=\frac{107.8}{18}\ \text{排}=5.99\ \text{排}\approx 6\ \text{排}$$

所得结果与前面假设相同,不需再调整。

蒸发器沿空气流动方向的厚度为

$$E=N_tS_1=6\times 18.75\ \text{mm}=112.5\ \text{mm}=0.112\ 5\ \text{m}$$

综上所述,蒸发器的尺寸为宽×高×厚=0.9 m×0.5 m×0.112 5 m。

任务实施

根据项目任务书和项目任务完成报告进行任务实施，见表 9－5－2 和表 9－5－3。

表 9－5－2　项目任务书

<table>
<tr><td>任务名称</td><td colspan="3">蒸气压缩式热泵的设计</td></tr>
<tr><td>小组成员</td><td colspan="3"></td></tr>
<tr><td>指导教师</td><td></td><td>计划用时</td><td></td></tr>
<tr><td>实施时间</td><td></td><td>实施地点</td><td></td></tr>
<tr><td colspan="4">任务内容与目标</td></tr>
<tr><td colspan="4">1. 了解蒸气压缩式热泵设计的主要内容；
2. 掌握不同种类的热泵系统的结构流程；
3. 掌握蒸气压缩式热泵的设计</td></tr>
<tr><td>考核项目</td><td colspan="3">1. 蒸气压缩式热泵设计的内容；
2. 不同种类的热泵系统及结构流程；
3. 蒸气压缩式热泵设计的过程</td></tr>
<tr><td>备注</td><td colspan="3"></td></tr>
</table>

表 9－5－3　项目任务完成报告

<table>
<tr><td>任务名称</td><td colspan="3">蒸气压缩式热泵的设计</td></tr>
<tr><td>小组成员</td><td></td><td></td><td></td></tr>
<tr><td>具体分工</td><td></td><td></td><td></td></tr>
<tr><td>计划用时</td><td></td><td>实际用时</td><td></td></tr>
<tr><td>备注</td><td colspan="3"></td></tr>
<tr><td colspan="4">1. 蒸气压缩式热泵设计的主要内容有哪些？

2. 热泵系统有哪些种类？分别说明结构流程。

3. 说明蒸气压缩式热泵设计的过程。

4. 某热用户，需要 40℃的热空气 2 000 m³/h，返回热泵的空气温度为 24℃，热用户冬季环境空气的温度一般大于 10℃。设计满足要求的热泵系统。

5. 当冷凝温度为 45℃，蒸发温度为 0℃，冷凝器出口处工质温度为 40℃（过冷度为 5℃），蒸发器出口处工质温度为 5℃（过热度为 5℃），那么冷凝压力下温度的过冷液的焓和蒸发压力下的温度的过热气的焓是多少？</td></tr>
</table>

任务评价

根据项目任务综合评价表进行任务评价，见表 9－5－4。

表 9－5－4　项目任务综合评价表

任务名称：　　　　　　　　　　　　　　　　　　　　测评时间：　　年　　月　　日

考核明细		标准分	实训得分								
			小组成员								
			小组自评	小组互评	教师评价	小组自评	小组互评	教师评价	小组自评	小组互评	教师评价
团队60分	小组是否能在总体上把握学习目标与进度	10									
	小组成员是否分工明确	10									
	小组是否有合作意识	10									
	小组是否有创新想(做)法	10									
	小组是否如实填写任务完成报告	10									
	小组是否存在问题和具有解决问题的方案	10									
个人40分	个人是否服从团队安排	10									
	个人是否完成团队分配任务	10									
	个人是否能与团队成员及时沟通和交流	10									
	个人是否能够认真描述困难、错误和修改的地方	10									
合计		100									

思考练习

(铜管)基管尺寸为 $D_0=\phi 9.52$ mm×0.35 mm，近似按正三角形交错排列(沿空气流动方向)前后管中心距(排间距)$S_1=19.75$(垂直于空气流动方向)上下管中心距(每排中管间距)$S_2=26$ mm，翅片厚 $\delta=0.16$ mm，翅片间距 $S=2.75$ mm。空气进蒸发器的干球温度为 7℃，湿求温度为 6℃，出蒸发器的干球温度为 4℃，湿球温度为 3.7℃，蒸发器的传热负荷为 8.0 kW，求管复合外径、1 m 长基管外表面积和外翅片表面积。

任务六　蒸气压缩式热泵的安装调试与维护

PPT
蒸气压缩式热泵的安装调试与维护

任务描述

本任务主要从学习基本安装蒸气压缩式热泵开始，通过学习了解安装所需要的工具及材料，同时也掌握了设备的调试、检修、故障原因和排除方法，由浅入深来学习蒸气压缩式热泵。

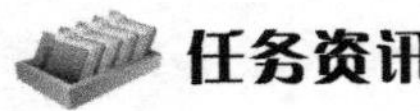

任务资讯

一、工具与材料

以氟里昂机组为例，所需的基本工具和材料见表 9－6－1。

表 9－6－1　氟里昂机组所需的基本工具和材料

名　称	说　明
气焊成套工具	用于管路焊接，包括钢瓶、压力表、减压阀、胶管、焊枪等。紫铜管焊接可用氧气和液化气气焊
弯管器	将管子弯成适当角度
管子割刀	将管子割断为适当长度
扩管器	用于将紫铜管扩成喇叭口（螺纹连接用）或杯型口（焊接用）。一般需备用公制和英制两套
封口钳	将管口夹紧封口用
真空泵	机组抽真空用（排除机组内不凝气体、水分、捡漏用）
电子秤	工质充注时称重用
表阀	阀和压力表组合在一起，用于充注工质、抽真空及检漏时连接机组与其他设备。压力表除显示压力外，还有对应压力下常用工质的饱和温度，阀的螺纹接口多为 $\phi 6$ 公制螺纹
秒表	测流量用
温度计、湿度计、风速仪	测相关点温度、湿度、风速用
检漏仪	检测工质泄露点用，有电子式、超声波式等种类
常用五金工具及材料	钳子、扳手（活扳手、筒扳手、棘轮扳手）、锤子、旋具、锉、镊子、手电钻及配套钻头、剪刀、游标卡尺、铁丝、棉线等
常用电工工具及材料	剥线钳、电烙铁、万用表、绝缘表、钳形电流表、各规格电线及接头、绝缘胶带、松香、焊锡、清洗液等
高压纯净氮气	机组打压检漏用
各规格紫铜管	接管用
毛细管、节流阀	节流部件
各规格（公、英制）螺纹接头、堵头、通丝、变换接头	接管用
各类工质	补充工质
各类润滑油	补充润滑油
焊条（银、铜、铝焊条）	管路焊接用

续表

名　称	说　明
焊粉(焊膏)	管路焊接用
小照明灯	狭小部件操作照明用
火柴或打火机	气焊点火
保温材料	各种软质型材及现场发泡(如聚氮酯)
工质充注软管	用于临时连接表或机组,工质抽真空、打压、充注工质时均需要,有公制接头(一般为 $\phi6$)和英制接头
真空表	测机组真空度用
工质钢瓶	储存工质或将机组中工质抽出用。不同工质所配钢瓶有所不同,且使用中不能碰撞或受热

二、基本安装操作

以氟里昂机组为例,设备安装的基本步骤为:

参照部件及材料明细准备工具、材料、部件等→部件及材料检查→部件连接→打压检漏→抽真空→充注工质→开机调试。

以空气-空气式小型氯里昂热泵机组的安装过程为例,其基本安装操作如下。

1. 部件准备

按照设计要求准备相关部件和材料,并按安装布置图固定在要求的位置,准备好连接各部件用的管材、螺钉及所需工具。

2. 管路准备

将管路用高压氮气吹净,按所需长度割好,清除割口毛刺,需拐弯处用弯管器弯管,需焊接处扩杯形口,需螺纹连接处扩喇叭口。

3. 部件连接

先将管路需焊接处用气焊焊接好(焊接时管内应通氮气)。

新部件(压缩机、冷凝器、蒸发器等)内一般充有惰性气体,部件连接前要将塑料或橡胶封口打开(此时注意内部有一定压力),将惰性气体放出,并尽快将各部件用螺纹与管路依次连接好,同时连接好测压表和高低压控制器等与工质相通的测控器件,尽量防止空气进入系统。

4. 打压检漏

将机组中的电磁阀通电开启,将压缩机进气口、排气口处的三通阀也打开,使机组中各部件间的工质通路畅通。用纯净的高压氮气经减压后打入机组,至 3 atm 左右时,暂停一小段时间,观察并听一下有无明显的异常(如明显的漏气声),如无异常,继续打压到 6～8 atm。

利用检漏仪器(也可用肥皂泡)将各连接点(焊接和螺纹连接点)依次检查有无泄漏。如有,则紧固螺纹或将机组中的氮气放掉并及时补焊;如无,则保压 24 h。

如保压 24 h 后,扣除温度等因素的影响后,压力变化不超过 0.1 atm,则认为机组基本无泄漏。

5. 抽真空

打压结束后，将机组中氮气放出，至表压为0时，接真空泵，用真空泵将机组中的氮气等继续抽出，并在真空泵排气口处接软管放入水中观察气泡多少（注意关真空泵时先将软管从水中取水，防止将水倒吸入真空泵），直至排气口处基本无气泡排出。

如机组对真空要求高时，可在一次抽真空后，静置一段时间，使溶入润滑油中或吸附在管壁上的不凝气体或水分扩散入机组空间中，再两次或多次抽真空。

6. 充注工质

最后一次抽真空结束后，立即将连接真空抽气管和机组的三通阀关闭，并用工质充注管将工质钢瓶、表阀、机组连接好，并将钢瓶放在电子秤上。

将充工质用的表阀开启，先将充工质软管与机组三通阀的连接处拧松，轻轻打开工质钢瓶，放出少量工质将充气软管、表阀中的非工质气体排出。

将充工质软管与机组三通阀拧紧，关闭充工质的表阀，打开三通阀和工质钢瓶阀，记下此时工质（包括钢瓶）的质量。

缓慢开启充工质表阀，使工质由钢瓶进入机组。

当机组中工质压力与钢瓶中平衡时，如工质充入量未达到所需值，则可开启机组压缩机（先开启冷凝器、蒸发器风机）继续抽进工质直到规定充注量；如机组此时不允许开启压缩机，可在充工质表阀与机组三通阀之间连接一个小压缩机（如冰箱压缩机），用小压缩机将工质由钢瓶中吸出并压入机组中。

根据电子秤读数，当充入工质达规定值时，先关闭工质钢瓶，再关闭机组三通阀。

三、机组调试

仍以空气-空气式小型氟里昂热泵机组为例，其调试过程如下。

1. 调试准备

机组调试前应先对冷凝器风机、蒸发器风机、压缩机等各部件进行点动运行，并检查压力表、高低压控制器等测控件的灵活性，无异常后才能进行机组整体调试。

2. 调试中参数变化规律

接通机组电源，机组启动（当电磁与压缩机联动时，压缩机启动瞬间应听到“叭”的清脆响声），此时应只有压缩机、风机的正常运转声而无其他杂音。

机组开机调试时，需密切注意主要参数的变化情况，其正常变化规律如下所述。

(1)压力。压缩机排气压力、冷凝压力、节流阀前压力应逐渐升高，升高的速度为先快后慢，最后稳定在设计值。

节流阀后压力、蒸发器压力、压缩机吸气压力应逐新降低，降低的速度也先快后慢，最后稳定在设计值。

高压侧、低压侧压力的变化应平稳，不应出现明显的波动成跳动。

(2)温度。压缩机排气温度逐渐升高，直至烫手（100℃左右）。

冷凝器表面温度随时间逐渐升高，直至达到设计压力下对应的饱和温度(冷凝器进口段为过热蒸气冷却段，温度较高；中间大部分为冷凝段，温度等于饱和温度；出口段可能为过冷段，温度略低于饱和温度。粗略观测时用手摸从进口到出口的各排管即可，较精细时可用电子温度计将探头用隔热材料绑在翅片管表面)。

节流阀前后温度和压力应明显不同，其进口处温度和压力与冷凝温度及压力相近(略低)，出口处的温度与压力应与蒸发温度及压力相近(略高)。

蒸发器表面温度随时间逐渐降低，直到达到设计压力下的饱和温度。蒸发器从进口到出口前的大部分温度应相同，等于当时工质压力下的饱和温度；出口处一小段为过热段，温度比中间部分可高出 5～15℃。

(3)电流。压缩机刚启动瞬间电流较大，之后逐渐平稳。当冷凝压力和蒸发压力变化时，电流也随之变化，直至达到设计工况稳定运行。其间电流不应有明显的波动或跳动，更不应超过额定值。

当机组各处的温度、压力及机组电流基本不再变化时，机组已达到稳定工作状态。此时各参数如果正好为机组设计所要求的值，则调试完成；如不是，则需根据偏离调整各部件，直至达到设计运行参数。

3.机组正常运行的主要标志

(1)润滑油。油位应在视镜的中间位置，温度应在 20～60℃之间。

(2)蒸发温度。空气强制对流时，蒸发温度应比空气温度进出口平均温度低 5～10℃；液体介质强制对流时，蒸发温度应比介质温度低 4～6℃；空气或液体介质流过蒸发器时其温度降应等于设计值。

(3)冷凝温度。空气强制对流时，冷凝温度比空气进出口平均温度高 8～12℃；液体介质强制对流时，冷凝温度比介质温度高 5～9℃；空气或液体介质流过冷凝器时其温度升高应等于设计值。

(4)压缩机吸气温度。应比蒸发压力下的饱和温度高 5～15℃。

(5)压缩机排气温度。应在 100℃左右，但一般不应超过 130℃。

(6)机组电流。当冷凝压力和蒸发压力稳定在额定值时，机组电流应为铭牌所标注的额定电流。

4.机组调节

热泵制热量一般大于热用户的需热量，当热用户温度达到设定值上时，如热泵为开、停调节，则机组应自动停机，并在热用户温度低于设定值下限时，再自动开机。为防止机组损坏，机组停机后到再开机应有一定的时间间隔。

当机组为非开、停调节，如通过改变压缩机转速调节时，则当压缩机转速变化时，节流部件及风机也应相应变化，以维持热泵工况参数的稳定和热泵的高效运行。

四、机组检修

热泵运行一段时间后，应对开启式压缩机等部件进行检修，并对耗材定期更换。

1. 往复活塞式压缩机的检修

大致时间和内容见表 9－6－2。

表 9－6－2　往复活塞式压缩机的检修

主要部件	小修周期(约 700 h)主要内容	中修周期(2 000～3 000 h)主要内容	大修(每年一次)主要内容
阀片与阀	检查清洗阀片，并调整其开启度，更换损坏的阀片，弹簧及其他零件，试验阀的密封性	检查测量余隙，并进行调整，检修或更换不严密的阀	检查修复和校验各控制阀、安全阀，更换填料，必要时应重新浇铸轴承合金或更换新阀
气缸与活塞	检查气缸的光洁度；清洗缸壁污垢	检查检查气环、油环的锁口间隙，环与槽的高度、深度的间隙，严重的应更换新的活塞环；检查活塞销的间隙及磨损状况	测量活塞的磨损度，需要时浇铸轴承合金修复，已使用配合尺寸，必要时更换新活塞以及相应的活塞环。检查活塞销的衬套或更换新品
曲轴与主轴承		测量各主轴承间隙，需要时应修整	测量曲柄扭摆度、水平度、主轴颈的平行度以及各轴颈的磨损度(椭圆度和圆锥度)和裂纹，以便修整或更换曲轴。修整主轴承或重新浇铸轴承合金
连杆和连杆轴承	检查连杆螺栓和开口销、防松铁丝，有无松脱、折断现象	检查连杆大头轴瓦和小头衬套，测量配合间隙，需要时应进行修整	依照修复后的连杆轴颈修整连杆轴瓦，或重新浇铸轴承合金。检查连杆大小头孔的平行度和连杆本身的弯曲度，加以修复
轴封		检查调整轴封器各零件的配合情况，清除内部和进出油道	检查摩擦环和橡胶密封环与弹簧的性能，必要时应进行研磨调整或更换新品
润滑系统	更换润滑油，清洗曲轴箱和滤油器	清洗三通阀和润滑系统，检查油泵配合间隙	修整或更换油泵齿轮轴承和齿轮与泵腔配合间隙，必要时应更换新齿轮
其他	检查卸载装置的灵活性	检查电动机与压缩机传动装置的振摆度，检查压缩机基础螺栓和飞轮的加固情况	检查与检验压缩机的控制仪表和压力表，清除水套的水垢

2. 螺杆式压缩机的检修

大致时间和内容见表 9－6－3。

表 9-6-3　螺杆式压缩机的检修

项　目	内容	期限	备　注
压缩机	拆卸、检修	2 年	
电动机	轴承清洗换油	5 000 h	更换滚动轴承“O”形环
联轴器	检验中心	1 年	参看维护说明
油冷却器	清洗水垢、试漏	3～12 个月	
油泵	检修	1 年	视水质而定
油过滤器	清洗	6 个月	
吸气过滤器	清洗	6 个月	首次开车 150 h 应检查和清洗
油压调节阀	动作检查	1 年	
容量调节装置	动作检查	3～6 个月	
压缩表、温度表	校验	1 年	
压力、温度继电器	校验	5～6 个月	
安全阀	校验	1 年	
止回阀	检修	2 年	
吸、排气截止阀	检修	2 年	更换“O”形环
电气设备	动作检查	3～6 个月	

3. 离心式压缩机的检修

离心式压缩机的检修要求很高，具体可参照生产商提供的压缩机维护资料进行。

4. 其他部件的检修

大致时间和内容见表 9-6-4。

表 9-6-4　其他部件的检修

部件名称	中小修		大　修	
	工作内容	修理间隙时间/h	工作内容	修理间隙时间/h
冷凝器 蒸发器	液体介质时清洗并调整循环水配水装置和盐水配水装置，及时堵塞工质、盐水和水的渗漏； 气体介质时清除换热器表面的积灰和其他污垢	700	清除换热器表面上的脏物，检查密封性和消除不严处，进行割管，检查管壁的厚度（设备投入生产五年以后），检验安全阀，进行防锈措施，检查阀门密封性，必要时更换腐蚀严重的设备	一年一次
离心泵	清洗轴承，更换润滑油，检查轴的振摆情况	2 000	拆卸清洗泵的零件，检查轴的磨损情况、轴承间隙，修理轴和轴承，校正泵轴及电动机轴的中心线，必要时更换磨损的轴和泵的叶轮	一年一次
风机	清洗轴承，并更换润滑油，检查叶片完好情况	2 000	拆卸叶轮，检查并修理轴，更换磨损的滚珠轴承，校正轴的中心线，更换磨损的轴和叶轮	一年一次

续表

部件名称	中小修		大　修	
	工作内容	修理间隙时间/h	工作内容	修理间隙时间/h
水循环系统	清洗部件及水池的脏物	2 000	拆卸并清洗阀门等，管道刷漆，修理水池与水槽，更换锈蚀严重的阀门等部件	一年一次
工质管路截止阀	检查阀门的灵活性和严密性		进行拆卸和清洗，更换有故障阀门的垫圈和填料，研磨阀门或重新浇铸轴承合金，修理阀杆，对装配好的阀进行严密性检查，更换损坏的阀	一年一次
水阀和盐水阀	检查阀门的灵活性和严密性		将有故障的阀和零件进行拆卸和清洗，更换垫圈和填料，修刮阀座与阀芯，使其密合，对装配好的阀进行密封性试验，更换损坏的阀	一年一次
电气部分	需在运行中随时检查，主要部件及检查点、检查标准如下： 电动机： 电压——额定值的±10%内，不平衡量在2%内； 电流——低于铭牌记载值； 绝缘——大于2 MΩ； 线圈电阻——等于规定值。 控制器：压力开关与液压开关的动作压力、恒温器的动作温度均应在设定值下可靠地动作。 接触器：电磁开关、启动接触器、辅助继电器的接点均应表面光滑，且配线连接处螺钉无松动			
仪表部分	压力表：指示灵敏，内部无进液或挂水汽现象。应定期校验精度。 温度计：指示灵敏，感温处与管路接触良好，(对玻璃温度计)刻度无磨损。在定期校验精度。 油位视镜：保持表面清洁，边缘无漏油。当镜面磨损或变脏影响观察时，及时更换。 工质视镜：保持表面清洁，边缘无工质泄漏。当镜面磨损或变脏影响观察时，及时更换			

五、机组故障分析及排除

此处以往复活塞式、螺杆式、离心式热泵机组为代表，分析其故障及排除方法。

1. 往复活塞式机组的故障分析及排除

往复活塞式机组的故障分析及排除方法见表9-6-5。

2. 螺杆式机组的故障分析及排除

喷油螺杆式机组的润滑油与工质蒸气混合物从压缩机出来排至油分离器中将二者分离(油分离器分离效率可达99.99%以上)。

表 9-6-5　往复活塞式机组的故障分析及排除方法

故障现象	可能的故障点	原　因	处理方法
压缩机不启动	电源	电源开关打开 电压下降	合上电源开关 检查电源，检查配线的粗细
	电力配线	断线或连接不好	寻找接线不好的地点接线
	控制器或安全装置	温度控制器动作，接点打开 高压开关动作 低压开关动作	等到成为动作点 等待压力降低并按复位钮 等待接点闭合时的压力
	压缩机或工质	内部机械性故障(轴承烧毁等) 电动机烧毁(绕组断线或短路) 工质泄漏	修理，更换 确定原因，更换 找出漏点，补漏，充工质
机组启动后很快停止(或保护装置使压缩机反复启动和停机)	电源	熔断器熔断	检查熔断器容量，更换
	过负荷断路器	供电电压低或三相不平衡 启动器不好 冷凝器压力过高 蒸发压力过高	找出原因，处理 找出原因或更换 找出原因，处理 找出原因，处理
	安全装置开关	高压开关动作 混入不凝气体 冷凝器脏污 冷凝器循环水温度过高 工质充注量过多 高压保护设定值过低 低压开关动作 因工质泄漏，使蒸发压力过低 工质充注量过少 膨胀阀开度不佳 低压保护设定值过高 吸气滤网堵塞	找出原因，处理 清除不凝气体 清扫冷凝器 检查温控装置 排放工质 调整设定值 找出原因，处理 修理泄漏点并充工质 充注工质 调整开度或更换 调整设定值 检查，清扫
	温度控制器	恒温器动作	调整设定值
	压缩机过热	低电压或高电压引起发热 三相电源缺相运转 相间电源不平衡 工质量不足，使电动机冷却效果差 排气压力高 吸气过热度过高 混入不凝气体	检查电源电压(额定±10%内) 检查断路器、接触器接点 检查电源电压 增加工质 加大冷凝器的水量 调整膨胀阀、吸气管隔热 从冷凝器头部排出不凝气体

续 表

故障现象	可能的故障点	原　因	处理方法
运转中产生不正常的声音	油、工质等产生液击	停机时液态工质积存在曲轴箱中，启动时压力骤降而起泡，压缩机润滑油和液态工质的混合物进入气缸 工质充注量过多引起连续回液 膨胀阀开度太大引起回液	检查曲轴箱电加热器，长期停机后再开机，必须保证电加热器先通电 24 h 排出多余的工质 调整膨胀阀
运转中产生不正常的声音	配管	由于振动产生共振	加以固定
	膨胀阀	尖叫	增大工质量，检查液管滤网
	基础	基础螺栓和安装螺栓松而振动	紧固基础螺栓，改变防振结构
	压缩机	电动机的磁性噪声 连杆配合面偏斜或损坏 轴承金属类的磨损或损坏 异物进入压缩机内 排气阀或吸气阀损坏	找出原因并处理 找出原因并处理 找出原因并处理 拆卸检查，取出异物 找出原因并处理
运转但制热情况不佳	排气压力过高	混入不凝气体(空气) 工质量过多(吸气压力也高) 循环水量不足或水温高 给水管、冷凝器上黏附水垢 水阀动作不好或缺陷 水压低水泵停止运转 回水温度过高	从冷凝器排气 放出工质至合适为止 加大循环水量 检查水质，及时清扫 修理或更换 检查电源，如有故障则更换 及时调整
	排气压力过低	工质量不足 循环水量过大，水温低 压缩能力减退	检查有无泄漏点并补充工质 调小循环水量和水温 检查高、低压泄漏

螺杆式机组中的工质流程为：从蒸发器来的工质蒸气→吸气截止阀→吸气过滤器→吸气止逆阀→螺杆压缩机→油分离器→排气截止阀→排气止回阀→排向冷凝器→干燥过滤器→节流部件→蒸发器；润滑油流程为：油分离器(储油器)→油冷却器→油粗过滤器→油泵→油精过滤器→油分配器→压缩机→(和工质压缩排气一起)油分离器。

螺杆式机组的故障分析及排除方法见表 9-6-6。

表 9-6-6　螺杆式机组的故障分析及排除方法

故障现象	原　因	处理方法
启动负荷大或不能启动	压缩机与电动机不同轴度过大 能量调节未至零位 机内充满油或液体 部分机械磨损烧伤	重新校正同轴度 卸载至零位 盘动压缩机联轴节将机腔内积液 排出 拆卸检修
机组振动	机组地脚未紧固 压缩机与电动机轴线错位偏心 机组转子不平衡 机组与管道固有振动频率相同而共振 吸入过量的润滑油或液体	塞紧调整垫铁,拧紧地脚螺栓 重新校正联轴器中心 检查、调整 改变管道支撑点位置 停车,盘动压缩机联轴节,将液体 排出
运转中有异常声音	转子中有异物 止推轴承磨损破裂 滑动轴承磨损,转子与机壳摩擦 运转连接件松动	检修压缩机及吸气过滤器 更换 更换滑动轴承,检修 拆开检查
压缩机无故自动停车	离压继电器动作 油温继电器动作 精滤器压差继电器动作 油压差继电器动作 控制电路故障 过载	检查,调整 检查,调整 拆洗精滤器,调整 检查,调整 检修控制元件 检查原因
制热能力不足	喷油量不足 滑阀不在正确位置 吸气阻力过大 机器摩擦后间隙过大 能量调节装置故障	检查油路、油泵,提高油量检查指示 器指针位置 清洗吸气过滤器 调整或更换部件 检修
能量调节机构不动或不灵活	四通阀不通 油管路或接头不通 油活塞间隙过大 滑阀和油活塞卡住 指示器故障 油压不高	检修 检修,吹洗 检修,更换 拆卸,检修 检修 调整油压
排温或油温过高	压缩比过大 油冷却器冷却不够 吸入气体过热 喷油量不足	降低压比或降低负荷 清除污垢,降低水温,增加水量提高 蒸发器供液量 提高油压并检查原因
压缩机体温度过高	机体摩擦部分发热	迅速停车,检修

续 表

故障现象	原　因	处理方法
油耗过大	油分离器的油过多	放油至规定油位
油压不高	油压调节阀调节不当 油温过高 内部泄漏 转子摩擦,油泵效率降低 油路不畅通 油量不足或油质不良	调整油压调节阀 检查油冷却器,提高冷却能力 检修,更换"O"形环 检修或更换油泵 检查,吹洗油滤器及管路 加油或换油
油面上升	工质溶于油内 吸气中带液体工质	继续运转,提高油温 降低蒸发器供液量
压缩机及油泵轴封漏油	吸气带液 磨损 装配不良 密封"O"形环变形、腐蚀 密封接触面不平	关小节流阀,降低蒸发器液位 运转一个时期,如不好转则停车检查 拆卸,检查 更换 研磨
停机时压缩机反转	吸入止逆阀卡住,未关闭	检修
油跑入蒸发器和冷凝器中	吸气带液 油温低于 20℃ 停机时吸气止逆阀卡住	关小节流阀,降低蒸发器液位 将油温升至 20℃以上 检修
工质大量泄漏	蒸发器传热管破裂 传热管与管板胀管处未胀紧	换管 用胀管工具重新胀紧

3. 离心式机组的故障分析及排除

离心式机组中的工质流程为:蒸发器→回气管→导流叶片→压缩机(带整体式增速齿轮)→排气管→冷凝器(带不凝气体排气装置)→流量控制室→节流孔板→油冷却器外部→蒸发器。

离心式机组运行时可能发生的一些特有故障见表 9-6-7。

表 9-6-7　离心式机组的故障分析及排除方法

故障现象	可能原因	处理方法
蒸发器压力过高	导流叶片未开启	检查导流叶片电动机的定位电路
按机组启动按钮后无油压	油泵转向有误 油泵不工作	检查电气电路
启动时油压正常,稍后波动,使油压断路器动作、压缩机停机	不正常启动,如系统压力低,使油箱和管路中的油起泡沫 油加热器烧毁	从压缩机中排放油并加新油 更换油加热器
油泵运行时油压过高	压力变送器故障 泄压阀故障	更换高压或低压油压变送器 调整外部的泄压阀

续 表

故障现象	可能原因	处理方法
油泵振动或噪声过大	油泵或油管不对中 安装螺栓松动 轴弯曲 泵零件已坏 油量足,但无法到油泵吸入口	确定具体原因进行处理或更换损坏的零件
油压逐渐下降	油过滤器过脏 轴承磨损过度	更换油过滤器 检查压缩机
回油系统的油和工质不能回	回油系统中干燥过滤器过脏 喷口或回油孔堵塞	清洗或更换 清洗或更换
油泵能力降低	泵端部余隙过大,部件损坏 油进口处部件堵塞	检查、更换相关零件 检查并处理
排气装置不抽气	浮筒开关故障 三通油电磁阀故障 排气电磁阀故障 压力变送器故障	检查、确认、更换 检查、确认、更换 检查、确认、更换 检查、确认、更换
排气装置不断排出空气和工质	排气电磁阀故障 压力变送器故障 冷却不够	检查、确认、更换 检查、确认、更换 恢复冷却用的工质供液

任务实施

根据项目任务书和项目任务完成报告进行任务实施,见表 9－6－8 和表 9－6－9。

表 9－6－8 项目任务书

任务名称	蒸气压缩式热泵的安装调试与维护		
小组成员			
指导教师		计划用时	
实施时间		实施地点	
任务内容与目标			
1. 掌握蒸气压缩式热泵的基本安装操作; 2. 了解蒸气压缩式热泵的调试; 3. 了解蒸气压缩式热泵的检修及故障分析和排除			
考核项目	1. 蒸气压缩式热泵的基本安装操作; 2. 蒸气压缩式热泵的调试过程; 3. 蒸气压缩式热泵的检修标准及检修部件; 4. 蒸气压缩式热泵常见故障及原因和排除方法		
备注			

表 9-6-9　项目任务完成报告

任务名称	蒸气压缩式热泵的安装调试与维护		
小组成员			
具体分工			
计划用时		实际用时	
备注			
1. 蒸气压缩式热泵的基本安装操作是什么？ 2. 详细说明蒸气压缩式热泵的调试过程。 3. 详细说明蒸发压缩式热泵检修标准及检修部件。 4. 详细说明蒸气压缩式热泵常见故障及原因和排除方法。			

任务评价

根据项目任务综合评价表进行任务评价，见表 9－6－10。

表 9－6－10　项目任务综合评价表

任务名称：　　　　　　　　　　　　　　　　测评时间：　　年　　月　　日

考核明细		标准分	实训得分								
			小组成员								
			小组自评	小组互评	教师评价	小组自评	小组互评	教师评价	小组自评	小组互评	教师评价
团队60分	小组是否能在总体上把握学习目标与进度	10									
	小组成员是否分工明确	10									
	小组是否有合作意识	10									
	小组是否有创新想（做）法	10									
	小组是否如实填写任务完成报告	10									
	小组是否存在问题和具有解决问题的方案	10									
个人40分	个人是否服从团队安排	10									
	个人是否完成团队分配任务	10									
	个人是否能与团队成员及时沟通和交流	10									
	个人是否能够认真描述困难、错误和修改的地方	10									
合计		100									

思考练习

1. 蒸发压缩式热泵在安装过程中需要哪些工具和材料？
2. 蒸发压缩式热泵正常运行的主要标志是什么？
3. 蒸发压缩式热泵在调节时最有效的办法是什么？

项目十 吸收式热泵的探究

吸收式热泵是一种利用低品位热源，实现将热量从低温热源向高温热源泵送的循环系统。它是回收利用低温位热能的有效装置，具有节约能源、保护环境的双重作用。目前，吸收式热泵使用的工质为 $LiBr - H_2O$ 或 $NH_3 - H_2O$，其输出的最高温度不超过 150℃。升温能力 ΔT 一般为 30～50℃。制冷性能系数为 0.8～1.6，增热性能系数为 1.2～2.5，升温性能系数为 0.4～0.5。本项目从吸收式热泵的基本构成、工作过程、热平衡、热力系数、分类、基本特点、工质对、单效/双效吸收式热泵的结构、部件等内容出发，全面介绍吸收式热泵的相关知识和技能等。

项目目标

吸收式热泵的探究
- 素养目标
  - 1. 提高学生的动手操作能力
  - 2. 培养学生良好的职业素养和创新意识
  - 3. 学生学习吸收式热泵的兴趣
  - 4. 增强学生的自信心和成就感
- 知识目标
  - 1. 了解吸收式热泵的基础
  - 2. 了解选取吸收式热泵循环工质的主要考虑因素
  - 3. 掌握吸收式热泵工质时吸收剂的要求
  - 4. 领会水-溴化锂工质对的性质
  - 5. 理解溴化锂吸收式热泵的特点
  - 6. 掌握单效吸收式热泵的结构和流程
  - 7. 掌握双效吸收式热泵的结构和流程
  - 8. 掌握吸收式热泵的主要部件
- 技能目标
  - 1. 能够用质量分数和物质的量浓度表示溶液的组成
  - 2. 能够操作吸收式热泵
  - 3. 会运用热力系数表示吸收式热泵
  - 4. 能够识别吸收式热泵的各部件

任务一 吸收式热泵基础的认识

PPT
吸收式热泵
基础的概述

任务描述

蒸气压缩式热泵的主要特点是热泵工质靠机械功（压缩机）驱动工质在热泵中循环流动，从而连续地将热量从低温热源“泵送”到高温热汇供给用户。本任务介绍的吸收式热泵则是用热能驱动工质循环，实现对热能的“泵送”功能，较适于有废热或可通过煤、气、油及其他燃料可获得低成本热能的场合。

任务资讯

微课：
吸收式热泵

一、吸收式热泵的基本构成

图 10－1－1 所示为可连续工作的吸收式热泵的基本构成，由发生器、吸收器、冷凝器、蒸发器、节流阀、溶液、溶液阀、溶液热交换器组成封闭环路，并内充以工质对（吸收剂和循环工质）溶液。

吸收式热泵中各组成部分的基本情况如下。

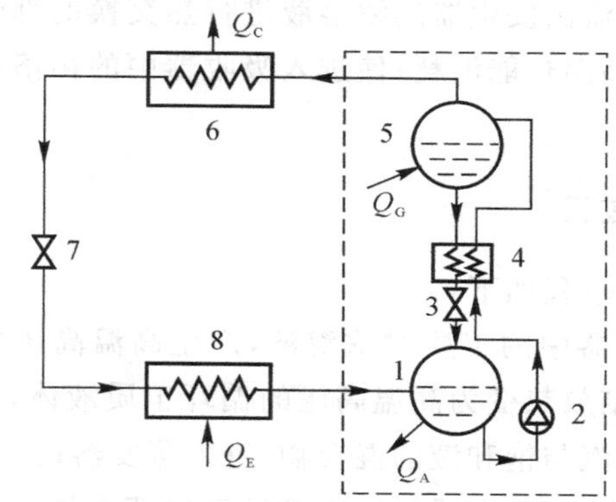

图 10－1－1　吸收式热泵的基本构成

1—吸收器；　2—溶液泵；　3—溶液阀；　4—溶液热交换器；
5—发生器；　6—冷凝器；　7—节流阀；　8—蒸发器

1. 工质对

一般是循环工质和吸收剂组成的二元非共沸混合物，其中循环工质的沸点低，吸收剂的沸点高，且两组元的沸点应具有较大的差值。循环工质在吸收剂中应具有较大的溶解度，工质对溶液还应对循环工质有较强的吸收能力。本书主要介绍以 H_2O（水，循环工质）－LiBr（溴化锂，吸收剂）为工质对的吸收式热泵。

2. 发生器

发生器中为 H_2O－LiBr 工质对的浓溶液（水为溶剂），利用热水、蒸汽或燃料火焰加热工质对溶液，使其中的低沸点循环工质变为蒸汽排出，故称为发生器。

3. 吸收器

发生器中为 H_2O－LiBr 工质对的稀溶液，利用工质对溶液对循环工质较强的吸收能力，抽吸蒸发器中产生的循环工质蒸汽。

4. 冷凝器

由发生器来的循环工质蒸汽在冷凝器中冷凝为液体，并放出热量。

5. 节流部件（阀、孔板或细管等）

控制循环工质流量的部件。节流阀前压力、温度较高的循环工质液体经节流阀后变为压力、温度较低的循环工质饱和汽、饱和液混合物。

6.蒸发器

由节流部件来的低压、低温循环工质饱和汽与饱和液的混合物吸收低温热源的热量，使其中的循环工质饱和液蒸发为饱和汽。

7.溶液泵

不断将吸收器中的工质对稀溶液送入发生器，保持吸收器、发生器中的溶液量（液位）、溶液浓度稳定。

8.溶液阀

控制由发生器中流入吸收器的溶液量与溶液泵的流量相匹配。

9.溶液热交换器

流出吸收器的稀溶液与流出发生器的浓溶液进行热交换的部件，使进入发生器的稀溶液温度升高，节省发生器中的高温热能消耗；使进入吸收器中的稀溶液温度降低，提高吸收器中溶液的吸收能力。

二、吸收式热泵的工作过程

吸收式热泵的基本工作过程如下：

利用高温热能加热发生器中的工质对浓溶液，产生高温高压的循环工质蒸汽，进入冷凝器；在冷凝器中循环工质凝结放热变为高温高压的循环工质液体，进入节流阀；经节流阀后变为低温低压的循环工质饱和汽与饱和液的混合物，进入蒸发器；在蒸发器中循环工质吸收低温热源的热量变为蒸汽，进入吸收器；在吸收器中循环工质蒸汽被工质对溶液吸收，吸收了循环工质蒸汽的工质对稀溶液经热交换器升温后被不断泵送到发生器，同时产生了循环工质蒸汽的发生器中的浓溶液经热交换器降温后被不断放入吸收器，维持发生器和吸收器中液位、浓度和温度的稳定，实现吸收式热泵的连续制热。

将图 10－1－1 所示的吸收式热泵与图 10－1－2 所示的蒸气压缩式热泵相对比可见，图 10－1－1 中吸收式热泵虚线框内的部分与图 10－1－2 中蒸气压缩式热泵的压缩机的功能相当，即发生器、吸收器、溶液泵、溶液阀、溶液热交换器的组合体起到了压缩机的作用，但其是由热能驱动，故有时也简称为“热压缩机”。

三、吸收式热泵的热平衡

由图 10－1－1 可见，对吸收式热泵，进入热泵的能量有发生器的加热能量 Q_G、蒸发器从低温热源吸收的热量 Q_E 以及各类消耗的功 W_P；输出热泵的能量有冷凝器的放热 Q_C、吸收器的放热 Q_A 以及吸收式热泵的各种热损失 Q_S（如保温不良引起的散热，对发生器直接燃烧加热时废烟气带走的热量等）。根据热力学第一定律，进热泵的总能量应等于出热泵的总能量，由此可得吸收式热泵的热平衡式为

$$Q_G Q_E + W_P = Q_A + Q_C + Q_S \tag{10-1}$$

通常，各类泵消耗的功及热损失相对较小，简略分析时可不计，则上式变为

$$Q_G + Q_E = Q_A + Q_C \tag{10-2}$$

冷凝器放出的热量和吸收器放出的热量均为对热用户有用的热量，可将其总记为

$$Q_U = Q_A + Q_C \tag{10-3}$$

上述各部能量的大致比例如图 10－1－3 所示。

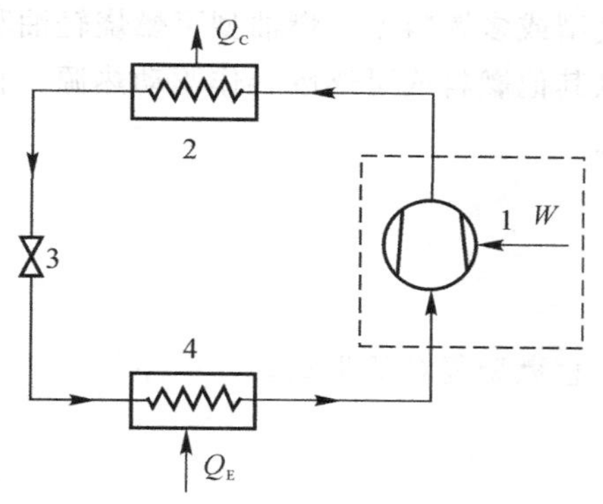

图 10－1－2　蒸气压缩式热泵的基本构成

1— 压缩机；　2— 冷凝器；　3— 节流阀；　4— 蒸发器

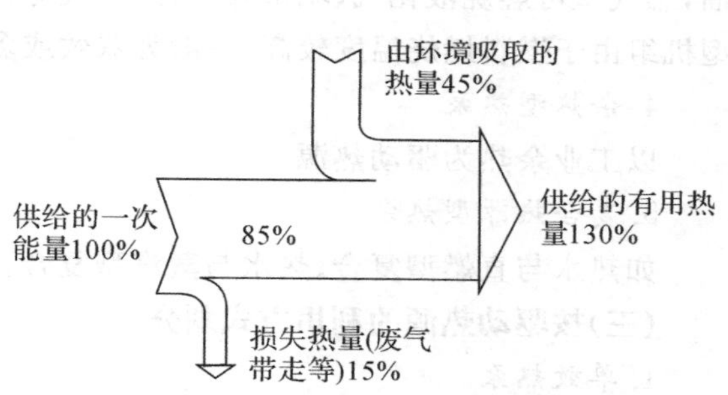

图 10－1－3　吸收式热泵的能流图

图 10－1－3 中，供给的一次能量即为发生器的加热能量 Q_G，由环境吸取的热量即为蒸发器从低温热源吸收的热量 Q_E，损失热量即为吸收式热泵的各种热损失 Q_S，供给的有用热量 Q_U 即为冷凝器放出的热量 Q_C 和吸收器放出的热量 Q_A 之和。

四、吸收式热泵的热力系数

吸收式热泵的效率(制热系数) 通常用热力系数来表示，其基本含义与制热系数相同，即

$$热力系数 = \frac{用户获得的有用热量}{消耗的燃料热量或热水、蒸汽能量及驱动泵的能量}$$

用公式表示时，为

$$\zeta_H = \frac{Q_U}{Q_G + W_P} = \frac{Q_C + Q_A}{Q_G + W_P} \tag{10-4}$$

式中　W_P—— 泵类的耗功，简要分析时可忽略；

Q_G—— 发生器的加热量；

Q_A—— 吸收器的放热量；

Q_C—— 冷凝器的放热量。

五、吸收式热泵的分类

(一)按工质对划分

有 $H_2O-LiBr$ 热泵、NH_3-H_2O 热泵等。

(二)按驱动热源划分

1. 蒸汽型热泵

以蒸汽的潜热为驱动热源。根据工作蒸汽的品位高低，有单效蒸汽型热泵(工作蒸汽表压为 0.1 MPa)和双效蒸汽型热泵(工作蒸汽表压为 0.25～0.8 MPa)两种类型。

2. 热水型热泵

以热水的显热为驱动热源。热水包括工业余废热水、地热水或太阳能热水，热水温度为

85～150℃时多为单效机组，热水温度大于150℃时多为双效机组。

3. 直燃型热泵

以燃料的燃烧热为驱动热源，可分为燃油型、燃气型或多燃料型。燃油型可燃烧轻油和重油，燃气型可燃烧液化气、城市煤气、天然气等，也可以其他燃料或可燃废料作驱动热源。直燃型机组由于燃料燃烧温度较高，一般为双效或多效型。

4. 余热型热泵

以工业余热为驱动热源。

5. 复合热源型热泵

如热水与直燃型复合、热水与蒸汽型复合、蒸汽与直燃型复合等形式。

(三)按驱动热源的利用方式划分

1. 单效热泵

驱动热源在机组内被直接利用一次。

2. 双效热泵

驱动热源在机组内被直接和间接地利用两次。

3. 多效热泵

驱动热源在机组内被直接和间接地利用多次。

4. 多级热泵

驱动热源在多个压力不同的发生器内依次被直接利用。

(四)按制热目的划分

1. 第一类吸收式热泵

以获得大量的中温热能为目的。该类热泵向低温热源吸热，输出热的温度低于驱动热源，输出热的量多于驱动热量。

2. 第二类吸收式热泵

以获得少量的高温热能为目的。该类热泵向驱动热源吸热，向低温热源放热，输出热的温度高于驱动热源，输出热的量少于驱动热量。

(五)按溶液循环流程划分

1. 串联式

溶液先进入高压发生器，再进入低压发生器，然后流回吸收器。

2. 倒串联式

溶液先进入低压发生器，再进入高压发生器，然后流回吸收器。

3. 并联式

溶液同时进入高压发生器和低压发生器，然后流回吸收器。

4. 串并联式

溶液同时进入高压发生器和低压发生器，流出高压发生器的溶液再进入低压发生器，然后流回吸收器。

(六)按机组结构划分

1. 单筒式

机组的主要热交换器布置在一个筒体内。

2. 双筒式

机组的主要热交换器布置在二个筒体内。

3. 三筒式

机组的主要热交换器布置在三个筒体内。

4. 多筒式

机组的主要热交换器布置在多个筒体内。

六、吸收式热泵的基本特点

(1)吸收式热泵的主要优点是运动部件少，噪声低，运转磨损小，但制造费用比压缩式热泵贵些。

(2) 吸收式热泵的热力系数 ζ_H 通常低于压缩式热泵的制热系数 COP_H，但二者的分母项含义不同。吸收式热泵用热能来驱动，分母项为热能，热能中只有一部分是可用能(可用能与电能、机械功等价。热能中可用能的比率为 $1-T_a/T_r$；T_a 为环境温度，T_r 为热能温度)；而压缩式热泵则是用电能或机械功来驱动，所消耗的电能、机械功全部是可用能。因此，吸收式热泵适宜于用废热或低成本燃料产生的热能来驱动。

(3)吸收式热泵的热力系数在冷凝温度和蒸发温度之差增大时，其变化幅度比压缩式热泵的制热系数小。因此，在环境温度下降或用户需热温度提高时，吸收式热泵的供热量变化不如压缩式热泵那样敏感。

任务实施

根据项目任务书和项目任务完成报告进行任务实施，见表 10－1－1 和表 10－1－2。

表 10－1－1　项目任务书

任务名称	吸收式热泵基础的认识		
小组成员			
指导教师		计划用时	
实施时间		实施地点	
任务内容与目标			
1. 了解吸收式热泵的基础； 2. 能够操作吸收式热泵； 3. 会运用热力系数表示吸收式热泵			
考核项目	1. 吸收式热泵的基本构成； 2. 吸收式热泵的工作过程； 3. 吸收式热泵的热力系数		
备注			

表 10－1－2　项目任务完成报告

任务名称	吸收式热泵基础的认识		
小组成员			
具体分工			
计划用时		实际用时	
备注			
1. 简述吸收式热泵的基本构成。 2. 简述吸收式热泵的工作过程。 3. 写出吸收式热泵的热力系数的公式。			

任务评价

根据项目任务综合评价表进行任务评价，见表 10－1－3。

表 10－1－3　项目任务综合评价表

任务名称：　　　　　　　　　　　　　　　　测评时间：　　年　　月　　日

考核明细		标准分	实训得分								
			小组成员								
			小组自评	小组互评	教师评价	小组自评	小组互评	教师评价	小组自评	小组互评	教师评价
团队60分	小组是否能在总体上把握学习目标与进度	10									
	小组成员是否分工明确	10									
	小组是否有合作意识	10									
	小组是否有创新想（做）法	10									
	小组是否如实填写任务完成报告	10									
	小组是否存在问题和具有解决问题的方案	10									
个人40分	个人是否服从团队安排	10									
	个人是否完成团队分配任务	10									
	个人是否能与团队成员及时沟通和交流	10									
	个人是否能够认真描述困难、错误和修改的地方	10									
合计		100									

思考练习

1.吸收式热泵按工质对划分,可分为________和________。

2.吸收式热泵按驱动热源的利用方式划分,可分为________、________、________和________,

3.简述吸收式热泵的基本特点。

任务二　吸收式热泵工质对的认识

PPT
吸收式热泵工质对的认识

任务描述

吸收式热泵的工质一般是循环工质和吸收剂组成的二元非共沸混合物,其中循环工质(制冷剂)的沸点低,吸收剂的沸点高,而且这两种物质的沸点应该具有较大的差值。只有这样才能保证两组分能够分离。循环工质在吸收剂中应该具有较大的溶解度,相应地,工质对溶液对循环工质的吸收能力比较强。目前吸收式热泵使用的工质对为水-溴化锂工质对、氨水工质对等,本任务主要介绍水-溴化锂工质对的性质及溴化锂吸收式热泵的特点。

任务资讯

一、对循环工质的要求

广义而言,标准沸点在−130～100℃之间的工质均可作为吸收式热泵的循环工质,但在实际系统中,选取适宜的循环工质时需考虑其热力学性质、化学性质和物理性质等多方面,以使吸收式热泵装置效率高、运转安全可靠、制造容易、经济性好。

选取吸收式热泵循环工质主要考虑因素如下:

(1)吸收式热泵工作时冷凝压力不能太高,以降低设备的制造成本,提高机组工作的安全性和可靠性。

(2)吸收式热泵工作时蒸发压力不能太低,以避免工质的比体积太大和发生泄漏时空气进入机组。

(3)蒸发和冷凝潜热大,以在制取同样热量的前提下,减少循环工质循环量。

(4)比热容小,以便在必要的温度升降处,减少吸放热量。

(5)热力系数高,这样可在制取同样热量时减少蒸汽或燃料消耗,提高机组运行的经济性。

(6)传热系数高,以在传递同等热量时减少换热设备(包括发生器、吸收器)的体积和尺寸,降低机组的成本。

(7)在液相和气相的黏度低,以减小工质在管道和设备中的流动阻力,降低泵的功率消耗,提高机组的经济性。

(8)化学性质不活泼,和金属及机组中其他部件材料不发生反应,工质自身的稳定性好。

(9)无毒和无刺激性。

(10)无可燃和爆炸危险。

(11)泄漏时容易检出和处理。

(12)环境友好,如对臭氧层无危害、无温室效应、光化学烟雾效应等。

(13)价格低,来源广,易获得。

二、对吸收剂的要求

吸收剂应对循环工质具有较强的吸收性,且通过加热方法易于将二者分离。一般而言,吸收剂应具有的性质可列举如下:

(1)与循环工质的沸点差大,通过加热产生工质蒸气时夹带的吸收剂少,不必设置精馏器和分凝器等。

(2)与循环工质的溶解度高,吸收剂对工质的吸收能力强,避免出现结晶的危险。

(3)在发生器和吸收器中,吸收剂对工质溶解度之差大,以减少溶液的循环量,降低溶液泵的能耗。

(4)黏性小,以减小在管道和部件中的流动阻力。

(5)热导率大,以提高传热部件的传热能力,减小设备体积和成本。

(6)不易结晶,避免晶粒堵塞管道。

(7)工质潜热与溶液比热容之比大。

(8)化学性质不活泼,和金属及其他材料不反应,稳定性好。

(9)无毒性和刺激性。

(10)无可燃和爆炸危险。

(11)环境友好。

(12)价格便宜,来源广,容易获得。

综上所述,水-溴化锂工质对具有优良的综合性能,并已在实际中得到了广泛的应用。其主要限制是低温热源的温度不宜低于0℃,以免在蒸发器等部件中结冰,并在使用中注意设备防腐和溴化锂结晶。

三、工质对溶液的成分表示及性质变化

溶液的组成一般用质量分数和物质的量浓度表示。

质量分数是溶液中某组分的质量与溶液总质量之比,用ξ或x表示。对第i种组分,有

$$\xi_i=\frac{m_i}{m} \tag{10-5}$$

式中　m_i——第i种组分的质量;

m——溶液的总质量。

物质的量浓度是溶液中某组分的物质的量与溶液总物质的量之比,用y表示。对第i种组分,有

$$y_i=\frac{n_i}{n} \tag{10-6}$$

式中　n_i——第i种组分的物质的量;

n——溶液的总物质的量。

吸收式热泵工质对的浓度一般用质量分数表示,不特别说明时,溶液浓度是指溶质(LiBr)

的浓度，即浓溶液是指溴化锂含量高的溶液。

循环工质与吸收剂组成溶液后，其相变性质，如沸点、相变潜热等均发生变化，不再等于纯组分的值。

四、水-溴化锂工质对的性质

(一)溴化锂的性质

溴化锂溶液是由固体溴化锂溶解于水而成的。由于锂(Li)和溴(Br)分别属于碱金属和卤族元素，因此它的性质与食盐(NaCl)很相似，在大气中不变质、不分解、不挥发，是一种稳定的物质。溴化锂无水物的主要性质见表10-2-1。

表10-2-1　溴化锂的基本性质

项　目	数　据	项　目	数　据
相对分子质量	86.856	密度(25℃)/(kg·m^{-3})	3 464
质量成分	Li 7.99%，Br 92.01%	沸点/℃	1 265
外观	无色粒状结晶体	熔点/℃	549

溴化锂除无水物与水溶液外，还会生成带结晶水的水合物等，其最大特征是强烈的吸水性。

(二)溴化锂溶液的基本性质和质量要求

溴化锂溶液是无色透明液体，无毒，入口有碱苦味，溅在皮肤上微痒，不要直接与皮肤、眼睛接触，也不要品尝。

溴化锂水溶液的水蒸气分压力非常小，即吸湿性非常好。浓度越高，水蒸气分压力越小，吸收水蒸气的能力就越强。

溴化锂溶液对金属有腐蚀性，需在设计时特殊考虑。纯溴化锂水溶液的pH值大体是中性，吸收式热泵中使用的溶液考虑到腐蚀因素已调整为碱性，并在处理为碱性的基础上再添加特殊的腐蚀抑制剂(缓蚀剂)，常用的缓蚀剂有铬酸锂和钼酸锂(添加铬酸锂缓蚀剂后呈微黄色，添加钼酸锂缓蚀剂后仍是无色透明的液体)。

溴化锂溶液的质量对溴化锂吸收式机组的性能具有直接影响。市场上购得的溴化锂溶液，应符合JB/T 7247—2006指标中对溴化锂溶液所规定的技术要求，具体见表10-2-2。

表10-2-2　溴化锂溶液的质置要求

项　目		数　据
LiBr的质量分数		(50±1)%
溶液的碱度pH值		9.0～10.5
铬酸锂(Li_2CrO_4)的质量分数		0.1%～0.3%
钼酸锂(Li_2MoO_4)的质量分数		0.05%～0.2%
杂质的最高质量分数	氯化物(Cl^-)	0.05%
	钡(Ba^{2+})	0.001%
	硫酸盐(SO_4^{2-})	0.02%
	钙(Ca^{2+})	0.001%

续 表

项 目		数 据
杂质的最高质量分数	溴酸盐(BrO_3^-)	无反应
	镁(Mg^{2+})	0.001%
	氨(NH_3^-)	0.000 1%
	铁(Fe^{3+})	0.000 1%
	铜(Cu^{2+})	0.000 1%

(三)水-溴化锂溶液的物理性质

1.溶解度

溶解度是饱和溶液中的溴化锂质量分数。溴化锂极易溶解于水。常温下，饱和溶液中LiBr的质量分数可达60%左右。表10-2-3列出了不同溴化锂质量分数下的结晶温度，从中也可近似得出不同温度下的溶解度。机组运行时，必须注意溶液的质量分数ξ和温度t的范围，避免发生结晶现象。

表10-2-3 国产溴化锂溶液的结晶温度

质量分数/(%)	55.0	55.5	56.0	56.5	57.0	57.5	58.0	58.5	59.0	59.5	60.0	60.5
结晶温度/℃	—29.7	−21.6	—14.9	−8.3	—2.5	2.5	6.9	10.8	14.4	17.9	21.3	24.5
质量分数/(%)	61.0	61.5	62.0	62.5	63.0	63.5	64.0	64.5	64.86	65.0	65.5	66.0
结晶温度/℃	27.4	30.2	32.7	34.8	36.9	38.8	40.6	42.3	43.2	47.0	56.3	63.7
质量分数/(%)	66.5	67.0	67.5	68.0	68.5	69.0	69.5	70.0				
结晶温度/℃	70.0	75.9	81.7	87.2	92.7	97.7	102.4	107.3				

2.密度

溴化锂溶液的密度与温度和质量分数ξ有关。当温度一定时，随着质量分数增大，其密度也增大；如质量分数一定，则随着温度的升高，其密度减小。在同一温度下，溴化锂溶液的密度比水大，质量分数约为60%的溶液，室温下的密度约为水的1.7倍。表10-2-4列出了国产溴化锂溶液的密度测定值。

3.定压比热容

溴化锂溶液的定压比热容随温度的升高而增大，随质量分数的增大而减少，而且比水小得多。如温度为50℃，溴化锂溶液的质量分数为60%时，溶液的比热容为1.880 3 kJ/(kg·K)，不到水的一半。比热容小则说明在温度变化时排出的热量少，有利于提高机组的热效率。国产溴化锂溶液的比热容见表10-2-5。

4.黏度

黏度是表示流体黏性大小的物理量。在一定温度下，随着LiBr的质量分数增加，黏度急剧增大；在一定质量分数下，随着温度降低，黏度增大。国产溴化锂溶液的动力黏度见表10-2-6。

表 10－2－4　国产溴化锂溶液的密度

质量分数/(%)	10℃	20℃	30℃	40℃	50℃	60℃	70℃	80℃	90℃	100℃	110℃	120℃
	密度/(kg·m^{-3})											
40.0	1 390	1 385	1 379	1 374	1 369	1 363	1 358	1 353	1 348	1 342	1 337	—
42.0	1 417	1 412	1 406	1 401	1 396	1 393	1 385	1 380	1 375	1 369	1 364	1 359
44.0	1 446	1 440	1 435	1 429	1 424	1 418	1 412	1 407	1 402	1 396	1 391	1 386
46.0	1 476	1 470	1 465	1 459	1 454	1 448	1 443	1 438	1 432	1 427	1 421	1 416
48.0	1 506	1 500	1 495	1 489	1 484	1 478	1 472	1 467	1 462	1 456	1 450	1 445
50.0	1 540	1 534	1 528	1 522	1 516	1 510	1 505	1 499	1 493	1 487	1 482	1 476
52.0	1 574	1 568	1 562	1 556	1 550	1 544	1 538	1 532	1 526	1 520	1 514	1 508
54.0	1 611	1 604	1 598	1 592	1 586	1 579	1 573	1 567	1 561	1 555	1 549	1 542
56.0	1 650	1 643	1 637	1 631	1 624	1 618	1 612	1 605	1 599	1 593	1 587	1 580
58.0	1 690	1 683	1 677	1 670	1 663	1 657	1 650	1 643	1 637	1 631	1 624	1 619
60.0	—	1 725	1 718	1 711	1 704	1 698	1 691	1 685	1 678	1 672	1 666	1 659
62.0	—	—	—	1 755	1 749	1 742	1 736	1 729	1 723	1 717	1 711	1 704
64.0	—	—	—	1 805	1 799	1 792	1 786	1 779	1 773	1 767	1 760	1 754
66.0							1 838	1 832	1 806	1 819	1 813	1 806
67.0								1 870	1 860	1 851	1 841	1 832

表 10－2－5　国产溴化锂溶液的比热容

温度/℃	质量分数/(%)								
	50.0	51.5	54.0	56.0	58.0	60.0	62.0	64.0	66.0
	比热容/[kJ·(kg·K)$^{-1}$]								
25	2.124 0	2.080 8	2.011 3	1.957 3	1.905 4	1.854 7	—	—	—
30	2.109 7	2.087 5	2.017 6	1.963 6	1.911 3	1.860 6	—	—	—
35	2.137 4	2.094 2	2.023 9	1.969 9	1.917 1	1.866 0	1.816 2	—	—
40	2.144 1	2.100 5	2.029 8	1.975 3	1.922 6	1.871 1	1.820 8	—	—
45	2.150 3	2.106 4	2.035 6	1.980 8	1.927 6	1.875 7	1.825 4	1.776 9	—
50	2.156 2	2.111 8	2.041 1	1.986 2	1.932 6	1.880 3	1.830 0	1.780 6	—
55	2.161 2	2.117 3	2.046 1	1.990 8	1.937 2	1.884 9	1.834 2	1.784 4	—
60	2.168 3	2.122 3	2.051 1	1.995 4	1.941 4	1.889 1	1.838 0	1.788 2	—
65	2.170 9	2.117 7	2.055 7	2.000 0	1.945 6	1.892 9	L 841 4	1.799 1	1.742 5
70	2.175 5	2.131 5	2.059 9	2.003 8	1.949 8	1.896 6	1.844 7	1.794 5	1.745 4

续表

温度/℃	质量分数/(%)								
	50.0	51.5	54.0	56.0	58.0	60.0	62.0	64.0	66.0
	比热容/[kJ·(kg·K)$^{-1}$]								
75	2.179 6	2.135 3	2.063 7	2.008 0	1.953 1	1.900 0	1.848 0	1.797 4	1.748 0
80	2.183 4	2.139 0	2.067 4	2.011 3	1.956 5	1.902 9	1.851 0	1.799 9	1.950 5
85	2.186 8	2,142 8	2.070 8	2.014 7	1.959 8	1.905 8	1.853 5	1.802 4	1.752 5
90	2.190 1	2.145 7	2.073 7	2.017 6	1.962 3	1.908 8	1.856 0	1.804 9	1 754 7
95	2.193 0	2.148 7	2.076 6	2.020 1	1.964 9	1.911 3	1.858 5	1.807 0	1.756 8
100	2.195 6	2.151 2	2.079 2	2.022 6	1.967 4	1.913 4	1.860 2	1.899 1	1.758 4
105	2.197 6	2.153 7	2.081 3	2.024 7	1.969 5	1.915 5	1.862 7	1.810 8	1.760 1
110	2.199 3	2.155 4	2.082 9	2.026 4	1.971 1	1.917 1	1.864 0	1.812 0	1.761 4
115	2.201 0	2.157 0	2.084 6	2.028 1	1.972 8	1.918 4	1.865 2	1.813 3	1.762 6
120	2.202 2	2.158 3	2.085 9	2.029 3	1.974 1	1.919 6	1.886 5	1.814 6	1.763 5

表 10-2-6 国产溴化锂溶液的动力黏度

质量分数/(%)	20℃	30℃	40℃	50℃	60℃	70℃	80℃	90℃	100℃	110℃	120℃
	动力黏度/(10^{-3} Pa·s)										
40.0	2.183	1.788	1.503	1.288	1.106	0.982	0.883	0.793	0.720	0.653	0.603
42.0	2.375	1.950	1.632	1.395	1.208	1.060	0.947	0.853	0.773	0.705	0.648
44.0	2.608	2.135	1.790	1.526	1.320	1.155	1.028	0.923	0.835	0.768	0.700
46.0	2.885	2.362	1.978	1.686	1.458	1.278	1.134	1.013	0.915	0.836	0.766
48.0	3.233	2.634	2.202	1.880	1.626	1.426	1.264	1.125	1.014	0.924	0.847
50.0	3.692	2.988	2.492	2.116	1.832	1.598	1.412	1.253	1.132	1.026	0.940
52.0	4.283	3.448	2.865	2.420	2.078	1.813	1.600	1.415	1.268	1.148	1.048
54.0	5.043	4.048	3.348	2.805	2.394	2.086	1.830	1.608	1.438	1.295	1.175
56.0	6.066	4.833	3.953	3.302	2.793	2.408	2.095	1.846	1.640	1.475	1.332
58.0	—	5.870	4.718	3.908	3.288	2.806	2.428	2.133	1.885	1.692	1.516
60.0	—	7.185	5.726	4.673	3.893	3.318	2.852	2.486	2.180	1.946	1.745
62.0	—	—	7.055	5.888	4.653	3.395	3.362	2.913	2.535	2.247	2.002
64.0		—	8.700	6.928	5.613	4.690	3.970	3.416	2.953	2.603	2.292
66.0							4.708	4.020	3.455	3.012	2.652
68.0									4.068	3.512	3.086

5. 热导率

热导率是计算传热时的一个重要参数。溴化锂溶液的热导率在温度一定时，随质量分数的增大而减小；在质量分数一定时，随温度的增大而增高。

溴化锂溶液的热导率见表 10－2－7。

表 10－2－7　溴化锂溶液的热导率

质量分数/(%)	温度/℃				
	0	25	50	75	100
	热导率/(W·m⁻¹·K⁻¹)				
20	0.5	0.55	0.57	0.60	0.62
40	0.45	0.49	0.51	0.53	0.55
50	—	0.45	0.49	0.51	0.52
60	—	0.43	0.45	0.48	0.50
65	—	—	0.43	0.45	0.48

溴化锂溶液的热导率也可用下式计算：

$$\lambda = 1.163(a_0 + a_1 t + a_2 t^2 + a_3 t^3 + a_4 x + a_5 x^2 + a_6 x^3) \quad (10-7)$$

$a_0 = 0.521\ 898\ 8$

$a_1 = 1.412\ 948 \times 10^{-3}$

$a_2 = -6.741\ 987 \times 10^{-6}$

$a_3 = 1.729\ 977 \times 10^{-8}$

$a_4 = -5.514\ 559 \times 10^{-3}$

$a_5 = 7.640\ 728 \times 10^{-5}$

$a_6 = -6.098\ 338 \times 10^{-7}$

式中　λ——溶液的热导率，W/(m·K)；

t——溶液的温度，℃；

x——100 kg 溶液中含有溴化锂的千克数。

6. 表面张力

溴化锂溶液的表面张力与溶液温度和溴化锂溶液的质量分数有关。质量分数一定时，随温度的升高而降低。温度一定时，随质量分数的增大而增大。喷淋在吸收器管簇上的溴化锂溶液的表面张力越小，则喷淋的液滴越细，溶液在管簇上很快地展开成薄膜状，可大大增加溶液与蒸汽的接触面积，提高溶液的吸收效果。在溶液中添加表面活性剂，如辛醇和异辛醇等，可降低溶液的表面张力，提高传热与传质效果。

溴化锂水溶液的表面张力可用下式计算：

$$\sigma = (a_0 + a_1 t + a_2 t^2 + a_3 t^3 + a_4 x + a_5 x^2 + a_6 x^3) \times 10^{-3} \quad (10-8)$$

$a_0 = 49.483\ 95$

$a_1 = -1.462\ 354$

$a_2 = 6.750\ 326 \times 10^{-4}$

$a_3 = -2.023\ 934 \times 10^{-6}$

$a_4 = 1.750\ 322$

$a_5 = -3.078\ 061 \times 10^{-2}$

$a_6 = -2.477\ 215 \times 10^{-4}$

式中 σ—— 溶液的表面张力，N/m；

t—— 溶液的温度，℃；

x——100 kg 溶液中含有溴化锂的千克数。

7. 扩散系数

溴化锂溶液吸收水蒸气，水分子是以扩散方式进入溶液的，溴化锂溶液中水分子的扩散系数 D 是研究该过程的基础，其计算公式为

$$D = 10^{-9} \times (3.468x^3 - 10.62x^2 + 4.684x + 1.106) \times \frac{\mu_{25} T}{298.15\mu_{w,25}} \tag{10-9}$$

式中 D—— 溴化锂溶液中的水分子扩散系数，m^2/s；

x—— 溴化锂溶液的质量分数，%；

T—— 溴化锂溶液的温度，K；

μ_{25}——25℃ 时溴化锂溶液的动力黏度，Pa·s；

$\mu_{w,25}$——25℃ 时水的动力黏度，Pa·s。

(四) 水-溴化锂溶液的热力性质

1. 溴化锂溶液的 $p-T$ 关系

溶液的 $p-T$ 关系是指饱和汽与饱和液处于平衡状态下溶液的质量分数 ξ、饱和蒸汽压力 p、温度 T 三者之间的关系。溴化锂水溶液的 $p-T$ 关系可用下式计算：

$$T = T' \sum_{n=0}^{3} A_n x^n + \sum_{n=0}^{3} B_n x^n \tag{10-10}$$

$A_0 = 0.770\ 033$

$A_1 = l.454\ 55 \times 10^{-2}$

$A_2 = -2.639\ 06 \times 10^{-4}$

$A_3 = 2.276\ 09 \times 10^{-6}$

$B_0 = 140.877$

$B_1 = -8.557\ 49$

$B_2 = 0.167\ 09$

$B_3 = -8.826\ 41 \times 10^{-4}$

式中 T—— 压力为 p 时，溶液的饱和温度，℃；

T'—— 压力为 p 时，水的饱和温度，℃；

x——100 kg 溶液中含有溴化锂的千克数。

溴化锂水溶液的 $p-T$ 关系也可用图 10-2-1 所示的 $p-T$ 图表示。图中曲线为一簇等浓线。$p-T$ 图除可用于确定溶液的状态外（只要知道其中的任何两个参数，就可通过 $p-T$ 图确定另一个参数），还可以用图上线段来表示溴化锂吸收式机组中溶液的工作过程（如循环工质蒸汽的发生过程、蒸汽被溶液的吸收过程等）及溶液在加热或冷却过程中热力状态的变化。

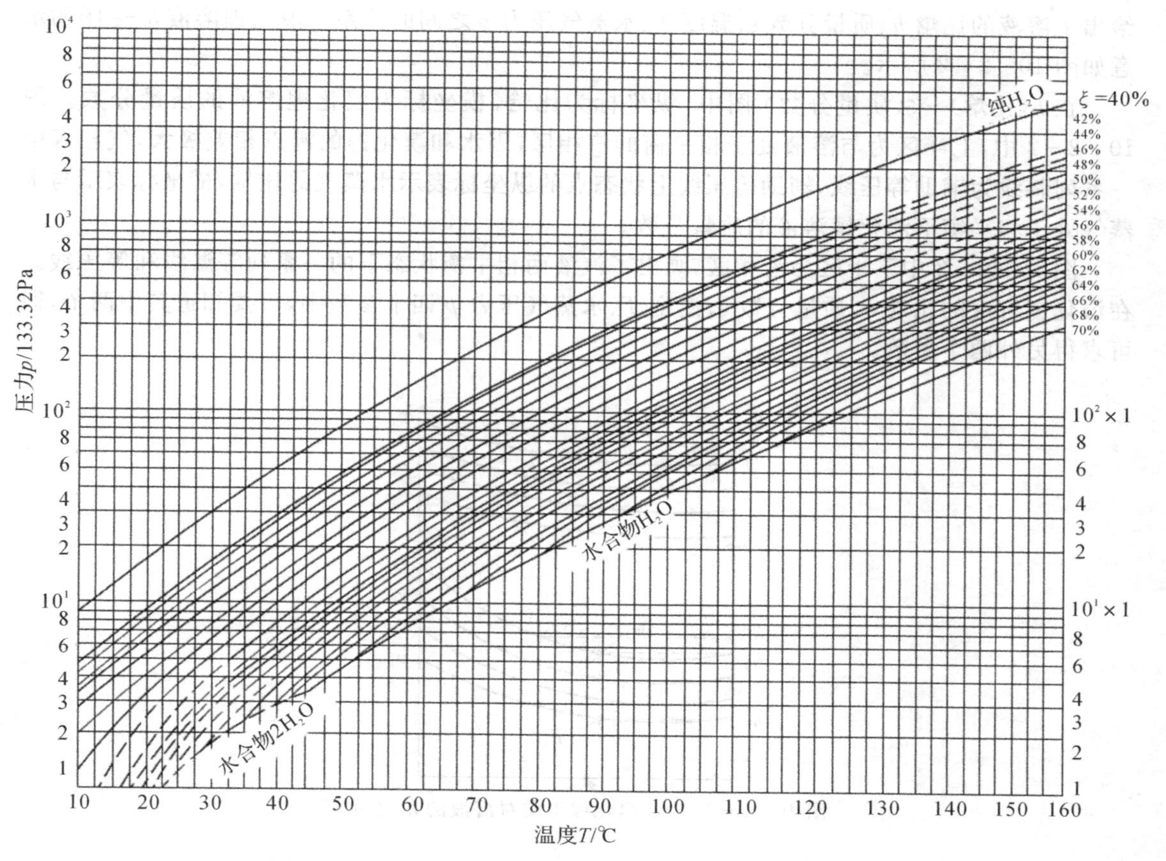

图 10-2-1　水-溴化锂工质对溶液的 p(压力)-T(温度)图

由溴化锂溶液的 $p-T$ 图可见，当已知溴化锂溶液的温度为 82.5℃，水蒸气压力为 7.73 kPa 时，即可在图 10-2-1 中由横坐标 82.5℃和纵坐标 7.73 kPa 的交点，确定溴化锂溶液的质量分数为 58%；已知溶液的浓度为 56%，压力为 9 kPa，则从图 10-2-1 中可查得它的温度为 80℃。

但 $p-T$ 图上没有表示出焓的变化，不便进行吸收式热泵的热力计算，此时，需要用溶液的 h(比焓)-ξ(质量分数)关系式或相关图。

2. 溴化锂溶液的 h(比焓)-ξ(质量分数)关系

不同的温度和浓度下，溴化锂溶液的比焓(在不引起混淆的情况下可简称为"焓")可用下面的关联式计算：

$$h=(-1\,317.74+3\,470.97x-6\,893.1x^2+6\,153.33x^3)+(4.197\,27-9.387\,21x+16.081\,1x^2-13.628\,9x^3)T+(1.004\,79-1.418\,57x-2.061\,86x^2+5.924\,38x^3)10^{-3}T^2 \tag{10-11}$$

式中　h—— 溶液的比焓(以 $T_a=0$℃，$x_a=0.5$ 时的比焓 $h_a=0$ kJ/kg 为参考点)，kJ/kg；

T—— 溶液的温度(20 ～ 200℃)，℃；

x—— 溶液的质量分数(30% ～ 75%)。

溴化锂溶液的比焓与其他参数的关系也可用溶液的 h(比焓)-ξ(质量分数)图表示。图中

给出了溶液的比焓 h、质量分数 ξ、温度 T、水蒸气压力 p 之间的关系。溴化锂溶液 $h-\xi$ 图的示意如图 10-2-2 所示。

在 h(比焓)-ξ(质量分数)图中，纵坐标为比焓，横坐标为溴化锂溶液的质量分数。图 10-2-2 中，上半区为与溶液处于相平衡的汽相区，因水和溴化锂的沸点相差极大，气相区中一系列斜线为辅助等压线，辅助等压线上状态点的纵坐标表示水蒸气的比焓，横坐标表示与水蒸气处于相平衡下溴化锂溶液的质量分数。

图 10-2-2 中下半区为液相区，画出了汽液两相平衡状态下的一系列等温线和等压线。在溴化锂溶液的比焓 h、质量分数 ξ、温度 T、水蒸气压力 p 四个参数中，只要知道其中两个，即可求得另外两个参数。

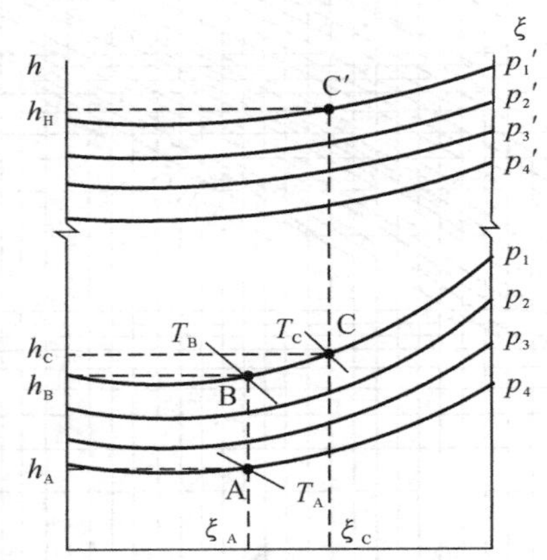

图 10-2-2　水-溴化锂工质对溶液的 $h-\xi$ 示意

以浓度为 ξ_C、温度为 T_C 时的溴化锂溶液为例，图下方温度为 T_C 的等温线与浓度为 ξ_C 的等浓度线的交点 C 即为其液相状态点，该点的纵坐标即为此时溶液的比焓 h_C，过该点的等压线的压力即为与该溶液相平衡的水蒸气的压力 p_1。水蒸气的比焓的确定方法为：通过 C 点作垂直于横坐标的直线，与图中上方压力为 p_1 的辅助等压线的交点为 C′，过 C′ 点作纵坐标的垂直线，与纵坐标的交点处的比焓即为水蒸气的比焓。

在溴化锂溶液的 h(比焓)-ξ(质量分数)图中，通常规定质量分数为 0%、温度为 0℃时液体比焓为 100 kcal/kg(418.6kJ/kg)，与通常水的比焓零点规定不同，这一点需特别注意。

溴化锂工质对溶液的 h(比焓)-ξ(质量分数)图如图 10-2-3 所示。

(五)水-溴化锂溶液的腐蚀性和缓蚀剂

1. 溴化锂溶液对金属产生腐蚀的原因

铁和铜在溴化锂溶液中的腐蚀，是由于进行着下列化学反应：

$$Fe+H_2O+0.5O_2 \longrightarrow Fe(OH)_2 \quad Fe(OH)_2+0.5H_2O+0.25O_2 \longrightarrow Fe(OH)_3$$

$$4Fe(OH)_2 \longrightarrow Fe_3O_4+Fe+4H_2O$$

$$2Cu+0.5O_2 \longrightarrow Cu_2O$$

$$Cu_2O+0.5O_2+2H_2O \longrightarrow 2Cu(OH)_2$$

反应生成不凝性气体 H_2。进行上述反应的条件是存在氧气，因此隔绝氧气是最根本的防腐措施，在设备管理中要防止空气渗入机组。

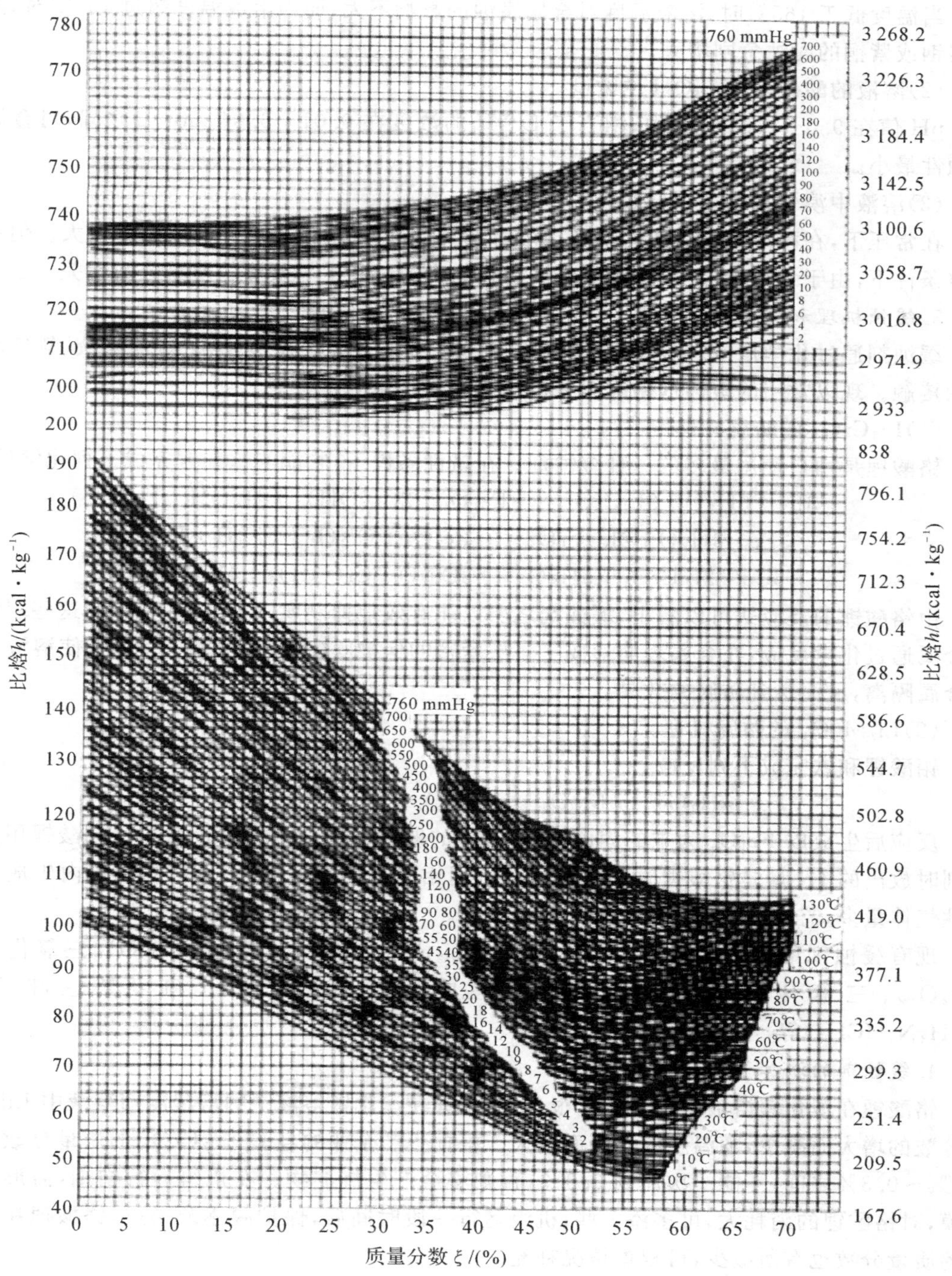

图 10-2-3　溴化锂工质对溶液的 h(比焓)-ξ(质量分数)图

2. 影响溴化锂溶液对金属腐蚀的因素

影响溴化锂溶液对金属腐蚀的因素除氧气外，还有如下几方面。

(1)溶液的温度。

当温度低于 165℃时，溶液温度对金属腐蚀的影响不大；而当溶液温度超过 165℃时，溶液对碳钢或紫铜的腐蚀急剧增大。

(2)溶液的酸碱度或 LiOH 的浓度。

pH 值在 9.0～10.5 范围内，相当于 LiOH 的浓度在 0.01～0.04 mol/L 之间，对金属的腐蚀性最小。

(3)溶液中溴化锂的质量分数。

在常压下，在稀溶液中氧的溶解度比浓溶液大，所以稀溶液的腐蚀性比浓溶液大。但在高真空条件下，由于含氧量极少，所以对金属材料的腐蚀性几乎与溶液的质量分数无关。

3. 缓蚀机理和缓蚀剂的种类

缓蚀剂通过化学反应，在金属表面形成了一层细密的保护膜，阻止了碱性溶液、氧气和金属的接触。现以常用的缓蚀剂钼酸锂和铬酸锂为例来说明。

(1)Li_2CrO_4 的防腐机理。

铬酸锂是用户使用最多的一种缓蚀剂。在碱性条件下，它能与铁和铜完成下列化学反应：

$$3Fe+6H_2O+2LiCrO_4 \longrightarrow Fe_3O_4+2Cr(OH)_3+4LiOH+H_2$$

$$3Fe+3H_2O+2Li_2CrO_4 \longrightarrow Fe_3O_4+Cr_2O_3+LiOH+H_2$$

$$6Cu+2LiCrO_4+5H_2O \longrightarrow 3Cu_2O+Cr(OH)_3+4LiOH$$

由铬酸锂的反应式可以看出，缓蚀剂之所以能有效地抑制腐蚀的发生，是因为这些缓蚀剂与金属通过化学反应，在金属表面形成了一层紧密的保护膜(主要成分是 Fe_3O_4)，使溶液与深层金属隔离，从而达到防腐的效果。

(2)Li_2MoO_4 的防腐机理。

钼酸锂和铁完成下列反应：

$$3Fe+4H_2O+Li_2MoO_4 \longrightarrow Fe_3O_4+MoO_2+2LiOH+3H_2$$

反应后生成以 Fe_3O_4 为主的固体物质，溶液的碱度增加，而且有 H_2 放出。钼酸锂用作缓蚀剂时放出的 H_2 量是铬酸锂时的 3 倍，可见，用钼酸锂作缓蚀剂时，运转初期机内生成的不凝性气体量多，需要大量抽除机内的不凝性气体。

现有缓蚀剂的种类有很多，如 Li_2MoO_4、Li_2CrO_4、$LiNO_3$、氧化铅(PbO)、三氧化二锑(Sb_2O_3)、三氧化二砷(As_2O_3)、苯并三唑 BTA($C_6H_4N_3H$)和甲苯三唑 TTA($C_6H_3N_3HCH_3$)等。

4. 缓蚀剂的添加量

铬酸锂在溴化锂溶液中的溶解度很小，铬酸锂在溴化锂溶液中的溶解度随溶液中 LiBr 质量分数的增大而减少，随温度的升高而增大。根据生产企业的经验，Li_2CrO_4 的质量分数应在 0.2%～0.3%之间，不能一次加到 0.3%，否则将会产生沉淀物。在机组运行初期，需形成保护膜，对铬酸锂的消耗大，可多添一些；机组运行一段时间后，保护膜逐渐形成，铬酸锂在溶液中的质量分数也有所减少，可根据情况补充。

根据钼酸锂 Li_2MoO_4 的添加量在高温(160℃)、高浓度溴化锂溶液中对碳钢腐蚀量的研究，随着溶液中钼酸锂含量的提高，溴化锂溶液对碳钢的腐蚀量急剧减少，当钼酸锂的浓度超过 0.003 mol/L(0.52 g/L)时，腐蚀量基本不变。为保护碳钢表面生成稳定的保护膜，钼酸锂的添加量可用 0.02 mol/L(3.48 g/L)。

为了取得更好的缓蚀效果，可采取以下措施：

(1)在制造过程中,对主要热交换设备进行造膜的预处理;

(2)在溶液中添加硼化物,促进保护膜的形成,防止沉淀物的生成;

(3)在溶液中添加硫酸盐,保持钼酸锂的溶解度和缓蚀作用,添加范围为 0.005%~0.01%。

(六)水-溴化锂溶液的表面活性剂

在溴化锂溶液中加入表面活性剂后,可有如下作用:

(1)使溴化锂溶液的表面张力下降,增大吸收过程中溴化锂溶液对水蒸气的接触面积和吸收能力。

(2)使溴化锂溶液的水蒸气压力下降,增加吸收过程中水蒸气的浓度差,提高传质效果。

(3)使循环工质在冷凝器管簇表面的凝结状态由膜状凝结变为珠状凝结,增强冷凝过程的传热效果。

常用的表面活性剂是异辛醇[$CH_3(CH_2)_3CHC_2H_5CH_2OH$]或正辛醇[$CH_3(CH_2)_6CH_2CH$],该物质无色,但有刺激性气味,其在溴化锂溶液中的加入量为 0.1%~0.3%(质量分数)时,机组的制热量即可有明显提高。

辛醇在溴化锂溶液中溶解度很小,在抽气时会将辛醇蒸气同不凝气体一起抽出,因此,当机组真空排气中辛醇味很少时,应予以适当补充。

五、溴化锂吸收式热泵的特点

水-溴化锂工质对作为目前应用最广泛的工质对,具有优良的综合性能,但也有一些需注意的地方,以其作工质对的吸收式热泵的基本特点如下:

(1)以水作循环工质,无毒、无味、无臭,对人无害,但只能用于低温热源温度大于 5℃的场合。

(2)溴化锂为吸收剂,溴化锂水溶液对水的吸收能力强,循环工质和吸收剂的沸点差大,发生器产生循环工质蒸汽后不再需精馏等装置。

(3)对驱动热源的要求不高,一般的低压蒸汽(0.12 MPa 以上)或 75℃以上的热水均可满足要求,可利用化工、冶金、轻工企业的废汽、废水及地热、太阳能热水等。

(4)水蒸气比体积大,为避免流动时产生过大的压降,往往将发生器和冷凝器放在一个容器内,吸收器和蒸发器放在一个容器内,也可将这四个主要设备放在一个壳体内,高压侧(发生器和冷凝器侧)和低压侧(吸收器和蒸发器侧)用隔板隔开。

(5)高压侧与低压侧的压差相对小,其节流部件一般采用 U 形管、节流短管、孔板或节流小孔。

(6)结构简单,制造方便。整台装置基本上是热交换器的组合体,除泵外没有其他运动部件,所以振动、噪声都很小,运转平稳,对基建的要求不高,可在露天甚至楼顶安装。

(7)装置处于真空下运行,无爆炸危险。操作简单,维护保养方便,易于实现自动化运行。其制热量可在 10%~100%的范围内实现无级调节,且在部分负荷时机组的热力系数无明显下降。

(8)溴化锂溶液对金属,尤其是黑色金属有腐蚀性,特别是在有空气存在的情况下更为严重,故机组需很好地密封。

(9)在某些工况状态下存在结晶堵塞管路的危险,在设计和操作时需注意距结晶点有一定的安全裕量。

 任务实施

根据项目任务书和项目任务完成报告进行任务实施,见表 10-2-8 和表 10-2-9。

表 10-2-8 项目任务书

<table>
<tr><td>任务名称</td><td colspan="3">吸收式热泵工质对的认识</td></tr>
<tr><td>小组成员</td><td colspan="3"></td></tr>
<tr><td>指导教师</td><td></td><td>计划用时</td><td></td></tr>
<tr><td>实施时间</td><td></td><td>实施地点</td><td></td></tr>
<tr><td colspan="4">任务内容与目标</td></tr>
<tr><td colspan="4">1. 了解选取吸收式热泵循环工质的主要考虑因素;
2. 掌握吸收式热泵工质对吸收剂的要求;
3. 能够用质量分数和物质的量浓度表示溶液的组成;
4. 领会水-溴化锂工质对的性质;
5. 理解溴化锂吸收式热泵的特点</td></tr>
<tr><td>考核项目</td><td colspan="3">1. 吸收式热泵工质对的构成;
2. 水-溴化锂工质对的性质;
3. 溴化锂吸收式热泵的特点</td></tr>
<tr><td>备注</td><td colspan="3"></td></tr>
</table>

表 10-2-9 项目任务完成报告

<table>
<tr><td>任务名称</td><td colspan="3">吸收式热泵工质对的认识</td></tr>
<tr><td>小组成员</td><td></td><td></td><td></td></tr>
<tr><td>具体分工</td><td></td><td></td><td></td></tr>
<tr><td>计划用时</td><td></td><td>实际用时</td><td></td></tr>
<tr><td>备注</td><td colspan="3"></td></tr>
<tr><td colspan="4">1. 吸收式热泵工质对由什么组成?

2. 简述水-溴化锂工质对的性质。

3. 简述溴化锂吸收式热泵的特点。</td></tr>
</table>

任务评价

根据项目任务综合评价表进行任务评价，见表 10－2－10。

表 10－2－10　项目任务综合评价表

任务名称：　　　　　　　　　　　　　　　　　　　　测评时间：　　年　　月　　日

考核明细		标准分	实训得分								
			小组成员								
			小组自评	小组互评	教师评价	小组自评	小组互评	教师评价	小组自评	小组互评	教师评价
团队60分	小组是否能在总体上把握学习目标与进度	10									
	小组成员是否分工明确	10									
	小组是否有合作意识	10									
	小组是否有创新想(做)法	10									
	小组是否如实填写任务完成报告	10									
	小组是否存在问题和具有解决问题的方案	10									
个人40分	个人是否服从团队安排	10									
	个人是否完成团队分配任务	10									
	个人是否能与团队成员及时沟通和交流	10									
	个人是否能够认真描述困难、错误和修改的地方	10									
合计		100									

思考练习

1. 溶液的组成一般用________和________表示。
2. 质量分数是________与________之比，用________或________表示。
3. 简述水-溴化锂溶液的热力性质。

任务三　吸收式热泵的构成

PPT
吸收式热泵的构成

任务描述

吸收式热泵分为单效吸收式热泵以及双效吸收式热泵，它们具有不同的结构与流程。目前性能较好的是单效溴化锂吸收式热泵和蒸汽加热型溴化锂吸收式热泵，本任务以这两种吸收式热泵为例，能使学生更深入地体会不同吸收式热泵的主要部件、结构形式及溶液流程。

任务资讯

一、单效吸收式热泵的结构

单效溴化锂吸收式热泵的主要部件如下。

1. 蒸发器

借助于工质的蒸发来从低温热源吸热。

2. 吸收器

吸收工质蒸汽,放出吸收热。

3. 发生器

使稀溶液沸腾产生工质蒸汽,稀溶液同时被浓缩。

4. 冷凝器

使发生器产生的工质蒸汽凝结放出热量。

5. 溶液热交换器

在稀溶液和浓溶液间进行热交换。

6. 溶液泵

将稀溶液送往发生器。

7. 工质泵

将工质水加压喷淋在蒸发器管子上。

8. 抽气装置

抽除不凝性气体。

9. 制热量控制装置

根据热用户的需热量控制热泵的制热量。

10. 安全装置

确保热泵安全运转所需的装置。

此外,对直燃式机组还有燃烧装置等。

上述 1～4 部分有各种组合方式,实际产品大致有双筒型和单筒型两种,个别也有采用三筒结构。双筒型是将压力大致相同的发生器和冷凝器,置于一个筒体内,而将蒸发器和吸收器置于另一个筒体内。单筒型则将 1～4 部分置于一个筒体内。

(一)双筒型结构

双筒型吸收式热泵的设备布置方式有如图 10－3－1 所示四种。

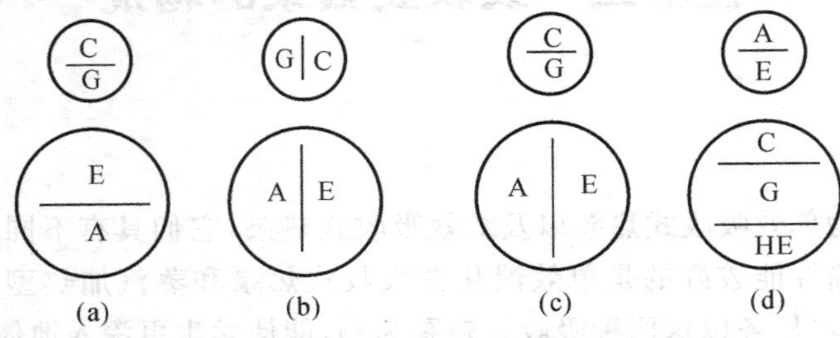

图 10－3－1　双筒型吸收式热泵的设备布置方式

C—冷凝器； G—发生器； A—吸收器； E—蒸发器； HE—溶液热交换器

某双筒型单效溴化锂吸收式热泵的系统图如图 10－3－2 所示。

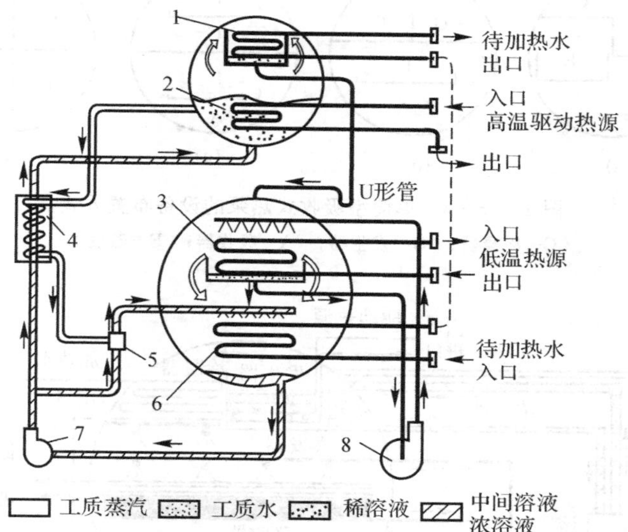

图 10－3－2　双筒型单效溴化锂吸收式热泵的系统

1—冷凝器；　2—发生器；　3—蒸发器；　4—溶液热交换器；
5—引射器；　6—吸收器；　7—溶液泵；　8—工质泵

图 10－3－2 中，发生器和冷凝器压力较高，布置在一个筒体内，称为高压筒；吸收器与蒸发器压力较低，布置在另一筒体内，称为低压筒。高压筒与低压筒之间通过 U 形管连接，以维持两筒间的压差。在低压筒下部的吸收器 6 内储有吸收蒸汽后的稀溶液，稀溶液通过溶液热交换器 4 后，压入高压筒中的发生器 2。在发生器内的稀溶液由于驱动热源的加热解析出蒸汽。产生的蒸汽在冷凝器 1 内冷凝，冷凝后的工质水经 U 形管流入低压筒内的蒸发器 3。工质水吸收低温热源的热量，蒸发为工质蒸汽。在蒸发器 3 内产生的工质蒸汽被从发生器 2 出来的浓溶液吸收，又成为稀溶液流入吸收器下部，如此循环工作，达到连续制热的目的。溶液热交换器 4 的作用是将发生器 2 来的高温浓溶液，与从吸收器 6 来的稀溶液进行热交换，回收部分热量以提高循环的热力系数。从溶液泵 7 出来的稀溶液分成两路：一路通过溶液热交换器而进入发生器；另一路进入引射器 5(其质量流量与循环工质质量流量的比值称为稀溶液在吸收器中的再循环倍率)，引射从发生器 2 来的浓溶液，混合后进入吸收器 6 的喷淋系统，吸收从蒸发器 3 来的水蒸气。另一种布置是浓溶液直接喷淋的吸收器系统，即浓溶液不与稀溶液通过引射器混合，而是直接进入吸收器吸收工质水蒸气；溶液泵出来的稀溶液全部通过溶液热交换器而进入发生器。

(二)单筒型结构

单筒型吸收式热泵的设备布置方式有如图 10－3－3 所示四种。

某单筒型单效溴化锂吸收式热泵的系统图如图 10－3－4 所示。

单筒结构的单效溴化锂吸收式热泵的工作过程与双筒型相似，但发生器、冷凝器、蒸发器、吸收器均放在一个筒体内，由中间隔板将筒体分为上下两部分，上半部中发生器、冷凝器左右布置；下半部中蒸发器与吸收器上下布置。

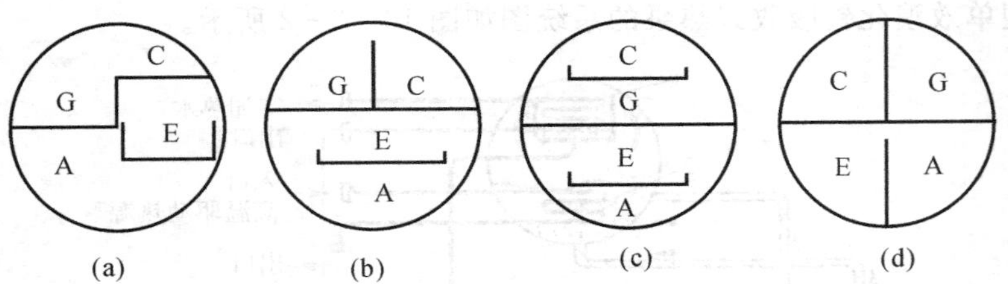

图 10-3-3 单筒型吸收式热泵的设备布置方式

C—冷凝器； G—发生器； A—吸收器； E—蒸发器

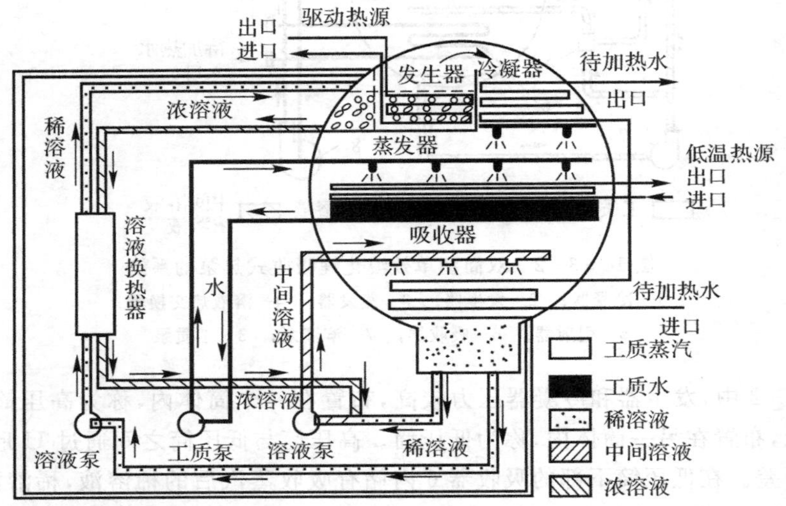

图 10-3-4 单筒型单效溴化锂吸收式热泵的系统

(三)双筒型和单筒型结构的比较

双筒和单筒结构各有其优缺点，从某一角度看来是优点，从另一角度可认为是缺点，因此可以说两种形式并没有绝对的优劣。

1. 双筒型结构

(1)优点。发生器和蒸发器等分别置于高温和低温两个筒体内，因此相互间的传热损失少；同一筒体内的温差较小，热应力小，进而应力腐蚀也小；筒体外径比全部换热设备集中布置的单筒型小，安装面积小；分为两个筒体后，减小了运输尺寸，搬动和安装比较容易；结构比单筒型简单，制造方便。

(2)缺点。两筒上下重叠装配，高度增大；如果在运输时不将上下筒割开，则大制热量机组的运输和安装比较困难；由于上下筒体间有连接管道，在分割运送到达现场后，必须将管道重新焊接。

2. 单筒型结构

(1)优点。整台机组结构紧凑；机组高度较小；与双筒型相比较，不需要现场焊接连接管道；由于机组结构紧凑，又不需要现场焊接，气密性好。

(2)缺点。筒体外径比双筒型大，安装面积大；高温的发生器等部分和低温的吸收器等部分相互接触，其间有传热损失；同一筒体内温差大，因此热应力也大，必须采取相应的防止热应力腐蚀的措施；大制热量机组不能像双筒型那样割开运输，运输和安装比较困难，运输通道口尺寸也要大。

二、双效吸收式热泵的结构和流程

以蒸汽加热型溴化锂吸收式热泵为例，其主要部件如下。

1. 蒸发器

借助于工质的蒸发来从低温热源吸热。

2. 吸收器

吸收工质蒸汽，放出吸收热。

3. 高压发生器

驱动热源在其中直接加热使溶液浓缩，并产生工质蒸汽。

4. 低压发生器

来自高压发生器的工质蒸汽在其中凝结放热使溶液浓缩，并产生工质蒸汽。

5. 冷凝器

使发生器产生的工质蒸汽凝结放出热量。

6. 高温溶液热交换器

稀溶液和温度较高的中间溶液或浓溶液在其中进行热交换。

7. 低温溶液热交换器

稀溶液和温度较低的浓溶液在其中进行热交换。

8. 凝水换热器

来自高压发生器的驱动热源蒸汽凝水和稀溶液在其中进行热交换。

9. 溶液泵

将稀溶液送往发生器。

10. 工质泵

将工质水加压喷淋在蒸发器管子上。

11. 抽气装置

抽除机组内的不凝性气体。

12. 制热量控制装置

根据用户需要控制制热量和能量消耗。

13. 安全装置

确保安全运转所需的装置。

此外，对直燃机组还有燃烧器等。

上述 1～8 为机组的主要换热器，通常为管壳式结构。

(一)双效溴化锂吸收式热泵的结构形式

双效吸收式热泵的结构形式主要为三筒和双筒两种类型，大容量机组或第二类热泵机组还采用多筒结构。

三筒型结构一般是高压发生器在上筒体内，低压发生器和冷凝器在中间筒体内，蒸发器和吸收器在下筒体内，中间筒体、下筒体内各部件的布置形式可参考单效吸收式热泵双筒结构时的部件布置。

双筒型结构一般是高压发生器在上筒体内，低压发生器、冷凝器、蒸发器、吸收器在下筒体内。下筒体内各部件的布置形式可参考单效吸收式热泵单筒结构时的部件布置。

(二)双效吸收式热泵的溶液流程

根据溶液进入高压发生器与低压发生器的方式，可分为串联流程、并联流程、倒串联流程和串并联流程等形式。

1. 串联流程

溶液的串联流程是指溶液依次经过低温溶液热交换器、凝水换热器、高温热交换器后，进入高压发生器，从高压发生器出来的中间溶液，经过高温溶液热交换器后进入低压发生器，所产生的浓溶液再经过低温溶液热交换器流回吸收器。串联流程具有结构简单、操作方便等优点。

某串联流程、三筒结构的双效溴化锂吸收式热泵的系统图如图 10－3－5 所示。

该热泵的工作过程为：在高压发生器中，稀溶液被高温驱动热源加热，在较高压力下产生工质蒸汽，同时稀溶液浓缩成中间溶液。高压发生器中产生的蒸汽通入低压发生器作为热源，加热由高压发生器经高温溶液热交换器流至低压发生器中的中间溶液，使之再次产生工质蒸汽，中间溶液浓缩成浓溶液。驱动热源的能量在高压发生器和低压发生器中两次得到利用，故称为双效循环。

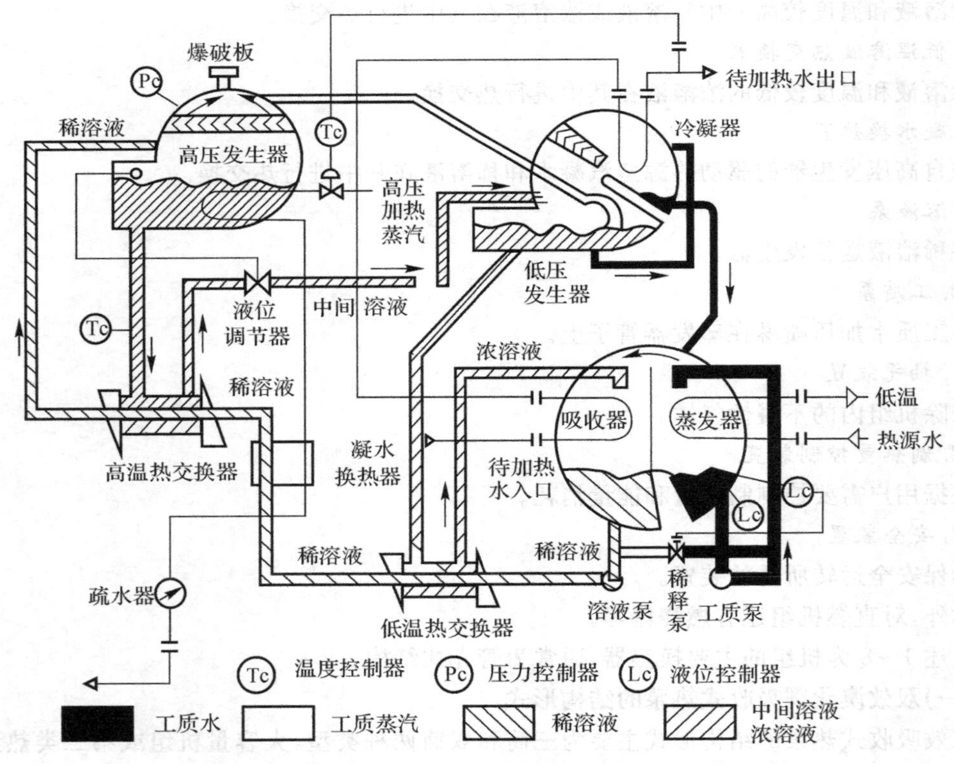

图 10－3－5　串联流程的双效溴化锂吸收式热泵的系统(三筒)

高压发生器中产生的蒸汽，在低压发生器中加热溶液后凝结成水，经节流后闪发的蒸汽和低压发生器中产生的蒸汽一起进入冷凝器中放热并凝结成水。冷凝器中的工质水经 U 形管或小孔节流后进入蒸发器，喷淋在蒸发器管簇上，吸取管内低温热源介质的热量，并变为蒸汽。蒸发器中产生的蒸汽被由低压发生器浓缩并经低温溶液热交换器降温后喷淋在吸收器管簇上的浓溶液所吸收，浓溶液吸收蒸汽后变为稀溶液，并由溶液泵压出，经低温溶液热交换器、凝水换热器和高温溶液热交换器加热后，进入高压发生器开始下一个循环。

但在串联流程中，由于利用从高压发生器出来品位较低的工质蒸汽，作为低压发生器的热源，而低压发生过程又处于高浓度的放气范围，因而当工作蒸汽参数较低时，低压发生器的放气范围较小，热力系数较低。如果采用溶液先进低压发生器，后进高压发生器，则能使加热能源得到合理利用，即低品位热源加热低质量浓度的溶液，高品位热源加热高质量浓度的溶液。这种溶液串联流程称为倒串联流程，其主要缺点是需增加一个高温溶液泵。

2. 并联流程

溶液的并联流程是指从吸收器出来的稀溶液，在溶液泵输送下，经过低温热交换器、凝水换热器和高温热交换器后，以并联的方式进入高压发生器和低压发生器，再流回吸收器。该流程可增大低压发生器的放气范围，提高机组的热力系数。

某并联流程、三筒结构的双效溴化锂吸收式热泵的系统图如图 10－3－6 所示。

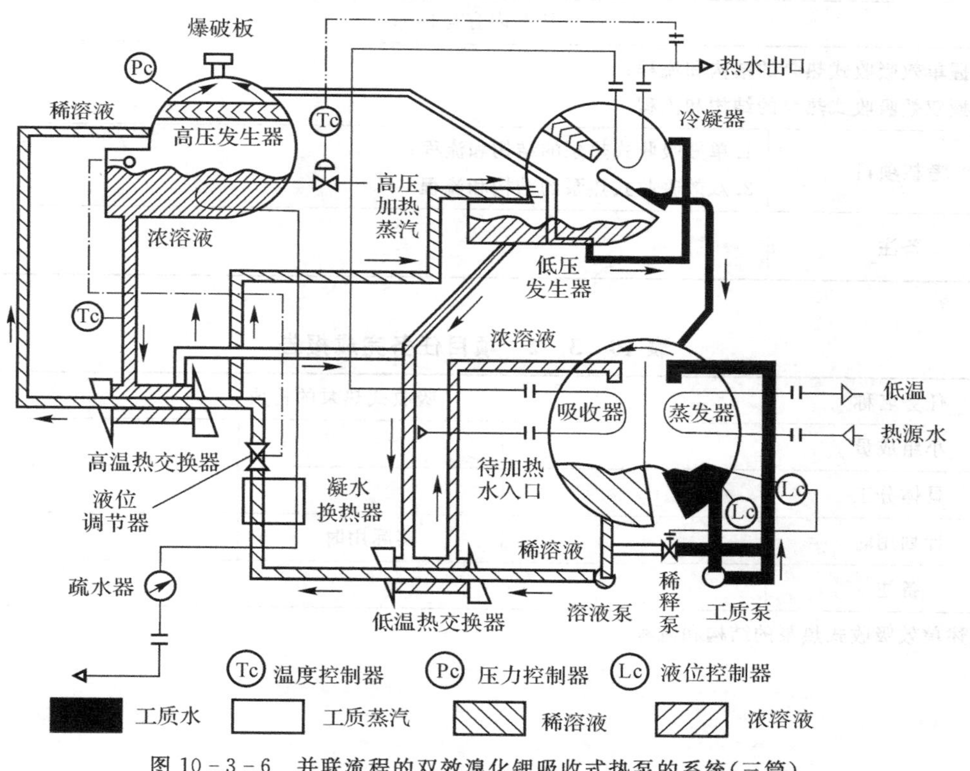

图 10－3－6　并联流程的双效溴化锂吸收式热泵的系统(三筒)

该机组中高压发生器一个筒；低压发生器和冷凝器上下合为一个筒，左右布置在机组的上方；蒸发器和吸收器并列布置在机组的下筒体。高压发生器和低压发生器都采用沉浸式结构。蒸发器和吸收器采用喷淋式结构。该机组溶液按并联流程流动，即从吸收器流出的稀溶液，由溶液泵经过低温溶液热交换器和凝水换热器升温后，同时进入低压发生器和高压发生器浓缩，然后一起流回吸收器。被加热水按串联流程流动，即先进吸收器，后经冷凝器流出。机组采用两台屏蔽泵：工质泵使工质水在蒸发器中喷淋，溶液泵将稀溶液送高压发生器。吸收器的喷淋系统采用浓溶液直接喷淋方式。

3. 串并联流程

串并联流程是指稀溶液经过低温、高温溶液热交换器后，以并联方式进入高压发生器和低压发生器，流出高压发生器的溶液，再进入低压发生器闪蒸，然后一起流回吸收器。

任务实施

根据项目任务书和项目任务完成报告进行任务实施，见表 10－3－1 和表 10－3－2。

表 10－3－1　项目任务书

<table>
<tr><td>任务名称</td><td colspan="3">吸收式热泵的构成</td></tr>
<tr><td>小组成员</td><td colspan="3"></td></tr>
<tr><td>指导教师</td><td></td><td>计划用时</td><td></td></tr>
<tr><td>实施时间</td><td></td><td>实施地点</td><td></td></tr>
<tr><td colspan="4">任务内容与目标</td></tr>
<tr><td colspan="4">1. 掌握单效吸收式热泵的结构和流程；
2. 掌握双效吸收式热泵的结构和流程</td></tr>
<tr><td>考核项目</td><td colspan="3">1. 单效吸收式热泵的结构和流程；
2. 双效吸收式热泵的结构和流程</td></tr>
<tr><td>备注</td><td colspan="3"></td></tr>
</table>

表 10－3－2　项目任务完成报告

<table>
<tr><td>任务名称</td><td colspan="3">吸收式热泵的构成</td></tr>
<tr><td>小组成员</td><td></td><td></td><td></td></tr>
<tr><td>具体分工</td><td></td><td></td><td></td></tr>
<tr><td>计划用时</td><td></td><td>实际用时</td><td></td></tr>
<tr><td>备注</td><td colspan="3"></td></tr>
<tr><td colspan="4">1. 简述单效吸收式热泵的结构和流程。</td></tr>
<tr><td colspan="4">2. 简述双效吸收式热泵的结构和流程。</td></tr>
</table>

任务评价

根据项目任务综合评价表进行任务评价，见表 10－3－3。

表 10－3－3　项目任务综合评价表

任务名称：　　　　　　　　　　　　　　　　测评时间：　　年　　月　　日

考核明细		标准分	实训得分								
			小组成员								
			小组自评	小组互评	教师评价	小组自评	小组互评	教师评价	小组自评	小组互评	教师评价
团队60分	小组是否能在总体上把握学习目标与进度	10									
	小组成员是否分工明确	10									
	小组是否有合作意识	10									
	小组是否有创新想(做)法	10									
	小组是否如实填写任务完成报告	10									
	小组是否存在问题和具有解决问题的方案	10									
个人40分	个人是否服从团队安排	10									
	个人是否完成团队分配任务	10									
	个人是否能与团队成员及时沟通和交流	10									
	个人是否能够认真描述困难、错误和修改的地方	10									
合计		100									

思考练习

1. 单筒型吸收式热泵的设备布置方式有________种。
2. 简述单筒型结构的优点和缺点。
3. 简述双筒型结构的优点和缺点。

任务四　吸收式热泵部件的认识

PPT
吸收式热泵部件的认识

任务描述

吸收式热泵的主要部件包括发生器、吸收器、冷凝器、蒸发器、溶液热交换器、工质节流部件、凝水换热器、抽气装置、屏蔽器、燃烧装置、安全装置等。通过学习吸收式热泵的主要部件，掌握不同驱动热源发生器、单效和双效机组发生器的区别，以及理解吸收器、冷凝器、蒸发器等的工作原理与构成，从而更好地使用和研究吸收式热泵。

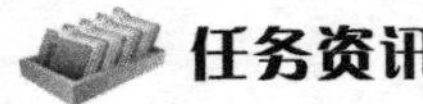

任务资讯

一、发生器

吸收式热泵发生器的驱动热源不同、发生器中的压力不同时，发生器的结构也有所不同。

(一)不同驱动热源的发生器

1.蒸汽或热水型热泵的发生器

以热水或蒸汽为驱动热源时，发生器通常为管壳式结构，管内通驱动热源介质(蒸汽、热水等)加热管外的溴化锂溶液直至沸腾，产生工质蒸汽，同时将稀溶液浓缩。

2.直燃型热泵的高压发生器

直燃型机组多采用双效，其低压发生器也用高压发生器产生的蒸汽驱动，但高压发生器则由燃料燃烧产生的高温烟气加热。

发生器用高温烟气加热时其结构与蒸汽或热水加热的最大区别，是高压发生器、燃烧设备、烟囱等共同组成热源回路，并设有对烟气余热的回收装置。高压发生器中通常包括炉筒、换热器和气液分离器等组件，各组件的简况如下。

炉筒通常采用上部水平的特殊形状，以减少液体的容量。燃料和空气由燃烧器进入炉筒，在其中燃烧产生高温烟气，通过炉筒和换热器加热溶液后，烟气经烟囱排出再由被加热水回收余热。

气液分离器由挡液装置和分离腔室组成，位于筒体的顶部，溶液被加热浓缩时产生的工质蒸汽，经挡液装置净化后，从分离器流出。

高压发生器中烟气与溶液的换热器通常采用液管式和烟管式两种结构。

液管式换热器的管材一般为锅炉钢管，管型有光管、肋片管或螺纹管，一般在高温区采用光管，在低温区采用肋片管。溶液在管内流过，高温烟气在管外加热。为有利于蒸汽的发生，传热管簇一般采用立式结构，即炉筒是水平布置的，液管是垂直布置的。液管式对流换热器结构比较紧凑，换热效果较好，但热应力较大，检漏和清灰不便。

烟管式换热器的传热管簇通常和炉筒一样采取水平布置，烟管焊接在筒体两端的管板上，便于检漏和清灰，但传热管簇水平布置时，不利于蒸汽从管壁分离，为此一种改进形式是炉筒为水平布置、烟管做垂直布置的L形高压发生器。烟管式对流换热器的传热管簇垂直布置在炉筒后部，有利于蒸汽脱离，避免局部过热，且炉筒浸没在溶液中，被称为湿燃烧室，可以减少热应力。

(二)单效和双效机组的发生器

1.单效机组的发生器

单效吸收式热泵只有一个发生器，驱动热源温度较高时，可采用沉浸式结构；驱动热源温度相对低时，为防止沉浸式结构溶液浸没高度带来的不利影响，多采用喷淋式结构，可消除溶液浸没高度的影响，提高传热、传质效果。

2.双效机组的发生器

双效吸收式热泵中，通常高压发生器采用沉浸式结构，低压发生器采用沉浸式或喷淋式结构。

(1)高压发生器。以蒸汽或热水为驱动热源时，高压发生器通常为一个单独的筒体，主要由筒体、传热管、挡液装置、液囊、浮动封头、端盖、管板及折流板等组成。

1)传热管。由于高压发生器中温度高，基于腐蚀和强度的考虑，传热管材料多采用铜镍合金、钛合金及不锈钢管，以胀接或焊接方式固定在管板上，且为强化传热传质过程，传热管多用高效传热管，如外肋管、表面多孔管、滚花管、等曲率管等。

2)筒体、管板和隔板。一般用钢材制作。筒体中间设隔板，既支撑住钢管的重量，又促使溶液产生扰动，增强传热效果。

3)挡液装置。由于高压发生器中溶液沸腾剧烈，溴化锂溶液的微小液滴会被工质蒸汽带入冷凝器中，造成工质水污染，引起机组蒸发温度升高，使机组性能下降。解决此问题的办法，一是降低工质蒸汽流速，二是设置挡液装置，阻止小液滴通过。常用的挡液装置有人字型结构、滤网型结构、交错板型结构、交错孔型结构等。

4)浮动封头、U形传热管。由于筒体和传热管的热膨胀系数相差很大，在高压发生器的高温下将产生较大的热应力。为此，可采用浮动封头、U形传热管和活动折流板等结构，并对传热管进行预处理来消除热应力。

5)液囊。通常在浓溶液出口处设液囊。液囊内设有限位板，以保持液位高度。限位板高度以保持液面之上暴露1～2排传热管为好，既有利于传热、传质，又可对溶液的飞溅起阻尼作用。限位板下部有溢流孔。

(2)低压发生器。双效机组中低压发生器通常和冷凝器放在一个筒体内，其结构有沉浸式和喷淋式两种。

1)沉浸式低压发生器。应用较普遍，结构和高压发生器相似，且由于管内热源温度较低，热应力较小，其结构可相对简单。

2)喷淋式低压发生器。由于不存在溶液浸没高度的影响，在小热流密度、小温差的情况下，具有较好的传热、传质性能，其关键是使溶液喷淋均匀，使每根管子都能充分润湿。

3)自动熔晶管。设在低压发生器的液囊中。当溶液热交换器发生结晶时，低压发生器内的浓溶液不能流回吸收器，使液位上升。当液位上升至自动熔晶管开口处，浓溶液经自动熔晶管直接流回吸收器，与吸收器内的稀溶液混合后使温度上升。高温溶液由溶液打入低温热交换器管内，加热管外结晶的浓溶液使结晶熔解，较常见的J形熔晶管如图10-4-1所示。

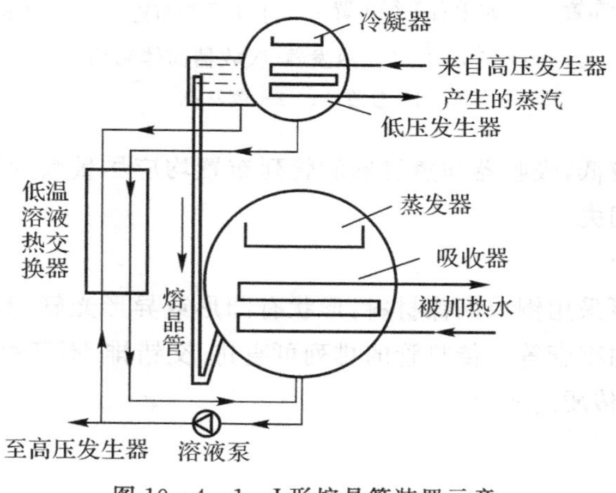

图10-4-1　J形熔晶管装置示意

4)挡板装置。低压发生器和冷凝器之间也设置挡液板,其作用是防止溴化锂溶液被工质蒸汽夹带到冷凝器中。

二、吸收器

吸收器一般是管式结构的喷淋式热交换器,将浓溶液喷淋在管子表面上,吸收工质蒸汽,并放出吸收热。

1.吸收器中浓溶液的喷淋方式

喷淋方法一般有两种:一种是喷嘴喷淋,即使溶液在一定的压力下用喷嘴雾化,形成均匀的雾滴,喷淋在传热管上;另一种是采用浅水槽的淋激式喷淋方法。

(1)喷嘴喷淋方式。

喷嘴喷淋系统由喷嘴和喷淋管组成,喷嘴多采用旋涡式或离心式,为保证有足够的溶液喷淋在传热管上,可由浓溶液直接喷淋,也可由浓溶液混入部分稀溶液后喷淋。喷淋的压力可用三种方式获得:一是借助于发生器和吸收器之间的压力差,将由发生器送往吸收器的浓溶液直接喷淋;二是将溶液送往发生器的稀溶液旁通一部分,使之与浓溶液相混,然后加以喷淋;三是借助于专用的溶液喷淋泵,将大量溶液加以喷淋。

(2)淋激式喷淋方式。

淋激式喷淋系统通常使溶液通过钻有许多小孔的淋板,均匀地喷淋在传热管上。淋板有压力式和重力式两种。压力式淋板是靠溶液泵的压力进行喷淋,具有较好的喷淋效果。重力式淋板是靠布液盒内的溶液自身重力进行喷淋。重力式淋板的喷淋压力低,喷射角较小,但结构简单,耗泵功率小,应用较普遍。

2.吸收器的布置

由于吸收器和蒸发器的压力相同,二者通常布置在一个筒体内,如图 10-4-2 所示。

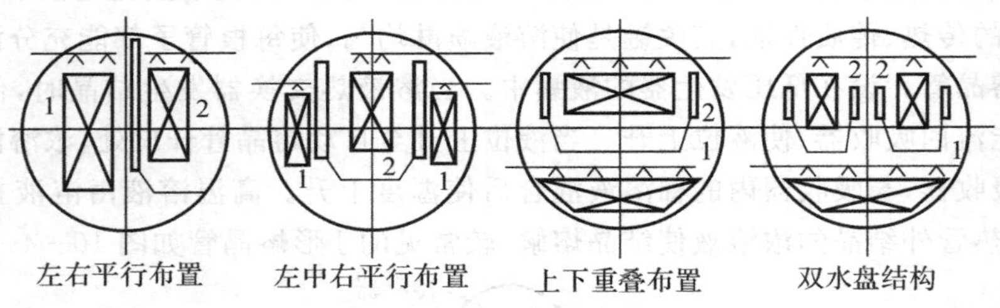

图 10-4-2 蒸发器-吸收器筒体结构

1—吸收器; 2—蒸发器

由于筒体内压力较低,吸收器和蒸发器的管列布置均应尽量减少从蒸发器管列到吸收器的工质水蒸气的压力损失。

3.吸收器的传热管

吸收器的传热管可采用铜或铜镍材料,形状有圆形或异形光管、高效传热管,高效传热管有斜槽管、纵槽管、等曲率管等。传热管的排列可直排、交错排、不等距排、曲面排等多种形式,主要目的是增强传热、传质的效果。

4.吸收器中的抽气管系

由于吸收器是机组中压力最低的地方,最易聚积不凝气体,而不凝气体是影响吸收性能的主要因素,因此,可在吸收器内布置抽气管系来抽取不凝气体。

此外,由于喷淋溶液先润湿最上面的管排,然后依次滴在下面的管排上,最后聚集在筒体下部的液囊中,因此,若直接以筒体下部作为液囊,则所需的溶液量较多,为了减少溶液量,可以另外用薄钢板制造液囊。

三、冷凝器

冷凝器一般为壳管式结构,传热管内为待加热的介质,工质蒸汽在管外冷凝为工质水,工质水在管簇下部的水盘收集,经节流进入蒸发器。冷凝器可采用铜传热管(光管或双侧强化的高效管)和钢质的管板,筒体也由钢板制造。

冷凝器和发生器压力相同,通常布置在一个筒体内,典型结构如图 10－4－3 所示。

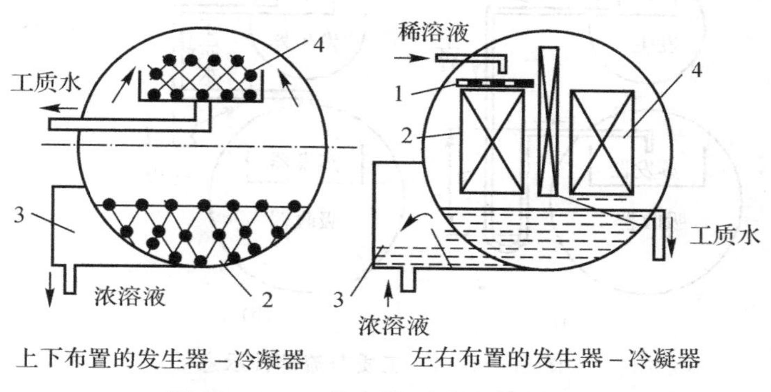

图 10－4－3　发生器-冷凝器筒体结构

1—布液水盘；　2—发生器；　3—液囊；　4—冷凝器

四、蒸发器

由于溴化锂吸收式热蒸发压力相对低,故要求工质在蒸发器内流动时阻力尽量小,因此,蒸发器一般采用管壳式的喷淋式热交换器,即传热管内为低温热源介质,加热管外的工质蒸发。蒸发器的筒体和管板都用钢板制造,传热管采用紫铜管,管型为光管或高效传热管,如滚轧肋片管、C 形管、大波纹管等。

出蒸发器流往吸收器的工质蒸汽中往往夹杂有水滴,如果进入吸收器的溶液中,则发生器中就要多消耗驱动热源的热量,为此,通常设置挡水板,且挡水板的压力损失应尽可能小。

使工质经过挡水板压力损失小的主要措施是降低工质蒸汽的速度,但挡水板处的蒸汽流速低时,往往需占据较大的空间,使筒体直径也相应加大。当不希望筒体直径过大时,可采用蒸汽流速(面速度)较高、压力损失稍大、由不锈钢或聚氯乙烯薄板制成的曲折形挡水板。

五、溶液热交换器

溶液热交换器通常采用管壳式结构,一般呈方形或圆形,布置在主筒体外下方,外壳和管板用碳钢制作,传热管采用紫铜管或碳钢管,采用扩管或焊接方式将管子固定在管板上。

溶液热交换器通常采用逆流或交错流的换热方式，稀溶液经溶液泵升压后在传热管内流动，浓溶液靠发生器和吸收器之间的压力差和位能差在传热管外流动。由于浓溶液容易结晶，在溶液热交换器中万一发生结晶，可以直接用喷灯加热热交换器的壳体，热量就可以从壳体传给管外的浓溶液，达到解除结晶的目的。因为溶液热交换器中传热介质没有相变，所以传热系数相对低，为强化传热，可提高介质流速，还可在外肋片管或在管内加装扰动器。溶液热交换器还可采用板式结构和螺旋管结构以提高传热效果。

六、工质节流部件

工质由冷凝器下部经节流部件到蒸发器。工质节流部件通常有两种：U 形管(也有为 J 形管)和节流孔板，其示意图如图 10－4－4 所示。

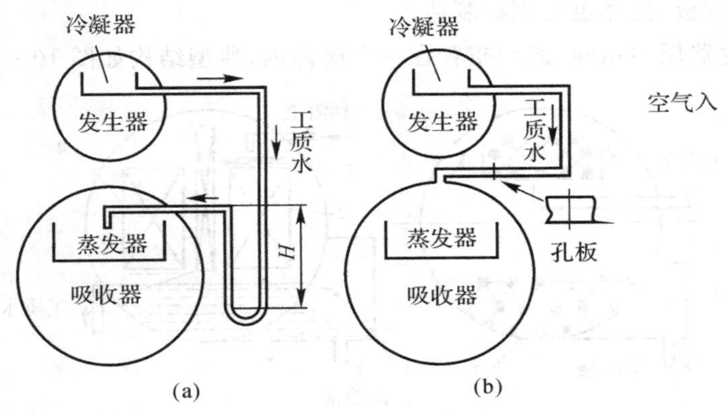

图 10－4－4　工质节流部件示意

1. U 形管节流装置

如图 10－4－4(a)所示，将冷凝器和蒸发器的连接水管做成 U 形管，为防止低负荷工质水量减少时发生窜通现象(蒸汽未经冷凝直接进入蒸发器)U 形管蒸发器一侧 U 形管弯头部分的长度 H，必须大于按下式求得的值：

$$H = \text{最大负荷时的压力差}(mH_2O) + \text{余量}(0.1 \sim 0.3\ mH_2O)$$

2. 孔板节流装置

如图 10－4－4(b)所示，在连接冷凝器和蒸发器的工质水管中，装设孔板或开节流小孔，以工质的流动阻力为液封(当低负荷使工质流量减少而冷凝器水盘中液封被破坏时，工质蒸汽有可能直接进入蒸发器)。

七、凝水换热器

双效吸收式热的驱动热源采用蒸汽时，往往需要凝水换热器。凝水换热器也是管壳式结构，传热管采用紫铜管或铜镍管。但因凝水有一定的压力，并与高压发生器相通，应作为压力容器来考虑。

八、抽气装置

溴化锂吸收式热通常在真空下运行，当因空气泄漏或缓蚀剂作用产生氢气时，在筒体内会积聚少量的不凝性气体,对传热过程、吸收和冷凝的传质过程均极为不利,因此,溴化锂吸收式热泵机组不但在开机前需将系统抽成真空,而且平时在运行中也要及时地抽除系统中存在的不凝性气体,即需要在机组安装自动抽气装置。

自动抽气装置的形式很多,其基本原理都是利用溶液排出的高压液体,作液-气引射器的动力,在引射器出口端形成低压区,抽出不凝性气体,形成的两相流体进入气-液分离器进行分离,气体被排出机组外,溶液则流回吸收器。

九、屏蔽泵

屏蔽泵是吸收式热泵的重要运动部件,相当于机组的"心脏",其中输送溶液的称为溶液泵,输送工质的称为工质泵。

(一)屏蔽的工作原理

屏蔽一般为单级离心式,电动机转子带动诱导轮和叶轮,将介质由屏蔽的进口输送至屏蔽的出口。屏蔽的润滑和冷却方式为:流经室的高压液体通过过滤网,进入前轴承室、电动机的内腔以及后轴承室、轴中心小孔,直到叶轮吸入口低压区,组成一个润滑和冷却的内循环。这种内循环润滑和冷却方式可使屏蔽具有结构紧凑、密封性好等优点。

(二)屏蔽的选用要求

(1)泄漏率应远低于机组的泄漏率。

(2)采用耐输送介质腐蚀的材料。

(3)依靠自身输送的介质润滑和冷却。

(4)应具有最低的必需汽蚀余量。

(5)电动机应设置过热保护装置。

(6)应满足输送介质温度的要求。

屏蔽的结构特点以 SS 型屏蔽为例,其结构特点如下:

(1)屏蔽的叶轮和电动机的转子固定在同一根轴上,不但取消了传动机构,还提高了密封性能。

(2)屏蔽的电动机与普通电动机不同,在转子的外侧及定子的内侧各加上一个圆筒形的屏蔽套。屏蔽套由非磁性材料(如 0Cr18Ni9 不锈钢)制成,两端用氩弧焊焊接,这样既可保证密封性能,又能防止溴化锂溶液对定子和转子的腐蚀。

(3)设置自动推力平衡机构,并采用优质石墨轴承。通过开设在叶轮上的平衡孔,可调整叶轮轴的轴向推力,减轻轴承的负荷,延长轴承的寿命。

(4)各种规格的屏蔽均装有诱导轮,确保屏蔽具有 0.5 m 以下的必需汽蚀余量,可有效降低机组高度。

(5)电动机采用 H 级绝缘材料,屏蔽的允许进液温度可达 110℃,电动机内设过热保护装置,可防止因意外情况导致电动机过热而烧毁。

(6)屏蔽泵出厂前经过严格的氦气检漏试验,保证泄漏率低于 1×10^{-2} Pa·mL/s。

(7)屏蔽泵的安装方式为卧式,其进出口与外部接管采用焊接方式连接。

(8)机壳由钢板卷制而成,质量轻,结构紧凑。

主要技术参数以 SS 型屏蔽泵为例,其主要技术参数见表 10-4-1。

表 10-4-1　SS 型屏蔽的主要技术参数

型　号	流量/($m^3 \cdot h^{-1}$)	扬程/m	配套电动机功率/kW
S(S)21A	1.2～8	3～9.6	0.4,0.75
SS211	2～10.5	4～20	1.5,2.2
S291	12～36	3～7	0.75,2.2
SS291	9～27	6.5～16.5	0.75,2.2
SS230	12～30	7～19	2.6,3.7,5.5
SS221	18～35	7～22.5	2.6,3.7,5.5
SS491	30～70	4～14.5	3.7,5.5,7.5
SS412	20～80	11～29	11

十、燃烧装置

直燃式吸收式热泵应用较多的燃烧器有燃油式和燃气式两大类,其结构和工作原理各有所不同。

(一)燃烧器的选用要求

用于直燃式溴化锂吸收式热泵的燃烧器,选用时需考虑的因素有:

(1)根据燃料的种类,选择燃烧器的形式。

(2)燃料燃烧充分,减少空气污染。

(3)全自动控制,高压电子点火并有火焰监测装置,使用安全可靠。

(4)燃油燃烧器设置回油系统,节省燃油。

(5)燃气燃烧器进气管道附件应成套供应。

(6)运行噪声低,操作维护方便。

(二)燃油燃烧器

1. 工作原理

燃油燃烧器的工作原理如下:燃烧器中的齿轮油泵通常将燃油压力升高到 0.5～2.0 MPa,然后从喷嘴顶端的小孔喷出,并借助燃油的压力达到雾化。通过点火变压器,将高压电加在点火电极间,放电产生火花使燃油点燃。

2. 结构

外形为手枪式,其喷油量的调节方法有非回油式及回油式两种。非回油式的油量调节范围极小,一般很少应用。回油式燃油燃烧器当油量过剩时,可通过油量调节阀回流,这样可在喷油压力变化不太大的情况下,根据负荷来调节燃烧的油量。同时,借助于驱动电动机,随着油量调节阀的开度自动调节风门,保证燃烧所需的风量。

3. 特点

(1)喷嘴角度可选择,但建议使用 60°或 45°喷嘴。

(2)喷出的油雾为实心或半实心。

(3)油的雾化角大小与油压和油的黏度有一定的关系。

4. 功率调节

燃油燃烧器的功率(负荷)调节分为启停式、滑动式和比例调节式。启停式中又有单级火力、二级火力和三级火力之分。

单级火力是简单启停,适用于小型机组。

二级火力的第一级一般选择用于基本负荷的喷油量,二级同时工作可用于满负荷。它通过两个喷嘴一起工作、一个单独工作和燃烧器关闭来进行功率调节。

三级火力有三个喷嘴,比二级有更多的调节手段。二级和三级适合于中型机组。大型机组和控制精度要求比较高的机组,宜选用比例调节式。它采用回油喷嘴和慢速伺服电动机,负荷信号指挥伺服电动机带动燃油调节器,对燃油量做比例调节。此时,助燃空气量和燃油量是同时调节的,以保证最佳的燃烧效率。

5. 主要技术参数

国外某公司轻油燃烧器的主要技术参数见表 10-4-2。

表 10-4-2　某公司轻油燃烧器的主要技术参数

型　号	燃烧输出				燃料耗量		电源(50 Hz)		电动机功率/kW	工作方式
	kW		10^4kcal·h^{-1}		kg·h^{-1}		220 V	380 V		
	最小	最大	最小	最大	最小	最大	单相	三相		
L1Z	71	415	6	35.7	6	35	√	√	0.76	二级火力
L3Z	119	771	10	66	10	65	√	√	0.76	
L5Z	178	1 186	15	102	15	100	—	√	1.4	
L7Z	320	1 957	27.5	168.3	27	165	—	√	2.6	
L8Z	593	2 728	51	234.6	50	230	—	√	4.0	
L8Z/2	616	3 084	53	265.2	52	260	—	√	4.5	
L9Z	593	3 084	51	265.2	50	260	—	√	6.5	
L7T	320	1 957	27.5	168.3	27	165	—	√	2.6	三级火力
L8T	593	2 740	51	235.6	50	231	—	√	4.0	
L8T/2	616	3 084	53	265.2	52	260	—	√	4.5	
L9T	771	3 677	66.3	316.2	65	310	—	√	6.5	
L10T	830	3 558	71.4	306	70	300	—	√	9.0	
RL3	119	771	10	66	10	65	√	√	0.76	二级滑动或比例调节
RL5	178	1 186	15	102	15	100	—	√	1.4	
RL7	320	1 957	27.5	168.3	27	165	—	√	2.6	
RL8	593	2 728	51	234.6	50	230	—	√	4.0	
RL8/2	652	2 491	56	214.2	55	210	—	√	4.5	
RL9	712	3 677	61.2	316.2	60	310	—	√	6.5	
RL10	830	4 507	71.4	387.6	70	380	—	√	9.0	
RL11	1 245	5 455	107	469	105	460	—	√	12.0	

注:设计轻油黏度在 20℃时为 6 mm^2/s。

重油燃烧器通常配有加热装置和燃油再循环装置，对其功率调节最好使用比例调节方式。国外某公司重油燃烧器的主要技术参数见表10－4－3。

表10－4－3　某公司重油燃烧器的主要技术参数

型　号	燃烧器输出/kW		燃料耗量/(kg·h^{-1})		电动机功率/kW	质量/kg
	最小	最大	最小	最大		
SKVJ10	340	1 130	30	100	3.3	270
SKVJ15	400	1 900	35	170	4.1	280
SKVJ25	450	2 800	40	250	7.0	290
SKVJ30	510	3 500	45	310	10.5	500
SKVJ40	680	5 000	60	440	15.0	530
SKVJ55	680	5 500	60	580	22.5	580

燃油燃烧器的最大输出取决于燃烧室压力。选用时应根据机组烟气侧的流动阻力和燃油量来选择合适型号。

(三)燃气燃烧器

燃气燃烧器的外形结构主要有枪型和环型两种。燃气燃烧器设有主燃烧器和点火燃烧器。

主燃烧器由燃烧器头、燃烧器风道、风机、电动机、内门、燃气管以及点火用变压器等组成。燃气燃烧器的风机一般是离心式风机，由电动机带动；送风量由风门调节，以便与燃气量匹配；燃烧器头由砖衬和阻焰环构成，预先混合的燃气形成火焰高速向前喷燃，不致造成低速逆火。空气和燃气在燃烧前预混，在燃烧时呈湍流状态。

主燃烧器中燃气从燃气管中的燃气孔喷向中间流动的空气，混合后燃烧形成主火焰；而燃气和空气混合气的一部分，经过阻焰孔进入主火焰周围的环状低速空间进行燃烧，提高主火焰的燃烧速度，在防止主火焰脱离燃烧器而被吹灭的同时，可达到及时完成高负荷燃烧的作用。主燃烧器的空气量和燃气量调节机构通过连杆机构相连，这样在不同负荷时，均可保证有相应的过量空气系数。

点火燃烧器中燃气经针阀引入，空气则由点火用空气引出口引入。引入的空气量可由孔板调整，也可在引入空气的管道上设置针阀加以控制。空气和燃气适量混合而形成混合气体，经点火板喷出，并由火花塞引燃。火花塞位于点火板的中央，在点火板和火花塞之间加上6 000 V的高压电，两者之间产生的火花引燃混合气体。

火焰监测器通常采用紫外线光电管，利用火焰中的紫外线确定火焰的存在，火焰一旦熄灭，它便能发出信号。该类火焰监测器动作可靠，不致因炉内高温和点火失误而产生误动作。

燃气燃烧器可使用城市煤气、天然气、液化气、沼气等气体燃料，在换用另一种燃气后，只要在阀门组上稍作调节，而燃烧头部分基本不需要进行改动。

燃气燃烧器的功率(负荷)调节分快速滑动两级、慢速滑动两级和慢速比例调节。风门和燃气控制蝶阀通过凸轮连杆装置同步操作，保证了燃烧功率变化时的最佳燃烧效果。

燃气燃烧器的最大输出也取决于燃烧室压力，选型时根据设备烟气侧的阻力和需用功率选择，并提供燃气压头，以便配套适宜的燃气管路阀门和附件。

国外某公司燃气燃烧器的主要技术参数见表10－4－4。

表10－4－4　某公司燃气燃烧器的主要技术参数

型　号	燃料耗量/[m³(标准)·h⁻¹]				燃烧器输出/kW		天然气压力/kPa		电动机功率/kW	工作方式
	天然气		液化石油气							
	最小	最大	最小	最大	最小	最大	最小	最大		
BGN40P	18	40	7	15.5	178	397	0.6	4	0.37	二级火力
BGN60P	25	70	9.7	27.2	248	696	1.2	4	1.1	
BGN100P	30	100	19.5	39	497	994	1.2	4	1.1	
BGN120P	50	120	19.5	46.6	497	1 193	1.4	4	1.5	
BGN150P	50	150	19.5	58	497	1 491	1.4	4	2.2	
BGN200P	120	200	45.5	77.5	1 193	1 988	2.5	4	3	
BGN300P	180	300	70	116	1 789	2 982	3.5	4	7.5	
BGN40M－40DSPGN	18	40	7	15.5	178	397	0.6	4	0.37	比例调节
BGN60M－60DSPGN	25	70	9.7	27.2	248	696	1.2	4	1.1	
BGN100M－100DSPGN	50	100	19.5	39	497	994	1.2	4	1.1	
BGN120M－120DSPGN	50	120	19.5	46.6	497	1 193	1.4	4	1.5	
BGN150M－150DSPGN	50	150	19.5	58	497	1 491	1.4	4	2.2	
BGN200M－200DSPGN	120	200	45.5	77.5	1 193	1 988	2.5	4	3	
BGN300M－300DSPGN	180	300	70	116	1 789	2 982	3.5	4	7.5	

注：液化石油气标准供气压力为3.0 kPa；电源为380 V，50 Hz。

十一、安全装置

溴化锂吸收式热泵的安全装置主要用于防止工质水冻结、溶液结晶、机组压力过高导致破裂，防止电动机绕组过流烧毁，保证直燃式机组的燃烧安全等。相关的检测点及监测内容如下：

(1)蒸发器。工质水温度与流量，防止水冻结。

(2)高压发生器。溶液温度、压力和液位，防止出现溶液结晶。

(3)低压发生器。熔晶管处温度，防止出现溶液结晶。

(4)吸收器和冷凝器。待加热水温度和流量，防止溶液结晶。

(5)屏蔽泵。液囊液位，防止屏蔽泵吸空；电动机电流或绕组温度，防过流使绕组烧毁。

(6)直燃式机组燃烧部分。火焰情况，确保安全点火及熄火自动保护；燃气压力，确保燃气管道安全、燃烧安全(如压力过低时防回火)，防止燃烧波动过大；烟气温度，确保燃烧及烟气热量回收部分工作正常；风压及燃烧器风机电流，确保空气供应部分工作正常。

(7)机组内的真空度。确保机组的密封性。

溴化锂吸收式热泵的主要安全装置见表10－4－5。

表 10-4-5 溴化锂吸收式热泵的主要安全装置

名 称	用 途
工质水流量控制器	工质水缺水保护，水量低于给定值一半时断开
工质水低温控制器	工质水防冻，一般低于 3℃时断开
工质水高位控制器	防止溶液结晶
工质水低位控制器	防止工质泵汽蚀
溶液液位控制器	防止高压发生器（特别是直燃机组中的高压发生器）中液位变化
高压发生器压力继电器	防止高压发生器高温、高压
待加热水流量控制器	待加热水断水保护，一般水量低于给定值的 75%时断开
稀释温度控制器及停机稀释装置	防止停机时结晶
工质泵过载继电器	保护工质泵
溶液泵过载继电器	保护溶液泵
溶液高温控制器	防止溶液结晶及高温
自动融晶装置	结晶后自动融晶
安全阀	防止压力异常时筒体破裂
排烟温度继电器	防止燃烧不充分及热回收部分故障，用于直燃机组
燃烧安全装置	安全点火装置，燃气压力保护系统，熄火自动保护系统，风压过低自动保护，燃烧器风机过流保护

任务实施

根据项目任务书和项目任务完成报告进行任务实施，见表 10-4-6 和表 10-4-7。

表 10-4-6 项目任务书

<table>
<tr><td>任务名称</td><td colspan="3">吸收式热泵部件的认识</td></tr>
<tr><td>小组成员</td><td colspan="3"></td></tr>
<tr><td>指导教师</td><td></td><td>计划用时</td><td></td></tr>
<tr><td>实施时间</td><td></td><td>实施地点</td><td></td></tr>
<tr><td colspan="4">任务内容与目标</td></tr>
<tr><td colspan="4">1. 掌握吸收式热泵的主要部件；
2. 能够识别吸收式热泵的各部件</td></tr>
<tr><td>考核项目</td><td colspan="3">吸收式热泵的部件</td></tr>
<tr><td>备注</td><td colspan="3"></td></tr>
</table>

表 10－4－7　项目任务完成报告

任务名称	吸收式热泵部件的认识		
小组成员			
具体分工			
计划用时		实际用时	
备注			
简述吸收式热泵的各个部件。			

任务评价

根据项目任务综合评价表进行任务评价，见表 10－4－8。

表 10－4－8　项目任务综合评价表

任务名称：　　　　　　　　　　　　　　　　　　测评时间：　　年　　月　　日

考核明细		标准分	实训得分								
			小组成员								
			小组自评	小组互评	教师评价	小组自评	小组互评	教师评价	小组自评	小组互评	教师评价
团队60分	小组是否能在总体上把握学习目标与进度	10									
	小组成员是否分工明确	10									
	小组是否有合作意识	10									
	小组是否有创新想(做)法	10									
	小组是否如实填写任务完成报告	10									
	小组是否存在问题和具有解决问题的方案	10									
个人40分	个人是否服从团队安排	10									
	个人是否完成团队分配任务	10									
	个人是否能与团队成员及时沟通和交流	10									
	个人是否能够认真描述困难、错误和修改的地方	10									
合计		100									

思考练习

1. 吸收式热泵的发生器包括____________________。

2. 吸收器中浓溶液的喷淋方式喷淋方法一般有两种：一种是____________________；另一种是____________________。

项目十一　热泵的应用

简单而言，只要在需要热能的地方，就有热泵的应用机会。但具体到某个需热场合，是否适宜采用热泵供热，还需取决于有无合适的低温热源、充裕的驱动能源及供热温度的高低。随着社会对节约能源、保护环境要求的提高和热泵本身技术的发展，热泵这种高效制热技术的综合优势正在得到充分发挥，其应用领域也在不断被拓展。本项目以蒸汽压缩式热泵为例，就热泵在食品生物及医药领域、城市公用事业、农副产品种养及加工中的典型应用作简要介绍(原则上，采用蒸汽压缩式热泵的应用系统，也可采用吸收式、吸附式、喷射式等形式的热泵，具体考虑采用何种热泵需结合驱动能源情况和用户的其他要求)。

项目目标

- 热泵的应用
  - 素养目标
    - 1. 提高学生在实际中运用知识的能力
    - 2. 学生对热泵应用的兴趣
    - 3. 增强学生的节约意识
  - 知识目标
    - 1. 了解热泵在食品生化及制造工业中的应用
    - 2. 了解热泵在城市公用事业中的应用
    - 3. 热泵在其他领域的应用分析
  - 技能目标
    - 1. 会热泵干燥装置的使用
    - 2. 会热泵浓缩和蒸馏装置
    - 3. 会工艺热水的泵制取装置
    - 4. 设计热泵供暖系统
    - 5. 设计热泵海水淡化系统
    - 6. 利用热泵回收工业余热
    - 7. 利用热泵进行种植养殖及农副产品加工

任务一　热泵在食品生化及制药工业中的应用

PPT
热泵在食品生化及制药工业中的应用

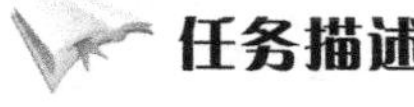

任务描述

洗涤、杀菌、蒸发浓缩或蒸馏、干燥、冷藏是食品、生化制品、药品生产中的基本环节，尤其是干燥、蒸发浓缩或蒸馏环节，热量消耗很大，同时又有很多废热排出，特别适合应用热泵来提高其能源效率。

任务资讯

一、热泵干燥装置

(一)工作原理和特点

热泵与各种干燥装置结合组成的干燥装置称为热泵干燥装置。热泵应用于干燥过程的主要原理是利用热泵蒸发器回收干燥过程排气中的放热,经压缩升温后再加热进干燥室的空气,从而大幅度降低干燥过程的能耗。其原理示意如图 11-1-1 所示。

空气在干燥室、蒸发器(空气侧)、冷凝器(空气侧)及风道组成的封闭系统中循环流动,其状态变化如图 11-1-2 所示(图中各点与图 11-1-1 中相对应。此外,湿空气的正式焓-湿图中等焓线应为斜线,此处为便于说明,画为水平线)。

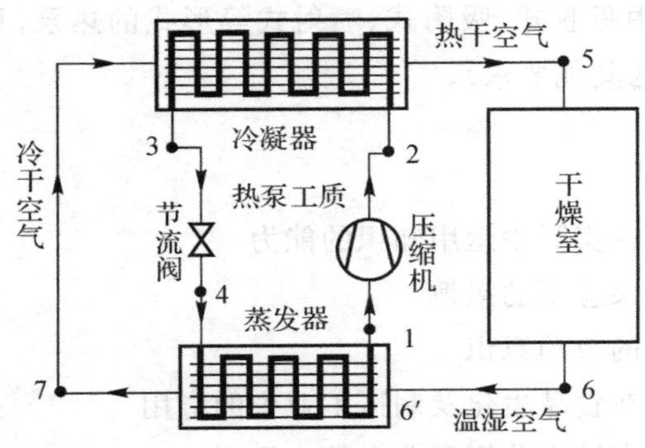

图 11-1-1 热泵干燥装置的原理示意图

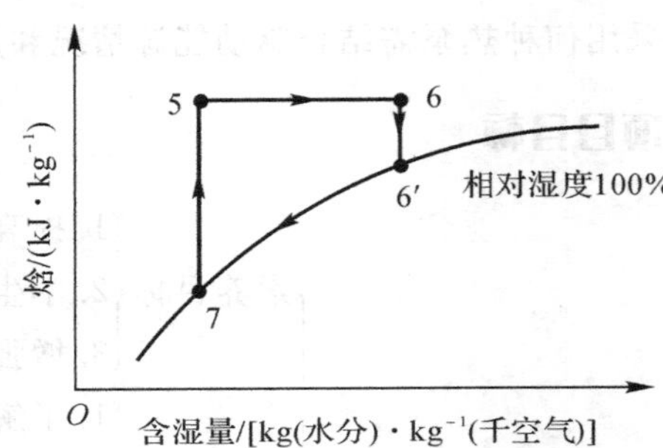

图 11-1-2 空气在热泵干燥装置中的状态变化

由图 11-1-1 可见,其基本工作过程如下。

空气在循环中的状态变化为:热干空气 5 进入干燥室,吸收物料的水分,自身降温加湿,当忽略干燥室的热损失时,该过程中进干燥室前热干空气的焓等于出干燥室的温湿空气的焓;出干燥室的温湿空气 6 进入蒸发器,在蒸发器中首先被冷却至饱和湿空气 6′状态,再沿饱和湿空气线进一步被降温析湿,直至变为 7 点温度较低、含水量极少的冷干空气状态[当空气被冷却到 0℃时,含水仅为约 4 g(水蒸气)/kg(干空气)],并进入冷凝器;在冷凝器中,冷干空气被加热为热干空气,再进入干燥室开始下一个循环,如此在干燥室中不断把湿物料中的水分吸走,在蒸发器中不断把水分凝结排出,从而实现湿物料的连续干燥。

反映热泵干燥装置总体性能的主要指标是除湿能耗比 SMER(消耗单位能量所除去湿物料中的水分量),其定义为

$$\text{SMER}=\frac{\text{待干物料的水分去除量}}{\text{热泵干燥装置消耗的能量}} \tag{11-1}$$

式中 SMER——除湿能耗比,kg(水分)/(kW·h)。

热泵干燥的主要特点如下。

1. 可实现低温空气封闭循环干燥,物料干燥质量好

通过控制热泵干燥装置的工况,使进干燥室的热干空气的温度在 20～80℃之间,可满足大多数热敏物料的高质量干燥要求;干燥介质的封闭循环,可避免与外界气体交换所可能对物

料带来的杂质污染，这对食品、药品或生物制品尤其重要。此外，当物料对空气中的氧气敏感（易氧化或燃烧爆炸）时，还可采用惰性介质代替空气作为干燥介质，实现无氧干燥。

2. 高效节能

由于热泵干燥装置中加热空气的热量主要来自回收干燥室排出的温湿空气中所含的显热(6—6′)和潜热(6′—7)，需要输入的能量只有热泵压缩机的耗功，而热泵又有消耗少量功可制取大量热量的优势，因此热泵干燥装置的 SMER（消耗单位能量所除去湿物料中的水分量）通常为 1.0～4.0 kg/(kW・h)，而传统对流干燥器的 SMER 值为 0.2～0.6 kg/(kW・h)。

3. 温度、湿度调控方便

当物料对进干燥室空气的温度、湿度均有较高要求时，可通过调整蒸发器、冷凝器中热泵工质的蒸发温度、冷凝温度，满足物料对质构、外观等方面的要求。

4. 可回收物料中的有用易挥发成分

某些物料含有用易挥发性成分（如香味及其他成分），利用热泵干燥时，在干燥室内，易挥发性成分和水分一同汽化进入空气，含易挥发性成分的空气经过蒸发器被冷却时，其中的易挥发性成分也被液化，随凝结水一同排出，收集含易挥发性成分的凝结水，并用适当的方法将有用易挥发性成分分离出即可。

5. 环境友好

热泵干燥装置中干燥介质在其中封闭循环，没有物料粉尘、挥发性物质及异味随干燥废气向环境排放而带来的污染；干燥室排气中的余热直接被热泵回收来加热冷干空气，没有机组对环境的热污染。

6. 可实现多功能

热泵干燥装置中的热泵同时也具有制冷功能，可在干燥任务较少时，利用制冷功能实现适宜物料的低温加工（如速冻、冷藏）或保鲜加工，也可利用拓展热泵的制热功能在寒冷季节为种植（如温室）或养殖场所供热。

7. 相对于其他低温干燥方法，设备投资小，运行费用低

热泵干燥装置的设备成本主要是热泵部分和干燥室部分，其中干燥室部分与普通对流干燥室要求相同，无特别的气密性和承压性要求；热泵部分部件及工质可借用应用较广泛、满足工况要求的空调制冷设备的相关部件和工质，成本也可得到有效控制。对中小型热泵干燥机组，其投资回收期一般为 0.5～3 年。

8. 热泵干燥的适用物料

适宜采用热泵干燥的物料主要为干燥过程耐受温度在 20～80℃之间的一大类物料，或虽然物料可耐受较高，但利用热泵干燥较节能或安全的物料。研究较多的如木材（如橡木）、谷物、种子、蘑菇、药材、木耳、扇贝、苜蓿、人参、鲜蛇、生物活性制品、凤尾菇、食用菌、茶叶、麦芽、纸张、香蕉等。

（二）热泵干燥装置的结构

热泵干燥装置的结构可达数十种。按循环空气与外界空气的交换程度，它可分为开式、半开式、封闭式三大类，其中又有部分循环空气不经蒸发器或冷凝器而直接流回干燥室的各种旁通结构，将进出蒸发器的循环空气进行回热的热管式或水环式结构。以控制进干燥室空气温度为目的的各种辅助冷却器或冷凝器结构、以加快机组启动速度为目的的辅助蒸发器

微课

热泵干燥装置的结构及应用

或加热结构,此外还有相变材料蓄热的形式等。其中较典型的结构有如下几种。

1. 开式热泵干燥装置

其工作原理如图 11－1－3 所示。

图 11－1－3(a)的形式适于需在低温(不高于环境温度)下干燥的物料,图 11－1－3(b)的形式适于能耐受一定温度(0～80℃)的物料。开式热泵干燥装置具有结构简单、操控方便等优点,但进入干燥室的空气温度受环境温度的影响大,干燥废气排入环境对环境有污染。

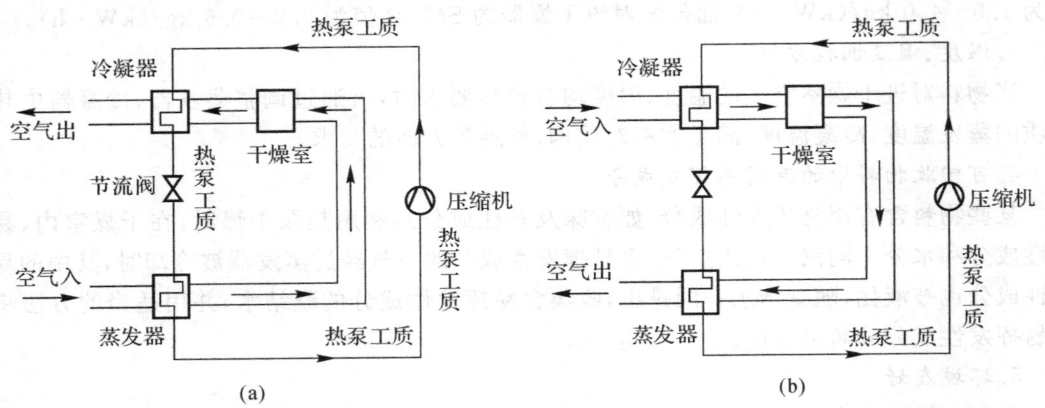

图 11－1－3　开式热泵干燥装置

(a)适于需在低温下干燥的物料；(b)适于能耐受一定温度的物料

2. 半开式热泵干燥装置

半开式热泵干燥装置也有多种形式,一种典型的结构如图 11－1－4 所示。

半开式热泵干燥装置在特定位置采用了空气旁通,可通过调节旁通率,调节进入干燥室的空气温度,但结构和调控较开式复杂,且仍有部分废气排入环境。

3. 封闭式热泵干燥装置

封闭式热泵干燥装置基本形式如图 11－1－1所示,在此基础上有很多改进形式,较典型的几种结构如图 11－1－5、图 11－1－6 和图11－1－7 所示。

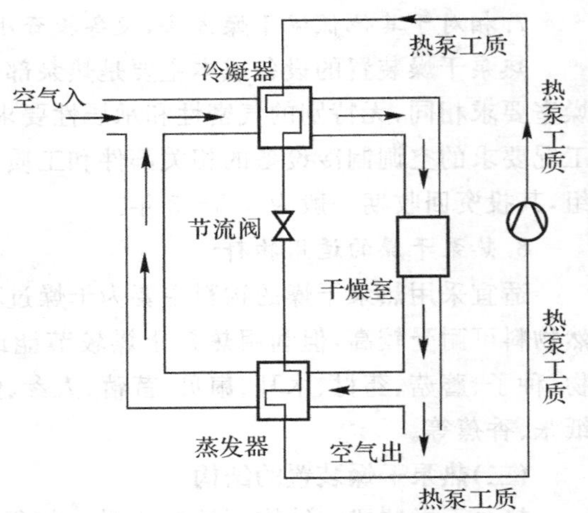

图 11－1－4　半开式热泵干燥装置

由于热泵干燥装置中压缩机及风机的能量消耗最后全部转化为热能进入干燥室,进干燥室的空气温度不断上升,在达到设定值后,如不采取适当措施,其温度还将继续上升。图 11－1－5中的两种改进形式即是以控制进干燥室温度为目标的。图 11－1－5(a)是用位于干燥装置外的辅助冷凝器,在装置温度达设定值后将多余的热量排出给周围环境;图 11－1－5(b)是用辅助冷却器由液态冷却介质将多余热量带走。上述两种措施中,对热泵干燥装置而言,后者要优于前者,这是由于后者在控制了进干燥室温度的同时,还对进蒸发器的空气进了预冷,使湿空气更接近于其露点,提高了蒸发器对湿空气的除水效率。

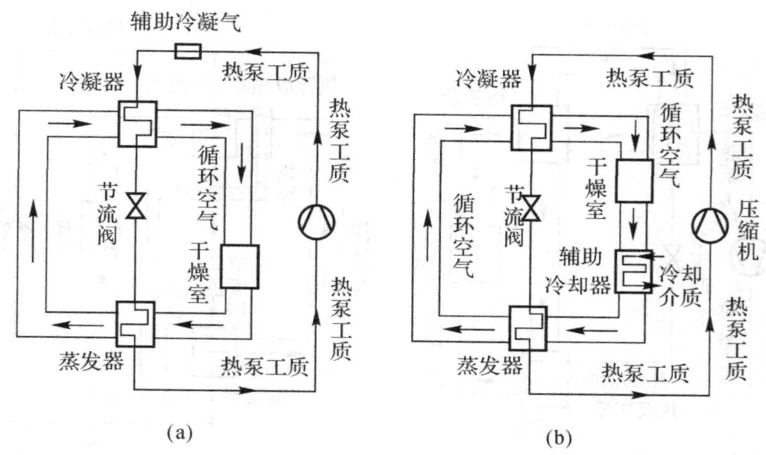

图 11-1-5 以控制干燥室进气温度为目标的封闭式热泵干燥装置改进形式

图 11-1-6 是以加快启动过程升温速度、缩短启动过程为目标的改进形式。图 11-1-6(a)为采用电加热器辅助的方法,优点是较简单,但使装置内存在局部高温区(加热点附近),且加热效率低;图 11-1-6(b)是采用辅助蒸发器的方法,可避免电辅助加热的缺点,但加热调控性不如前者。

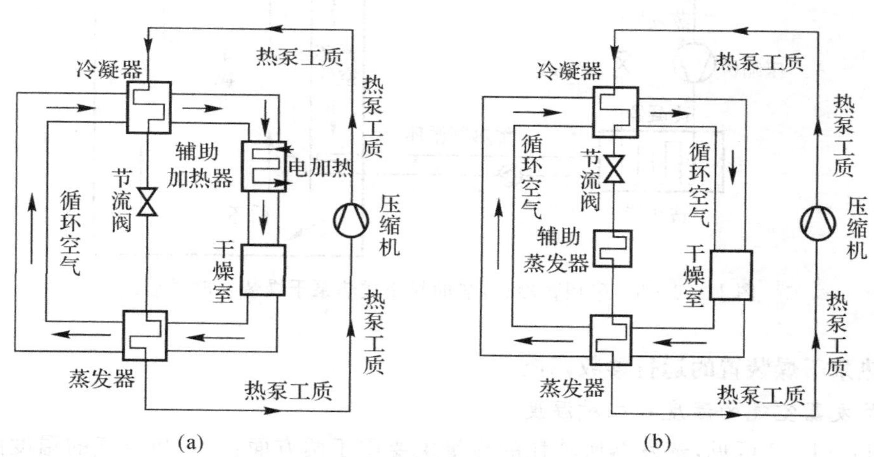

图 11-1-6 以缩短启动过程为目标的封闭式热泵干燥装置改进形式

热泵干燥装置蒸发器前需冷却除湿的温湿空气和蒸发器后需加热的冷干空气之间有一定的温度差,可进行热交换降低热泵的蒸发器、冷凝器负荷,提高装置效率。图 11-1-7 是以此为目标的改进形式。图 11-1-7(a)为采用空气回热器的方法,该方法技术相对简单,但使空气循环管路复杂,空气-空气直接换热的传热强度不高;图 11-1-7(b)是采用热管的方法,可避免前者的缺点,但对装置的安装要求高。总体而言,进蒸发器空气与出蒸发器空气之间的温差越大,采用空气回热的效果越好。以采用热管回管为例,吸热、放热端空气与热管内介质的传热温差均为 10℃时,则蒸发器进出口空气温差在 30℃以上时才会有明显的收效。

此外,还可采用具有蓄冷、蓄热装置的热泵干燥装置,可兼具进干燥室空气温度调控性好、装置启动过程快、机组运行稳定且调控简单等优点，其示意图如图 11-1-8 所示。

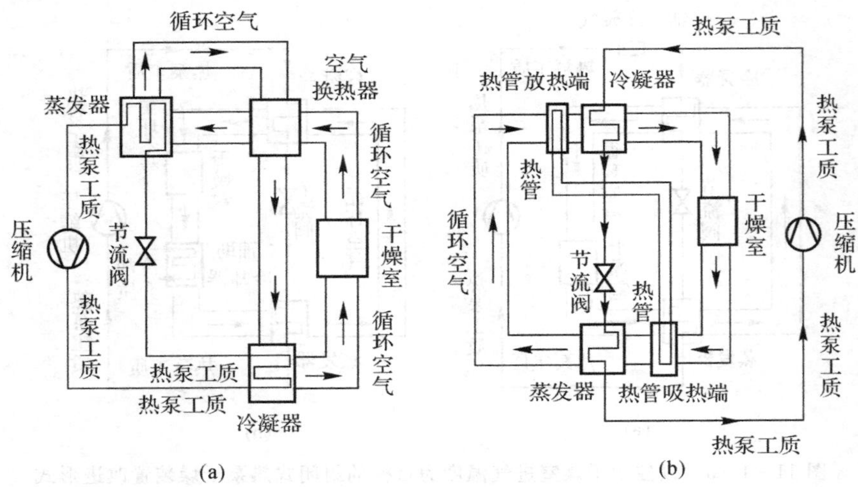

图 11-1-7　以提高装置效率为目标的封闭式热泵干燥装置改进形式

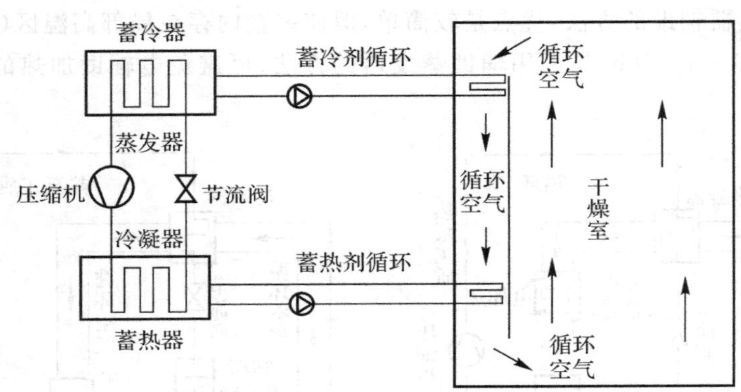

图 11-1-8　采用蓄冷、蓄热的封闭式热泵干燥装置改进形式

(三)热泵干燥装置的运行参数调控

1. 进蒸发器空气的温度和相对湿度

由图 11-1-2 可见，蒸发器所消耗的冷量主要用于两方面：一是将空气的温度由 T_6 降为 T_7；二是将空气中的水蒸气凝结。其中只有后者是有效冷量，前者是无效冷量，并可定义有效冷量占蒸发器总冷量的比率为蒸发器的冷量有效利用率。

由于蒸发器冷量直接与压缩机的功率消耗相关，因此，蒸发器冷量有效利用率的高低直接影响热泵干燥装置的能源效率指标，如其值。

蒸发器的冷量有效利用率与蒸发器进出口处空气的温度和相对湿度有关，设蒸发器出口空气温度为 0℃时，相互之间的关系如图 11-1-9 所示。图 11-1-9(a)是取蒸发器进口处空气温度为 30℃时，蒸发器的冷量有效利用率随蒸发器进口空气相对湿度的变化；图 11-1-9(b)是取进蒸发器空气为饱和湿空气时，蒸发器的冷量有效利用率随进口空气温度的变化。由图 11-1-9(a)可见，蒸发器的冷量有效利用率随进口空气相对湿度的升高而升高，当相对湿度低于 20%时，冷量利用率很低，甚至空气只是无效流过蒸发器而无水分凝结。为保证适当的冷量利用率，进口空气相对湿度不应低于 40%，且在允许的情况下，使相对湿度尽量高；由图 11-1-9(b)可见，蒸发器的冷量有效利用率几乎随进口温度直线上升。因此，对蒸发器进口空气参数调控的基本原则是，在干燥室传热传质和热泵运行参数允许的条件下，进蒸发器空气的相对湿度应尽量高；在保证较高的相对湿度的前提下，也使进口温度尽量高。

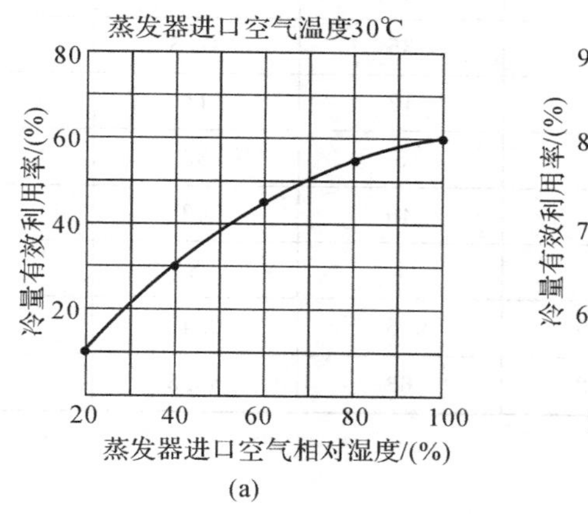

(a)

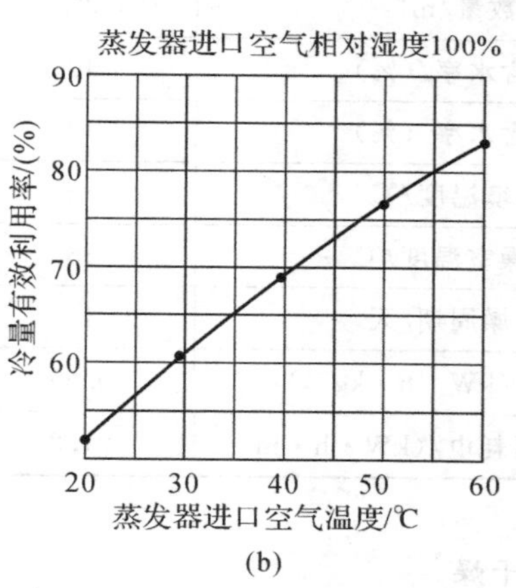

(b)

图 11-1-9　蒸发器进口空气温度和相对湿度对蒸发器的冷量有效利用率的影响

2.空气旁通率

当被干燥物料的水分排出较难时或物料进入降速干燥段后，干燥空气与物料的传质速度很小，出干燥室的空气相对湿度很低，此时若直接让全部空气进入蒸发器降温除湿，蒸发器的冷量有效利用率很低，甚至没有水分凝结。此时可采用将出干燥室的空气旁通一部分直接返回干燥室反复循环以提高其相对湿度的方法，提高蒸发器进口处空气的相对湿度，并定义旁通空气质量流量占干燥室中循环空气总质量流量的比率为空气旁通率。

带空气旁通的封闭式热泵干燥装置的示意图如图 11-1-10 所示。

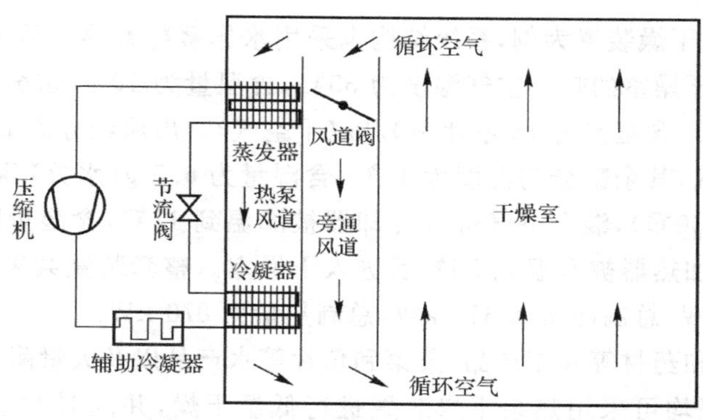

图 11-1-10　采用空气旁通的封闭式热泵干燥装置示意

(四)热泵干燥装置的典型应用

1.木材干燥

热泵干燥装置已成功用于多种木材的干燥，某干燥木材热泵干燥窖的典型技术数据见表

11-1-1。

表 11-1-1　热泵干燥窑的实测数据

木材种类	松木 1	松木 2	硬杂 1	硬杂 2
厚度/mm	30	30	40	40
数量/m^3	20	20	22	25
初含水率/(%)	40	35	37.5	38.5
终含水率/(%)	12	12	14	14
环境温度/℃	−5	5	30	15
干燥室温度/℃	38	40	42	40
干燥周期/天	10	7	8	9.5
能耗比/($kW \cdot h \cdot kg^{-1}$)	0.65	0.54	0.47	0.49
每立方米木材耗电/($kW \cdot h \cdot m^{-3}$)	91.2	63	65.5	68.4

2. 茶叶干燥

以格鲁吉亚某茶厂为例，热泵干燥装置中热泵的冷凝温度为 85℃，蒸发温度为 20℃，热泵制热系数约为 3.3。系统内用水作蓄冷蓄热介质，水在冷凝器内被加热到 80℃，它流经空气加热器时，把空气温度从 35℃提高到 70℃，空气再由电热进一步加热到 95℃。从干燥室排出的 60℃的湿空气经净化后进入空气冷却器（通过水循环与蒸发器相连），在其中去湿并冷却到 35℃。

对于制备绿茶的预干工艺，只需要 70℃的热风；加工红茶时，要求的温度更低，约为 45℃，均适宜采用热泵干燥装置。此外，利用热泵蒸发器的制冷功能，可在空气冷却器内制取 20℃的空气用作揉捻、发酵车间的工艺性空调，甚至制取−5℃的盐水用于茶叶冷藏。

3. 啤酒花干燥

以国外某啤酒花干燥装置为例，系统结构也采用水作蓄冷蓄热介质的热泵干燥装置。其基本技术参数为：进干燥室的热干空气温度为 55℃，含湿量为 10 g(水分)/kg(干空气)；出干燥室空气温度为 35℃，含湿量为 18 g(水分)/kg(干空气)。出风经分离杂质后，因卫生要求需将 25%气体排入大气，其余部分与温度为 15℃、含湿量为 6.5 g(水分)/kg(干空气)的补充空气相混合（温度约为 30℃），混合空气进入冷却器被降温到 17℃，含湿量降到 10 g(水分)/kg(干空气)，之后进入加热器被升温到 55℃后进入干燥室。整套装置共采用三套机组，压缩机总输入功率为 257 kW，总制冷量为 613 kW，总制热量为 870 kW。

除此之外，谷物和药材等农副产品、紫菜和鱼片等水产品以及大量耐温低的精细化学品或生物制品的干燥过程均可采用热泵干燥装置进行低温干燥，并同时对干燥前后的产品低温储藏。

二、热泵蒸发浓缩和蒸馏装置

蒸发浓缩、蒸馏及蒸煮等过程中需大量的热能，同时又产生具有很高焓值的二次蒸气，此时可利用热泵，在热泵蒸发器中循环工质吸收二次蒸气中所蕴含的热能，经压缩机升温后到热泵冷凝器中冷凝放热满足料液蒸发或蒸馏过程的需要。其原理示意如图 11－1－11 所示。

对利用热泵的典型蒸发浓缩或蒸馏装置简介如下。

(一)牛奶的热泵蒸发浓缩装置

牛奶加工中浓缩是一个基本环节，采用热泵的蒸发浓缩装置示意如图 11－1－12 所示。图示装置中直接以牛奶蒸发产生的二次蒸汽为热泵工质，也称为蒸汽再压缩热泵。

牛奶蒸发浓缩时，为防止牛奶营养损失，通常将牛奶蒸发器抽真空，使其压力降低至牛奶在 40℃左右即开始沸腾。自牛奶蒸发器中产生的蒸汽先进入分离器将夹带的液滴分离，然后进入压缩机升压，升压后的蒸汽进入牛奶蒸发器中凝结放热(使牛奶中的水分蒸发而达到使牛奶浓缩的目的)，排出的凝结水温度仍较高，通常可用凝结水－牛奶换热器将未处理的牛奶预热。已处理的牛奶自牛奶蒸发器上方引出。

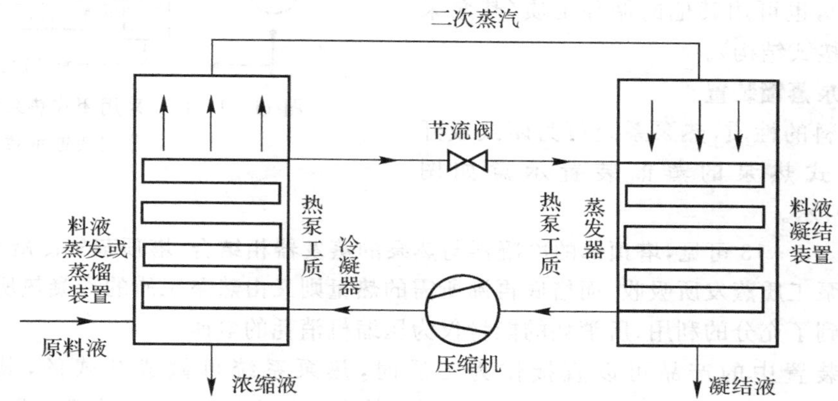

图 11－1－11　热泵蒸发浓缩或蒸馏的原理示意

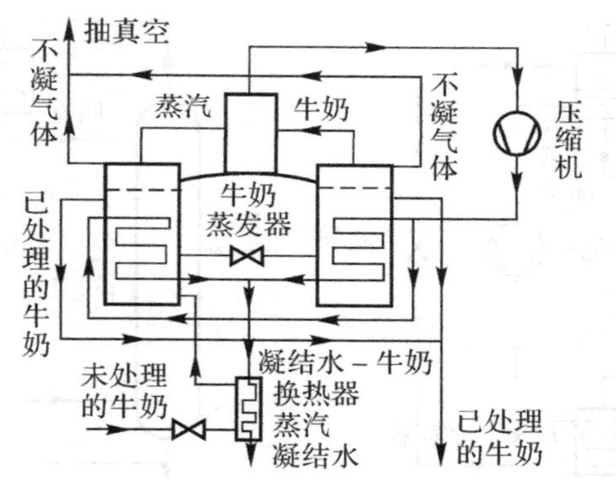

图 11－1－12　牛奶的热泵蒸发浓缩装置示意图

(二)甜菜汁的热泵蒸发浓缩装置

甜菜汁制糖过程中也可用热泵蒸发浓缩装置，装置中通常采用两级浓缩：第一级用于蒸发，第二级用于结晶。在第一级，压缩机自蒸发罐顶部抽出 0.09 MPa 的蒸汽，经压缩升压到 0.13 MPa，然后进入蒸发罐内换热器中凝结放热，使来自预热器的甜菜汁液加热蒸发，凝结水在热交换器中预热甜菜汁进液，然后排除。经第一级浓缩的甜菜汁液进入第二级浓缩结晶罐，罐内压力维持 0.025 MPa，甜菜汁蒸发所产生的蒸汽经第二级的压缩机升压到 0.15 MPa，进入罐内换热器中凝结放热，使汁液剧烈沸腾，最后脱水成结晶析出。为了防止罐顶抽汽中所携带的固体颗粒进入压缩机，在每一级压缩机吸气管道上均安装了蒸汽洗涤器。

(三)采用热泵蒸发的溶剂回收与再生装置

溶剂经常用来从原料中提取某种所需成分，溶剂的回收和再生可采用热泵蒸发装置，其基本结构与图 11-1-11 相似，即将热泵冷凝器置于含溶剂的材料或料液中，热泵工质冷凝放热使溶剂蒸发为气态，并进入热泵蒸发器再凝结为纯净的溶剂。热泵可直接以待回收或再生的溶剂为循环工质(热泵采用开式或直接再压缩式结构)，也可用其他的循环工质(热泵采用闭式或间接式结构)。

(四)热泵蒸馏装置

根据物料的性质，热泵系统可为闭式或开式，采用闭式热泵的蒸馏装置示意如图 11-1-13 所示。

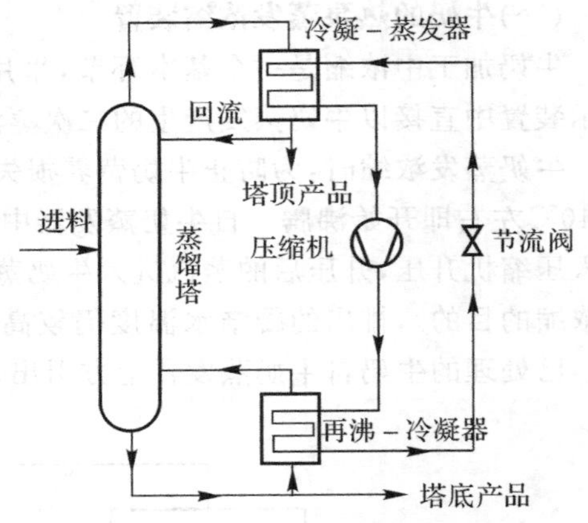

图 11-1-13　采用闭式热泵的蒸馏装置示意

由图 11-1-13 可见，塔顶部的冷凝器与热泵的蒸发器相结合，塔顶蒸气冷凝所释放的热量恰好为热泵工质蒸发所吸收，而塔底再沸所需的热量则又由热泵工质的冷凝热所释放，故系统的能量得到了充分的利用，所消耗的能量仅为压缩机消耗的电能。

当蒸馏装置中的产品可以直接作为工质时，热泵系统可做成开式的，其示意如图 11-1-14 所示。开式系统比闭式系统结构简单，其中 11-1-14(a)为以塔顶馏出物作为工质，图11-1-14(b)为以塔底产品作为工质。

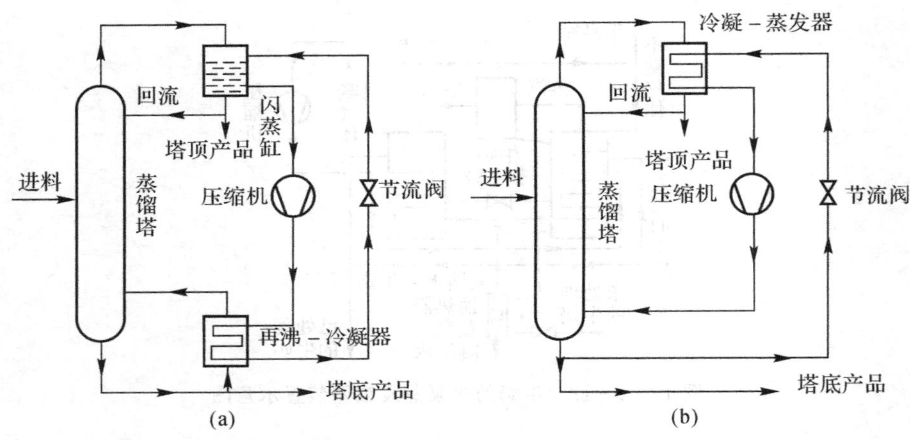

图 11-1-14　采用开式热泵的蒸馏装置示意

(a)以塔顶产品为热泵工质；(b)以塔底产品为热泵工质

三、工艺热水的热泵制取装置

除热泵在干燥、蒸发浓缩及蒸馏中的应用外，在食品生化及制药工业中通常需要温热水洗涤容器、利用热水或低压蒸汽杀菌；同时，洗涤、杀菌后的废热水通常还具有较高的温度，故可利用热泵回收废热水中的热能制取洗涤、杀菌用热水。此外，食品生化及制药工业中的原料、半成品及产品通常需要低温储藏，可利用热泵蒸发器的制冷功能在设计制取热水的热泵系统时同时考虑。

任务实施

根据项目任务书和项目任务完成报告进行任务实施，见表 11－1－2 和表 11－1－3。

表 11－1－2　项目任务书

任务名称	热泵在食品生化及制药工业中的应用		
小组成员			
指导教师		计划用时	
实施时间		实施地点	
任务内容与目标			
了解热泵在食品生化及制药工业干燥、蒸馏等环节中的应用			
考核项目	热泵干燥装置的工作原理、结构、运行参数调控		
备注			

表 11－1－3　项目任务完成报告

任务名称	热泵在食品生化及制药工业中的应用		
小组成员			
具体分工			
计划用时		实际用时	
备注			
1. 简述热泵干燥装置的工作原理。 2. 简述三种热泵干燥装置的典型结构。 3. 热泵干燥装置的运行需要调控哪些参数？			

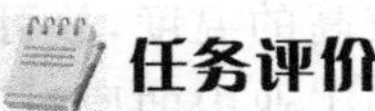

任务评价

根据项目任务综合评价表进行任务评价，见表 11－1－4。

表 11－1－4　项目任务综合评价表

任务名称：　　　　　　　　　　　　　　　　　　　测评时间：　　年　　月　　日

考核明细		标准分	实训得分								
			小组成员								
			小组自评	小组互评	教师评价	小组自评	小组互评	教师评价	小组自评	小组互评	教师评价
团队60分	小组是否能在总体上把握学习目标与进度	10									
	小组成员是否分工明确	10									
	小组是否有合作意识	10									
	小组是否有创新想（做）法	10									
	小组是否如实填写任务完成报告	10									
	小组是否存在问题和具有解决问题的方案	10									
个人40分	个人是否服从团队安排	10									
	个人是否完成团队分配任务	10									
	个人是否能与团队成员及时沟通和交流	10									
	个人是否能够认真描述困难、错误和修改的地方	10									
合计		100									

思考练习

1. 除湿能耗比 SMER＝________。
2. 简述热泵干燥装置的工作原理。

任务二　热泵在城市公用事业中的应用

PPT
热泵在城市公用事业中的应用

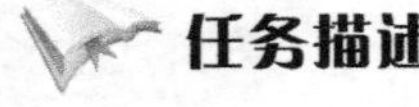

任务描述

热泵在城市公用事业中的应用包括供暖、制取热水或蒸汽、利用海水制取淡化水等。以热泵供暖为例，可用的低温热源有空气、地下水、土壤、海水等；用户侧输热介质有空气或水等；驱动能源有电能、燃料或其他热能等；热泵形式可为蒸气压缩式、吸收式或吸附式等。此处以电能驱动的蒸气压缩式热泵为例，简介典型的热泵应用系统。

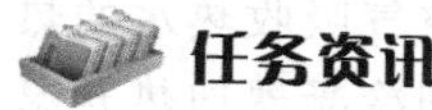

任务资讯

一、热泵供暖系统

（一）空气-空气热泵供暖系统

该类系统以空气为低温热源，以空气为输热介质，其系统示意如图 11－2－1 所示。

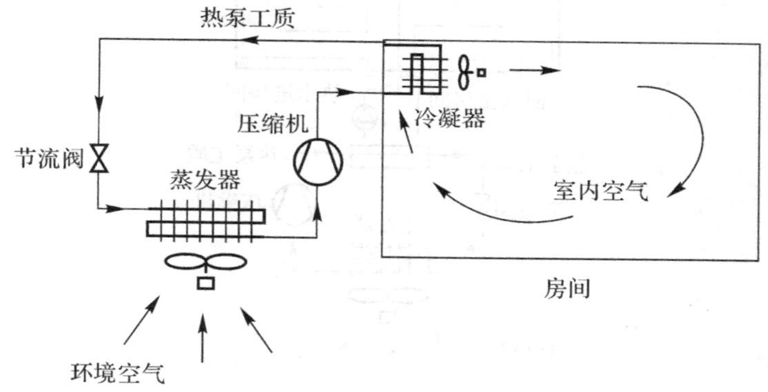

图 11－2－1　空气-空气热泵供暖的系统示意

图 11－2－1 中，蒸发器吸收室外空气的热量，通过工质循环经压缩机升温升压后进入室内的冷凝器放热给室内空气，并通过室内空气循环使室内空气维持在适宜温度。该装置除可在冬季用于供暖外，还可在夏季将室内空气制冷（需在压缩机进出口处装四通阀转换循环工质流向，使冬季的冷凝器作夏季的蒸发器，冬季的蒸发器作夏季的冷凝器）。

该类供暖系统的制热系数随室外空气温度的变化而有所不同。当室外空气温度为 5℃，室内空气温度为 20℃时，其制热系数可在 4.0 以上。

空气-空气热泵供暖系统多为小型机组，为一套住房或别墅供暖，其主要注意点是当室外空气温度较低（如低于 7℃）、蒸发器表面温度低于 0℃时，蒸发器表面会结霜，需在系统设计中考虑适当的除霜措施。

（二）空气-水热泵供暖系统

该类系统以空气为低温热源，以水为输热介质，其系统示意如图 11－2－2 所示。

该类系统的常见室内传热形式是地板采暖，热水温度可在 35～45℃。热泵从室外空气吸收热量，经压缩机升温后在冷凝器中把热量放给循环热水，制热系数一般在 3.0 以上。热水由泵输入房间地板（热水在室内流程形式有多种布置，图 11－2－2 中所示为房间中心处温度高、周围温度低的布置），加热室内空气，降温 5～10℃后回水出房间并进入冷凝器被加热再循环。

空气-水热泵供暖系统由于受室外蒸发器传热容量的限制，也多为小型机组。

（三）地下水-水热泵供暖系统

该类系统以地下水为低温热源，以水为输热介质，其系统示意如图 11－2－3 所示。

地下水温度一般常年在 8～12℃之间，当地下水位较浅且管理部门允许抽取其中的热能时，是热泵供暖的很好低温热源。水泵由抽水井将水抽出进入蒸发器，将热量传给热泵循环工质，降温后从回灌井返回地下（回灌井应在抽水井的下游），保证不造成地下水的流失。热泵工质从地下水中吸取热量后，经压缩机升温后进入冷凝器，放热给循环热水，热水用泵送入需供暖的建筑。热水在建筑物内的利用方式，可采用翅片管换热器直接使室内空气吸收热水的热量，也可采用热水地板传热给室内空气。从建筑物出来已降温的回水再回到冷凝器加热升温后进行下一个循环。

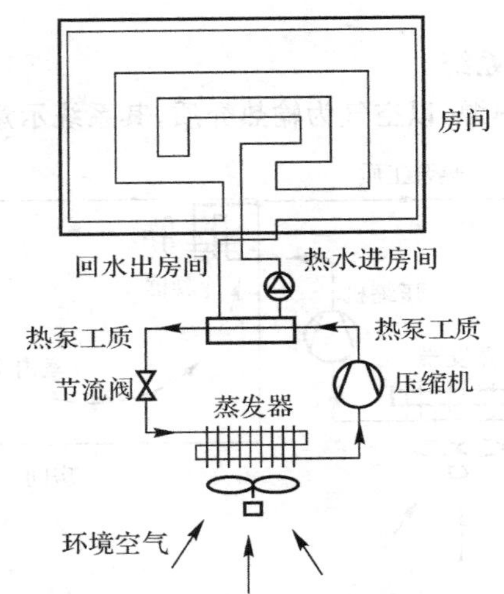

图 11-2-2　空气-水热泵供暖的系统示意

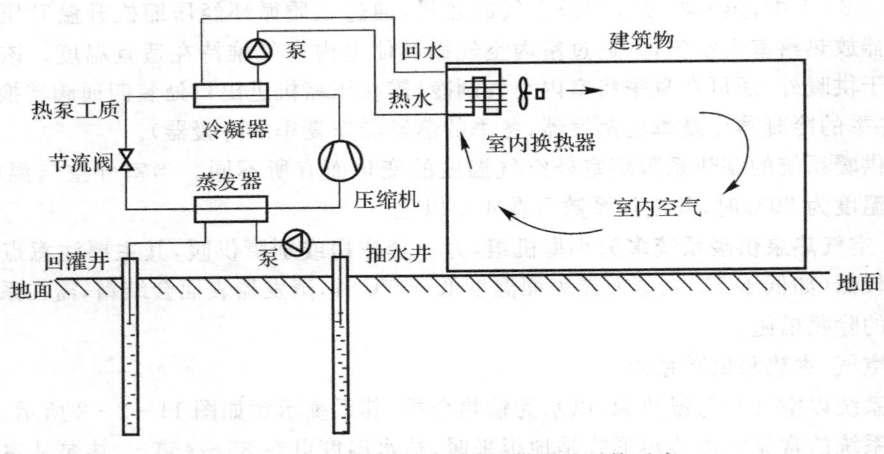

图 11-2-3　地下水-水热泵供暖的系统示意

地下水-水热泵供暖的制热系数一般在 3.0 以上，当地下水充裕时，可实现大面积（如为一幢建筑等）的热泵供暖。

(四)土壤-水热泵供暖系统

该类系统以土壤为低温热源，以水为输热介质，其系统示意如图 11-2-4 所示。

土壤的温度在一年四季也相对稳定，也随处可得，是热泵可选的低温热源之一。当建筑物周围土壤面积较充足时，可采用浅层水平埋管（可为聚乙烯等塑料管），通常在地面以下 1～3 m，施工较简易；当建筑物周围土壤面积相对小时，可采用深层垂直埋管（埋管深度可在 50～100 m）。

以土壤为低温热源的低温载热介质可为水或其他溶液(用水需注意防冻)，出蒸发器的冷水进入土壤内，吸收土壤中的热量，升温后回到蒸发器，在蒸发器中将热量传递给热泵循环工质。热泵工质被压缩机升温后在冷凝器中将热量传递给循环热水，通过热水循环将热量输送到建筑物内各需供热处。

土壤-水热泵供暖的制热系数可达3.0以上，可大面积(如为别墅、一幢建筑等)热泵供暖。

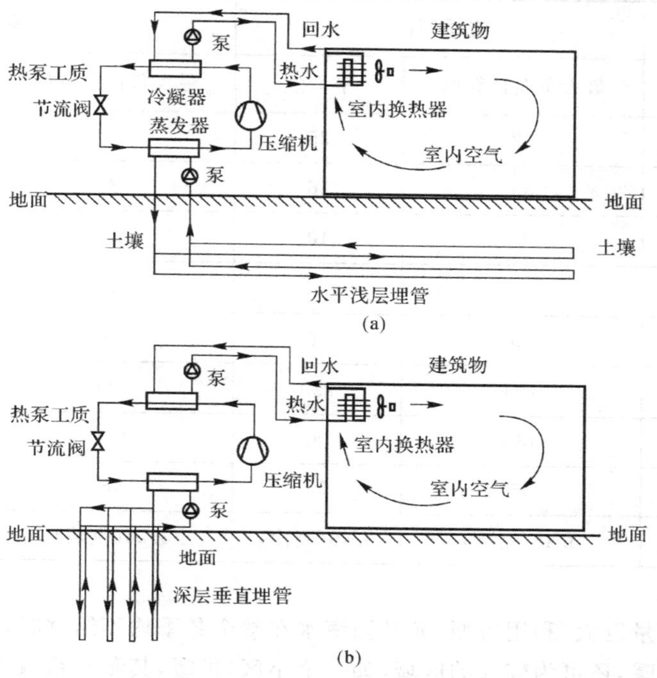

图 11-2-4　土壤-水热泵供暖的系统示意

(a)深层垂直管理；(b)浅层水平管理

(五)海水-水热泵供暖系统

对近海地区或企业，海水是热泵供暖较理想的低温热源。利用泵将一定深度的海水抽出，经过去除污物等预处理，进入热泵蒸发器加热热泵的循环工质，降温后出蒸发器，排入海中(排水口应与抽水处有一定距离)。热泵循环工质经压缩机升温后将热量传给循环热水并送入需热的建筑物。如图11-2-5所示。

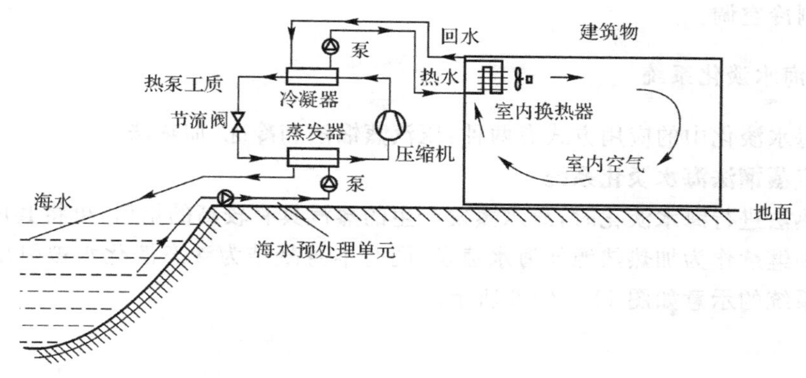

图 11-2-5　海水-水热泵供暖的系统示意

苏联沿海岸一公共建筑的海水-水热泵供暖装置(该装置夏季也用于制冷。夏季海水进入冷凝器带走热泵循环工质的冷凝热,由热泵蒸发器冷却循环水并由循环水将冷量输送到用户;冬季海水进入蒸发器供给热泵循环工质的蒸发热,由热泵冷凝器加热循环水并由循环水将热量输送到用户)运行数据(包括夏季制冷的数据)见表 11-2-1。

表 11-2-1　海水-水热泵供暖装置运行数据(包括夏季制冷的数据)

参　数	夏季制冷		冬季供暖	
	最大负荷计算值	平均值	最大负荷计算值	平均值
环境温度/℃	32	25	−2	6.8
海水温度/℃	30	26	8	12
循环水温度/℃	6	10	50	45
蒸发温度/℃	1	5	1	7
冷凝温度/℃	35	30	55	50
供热量/kW	193	220	140	180
制冷量/kW	160	185	115	150
功率消耗/kW	46	53	43	45
制冷或制热系数	3.48(制冷)	3.49(制冷)	3.26(供热)	4.0(供热)

由于海水的容量巨大,利用方便,尤其当海水在整个冬季均不结冰时,利用海水-水热泵不但可为一幢建筑供暖,还可为较大的区域(如一个小区)供暖,其制热系数也可在 3.0 以上。

海水-水热泵供暖系统设计时的主要注意点是热泵蒸发器要采用耐海水腐蚀的材料,如钛或其他复合材料等。

除海水外,还可用河水、湖水、工业废水、城市污水等作为低温热源,利用热泵实现高效供暖;当单一低温热源容量不够时,可采用双低温热源(如冬季环境空气温度较低导致热泵效率也较低时,此时可采用其他水类低温热源),或与传统供热方式联合。

热泵供暖系统同时也可用于家庭或小区生活热水的制取,或为游泳池(如带溜冰场时还可同时为其制冷)、洗浴场所等制取热水。此外,应用热泵供暖的另一个优势是,同一套设备在夏季还可用于制冷空调。

二、热泵海水淡化系统

热泵在海水淡化中的应用方式有两种:压汽蒸馏法和冷冻-加热法。

(一)压汽蒸馏法海水淡化系统

当利用热法进行海水淡化时,海水蒸发产生的蒸汽具有较高的焓值,可将其用压缩机升压后在冷凝器中继续作为加热热源使海水蒸发,同时本身凝结为液态淡化水被引出。压汽蒸馏法海水淡化系统的示意如图 11-2-6 所示。

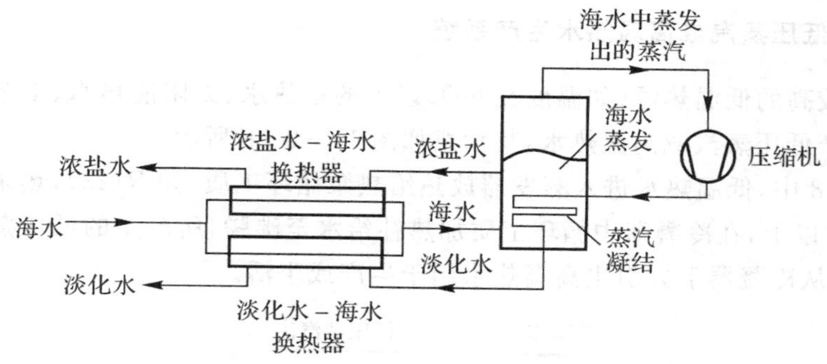

图 11－2－6　压汽蒸馏法海水淡化系统示意

压汽蒸馏装置的典型技术数据见表 11－2－2。

表 11－2－2　压汽蒸馏装置的典型技术数据

参　数	型　号							
	AQ100	AQ250	AQ500	AQ600	AQ1000	AQ1200	AQ1500	AQ2000
额定容量/($t\cdot d^{-1}$)	100	250	500	600	1 000	1 200	1 500	2 000
效数	1	1	1	1	2	2	2	3
进料速度/($t\cdot h^{-1}$)	10	25	50	60	100	120	150	200
比能量消耗/($kW\cdot h\cdot m^{-3}$)	16.0	11.5	11.5	11.5	9.5	10.0	8.5	7.5
额定动力消耗/kW	66.7	119.8	240	288	396	500	531	635
启动功率/($kV\cdot A$)	140	290	655	879	1 100	1 350	1 350	1 650

(二)冷冻-加热法海水淡化系统

该方法可分为直接法和间接法。直接法是冷冻剂直接与海水接触或压缩机直接抽取海水低温下产生的蒸汽;间接法是热泵工质通过在蒸发器蒸发吸热使海水产生冰晶,经压缩机压缩后在冷凝器中冷凝放热使冰晶融化成为淡化水。以间接法为例,其系统示意如图 11－2－7 所示。

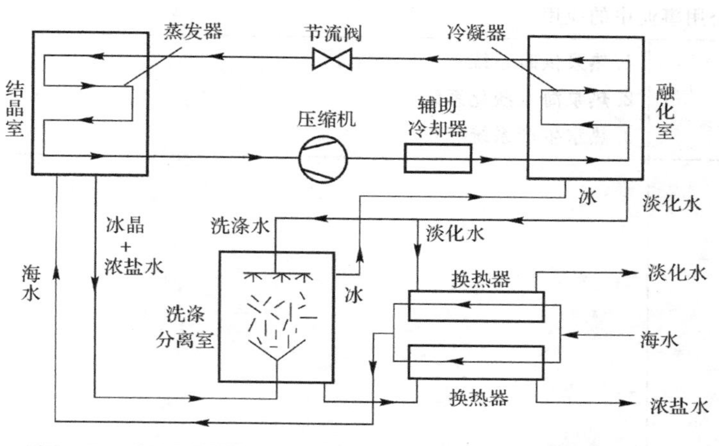

图 11－2－7　间接法冷冻-加热法海水淡化系统的示意图

三、热泵式低压蒸汽或高温热水生产系统

当有温度较高的低温热源(如温度在60℃以上的地热水、太阳能热水、工艺废热水等)时，可采用热泵生产低压蒸汽或高温热水，其示意如图11-2-8所示。

图11-2-8中，低温热水进入蒸发器放热给热泵循环工质(如R123)，热泵循环工质的冷凝温度在100℃以上，在冷凝器中循环工质加热补给水至沸腾，所产生的低压蒸汽由冷凝器上方引出，同时可从冷凝器下方引出高温热水用于生产或生活。

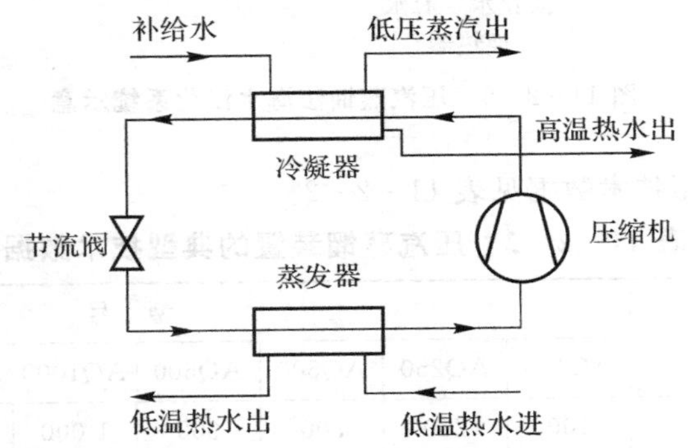

图11-2-8　热泵式低压蒸汽或高温热水生产系统

任务实施

根据项目任务书和项目任务完成报告进行任务实施，见表11-2-3和表11-2-4。

表11-2-3　项目任务书

<table>
<tr><td>任务名称</td><td colspan="4">热泵在城市公用事业中的应用</td></tr>
<tr><td>小组成员</td><td colspan="4"></td></tr>
<tr><td>指导教师</td><td></td><td>计划用时</td><td colspan="2"></td></tr>
<tr><td>实施时间</td><td></td><td>实施地点</td><td colspan="2"></td></tr>
<tr><td colspan="5">任务内容与目标</td></tr>
<tr><td colspan="5">了解热泵在城市公用事业中的应用</td></tr>
<tr><td>考核项目</td><td colspan="4">1. 热泵供暖系统；
2. 热泵海水淡化系统；
3. 热水生产系统</td></tr>
<tr><td>备注</td><td colspan="4"></td></tr>
</table>

表 11－2－4　项目任务完成报告

<table>
<tr><td>任务名称</td><td colspan="3">热泵在城市公用事业中的应用</td></tr>
<tr><td>小组成员</td><td></td><td></td><td></td></tr>
<tr><td>具体分工</td><td></td><td></td><td></td></tr>
<tr><td>计划用时</td><td></td><td>实际用时</td><td></td></tr>
<tr><td>备注</td><td colspan="3"></td></tr>
<tr><td colspan="4">1. 简述不同热泵供暖系统的制热系数及供暖范围。

2. 简述热泵在海水淡化中的两种应用。

3. 简述利用热泵生产低压蒸汽或高温热水的原理。</td></tr>
</table>

任务评价

根据项目任务综合评价表进行任务评价，见表 11－2－5。

表 11－2－5　项目任务综合评价表

任务名称：　　　　　　　　　　　　　　　　　　测评时间：　　年　　月　　日

<table>
<tr><td colspan="2" rowspan="4">考核明细</td><td rowspan="4">标准分</td><td colspan="9">实训得分</td></tr>
<tr><td colspan="9">小组成员</td></tr>
<tr><td colspan="3"></td><td colspan="3"></td><td colspan="3"></td></tr>
<tr><td>小组自评</td><td>小组互评</td><td>教师评价</td><td>小组自评</td><td>小组互评</td><td>教师评价</td><td>小组自评</td><td>小组互评</td><td>教师评价</td></tr>
<tr><td rowspan="6">团队60分</td><td>小组是否能在总体上把握学习目标与进度</td><td>10</td><td></td><td></td><td></td><td></td><td></td><td></td><td></td><td></td><td></td></tr>
<tr><td>小组成员是否分工明确</td><td>10</td><td></td><td></td><td></td><td></td><td></td><td></td><td></td><td></td><td></td></tr>
<tr><td>小组是否有合作意识</td><td>10</td><td></td><td></td><td></td><td></td><td></td><td></td><td></td><td></td><td></td></tr>
<tr><td>小组是否有创新想(做)法</td><td>10</td><td></td><td></td><td></td><td></td><td></td><td></td><td></td><td></td><td></td></tr>
<tr><td>小组是否如实填写任务完成报告</td><td>10</td><td></td><td></td><td></td><td></td><td></td><td></td><td></td><td></td><td></td></tr>
<tr><td>小组是否存在问题和具有解决问题的方案</td><td>10</td><td></td><td></td><td></td><td></td><td></td><td></td><td></td><td></td><td></td></tr>
<tr><td rowspan="4">个人40分</td><td>个人是否服从团队安排</td><td>10</td><td></td><td></td><td></td><td></td><td></td><td></td><td></td><td></td><td></td></tr>
<tr><td>个人是否完成团队分配任务</td><td>10</td><td></td><td></td><td></td><td></td><td></td><td></td><td></td><td></td><td></td></tr>
<tr><td>个人是否能与团队成员及时沟通和交流</td><td>10</td><td></td><td></td><td></td><td></td><td></td><td></td><td></td><td></td><td></td></tr>
<tr><td>个人是否能够认真描述困难、错误和修改的地方</td><td>10</td><td></td><td></td><td></td><td></td><td></td><td></td><td></td><td></td><td></td></tr>
<tr><td colspan="2">合计</td><td>100</td><td></td><td></td><td></td><td></td><td></td><td></td><td></td><td></td><td></td></tr>
</table>

思考练习

1. 热泵供暖系统包括________、________、________、________和________。
2. 热泵在淡化海水中的应用方式有两种________和________。

任务三 热泵在其他领域的应用分析

PPT
热泵在其他
领域的应用分析

任务描述

热泵除了在食品生化及制药工业中的应用和城市公用事业中有应用，在工业余热回收、种植养殖及农副产品加工储藏中也有所应用。

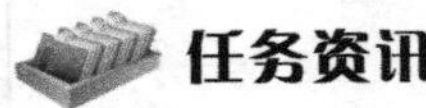

任务资讯

一、在工业余热回收中的应用分析

除食品生化工业外，在造纸、纺织、化学品生产、材料生产与加工等工业领域通常有大量60℃以下的低温余热，这类余热可利用热泵进行回收再利用。

以造纸厂为例，一种热泵型废热回收系统方案的示意如图 11-3-1 所示。

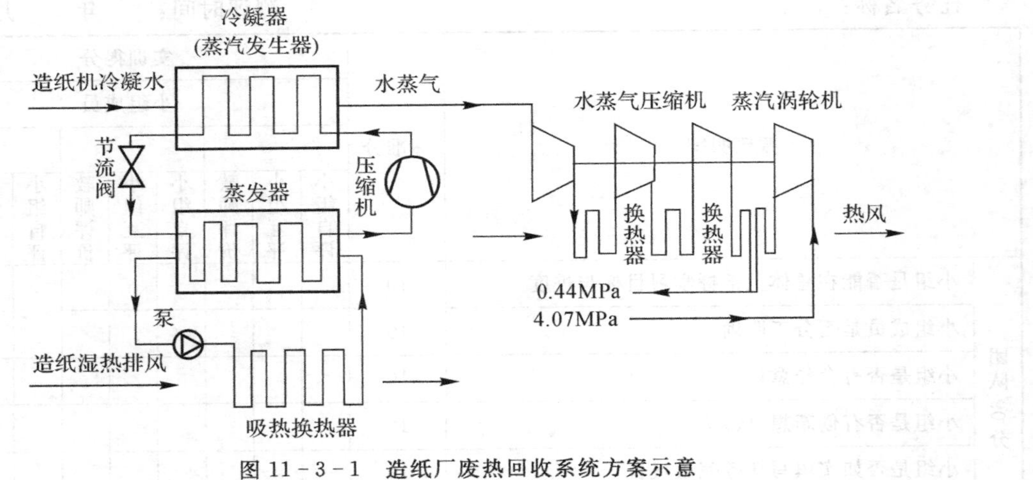

图 11-3-1 造纸厂废热回收系统方案示意

图 11-3-1 中，左侧部分为热泵，右侧部分为蒸汽涡轮机驱动的离心式压缩机用于蒸汽的增压。热泵循环中的蒸发器以造纸工艺的湿热风为低温热源，造纸机的凝结水经热泵冷凝器加热后变为蒸汽，经压缩机升压后得到工艺要求的压力，与驱动压缩机的蒸汽涡轮机排出的蒸汽合并后一起用于造纸厂的干燥工艺，干燥工艺需补充的新风可用压缩机级间换热器得到预热。

二、在种植养殖及农副产品加工储藏中的应用分析

由于名贵花卉及药材种植、菌类培养、动物（如水产等）养殖在冬季均需要一定的温度，而

在种植养殖现场通常又缺乏适宜的供热装置，此时可用以土壤或地下水为低温热源的热泵制热装置，为动植物的生长提供适宜的温度条件。

在农副产品收获季节，往往采收时间比较集中，需同时对产品进行保鲜、干燥、冷藏处理，为此，可设计适于不同农副产品，并具有低温保鲜、低温冷藏、热泵干燥等多功能的装置，满足不同产品、不同季节的加工储藏需要。

综上所述，充分利用各类低温热源或余热、废热，采用热泵技术为不同的需热场合供热（或同时供冷），开发各类适合生产、生活实际需要的热泵应用系统，努力拓展热泵新的应用领域，对缓解能源紧张、建立能源节约型的经济和社会发展模式均具有重要的意义，这一目标的实现还需要各领域人员的共同努力。

任务实施

根据项目任务书和项目任务完成报告进行任务实施，见表 11－3－1 和表 11－3－2。

表 11－3－1　项目任务书

任务名称	热泵在其他领域的应用分析		
小组成员			
指导教师		计划用时	
实施时间		实施地点	
任务内容与目标			
了解热泵在其他领域的应用及意义			
考核项目	热泵在其他领域的应用及意义		
备注			

表 11－3－2　项目任务完成报告

任务名称	热泵在其他领域的应用分析		
小组成员			
具体分工			
计划用时		实际用时	
备注			
1. 具体说明热泵在其他领域的应用。 2. 简述热泵应用的意义。			

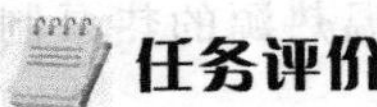

任务评价

根据项目任务综合评价表进行任务评价，见表 11－3－3。

表 11－3－3　项目任务综合评价表

任务名称：　　　　　　　　　　　　　　　　　　　测评时间：　　年　　月　　日

考核明细		标准分	实训得分								
			小组成员								
			小组自评	小组互评	教师评价	小组自评	小组互评	教师评价	小组自评	小组互评	教师评价
团队60分	小组是否能在总体上把握学习目标与进度	10									
	小组成员是否分工明确	10									
	小组是否有合作意识	10									
	小组是否有创新想(做)法	10									
	小组是否如实填写任务完成报告	10									
	小组是否存在问题和具有解决问题的方案	10									
个人40分	个人是否服从团队安排	10									
	个人是否完成团队分配任务	10									
	个人是否能与团队成员及时沟通和交流	10									
	个人是否能够认真描述困难、错误和修改的地方	10									
合计		100									

思考练习

1. 除食品生化工业外，在造纸、纺织、化学品生产、材料生产与加工等工业领域通常有大量________以下的低温余热，这类余热可利用热泵进行________。

2. 简述热泵技术应用的意义。

附　图

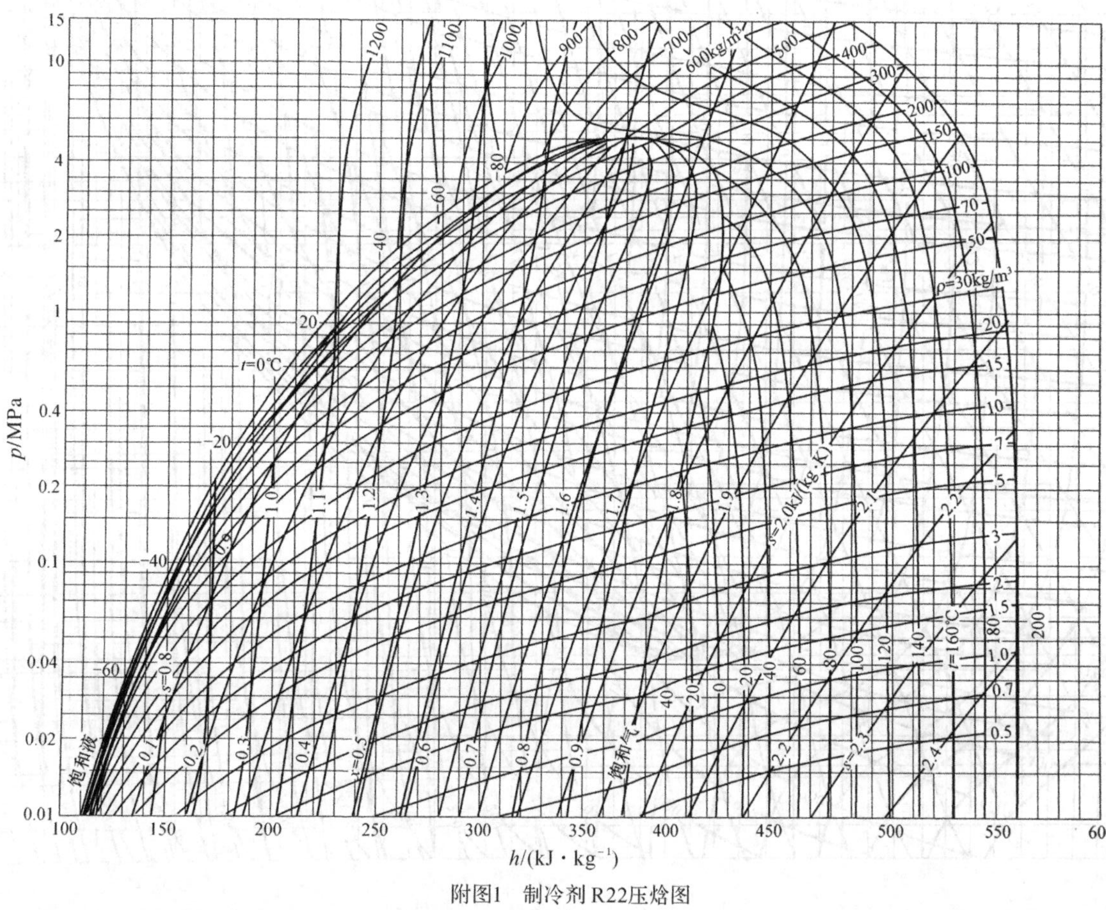

附图1　制冷剂 R22压焓图

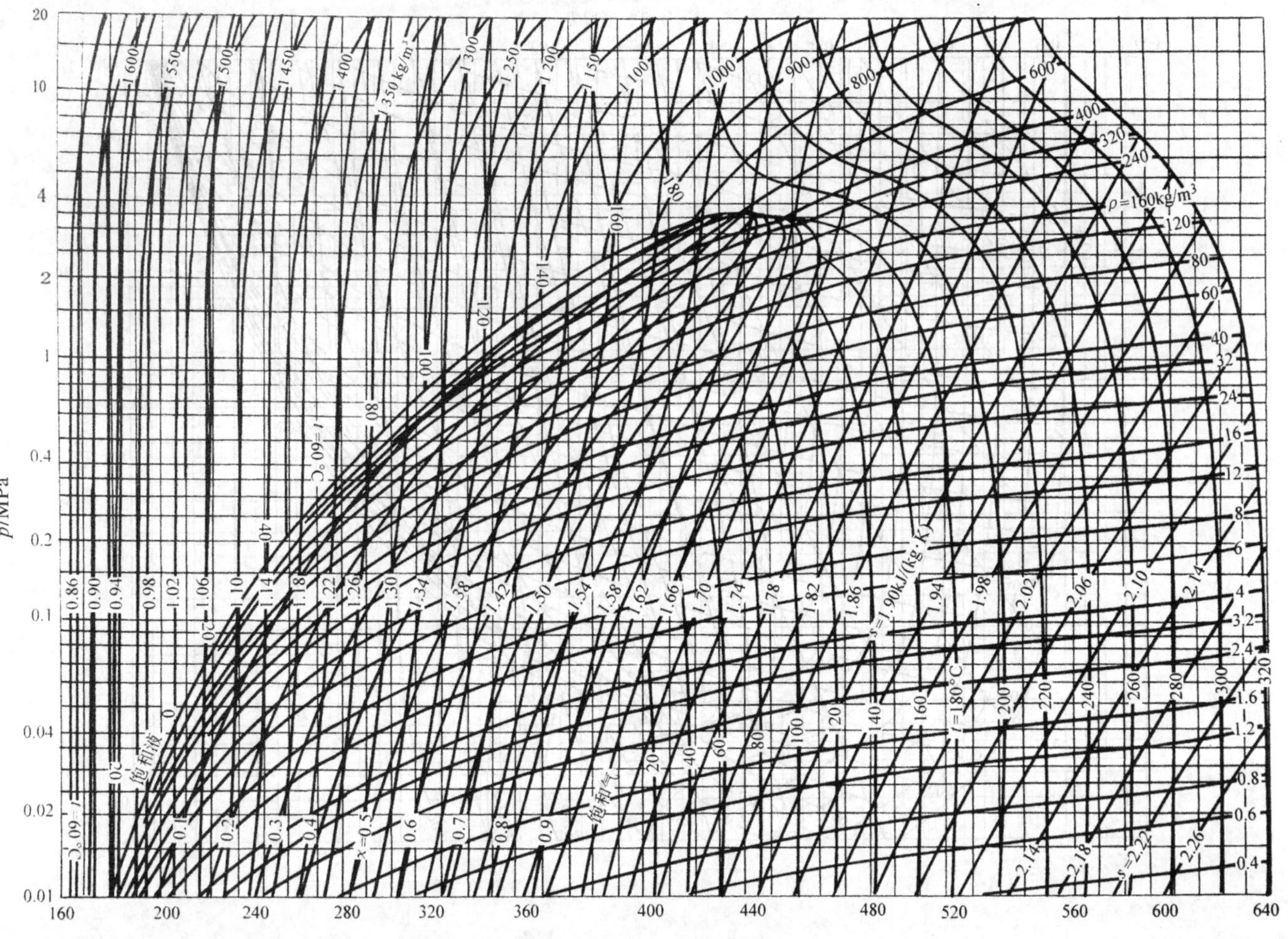

附图2 制冷剂R123压焓图

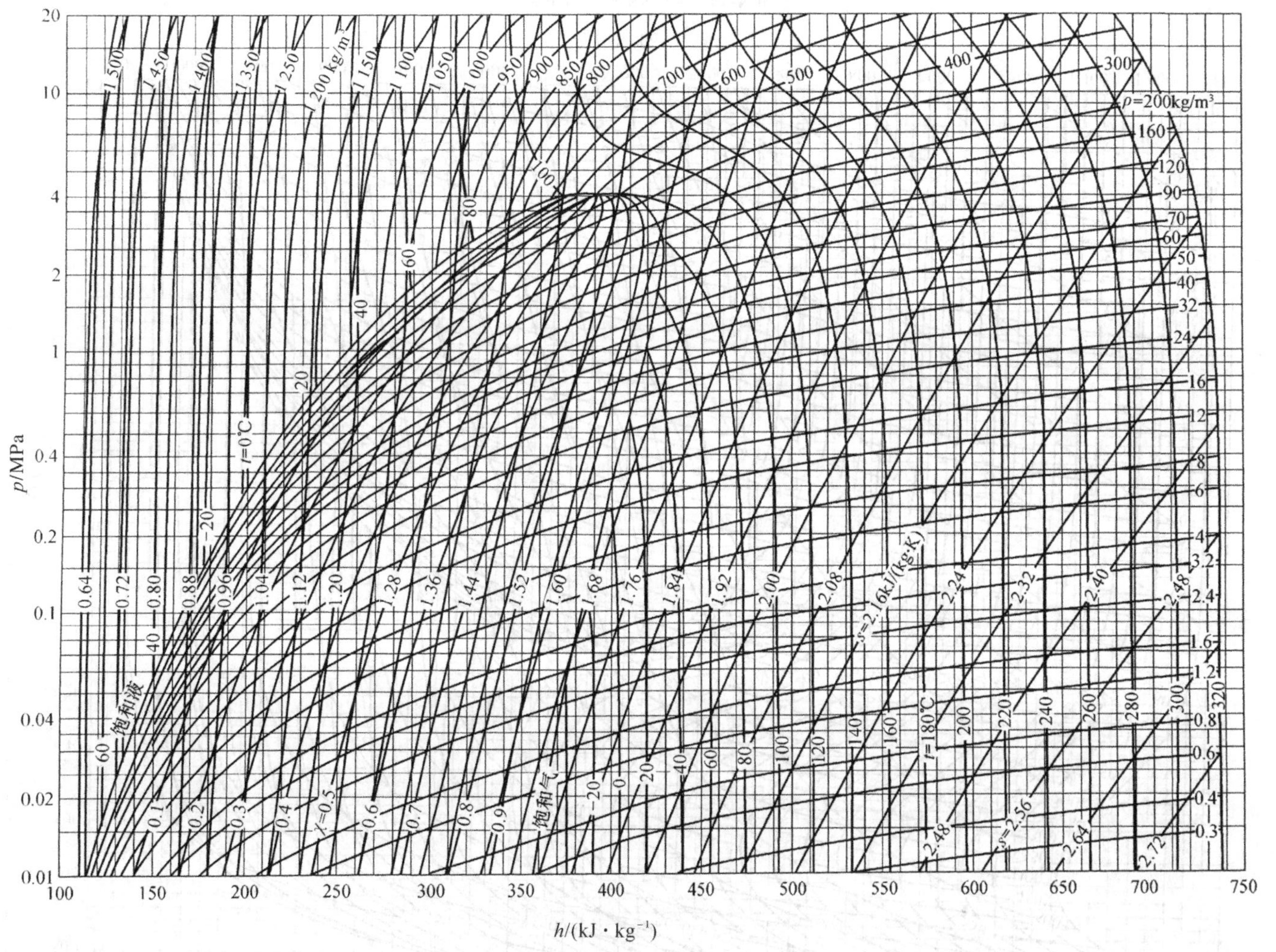

附图3 制冷剂 R134压焓图

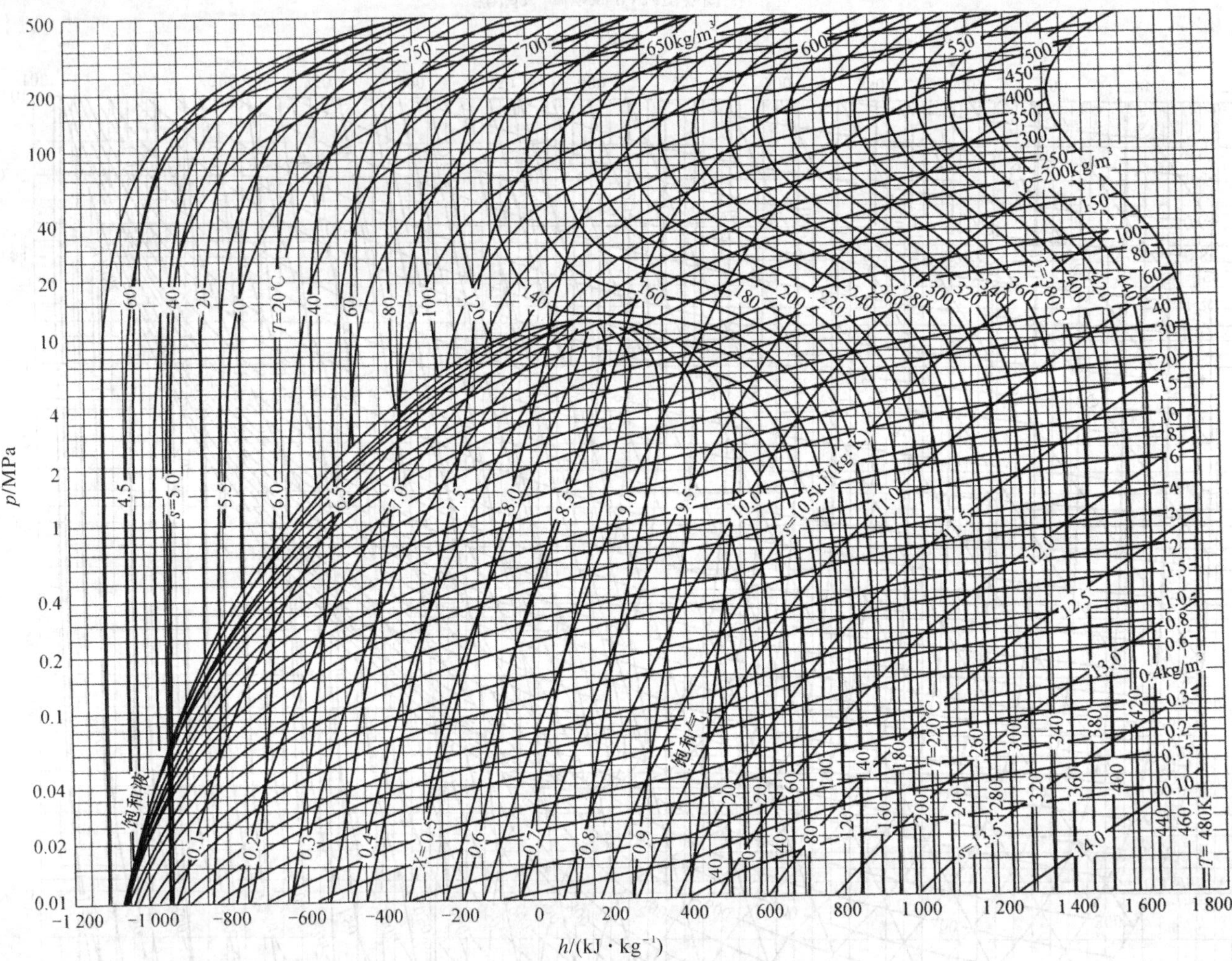

附图4 制冷剂R717压焓图

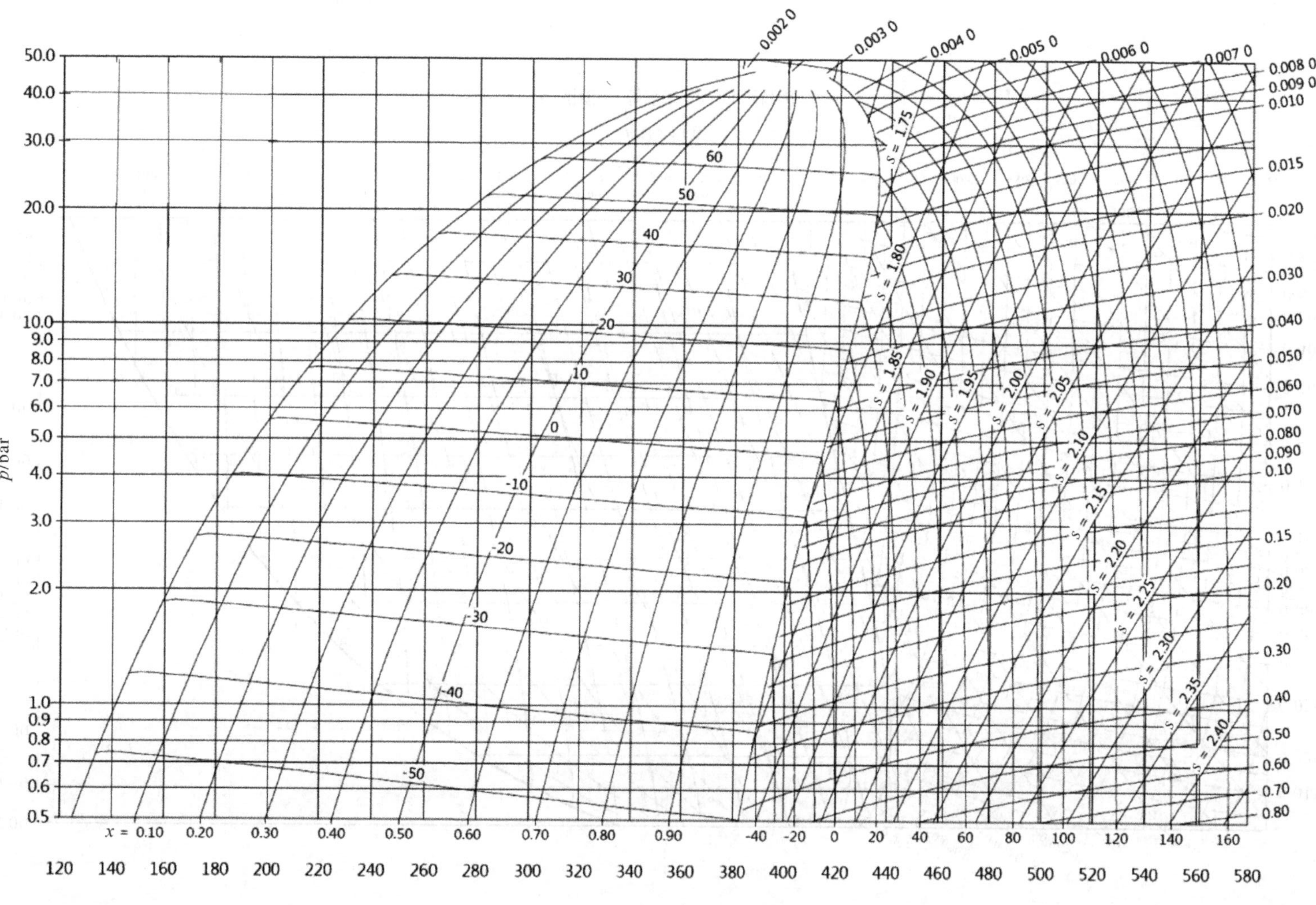

附图5　制冷剂R407C压焓图

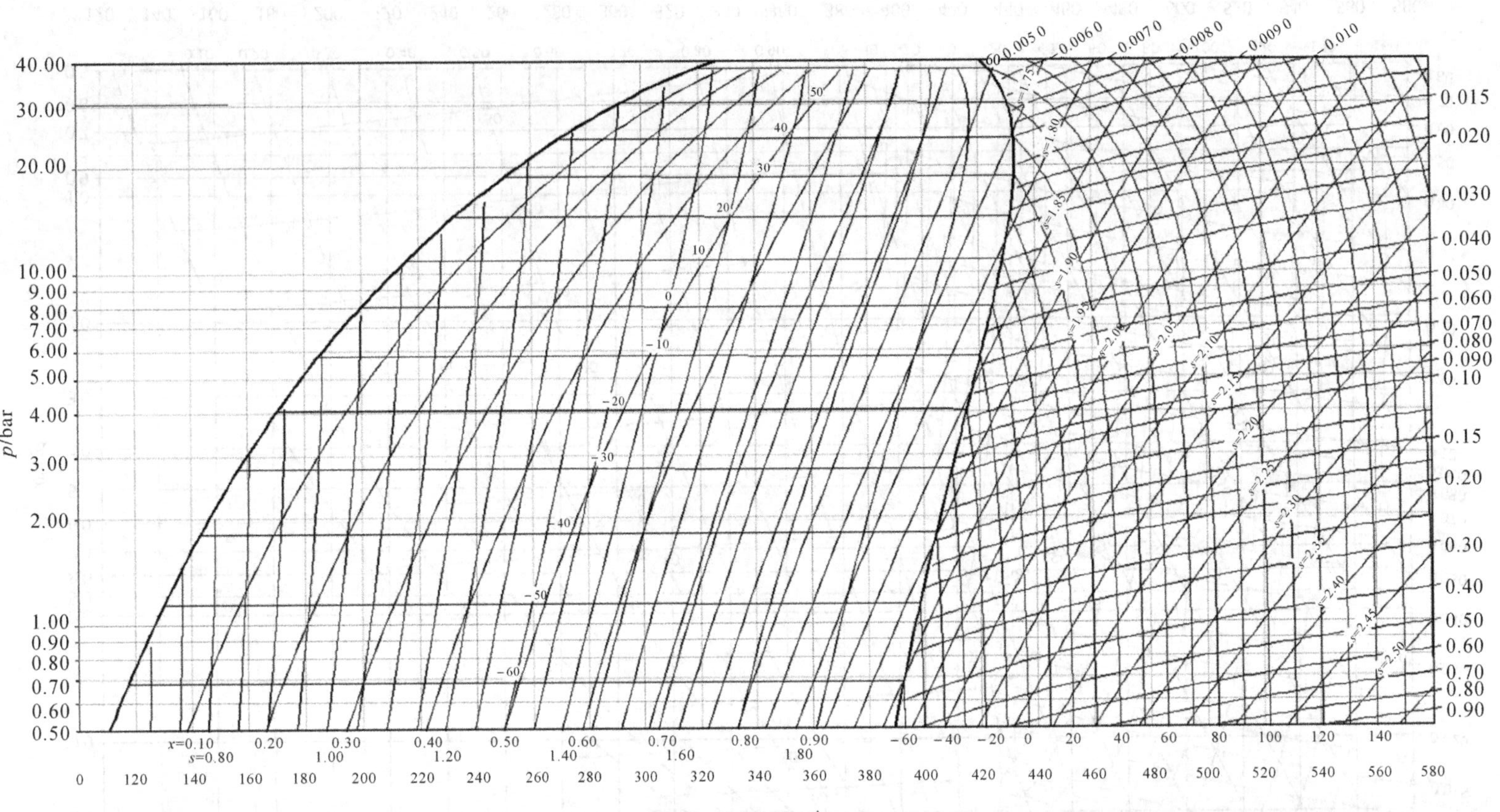

附图6　制冷剂R410a压焓图

附　表

附表 1　R22 饱和液体与饱和气体物性表

温度 t ℃	绝对压力 p MPa	密度 ρ $kg \cdot m^{-3}$	比体积 v $m^3 \cdot kg^{-1}$	比焓 h $kJ \cdot kg^{-1}$		比熵 s $kJ \cdot (kg \cdot ℃)^{-1}$		定压比热容 c_p $kJ \cdot (kg \cdot ℃)^{-1}$	
		液体	气体	液体	气体	液体	气体	液体	气体
−100.00	0.002 01	1 571.3	8.266 0	90.71	358.97	0.505 0	2.054 3	1.061	0.497
−90.00	0.004 81	1 544.9	3.644 8	101.32	363.85	0.564 6	1.998 0	1.061	0.512
−80.00	0.010 37	1 518.2	1.778 2	111.94	368.77	0.621 0	1.950 8	1.062	0.528
−70.00	0.020 47	1 491.2	0.943 42	122.58	373.70	0.674 7	1.910 8	1.065	0.545
−60.00	0.037 50	1 463.7	0.536 80	133.27	378.59	0.726 0	1.877 0	1.071	0.564
−50.00	0.064 53	1 435.6	0.323 85	144.03	383.42	0.775 2	1.848 0	1.079	0.585
−48.00	0.071 45	1 429.9	0.294 53	146.19	384.37	0.784 9	1.842 8	1.081	0.589
−46.00	0.078 94	1 424.2	0.268 37	148.36	385.32	0.794 4	1.837 6	1.083	0.594
−44.00	0.087 05	1 418.4	0.244 98	150.53	386.26	0.803 9	1.832 7	1.086	0.599
−42.00	0.095 80	1 412.6	0.224 02	152.70	387.20	0.813 4	1.827 8	1.088	0.603
−40.81b	0.101 32	1 409.2	0.212 60	154.00	387.75	0.818 9	1.825 0	1.090	0.606
−40.00	0.105 23	1 406.8	0.205 21	154.89	388.13	0.822 7	1.823 1	1.091	0.608
−38.00	0.115 38	1 401.0	0.188 29	157.07	389.06	0.832 0	1.818 6	1.093	0.613
−36.00	0.126 28	1 395.1	0.173 04	159.27	389.97	0.841 3	1.814 1	1.096	0.619
−34.00	0.137 97	1 389.1	0.159 27	161.47	390.89	0.850 5	1.809 8	1.099	0.624
−32.00	0.150 50	1 383.2	0.146 82	163.67	391.79	0.859 6	1.805 6	1.102	0.629
−30.00	0.163 89	1 377.2	0.135 53	165.88	392.69	0.868 7	1.801 5	1.105	0.635
−28.00	0.178 19	1 371.1	0.125 28	168.10	393.58	0.877 8	1.797 5	1.108	0.641
−26.00	0.193 44	1 365.0	0.115 97	170.33	394.47	0.886 8	1.793 7	1.112	0.646
−24.00	0.209 68	1 358.9	0.107 49	172.56	395.34	0.895 7	1.789 9	1.115	0.653
−22.00	0.226 96	1 352.7	0.099 75	174.80	396.21	0.904 6	1.786 2	1.119	0.659
−20.00	0.245 31	1 346.5	0.092 68	177.04	397.06	0.913 5	1.782 6	1.123	0.665
−18.00	0.264 79	1 340.3	0.086 21	179.30	397.91	0.922 3	1.779 1	1.127	0.672
−16.00	0.285 43	1 334.0	0.080 29	181.56	398.75	0.931 1	1.775 7	1.131	0.678
−14.00	0.307 28	1 327.6	0.074 85	183.83	399.57	0.939 8	1.772 3	1.135	0.685
−12.00	0.330 38	1 321.2	0.069 86	186.11	400.39	0.948 5	1.769 0	1.139	0.692
−10.00	0.354 79	1 314.7	0.065 27	188.40	401.20	0.957 2	1.765 8	1.144	0.699
−8.00	0.380 54	1 308.2	0.061 03	190.70	401.99	0.965 8	1.762 7	1.149	0.707
−6.00	0.407 69	1 301.6	0.057 13	193.01	402.77	0.974 4	1.759 6	1.154	0.715
−4.00	0.436 28	1 295.0	0.053 52	195.33	403.55	0.983 0	1.756 6	1.159	0.722

续 表

温度 t ℃	绝对压力 p MPa	密度 ρ $kg \cdot m^{-3}$	比体积 v $m^3 \cdot kg^{-1}$	比焓 h $kJ \cdot kg^{-1}$		比熵 s $kJ \cdot (kg \cdot ℃)^{-1}$		定压比热容 c_p $kJ \cdot (kg \cdot ℃)^{-1}$	
		液体	气体	液体	气体	液体	气体	液体	气体
−2.00	0.466 36	1 288.3	0.050 19	197.66	404.30	0.991 5	1.753 6	1.164	0.731
0.00	0.497 99	1 281.5	0.047 10	200.00	405.05	1.000 0	1.750 7	1.169	0.739
2.00	0.531 20	1 274.7	0.044 24	202.35	405.78	1.008 5	1.747 8	1.175	0.748
4.00	0.566 05	1 267.8	0.041 59	204.71	406.50	1.016 9	1.745 0	1.181	0.757
6.00	0.602 59	1 260.8	0.039 13	207.09	407.20	1.025 4	1.742 2	1.187	0.766
8.00	0.640 88	1 253.8	0.036 83	209.47	407.89	1.033 8	1.739 5	1.193	0.775
10.00	0.680 95	1 246.7	0.034 70	211.87	408.56	1.042 2	1.736 8	1.199	0.785
12.00	0.722 86	1 239.5	0.032 71	214.28	409.21	1.050 5	1.734 1	1.206	0.795
14.00	0.766 68	1 232.2	0.030 86	216.70	409.85	1.058 9	1.731 5	1.213	0.806
16.00	0.812 44	1 224.9	0.029 12	219.14	410.47	1.067 2	1.728 9	1.220	0.817
18.00	0.860 20	1 217.4	0.027 50	221.59	411.07	1.075 5	1.726 3	1.228	0.828
20.00	0.910 02	1 209.9	0.025 99	224.06	411.66	1.083 8	1.723 8	1.236	0.840
22.00	0.961 95	1 202.3	0.024 57	226.54	412.22	1.092 1	1.721 2	1.244	0.853
24.00	1.016 0	1 194.6	0.023 24	229.04	412.77	1.100 4	1.718 7	1.252	0.866
26.00	1.072 4	1 186.7	0.021 99	231.55	413.29	1.108 6	1.716 2	1.261	0.879
28.00	1.130 9	1 178.8	0.020 82	234.08	413.79	1.116 9	1.713 6	1.271	0.893
30.00	1.191 9	1 170.7	0.019 72	236.62	414.26	1.125 2	1.711 1	1.281	0.908
32.00	1.255 2	1 162.6	0.018 69	239.19	414.71	1.133 4	1.708 6	1.291	0.924
34.00	1.321 0	1 154.3	0.017 71	241.77	415.14	1.141 7	1.706 1	1.302	0.940
36.00	1.389 2	1 145.8	0.016 79	244.38	415.54	1.149 9	1.703 6	1.314	0.957
38.00	1.460 1	1 137.3	0.015 93	247.00	415.91	1.158 2	1.701 0	1.326	0.976
40.00	1.533 6	1 128.5	0.015 11	249.65	416.25	1.166 5	1.698 5	1.339	0.995
42.00	1.609 8	1 119.6	0.014 33	252.32	416.55	1.174 7	1.695 9	1.353	1.015
44.00	1.688 7	1 110.6	0.013 60	255.01	416.83	1.183 0	1.693 3	1.368	1.037
46.00	1.770 4	1 101.4	0.012 91	257.73	417.07	1.191 3	1.690 6	1.384	1.061
48.00	1.855 1	1 091.9	0.012 26	260.47	417.27	1.199 7	1.687 9	1.401	1.086
50.00	1.942 7	1 082.3	0.011 63	263.25	417.44	1.208 0	1.685 2	1.419	1.113
52.00	2.033 3	1 072.4	0.011 04	266.05	417.56	1.216 4	1.682 4	1.439	1.142
54.00	2.127 0	1 062.3	0.010 48	268.89	417.63	1.224 8	1.679 5	1.461	1.173
56.00	2.223 9	1 052.0	0.009 95	271.76	417.66	1.233 3	1.676 6	1.485	1.208
58.00	2.324 0	1 041.3	0.009 44	274.66	417.63	1.241 8	1.673 6	1.511	1.246
60.00	2.427 5	1 030.4	0.008 96	277.61	417.55	1.250 4	1.670 5	1.539	1.287
65.00	2.701 2	1 001.4	0.007 85	285.18	417.06	1.272 2	1.662 2	1.626	1.413
70.00	2.997 4	969.7	0.006 85	293.10	416.09	1.294 5	1.652 9	1.743	1.584
75.00	3.317 7	934.4	0.005 95	301.46	414.49	1.317 7	1.642 4	1.913	1.832

续表

温度 t ℃	绝对压力 p MPa	密度 ρ $kg \cdot m^{-3}$	比体积 v $m^3 \cdot kg^{-1}$	比焓 h $kJ \cdot kg^{-1}$		比熵 s $kJ \cdot (kg \cdot ℃)^{-1}$		定压比热容 c_p $kJ \cdot (kg \cdot ℃)^{-1}$	
		液体	气体	液体	气体	液体	气体	液体	气体
80.00	3.663 8	893.7	0.005 12	310.44	412.01	1.342 3	1.629 9	2.181	2.231
85.00	4.037 8	844.8	0.004 34	320.38	408.19	1.369 0	1.614 2	2.682	2.984
90.00	4.442 3	780.1	0.003 56	332.09	401.87	1.400 1	1.592 2	3.981	4.975
95.00	4.882 4	662.9	0.002 62	349.56	387.28	1.446 2	1.548 6	17.31	25.29
96.15c	4.990 0	523.8	0.001 91	366.90	366.90	1.492 7	1.492 7	∞	∞

注：b 表示 1 个标准大气压下的沸点；c 表示临界点。

附表 2　R123 饱和液体与饱和气体物性表

温度 t ℃	绝对压力 p MPa	密度 ρ $kg \cdot m^{-3}$	比体积 v $m^3 \cdot kg^{-1}$	比焓 h $kJ \cdot kg^{-1}$		比熵 s $kJ \cdot (kg \cdot ℃)^{-1}$		定压比热容 c_p $kJ \cdot (kg \cdot ℃)^{-1}$	
		液体	气体	液体	气体	液体	气体	液体	气体
−80.00	0.000 13	1 709.6	83.667	123.92	335.98	0.671 2	1.769 1	0.924	0.520
−70.00	0.000 34	1 687.4	32.842	133.17	341.25	0.717 9	1.742 2	0.927	0.537
−80.00	0.000 81	1 665.1	14.333	142.46	346.66	0.762 5	1.720 6	0.932	0.553
−50.00	0.001 77	1 642.6	6.846 0	151.81	352.21	0.805 4	1.703 4	0.939	0.569
−40.00	0.003 58	1 620.0	3.531 9	161.25	357.88	0.846 8	1.690 1	0.948	0.585
−30.00	0.006 75	1 597.0	1.947 0	170.78	363.65	0.886 8	1.680 0	0.958	0.601
−20.00	0.012 00	1 573.8	1.136 4	180.41	369.52	0.925 6	1.672 6	0.968	0.617
−10.00	0.020 25	1 550.1	0.696 90	190.15	375.45	0.963 3	1.667 5	0.979	0.634
0.00	0.032 65	1 526.1	0.446 09	200.00	381.44	1.000 0	1.664 2	0.990	0.651
2.00	0.035 74	1 521.3	0.409 91	201.98	382.64	1.007 2	1.663 8	0.993	0.654
4.00	0.039 07	1 516.4	0.377 20	203.97	383.84	1.014 4	1.663 4	0.995	0.658
6.00	0.042 64	1 511.5	0.347 59	205.97	385.05	1.021 6	1.663 1	0.997	0.661
8.00	0.046 47	1 506.6	0.320 75	207.96	386.25	1.028 7	1.662 8	0.999	0.665
10.00	0.050 57	1 501.6	0.296 37	209.97	387.46	1.035 8	1.662 6	1.002	0.668
12.00	0.054 95	1 496.7	0.274 20	211.97	388.66	1.042 8	1.662 5	1.004	0.672
14.00	0.059 63	1 491.7	0.254 01	213.99	389.87	1.049 9	1.662 4	1.006	0.675
16.00	0.064 63	1 486.7	0.235 59	216.00	391.08	1.056 9	1.662 3	1.009	0.679
18.00	0.069 95	1 481.7	0.218 77	218.02	392.29	1.063 8	1.662 3	1.011	0.682
20.00	0.075 61	1 476.6	0.203 38	220.05	393.49	1.070 7	1.662 4	1.014	0.686
22.00	0.081 63	1 471.5	0.189 29	222.08	394.70	1.077 6	1.662 5	1.016	0.690
24.00	0.088 02	1 466.4	0.176 37	224.12	395.91	1.084 5	1.662 6	1.018	0.692
26.00	0.094 80	1 461.3	0.164 51	226.16	397.12	1.091 3	1.662 8	1.021	0.697
27.82b	0.101 33	1 456.6	0.154 53	228.03	398.22	1.097 5	1.663 0	1.023	0.701
28.00	0.101 98	1 456.2	0.153 60	228.21	398.32	1.098 1	1.663 0	1.023	0.701
30.00	0.109 58	1 451.0	0.143 56	230.26	399.53	1.104 9	1.663 3	1.026	0.705

续 表

温度 t ℃	绝对压力 p MPa	密度 ρ $kg \cdot m^{-3}$	比体积 v $m^3 \cdot kg^{-1}$	比焓 h $kJ \cdot kg^{-1}$		比熵 s $kJ \cdot (kg \cdot ℃)^{-1}$		定压比热容 c_p $kJ \cdot (kg \cdot ℃)^{-1}$	
		液体	气体	液体	气体	液体	气体	液体	气体
32.00	0.117 62	1 445.8	0.134 31	232.31	400.73	1.111 6	1.663 5	1.028	0.709
34.00	0.126 11	1 440.6	0.125 77	234.38	401.93	1.118 3	1.663 9	1.031	0.712
36.00	0.135 07	1 435.4	0.117 89	236.44	403.14	1.125 0	1.664 2	1.033	0.716
38.00	0.144 52	1 430.1	0.110 60	238.51	404.34	1.131 7	1.664 6	1.036	0.720
40.00	0.154 47	1 424.8	0.103 85	240.59	405.54	1.138 3	1.665 1	1.038	0.724
42.00	0.164 95	1 419.4	0.097 59	242.67	406.73	1.144 9	1.665 5	1.041	0.728
44.00	0.175 97	1 414.1	0.091 79	244.76	407.93	1.151 5	1.666 0	1.044	0.732
46.00	0.187 55	1 408.7	0.086 41	246.86	409.12	1.158 1	1.666 5	1.046	0.736
48.00	0.199 71	1 403.3	0.081 40	248.95	410.31	1.164 6	1.667 0	1.049	0.741
50.00	0.212 46	1 397.8	0.076 74	251.06	411.50	1.171 1	1.667 6	1.052	0.745
52.00	0.225 84	1 392.3	0.072 40	253.17	412.69	1.177 6	1.668 2	1.055	0.749
54.00	0.239 85	1 386.8	0.068 36	255.28	413.87	1.184 0	1.668 8	1.058	0.753
56.00	0.254 51	1 381.2	0.064 58	257.41	415.05	1.190 5	1.669 4	1.060	0.758
58.00	0.269 85	1 375.6	0.061 06	259.53	416.23	1.196 9	1.670 1	1.063	0.762
60.00	0.285 89	1 370.0	0.057 77	261.67	417.40	1.203 3	1.670 7	1.066	0.767
62.00	0.302 64	1 364.3	0.054 69	263.81	418.57	1.209 6	1.671 4	1.069	0.771
64.00	0.320 13	1 358.6	0.051 80	265.95	419.73	1.216 0	1.672 1	1.072	0.776
66.00	0.338 38	1 352.8	0.049 10	268.10	420.89	1.222 3	1.672 8	1.076	0.781
68.00	0.357 40	1 347.0	0.046 56	270.26	422.05	1.228 6	1.673 5	1.079	0.785
70.00	0.377 22	1 341.2	0.04418	272.42	423.20	1.234 9	1.674 3	1.082	0.790
72.00	0.397 87	1 335.3	0.041 95	274.60	424.35	1.241 1	1.675 0	1.085	0.795
74.00	0.419 36	1 329.3	0.039 85	276.77	425.50	1.247 4	1.675 8	1.089	0.800
76.00	0.441 71	1 323.4	0.037 87	278.96	426.63	1.253 6	1.676 6	1.092	0.806
78.00	0.464 94	1 317.3	0.036 01	281.15	427.77	1.259 8	1.677 4	1.096	0.811
80.00	0.489 09	1 311.2	0.034 26	283.35	428.89	1.266 0	1.678 1	1.100	0.816
82.00	0.514 16	1 305.1	0.032 61	285.55	430.01	1.272 2	1.678 9	1.103	0.822
84.00	0.540 19	1 298.9	0.031 05	287.77	431.13	1.278 3	1.679 7	1.107	0.827
86.00	0.567 20	1 292.6	0.029 58	289.99	432.23	1.284 5	1.680 6	1.111	0.833
88.00	0.595 20	1 286.3	0.028 19	292.22	433.33	1.290 6	1.681 4	1.115	0.839
90.00	0.624 23	1 279.9	0.026 87	294.45	434.43	1.296 7	1.682 2	1.120	0.845
92.00	0.654 30	1 273.5	0.025 63	296.70	435.51	1.302 8	1.683 0	1.124	0.851
94.00	0.685 44	1 266.9	0.024 45	298.95	436.59	1.308 9	1.683 8	1.129	0.858
96.00	0.717 68	1 260.3	0.023 34	301.21	437.66	1.315 0	1.684 6	1.133	0.864
98.00	0.751 03	1 253.7	0.022 28	303.49	438.72	1.321 1	1.685 4	1.138	0.871
100.00	0.785 53	1 246.9	0.021 28	305.77	439.77	1.327 1	1.686 2	1.143	0.878

续 表

温度 t ℃	绝对压力 p MPa	密度 ρ $kg \cdot m^{-3}$	比体积 v $m^3 \cdot kg^{-1}$	比焓 h $kJ \cdot kg^{-1}$		比熵 s $kJ \cdot (kg \cdot ℃)^{-1}$		定压比热容 c_p $kJ \cdot (kg \cdot ℃)^{-1}$	
		液体	气体	液体	气体	液体	气体	液体	气体
110.00	0.976 03	1 211.9	0.016 97	317.32	444.88	1.357 2	1.690 2	1.172	0.917
120.00	1.199 0	1 174.4	0.013 61	329.15	449.67	1.387 2	1.693 8	1.207	0.964
130.00	1.457 8	1 133.6	0.010 94	341.32	454.07	1.417 3	1.696 9	1.254	1.026
140.00	1.756 3	1 088.3	0.008 79	353.92	457.94	1.447 5	1.699 2	1.318	1.111
150.00	2.098 7	1 036.8	0.007 03	367.10	461.05	1.478 2	1.700 3	1.415	1.240
160.00	2.490 1	975.7	0.005 55	381.13	463.01	1.510 1	1.699 1	1.584	1.473
170.00	2.937 2	896.9	0.004 25	396.61	462.89	1.544 3	1.693 9	1.979	2.033
180.00	3.450 6	765.9	0.002 92	416.22	456.82	1.586 7	1.676 3	4.549	5.661
183.68c	3.661 8	550.0	0.001 82	437.39	437.39	1.632 5	1.632 5	∞	∞

注：b 表示 1 个标准大气压下的沸点；c 表示临界点。

附表 3　R134a 饱和液体与饱和气体物性表

温度 t ℃	绝对压力 p MPa	密度 ρ $kg \cdot m^{-3}$	比体积 v $m^3 \cdot kg^{-1}$	比焓 h $kJ \cdot kg^{-1}$		比熵 s $kJ \cdot (kg \cdot ℃)^{-1}$		定压比热容 c_p $kJ \cdot (kg \cdot ℃)^{-1}$	
		液体	气体	液体	气体	液体	气体	液体	气体
−103.30a	0.000 39	1 591.1	35.496	71.46	334.94	0.412 6	1.963 9	1.184	0.585
−100.00	0.000 56	1 582.4	25.193	75.36	336.85	0.435 4	1.945 6	1.184	0.593
−90.00	0.001 52	1 555.8	9.769 8	87.23	342.76	0.502 0	1.897 2	1.189	0.617
−80.00	0.003 67	1 529.0	4.268 2	99.16	348.83	0.565 4	1.858 0	1.198	0.642
−70.00	0.007 98	1 501.9	2.059 0	111.20	355.02	0.626 2	1.826 4	1.210	0.667
−60.00	0.015 91	1 474.3	1.079 0	123.36	361.31	0.684 6	1.801 0	1.223	0.692
−50.00	0.029 45	1 446.3	0.606 20	135.67	367.65	0.741 0	1.780 6	1.238	0.720
−40.00	0.051 21	1 417.7	0.361 08	148.14	374.00	0.795 6	1.764 3	1.255	0.749
−30.00	0.084 38	1 388.4	0.225 94	160.79	380.22	0.848 6	1.751 5	1.273	0.781
−28.00	0.092 70	1 382.4	0.206 80	163.34	381.57	0.859 1	1.749 2	1.277	0.788
−26.07b	0.101 33	1 376.7	0.190 18	165.81	382.78	0.869 0	1.747 2	1.281	0.794
−26.00	0.101 67	1 376.5	0.189 58	165.90	382.82	0.869 4	1.747 1	1.281	0.794
−24.00	0.111 30	1 370.4	0.174 07	168.47	384.07	0.879 8	1.745 1	1.285	0.801
−22.00	0.121 65	1 364.4	0.160 06	171.08	385.32	0.890 0	1.743 2	1.289	0.809
−20.00	0.132 73	1 358.3	0.147 39	173.64	386.55	0.900 2	1.741 3	1.293	0.816
−18.00	0.144 60	1 352.1	0.135 92	176.23	387.79	0.910 4	1.739 6	1.297	0.823
−16.00	0.157 28	1 345.9	0.125 51	178.83	389.02	0.920 5	1.737 9	1.302	0.831
−14.00	0.170 82	1 339.7	0.116 05	181.44	390.24	0.930 6	1.736 3	1.306	0.838
−12.00	0.188 24	1 333.4	0.107 44	184.07	391.46	0.940 7	1.734 8	1.311	0.846
−10.00	0.200 60	1 327.1	0.099 59	186.70	392.66	0.950 6	1.733 4	1.316	0.854

续 表

温度 t ℃	绝对压力 p MPa	密度 ρ $kg \cdot m^{-3}$	比体积 v $m^3 \cdot kg^{-1}$	比焓 h $kJ \cdot kg^{-1}$		比熵 s $kJ \cdot (kg \cdot ℃)^{-1}$		定压比热容 c_p $kJ \cdot (kg \cdot ℃)^{-1}$	
		液体	气体	液体	气体	液体	气体	液体	气体
−8.00	0.216 93	1 320.8	0.092 42	189.34	393.87	0.960 6	1.732 0	1.320	0.863
−6.00	0.234 28	1 314.3	0.085 87	191.99	395.06	0.970 5	1.730 7	1.325	0.871
−4.00	0.252 68	1 307.9	0.079 87	194.65	396.25	0.980 4	1.729 4	1.330	0.880
−2.00	0.272 17	1 301.4	0.074 36	197.32	397.43	0.990 2	1.728 2	1.336	0.888
0.00	0.292 80	1 294.8	0.069 31	200.00	398.60	1.000 0	1.727 1	1.341	0.897
2.00	0.314 62	1 288.1	0.064 66	202.69	399.77	1.009 8	1.726 0	1.347	0.906
4.00	0.337 66	1 281.4	0.060 39	205.40	400.92	1.019 5	1.725 0	1.352	0.916
6.00	0.361 98	1 274.7	0.056 44	208.11	402.06	1.029 2	1.724 0	1.358	0.925
8.00	0.387 61	1 267.9	0.052 80	210.84	403.20	1.038 8	1.723 0	1.364	0.935
10.00	0.414 61	1 261.0	0.049 44	213.58	404.32	1.048 5	1.722 1	1.370	0.945
12.00	0.443 01	1 254.0	0.046 33	216.33	405.43	1.058 1	1.721 2	1.377	0.956
14.00	0.472 88	1 246.9	0.043 45	219.09	406.53	1.067 7	1.720 4	1.383	0.967
16.00	0.504 25	1 239.8	0.040 78	221.87	407.61	1.077 2	1.719 6	1.390	0.978
18.00	0.537 18	1 232.6	0.038 30	224.66	408.69	1.086 7	1.718 8	1.397	0.989
20.00	0.571 71	1 225.3	0.036 00	227.47	409.75	1.096 2	1.718 0	1.405	1.001
22.00	0.607 89	1 218.0	0.033 85	230.29	410.79	1.106 7	1.717 3	1.413	1.013
24.00	0.645 78	1 210.5	0.031 86	233.12	411.82	1.115 2	1.716 6	1.421	1.025
26.00	0.685 43	1 202.9	0.030 00	235.97	412.84	1.124 6	1.715 9	1.429	1.038
28.00	0.726 88	1 195.2	0.028 26	238.84	413.84	1.134 1	1.715 2	1.437	1.052
30.00	0.770 20	1 187.5	0.026 64	241.72	414.82	1.143 5	1.714 5	1.446	1.065
32.00	0.815 43	1 179.6	0.025 13	244.62	415.78	1.152 9	1.712 8	1.456	1.080
34.00	0.862 63	1 171.6	0.023 71	247.54	416.72	1.162 3	1.713 1	1.466	1.095
36.00	0.911 85	1 163.4	0.022 38	250.48	417.65	1.171 7	1.712 4	1.476	1.111
28.00	0.963 15	1 155.1	0.021 13	253.43	418.55	1.181 1	1.711 8	1.487	1.127
40.00	1.016 6	1 146.7	0.019 97	256.41	419.43	1.190 5	1.711 1	1.498	1.145
42.00	1.072 2	1 138.2	0.018 87	259.41	420.28	1.199 9	1.710 3	1.510	1.163
44.00	1.130 1	1 129.5	0.017 84	262.43	421.11	1.209 2	1.709 6	1.523	1.182
46.00	1.190 3	1 120.6	0.016 87	265.47	421.92	1.218 6	1.708 9	1.537	1.202
48.00	1.252 9	1 111.5	0.015 95	268.53	422.69	1.228 0	1.708 1	1.881	1.223
50.00	1.317 9	1 102.3	0.015 09	271.62	423.44	1.237 5	1.707 2	1.566	1.246
52.00	1.385 4	1 092.9	0.014 28	274.74	424.15	1.246 9	1.706 4	1.582	1.270
54.00	1.455 5	1 083.2	0.013 51	277.89	424.83	1.256 3	1.705 5	1.600	1.296
56.00	1.528 2	1 073.4	0.012 78	281.06	425.47	1.265 8	1.704 5	1.618	1.324
58.00	1.603 6	1 063.2	0.012 09	284.27	426.07	1.275 3	1.703 5	1.638	1.354
60.00	1.681 8	1 052.9	0.011 44	287.50	426.63	1.284 8	1.702 4	1.660	1.387

续表

温度 t ℃	绝对压力 p MPa	密度 ρ $kg\cdot m^{-3}$	比体积 v $m^3\cdot kg^{-1}$	比焓 h $kJ\cdot kg^{-1}$		比熵 s $kJ\cdot(kg\cdot ℃)^{-1}$		定压比热容 c_p $kJ\cdot(kg\cdot ℃)^{-1}$	
		液体	气体	液体	气体	液体	气体	液体	气体
62.00	1.762 8	1 042.2	0.010 83	290.78	427.14	1.294 4	1.701 3	1.684	1.422
64.00	1.846 7	1 031.2	0.010 24	294.09	427.61	1.304 0	1.700 0	1.710	1.461
66.00	1.933 7	1 020.0	0.009 69	297.44	428.02	1.313 7	1.698 7	1.738	1.504
68.00	2.023 7	1 008.3	0.009 16	300.84	428.36	1.323 4	1.697 2	1.769	1.552
70.00	2.116 8	996.2	0.008 65	304.28	428.65	1.333 2	1.695 6	1.804	1.605
72.00	2.213 2	983.8	0.008 17	307.78	428.86	1.343 0	1.693 9	1.843	1.665
74.00	2.313 0	970.8	0.007 71	311.33	429.00	1.353 0	1.692 0	1.887	1.734
76.00	2.416 1	957.3	0.007 27	314.94	429.04	1.363 1	1.689 9	1.938	1.812
78.00	2.522 8	943.1	0.006 85	318.63	428.98	1.373 3	1.687 6	1.996	1.904
80.00	2.633 2	928.2	0.006 45	322.39	428.81	1.383 6	1.685 0	2.065	2.012
85.00	2.925 8	887.2	0.005 50	332.22	427.76	1.410 4	1.677 1	2.306	2.397
90.00	3.244 2	837.8	0.004 61	342.93	425.42	1.439 0	1.666 2	2.756	3.121
95.00	3.591 2	772.7	0.003 74	355.25	420.67	1.471 5	1.649 2	3.938	5.020
100.00	3.972 4	651.2	0.002 68	373.30	407.68	1.518 8	1.610 9	17.59	25.35
101.06c	4.059 3	511.9	0.001 95	389.64	389.64	1.562 1	1.562 1	∞	∞

注：a 表示三相点；b 表示 1 个标准大气压下的沸点；c 表示临界点。

附表 4　R717 饱和液体与饱和气体物性表

温度 t ℃	绝对压力 p MPa	密度 ρ $kg\cdot m^{-3}$	比体积 v $m^3\cdot kg^{-1}$	比焓 h $kJ\cdot kg^{-1}$		比熵 s $kJ\cdot(kg\cdot ℃)^{-1}$		定压比热容 c_p $kJ\cdot(kg\cdot ℃)^{-1}$	
		液体	气体	液体	气体	液体	气体	液体	气体
−77.65a	0.006 09	732.9	15.602	−143.15	1 341.23	−0.471 6	7.121 3	4.202	2.063
−70.00	0.010 94	724.7	9.007 9	−110.81	1 355.55	−0.309 4	6.908 8	4.245	2.086
−60.00	0.021 89	713.6	4.705 7	−68.06	1 373.73	−0.104 0	6.660 2	4.303	2.125
−50.00	0.040 84	702.1	2.627 7	−24.73	1 391.19	0.094 5	6.439 6	4.360	2.178
−40.00	0.071 69	690.2	1.553 3	19.17	1 407.76	0.286 7	6.242 5	4.414	2.244
−38.00	0.079 71	687.7	1.406 8	28.01	1 410.96	0.324 5	6.205 6	4.424	2.259
−36.00	0.088 45	685.3	1.276 5	36.88	1 414.11	0.361 9	6.169 4	4.434	2.275
−24.00	0.097 95	682.8	1.160 4	45.77	1 417.23	0.399 2	6.133 9	4.444	2.291
−33.33b	0.101 33	682.0	1.124 2	48.76	1 418.26	0.411 7	6.122 1	4.448	2.297
−32.00	0.108 26	680.3	1.056 7	54.67	1 420.29	0.436 2	6.099 2	4.455	2.308
−30.00	0.119 43	677.8	0.963 96	63.60	1 423.31	0.473 0	6.065 1	4.465	2.326
−28.00	0.131 51	675.3	0.880 82	72.55	1 426.28	0.509 6	6.031 7	4.474	2.344
−26.00	0.144 57	672.8	0.806 14	81.52	1 429.21	0.546 0	5.998 9	4.484	2.363
−24.00	0.158 64	670.3	0.738 96	90.51	1 432.08	0.582 1	5.966 7	4.494	2.383
−22.00	0.173 79	667.7	0.678 40	99.52	1 434.91	0.618 0	5.935 1	4.504	2.403

续 表

温度 t ℃	绝对压力 p MPa	密度 ρ $kg \cdot m^{-3}$	比体积 v $m^3 \cdot kg^{-1}$	比焓 h $kJ \cdot kg^{-1}$		比熵 s $kJ \cdot (kg \cdot ℃)^{-1}$		定压比热容 c_p $kJ \cdot (kg \cdot ℃)^{-1}$	
		液体	气体	液体	气体	液体	气体	液体	气体
−20.00	0.190 08	665.1	0.623 73	108.55	1 437.68	0.653 8	5.904 1	4.514	2.425
−18.00	0.207 56	662.6	0.574 28	117.60	1 440.39	0.689 3	5.873 6	4.524	2.446
−16.00	0.226 30	660.0	0.529 49	126.67	1 443.06	0.724 6	8.843 7	4.534	2.469
−14.00	0.246 37	657.3	0.488 85	135.76	1 445.66	0.759 7	8.814 3	4.543	2.493
−12.00	0.267 82	654.7	0.451 92	144.88	1 448.21	0.794 6	5.785 3	4.553	2.517
−10.00	0.290 71	652.1	0.418 30	154.01	1 450.70	0.829 3	5.756 9	4.564	2.542
−8.00	0.315 13	649.4	0.387 67	163.16	1 453.14	0.863 8	5.728 9	4.574	2.568
−6.00	0.341 14	646.7	0.359 70	172.34	1 455.51	0.898 1	5.701 3	4.584	2.594
−4.00	0.368 80	644.0	0.334 14	181.54	1 457.81	0.932 3	5.674 1	4.595	2.622
−2.00	0.398 19	641.3	0.310 74	190.76	1 460.06	0.966 2	5.647 4	4.606	2.651
0.00	0.429 38	638.6	0.289 30	200.00	1 462.24	1.000 0	5.621 0	4.617	2.680
2.00	0.462 46	635.8	0.269 62	209.27	1 464.35	1.033 6	5.595 1	4.628	2.710
4.00	0.497 48	633.1	0.251 53	218.55	1 406.40	1.067 0	5.569 5	4.639	2.742
6.00	0.534 53	630.3	0.234 89	227.87	1 468.37	1.100 3	5.544 2	4.651	2.774
8.00	0.573 70	627.5	0.219 56	237.20	1 470.28	1.133 4	5.519 2	4.663	2.807
10.00	0.615 05	624.6	0.205 43	246.57	1 472.11	1.166 4	5.494 6	4.676	2.841
12.00	0.658 66	621.8	0.192 37	255.95	1 473.88	1.199 2	5.470 3	4.689	2.877
14.00	0.704 63	618.9	0.180 31	265.37	1 475.56	1.231 8	5.446 2	4.702	2.913
16.00	0.753 03	616.0	0.169 14	274.81	1 477.17	1.264 3	5.422 6	4.716	2.951
18.00	0.803 95	613.1	0.158 79	284.28	1 478.70	1.296 7	5.399 1	4.730	2.990
20.00	0.857 48	610.2	0.149 20	293.78	1 480.16	1.328 9	5.375 9	4.745	3.030
22.00	0.913 69	607.2	0.140 29	303.31	1 481.53	1.361 0	5.352 9	4.760	3.071
24.00	0.972 68	604.3	0.132 01	312.87	1 482.82	1.392 9	5.330 1	4.776	2.113
26.00	1.034 5	601.3	0.124 31	322.47	1 484.02	1.424 8	5.307 6	4.793	3.158
28.00	1.099 3	598.2	0.117 14	332.09	1 485.14	1.456 5	5.285 3	4.810	3.203
30.00	1.167 2	595.2	0.110 46	341.76	1 486.17	1.488 1	5.263 1	4.828	3.250
32.00	1.238 2	592.1	0.104 22	351.45	1 487.11	1.519 6	8.241 2	4.847	3.299
34.00	1.312 4	589.0	0.098 40	361.19	1 487.95	1.550 9	5.219 4	4.867	3.348
36.00	1.390 0	585.8	0.092 96	370.96	1 488.70	1.582 2	5.197 8	4.888	3.401
38.00	1.470 9	582.6	0.087 87	380.78	1 489.36	1.613 4	5.176 3	4.909	3.455
40.00	1.555 4	579.4	0.083 10	390.64	1 489.91	1.644 6	5.154 9	4.932	3.510
42.00	1.643 5	576.2	0.078 63	400.54	1 490.36	1.675 6	5.133 7	4.956	3.568
44.00	1.735 3	572.9	0.074 45	410.48	1 490.70	1.706 5	5.112 6	4.981	3.628
46.00	1.831 0	569.6	0.070 82	420.48	1 490.94	1.737 4	5.091 5	5.007	3.691
48.00	1.930 5	566.3	0.066 82	430.52	1 491.06	1.758 3	5.070 6	5.034	3.756

续表

温度 t ℃	绝对压力 p MPa	密度 ρ $kg \cdot m^{-3}$	比体积 v $m^3 \cdot kg^{-1}$	比焓 h $kJ \cdot kg^{-1}$		比熵 s $kJ \cdot (kg \cdot ℃)^{-1}$		定压比热容 c_p $kJ \cdot (kg \cdot ℃)^{-1}$	
		液体	气体	液体	气体	液体	气体	液体	气体
50.00	2.034 0	562.9	0.063 35	440.62	1 491.07	1.799 0	5.049 7	5.064	3.823
55.00	2.311 1	554.2	0.055 54	466.10	1 490.57	1.875 8	4.997 7	5.143	4.005
60.00	2.615 6	545.2	0.048 80	491.97	1 489.27	1.952 3	4.945 8	5.235	4.208
65.00	2.949 1	536.0	0.042 96	518.26	1 487.09	2.028 8	4.893 9	5.341	4.438
70.00	3.313 5	526.3	0.037 87	545.04	1 483.94	2.105 4	4.841 5	5.465	4.699
75.00	3.710 5	516.2	0.033 42	572.37	1 479.72	2.132 3	4.788 5	5.610	5.001
80.00	4.142 0	505.7	0.029 51	600.34	1 474.31	2.259 6	4.734 4	5.784	5.355
85.00	4.610 0	494.5	0.026 06	629.04	1 467.53	2.337 7	4.678 9	5.993	5.777
90.00	5.116 7	482.8	0.023 00	658.61	1 459.19	2.416 8	4.621 3	6.250	6.291
95.00	5.664 3	470.2	0.020 27	689.19	1 449.01	2.493 7	4.561 2	6.573	6.933
100.00	6.255 3	456.6	0.017 82	721.00	1 436.63	2.579 7	4.497 5	6.991	7.762
105.00	6.892 3	441.9	0.015 61	754.35	1 421.57	2.664 7	4.429 1	7.555	8.877
110.00	7.578 3	425.6	0.013 60	789.68	1 403.08	2.753 3	4.354 2	8.36	10.46
115.00	8.317 0	407.2	0.011 74	827.74	1 379.99	2.847 4	4.270 2	9.63	12.91
120.00	9.112 8	385.5	0.009 99	869.92	1 350.23	2.950 2	4.171 9	11.94	17.21
125.00	9.970 2	357.8	0.008 28	919.68	1 309.12	3.070 2	4.048 3	17.66	27.00
130.00	10.897 7	312.3	0.006 38	992.02	1 239.32	3.243 7	3.857 1	54.21	76.49
132.25c	11.333 0	225.0	0.004 44	1 119.22	1 119.22	3.554 2	3.554 2	∞	∞

注：a 表示三相点；b 表示 1 个标准大气压下的沸点；c 表示临界点。

附表 5　R407C[R32/125/134a(23/25/52)]沸腾状态液体与结露状态气体物性表

绝对压力 p MPa	温度 t ℃		密度 ρ $kg \cdot m^{-3}$	比体积 v $m^3 \cdot kg^{-1}$	比焓 h $kJ \cdot kg^{-1}$		比熵 s $kJ \cdot (kg \cdot ℃)^{-1}$		定压比热容 c_p $kJ \cdot (kg \cdot ℃)^{-1}$	
	泡点	露点	液体	气体	液体	气体	液体	气体	液体	气体
0.010 00	−82.82	−74.96	1 496.6	1.896 11	91.52	365.89	0.530 2	1.943 7	1.246	0.667
0.020 00	−72.81	−65.15	1 468.1	0.989 86	104.03	371.89	0.594 2	1.907 1	1.255	0.692
0.040 00	−61.51	−54.07	1 435.2	0.516 99	118.30	378.64	0.663 5	1.873 0	1.268	0.725
0.060 00	−54.18	−46.89	1 413.5	0.353 46	127.63	382.97	0.706 8	1.854 3	1.278	0.748
0.080 00	−48.61	−41.44	1 396.8	0.269 76	134.78	386.21	0.738 9	1.841 6	1.287	0.767
0.100 00	−44.06	−36.98	1 382.9	0.218 67	140.65	388.83	0.764 8	1.832 1	1.295	0.783
0.101 32b	−43.79	−36.71	1 382.1	0.215 97	141.01	388.99	0.766 3	1.831 5	1.295	0.784
0.120 00	−40.19	−33.19	1 371.0	0.184 13	145.69	391.04	0.786 5	1.824 5	1.302	0.798
0.140 00	−36.80	−29.87	1 360.4	0.159 18	150.12	392.95	0.805 3	1.818 3	1.308	0.811
0.160 00	−33.77	−26.90	1 350.9	0.140 27	154.10	394.64	0.822 0	1.813 0	1.314	0.823

续 表

绝对压力 p MPa	温度 t ℃		密度 ρ kg·m^{-3}	比体积 v m^3·kg^{-1}	比焓 h kJ·kg^{-1}		比熵 s kJ·(kg·℃)$^{-1}$		定压比热容 c_p kJ·(kg·℃)$^{-1}$	
	泡点	露点	液体	气体	液体	气体	液体	气体	液体	气体
0.180 00	−31.02	−24.21	1 342.2	0.125 44	157.73	396.15	0.837 0	1.808 4	1.320	0.835
0.200 00	−28.50	−21.74	1 334.1	0.113 48	161.07	397.52	0.850 7	1.804 3	1.326	0.845
0.220 00	−26.17	−19.46	1 326.6	0.103 63	164.17	398.78	0.863 2	1.800 7	1.331	0.856
0.240 00	−24.00	−17.34	1 319.5	0.095 37	167.07	399.94	0.874 8	1.797 4	1.336	0.865
0.260 00	−21.96	−15.35	1 312.8	0.088 34	169.80	401.01	0.885 7	1.794 5	1.341	0.875
0.280 00	−20.05	−13.47	1 306.5	0.082 28	172.38	402.01	0.895 9	1.791 8	1.346	0.884
0.300 00	−18.23	−11.70	1 300.4	0.077 00	174.83	402.95	0.905 5	1.789 3	1.351	0.892
0.320 00	−16.51	−10.01	1 294.6	0.072 36	177.17	403.83	0.914 5	1.786 9	1.355	0.901
0.340 00	−14.86	−8.41	1 289.0	0.068 24	179.41	404.67	0.923 2	1.784 8	1.360	0.909
0.360 00	−13.29	−6.87	1 283.7	0.064 57	181.55	405.45	0.931 4	1.782 7	1.364	0.917
0.380 00	−11.79	−5.40	1 278.5	0.061 27	183.61	406.20	0.939 2	1.780 8	1.369	0.925
0.400 00	−10.34	−3.99	1 273.5	0.058 29	185.60	406.91	0.946 8	1.779 0	1.373	0.932
0.420 00	−8.95	−2.63	1 268.7	0.055 59	187.52	407.59	0.954 0	1.777 3	1.377	0.940
0.440 00	−7.61	−1.32	1 264.0	0.053 12	189.37	408.24	0.960 9	1.775 7	1.382	0.947
0.460 00	−6.31	−0.05	1 259.4	0.050 86	191.17	408.85	0.967 6	1.774 1	1.386	0.954
0.480 00	−5.06	1.17	1 255.0	0.048 78	192.91	409.44	0.974 1	1.772 6	1.390	0.961
0.500 00	−3.84	2.36	1 250.6	0.046 87	194.61	410.01	0.980 3	1.771 2	1.394	0.968
0.550 00	−0.96	5.17	1 240.2	0.042 66	198.65	411.33	0.995 1	1.767 9	1.404	0.985
0.600 00	1.73	7.79	1 230.4	0.039 13	202.45	412.54	1.008 8	1.764 9	1.414	1.002
0.650 00	4.26	10.25	1 221.0	0.036 13	206.04	413.64	1.021 7	1.762 2	1.423	1.018
0.700 00	6.65	12.58	1 212.0	0.033 55	209.45	414.64	1.033 8	1.759 6	1.433	1.034
0.750 00	8.91	14.78	1 203.3	0.031 29	212.71	415.57	1.045 2	1.757 2	1.443	1.050
0.800 00	11.06	16.87	1 195.0	0.029 31	215.82	416.43	1.056 1	1.754 9	1.452	1.066
0.850 00	13.11	18.86	1 186.9	0.027 55	218.81	417.23	1.066 4	1.752 8	1.462	1.081
0.900 00	15.07	20.77	1 179.1	0.02598	221.69	417.97	1.076 3	1.750 7	1.471	1.097
0.950 00	16.95	22.59	1 171.5	0.024 57	224.47	418.65	1.085 7	1.748 8	1.481	1.112
1.000 00	18.76	24.35	1 164.1	0.023 30	227.15	419.29	1.094 8	1.746 9	1.490	1.127
1.100 00	22.19	27.67	1 149.8	0.021 09	232.28	420.44	1.112 0	1.743 3	1.510	1.158
1.200 00	25.39	30.77	1 136.0	0.019 23	237.13	421.44	1.128 1	1.740 0	1.530	1.190
1.300 00	28.40	33.68	1 122.8	0.017 65	241.74	422.30	1.143 1	1.736 7	1.550	1.222
1.400 00	31.24	36.42	1 109.9	0.016 29	246.15	423.04	1.157 4	1.733 7	1.571	1.255
1.500 00	33.94	39.02	1 097.4	0.015 10	250.38	423.68	1.170 9	1.730 7	1.592	1.289
1.600 00	36.50	41.49	1 085.1	0.014 05	254.44	424.21	1.183 8	1.727 7	1.615	1.324
1.700 00	38.90	43.84	1 073.1	0.013 12	258.38	424.66	1.196 1	1.724 8	1.638	1.360
1.800 00	41.29	46.09	1 061.3	0.012 29	262.18	425.02	1.208 0	1.722 0	1.662	1.398

续 表

绝对压力 p MPa	温度 t ℃		密度 ρ kg·m⁻³	比体积 v m³·kg⁻¹	比焓 h kJ·kg⁻¹		比熵 s kJ·(kg·℃)⁻¹		定压比热容 c_p kJ·(kg·℃)⁻¹	
	泡点	露点	液体	气体	液体	气体	液体	气体	液体	气体
1.900 00	43.54	48.25	1 049.6	0.011 54	265.88	425.31	1.219 4	1.719 1	1.888	1.438
2.000 00	45.70	50.31	1 038.1	0.010 87	269.48	425.51	1.230 4	1.716 3	1.715	1.481
2.100 00	47.79	52.30	1 026.7	0.010 25	273.00	425.65	1.241 1	1.713 5	1.742	1.526
2.200 00	49.80	54.22	1 015.2	0.009 69	276.43	425.71	1.251 5	1.710 6	1.774	1.573
2.300 00	51.74	56.07	1 004.0	0.009 17	279.80	425.70	1.261 6	1.707 7	1.806	1.624
2.400 00	53.63	57.86	992.7	0.008 69	283.10	425.63	1.271 4	1.704 8	1.841	1.679
2.500 00	55.45	59.58	981.4	0.008 25	286.35	425.48	1.281 0	1.701 8	1.878	1.738
2.600 00	57.22	61.26	970.0	0.007 84	289.55	425.27	1.290 4	1.698 8	1.918	1.802
2.700 00	58.94	62.88	958.6	0.007 46	292.71	425.00	1.299 6	1.695 7	1.962	1.872
2.800 00	60.62	64.45	947.1	0.007 10	295.83	424.65	1.308 7	1.692 5	2.009	1.948
2.900 00	62.25	65.98	935.5	0.006 76	298.92	424.23	1.317 6	1.689 2	2.062	2.032
3.000 00	63.84	67.47	923.8	0.006 44	301.99	423.74	1.326 4	1.685 8	2.120	2.125
3.200 00	66.90	70.32	899.7	0.005 86	308.08	422.52	1.343 8	1.678 6	2.258	2.345
3.400 00	69.83	73.02	874.5	0.005 33	314.14	420.96	1.360 9	1.670 9	2.435	2.628
3.600 00	72.63	75.57	847.8	0.004 84	320.25	419.00	1.377 9	1.662 3	2.673	3.007
3.800 00	75.31	78.00	819.0	0.004 39	326.49	416.54	1.388 2	1.652 6	3.013	3.543
4.000 00	77.90	80.30	787.0	0.003 96	332.98	413.42	1.413 0	1.641 4	3.544	4.363
4.200 00	80.40	82.46	749.8	0.003 54	339.95	409.31	1.432 1	1.627 7	4.497	5.782
4.635c	86.1	86.1	506.0	0.001 98	375.0	375.0	1.528	1.528	—	—

注：b 表示 1 个标准大气压下的泡点和露点；c 表示临界点。

附表 6　R410A[R32/125(50/50)]沸腾状态液体与结露状态气体物性表

绝对压力 p MPa	温度 t ℃		密度 ρ kg·m⁻³	比体积 v m³·kg⁻¹	比焓 h kJ·kg⁻¹		比熵 s kJ·(kg·℃)⁻¹		定压比热容 c_p kJ·(kg·℃)⁻¹	
	泡点	露点	液体	气体	液体	气体	液体	气体	液体	气体
0.010 00	−88.54	−88.50	1 462.0	2.095 50	78.00	377.63	0.465 0	2.087 9	1.313	0.666
0.020 00	−79.05	−79.01	1 434.3	1.095 40	90.48	383.18	0.530 9	2.038 8	1.317	0.695
0.040 00	−68.33	−68.29	1 402.4	0.572 78	104.64	389.31	0.601 8	1.991 6	1.325	0.733
0.060 00	−61.39	−61.35	1 381.4	0.391 84	113.86	393.17	0.646 1	1.965 0	1.333	0.761
0.080 00	−56.13	−56.08	1 365.1	0.299 18	120.91	396.04	0.678 9	1.946 5	1.340	0.785
0.100 00	−51.83	−51.78	1 351.7	0.242 59	126.69	398.33	0.705 2	1.932 4	1.347	0.805
0.101 32b	−51.57	−51.52	1 350.9	0.239 61	127.04	398.47	0.706 8	1.931 6	1.348	0.806
0.120 00	−48.17	−48.12	1 340.1	0.204 33	131.64	400.24	0.727 3	1.921 1	1.353	0.823
0.140 00	−44.96	−44.91	1 329.9	0.176 68	136.00	401.89	0.746 4	1.911 6	1.359	0.839
0.160 00	−42.10	−42.05	1 320.7	0.155 72	139.90	403.33	0.763 4	1.903 4	1.365	0.854

续表

绝对压力 p MPa	温度 t ℃		密度 ρ $kg \cdot m^{-3}$	比体积 v $m^3 \cdot kg^{-1}$	比焓 h $kJ \cdot kg^{-1}$		比熵 s $kJ \cdot (kg \cdot ℃)^{-1}$		定压比热容 c_p $kJ \cdot (kg \cdot ℃)^{-1}$	
	泡点	露点	液体	气体	液体	气体	液体	气体	液体	气体
0.180 00	−39.51	−39.45	1 312.2	0.139 28	143.46	404.62	0.778 6	1.896 3	1.371	0.868
0.200 00	−37.13	−37.07	1 304.4	0.126 02	146.73	405.78	0.792 5	1.890 0	1.376	0.881
0.220 00	−34.93	−34.87	1 297.1	0.115 10	149.76	406.84	0.805 2	1.884 3	1.381	0.894
0.240 00	−32.89	−32.83	1 290.3	0.105 92	152.60	407.81	0.817 0	1.879 1	1.386	0.906
0.260 00	−30.97	−30.90	1 283.9	0.098 13	155.27	408.71	0.828 0	1.874 4	1.391	0.917
0.280 00	−29.16	−29.10	1 277.7	0.091 41	157.79	409.54	0.838 3	1.870 0	1.396	0.928
0.300 00	−27.45	−27.38	1 271.9	0.085 56	160.19	410.31	0.848 1	1.865 9	1.401	0.938
0.320 00	−25.83	−25.76	1 266.3	0.080 41	162.47	411.04	0.857 3	1.862 2	1.405	0.948
0.340 00	−24.28	−24.21	1 260.9	0.075 84	164.66	411.72	0.866 0	1.858 6	1.410	0.958
0.360 00	−22.80	−22.73	1 255.8	0.071 77	166.75	412.36	0.874 3	1.855 3	1.414	0.968
0.380 00	−21.39	−21.31	1 250.8	0.068 11	168.76	412.96	0.882 3	1.852 1	1.419	0.977
0.400 00	−20.03	−19.95	1 246.0	0.064 81	170.70	413.54	0.889 9	1.849 1	1.423	0.986
0.420 00	−18.72	−18.64	1 241.3	0.061 80	172.57	414.08	0.897 2	1.846 3	1.427	0.995
0.440 00	−17.45	−17.38	1 236.8	0.059 07	174.38	414.60	0.904 2	1.843 6	1.432	1.004
0.460 00	−16.24	−16.16	1 232.4	0.056 56	176.13	415.09	0.911 0	1.841 0	1.436	1.012
0.480 00	−15.06	−14.98	1 228.1	0.054 25	177.83	415.56	0.917 5	1.838 5	1.440	1.021
0.500 00	−13.91	−13.83	1 223.9	0.052 12	179.48	416.00	0.923 8	1.836 1	1.444	1.029
0.580 00	−11.20	−11.12	1 214.0	0.047 46	183.41	417.04	0.938 8	1.830 5	1.455	1.049
0.600 00	−8.68	−8.59	1 204.5	0.043 54	187.11	417.96	0.952 7	1.825 4	1.465	1.068
0.650 00	−6.30	−6.22	1 195.5	0.040 21	190.60	418.80	0.955 7	1.820 7	1.475	1.088
0.700 00	−4.07	−3.98	1 186.9	0.037 34	193.42	419.56	0.977 9	1.816 3	1.485	1.106
0.750 00	−1.95	−1.86	1 178.6	0.034 84	197.08	420.25	0.989 4	1.812 2	1.495	1.125
0.800 00	0.07	0.16	1 170.6	0.032 64	200.10	420.88	1.000 4	1.808 3	1.505	1.143
0.850 00	1.99	2.08	1 162.9	0.030 69	203.00	421.45	1.010 8	1.804 6	1.515	1.161
0.900 00	3.83	3.92	1 155.5	0.028 94	205.79	421.97	1.020 7	1.801 1	1.525	1.179
0.950 00	5.59	5.69	1 148.2	0.027 38	208.49	422.45	1.030 3	1.797 8	1.535	1.197
1.000 00	7.28	7.38	1 141.2	0.025 97	211.09	422.89	1.039 4	1.794 6	1.545	1.215
1.100 00	10.48	10.59	1 127.6	0.023 51	216.06	423.64	1.056 8	1.788 5	1.565	1.251
1.200 00	13.48	13.58	1 114.5	0.021 45	220.76	424.27	1.072 9	1.782 8	1.586	1.287
1.300 00	16.28	16.39	1 102.0	0.019 70	225.22	424.78	1.088 1	1.777 4	1.607	1.324
1.400 00	18.93	19.04	1 089.8	0.018 18	229.48	425.18	1.102 4	1.772 3	1.629	1.362
1.500 00	21.44	21.55	1 078.0	0.016 86	233.56	425.49	1.116 0	1.767 4	1.651	1.402
1.600 00	23.83	23.94	1 066.5	0.015 70	237.49	425.72	1.129 0	1.762 7	1.675	1.442
1.700 00	26.11	26.22	1 055.3	0.014 67	241.29	428.86	1.141 4	1.758 1	1.6e9	1.485
1.800 00	28.29	28.40	1 044.2	0.013 75	244.96	425.93	1.153 3	1.753 6	1.725	1.529

续表

绝对压力 p MPa	温度 t ℃		密度 ρ kg·m⁻³	比体积 v m³·kg⁻¹	比焓 h kJ·kg⁻¹		比熵 s kJ·(kg·℃)⁻¹		定压比热容 c_p kJ·(kg·℃)⁻¹	
	泡点	露点	液体	气体	液体	气体	液体	气体	液体	气体
1.900 00	30.37	30.49	1 033.3	0.012 92	248.52	425.93	1.164 8	1.749 2	1.751	1.576
2.000 00	32.38	32.49	1 022.6	0.012 17	251.99	425.87	1.175 9	1.744 8	1.779	1.625
2.100 00	34.31	34.43	1 012.0	0.011 49	255.37	425.74	1.186 6	1.740 6	1.809	1.677
2.200 00	36.18	36.29	1 001.4	0.010 87	258.68	425.54	1.197 0	1.736 3	1.840	1.732
2.300 00	37.98	38.09	991.0	0.010 30	261.91	425.29	1.207 1	1.732 1	1.874	1.790
2.400 00	39.72	39.83	980.5	0.009 77	265.08	424.98	1.216 9	1.727 9	1.909	1.853
2.500 00	41.40	41.51	970.1	0.009 28	268.20	424.61	1.226 5	1.723 7	1.947	1.920
2.600 00	43.04	43.15	959.7	0.008 83	271.27	424.18	1.235 9	1.719 4	1.988	1.993
2.700 00	44.62	44.73	949.3	0.008 40	274.29	423.69	1.245 1	1.715 2	2.032	2.072
2.800 00	46.17	46.27	938.8	0.008 01	277.27	423.14	1.254 1	1.710 9	2.080	2.158
2.900 00	47.67	47.77	928.3	0.007 64	280.23	422.53	1.263 0	1.706 5	2.133	2.252
3.000 00	49.13	49.23	917.7	0.007 29	283.15	421.85	1.271 8	1.702 1	2.190	2.356
3.200 00	51.94	52.04	896.0	0.006 65	288.94	420.30	1.289 0	1.693 0	2.323	2.598
3.400 00	54.61	54.71	873.7	0.006 07	294.67	418.47	1.305 9	1.683 5	2.490	2.904
3.600 00	57.17	57.26	880.4	0.005 55	300.41	416.29	1.322 6	1.673 4	2.707	3.305
3.800 00	59.61	59.69	825.8	0.005 06	306.20	413.72	1.339 4	1.662 4	3.002	3.855
4.000 00	61.94	62.02	799.1	0.004 61	312.13	410.64	1.356 4	1.650 3	3.431	4.661
4.200 00	64.18	64.25	769.8	0.004 17	318.33	406.86	1.374 1	1.636 5	4.129	8.970
4.790c	70.2	70.2	548.0	0.001 83	352.5	352.5	1.472	1.472	—	—

注：b 表示 1 个标准大气压下的泡点和露点；c 表示临界点。

附表 7　R22 饱和液体的物性值

温度 t ℃	密度 ρ kg·m⁻³	比潜热 r kJ·kg⁻¹	比热容 c kJ·(kg·K)⁻¹	导热系数 λ W·(m·K)⁻¹	导温系数 a 10⁸m²·s⁻¹	动力黏度 μ 10⁶Pa·s	运动黏度 ν 10⁶m²·s⁻¹	表面张力 σ N·m⁻¹	普朗特数 $Pr=a/\nu$
−70	1 491.2	251.12	1.065	0.127 6	8.03	507.6	0.340 4	0.022 9	4.24
−60	1 463.7	245.32	7.071	0.122 6	7.82	441.4	0.301 6	0.021 2	3.86
−50	1 435.6	239.39	1.079	0.117 8	7.80	387.8	0.269 9	0.019 6	3.55
−40	1 406.8	233.24	1.091	0.113 1	7.37	342.6	0.243 5	0.017 9	3.30
−30	1 377.2	226.81	1.105	0.108 5	7.13	304.6	0.221 2	0.016 3	3.10
−20	1 346.5	220.02	1.123	0.103 9	6.87	271.9	0.201 9	0.014 8	2.94
−10	1 314.7	212.80	1.144	0.099 3	6.60	243.4	0.185 1	0.013 2	2.80
0	1 281.5	205.05	1.169	0.094 8	6.33	218.2	0.170 3	0.011 7	2.69
10	1 246.7	196.69	1.199	0.090 4	6.05	195.7	0.157 0	0.010 2	2.60
20	1 209.9	187.60	1.236	0.085 9	5.74	175.3	0.144 9	0.008 8	2.52
30	1 170.7	177.64	1.281	0.081 4	5.43	156.7	0.133 9	0.007 4	2.47
40	1 128.5	166.60	1.399	0.076 9	5.09	139.4	0.123 5	0.006 0	2.43
50	1 082.3	154.19	1.419	0.072 3	4.71	123.1	0.113 7	0.004 7	2.42
60	1 030.4	139.94	1.539	0.067 6	4.26	107.6	0.104 4	0.003 5	2.45
70	969.7	122.99	1.743	0.062 9	3.72	92.4	0.095 3	0.002 4	2.06

附表 8　R410A 饱和液体的物性值

压力 p / MPa	泡点温度 t_b / ℃	露点温度 t_d / ℃	密度 ρ / $kg \cdot m^{-3}$	比潜热 r / $kJ \cdot kg^{-1}$	比热容 c / $kJ \cdot (kg \cdot K)^{-1}$	导热系数 λ / $W \cdot (m \cdot K)^{-1}$	导温系数 e / $10^8 m^2 \cdot s^{-1}$	动力黏度 μ / $10^6 Pa \cdot s$	运动黏度 ν / $10^6 m^2 \cdot s^{-1}$	表面张力 / $N \cdot m^{-1}$	普朗特数 $Pr=a/\nu$
0.04	−68.1	−68.0	1 401.1	286.65	1.351	0.163 3	8.63	454.8	0.324 6	0.020 9	3.76
0.06	−61.2	−61.1	1 380.0	281.10	1.358	0.158 3	8.45	404.6	0.293 2	0.019 6	3.47
0.10	−51.7	−51.6	1 350.5	273.18	1.369	0.151 5	8.19	347.8	0.257 5	0.017 9	3.14
0.18	−39.4	−39.4	1 311.2	262.43	1.390	0.142 8	7.84	289.9	0.221 1	0.015 7	2.82
0.26	−30.9	−30.9	1 283.0	254.52	1.408	0.136 7	7.57	257.2	0.200 5	0.014 2	2.65
0.40	−20.0	−20.0	1 245.3	243.72	2.438	0.129 1	7.21	221.9	0.178 2	0.012 4	2.47
0.60	−8.7	−8.6	1 203.9	231.57	1.479	0.121 4	6.82	191.2	0.158 8	0.010 5	2.33
0.80	0.0	0.1	1 170.1	221.37	1.519	0.115 5	6.50	170.6	0.145 8	0.009 1	2.24
1.10	10.4	10.5	1 126.8	208.04	1.581	0.108 6	6.10	148.8	0.132 1	0.007 5	2.17
1.50	21.2	21.4	1 076.9	192.21	1.670	0.101 5	5.64	128.5	0.119 3	0.005 8	2.11
1.90	30.2	30.3	1 031.6	177.52	1.772	0.095 8	5.24	113.3	0.109 8	0.004 6	2.10
2.40	39.6	39.7	978.0	159.81	1.929	0.090 0	4.77	88.5	0.100 7	0.003 3	2.11
3.00	49.0	49.1	914.5	138.40	2.211	0.084 1	4.16	84.1	0.092 0	0.002 1	2.21
3.80	59.5	59.6	821.0	106.87	3.070	0.077 9	3.09	67.7	0.082 5	0.001 0	2.67

附表 9　氯化钠水溶液物性表

质量分数 w / %	凝固点 t_f / ℃	15℃时的密度 ρ / $kg \cdot m^{-3}$	温度 t / ℃	定压比热容 c_p / $kJ \cdot (kg \cdot K)^{-1}$	导热系数 λ / $W \cdot (m \cdot K)^{-1}$	动力黏度 μ / $10^3 Pa \cdot s$	运动黏度 ν / $10^6 m^2 \cdot s^{-1}$	热扩散率 a / $10^7 m^2 \cdot s^{-1}$	普朗特数 $Pr=a/\nu$
7	−4.4	1 050	20	3.843	0.593	1.08	1.03	1.48	6.9
			10	3.835	0.576	1.41	1.34	1.43	9.4
			0	3.827	0.559	1.87	1.78	1.39	12.7
			−4	3.818	0.556	2.16	2.06	1.39	14.8
11	−7.5	1 080	20	3.697	0.593	1.15	1.06	1.48	7.2
			10	3.684	0.570	1.52	1.41	1.43	9.9
			0	3.676	0.556	2.02	1.87	1.40	13.4
			−5	3.672	0.549	2.44	2.26	1.38	16.4
			−7.5	3.672	0.545	2.65	2.45	1.38	17.8
13.6	−9.8	1 100	20	3.609	0.593	1.23	1.12	1.50	7.4
			10	3.601	0.568	1.62	1.47	1.43	10.3
			0	3.588	0.554	2.15	1.95	1.11	13.9
			−5	3.584	0.547	2.61	2.37	1.39	17.1
			−9.8	3.580	0.510	3.43	3.13	1.37	22.9
16.2	−12.2	1 120	20	3.534	0.573	1.31	1.20	1.45	8.3
			10	3.525	0.569	1.73	1.57	1.44	10.9
			−5	3.508	0.544	2.83	2.58	1.39	18.6
			−10	3.504	0.535	3.49	3.18	1.37	23.2
			−12.2	3.500	0.533	4.22	3.84	1.36	28.3

续表

质量分数 w / %	凝固点 t_f / ℃	15℃时的密度 ρ / $kg \cdot m^{-3}$	温度 t / ℃	定压比热容 c_p / $kJ \cdot (kg \cdot K)^{-1}$	导热系数 λ / $W \cdot (m \cdot K)^{-1}$	动力黏度 μ / $10^3 Pa \cdot s$	运动黏度 ν / $10^6 m^2 \cdot s^{-1}$	热扩散率 a / $10^7 m^2 \cdot s^{-1}$	普朗特数 $Pr=a/\nu$
18.8	−15.1	1 140	20	3.462	0.582	1.43	1.26	1.48	8.5
			10	3.454	0.566	1.85	1.63	1.44	11.4
			0	3.442	0.550	2.56	2.25	1.40	16.1
			−5	3.433	0.542	3.12	2.74	1.39	19.8
			−10	3.429	0.533	3.87	3.40	1.37	24.8
			−15	3.425	0.524	4.78	4.19	1.35	31.0
21.2	−18.2	1 160	20	3.395	0.579	1.55	1.33	1.46	9.1
			10	3.383	0.563	2.01	1.73	1.44	12.1
			0	3.374	0.547	2.82	2.44	1.40	17.5
			−5	3.366	0.538	3.44	2.96	1.38	21.5
			−10	3.362	0.530	4.30	3.70	1.36	27.1
			−15	3.358	0.522	5.28	4.55	1.35	33.9
			−18	3.358	0.518	6.08	5.24	1.33	39.4
23.1	−21.2	1 175	20	3.345	0.565	1.67	1.42	1.47	9.6
			10	3.333	0.549	2.16	1.84	1.40	13.1
			0	3.324	0.544	3.04	2.59	1.39	18.6
			−5	3.320	0.536	3.75	3.20	1.38	23.3
			−10	3.312	0.528	4.71	4.02	1.36	29.5
			−15	3.308	0.520	5.75	4.90	1.34	36.5
			−21	3.303	0.514	7.75	6.60	1.32	50.0

附表 10　氯化钙水溶液物性表

质量分数 w / %	凝固点 t_f / ℃	15℃时的密度 ρ / $kg \cdot m^{-3}$	温度 t / ℃	定压比热容 c_p / $kJ \cdot (kg \cdot K)^{-1}$	导热系数 λ / $W \cdot (m \cdot K)^{-1}$	动力黏度 μ / $10^3 Pa \cdot s$	运动黏度 ν / $10^6 m^2 \cdot s^{-1}$	热扩散率 a / $10^7 m^2 \cdot s^{-1}$	普朗特数 $Pr=a/\nu$
9.4	−5.2	1 080	20	3.642	0.584	1.24	1.15	1.49	7.8
			10	3.634	0.570	1.55	1.44	1.45	9.9
			0	3.626	0.556	2.16	2.00	1.42	14.1
			5	3.601	0.549	2.55	2.36	1.41	16.7
14.7	−10.2	1 130	20	3.362	0.576	1.49	1.32	1.52	8.7
			10	3.349	0.563	1.86	1.64	1.49	11.0
			0	3.328	0.549	2.56	2.27	1.46	15.6
			−5	3.316	0.542	3.04	2.70	1.44	18.7
			−10	3.308	0.534	4.06	3.60	1.43	25.3
18.9	−15.7	1 170	20	3.148	0.572	1.80	1.54	1.56	9.9
			10	3.140	0.558	2.24	1.91	1.52	12.6
			0	3.128	0.544	2.99	2.56	1.49	17.2
			−5	3.098	0.537	3.43	2.94	1.48	19.8
			−10	3.086	0.529	4.67	4.00	1.47	27.3
			−15	3.065	0.523	6.15	5.27	1.47	35.9
20.9	−19.2	1 190	20	3.077	0.569	2.00	1.68	1.55	10.9
			10	3.056	0.555	2.45	2.08	1.53	13.4
			0	3.044	0.542	3.28	2.76	1.49	18.5
			−5	3.014	0.535	3.82	3.22	1.49	21.5
			−10	3.014	0.527	5.07	4.25	1.47	28.9
			−15	3.014	0.521	6.59	5.53	1.45	38.2

续 表

质量分数 w %	凝固点 t_f ℃	15℃时的密度 ρ $kg \cdot m^{-3}$	温度 t ℃	定压比热容 c_p $kJ \cdot (kg \cdot K)^{-1}$	导热系数 λ $W \cdot (m \cdot K)^{-1}$	动力黏度 μ $10^3 Pa \cdot s$	运动黏度 ν $10^6 m^2 \cdot s^{-1}$	热扩散率 a $10^7 m^2 \cdot s^{-1}$	普朗特数 $Pr=a/\nu$
23.8	−25.7	1 220	20	2.973	0.565	2.35	1.94	1.56	12.5
			10	2.952	0.551	2.87	2.35	1.53	15.4
			0	2.931	0.538	3.81	3.13	1.51	20.8
			−5	2.910	0.530	4.41	3.63	1.49	24.4
			−10	2.910	0.523	5.92	4.87	1.48	33.0
			−15	2.910	0.518	7.55	6.20	1.46	42.5
			−20	2.889	0.510	9.47	7.77	1.44	53.8
			−25	2.889	0.504	11.57	9.48	1.43	66.5
25.7	−31.2	1 240	20	2.889	0.562	2.63	2.12	1.57	13.5
			10	2.889	0.548	3.22	2.51	1.53	16.5
			0	2.868	0.535	4.26	3.43	1.51	22.7
			−10	2.847	0.521	6.68	5.40	1.48	36.6
			−15	2.847	0.514	8.36	6.75	1.46	46.3
			−20	2.805	0.508	10.56	8.52	1.46	58.5
			−25	2.805	0.501	12.90	10.40	1.44	72.0
			−30	2.763	0.494	14.81	12.00	1.44	83.0
27.5	−38.6	1 260	20	2.847	0.558	2.93	2.33	1.56	14.9
			10	2.826	0.545	3.61	2.87	1.53	18.8
			0	2.809	0.531	4.80	3.81	1.50	25.3
			−10	2.784	0.519	7.52	5.97	1.48	40.3
			−20	2.763	0.506	11.87	9.45	1.46	65.0
			−25	2.742	0.499	14.71	11.70	1.44	80.7
			−35	2.742	0.492	17.16	13.60	1.42	95.5
				2.721	0.486	21.57	17.10	1.42	120.0

续表

质量分数 w / %	凝固点 t_f / ℃	15℃时的密度 ρ / kg·m^{-3}	温度 t / ℃	定压比热容 c_p / kJ·(kg·K)$^{-1}$	导热系数 λ / W·(m·K)$^{-1}$	动力黏度 μ / 10^3Pa·s	运动黏度 ν / 10^6m^2·s^{-1}	热扩散率 a / 10^7m^2·s^{-1}	普朗特数 $Pr=a/\nu$
28.5	−43.5	1 270	20	2.805	0.557	3.14	2.47	1.56	15.8
			0	2.780	0.529	5.12	4.02	1.50	26.7
			−10	2.763	0.518	8.02	6.32	1.48	42.7
			−20	2.721	0.505	12.65	10.0	1.46	68.8
			−25	2.721	0.500	15.98	12.6	1.44	87.5
			−30	2.700	0.491	18.83	14.9	1.43	103.5
			−35	2.700	0.484	24.52	19.3	1.42	136.5
			−40	2.680	0.478	30.40	24.0	1.41	171.0
29.4	−50.1	1 280	20	2.805	0.555	3.33	2.65	1.55	17.2
			0	2.755	0.528	5.49	4.30	1.5	28.7
			−10	2.721	0.576	8.63	6.75	1.49	45.5
			−20	2.680	0.504	13.83	10.8	1.47	73.4
			−30	2.659	0.490	21.28	16.6	1.44	115.0
			−35	2.638	0.483	25.50	19.9	1.43	139.0
			−40	2.638	0.477	32.36	25.3	1.42	179.0
			−45	2.617	0.470	40.21	31.4	1.40	223.0
			−50	2.617	0.464	49.03	38.3	1.3	295.0
29.9	−55	1 286	20	2.784	0.554	3.51	2.75	1.55	17.8
			0	2.738	0.528	5.69	4.43	1.50	29.5
			−10	2.700	0.515	9.04	7.04	1.48	47.5
			−20	2.680	0.502	14.42	11.23	1.46	77.0
			−30	2.659	0.488	22.56	17.6	1.43	123.0
			−35	2.638	0.483	28.44	22.1	1.42	156.0
			−40	2.638	0.576	35.30	27.5	1.40	196.0
			−45	2.617	0.470	43.15	33.5	1.39	240.0
			−50	2.617	0.463	50.99	39.7	1.38	290.0

附表 11　乙烯乙二醇水溶液物性表

质量分数 w / %	凝固点 t_f / ℃	15℃时的密度 ρ / $kg \cdot m^{-3}$	温度 t / ℃	定压比热容 c_p / $kJ \cdot (kg \cdot K)^{-1}$	导热系数 λ / $W \cdot (m \cdot K)^{-1}$	动力黏度 μ / $10^3 Pa \cdot s$	运动黏度 ν / $10^6 m^2 \cdot s^{-1}$	热扩散率 a / $10^7 m^2 \cdot s^{-1}$	普朗特数 $Pr=a/\nu$
4.6	—2	1 005	50	4.14	0.62	0.58	0.58	1.54	3.96
			20	4.14	0.58	1.08	1.07	1.39	7.7
			10	4.12	0.57	1.37	1.39	1.37	9.9
			0	4.1	0.56	1.96	1.95	1.35	14.4
12.2	—5	1 015	50	4.1	0.58	0.69	0.677	1.41	4.8
			20	4.0	0.55	1.37	1.35	1.33	10.1
			0	4.0	0.53	2.54	2.51	1.33	18.9
19.8	—10	1 025	50	3.95	0.55	0.78	0.76	1.33	5.7
			10	3.87	0.51	2.25	2.20	1.29	17
			—5	3.85	0.49	3.82	3.73	1.25	30
27.4	—15	1 035	50	3.85	0.51	0.88	0.855	1.28	6.7
			20	3.77	0.49	1.96	1.90	1.25	15.2
			0	3.73	0.48	3.93	3.80	1.24	31
			—10	3.68	0.48	5.68	5.50	1.25	44
			—15	3.66	0.47	7.06	6.83	1.24	35
35	—21	1 045	50	3.73	0.48	1.08	1.03	1.22	8.4
			20	3.64	0.47	2.45	2.35	1.22	19.2
			0	3.59	0.46	4.90	4.70	1.22	37.7
			—10	3.56	0.45	7.64	7.35	1.22	60
			—20	3.52	0.45	11.8	11.3	1.24	92

续表

质量分数 w / %	凝固点 t_f / ℃	15℃时的密度 ρ / $kg \cdot m^{-3}$	温度 t / ℃	定压比热容 c_p / $kJ \cdot (kg \cdot K)^{-1}$	导热系数 λ / $W \cdot (m \cdot K)^{-1}$	动力黏度 μ / $10^3 Pa \cdot s$	运动黏度 ν / $10^6 m^2 \cdot s^{-1}$	热扩散率 a / $10^7 m^2 \cdot s^{-1}$	普朗特数 $Pr=a/\nu$
38.8	−26	1 050	50	3.68	0.47	1.18	1.12	1.21	9.3
			20	3.56	0.45	2.74	2.63	1.21	21.6
			−10	3.48	0.45	8.62	8.25	1.24	67
			−25	3.41	0.45	18.6	17.8	1.26	144
42.6	−29	1 055	50	3.60	0.44	1.37	1.3	1.16	11.2
			20	3.48	0.44	2.94	2.78	1.21	23
			−10	3.39	0.44	9.60	9.1	1.24	73
			−25	3.33	0.44	21.6	20.5	1.26	162
44	−33	1 060	50	3.52	0.43	1.57	1.48	1.15	12.8
			20	3.39	0.43	3.43	3.24	1.19	27
			−10	3.31	0.43	10.8	10.2	1.22	84
			−20	3.27	0.43	18.1	17.2	1.24	140
			−30	3.22	0.43	32.3	30.5	1.26	242

附表 12　几种常用载冷剂的物性比较

使用温度 t ℃	载冷剂名称	质量分数 w %	密度 ρ $kg \cdot m^{-3}$	定压比热容 c_p $kJ \cdot (kg \cdot K)^{-1}$	导热系数 λ $W \cdot (m \cdot K)^{-1}$	动力黏度 μ $10^3 Pa \cdot s$	凝固点 t_f ℃
0	氯化钠水溶液	11	1 080	3.670	0.556	2.02	−7.5
	氯化钙水洛液	12	1 111	3.465	0.528	2.5	−7.2
	甲醇溶液	15	979	4.186 8	0.494	6.9	−10.5
	乙二醇溶液	25	1 030	3.834	0.511	3.8	−10.6
−10	氯化钠水溶液	18.8	1 140	3.429	0.533	3.87	−15.1
	氯化钙水溶液	20	1 188	3.041	0.501	4.9	−15.0
	甲醇溶液	22	970	4.066	0.461	7.7	−17.8
	乙二醇溶液	35	1 063	3.561	0.472 6	7.3	−17.8
−20	氯化钙水溶液	25	1 253	2.818	0.475 5	10.6	−29.4
	甲醇溶液	30	949	3.813	0.387 8	—	−23.0
	乙二醇溶液	45	1 080	3.312	0.44 1	21	−26.6
−35	氯化钙水溶液	30	1 312	2.641	0.441	27.2	−50.0
	甲醇溶液	40	963	3.50	0.326	12.2	−42.0
	乙二醇溶液	55	1 097	2.975	0.372 5	90.0	−41.6

附表 13　主要国际单位制与迄今使用单位名称对照表

度量名称	国际单位制	符号	与基本单位的关系	迄今使用的单位	符号
长度	米	m	基本单位	米	m
质量	千克(公斤)	kg	基本单位	千克(公斤)	kg
时间	秒	s	基本单位	秒	s
温度	开尔文,摄氏度	K,℃	$T=273.15K+t$	摄氏度	℃
力	牛顿	N	$1\ N=1\ kg \cdot m/s^2$	公斤力	kgf
力矩	牛顿·米	N·m	$1\ N \cdot m=1\ kg \cdot m^2/s^2$	公斤力·米	kgf·m
机械应力	牛顿/毫米²	N/mm^2	$1\ N/mm^2=10^6 kg \cdot m/(s^2 \cdot m^2)$	公斤力/毫米²	kgf/mm^2
压力	帕斯卡	Pa	$1\ Pa=1\ N/m^2=1\ kg \cdot m/(s^2 \cdot m^2)$	公斤力/厘米² 大气压 米水柱 毫米汞柱(托)	kgf/cm^2 atm mH_2O mmHg(torr)
	巴	bar	$1\ bar=10^5\ Pa=0.1\ MPa$		
功、能量 热量	焦耳	J	$1\ J=1\ N \cdot m=1\ kg \cdot m^2/s^2$	公斤力·米 卡	kgf·m cal
功率	瓦	W	$1\ W=1\ J/s=1\ kg \cdot m^2/s^2$ $1\ W=0.859\ 8\ kcal/h$ $1\ kW=1.341\ HP$	千瓦 马力 公斤力·米/秒 千卡/小时	kW HP kgf·m/s kcal/h
热流量 (制冷能力)	瓦	W	$1\ W=0.859\ 8\ kcal/h$ $3\ 517\ W=1\ Rt(US)$	千卡/小时 冷吨(美国)	kcal/h Rt(US)

续表

度量名称	国际单位制	符号	与基本单位的关系	迄今使用的单位	符号
导热系数	瓦/(米·摄氏度)	W/(m·K)	1 W/(m·K)=0.859 8 kcal/(m·h·℃)	千卡/(米·小时·摄氏度)	kcal/(m·h·℃)
放热系数 传热系数	瓦/(米^2·摄氏度)	W/(m^2·K)	1 W/(m^2·K)=0.859 8 kcal/(m^2·h·℃)	千卡/(米^2·小时·摄氏度)	kcal/(m^2·h·℃)
比热	焦耳/(千克·摄氏度)	J/(kg·K)	1 J/(kg·K)=0.238 8 kcal/(kg·℃)	千卡/(千克·摄氏度)	kcal/(kg·℃)
动力黏度	帕斯卡·秒	Pa·s	1 Pa·s=1 kg·s/m^2=10 P	公斤力·秒/米^2 泊	kgf·s/m^2 P
运动黏度	米^2/秒	m^2/s	1 St=10^{-4} m^2/s	斯托克斯	St

附表 14　主要单位换算表

度量名称	国际单位	迄今使用的单位	对应关系
力	N(1 N=1 kg·m/s^2)	kgf dyn(达因)	1 N=0.101 97 kgf 1 N=10^5 dyn(达因)
压力	Pa(1 Pa=1 N/m^2)	kgf/m^2	1 Pa=0.101 97 kgf/m^2
	bar(1 bar=0.1 MPa)	kgf/cm^2 mmHg mWs atm lb/m^2	1 bar=1.019 7 kgf/cm^2 1 bar=750.06 mmHg 1 bar=10.197 mH_2O 1 bar=0.986 92 atm 1 bar=14.503 8 lb/m^2
功、热量	J(1 J=1 N·m)	cal kgf·m	1 J=0.238 85 cal 1 J =0.101 97 kgf·m
功率、热流量	W(1 W=1 J/s)	cal/s kgf·m/s	1 W=0.238 85 cal/s 1 W=0.101 97 kgf·m/s
	kW(1 kW=1 kJ/s)	kcal/h HP	1 kW=859.88 kcal/h 1 kW=1.359 HP
导热系数	W/(m·K)	kcal/(m·h·℃)	1 W/(m·K)=0.859 85 kcal/(m·h·℃)
侍热系数	W/(m^2·K)	kcal/(m^2·h·℃)	W/(m^2·K)=0.859 85 kcal/(m^2·h·℃)
比热	kJ/(kg·K)	kcal/(kg·℃)	1 kJ/(kg·K)=0.238 85 kcal/(kg·℃)
	kJ/(m^3·K)	kcal/(m^3·K)	1 kJ/(m^3·K)=0.238 85 kcal/(m^3·K)
动力黏度	Pa·s	P kgf·s/m	1 Pa·s=10 P 1 Pa·s=0.101 97 kgf·s/m
运动黏度	m^2/s	St	1 m^2/s=10^4 St

参考文献

[1] 黄翔.空调工程[M].北京:机械工业出版社,2017.
[2] 郑爱平.空气调节工程[M].北京:科学出版社,2016.
[3] 姚杨. 暖通空调热泵技术[M].北京:中国建筑工业出版社,2008.
[4] 石文星,王宝龙,邵双全.小型空调热泵装置设计[M].北京:中国建筑工业出版社,2013.
[5] 石文星,田长青,王宝龙.空气调节用制冷技术[M].北京:中国建筑工业出版社,2016.
[6] 贾永康.建筑设备工程冷热源系统[M].北京:机械工业出版社,2013.
[7] 张昌.热泵技术与应用[M]. 北京:机械工业出版社,2015.
[8] 钟晓晖,勾昱君.吸收式热泵技术及应用[M]. 北京:冶金工业出版社,2014.
[9] 吴德明,蔡振东.离心泵应用技术[M]. 北京:中国石化出版社,2013.
[10] 陈东.热泵技术手册[M]. 北京:化学工业出版社,2012.
[11] 马最良,姚杨,姜益强,等.热泵技术应用理论基础与实践[M].北京:中国建筑工业出版社,2010.
[12] 钟晓晖,勾昱君.吸收式热泵技术及应用[M]. 北京:冶金工业出版社,2014.
[13] 吴延鹏.制冷与热泵技术[M]. 北京:科学出版社,2018.
[14] 李元哲,姜蓬勃,许杰.太阳能与空气源热泵在建筑节能中的应用[M]. 北京:化学工业出版社,2015.
[15] 贺俊杰.制冷技术[M]. 北京:机械工业出版社,2012.
[16] 吕悦.地源热泵系统设计与应用[M]. 北京:机械工业出版社,2014.
[17] 陈晓.地表水源热泵理论及应用[M]. 北京:中国建筑工业出版社,2011.
[18] 濮伟.制冷空调机器设备[M].北京:机械工业出版社,2013.
[19] 陈福祥.制冷空调装置操作安装与维修[M].北京:机械工业出版社,2009.
[20] 孙见君.制冷空调自动化[M].北京:机械工业出版社,2017.